SIEGFRIED PRÖSSDORF

EINIGE KLASSEN SINGULÄRER GLEICHUNGEN

MATHEMATISCHE REIHE
BAND 46

LEHRBÜCHER UND MONOGRAPHIEN
AUS DEM GEBIETE DER EXAKTEN WISSENSCHAFTEN

EINIGE KLASSEN SINGULÄRER GLEICHUNGEN

Von Prof. Dr. rer. nat. habil. SIEGFRIED PRÖSSDORF
Technische Hochschule Karl-Marx-Stadt

1974
BIRKHÄUSER VERLAG BASEL
UND STUTTGART

Dieses Buch erschien auch in der Reihe
„Mathematische Lehrbücher und Monographien",
II. Abteilung, Band 37, im Akademie-Verlag, Berlin

Birkhäuser Verlag Basel 1974
ISBN 3-7643-0724-2

Berichtigungen

Seite **17**, Zeile 20 v. o.
lies: $T_j \in \mathcal{K}(X)\ (j = \cdots$ statt: $T_j \in (X)\ \mathcal{K}(j = \cdots$

Seite **19**, Zeile 4 v. o.
lies: $C'_m > 0$ statt: $C'_m < 0$

Seite **39**, Zeile 8 v. u., und Seite 40, Zeile 3 v. u.
lies: Lemma 6.1 statt: Lemma 5.1

Seite **132**, Zeile 8 v. o.
lies: . . . Norm (1.2) statt: . . . Norm

Seite **166**, Zeile 17 v. o.
lies: $(\varepsilon > 0)$ statt: $(\varepsilon < 0)$

Seite **177**, Zeile 1 v. o.
lies: $\overline{E}_+(\varrho_-) =$ im $\hat{B}^\mu_\infty$ und $\tilde{E}_+(\varrho_+)$ statt: $E_+^-(\varrho_-) =$ im B^μ_∞ und $E_+(\varrho_+)$

Seite **187**, Zeile 2 v. u.
lies: $E = c^0)$. statt: $E = c)$.

Seite **239**, Zeile 7 v. u., und Seite 240, Zeile 8 v. o.
lies: $\tilde{H}_1$ statt: H_1

Seite **321**, Zeile 13 v. o.
lies: Folgerung 2.4. statt: Folgerung 3.4

Seite **321**, Zeile 18 v. o.
lies: $\tilde{L}^2_n(\Gamma)$ statt: $\tilde{L}^n_2(\Gamma)$

Prößdorff, Singuläre Gleichungen

MEINEM LEHRER
S. G. MICHLIN
GEWIDMET

VORWORT

Der Grundstein für den Aufbau einer allgemeinen Theorie der eindimensionalen singulären Integralgleichungen war in den fundamentalen Arbeiten von F. Noether [1] über Integralgleichungen mit einem Hilbertschen Kern sowie von N. Wiener und E. Hopf [1] über Integralgleichungen mit Differenzkernen auf der Halbachse gelegt worden. Die von Noether betrachteten Gleichungen sowie die damit eng verwandten Integralgleichungen mit einem Cauchyschen Kern werden in der Literatur gewöhnlich schlechthin als „singuläre Integralgleichungen" bezeichnet, während für Integralgleichungen mit einem Differenzkern auf der Halbachse die Bezeichnung „Wiener-Hopf-Gleichungen" üblich ist. In diesem Buch wird der Begriff „singuläre Gleichung" als Oberbegriff für beide Gleichungstypen und einige andere verwendet.

Die Theorie der singulären Gleichungen vom Normaltyp, an deren Entwicklung besonders die sowjetischen Mathematiker maßgeblich beteiligt waren, kann im wesentlichen als abgeschlossen angesehen werden. Eine umfassende Darstellung dieser Theorie ist in dem Werk von N. I. Muschelischwili [1] (für Gleichungen mit Cauchyschen und Hilbertschen Kernen und Räume Hölder-stetiger Funktionen) und in der Monographie von I. Z. Gochberg und I. A. Feldman [1] (für Wiener-Hopf-Gleichungen sowie einige allgemeinere singuläre Gleichungen) gegeben.

In den letzten Jahren hat sich in der Theorie der singulären Gleichungen eine selbständige Richtung herausgebildet, die sich mit Untersuchungen solcher Gleichungen beschäftigt, deren Symbol Nullstellen besitzt (entartete singuläre Gleichungen oder Gleichungen vom nicht normalen Typ). Für solche Gleichungen ist in der letzten Zeit sowohl das theoretische als auch das praktische Interesse stark angewachsen. Es ist eine umfangreiche Literatur erschienen, in der die genannten Gleichungen unter den verschiedensten Gesichtspunkten und mit teilweise sehr verschiedenen Methoden behandelt werden. Ich habe mir deshalb in diesem Buch die Aufgabe gestellt, für einige wichtige Klassen eindimensionaler singulärer Gleichungen vom nicht normalen Typ eine geschlossene Theorie aufzubauen, in der alle wesentlichen Ergebnisse, die auf diesem Gebiet zur gegenwärtigen Zeit vorliegen, ihren Niederschlag finden. Zu den betrachteten Gleichungen gehören die singulären Integralgleichungen mit einem Cauchyschen oder Hilbertschen Kern, die Wiener-Hopfschen Integralgleichungen, deren diskretes Analogon sowie verschiedene paarige Gleichungen mit Differenzkernen.

Auf einige wichtige Fragen, die mit der in diesem Buch behandelten Thematik in engem Zusammenhang stehen, konnte mit Rücksicht auf den Umfang des

Buches nicht eingegangen werden. Das gilt vor allem für ähnlich gelagerte (nicht elliptische) mehrdimensionale Probleme; auf diesem Gebiet sind in letzter Zeit große Fortschritte erzielt worden.[1]) Wir betrachten auch keine nicht linearen singulären Integralgleichungen.

Im vorliegenden Buch werden vornehmlich funktionalanalytische Methoden benutzt. Wir setzen voraus, daß der Leser mit den Elementen der Theorie der linearen Operatoren in BANACH-Räumen sowie mit den Grundbegriffen der Theorie der linearen topologischen Räume vertraut ist. Die wichtigsten aus diesen Gebieten benötigten Hilfsmittel sind im ersten Abschnitt des Kapitels 1 zusammengestellt. An einigen wenigen Stellen des Buches werden außerdem Grundkenntnisse über BANACHsche Algebren benötigt (etwa im Umfange des Kapitels 1 des Buches von I. M. GELFAND, D. A. RAIKOW und G. E. SCHILOW [1]).

Das Interesse an den Methoden der Funktionalanalysis und insbesondere am Gegenstand dieses Buches verdanke ich meinem geschätzten Lehrer, Herrn Professor S. G. MICHLIN (Leningrad). Durch zahlreiche Gespräche mit Herrn Professor I. Z. GOCHBERG (Kischinjow) in den letzten Jahren wurde ich angeregt, dieses Buch zu schreiben. Die Herren Professor S. G. MICHLIN und Professor I. Z. GOCHBERG haben sich auch große Teile des Manuskriptes angesehen und mir eine Reihe wertvoller Hinweise gegeben, wofür ich ihnen an dieser Stelle meinen herzlichen Dank ausspreche.

Ferner möchte ich Herrn Dr. B. SILBERMANN (Karl-Marx-Stadt) danken, der das Manuskript im ganzen gelesen hat. Nicht zuletzt gilt mein Dank dem Akademie-Verlag Berlin, insbesondere den Fachredakteuren für Mathematik, Frau Dipl.-Math. R. HELLE und Herrn Dipl.-Math. R. HÖPPNER, für die verständnisvolle Berücksichtigung aller meiner Wünsche und die sorgfältige Ausstattung des Buches.

Karl-Marx-Stadt, im Dezember 1972 S. PRÖSSDORF

[1]) Literaturhinweise bis zum Jahre 1969 findet der Leser hierzu im Übersichtsartikel [15] des Verfassers.

INHALTSVERZEICHNIS

EINFÜHRUNG

1. Die wesentlichsten Vertreter der in diesem Buch behandelten Klassen singulärer Gleichungen sind die folgenden drei Gleichungstypen, die eine wichtige Rolle in vielen Aufgaben der mathematischen Physik spielen.

a) Die WIENER-HOPF*sche Integralgleichung*

$$A\,\varphi = c\,\varphi(t) + \int_0^\infty k\,(t - s)\,\varphi(s)\,ds = f(t) \qquad (0 \leqq t < \infty)\,, \tag{0.1}$$

wobei c eine Konstante, $k(t)$ $(-\infty < t < \infty)$ eine beliebige absolut integrierbare Funktion, $f(t) \in L^p(0, \infty)$ $(1 \leqq p < \infty)$ eine gegebene und $\varphi(t) \in L^p(0, \infty)$ die gesuchte Funktion bedeuten.

b) Die *diskrete* WIENER-HOPF-*Gleichung*

$$\sum_{j=0}^{\infty} a_{k-j}\,\xi_j = \eta_k \qquad (k = 0, 1, \ldots)\,. \tag{0.2}$$

Hierbei gelte

$$\sum_{-\infty}^{\infty} |a_j| < \infty\,,$$

und es sei $\eta = \{\eta_j\}_0^\infty$ ein gegebener und $\xi = \{\xi_j\}_0^\infty$ ein gesuchter Vektor im Raum l^p $(1 \leqq p < \infty)$.

c) Die *singuläre Integralgleichung* mit CAUCHYschem Kern

$$A\,\varphi = a(t)\,\varphi(t) + b(t)\,S\,\varphi + T\,\varphi = f(t) \qquad (t \in \Gamma)\,, \tag{0.3}$$

wobei $a(t)$ und $b(t)$ stetige Funktionen auf einer geschlossenen LJAPUNOW-Kurve Γ sind und das sogenannte singuläre Integral

$$S\,\varphi = \frac{1}{\pi\,i}\int_\Gamma \frac{\varphi(\tau)}{\tau - t}\,d\tau \qquad (t \in \Gamma)$$

im Sinne des CAUCHYschen Hauptwertes verstanden wird.

Wir betrachten die Gleichung (0.3) im Raum $L^p(\Gamma)$ $(1 < p < \infty)$ und setzen T als linearen vollstetigen Operator in diesem Raum voraus.

Den Gleichungen (0.1)—(0.3) ordnet man entsprechend die Funktionen

$$A(\lambda) = c + \int_{-\infty}^{\infty} e^{i\lambda t}\,k(t)\,dt \qquad (-\infty \leqq \lambda \leqq \infty)\,, \tag{0.1'}$$

$$A(z) = \sum_{j=-\infty}^{\infty} a_j\,z^j \qquad (|z| = 1)\,, \tag{0.2'}$$

$$A(t, \Theta) = a(t) + \Theta\,b(t) \qquad (t \in \Gamma;\ \Theta = \pm 1) \tag{0.3'}$$

zu. Man nennt sie das *Symbol* der entsprechenden Gleichung bzw. des durch diese Gleichung definierten Operators A. Zwischen dem Operator A und seinem Symbol bestehen enge Beziehungen: Die Operatoren der Gestalt (0.3) bilden eine Algebra $\mathfrak{A}$ (entsprechendes gilt für die durch einen vollstetigen Summanden gestörten Operatoren (0.1) und (0.2)). Das Symbol vermittelt einen (stetigen) Isomorphismus der Faktoralgebra $\mathfrak{A}/\mathfrak{K}$ ($\mathfrak{K}$ das Ideal der vollstetigen Operatoren im Raum $L^p(\Gamma)$) auf die Algebra aller Funktionen der Gestalt (0.3′).

Die Zahlen[1])

$$\varkappa = \frac{1}{2\pi}[\arg A(\lambda)]_{\lambda=-\infty}^{\infty}, \quad \varkappa = \frac{1}{2\pi}[\arg A(z)]_{|z|=1},$$

$$\varkappa = \frac{1}{2\pi}\left[\arg \frac{a(t)+b(t)}{a(t)-b(t)}\right]_{\Gamma}$$

heißen *Index* des jeweiligen Symbols. Die Lösbarkeitsverhältnisse für die Gleichungen (0.1) und (0.2) werden dann durch folgenden Satz geklärt.

Satz 0.1. *Dafür, daß der Operator A wenigstens einseitig invertierbar ist, ist notwendig und hinreichend, daß sein Symbol nirgends verschwindet.*

Wenn diese Bedingung erfüllt ist, dann ist der Operator A linksseitig, rechtsseitig oder zweiseitig invertierbar, je nachdem, ob die Zahl $\varkappa$ positiv, negativ oder gleich Null ist.

Die entsprechenden Inversen zum Operator A lassen sich effektiv konstruieren.

Im Falle $T = 0$ behält der Satz 0.1 seine Gültigkeit auch für die Gleichung (0.3). Für einen beliebigen vollstetigen Operator T gilt der folgende Satz.

Satz 0.2. *Es seien $a(t)$, $b(t)$ beliebige stetige Funktionen auf der Kurve Γ und $A(t, \Theta) \neq 0$, d. h.*

$$a^2(t) - b^2(t) \neq 0 \qquad (t \in \Gamma).$$

Dann gilt:

(1) *Der Operator A ist normal auflösbar, d. h., die Gleichung* (0.3) *ist dann und nur dann lösbar, wenn die rechte Seite $f(t)$ zu allen Lösungen der adjungierten homogenen Gleichung $A^* \psi = 0$ orthogonal ist.*

(2) *Die Gleichungen $A\varphi = 0$ und $A^* \psi = 0$ haben endlich viele linear unabhängige Lösungen.*

(3) *Die Differenz aus den Anzahlen der linear unabhängigen Lösungen der unter* (2) *genannten Gleichungen (der sogenannte Index des Operators A) hängt nicht vom vollstetigen Anteil T ab und ist gleich $-\varkappa$.*

Die Aussagen (1)—(3) nennt man die NOETHER*schen Sätze* für die singuläre Integralgleichung (0.3).

Diejenigen Gleichungen, deren Symbol nicht die in den Sätzen 0.1 und 0.2 genannten Bedingungen erfüllt, heißen *singuläre Gleichungen vom nicht normalen Typ*. Zu ihnen gehören z. B. die WIENER-HOPFschen Integralgleichungen erster

[1]) Das Zeichen $[\ ]_\Gamma$ bedeutet den Zuwachs des in Klammern eingeschlossenen Ausdrucks bei einmaligem Umlaufen der Kurve Γ in positiver Richtung.

Art (d. h. Gleichung (0.1) mit $c = 0$), die von großem praktischen Interesse sind.

2. Eine zentrale Stellung nehmen in diesem Buch solche singulären Gleichungen vom nicht normalen Typ ein, deren Symbol in einzelnen Punkten verschwindet. In diesem Fall ist der entsprechende Operator A in dem obengenannten Raum X (X einer der Räume $L^p(0, \infty)$, l^p bzw. $L^p(\Gamma)$) nicht normal auflösbar. Mittels der nachfolgenden Konstruktionen lassen sich aber auf einfache Weise Banach-Räume $\bar{X}$ und $\tilde{X}$ erzeugen, so daß die Beziehung

$$\bar{X} \subset X \subset \tilde{X}$$

(im Sinne einer stetigen Einbettung von normierten Räumen) gilt und der Operator A, betrachtet als Operator von $\tilde{X}$ in den Raum $\bar{X}$, die in Nr. 1 formulierten Eigenschaften besitzt.

Es erweist sich nämlich, daß der singuläre Operator A, dessen Symbol höchstens endlich viele Nullstellen (von endlicher Ordnung) besitzt, in der Form

$$A = B\,C\,D \tag{0.4}$$

dargestellt werden kann. Hierbei ist C ein singulärer Operator vom Normaltyp, und B, D sind Operatoren vom nicht normalen Typ mit äußerst einfachen Symbolen, die außerdem die folgenden Bedingungen erfüllen:

(1) Die Gleichung $B\varphi = 0$ hat nur die Nullösung.

(2) Es existieren ein auf ganz X definierter Operator $D^{(-1)}$ mit einer Wertemenge $\tilde{X} = D^{(-1)}(X)$ $(\supset X)$ und eine lineare Fortsetzung $\tilde{D}$ des Operators D von X auf die Menge $\tilde{X}$, so daß die Beziehungen

$$D^{(-1)}\,D f = f\,, \qquad \tilde{D}\,D^{(-1)} f = f$$

für beliebiges $f \in X$ gelten. Wir führen den Raum $\bar{X} = B(X)$ ein. Mit den Normen

$$\|\varphi\|_{\bar{X}} = \|B^{-1}\varphi\|_X\,, \qquad \|\varphi\|_{\tilde{X}} = \|\tilde{D}\varphi\|_X$$

sind $\bar{X}$ und $\tilde{X}$ Banach-Räume, die den obengenannten Bedingungen genügen. Dabei stellen offenbar $\tilde{D}$ und B einen isometrischen Isomorphismus von $\tilde{X}$ auf X bzw. von X auf $\bar{X}$ her, so daß die singuläre Gleichung $A\varphi = f$ $(\varphi \in \tilde{X})$ mit einer rechten Seite $f \in \bar{X}$ der im Raum X betrachteten Gleichung vom Normaltyp

$$C\psi = B^{-1} f$$

äquivalent ist.

Die Operatoren B und D in der Darstellung (0.4) sind nicht eindeutig bestimmt. Unter geeigneten Voraussetzungen bezüglich des Symbols lassen sich insbesondere die beiden Grenzfälle $B = I$ (d. h. $\bar{X} = X$) oder $D = I$ (d. h. $\tilde{X} = X$) realisieren. Die Wahl der Faktoren B, D wird so vorgenommen werden müssen, daß die Räume $\bar{X}$ und $\tilde{X}$ eine möglichst einfache analytische Beschreibung zulassen.

3. Wir erläutern die in Nr. 2 gemachten Ausführungen am Beispiel der WIENER-HOPF*schen Integralgleichung erster Art* der Gestalt (0.1) mit $c = 0$. In diesem Fall verschwindet das durch (0.1′) erklärte Symbol im Unendlichen. Der Einfachheit wegen wollen wir annehmen, daß der Punkt $\lambda = \infty$ die einzige Nullstelle der Funktion $A(\lambda)$ ist und daß $A(\lambda)$ außerdem die Form

$$A(\lambda) = \frac{B(\lambda)}{(\lambda + i)^m}$$

hat. Hierbei sei m eine positive ganze Zahl, $B(\lambda)$ eine Funktion der Gestalt (0.1′) und $B(\lambda) \neq 0$ $(-\infty \leqq \lambda \leqq \infty)$. Indem wir zwei *beliebige* nicht negative ganze Zahlen μ und ν mit $\mu + \nu = m$ wählen, können wir die Funktion $A(\lambda)$ in der Form

$$A(\lambda) = \frac{1}{(\lambda - i)^\mu} C(\lambda) \frac{1}{(\lambda + i)^\nu}$$

darstellen, wobei $C(\lambda) = \left(\frac{\lambda - i}{\lambda + i}\right)^\mu B(\lambda)$ wiederum von der Gestalt (0.1′) ist. Durch B und D wollen wir die WIENER-HOPFschen Integraloperatoren erster Art mit den Symbolen $(\lambda - i)^{-\mu}$ bzw. $(\lambda + i)^{-\nu}$ bezeichnen. Aus einem bekannten Faltungssatz folgt dann die Darstellung (0.4) für den Operator A. Dabei gilt $B = I$, wenn $\mu = 0$, und $D = I$, wenn $\nu = 0$ gesetzt wird.

Der Raum $\tilde{L}^p(0, \infty)$ besteht im vorliegenden Fall aus allen Funktionen der Gestalt

$$D^{(-1)} f = i^\nu \left(\frac{d}{dt} + 1\right)^\nu f(t) \qquad (f(t) \in L^p(0, \infty)) , \tag{0.5}$$

wobei die Ableitung $(d/dt)\, f(t)$ im Sinne der SCHWARZschen Distributionstheorie zu verstehen ist.

Der Raum $\bar{L}^p(0, \infty)$ enthält die und nur die Funktionen $f(t)$, für die die Ableitung $f^{(l)}(t)$ $(l = 0, 1, \ldots, \mu - 1)$ auf der positiven Halbachse $(0, \infty)$ absolut stetig ist und $f^{(l)}(t) \in L^p(0, \infty)$ $(l = 0,1, \ldots, \mu)$ gilt. Die Norm im Raum $\bar{L}^p(0, \infty)$ ist der Norm

$$||f|| = \sum_{l=0}^{\mu} ||f^{(l)}||_{L^p}$$

äquivalent, und für die Inverse zum Operator B gilt $B^{-1} = i^\mu \left(\frac{d}{dt} - 1\right)^\mu$.

Der Operator $A : \tilde{L}^p(0, \infty) \to \bar{L}^p(0, \infty)$ ist nach Satz 0.1 linksseitig, rechtsseitig oder zweiseitig invertierbar, je nachdem, ob die Zahl $\frac{1}{2\pi}$ $[\arg C(\lambda)]_{\lambda=-\infty}^{\infty}$ positiv, negativ oder gleich Null ist.

Wir bemerken hier, daß Lösungen der Gestalt (0.5) auch eine praktische Bedeutung besitzen (z. B. in verschiedenen Aufgaben der Regelungstheorie).[1]

[1] Man vgl. z. B. V. V. IWANOW [1] (sowie die dort zitierte Literatur).

4. Nun einige Bemerkungen zum Aufbau des Buches.

Das erste Kapitel enthält die Theorie der NOETHERschen Operatoren. Sie wird für abgeschlossene Operatoren in FRECHET-Räumen dargelegt.

Im zweiten, dritten und siebten Kapitel ist in kompakter Form die Theorie verschiedener Klassen singulärer Gleichungen vom Normaltyp und entsprechender Gleichungssysteme dargestellt. Diese Teile des Buches sind vorwiegend als Einführung zum Studium der übrigen Kapitel gedacht.

Den Hauptinhalt des Buches bilden die Kapitel 4 bis 6, 8 und 9. In ihnen werden nicht normale singuläre Integralgleichungen, WIENER-HOPFsche Integralgleichungen sowie deren diskretes Analogon, verschiedene paarige Gleichungen u. a. mit stetigem Symbol ausführlich untersucht. Dabei werden die verschiedensten Möglichkeiten der Entartung des Symbols in einzelnen Punkten (Nullstellen ganzzahliger und gebrochener Ordnungen, logarithmischen Typs u. a.) sowohl für eine Gleichung als auch für Gleichungssysteme betrachtet.

In den Kapiteln 5, 6 und 8 werden die genannten Gleichungen in konkreten BANACH-Räumen untersucht. Diese Räume sind am Anfang jedes dieser Kapitel (bzw. zu Beginn des entsprechenden Abschnitts innerhalb eines Kapitels) eingehend beschrieben. Ihre Konstruktion geschieht mittels der obengenannten Methode, die im Kapitel 4 noch ausführlicher behandelt wird.

Im Kapitel 9 werden die Ergebnisse der vorhergehenden Kapitel zum Studium der singulären Gleichungen vom nicht normalen Typ in einigen abzählbar-normierten Räumen und Räumen von Distributionen über abzählbar-normierten Räumen ausgenutzt.

In einem kurzen Anhang A wird auf einige neuere Ergebnisse über singuläre Integralgleichungen mit unstetigen Symbolen und ihre Beziehungen zur Theorie der singulären Integralgleichungen mit entarteten stetigen Symbolen eingegangen.

In einem weiteren Anhang B wird ein Projektionsverfahren zur näherungsweisen Lösung der in den Kapiteln 5 und 6 studierten Klassen singulärer Gleichungen vom nicht normalen Typ behandelt.

Im Interesse einer übersichtlichen Darstellung wurde im Text bei den einzelnen Sätzen in der Regel auf genaue Literaturangaben verzichtet. Diese sind am Schluß eines jeden Kapitels zusammengestellt. Dort sind gelegentlich auch Hinweise auf andere Ergebnisse zu finden, die in engem Zusammenhang zu den im vorliegenden Buch behandelten Fragen stehen.

KAPITEL 1

NOETHERSCHE OPERATOREN

Die singulären Operatoren, die in diesem Buch behandelt werden, besitzen in geeignet gewählten lokalkonvexen Vektorräumen folgende äußerst wichtige Eigenschaften: Sie sind normal auflösbar und besitzen einen endlichen Index. Solche Operatoren werden heute allgemein als NOETHERsche Operatoren (kurz Φ-Operatoren) bezeichnet. Für sie existiert eine völlig geschlossene Theorie, zumindest im Falle abgeschlossener Operatoren in BANACH-Räumen bzw. stetiger Operatoren in lokalkonvexen Räumen.

Dieses Kapitel beginnt mit einer Zusammenstellung der wichtigsten von uns benutzten Begriffe aus der Funktionalanalysis. Anschließend (Abschnitt 1.3) werden die grundlegenden Sätze der Theorie der Φ-Operatoren für abgeschlossene Operatoren in FRECHET-Räumen bewiesen (sämtliche im weiteren auftretenden konkreten Räume sind FRECHET-RÄUME oder duale Räume zu solchen). Die letzten beiden Abschnitte sind der Methode der Regularisierung (insbesondere auch der äquivalenten Regularisierung) von Operatorgleichungen gewidmet. Im Hinblick auf die Anwendungen bei singulären Integralgleichungen vom nicht normalen Typ werden in Abschnitt 1.5 die Operatoren mit einem nicht beschränkten Regularisator eingehend studiert.

1.1. Einige Grundbegriffe und Bezeichnungen

Dieser Abschnitt enthält eine Zusammenstellung der wichtigsten von uns benutzten Begriffe und Sätze aus der Funktionalanalysis. Als Literatur empfehlen wir folgende Werke:

L. W. KANTOROWITSCH und G. P. AKILOW [1], A. P. ROBERTSON and W. ROBERTSON [1], A. PIETSCH [3].

1.1.1. Ein linearer Raum (Vektorraum) X über dem Körper K der komplexen (oder reellen) Zahlen heißt *linearer topologischer Raum* (oder *topologischer Vektorraum*), wenn in X eine Topologie erklärt ist derart, daß die Abbildungen $(x, y) \to x + y$ von $X \times X$ in X und $(\lambda, x) \to \lambda x$ von $K \times X$ in X stetig sind. *Teilraum* von X heißt jede (nicht notwendig abgeschlossene) lineare Teilmenge von X. Eine Menge $E \subset X$ heißt *konvex*, wenn aus $x \in E$ und $y \in E$ stets $\lambda x + \mu y \in E$ folgt für beliebige Zahlen $\lambda, \mu \in K$, die die Bedingungen $\lambda \geqq 0$, $\mu \geqq 0$ und $\lambda + \mu = 1$ erfüllen.

Ein linearer HAUSDORFFscher topologischer Raum X heißt *lokalkonvex*, wenn in ihm ein Fundamentalsystem $\mathfrak{U}$ konvexer Nullumgebungen existiert. Der Quotientenraum (Faktorraum) X/X_0 eines lokalkonvexen Raumes X nach einem Teilraum X_0 ist ebenfalls lokalkonvex, und die Mengen $\varphi(U)$ $(U \in \mathfrak{U})$

bilden in X/X_0 ein Fundamentalsystem konvexer Nullumgebungen. Dabei ist φ die sogenannte *kanonische Abbildung* von X auf X/X_0, d. h. diejenige Abbildung, die dem Element $x \in X$ die Restklasse $\hat{x} = x + X_0$ zuordnet.

Eine der für die Anwendung auf die Analysis wichtigsten Klassen lokalkonvexer Räume bilden die sogenannten FRECHET-Räume. Ein lokalkonvexer Raum heißt FRECHET-*Raum* (kurz F-Raum), wenn er metrisierbar und vollständig ist. F-Räume sind dadurch charakterisiert, daß in ihnen die Topologie durch ein abzählbares System von Halbnormen der Gestalt

$$\|x\|_1 \leqq \|x\|_2 \leqq \cdots \leqq \|x\|_n \leqq \cdots \tag{1.1}$$

erzeugt wird. Das System (1.1) heißt deshalb auch ein *erzeugendes System* von Halbnormen des entsprechenden F-Raumes. In einem solchen Raum bilden die Mengen der Gestalt $U_{p,\varepsilon} = \{x \in X : \|x\|_p < \varepsilon\}$ ein Fundamentalsystem konvexer Nullumgebungen.

Ein abgeschlossener Teilraum eines F-Raumes ist selbst ein F-Raum. Ebenso sind das topologische Produkt sowie die Summe zweier F-Räume wieder F-Räume; in beiden Fällen erhält man ein erzeugendes System von Halbnormen, indem man die Halbnormen mit gleichen Indizes für die entsprechenden Räume addiert. Ferner ist der Quotientenraum X/X_0 eines F-Raumes X nach einem abgeschlossenen Teilraum $X_0 \subset X$ ein F-Raum, und man kann in X/X_0 ein erzeugendes System von Halbnormen durch die Gleichungen

$$\|\hat{x}\|_p = \inf_{x \in \hat{x}} \|x\|_p \qquad (\hat{x} \in X/X_0;\ p = 1, 2, \ldots)$$

einführen.

Offenbar ist jeder BANACH-*Raum* (im folgenden auch kurz B-Raum genannt) ein F-Raum. Man überzeugt sich leicht, daß der lineare Raum $C^\infty[a, b]$ aller auf dem abgeschlossenen Intervall $[a, b]$ beliebig oft differenzierbaren (reell- oder komplexwertigen) Funktionen f ein F-Raum ist, wenn man als erzeugendes System das Normensystem

$$\|f\|_n = \sum_{k=0}^{n} \max_{a \leqq t \leqq b} |f^{(k)}(t)| \qquad (n = 0, 1, 2, \ldots)$$

wählt. Dasselbe gilt für den Raum $C^\infty(\Gamma)$, wenn Γ eine beliebige abgeschlossene rektifizierbare ebene Kurve der Klasse C^∞ bedeutet.

Der lineare Raum $C^\infty(-\infty, \infty)$ aller auf der reellen Achse beliebig oft differenzierbaren Funktionen ist ein F-Raum, wenn man als erzeugendes System das System von Halbnormen

$$\|f\|_n = \sum_{k=0}^{n} \max_{-n \leqq t \leqq n} |f^{(k)}(t)| \qquad (n = 0, 1, 2, \ldots)$$

verwendet. $C^\infty(\Gamma)$ und $C^\infty(-\infty, \infty)$ sind Beispiele von F-Räumen, die nicht normierbar sind.

1.1.2. Es seien X und Y zwei beliebige lokalkonvexe Räume. Man sagt, A sei ein *Operator von X in Y* (oder der Operator A wirkt von X in Y), wenn A

eine Menge $D(A) \subset X$ (Definitionsgebiet von A) auf eine Menge $\operatorname{im} A \subset Y$ (Bildraum oder Wertebereich von A) abbildet. Im Falle $X = Y$ nennt man A einen Operator in X. Die Menge $\ker A = \{x \in D(A) : A\,x = 0\}$ heißt *Kern* des Operators A. Ist U eine Teilmenge von $D(A)$, so bezeichnen wir mit $A(U)$ die Gesamtheit aller Elemente $A\,x$ mit $x \in U$.

Im weiteren werden wir ausschließlich *lineare Operatoren* betrachten, d. h. solche Operatoren, für die $D(A)$ eine lineare Teilmenge von X ist und außerdem die Beziehung

$$A\,(\alpha\,x + \beta\,y) = \alpha\,A\,x + \beta\,A\,y$$

für alle $x, y \in D(A)$ und $\alpha, \beta \in K$ gilt.

Wenn A ein linearer Operator von X in Y ist, dann soll das im weiteren durch die Schreibweise $A\,(X \to Y)$ zum Ausdruck gebracht werden. Jeder Operator $A\,(X \to Y)$ kann zu einem Operator $\tilde{A}\,(X \to Y)$ mit $D(\tilde{A}) = X$ fortgesetzt werden. Man braucht nämlich nur $\tilde{A}\,x = 0$ für alle Elemente x aus dem algebraischen Komplement von $D(A)$ in X (vgl. Abschnitt 1.2.3) zu setzen.

Der Operator $A\,(X \to Y)$ ist *stetig*, wenn zu jeder Nullumgebung V in Y eine Nullumgebung U in X mit $A\,[U \cap D(A)] \subset V$ existiert. Er heißt *folgenstetig*, wenn für jede Folge $\{x_n\} \subset D(A)$ mit $x_n \to 0$ auch $A\,x_n \to 0$ gilt. Den Operator A nennt man *beschränkt*[1]), wenn er jede beschränkte Menge $E \subset D(A)$ in eine beschränkte Menge des Raumes Y abbildet. Dabei wird eine Menge $E \subset X$ beschränkt genannt, wenn es zu jeder Nullumgebung $U \subset X$ eine Zahl $\lambda > 0$ mit $\lambda\,E \subset U$ gibt; im Falle eines F-Raumes X ist das gleichbedeutend damit, daß die Ungleichungen

$$||x||_n \leqq C_n \qquad (n = 1, 2, \ldots)$$

für gewisse Konstanten C_n und alle $x \in E$ erfüllt sind.

Der Operator $A\,(X \to Y)$ heißt ein *Homomorphismus*, wenn für jede offene Menge $U \subset D(A)$ (mit der durch X in $D(A)$ induzierten Topologie) auch $A(U)$ offen ist in $\operatorname{im} A$ (mit der durch Y in $\operatorname{im} A$ induzierten Topologie). Offenbar besitzt ein eineindeutiger Operator $A\,(X \to Y)$ genau dann eine stetige Inverse A^{-1} (von $\operatorname{im} A$ auf $D(A)$), wenn A ein Homomorphismus ist.

Die kanonische Abbildung von X auf einen Quotientenraum X/X_0 ist stetig und gleichzeitig ein Homomorphismus.

Aus der Stetigkeit eines Operators $A\,(X \to Y)$ folgt stets seine Folgenstetigkeit und seine Beschränktheit. Die Umkehrung gilt im allgemeinen nicht. Sind X und Y beide F-Räume, dann ist der Operator $A\,(X \to Y)$ genau dann stetig (oder folgenstetig), wenn er beschränkt ist, d. h. also, genau dann, wenn zu jedem natürlichen n eine natürliche Zahl m_n und eine Konstante $C_n > 0$ existieren, so daß gilt

$$||A\,x||_n \leqq C_n ||x||_{m_n} \qquad (x \in D(A))\,.$$

[1]) Die von uns benutzte Definition eines beschränkten Operators in topologischen Vektorräumen findet man z. B. bei L. W. Kantorowitsch und G. P. Akilow [1], I. M. Gelfand und G. E. Schilow [2]. In der Literatur wird dieser Begriff auch noch in einem anderen Sinne ($A(U)$ beschränkt für eine gewisse Nullumgebung U) verwendet.

Wenn im folgenden von einem stetigen Operator A von X in Y die Rede ist, so wird, falls nichts Gegenteiliges ausgesagt, stets $D(A) = X$ angenommen. Die Menge dieser stetigen Operatoren bezeichnen wir mit $\mathcal{L}(X, Y)$. Im Falle $X = Y$ schreiben wir einfach $\mathcal{L}(X)$ statt $\mathcal{L}(X, X)$. Mit den auf übliche Weise definierten Operationen der Addition und der Multiplikation bildet die Menge $\mathcal{L}(X)$ einen nichtkommutativen Ring mit Einselement.

1.1.3. Es seien X und Y zwei F-Räume. Ein Operator A $(X \to Y)$ heißt *abgeschlossen*, wenn aus $x_n \in D(A)$, $x_n \to x$ und $A\,x_n \to y$ stets $x \in D(A)$ und $A\,x = y$ folgt. Wenn A eineindeutig ist, dann zieht die Abgeschlossenheit von A die Abgeschlossenheit des inversen Operators A^{-1} nach sich und umgekehrt.

Für das Weitere sind die folgenden zwei Sätze von größter Wichtigkeit.

Satz vom abgeschlossenen Graphen. *Ein Operator A $(X \to Y)$ mit $D(A) = X$ ist genau dann stetig, wenn er abgeschlossen ist.*

Satz von Banach über Homomorphismen. *Jeder stetige lineare Operator A des* F-*Raumes X auf den* F-*Raum Y ist ein Homomorphismus.*

Aus dem letzten Satz folgt insbesondere, daß jeder stetige lineare Operator, der einen F-Raum eineindeutig auf einen anderen F-Raum abbildet, eine stetige Inverse besitzt.

1.1.4. Der lineare Raum $X^* = \mathcal{L}(X, K)$ aller stetigen linearen Funktionale über dem lokalkonvexen Raum X heißt zu X *dualer* (oder *konjugierter*) *Raum*.

Auf dem linearen Raum $\mathcal{L}(X, Y)$ kann man auf vielfältige Weise eine lokalkonvexe Topologie einführen. Von den lokalkonvexen Topologien auf X^* sind die starke und die schwache Topologie die wichtigsten. Unter einer starken Umgebung des Nullfunktionals $0 \in X^*$ versteht man für eine beliebige beschränkte Menge $E \subset X$ und eine beliebige Zahl $\varepsilon > 0$ die Gesamtheit aller Funktionale $f \in X^*$ mit der Eigenschaft

$$\sup_{x \in E} |\langle x, f \rangle| < \varepsilon\,. \tag{1.2}$$

Dabei wird hier und im weiteren unter $\langle x, f \rangle = f(x)$ der Wert von $f \in X^*$ in $x \in X$ verstanden. Die schwachen Nullumgebungen in X^* erhält man dann, wenn in (1.2) E alle endlichen Teilmengen von X durchläuft. Wenn im weiteren vom dualen Raum X^* zu einem lokalkonvexen Raum X die Rede ist, dann wird stets angenommen, daß X mit einer dieser beiden Topologien versehen ist.

Sind X und Y Banach-Räume, dann ist $\mathcal{L}(X, Y)$ ebenfalls ein Banach-Raum, wenn man die Norm des Operators $A \in \mathcal{L}(X, Y)$ durch die Beziehung

$$||A|| = \sup_{||x|| \leq 1} ||A\,x|| \tag{1.3}$$

erklärt. Im Falle $X = Y$ bildet $\mathcal{L}(X)$ mit dieser Normierung sogar eine Banachsche Algebra. Insbesondere ist also X^* ein Banach-Raum, wenn X ein Banach-Raum ist.

Zu den fundamentalen Sätzen der Theorie der lokalkonvexen Räume gehört der

Satz von HAHN-BANACH. *Es sei* X *ein lokalkonvexer Raum,* $X_0 \subset X$ *ein Teilraum und* f_0 *eine auf* X_0 *definierte stetige lineare Abbildung in* K. *Dann existiert ein stetiges lineares Funktional* $f \in X^*$, *das auf* X_0 *mit* f_0 *übereinstimmt.*

1.1.5. Zu jedem Operator A $(X \to Y)$ mit dichtem Definitionsgebiet $(\overline{D(A)} = X)$ ist der *adjungierte Operator* A^* erklärt. Sein Definitionsgebiet $D(A^*)$ besteht aus sämtlichen Funktionalen $f \in Y^*$, für die $\langle A\,x, f\rangle$ ein in x stetiges lineares Funktional auf $D(A)$ ist. Jedem $f \in D(A^*)$ entspricht also (nach dem Satz von HAHN-BANACH) genau ein $g \in X^*$ derart, daß $\langle A\,x, f\rangle = \langle x, g\rangle$ für alle $x \in D(A)$ gilt. Man setzt nun $A^* f = g$. Der adjungierte Operator eines stetigen Operators ist ebenfalls stetig. Sind X und Y BANACH-Räume, dann ist A^* ein abgeschlossener Operator, und im Falle der Abgeschlossenheit von A gilt außerdem $\overline{D(A^*)} = Y$ und $A^{**} = A$; wenn A stetig, dann ist $\|A^*\| = \|A\|$.

1.1.6. Ein Operator $T \in \mathcal{L}(X, Y)$ heißt *vollstetig* oder *kompakt*, wenn für eine Nullumgebung U in X die Bildmenge $T(U)$ in Y relativ kompakt ist (d. h., die Abschließung $\overline{T(U)}$ ist kompakt in Y). Die Menge aller vollstetigen Operatoren von X in Y bezeichnen wir mit $\mathcal{K}(X, Y)$. Im Falle $X = Y$ bildet $\mathcal{K}(X)$ ein zweiseitiges eigentliches Ideal im Ring $\mathcal{L}(X)$. Wenn X ein BANACH-Raum ist, dann ist das Ideal $\mathcal{K}(X)$ abgeschlossen in der Algebra $\mathcal{L}(X)$.

Es ist offensichtlich, daß ein vollstetiger Operator jede beschränkte Menge in eine relativ kompakte Menge abbildet. In dem Falle, wo X ein BANACH-Raum ist, gilt, wie man leicht sieht, auch die Umkehrung. Außerdem ist im Falle von BANACH-Räumen ein Operator $T \in \mathcal{L}(X, Y)$ genau dann vollstetig, wenn T^* vollstetig ist.

Ein linearer Operator heißt *endlichdimensional* (*von endlichem Rang*), wenn sein Bildraum eine endliche Dimension besitzt. Jeder stetige endlichdimensionale Operator ist vollstetig.

1.2. Projektoren und normal auflösbare Operatoren

In diesem Abschnitt bedeuten X und Y beliebige F-Räume.

1.2.1. Ein Operator P $(X \to X)$, $D(P) = X$, heißt *Projektor*, wenn $P^2 = P$ gilt. Im Falle $P \in \mathcal{L}(X)$ werden wir im weiteren von einem stetigen Projektor sprechen. Zusammen mit dem Projektor P ist offenbar auch der Operator $Q = I - P$ (I der identische Operator in X) ein Projektor; dieser wird *ergänzender Projektor* zu P genannt. Wegen $\operatorname{im} P = \ker Q$ ist der Bildraum eines stetigen Projektors stets abgeschlossen. Für die ergänzenden Projektoren P und Q gelten offenbar die Beziehungen $P\,Q = Q\,P = 0$.

In einem BANACH-Raum ist die Norm eines stetigen Projektors $P \neq 0$ nicht kleiner als Eins. Die Norm eines orthogonalen Projektors in einem HILBERT-Raum (d. h., eines stetigen Projektors P mit $\operatorname{im} P \perp \ker P$) ist stets gleich Eins.

1.2.2. Es seien M und N Teilräume von X. Als *Summe* $M + N$ dieser Teilräume bezeichnet man die Menge aller Elemente der Gestalt $x + y$ mit $x \in M$ und $y \in N$. Offensichtlich ist $M + N$ ein Teilraum von X. Gilt dabei

$M \cap N = \{0\}$ (0 das Nullelement von X), dann wird $M + N$ eine *direkte Summe* genannt und mit $M \oplus N$ bezeichnet.

Offenbar erzeugt jeder Projektor P in X eine direkte Summe $X = M \oplus N$ mit

$$M = \operatorname{im} P\,, \qquad N = \ker P\,. \tag{2.1}$$

Umgekehrt definiert jede direkte Summe $X = M \oplus N$ einen Projektor P mit den Eigenschaften (2.1). Man nennt ihn den Projektor P des Raumes X auf den Teilraum M *parallel* zu N.

X heißt *topologische direkte Summe* von M und N, wenn $X = M \oplus N$ gilt und der Projektor P von X auf M parallel zu N stetig ist (dann ist auch der Projektor $Q = I - P$ von X auf N stetig und M, N sind abgeschlossen). Die topologische direkte Summe werden wir im weiteren mit $X = M \dotplus N$ bezeichnen.

Es gilt: *Wenn der* F*-Raum X eine direkte Summe seiner abgeschlossenen Teilräume M und N ist, dann ist X die topologische direkte Summe $X = M \dotplus N$.*

In der Tat, als abgeschlossene Teilräume des F-Raumes X sind M und N selbst F-Räume. Folglich ist auch das topologische Produkt $M \times N$ ein F-Raum, und nach dem Satz von BANACH über Homomorphismen besitzt der stetige Operator $(x_1, x_2) \to x_1 + x_2$ von $M \times N$ auf X eine stetige Inverse. Daraus folgt unmittelbar die Stetigkeit des Projektors P, da die Abbildung $(x_1, x_2) \to x_1$ von $M \times N$ auf M nach Definition des topologischen Produktes ebenfalls stetig ist.

Die direkte Summe $M \oplus N$ zweier abgeschlossener Teilräume M und N eines F-Raumes X (oder sogar eines B-Raumes) braucht im allgemeinen nicht wieder abgeschlossen zu sein (siehe z. B. K. HOFFMAN [1], Kap. 9). Es gilt jedoch: *Die Summe $M + N$ eines abgeschlossenen Teilraumes M und eines endlichdimensionalen Teilraumes N ist stets abgeschlossen.*

In der Tat, sei φ die kanonische Abbildung des Raumes X auf den Quotientenraum X/M. Dann ist $\varphi(N)$ ein endlichdimensionaler und folglich abgeschlossener Teilraum von X/M. Da φ stetig ist, so ist die Urbildmenge $\varphi^{-1}(\varphi(N)) = M + N$ abgeschlossen in X.

1.2.3. Es sei M ein Teilraum von X. Dann heißt jeder Teilraum $N \subset X$ mit der Eigenschaft, daß X direkte Summe von M und N ist, *algebraisches Komplement* von M in X. Ein solches existiert für einen beliebigen Teilraum M (siehe A. P. ROBERTSON and W. ROBERTSON [1]). Es ist natürlich nicht eindeutig bestimmt.

Entsprechend heißt jeder Teilraum $N \subset X$, für den $X = M \dotplus N$ gilt, *topologisches Komplement* von M in X. Jedes topologische Komplement N, wenn ein solches existiert, ist dem Quotientenraum X/M isomorph (siehe A. P. ROBERTSON and W. ROBERTSON [1], V. 7). Die Dimension des Quotientenraumes X/M heißt *Kodimension* des Teilraumes M und wird mit $\operatorname{codim} M$ bezeichnet.

Topologische Komplemente können offenbar nur abgeschlossene Teilräume besitzen. Ein HILBERT-Raum hat die Eigenschaft, daß in ihm jeder abgeschlossene Teilraum ein topologisches Komplement besitzt (ein solches ist z. B. das orthogonale Komplement). Diese Eigenschaft ist für den HILBERT-Raum auch charakteristisch.[1]) Es läßt sich aber folgende Aussage beweisen.

Lemma 2.1. *Wenn der abgeschlossene Teilraum M des F-Raumes X eine endliche Dimension oder eine endliche Kodimension besitzt, dann hat M in X ein topologisches Komplement.*

Beweis. Zunächst gelte $m = \dim M < \infty$, und es sei $e_1, e_2, \ldots, e_m$ eine Basis in M. Auf Grund des Satzes von HAHN-BANACH existiert ein dazugehöriges biorthogonales System von Funktionalen $f_1, f_2, \ldots, f_m$ aus X^* (d. h. $\langle e_i, f_j\rangle = \delta_{ij}$; $i, j = 1, 2, \ldots, m$). Wir setzen $N = \bigcap_{i=1}^{m} \ker f_i$. Dann ist N ein abgeschlossener Teilraum von X, und wie man leicht sieht gilt $X = M \dotplus N$.

Ist dagegen $n = \dim X/M$ endlich und bezeichnet $\xi_1, \xi_2, \ldots, \xi_n$ eine Basis des Quotientenraumes X/M, so wählen wir in der Restklasse ξ_k $(k = 1, 2, \ldots, n)$ ein beliebiges Element $x_k \in X$ aus. Für den auf die linear unabhängigen Elemente $x_1, x_2, \ldots, x_n$ aufgespannten linearen Teilraum N gilt dann $X = M \dotplus N$.

Folgerung 2.1. *Es sei $M \subset X$ ein abgeschlossener Teilraum und* $M^\perp = \{f \in X^*\colon \langle x, f\rangle = 0,\ x \in M\}$.

Die Kodimension von M ist endlich dann und nur dann, wenn $M^\perp$ endlichdimensional ist, und in diesem Fall gilt codim $M = \dim M^\perp$.

Beweis. Es sei zunächst $n = \dim M^\perp$ endlich und $f_1, f_2, \ldots, f_n$ eine Basis von $M^\perp$. Wir wählen ein System von Elementen $e_1, e_2, \ldots, e_n$ in X, das zu dem System der Funktionale f_i biorthogonal ist (siehe L. W. KANTOROWITSCH und G. P. AKILOW [1], S. 131). Mit N bezeichnen wir den auf diese Elemente aufgespannten Teilraum. Wie man leicht sieht, ist $X = M \dotplus N$. Infolge der Isomorphie der Räume X/M und N erhalten wir dann

$$\dim X/M = \dim N = \dim M^\perp .$$

Ist umgekehrt $\dim X/M$ endlich, dann ergibt sich nach Lemma 2.1 $X = M \dotplus N$ mit $\dim N = \dim X/M$. Da offensichtlich $\dim M^\perp = \dim N$ gilt, so folgt hieraus unmittelbar die Behauptung.

Im weiteren benutzen wir des öfteren das folgende

Lemma 2.2. *Der F-Raum X sei eine topologische direkte Summe des abgeschlossenen Teilraumes X_1 und des endlichdimensionalen Teilraumes X_0, und es sei D ein dichter Teilraum von X. Dann gilt:*

(1) *$D_1 = D \cap X_1$ ist dicht in X_1, und*

(2) *X ist darstellbar als topologische direkte Summe $X = X_1 \dotplus X_0'$, wobei $X_0' \subset D$.*

Beweis. Es sei $e_1, e_2, \ldots, e_m$ eine Basis in X_0 und $f_1, f_2, \ldots, f_m$ ein dazugehöriges biorthogonales System von Funktionalen aus X^*, für das gilt

$$\langle e_i, f_j\rangle = \delta_{ij}\ (i, j = 1, \ldots, n),\ \langle x, f_i\rangle = 0\ (x \in X_1,\ i = 1, \ldots, n)\,.$$

[1]) Von J. LINDENSTRAUSS und L. TZAFRIRI [1] wurde unlängst das bemerkenswerte Ergebnis aufgestellt, daß es in jedem BANACH-Raum, der keinem HILBERT-Raum isomorph ist, einen abgeschlossenen Teilraum gibt, für den kein topologisches Komplement existiert.

Damit ist X_1 gerade die Menge aller Elemente aus X, die durch sämtliche Funktionale f_i $(i = 1, \ldots, n)$ annulliert werden. Wir wählen jetzt für jedes $i = 1, \ldots, n$ ein Element $\tilde{e}_i \in D$ in einer derart kleinen Umgebung von e_i, so daß die Determinante $\det \{\langle \tilde{e}_i, f_j \rangle\} \neq 0$ ist.

Wir nehmen ein beliebiges Element $x \in X_1$ und zeigen, daß eine Folge $\{\tilde{x}_k\} \subset D_1$ mit $\tilde{x}_k \to x$ existiert. Damit ist dann die Behauptung (1) bewiesen.

Wegen $\bar{D} = X$ existiert zunächst eine Folge $\{x_k\} \subset D$ mit $x_k \to x$. Wir machen den Ansatz

$$\tilde{x}_k = x_k + \sum_{j=1}^{m} a_{kj} \tilde{e}_j \qquad (k = 1, 2, \ldots)\,,$$

wobei die Zahlen a_{kj} aus der Bedingung $\tilde{x}_k \in D_1$ zu bestimmen sind. Die letzte Bedingung kann in der Form $\langle \tilde{x}_k, f_i \rangle = 0$ $(i = 1, \ldots, m)$ oder, was dasselbe bedeutet, als Gleichungssystem

$$\sum_{j=1}^{m} a_{kj} \langle \tilde{e}_j, f_i \rangle + \langle x_k, f_i \rangle = 0$$
$$(i = 1, \ldots, m; \quad k = 1, 2, \ldots)$$

geschrieben werden. Da die Determinante des Systems verschieden von Null ist, so besitzt dieses Gleichungssystem für beliebiges $k = 1, 2, \ldots$ eine eindeutige Lösung $\{a_{k1}, a_{k2}, \ldots, a_{km}\}$. Aus

$$\lim_{k \to \infty} \langle x_k, f_i \rangle = \langle x, f_i \rangle = 0 \qquad (i = 1, \ldots, m)$$

folgt nun $\lim\limits_{k \to \infty} a_{kj} = 0$ $(j = 1, \ldots, m)$ und somit

$$\lim_{k \to \infty} x_k = \lim_{k \to \infty} \tilde{x}_k = x\,.$$

Um die Behauptung (2) zu beweisen, bezeichnen wir mit X_0' den durch die linear unabhängigen Elemente $\tilde{e}_1, \tilde{e}_2, \ldots, \tilde{e}_m$ aufgespannten Teilraum. Dann gilt offenbar $X_0' \subset D$ und, wie leicht einzusehen ist, auch $X = X_1 \dotplus X_0'$.

1.2.4. Ein Operator $A\ (X \to Y)$ heißt *normal auflösbar*, wenn er die folgende Eigenschaft besitzt: Die Gleichung $A\,x = y$ $(y \in Y)$ besitzt mindestens eine Lösung $x \in D(A)$, wenn (und nur wenn)

$$\langle y, f \rangle = 0 \quad \text{für alle} \quad f \in (\operatorname{im} A)^{\perp} \tag{2.2}$$

gilt.

Wir erinnern daran, daß nach Definition des adjungierten Operators $(\operatorname{im} A)^{\perp} = \ker A^*$ ist, falls $D(A)$ in X dicht liegt.

Es gilt: *Der Operator A ist genau dann normal auflösbar, wenn sein Bildraum* im A *abgeschlossen ist.*

Offenbar genügt es zu zeigen, daß aus der Abgeschlossenheit von im A die normale Auflösbarkeit des Operators A folgt. Es sei $y_0 \in Y$ ein beliebiges festes Element, das nicht zu im A gehört. Die Behauptung ist bewiesen, wenn es gelingt zu zeigen, daß ein Funktional $f_0 \in (\operatorname{im} A)^{\perp}$ mit $\langle y_0, f_0 \rangle \neq 0$ existiert.

Wir setzen zunächst $\langle y + \lambda\, y_0, f_0 \rangle = \lambda$ auf dem abgeschlossenen Teilraum $Y_0 = \operatorname{im} A + \{\lambda\, y_0\}$. Dann ist f_0 ein stetiges lineares Funktional auf Y_0, das sich auf Grund des Satzes von HAHN-BANACH auf ganz Y stetig fortsetzen läßt. Diese Fortsetzung ist das gesuchte Funktional.

Aus dem Bewiesenen ergibt sich leicht ein anderes Kriterium der normalen Auflösbarkeit, von dem im weiteren häufig Gebrauch gemacht wird.

1.2.5. Es sei $A\ (X \to Y)$ ein linearer Operator. Nach Abschnitt 1.2.2 und 1.2.3 existiert stets ein Projektor P_A von X auf $\ker A$, und X ist als direkte Summe $X = X_1 \oplus \ker A$ mit $X_1 = \ker P_A$ darstellbar.

Wir setzen $D_1 = D(A) \cap X_1$ und bezeichnen mit A_1 den Operator mit dem Definitionsgebiet $D(A_1) = D_1$, der auf D_1 dieselben Werte wie der Operator A annimmt. A_1 wird *Einschränkung des Operators A* auf den Teilraum D_1 genannt.

Offensichtlich ist $\ker A_1 = \{0\}$ und $\operatorname{im} A_1 = \operatorname{im} A$. Folglich existiert die zu A_1 inverse Abbildung A_1^{-1} von $\operatorname{im} A$ auf D_1. Für den Operator A_1^{-1} gilt:

$$A\, A_1^{-1}\, y = y \qquad (y \in \operatorname{im} A)\,, \tag{2.3}$$

$$A_1^{-1}\, A\, x = x - P_A\, x \qquad (x \in D(A))\,. \tag{2.4}$$

Im weiteren nehmen wir an, daß ein *stetiger Projektor P_A* von X auf $\ker A$ existiert, d. h., $\ker A$ besitzt ein topologisches Komplement in X. Unter dieser Voraussetzung gilt das folgende

Lemma 2.3. *Der abgeschlossene Operator A ist genau dann normal auflösbar, wenn der Operator A_1^{-1} stetig ist.*

Beweis. Da auf Grund der Stetigkeit des Projektors P_A der Teilraum X_1 abgeschlossen ist, so ist A_1 und folglich auch A_1^{-1} ein abgeschlossener Operator. Ist nun A normal auflösbar, dann ist $\operatorname{im} A$ abgeschlossen und somit ein F-Raum. Nach dem Satz vom abgeschlossenen Graphen ist A_1^{-1} stetig.

Es sei jetzt umgekehrt A_1^{-1} stetig und $\{y_n\} \subset \operatorname{im} A$ eine gegen das Element y in Y konvergierende Folge. Auf Grund der Vollständigkeit des Raumes X konvergiert $x_n = A_1^{-1}\, y_n \to x \in X$, und wegen der Abgeschlossenheit des Operators A_1 gilt $y = A_1\, x \in \operatorname{im} A$. Folglich ist $\operatorname{im} A$ abgeschlossen, d. h. A normal auflösbar.

Bemerkung. Nach Lemma 2.1 existiert ein stetiger Projektor P_A von X auf $\ker A$, wenn $\ker A$ endlichdimensional ist. In diesem Fall ist P_A außerdem ein endlichdimensionaler und somit vollstetiger Operator.

1.2.6. Der folgende wichtige Satz wurde zuerst von F. HAUSDORFF [1] und S. BANACH [1] im Falle stetiger Operatoren bewiesen. Die hier angegebene Verallgemeinerung geht auf F. E. BROWDER [1] zurück.

Satz von BANACH-HAUSDORFF. *Es seien X und Y beliebige F-Räume und $A\ (X \to Y)$ ein abgeschlossener Operator mit dichtem Definitionsgebiet $D(A)$. Folgende Eigenschaften sind äquivalent:*

(a) $\operatorname{im} A$ *ist abgeschlossen.*

(b) *A ist normal auflösbar, d. h.* $\operatorname{im} A = \{y \in Y\colon \langle y, f\rangle = 0$ *für alle* $f \in \ker A^*\}$.

(c) *A^* ist normal auflösbar, d. h.* $\operatorname{im} A^* = \{f \in X^*\colon \langle x, f\rangle = 0$ *für alle* $x \in \ker A\}$.

(d) $\operatorname{im} A^*$ *ist abgeschlossen in* X^*.

Die Äquivalenz der Aussagen (a) und (b) wurde in Abschnitt 1.2.4 gezeigt. Die Behauptung (c) $\Rightarrow$ (d) ist offensichtlich. Es ist auch unschwer einzusehen, daß aus (a) die Bedingung (d) folgt.

In der Tat, sei im A abgeschlossen und $f_n = A^* g_n$ ($g_n \in Y^*$) eine Folge, die (im Sinne der schwachen Konvergenz in X^*) gegen ein Funktional $f \in X^*$ konvergiert. Dann gilt für alle $x \in D(A)$

$$\langle A x, g_n \rangle = \langle x, f_n \rangle \to \langle x, f \rangle .$$

Daher sind die Einschränkungen der Funktionale g_n auf den F-Raum im A schwach konvergent mit einem gewissen Limes g_0, der folglich ein lineares stetiges Funktional auf im A darstellt. Nach dem Satz von HAHN-BANACH existiert eine Erweiterung g von g_0 auf den ganzen Raum Y. Offenbar gilt $\langle A x, g \rangle = \langle A x, g_0 \rangle = \langle x, f \rangle$, d. h. $g \in D(A^*)$ und $A^* g = f$. Damit ist die (schwache und folglich auch starke) Abgeschlossenheit von im A^* in X^* gezeigt.

Weit schwieriger läßt sich die Umkehrung (d) $\Rightarrow$ (a) sowie die Behauptung (a) $\Rightarrow$ (c) nachweisen. Die entsprechenden Beweise findet der Leser in dem Buch von L. W. KANTOROWITSCH und G. P. AKILOW [1] (XII. 2.4) für den Fall stetiger Operatoren in BANACH-Räumen und bei F. E. BROWDER [1] für den Fall abgeschlossener Operatoren in F-Räumen. Für abgeschlossene Operatoren in BANACH-Räumen geben wir einen Beweis am Schluß dieses Kapitels an (siehe auch T. KATO [1] oder S. G. KREIN [1]).

1.3. NOETHERsche Operatoren

In diesem Abschnitt bezeichnen X, Y und Z beliebige F-Räume.

1.3.1. Es sei A $(X \to Y)$ ein linearer Operator. Den Quotientenraum coker $A = Y/\overline{\text{im } A}$ nennt man den *Kokern* des Operators A. Die Dimensionen

$$\alpha(A) = \dim \ker A , \qquad \beta(A) = \dim \operatorname{coker} A$$

heißen entsprechend *Nullzahl* und *Defektzahl* des Operators A.

Nach Folgerung 2.1 gilt: Die Defektzahl $\beta(A)$ ist dann und nur dann endlich, wenn der Teilraum $(\text{im } A)^\perp \subset Y^*$ (auch *Defektraum* des Operators A genannt) endlichdimensional ist, und in diesem Fall stimmen beide Dimensionen überein.

Im Falle eines dichten Definitionsgebietes $D(A)$ bedeutet dies:

Die Zahlen $\beta(A)$ und $\alpha(A^*)$ sind beide gleichzeitig endlich oder nicht, und im Falle ihrer Endlichkeit gilt

$$\beta(A) = \alpha(A^*) . \tag{3.1}$$

Sind die Zahlen $\beta(A)$ und $\alpha(A^*)$ unendlich, dann gilt die Beziehung (3.1) im allgemeinen nicht mehr.

Das geordnete Zahlenpaar $(\alpha(A), \beta(A))$ heißt *d-Charakteristik* des Operators A. Ist wenigstens eine der beiden Zahlen $\alpha(A)$ oder $\beta(A)$ endlich, dann heißt die Differenz Ind $A = \alpha(A) - \beta(A)$ *Index* des Operators A.

Wir sagen, der Operator A habe eine *endliche d-Charakteristik* oder einen *endlichen Index*, wenn beide Zahlen $\alpha(A)$ und $\beta(A)$ endlich sind.

Ein abgeschlossener normal auflösbarer Operator A heißt NOETHER*scher* oder kurz *Φ-Operator*[1]), wenn seine d-Charakteristik endlich ist und Semi-NOETHERscher Operator, wenn wenigstens eine der Zahlen $\alpha(A)$ oder $\beta(A)$ endlich ist. Bei Semi-NOETHERschen Operatoren werden wir im weiteren zwischen *Φ_+-Operatoren* $(\alpha(A) < \infty)$ und *Φ_--Operatoren* $(\beta(A) < \infty)$ unterscheiden.

Die Menge aller Φ (bzw. $\Phi_\pm$)-Operatoren A $(X \to Y)$ bezeichnen wir mit $\Phi(X, Y)$ (bzw. $\Phi_\pm(X, Y)$).

Die Klasse $\Phi(X) = \Phi(X, X)$ enthält z. B. die Operatoren der Gestalt $I + T$ (T vollstetig), für die außerdem $\operatorname{Ind}(I + T) = 0$ gilt (siehe z. B. L. W. KANTOROWITSCH und G. P. AKILOW [1], D. PRZEWORSKA-ROLEWICZ and S. ROLEWICZ [1]).

1.3.2. Für das Weitere erweist sich das folgende Kriterium für Φ_+-Operatoren als nützlich.

Lemma 3.1. *Es seien X und Y zwei* F-*Räume mit den erzeugenden Systemen von Halbnormen* (1.1) *bzw.* $\{||y||'_n\}_1^\infty$.

Der abgeschlossene Operator A $(X \to Y)$ ist genau dann ein Φ_+-Operator, wenn vollstetige Operatoren $T_j \in (X)$ $\mathcal{K}(j = 1, 2, \ldots, l)$ mit folgenden Eigenschaften existieren: Zu jedem n gibt es eine Zahl $m = m_n$ $(n, m = 1, 2, \ldots)$ und eine Konstante $C_n > 0$, so daß folgende a priori-Abschätzung gilt

$$||x||_n \leqq C_n \left(||A\,x||'_m + \sum_{j=1}^{l} ||T_j\,x||_m\right), \quad x \in D(A)\,. \tag{3.2}$$

Wenn A ein Φ_+-Operator ist, dann ist (3.2) *für $l = 1$ erfüllt.*

Beweis. Notwendigkeit. Sei A ein Φ_+-Operator. Mit P_A bezeichnen wir den in 1.2.5 eingeführten stetigen Projektor von X auf $\ker A$ und mit A_1 die Einschränkung von A auf $D_1 = D(A) \cap \operatorname{im}(I - P_A)$. Der Operator $T_1 = P_A$ ist vollstetig, und A_1^{-1} ist nach Lemma 2.3 stetig. Folglich existiert für jedes n eine Zahl m und eine Konstante $C'_n > 0$, so daß

$$||x_1||_n \leqq C'_n\, ||A_1\,x_1||'_m$$

für alle $x_1 \in D_1$ gilt. Dabei kann $m \geqq n$ angenommen werden.

Jedes $x \in D(A)$ ist in der Form $x = x_1 + x_2$ mit $x_1 \in D_1$ und $x_2 \in \ker A$ darstellbar. Da offenbar $A\,x = A_1\,x_1$ und $T_1\,x = x_2$ gilt, so erhalten wir für alle $x \in D(A)$ die Abschätzung

$$||x||_n \leqq ||x_1||_n + ||x_2||_m \leqq C_n\,(||A\,x||'_m + ||T_1\,x||_m)$$

mit $C_n = \max(1, C'_n)$.

[1]) Es sind auch die Bezeichnungen FREDHOLM*scher Operator* und F-*Operator* gebräuchlich. Wir halten uns in diesem Buch an die von I. Z. GOCHBERG und M. G. KREIN [1] eingeführte Terminologie der Φ- und $\Phi_\pm$-Operatoren. Derartige Operatoren mit von Null verschiedenem Index traten erstmalig in einer Arbeit von F. NOETHER [1] bei der Untersuchung singulärer Integralgleichungen auf.

Hinlänglichkeit. Es sei die Abschätzung (3.2) für gewisse vollstetige Operatoren T_j erfüllt. Wir zeigen zunächst, daß der abgeschlossene Teilraum $X_0 = \ker A$ endlichdimensional ist. Nach (3.2) gilt für alle $x \in X_0$

$$||x||_n \leqq C_n \sum_{j=1}^{k} ||T_j x||_m . \tag{3.3}$$

Wegen der Vollstetigkeit der Operatoren T_j existiert in X eine Nullumgebung U, so daß alle Bildmengen $T_j(U)$ relativ kompakt sind. Dann folgt aus (3.3), daß $U_0 = X_0 \cap U$ eine relativ kompakte Nullumgebung im F-Raum X_0 ist. Nach einem bekannten Kriterium von KOLMOGOROFF (siehe L. W. KANTOROWITSCH und G. P. AKILOW [1]) ist daher X_0 notwendig endlichdimensional.

Es ist noch die Abgeschlossenheit der Bildmenge im A zu zeigen. Es gelte $y_n = A x_n \to y$. Zu beweisen ist $y \in \operatorname{im} A$. Offenbar kann $x_n \in D_1$ gewählt werden. Sei $U = \{x \in X: ||x||_p < \varepsilon\}$ die obengenannte Nullumgebung. Wir zeigen zunächst, daß die Folge der Normen $||x_n||_p$ $(n = 1, 2, \ldots)$ beschränkt ist. Angenommen, das Gegenteil wäre der Fall. Indem man gegebenenfalls zu einer Teilfolge übergeht, kann man erreichen, daß $||x_n||_p \to \infty$ für $n \to \infty$ gilt. Wir setzen jetzt

$$\tilde{x}_n = \frac{r}{||x_n||_p} x_n , \qquad \tilde{y}_n = \frac{r}{||x_n||_p} y_n ,$$

wobei r eine feste Zahl, $0 < r < \varepsilon$, ist. Offenbar gilt $\tilde{y}_n = A \tilde{x}_n$, $\tilde{y}_n \to 0$, $||\tilde{x}_n||_p = r$ und daher $\tilde{x}_n \in U$. Mithin existiert eine Teilfolge $\{\tilde{x}_{n_k}\}$, so daß die Folgen $\{T_j \tilde{x}_{n_k}\}$ $(j = 1, \ldots, l)$ konvergieren. Aus (3.2) folgt jetzt, daß $\{\tilde{x}_{n_k}\}$ eine Fundamentalfolge ist, die gegen ein Element $x \in \operatorname{im}(I - P_A)$ konvergiert. Damit ergibt sich

$$\tilde{x}_{n_k} \to x , \qquad A \tilde{x}_{n_k} \to 0 ,$$

woraus $x \in D(A)$ und $A x = 0$ wegen der Abgeschlossenheit des Operators A folgt. Da aber $D_1 \cap \ker A = \{0\}$ gilt, so ist $x = 0$. Andererseits finden wir $||x||_p = \lim\limits_k ||\tilde{x}_{n_k}||_p = r$. Mit diesem Widerspruch ist gezeigt, daß die Folge $\{||x_n||_p\}_{n=1}^{\infty}$ beschränkt ist. Daher kann o. B. d. A. $x_n \in U$ für $n \geqq n_0$ angenommen werden.

Indem wir nun die soeben durchgeführten Überlegungen auf die Folge $\{x_n\}$ statt $\{\tilde{x}_n\}$ anwenden, erhalten wir die Existenz eines Elementes $x \in D(A)$ mit $A x = y$. Damit ist das Lemma bewiesen.

Bemerkung. Dafür, daß der abgeschlossene Operator $A\,(X \to Y)$ ein Φ_+-Operator ist, ist hinreichend, daß die Bedingung (3.2) für gewisse vollstetige Operatoren $T_j \in \mathcal{K}(X, X_j)$ $(X_j, j = 1, \ldots, l$, ebenfalls F-Räume) erfüllt ist.

Dies folgt unmittelbar aus dem zweiten Teil des Beweises von Lemma 3.1.

Satz 3.1. *Es sei $A\,(X \to Y)$ ein abgeschlossener Operator und $B \in \mathcal{L}(Y, Z)$. Dann folgt aus $B A \in \Phi_+(X, Z)$ stets $A \in \Phi_+(X, Y)$.*

Beweis. Sei $B A \in \Phi_+(X, Z)$. Nach Lemma 3.1 existiert ein Operator $T \in \mathcal{K}(X)$, so daß

$$||x||_n \leqq C_n (||B A x||''_m + ||T x||_m) , \qquad x \in D(A) \tag{3.4}$$

für alle $n = 1, 2, \ldots$ und gewisse Zahlen $m = m_n$ und $C_n > 0$ gilt. Dabei bezeichnet $\{||z||_n''\}_1^\infty$ ein erzeugendes System von Halbnormen in Z. Auf Grund der Stetigkeit des Operators B gibt es zu jedem m eine Zahl $p \geqq m$ und eine Konstante $C_m' < 0$ mit

$$||B\,y||_m'' \leqq C_m'\,||y||_p', \qquad y \in Y.$$

Daraus erhalten wir zusammen mit (3.4) die Abschätzung

$$||x||_n \leqq C_n''\,(||A\,x||_p' + ||T\,x||_p), \qquad x \in D(A),$$

wobei C_n'' eine nur von n abhängige Konstante ist. Nach Lemma 3.1 gilt daher $A \in \Phi_+(X, Y)$.

Bemerkung. Wie aus dem vorstehenden Beweis ersichtlich ist, gilt die folgende Verschärfung des Satzes 3.1: Wenn eine abgeschlossene Erweiterung $C \in \Phi_+(X, Z)$ des Operators BA existiert, dann ist $A \in \Phi_+(X, Y)$.

Folgerung 3.1. *Aus* $A \in \Phi_+(X, Y)$ *und* $T \in \mathcal{K}(X, Y)$ *folgt* $A + T \in \Phi_+(X, Y)$.

Beweis. Nach Lemma 3.1 ist die Abschätzung (3.2) für $l = 1$ erfüllt. Wegen $||A\,x||_m' \leqq ||(A + T)x||_m' + ||T\,x||_m'$ erhalten wir dann

$$||x||_n \leqq C_n'\,[||(A + T)\,x||_m' + ||T\,x||_m' + ||T_1\,x||_m],$$

und die Behauptung folgt aus der Bemerkung zu Lemma 3.1.

Satz 3.2. *Es sei* $A\ (X \to Y)$ *ein abgeschlossener Operator und* $B \in \mathcal{L}(Y, Z)$ *ein stetiger Operator mit endlichdimensionalem Kern. Aus* $B\,A \in \Phi(X, Z)$ *folgt dann* $A \in \Phi(X, Y)$.

Beweis. Auf Grund des Satzes 3.1 gilt $A \in \Phi_+(X, Y)$. Entgegen der Behauptung nehmen wir an, es sei $\beta(A) = \infty$.

Wir zerlegen den endlichdimensionalen Teilraum $\ker B$ in eine topologische direkte Summe $\ker B = N_1 \dotplus N_2$ mit $N_1 = \ker B \cap \operatorname{im} A$ und setzen $Y_1 = \operatorname{im} A \dotplus N_2$. Da der Teilraum N_2 endlichdimensional ist, so gilt offenbar $\dim Y_1^\perp = \infty$.

Folglich lassen sich zu einer beliebigen natürlichen Zahl m linear unabhängige Funktionale $f_1, f_2, \ldots, f_m$ in $Y_1^\perp$ finden. Es sei $y_1, y_2, \ldots, y_m$ ein dazugehöriges biorthogonales System von Elementen in Y. Mit Y_2 bezeichnen wir den auf diese (linear unabhängigen) Elemente aufgespannten Teilraum. Offenbar gilt $Y_1 \cap Y_2 = \{0\}$.

Wir betrachten die direkte Summe $M = \operatorname{im} A \oplus N_2 \oplus Y_2$. Man sieht leicht, daß $\operatorname{im} B\,A \cap B(Y_2) = \{0\}$. Da nach Voraussetzung $\operatorname{im} B\,A$ abgeschlossen ist, so ist folglich auch $B(M) = \operatorname{im} B\,A \dotplus B(Y_2)$ ein abgeschlossener Teilraum von Y (vgl. 1.2.2), und es gilt

$$\dim\big(X/B(M)\big) = \beta(B\,A) - m.$$

Berücksichtigt man außerdem die Inklusion $B(M) \subset \operatorname{im} B$, dann erhält man

$$\dim\big(X/B(M)\big) \geqq \dim\big(X/\overline{\operatorname{im} B}\big) = \beta(B),$$

d. h. $\beta(B\,A) \geqq \beta(B) + m$. Da m beliebig war, so folgt hieraus $\beta(B\,A) = \infty$, entgegen der Voraussetzung des Satzes.

Folglich ist $\beta(A)$ endlich und damit $A \in \Phi(X, Y)$.

Satz 3.3. *Es sei* $A \in \mathcal{L}(X, Y)$ *ein stetiger und* B $(Y \to Z)$ *ein abgeschlossener Operator. Wenn* $\operatorname{im} A \subset D(B)$ *gilt, dann folgt aus* $B A \in \Phi_-(X, Z)$ *auch* $B \in \Phi_-(Y, Z)$.

Beweis. Wir setzen $B A = C$. Auf Grund der Voraussetzung des Satzes gilt offenbar

$$\operatorname{im} C \subset \operatorname{im} B . \tag{3.5}$$

Aus der letzten Beziehung ergibt sich unmittelbar $\beta(B) \leqq \beta(C) < \infty$.

Weiter folgt aus (3.5) und der Endlichkeit der Kodimension von $\operatorname{im} C$, daß

$$\operatorname{im} B = \operatorname{im} C \oplus N$$

mit einem gewissen endlichdimensionalen Teilraum N gilt. Da $\operatorname{im} C$ ein abgeschlossener Teilraum ist, so schließen wir nach Abschnitt 1.2.2 auf die Abgeschlossenheit von $\operatorname{im} B$. Folglich ist B normal auflösbar, d. h. $B \in \Phi_-(Y, Z)$.

Satz 3.4. *Dafür, daß der abgeschlossene Operator* A $(X \to Y)$ *ein* Φ*-Operator ist, ist notwendig und hinreichend, daß zwei stetige Operatoren* $B_1, B_2 \in \mathcal{L}(Y, X)$ *existieren, für welche gilt:* $\operatorname{im} B_2 \subset D(A)$ *und*

$$B_1 A = I - T_1 , \qquad A B_2 = I - T_2 , \tag{3.6}$$

wobei T_1 *ein vollstetiger Operator in* X, T_2 *ein vollstetiger Operator in* Y *ist.*

B_1 *und* B_2 *können so gewählt werden, daß* $B_1 = B_2$ *ist und* T_1, T_2 *stetige Projektoren endlichen Ranges sind.*

Beweis. Hinlänglichkeit. Existieren die genannten Operatoren B_1 und B_2, dann folgt $A \in \Phi(X, Y)$ auf Grund der Sätze 3.1 und 3.3

Notwendigkeit. Es sei umgekehrt $A \in \Phi(X, Y)$. Mit P_A bezeichnen wir einen stetigen Projektor des Raumes X auf den endlichdimensionalen Teilraum $\ker A$ und mit A_1 den in Abschnitt 1.2.5 eingeführten Operator. Auf Grund des Lemmas 2.3 ist A_1^{-1} ein auf dem abgeschlossenen Teilraum $\operatorname{im} A$ definierter stetiger Operator. Da $\beta(A)$ endlich ist, so besitzt $\operatorname{im} A$ in Y ein topologisches Komplement Y_1 (siehe Lemma 2.1). Wir bezeichnen mit K den stetigen Projektor von Y auf Y_1 parallel zu $\operatorname{im} A$. Wegen $\dim Y_1 = \beta(A)$ ist K ein Projektor endlichen Ranges.

Wir setzen $B = A_1^{-1} (I - K)$. Offensichtlich gilt $B \in \mathcal{L}(Y, X)$ und $\operatorname{im} B \subset D(A)$. Aus den Beziehungen (2.3) und (2.4) ergeben sich dann die Gleichungen (3.6) mit $T_1 = P_A$, $T_2 = K$ und $B_1 = B_2 = B$.

Satz 3.5. *Es sei* $A \in \Phi(X, Y)$ *ein* Φ*-Operator mit dichtem Definitionsgebiet* $D(A)$. *Dann ist* A^* *normal auflösbar, d. h.*

$$\operatorname{im} A^* = \{f \in X^* \colon \langle x, f\rangle = 0 \text{ für alle } x \in \ker A\} .$$

Außerdem hat A^* *einen endlichen Index, und es gilt*

$$\alpha(A^*) = \beta(A) , \qquad \beta(A^*) = \alpha(A) .$$

Beweis. Für das Funktional $f \in X^*$ sei die Bedingung

$$\langle x, f\rangle = 0 \qquad \text{für alle } x \in \ker A \tag{3.7}$$

erfüllt. Wir haben zu zeigen, daß sich ein Funktional $g \in Y^*$ finden läßt, für das $A^* g = f$ ist.

Es sei P_A ein stetiger Projektor von X auf $\ker A$ und Q ein stetiger Projektor von Y auf den abgeschlossenen Teilraum $\operatorname{im} A$ (vgl. Lemma 2.1). Dann ist $A_1^{-1} Q \in \mathscr{L}(Y, X)$. Wir setzen $g = (A_1^{-1} Q)^* f$. Für beliebiges $x \in D(A)$ ergibt sich auf Grund der Bedingung (3.7)

$$\langle A x, g \rangle = \langle A_1^{-1} Q A (I - P_A) x, f \rangle = \langle x, f \rangle + \langle P_A x, f \rangle = \langle x, f \rangle ,$$
$$\text{d. h. } A^* g = f .$$

Aus dem Bewiesenen folgt, daß der Quotientenraum $X^*/\operatorname{im} A^*$ zu $\ker A$ isomorph ist, d. h. $\beta(A^*) = \alpha(A)$. Da außerdem die Beziehung (3.1) gilt, so ist damit der Satz bewiesen.

Lemma 3.2. *Es sei A $(X \to Y)$ ein abgeschlossener normal auflösbarer Operator und X_0 ein abgeschlossener Teilraum von X. Für die Abgeschlossenheit der Menge $A(X_0)$ ist hinreichend, und im Falle eines stetigen Operators A auch notwendig, daß der Menge $X_0 + \ker A$ abgeschlossen ist.*

Beweis. Wenn A stetig und $A(X_0)$ eine abgeschlossene Menge ist, dann ist das volle Urbild $A^{-1}[A(X_0)] = X_0 + \ker A$ abgeschlossen.

Es sei umgekehrt $X_0 + \ker A$ eine abgeschlossene Menge. Wir bezeichnen mit φ die kanonische Abbildung von X auf den F-Raum $\hat{X} = X/\ker A$ (Quotientenraum des F-Raumes X nach dem abgeschlossenen Teilraum $\ker A$). Da φ ein Homomorphismus ist, so ist die Menge

$$\varphi\left(X - [X_0 + \ker A]\right) = \hat{X} - \varphi(X_0)$$

offen, und folglich ist $\varphi(X_0)$ abgeschlossen in $\hat{X}$.

Der abgeschlossene Operator A erzeugt auf natürliche Weise einen abgeschlossenen Operator $\hat{A}$ $(\hat{X} \to Y)$ mit $\ker \hat{A} = \{0\}$ und $\operatorname{im} \hat{A} = \operatorname{im} A$, der durch die Beziehung

$$\hat{A} \varphi = A$$

definiert wird. Da nach Voraussetzung $\operatorname{im} A$ abgeschlossen und folglich ein F-Raum ist, so ist der Operator $\hat{A}^{-1}$ stetig auf Grund des Satzes vom abgeschlossenen Graphen. Folglich ist

$$A(X_0) = \hat{A} \varphi(X_0)$$

als volles Urbild der abgeschlossenen Menge $\varphi(X_0) \subset \hat{X}$ bezüglich der stetigen Abbildung $\hat{A}^{-1}$ eine abgeschlossene Menge. Das Lemma ist damit bewiesen.

Als unmittelbare Folgerung des Lemmas 3.2 und der Bemerkungen aus Abschnitt 1.2.2 ergibt sich die

Folgerung 3.2. *Es sei A $(X \to Y)$ ein abgeschlossener normal auflösbarer Operator, $B \in \Phi_+(Y, Z)$ und $C \in \Phi_-(Z, X)$. Dann sind die Operatoren $B A$ $(X \to Z)$ und $A C$ $(Z \to Y)$ normal auflösbar.*

Satz 3.6. *Aus $A \in \Phi(X, Y)$, $B \in \Phi(Y, Z)$ und $\overline{D(B)} = Y$ folgt $B A \in \Phi(X, Z)$ und*

$$\operatorname{Ind} B A = \operatorname{Ind} A + \operatorname{Ind} B . \tag{3.8}$$

Beweis. Nach Folgerung 3.2 ist der Operator BA normal auflösbar, und folglich ist im BA abgeschlossen.

Wir bezeichnen mit n_1 die Dimension des endlichdimensionalen Teilraumes $Y_1 = \operatorname{im} A \cap \ker B$. Dann gilt offenbar

$$\alpha(BA) = \alpha(A) + n_1, \tag{3.9}$$

und der endlichdimensionale Teilraum $\ker B$ läßt sich in eine topologische direkte Summe des Teilraumes Y_1 und eines gewissen Teilraumes Y_2 mit $\dim Y_2 = \alpha(B) - n_1$ aufspalten.

Auf Grund des Lemmas 2.2 ist der Raum Y in der Form $Y = \operatorname{im} A \dotplus Y_2 \dotplus Y_3$ darstellbar, wobei $Y_3 \subset D(B)$ ein endlichdimensionaler Teilraum ist. Setzen wir $n_3 = \dim Y_3$, dann ergibt sich auf Grund der Isomorphie der Räume $Y/\operatorname{im} A$ und $Y_2 \dotplus Y_3$ die Gleichung $\beta(A) = \dim Y_2 + \dim Y_3$ oder

$$\alpha(B) - \beta(A) = n_1 - n_3. \tag{3.10}$$

Wir benutzen jetzt die Darstellung

$$D(B) = D(B) \cap (\operatorname{im} A \dotplus Y_2 \dotplus Y_3) = D_1 \oplus Y_2 \oplus Y_3,$$

wobei $D_1 = D(B) \cap \operatorname{im} A$ gesetzt wurde. Nach Anwendung des Operators B ergibt sich wegen $B(D_1) = \operatorname{im} BA$ die Beziehung

$$\operatorname{im} B = \operatorname{im} BA \dotplus B(Y_3). \tag{3.11}$$

Daraus folgt

$$\beta(BA) = \beta(B) + \dim B(Y_3) = \beta(B) + n_3. \tag{3.12}$$

Aus den Gleichungen (3.9), (3.10) und (3.12) erhalten wir jetzt

$$\begin{aligned}\operatorname{Ind} BA &= \alpha(BA) - \beta(BA) = \alpha(A) + n_1 - \beta(B) - n_3 = \\ &= \alpha(A) - \beta(A) + \alpha(B) - \beta(B) = \operatorname{Ind} A + \operatorname{Ind} B.\end{aligned}$$

Es bleibt zu zeigen, daß das Produkt BA ein abgeschlossener Operator ist.

Zu diesem Zweck betrachten wir die Einschränkung $\bar{B}$ des Operators B auf den Teilraum D_1:

$$\bar{B}y = By, \qquad D(\bar{B}) = D_1.$$

Wie man leicht sieht, ist $\bar{B}$ ein abgeschlossener Operator. Aus der offensichtlichen Beziehung $\operatorname{im} \bar{B} = \operatorname{im} BA$ folgt unmittelbar die normale Auflösbarkeit des Operators $\bar{B}$.

Da $\ker \bar{B} = \ker B \cap \operatorname{im} A$ ist, so existiert ein endlichdimensionaler Teilraum X_1 mit

$$\ker A \subset X_1 \subset D(A), \qquad A(X_1) = \ker \bar{B}.$$

Es sei P ein stetiger Projektor von X auf X_1 und $Q = I - P$. Dann gilt

$$\operatorname{im} A = \operatorname{im} AQ \dotplus \ker \bar{B}.$$

Wir nehmen jetzt eine beliebige Folge $\{x_n\} \subset D(BA)$ derart, daß

$$x_n \to x, \qquad BAx_n \to z$$

gilt. Mit $\bar{B}_1$ bezeichnen wir die Einschränkung des Operators $\bar{B}$ auf den Teilraum im $A\,Q$. Unter Berücksichtigung der Stetigkeit des Operators $\bar{B}_1^{-1}$ erhalten wir dann

$$\bar{B}_1^{-1}(B\,A\,x_n) = A\,Q\,x_n \to \bar{B}_1^{-1}\,z\,.$$

Wegen der Abgeschlossenheit des Operators A folgt hieraus

$$Q\,x \in D(A)\,, \qquad A\,Q\,x = \bar{B}_1^{-1}\,z\,.$$

Somit ergibt sich

$$x \in D(A)\,, \qquad A\,x = A\,Q\,x + A\,P\,x \in D(B)$$

und folglich

$$x \in D(B\,A)\,, \qquad B\,A\,x = z\,.$$

Damit ist die Abgeschlossenheit des Operators $B\,A$ und mithin die Behauptung des Satzes bewiesen.

Aus dem Beweis des Satzes 3.6 ergibt sich unmittelbar die

Folgerung 3.3. *Aus* $A \in \Phi_\pm(X, Y)$, $B \in \Phi_\pm(Y, Z)$ *und* $\overline{D(B)} = Y$ *folgt* $B\,A \in \Phi_\pm(X, Z)$.[1])

Die anschließende Folgerung ergänzt die Aussagen der Sätze 3.1—3.3.

Folgerung 3.4. *Es sei* $A \in \mathcal{L}(X, Y)$ *und* $B \in \mathcal{L}(Y, Z)$. *Dann gilt:*

(a) *Aus* $B\,A \in \Phi_+(X, Z)$ *und* $A \in \Phi(X, Y)$ *folgt* $B \in \Phi_+(Y, Z)$.

(b) *Aus* $B\,A \in \Phi_-(X, Z)$ *und* $B \in \Phi(Y, Z)$ *folgt* $A \in \Phi_-(X, Y)$.

Beweis. Wir beweisen die Behauptung (a). Auf Grund der Sätze 3.2 und 3.4 existiert ein stetiger Operator $R \in \Phi(Y, X)$ derart, daß

$$R\,A = I - T_1\,, \qquad A\,R = I - T_2$$

gilt, wobei T_1 und T_2 stetige endlichdimensionale Operatoren sind. Nach Folgerung 3.3 ist dann

$$B\,A\,R = B - B\,T_2 \in \Phi_+(Y, Z)\,.$$

Da $B\,T_2$ ein stetiger endlichdimensionaler Operator ist, so schließen wir aus der letzten Beziehung unter Berücksichtigung der Bemerkungen aus Abschnitt 1.2.2, daß $B \in \Phi_+(Y, Z)$ gilt.

Analog beweist man die Behauptung (b).

Aus den Sätzen 3.2 und 3.3 sowie der Folgerung 3.4 ergibt sich nun das folgende Gegenstück zum Satz 3.6.

Folgerung 3.5. *Es gelte* $A \in \mathcal{L}(X, Y)$, $B \in \mathcal{L}(Y, Z)$ *und* $B\,A \in \Phi(X, Z)$. *Dann sind die Operatoren* A *und* B *beide gleichzeitig* Φ*-Operatoren oder nicht.*

Satz 3.7. *Es sei* $A \in \Phi(X, Y)$ *und* $T \in \mathcal{K}(X, Y)$. *Dann gilt* $A + T \in \Phi(X, Y)$ *und* $\operatorname{Ind}(A + T) = \operatorname{Ind} A$.

Beweis. Auf Grund des Satzes 3.4 existiert ein Operator $B \in \mathcal{L}(Y, X)$ mit $\operatorname{im} B \subset D(A)$ derart, daß

$$B\,A = I - T_1\,, \qquad A\,B = I - T_2 \tag{3.13}$$

gilt. Dabei sind T_1 und T_2 vollstetige Operatoren in X bzw. Y.

[1]) Die Abgeschlossenheit des Operators $B\,A$ wird hierbei nicht behauptet.

Aus (3.13) erhalten wir die Gleichungen

$$B(A + T) = I - T_3, \qquad (A + T)B = I - T_4,$$

wobei $T_3 = T_1 - B\,T$ und $T_4 = T_2 - T\,B$ vollstetige Operatoren in X bzw. Y sind. Berücksichtigt man außerdem, daß $A + T$ ein abgeschlossener Operator mit dem Definitionsgebiet $D(A + T) = D(A)$ ist, dann ergibt sich nach erneuter Anwendung des Satzes 3.4: $A + T \in \Phi(X, Y)$.

Wir beweisen jetzt die Indexgleichung. Es seien

$$\|x\|_1 \leqq \|x\|_2 \leqq \cdots \leqq \|x\|_n \leqq \cdots$$

und

$$\|y\|_1' \leqq \|y\|_2' \leqq \cdots \leqq \|y\|_n' \leqq \cdots$$

erzeugende Systeme von Halbnormen in X bzw. Y. Im Definitionsgebiet $D(A)$ erklären wir durch die Beziehungen

$$|x|_n = \|x\|_n + \|A\,x\|_n' \qquad (n = 1, 2, \ldots) \tag{3.14}$$

ein System von Halbnormen. Die durch das System (3.14) erzeugte lokalkonvexe Topologie verwandelt $D(A)$ in einen metrisierbaren Raum (siehe L. W. KANTOROWITSCH und G. P. AKILOW [1], Satz 2 (2.XI)), den wir mit D bezeichnen wollen. Aus der Abgeschlossenheit des Operators A folgt unmittelbar, daß D vollständig und mithin ein F-Raum ist.

Mit A' bezeichnen wir den durch die Beziehungen

$$D(A') = D, \qquad A'\,x = A\,x \tag{3.15}$$

definierten Operator von D in Y. Entsprechend bedeute B' den Operator B, betrachtet als Abbildung von Y in D. Aus den Abschätzungen

$$\|A'\,x\|_n' = \|A\,x\|_n' \leqq |x|_n \qquad (n = 1, 2, \ldots)$$

und

$$|B'\,y|_n = \|B\,y\|_n + \|A\,B\,y\|_n' \geqq C_n \|y\|_{m_n}',$$

wobei C_n eine (von n abhängige) Konstante und $m_n \geqq n$ eine natürliche Zahl bedeuten, schließen wir, daß die Operatoren A' und B' stetig sind. Da außerdem die Bildräume und die Kerne der Operatoren A und A' übereinstimmen, so ist A' ein Φ-Operator und es gilt

$$\operatorname{Ind} A = \operatorname{Ind} A'. \tag{3.16}$$

Unter Berücksichtigung der Beziehung

$$A'\,B' = I - T_2 \in \Phi(Y)$$

erhalten wir auf Grund des Satzes 3.2, daß auch B' ein Φ-Operator ist. Aus Satz 3.6 und Formel (3.16) folgt jetzt

$$\operatorname{Ind} A = \operatorname{Ind}(I - T_2) - \operatorname{Ind} B' = -\operatorname{Ind} B'. \tag{3.17}$$

Wiederholt man die mit Definition (3.15) beginnenden Überlegungen für den Operator $A + T$ anstelle A, dann erhält man auf analoge Weise die Gleichung

$$\operatorname{Ind}(A + T) = -\operatorname{Ind} B'. \tag{3.18}$$

Aus (3.17) und (3.18) folgt nun die Behauptung.

Der folgende Satz gilt für BANACH-Räume. Aus ihm folgt unmittelbar, daß die Menge der stetigen Φ-Operatoren $A\ (X \to Y)$ in dem durch (1.3) normierten Raum $\mathcal{L}(X, Y)$ eine offene Menge ist.

Satz 3.8. *Es seien X und Y BANACH-Räume. Zu jedem Operator $A \in \Phi(X, Y)$ existiert eine Zahl $\varrho > 0$ derart, daß aus $C \in \mathcal{L}(X, Y)$ und $||C|| < \varrho$ stets $A + C \in \Phi(X, Y)$ und*

$$\operatorname{Ind}(A + C) = \operatorname{Ind} A \tag{3.19}$$

folgt.

Beweis. Auf Grund des Satzes 3.4 existiert ein Operator $B \in \mathcal{L}(Y, X)$ mit im $B \subset D(A)$, für den die Beziehungen (3.13) gelten. Wir zeigen, daß die Zahl $\varrho = ||B||^{-1}$ die im Satz 3.8 genannten Eigenschaften besitzt.

Aus $||C|| < \varrho$ ergibt sich zunächst

$$||B\,C|| \leqq ||B||\,||C|| < 1 .$$

Folglich existiert der stetige inverse Operator $(I + B\,C)^{-1} \in \mathcal{L}(X)$. Wir erhalten somit

$$B\,(A + C) = I - T_1 + B\,C = (I + B\,C)\,(I - T)\,,$$

wobei $T = (I + B\,C)^{-1}\,T_1$ im Raum X vollstetig ist. Somit ergibt sich für den Operator $B_1 = (I + B\,C)^{-1}\,B$ die Beziehung

$$B_1\,(A + C) = I - T\ . \tag{3.20}$$

Analog zeigt man, daß für den Operator $B_2 = B\,(I + C\,B)^{-1}$ und einen gewissen Operator $T_0 \in \mathcal{K}(Y)$ die Gleichung

$$(A + C)\,B_2 = I - T_0$$

gilt. Damit folgt aber nach Satz 3.4: $A + C \in \Phi(X, Y)$.

Unter Benutzung derselben Überlegungen wie beim Beweis des Satzes 3.7 schließen wir aus der Beziehung

$$(A + C)\,B = (I - T_0)\,(I + C\,B)$$

auf die Formel

$$\operatorname{Ind}(A + C) = \operatorname{Ind}(I - T_0) + \operatorname{Ind}(I + C\,B) - \operatorname{Ind} B' = -\operatorname{Ind} B'\ .$$

Zusammen mit (3.17) erhalten wir hieraus die Gleichung (3.19). Damit ist der Satz 3.8 bewiesen.

Die in den Sätzen 3.7 und 3.8 bewiesenen Eigenschaften lassen sich auf Φ_+- und Φ_--Operatoren in BANACH-Räumen übertragen.

Satz 3.7*. *Es sei $A \in \Phi_+(X, Y)$ $\big(A \in \Phi_-(X, Y)\big)$ und $T \in \mathcal{K}(X, Y)$. Dann gilt $A + T \in \Phi_+(X, Y)$ $\big(A + T \in \Phi_-(X, Y)\big)$, und die Zahlen*

$$\beta\,(A + T)\,,\quad \beta(A) \qquad \big(\alpha\,(A + T)\,,\ \alpha(A)\big)$$

sind beide gleichzeitig endlich oder nicht.

Beweis. Für Φ_+-Operatoren folgt die Behauptung des Satzes bereits aus Folgerung 3.1 und Satz 3.7.

Sei jetzt $A \in \Phi_-(X, Y)$. Wir setzen zusätzlich voraus, daß $D(A)$ in X dicht ist. Nach dem Satz von BANACH-HAUSDORFF gilt $A^* \in \Phi_+(Y^*, X^*)$, und aus Folgerung 3.1 schließen wir $A^* + T^* \in \Phi_+(Y^*, X^*)$.

Daraus folgt wiederum $A + T \in \Phi_-(X, Y)$.

Satz 3.8*. *Zu jedem Operator* $A \in \Phi_+(X, Y)$ $(A \in \Phi_-(X, Y))$ *existiert eine Zahl* $\varrho > 0$ *derart, daß aus* $C \in \mathcal{L}(X, Y)$ *und* $\|C\| < \varrho$ *stets* $A + C \in \Phi_+(X, Y)$ $(A + C \in \Phi_-(X, Y))$ *folgt. Dabei sind die Zahlen* $\beta(A + C)$, $\beta(A)$($\alpha(A + C)$, $\alpha(A)$) *beide gleichzeitig endlich oder nicht.*

Beweis. Nach Satz 3.8 brauchen nur noch die Fälle betrachtet zu werden, wo eine der Zahlen $\alpha(A)$ oder $\beta(A)$ unendlich ist. Sei $A \in \Phi_+(X, Y)$. Nach Lemma 3.1 existieren ein vollstetiger Operator $T \in \mathcal{K}(X)$ und eine Konstante $\gamma > 0$, so daß

$$\|x\|_X \leqq \gamma\,(\|A\,x\|_Y + \|T\,x\|_X)\,, \qquad x \in D(A)$$

gilt. Wir setzen $\varrho = \frac{1}{\gamma}$. Dann folgt aus der letzten Ungleichung für $\|C\| < \varrho$ die Abschätzung

$$\|x\|_X \leqq \frac{\gamma}{1 - \|C\|\,\gamma}\,(\|(A + C)\,x\|_Y + \|T\,x\|_X)\,, \qquad x \in D(A)\,.$$

Damit ergibt sich nach Lemma 3.1 $A + C \in \Phi_+(X, Y)$.

Die entsprechende Behauptung des Satzes, die sich auf Φ_--Operatoren bezieht, läßt sich analog zum Beweis des vorhergehenden Satzes durch Übergang zum adjungierten Operator verifizieren.

Die letzte Behauptung des Satzes beweisen wir für den Fall, daß $X = Y = H$ ein HILBERT-Raum und A ein stetiger Operator ist. Sei also $A \in \Phi_+(H)$. Aus dem Beweis des Satzes 3.4 folgt dann leicht die Existenz eines Operators $B \in \mathcal{L}(H)$, so daß $B\,A - I$ vollstetig ist. Wir setzen $\varrho = 2^{-1}\,\|B\|^{-1}$ und $\|C\| < \varrho$. Ebenso wie im Beweis des Satzes 3.8 erhalten wir dann die Beziehung (3.20) und damit $A + C \in \Phi_+(H)$ (vgl. Satz 3.1). Wir nehmen $\beta(A + C)$ als endlich an und zeigen, daß dann auch $\beta(A)$ endlich sein muß. Aus $A + C \in \Phi(H)$ erhalten wir zusammen mit (3.20) die Beziehung

$$A\,B_1 = (I - C\,B_1) + T_0\,, \tag{3.21}$$

wobei T_0 vollstetig ist (vgl. die später bewiesene Folgerung 4.3). Dabei gilt $\|C\,B_1\| < \frac{1}{2}\,\|(I + B\,C)^{-1}\| \leqq 1$, und folglich ist der Operator $I - C\,B_1$ invertierbar. Nach Satz 3.3 ist wegen (3.21) die Zahl $\beta(A)$ endlich.

Analog verläuft der Beweis für Φ_--Operatoren in einem HILBERT-Raum.

Für Operatoren in BANACH-Räumen beweist man die letzte Behauptung des Satzes 3.8* durch Abschätzung der Öffnung der Defekträume der Operatoren A und $A + C$ und anschließende Benutzung eines bekannten Kriteriums von KREIN, KRASNOSIELSKI und MILMAN (vgl. hierzu I. Z. GOCHBERG und M. G. KREIN [1] oder auch D. PRZEWORSKA-ROLEWICZ and S. ROLEWICZ [1] sowie T. KATO [1]).

Zum Abschluß unserer Ausführungen über Φ-Operatoren beweisen wir noch einen einfachen Satz, der sich in verschiedenen Anwendungen als nützlich erweist.

Satz 3.9. *Es seien* X, Y *und* Z F-*Räume, wobei* $Z \subset X$ *und* $Z \subset Y$ *im Sinne einer stetigen Einbettung gilt. Des weiteren sei* $A\,(X \to Y)$ *ein Operator mit folgenden Eigenschaften:* (1) $A x \in Z$ *für beliebiges* $x \in Z \cap D(A)$ *und* (2) *aus* $A x \in Z$ $(x \in X)$ *folgt* $x \in Z$.

Wir bezeichnen mit A_Z *die Einschränkung des Operators A auf den Raum Z. Dann gilt*

(a) *Aus der normalen Auflösbarkeit von A folgt die normale Auflösbarkeit von* A_Z.

(b) *Wenn Z in Y überall dicht ist, dann gilt mit* $A \in \Phi(X, Y)$ *stets* $A_Z \in \Phi(Z)$ *und*

$$\alpha(A) = \alpha(A_Z) , \qquad \beta(A) = \beta(A_Z) .$$

Beweis. (a) Es sei A normal auflösbar. Wir wählen eine beliebige Folge $\{y_n\} \subset \operatorname{im} A_Z$, die in Z gegen ein Element $y \in Z$ konvergiert. Dann gilt $y_n \to y$ auch bezüglich der Konvergenz in Y, und demzufolge ist $y \in \operatorname{im} A$. Da auf Grund der Voraussetzung des Satzes offenbar

$$Z \cap \operatorname{im} A = \operatorname{im} A_Z \tag{3.22}$$

gilt, so ist $y \in \operatorname{im} A_Z$. Mithin ist A_Z normal auflösbar.

(b) Wie man leicht unmittelbar einsieht, folgt aus der Abgeschlossenheit des Operators A die Abgeschlossenheit von A_Z sowie die Beziehung $\ker A = \ker A_Z$.

Da $A \in \Phi(X, Y)$ ist, so läßt sich Y als topologische direkte Summe $Y = \operatorname{im} A \dotplus N$ darstellen, wobei N einen $\beta(A)$-dimensionalen Teilraum bedeutet. Auf Grund des Lemmas 2.2 kann dabei $N \subset Z$ gewählt werden, und folglich gilt nach (3.22)

$$Z = Z \cap Y = \operatorname{im} A_Z \dotplus N .$$

Damit ergibt sich

$$\operatorname{codim} \operatorname{im} A = \operatorname{codim} \operatorname{im} A_Z = \dim N ,$$

und die Behauptung ist bewiesen.

Bemerkung. Den Begriff des NOETHERschen Operators kann man auch für Operatoren in allgemeinen lokalkonvexen Räumen einführen. Um in diesem Fall zu analogen Aussagen wie im Falle der F-Räume zu gelangen, muß man von einem Φ-Operator in lokalkonvexen Räumen außer den in Abschnitt 1.3.1 geforderten Bedingungen verlangen, daß er ein Homomorphismus (siehe Abschnitt 1.1.2) ist. Entsprechendes gilt für die Semi-NOETHERschen Operatoren. Die in Abschnitt 1.3.1 eingeführten $\Phi(\Phi_\pm)$-Operatoren in F-Räumen sind notwendigerweise Homomorphismen auf Grund des Satzes von BANACH.

Die in Abschnitt 1.3.2 bewiesenen Eigenschaften NOETHERscher Operatoren in F-Räumen gelten für stetige Operatoren auch in allgemeinen lokalkonvexen Räumen (siehe H. H. SCHAEFER [1], A. PIETSCH [1–2], D. PRZEWORSKA-ROLEWICZ and S. ROLEWICZ [1]; vgl. auch die in S. N. KRAČKOVSKI und A. S. DIKANSKI [1] gegebene Übersicht). Es wäre von Interesse, die Ergebnisse dieses Abschnitts auf abgeschlossene Operatoren in beliebigen lokalkonvexen Räumen zu übertragen.

1.3.3. Eine wichtige Unterklasse von NOETHERschen Operatoren bilden die invertierbaren bzw. einseitig invertierbaren Operatoren.

Ein Operator A $(X \to Y)$ heißt (stetig) *invertierbar*, wenn ein Operator $A^{-1} \in \mathcal{L}(Y, X)$ mit $\operatorname{im} A^{-1} \subset D(A)$ existiert, für den die folgenden Beziehungen gelten:

$$A^{-1} A x = x \;(x \in D(A)) , \qquad A A^{-1} y = y \;(y \in Y) .$$

Aus dem Lemma 2.3 ergibt sich unmittelbar die folgende Behauptung.

1°. *Der abgeschlossene Operator* $A(X \to Y)$ *ist dann und nur dann invertierbar, wenn* $\ker A = \{0\}$ *und* $\operatorname{im} A = Y$ *gilt.*

Der Operator $A\,(X \to Y)$ heißt *linksseitig* (entsprechend *rechtsseitig*) *invertierbar*, wenn ein Operator $A^{(-1)} \in \mathcal{L}(Y, X)$ mit $\operatorname{im} A^{(-1)} \subset D(A)$ existiert derart, daß gilt

$$A^{(-1)} A\, x = x\,, \qquad x \in D(A) \qquad (\text{bzw. } A\, A^{(-1)}\, y = y\,, \quad y \in Y)\,.$$

Der Operator $A^{(-1)}$ heißt *linksinverser* (bzw. *rechtsinverser*) *Operator* zu A.

Mittels ähnlicher Überlegungen wie in Abschnitt 1.2.5 beweist man leicht die beiden folgenden Behauptungen.

2°. *Der abgeschlossene Operator* $A\,(X \to Y)$ *ist genau dann linksseitig invertierbar, wenn* $\ker A = \{0\}$ *gilt und ein stetiger Projektor von* Y *auf* $\operatorname{im} A$ *existiert.*

3°. *Der abgeschlossene Operator* $A\,(X \to Y)$ *ist genau dann rechtsseitig invertierbar, wenn* $\operatorname{im} A = Y$ *gilt und ein stetiger Projektor von* X *auf* $\ker A$ *existiert.*

Die folgende Eigenschaft läßt sich leicht unmittelbar nachprüfen.

4°. *Wenn* $A\,(X \to Y)$ *einen linksinversen Operator* $A^{(-1)}$ *besitzt, dann ist die Gleichung*

$$A\, x = y \tag{3.23}$$

genau dann lösbar, wenn $A\, A^{(-1)}\, y = y$ *gilt. Ist letzteres der Fall, dann ist* $x = A^{(-1)}\, y$ *die eindeutige Lösung der Gleichung* (3.23).

Besitzt A *einen rechtsinversen Operator* $A^{(-1)}$, *dann ist* $x = A^{(-1)}\, y$ *für beliebiges* $y \in Y$ *eine der Lösungen der Gleichung* (3.23). *In diesem Fall gilt*

$$\ker A = \operatorname{im}\,(I - A^{(-1)}\, A)\,.$$

5°. *Es seien* X *und* Y BANACH-*Räume. Wenn der Operator* $A \in \mathcal{L}(X, Y)$ *von irgendeiner Seite invertierbar ist, dann sind alle Operatoren* $B \in \mathcal{L}(X, Y)$ *mit*

$$\|B - A\| < \|A^{(-1)}\|^{-1}$$

von derselben Seite wie A *invertierbar, und es gilt*

$$\dim \ker B = \dim \ker A\,, \qquad \dim \operatorname{coker} B = \dim \operatorname{coker} A\,.$$

Zum Beweis der Behauptung 5° genügt es zu bemerken, daß sich der Operator B in der Form

$$B = [I - (A - B)\, A^{(-1)}]\, A$$

darstellen läßt, wenn A linksseitig invertierbar ist, bzw. in der Form

$$B = A\, [I - A^{(-1)}\, (A - B)]\,,$$

wenn A rechtsseitig invertierbar ist; dabei sind die in eckigen Klammern stehenden Operatoren invertierbar.

6°. *Es sei* R *eine* BANACH-*Algebra mit Einselement und* $a(\lambda)$ *eine stetige Abbildung des Intervalls* $\Delta = \{\lambda : 0 \leqq \lambda \leqq 1\}$ *in die Algebra* R. *Wenn das Element* $a(\lambda)$ *für jedes* $\lambda \in \Delta$ *wenigstens einseitig invertierbar und für mindestens ein* $\lambda_0 \in \Delta$ *(zweiseitig) invertierbar ist, dann ist* $a(\lambda)$ *für jedes* $\lambda \in \Delta$ *invertierbar.*

Beweis. Ähnlich wie beim Beweis der Behauptung 5° zeigt man, daß, wenn ein Element $x \in R$ nur einseitig invertierbar ist, dann sind alle Elemente y

aus einer hinreichend kleinen Umgebung von x ebenfalls nur von derselben Seite wie x invertierbar.

Wir bezeichnen mit $\Delta_1(\Delta_2)$ die Menge aller $\lambda \in \Delta$, für die das Element $a(\lambda)$ invertierbar (nur einseitig invertierbar) ist. Dann sind Δ_1, Δ_2 disjunkte offene Mengen, wobei $\Delta = \Delta_1 \cup \Delta_2$ gilt. Da das Intervall Δ eine zusammenhängende Menge ist und die Menge Δ_1 nach Voraussetzung wenigstens einen Punkt enthält, so ist Δ_2 die leere Menge.

1.4. Operatoren mit beschränktem Regularisator

In diesem Abschnitt werden einige wichtige Eigenschaften für abgeschlossene Operatoren in F-Räumen bewiesen, die einen beschränkten Regularisator besitzen.

Es sei A $(X \to Y)$ (X und Y beliebige F-Räume) ein beliebiger linearer Operator. Einen Operator B $(Y \to X)$ nennen wir einen *linken* (*rechten*) *Regularisator* des Operators A, wenn $D(B) \supset \operatorname{im} A$ $\big(D(A) \supset \operatorname{im} B\big)$ und außerdem

$$B\,A = I_X + T_X \qquad (A\,B = I_Y + T_Y)$$

gilt, wobei $I_X(I_Y)$ der identische Operator und $T_X(T_Y)$ ein vollstetiger Operator im Raum $X(Y)$ ist. Existiert ein solcher Operator B, dann heißt A linksseitig (rechtsseitig) *regularisierbar*. Einen Operator B, der sowohl linker als auch rechter Regularisator des Operators A ist, nennen wir einen *zweiseitigen Regularisator*.

Offenbar gilt: Wenn B ein beschränkter (linker oder rechter) Regularisator des Operators A ist, dann ist B auch Regularisator von $A + T$ für beliebiges $T \in \mathcal{K}(X, Y)$. Wenn B ein (nicht notwendig beschränkter) Regularisator des beschränkten Operators $A \in \mathcal{L}(X, Y)$ ist, dann ist bei beliebigem $T' \in \mathcal{K}(Y, X)$ der Operator $B + T'$ Regularisator von A.

Satz 4.1. *Wenn der abgeschlossene Operator A einen beschränkten linken Regularisator besitzt, dann ist er ein Φ_+-Operator.*

Beweis. Es sei $B \in \mathcal{L}(Y, X)$ ein linker Regularisator des Operators A. Dann ist der Operator $C = I_X + T_X \in \mathcal{L}(X) \cap \Phi(X)$ eine stetige und folglich auch abgeschlossene Erweiterung des Operators $B\,A$. Die Behauptung ergibt sich jetzt unmittelbar aus der Bemerkung zu Satz 3.1.

Satz 4.2. *Wenn der abgeschlossene Operator A einen beschränkten rechten Regularisator besitzt, dann ist er ein Φ_--Operator.*

Dieser Satz ist wegen $A\,B = I_Y + T_Y \in \mathcal{L}(Y) \cap \Phi(Y)$ eine direkte Folgerung aus Satz 3.3.

Der folgende Satz stellt zusammen mit der Folgerung 4.1 eine äquivalente Formulierung von Satz 3.4 dar.

Satz 4.3. *Ein abgeschlossener Operator ist genau dann ein Φ-Operator, wenn er sowohl einen linken als auch einen rechten beschränkten Regularisator besitzt.*

Folgerung 4.1. *Wenn der abgeschlossene Operator A $(X \to Y)$ ein Φ-Operator ist, dann besitzt er einen zweiseitigen Regularisator.*

Folgerung 4.2. *Zwei beliebige beschränkte Regularisatoren eines Φ-Operators unterscheiden sich voneinander nur durch einen vollstetigen Operator.*

Beweis. Es seien B_1 und B_2 zwei beschränkte Regularisatoren des Φ-Operators A.

Ist B_1 ein linker und B_2 ein rechter Regularisator, dann gilt

$$B_1 A B_2 = (I_X + T_X) B_2 = B_1 (I_Y + T_Y),$$

und folglich ist $B_1 - B_2 = T_X B_2 - B_1 T_Y$ vollstetig.

Es seien jetzt B_1 und B_2 beide linke Regularisatoren von A. Auf Grund des Satzes 4.3 existiert ein beschränkter rechter Regularisator B des Operators A, und nach dem bereits Bewiesenen ist dann $B_1 - B_2 = (B_1 - B) + (B - B_2)$ vollstetig.

Analog verläuft der Beweis in dem Falle, wo B_1 und B_2 beide rechte Regularisatoren sind.

Folgerung 4.3. *Jeder beschränkte linke (rechte) Regularisator eines beschränkten Φ-Operators ist zugleich ein rechter (linker) Regularisator.*

Bemerkung. Im Falle eines stetigen Operators A lassen sich notwendige und hinreichende Bedingungen für die Existenz eines beschränkten Regularisators angeben. Es gilt:

1°. *A besitzt genau dann einen beschränkten linken Regularisator, wenn A ein Φ_+-Operator ist und wenn ein stetiger Projektor von Y auf* im A *existiert.*

2°. *A besitzt genau dann einen beschränkten rechten Regularisator, wenn A ein Φ_--Operator ist und wenn ein stetiger Projektor von X auf* ker A *existiert.*

Im Falle eines abgeschlossenen Operators in F-Räumen sind die in den Sätzen 1° und 2° formulierten Bedingungen hinreichend für die Existenz des entsprechenden beschränkten Regularisators. Diese Behauptungen erhält man leicht aus dem Beweis der Sätze 5.1 und 5.2 des nächsten Abschnitts unter Benutzung des Lemmas 2.3. Wir bemerken schließlich, daß für HILBERT-Räume die in den Sätzen 1° und 2° genannten Projektoren immer existieren. Folglich fällt für HILBERT-Räume die Menge der $\Phi_+(\Phi_-)$-Operatoren mit der Menge aller abgeschlossenen Operatoren, die einen beschränkten linken (rechten) Regularisator besitzen, zusammen.

1.5. Operatoren mit nicht beschränktem Regularisator

In diesem Abschnitt untersuchen wir die Eigenschaften von Operatoren, die einen nicht notwendig beschränkten Regularisator besitzen. Es zeigt sich, daß sich auf solche Operatoren die Ergebnisse des Abschnittes 1.4 prinzipiell übertragen lassen, allerdings mit dem Unterschied, daß der Verzicht auf die Stetigkeit des Regularisators den Verlust der normalen Auflösbarkeit bei dem regularisierten Operator zur Folge hat.

Im weiteren bedeuten X und Y wieder zwei beliebige F-Räume.

1.5.1. Für nicht beschränkte Regularisatoren erhält man das folgende einfache Analogon zu dem am Schluß des Abschnittes 1.4 formulierten Satzes 1°.

Satz 5.1. *Der Operator A $(X \to Y)$ besitzt genau dann einen linken Regularisator B $(Y \to X)$, wenn seine Nullzahl $\alpha(A)$ endlich ist.*

Beweis. Wenn B ein linker Regularisator von A ist, dann gilt

$$\alpha(A) \leqq \alpha(BA) \leqq \alpha(I_X + T_X) < \infty.$$

Ist umgekehrt die Zahl $\alpha(A)$ endlich, dann existiert ein stetiger Projektor P_A von X auf den endlichdimensionalen Teilraum $\ker A$. Als stetiger endlichdimensionaler Operator ist P_A vollstetig. Wegen $D(A_1^{-1}) = \operatorname{im} A$ folgt dann aus der Beziehung (2.4), daß der Operator A_1^{-1} ein linker Regularisator des Operators A ist.

Satz 5.2. *Der Operator A $(X \to Y)$ besitzt genau dann einen rechten Regularisator B $(Y \to X)$ mit dichtem Definitionsgebiet $D(B)$, wenn seine Defektzahl $\beta(A)$ endlich ist.*

Beweis. Es sei B ein rechter Regularisator von A, wobei $\overline{D(B)} = Y$ ist. Dann gilt offenbar $(\operatorname{im} A)^\perp \subset (\operatorname{im} A\, B)^\perp$ und folglich $\beta(A) \leqq \beta(A\, B)$. Weil das Definitionsgebiet $D(A\, B) = D(B)$ in Y dicht liegt, so ist $\beta(A\, B)$ gleich der Defektzahl des auf ganz Y betrachteten Operators $I_Y + T_Y$. Da diese Zahl endlich ist, so gilt das auch für $\beta(A)$.

Ist umgekehrt $\beta(A)$ endlich, dann besitzt $\overline{\operatorname{im} A}$ in Y ein topologisches Komplement Y_1. Mit K bezeichnen wir den stetigen Projektor von Y auf Y_1 parallel zu $\overline{\operatorname{im} A}$. Wir betrachten den Operator $B = A_1^{-1}(I_Y - K)$ mit dem Definitionsgebiet $D(B) = \operatorname{im} A \oplus Y_1$. Offenbar gilt $\overline{D(B)} = Y$ und $\operatorname{im} B \subset D(A)$. Auf Grund der Beziehung (2.3) ergibt sich

$$A\, B\, y = y - K\, y \qquad \big(y \in D(B)\big)\,.$$

Folglich ist B ein rechter Regularisator von A, denn der Operator K ist vollstetig.

Folgerung 5.1. *Der Operator A $(X \to Y)$ besitzt genau dann einen endlichen Index, wenn er sowohl einen linken als auch einen rechten Regularisator B $(Y \to X)$ mit dichtem Definitionsgebiet $D(B)$ besitzt.*

Zum Beweis genügt es zu bemerken, daß im Falle eines endlichen Index von A der Operator $B = A_1^{-1}(I_Y - K)$ zugleich auch ein linker Regularisator des Operators A ist.

Im Hinblick auf die in späteren Kapiteln folgenden Anwendungen bei singulären Integraloperatoren werden wir uns in den weiteren Betrachtungen dieses Abschnittes vorwiegend mit solchen Operatoren beschäftigen, die einen linken Regularisator besitzen.

Satz 5.3. *Es sei A $(X \to Y)$ ein abgeschlossener Operator mit einer endlichen Nullzahl $\alpha(A)$. Dann ist für die normale Auflösbarkeit von A notwendig und hinreichend, daß jeder linke Regularisator des Operators A auf dem Bildraum $\operatorname{im} A$ beschränkt ist.*

Beweis. Es sei zunächst A normal auflösbar und B ein linker Regularisator des Operators A. Dann ist A_1^{-1} ein beschränkter Operator (vgl. Lemma 2.3), und aus der Beziehung $B\, A\, x = x + T\, x$ $\big(x \in D(A)\big)$ ergibt sich unter Benutzung von (2.3)

$$B\, y = A_1^{-1}\, y + T\, A_1^{-1}\, y\,, \qquad y \in \operatorname{im} A\,.$$

Folglich ist der Operator B auf $\operatorname{im} A$ beschränkt.

Wir beweisen die Umkehrung. Es sei B ein linker Regularisator von A, der auf $\operatorname{im} A$ beschränkt ist. Mit B_0 bezeichnen wir den durch die Beziehung

$B_0 y = B y$ ($y \in \operatorname{im} A$) auf dem Teilraum im A definierten Operator. Da B_0 nach Voraussetzung beschränkt ist, so besitzt er eine stetige Fortsetzung $\overline{B_0}$ auf die Abschließung $Y_0 = \overline{\operatorname{im} A}$. Folglich hat der abgeschlossene Operator A ($X \to Y_0$) einen linken beschränkten Regularisator $\overline{B_0}$. Nach Satz 4.1 ist die Bildmenge im A in Y_0 und somit auch in Y abgeschlossen. Letzteres bedeutet, daß A normal auflösbar ist.

Satz 5.4. *Wenn ein abgeschlossener Operator mit endlichem Index einen nicht beschränkten linken Regularisator besitzt, dann ist er nicht normal auflösbar.*

Beweis. Es sei A ($X \to Y$) ein abgeschlossener Operator mit endlichem Index und B ein nicht beschränkter linker Regularisator von A. Entgegen der Behauptung des Satzes nehmen wir an, daß A normal auflösbar ist.

Dann ist im A ein abgeschlossener Teilraum, und nach Satz 5.3 ist B auf im A beschränkt. Auf Grund der Endlichkeit der Defektzahl $\beta(A)$ kann Y als topologische direkte Summe $Y = \operatorname{im} A \dotplus Y_1$ mit $\dim Y_1 = \beta(A)$ dargestellt werden. Wegen $\operatorname{im} A \subset D(B)$ ergibt sich hieraus $D(B) = \operatorname{im} A \oplus N$, wobei $N = D(B) \cap Y_1$ ist. Da auf einem endlichdimensionalen Teilraum jeder lineare Operator beschränkt ist, so muß B auf N beschränkt sein. Folglich ist B ein beschränkter Operator, entgegen der Voraussetzung des Satzes. Mit diesem Widerspruch ist die Behauptung bewiesen.

Folgerung 5.2. *Ein abgeschlossener Operator mit endlichem Index kann nicht gleichzeitig einen beschränkten und einen nicht beschränkten linken Regularisator besitzen.*

Satz 5.5. *Der Operator A ($X \to Y$), $D(A) = X$, besitze einen linken Regularisator B mit dichtem Definitionsgebiet und einem endlichdimensionalen Kern. Dann hat A einen endlichen Index.*

Beweis. Nach Satz 5.1 ist $\alpha(A)$ endlich. Die Endlichkeit der Defektzahl $\beta(A)$ ergibt sich aus dem Beweis des Satzes 3.2, wenn man diesen in folgender Weise abändert: Wir setzen hier

$$N_1 = \ker B \cap \overline{\operatorname{im} A}\,, \qquad Y_1 = \overline{\operatorname{im} A} \dotplus N_2$$

und wählen anstelle des biorthogonalen Systems $y_1, y_2, \ldots, y_m$ ein System von Elementen aus $D(B)$ mit $\det\{f_i(y_j)\} \neq 0$. Derartige Elemente existieren auf Grund der Dichtheit von $D(B)$ sowie der linearen Unabhängigkeit der Funktionale $f_1, f_2, \ldots, f_m$. Alle weiteren Überlegungen sind dieselben wie beim Beweis des Satzes 3.2.

Folgerung 5.3. *Der Operator A ($X \to Y$), $D(A) = X$, besitzt genau dann einen endlichen Index, wenn für A ein linker Regularisator mit dichtem Definitionsgebiet und einem endlichdimensionalen Kern existiert.*

Beweis. Nach Satz 5.5 ist nur noch zu zeigen: Wenn A einen endlichen Index besitzt, dann existiert ein linker Regularisator mit den genannten Eigenschaften. Ein solcher Operator ist, wie man leicht nachprüft, der beim Beweis des Satzes 5.2 konstruierte Regularisator B.

1.5.2. Wie wir in den Abschnitten 1.4 und 1.5.1 sahen, lassen sich aus der Existenz eines Regularisators wichtige Eigenschaften des Operators A ableiten.

Andererseits gestattet die Kenntnis eines Regularisators, die Funktionalgleichung

$$A\,x = y \tag{5.1}$$

in eine Gleichung mit vollstetigem Operator der Gestalt

$$x + T\,x = B\,y \tag{5.2}$$

(bei einem linken Regularisator B: $B\,A = I + T$) bzw.

$$A\,B\,z = y \tag{5.3}$$

(bei einem rechten Regularisator B) zu überführen. Man spricht dann von der *Regularisierung* der Gleichung (5.1). Die Gleichungen (5.2) und (5.3) nennt man Riesz-Schauder*sche Funktionalgleichungen* oder auch *Gleichungen 2. Art.* Sie lassen sich in vielen Fällen einfacher lösen als die allgemeine Funktionalgleichung (5.1).

Es ist offensichtlich, daß bei beliebigem $y \in D(B)$ jede Lösung der Ausgangsgleichung (5.1) auch eine Lösung der Riesz-Schauderschen Gleichung (5.2) ist; für $y \notin D(B)$ ist die Gleichung (5.1) wegen $D(B) \supset \operatorname{im} A$ nicht lösbar. Gilt auch die Umkehrung, d. h., ist für beliebiges $y \in D(B)$ jede Lösung $x \in X$ der Gleichung (5.2) auch Lösung von (5.1), dann nennen wir B einen *äquivalenten linken Regularisator*, wenn außerdem $\overline{D(B)} = Y$ gilt.[1])

Man sieht leicht, daß ein linker Regularisator B des Operators A $(X \to Y)$ genau dann ein äquivalenter Regularisator ist, wenn er folgende zwei Eigenschaften besitzt: 1) $\ker B = \{0\}$, 2) für jede Lösung $x \in X$ der Gleichung (5.2) gilt $x \in D(A)$.

Bezüglich der Gleichung (5.3) kann man zunächst folgendes feststellen: Ist (5.3) lösbar und z eine Lösung dieser Gleichung, dann ist

$$x = B\,z \tag{5.4}$$

eine Lösung der Ausgangsgleichung (5.1). Im allgemeinen kann aber die Gleichung (5.1) außer den Lösungen (5.4) noch andere Lösungen besitzen. Hat für beliebiges y ($\in \operatorname{im} A$) jede Lösung von (5.1) die Gestalt (5.4), $\big($d. h., gilt $\operatorname{im} B = D(A)\big)$, dann nennen wir B einen *äquivalenten rechten Regularisator*, wenn außerdem $\overline{D(B)} = Y$ ist.

Im Falle eines äquivalenten rechten Regularisators B gilt demnach: Die Gleichungen (5.1) und (5.3) sind beide zugleich entweder lösbar oder nicht lösbar, und im Falle der Lösbarkeit erhält man aus einer Lösung der einen Gleichung eine Lösung der anderen unmittelbar mit Hilfe der (nach z auflösbaren) Substitution (5.4).

In den folgenden zwei Sätzen geben wir Kriterien für die Existenz eines äquivalenten Regularisators an.

---

[1]) Wir bemerken, daß für einen linken Regularisator B von A die Beziehung $BA\,x = (I + T)\,x$ für alle $x \in D(A)$ gilt. Aus der Definition des äquivalenten linken Regularisators folgt insbesondere, daß jede Lösung $x \in X$ der Gleichung (5.2) zugleich zu $D(A)$ gehört.

Satz 5.6. *Dafür, daß der Operator $A\,(X \to Y)$ mit dichtem Definitionsgebiet $D(A)$ einen äquivalenten linken Regularisator besitzt, ist notwendig und hinreichend, daß A einen endlichen und nicht negativen Index hat.*

Beweis. Notwendigkeit. Es sei B ein äquivalenter linker Regularisator des Operators A. Dann ist $\alpha(A) = \alpha\,(I + T)$ eine endliche Zahl. Nach Satz 5.2 ist auch die Defektzahl $\beta(B)$ des Regularisators B endlich. Auf Grund der Beziehungen

$$B\,A\,x = x + T\,x \qquad (x \in D(A))$$

und $\overline{D(A)} = X$ gilt $\overline{\operatorname{im} B\,A} = \operatorname{im}\,(I + T)$, woraus

$$\beta(B\,A) = \beta\,(I + T) = \alpha(A)$$

folgt.

Auf Grund des Lemmas 2.2 kann Y als topologische direkte Summe $Y = \overline{\operatorname{im} A} \dotplus Y_1$ mit $Y_1 \subset D(B)$ und $\dim Y_1 = \beta(A)$ dargestellt werden. Wie aus der Definition des äquivalenten Regularisators unmittelbar folgt, kann ohne Beschränkung der Allgemeinheit angenommen werden, daß $D(B) = \operatorname{im} A \oplus Y_1$ ist. Damit ergibt sich $\operatorname{im} B = \operatorname{im} B\,A \dotplus B(Y_1)$ und folglich

$$\beta(B\,A) = \beta(A) + \beta(B)\,,$$

da auf Grund der Äquivalenz der Gleichungen (5.1) und (5.2) $\operatorname{im}\,(I + T) \cap B(Y_1) = \{0\}$ gilt. Damit erhalten wir

$$\operatorname{Ind} A = \alpha(A) - \beta(A) = \beta(B) \geqq 0\,.$$

Hinlänglichkeit. Es sei jetzt $A\,(X \to Y)$ ein Operator mit einem endlichen nicht negativen Index. Dann besitzt der abgeschlossene Bildraum $\overline{\operatorname{im} A}$ in Y ein topologisches Komplement Y_1, wobei $n = \dim Y_1 = \beta(A)$ gilt. Wir wählen in Y_1 eine Basis $y_1, y_2, \ldots, y_n$ und in $\ker A$ eine Basis $x_1, x_2, \ldots, x_m$. Auf Grund der gemachten Voraussetzungen ist dabei $m = \alpha(A) \geqq n$.

Der Operator A_1^{-1} (vgl. Abschnitt 1.2.5) ist auf dem Teilraum $\operatorname{im} A$ erklärt. Wenn $n = 0$ (d. h. $\overline{\operatorname{im} A} = Y$), dann ist A_1^{-1} bereits der gesuchte äquivalente Regularisator, was unmittelbar aus den Beziehungen (2.3)—(2.4) folgt.

Im Falle $n \geqq 1$ erweitern wir A_1^{-1} zu einem linearen Operator $B\,(Y \to X)$, der auf der in Y dichten Menge $D(B) = \operatorname{im} A \oplus Y_1$ erklärt ist. Dazu genügt es,

$$B\,y_i = x_i \qquad (i = 1, 2, \ldots, n)$$

zu setzen. Wegen $B\,A = A_1^{-1}\,A = I - P_A$ ist dann B ein linker Regularisator des Operators A. Wir zeigen, daß jede Lösung der Gleichung

$$x - P_A\,x = B\,y \qquad (y \in D(B)) \tag{5.5}$$

die Gleichung (5.1) erfüllt. Zunächst bemerken wir, daß wegen $\operatorname{im} B \subset D(A)$ jede Lösung $x \in X$ der Gleichung (5.5) zu $D(A)$ gehört.

Es sei $y = y' + y''$ ($y' \in \operatorname{im} A$, $y'' \in Y_1$) und x eine Lösung der Gleichung (5.5). Dann gilt

$$x - P_A\,x - A_1^{-1}\,y' = B\,y''\,,$$

wobei die linke Seite der letzten Gleichung zu im P_A und die rechte Seite zu ker P_A gehört. Wegen im $P_A \cap \ker P_A = \{0\}$ erhalten wir $B\,y'' = 0$ und damit $y'' = 0$,

$$A\,x = y' = y\,.$$

Folglich ist B ein äquivalenter linker Regularisator des Operators A, und der Satz ist damit bewiesen.

Wir bemerken, daß die im Satz 5.6 geforderte Dichtheit der Menge $D(A)$ nur beim Beweis der Notwendigkeit benötigt wurde. Im Falle eines beschränkten Regularisators braucht sie selbst dort nicht gefordert werden. Es gilt nämlich

Folgerung 5.4. *Dafür, daß der abgeschlossene Operator $A\,(X \to Y)$ einen beschränkten äquivalenten linken Regularisator besitzt, ist notwendig und hinreichend, daß A ein Φ-Operator mit nicht negativem Index ist.*

Die Hinlänglichkeit der in der Folgerung 5.4 genannten Bedingungen folgt unmittelbar aus dem zweiten Teil des Beweises von Satz 5.6, da der dort konstruierte Regularisator B im Falle eines abgeschlossenen normal auflösbaren Operators A beschränkt und auf ganz Y definiert ist.

Die Notwendigkeit ergibt sich wie folgt: Wenn A einen beschränkten äquivalenten linken Regularisator B besitzt, dann ist A nach Satz 4.1 ein Φ_+-Operator. Andererseits ist in diesem Falle die Gleichung (5.1) genau dann lösbar, wenn die Beziehungen

$$\langle y, B^*\,\varphi_j\rangle = 0\,, \qquad j = 1, \ldots, n\,,$$

gelten, wobei $n = \alpha(A) = \beta\,(I + T)$ ist und $\varphi_1, \ldots, \varphi_n$ die linear unabhängigen Lösungen der adjungierten homogenen Gleichung $\varphi + T^*\,\varphi = 0$ sind. Folglich gehören die Funktionale $B^*\,\varphi_j$ $(j = 1, \ldots, n)$ zum Defektraum $(\operatorname{im} A)^\perp$ und spannen diesen vollständig auf. Damit ergibt sich

$$\beta(A) = \dim\,(\operatorname{im} A)^\perp \leqq n\,,$$

was zu beweisen war.

Satz 5.7. *Dafür, daß der Operator $A\,(X \to Y)$ einen äquivalenten rechten Regularisator besitzt, ist notwendig und hinreichend, daß A einen endlichen und nicht positiven Index hat.*

Beweis. Notwendigkeit. Es sei B ein äquivalenter rechter Regularisator des Operators A. Nach Satz 5.2 ist dann die Defektzahl $\beta(A)$ endlich.

Aus im $B = D(A)$ ergibt sich unmittelbar

$$\alpha(A) \leqq \alpha(A\,B)\,, \qquad \operatorname{im} A = \operatorname{im} A\,B$$

und somit $\beta(A\,B) = \beta(A)$. Wegen $A\,B = I + T$ und $\overline{D(B)} = Y$ gilt schließlich $\overline{\operatorname{im} A\,B} = \operatorname{im}\,(I + T)$, woraus

$$\alpha(A\,B) \leqq \alpha\,(I + T) = \beta\,(I + T) = \beta(A\,B)$$

folgt. Durch Kombination der letzten Ungleichungen erhalten wir nun $\alpha(A) \leqq \beta(A)$, d. h. Ind $A \leqq 0$.

Hinlänglichkeit. Es sei $A\,(X \to Y)$ ein Operator mit einem endlichen nicht positiven Index. Im übrigen benutzen wir die beim Beweis der Hinlänglichkeit von Satz 5.6 eingeführten Bezeichnungen.

Wenn $n = \beta(A) = 0$ ist, so gilt $\ker A = \{0\}$ infolge $\alpha(A) \leqq \beta(A)$ und somit $\operatorname{im} A_1^{-1} = D(A)$. Da außerdem die Beziehung (2.3) gilt, so ist in diesem Fall $A^{-1} = A_1^{-1}$ ein äquivalenter rechter Regularisator des Operators A.

Wir nehmen jetzt $n \geqq 1$ an und erweitern A_1^{-1} zu einem linearen Operator B, der auf der in Y dichten Menge $D(B) = \operatorname{im} A \oplus Y_1$ definiert ist, indem wir

$$B\,y_i = \begin{cases} x_i & \text{für} \quad i = 1, \ldots, m-1\,, \\ x_m & \text{für} \quad i = m, \ldots, n \end{cases}$$

setzen. Wir zeigen, daß B ein äquivalenter rechter Regularisator des Operators A ist.

Mit K bezeichnen wir den stetigen Projektor von Y auf Y_1 parallel zu $\overline{\operatorname{im} A}$. Dann gilt

$$B = A_1^{-1}\,(I - K) + B\,K\,,$$

woraus wegen $\operatorname{im}(B\,K) \subset \ker A$ die Beziehung

$$A\,B = A\,A_1^{-1}\,(I - K) = I - K$$

folgt. Da K als endlichdimensionaler stetiger Operator auch vollstetig ist, so ist B ein rechter Regularisator von A.

Es bleibt also noch zu zeigen, daß $\operatorname{im} B = D(A)$ gilt. Jedes Element $x \in D(A)$ ist auf eindeutige Weise als Summe $x = x' + x''$ mit $x' \in \ker A$ und $x'' \in D(A) \cap \cap \ker P_A = D(A_1)$ darstellbar. Folglich ist $x' = \sum_{i=1}^{m} \alpha_i\,x_i$. Wir setzen

$$y' = \sum_{i=1}^{m} \alpha_i\,y_i\,, \qquad y'' = A_1\,x''\,, \qquad y = y' + y''\,.$$

Dann ergibt sich $y' \in Y_1$, $y'' \in \operatorname{im} A$ und somit

$$B\,y = \sum_{i=1}^{m} \alpha_i\,x_i + A_1^{-1}\,A_1\,x'' = x\,.$$

Folglich ist $D(A) \subset \operatorname{im} B$. Da offenbar auch die umgekehrte Inklusion gilt, so ist damit der Satz bewiesen.

Folgerung 5.5. *Dafür, daß der abgeschlossene Operator A einen beschränkten äquivalenten rechten Regularisator besitzt, ist notwendig und hinreichend, daß A ein Φ-Operator mit nicht positivem Index ist.*

Diese Behauptung erhält man unmittelbar aus dem Beweis des Satzes 5.7 unter Berücksichtigung des Satzes 4.2 und des Lemmas 2.3.

Bemerkung. Wie man leicht sieht, sind die beim Beweis der Sätze 5.1 und 5.6 sowie der Folgerung 5.3 konstruierten linken Regularisatoren des Operators A abgeschlossene Operatoren, sobald A selbst ein abgeschlossener Operator ist.

1.5.3. Wie wir in den vorangegangenen zwei Teilabschnitten gesehen haben, kann die Operatorgleichung (5.1) stets auf eine RIESZ-SCHAUDERsche Funktionalgleichung zurückgeführt werden, wenn der Operator A einen endlichen Index besitzt. Die Äquivalenz der genannten Gleichungen ist vom Vorzeichen der Zahl Ind A abhängig.

In den Anwendungen genügt es oftmals, die Gleichung (5.1) auf eine Gleichung mit einem Φ-Operator zurückzuführen. Diese Methode nennt man häufig *Normalisierung* der Gleichung (5.1). Dabei heißt ein Operator $N\,(Y \to X)$ *linker (rechter) Normalisator* des Operators $A\ (X \to Y)$, wenn $D(N) \supset \operatorname{im} A\ (D(A) \supset \operatorname{im} N)$ gilt und wenn $N\,A (A\,N)$ ein Φ-Operator ist.

Offenbar ist jeder Regularisator zugleich auch Normalisator. Ist umgekehrt N ein linker (rechter) Normalisator zu A, dann ist $R\,N$ (bzw. $N\,R$) linker (rechter) Regularisator zu A; dabei bedeutet R einen beliebigen Regularisator des Φ-Operators $N\,A$ (bzw. $A\,N$).

Wenn der Operator A einen endlichen Index besitzt, dann existiert ein linker (rechter) Normalisator zu A mit dichtem Definitionsgebiet $D(N)$ und $\operatorname{im} N = X$ derart, daß die Gleichungen

$$A\,x = y \quad \text{und} \quad N\,A\,x = N\,y$$

$$(\text{entsprechend } A\,x = y \text{ und } A\,N\,z = y)$$

für beliebiges $y \in Y$ äquivalent sind, und zwar unabhängig vom Vorzeichen des Index von A. Dies folgt unmittelbar aus dem nachfolgenden Satz.

Satz 5.8. *Es sei $A \in \mathcal{L}(X, Y)$, wobei die Räume X und Y die folgende Eigenschaft besitzen: Jeder abgeschlossene Teilraum endlicher Kodimension ist dem ganzen Raum isomorph.*

(a) *Wenn (und nur wenn) $\alpha(A)$ endlich ist, besitzt A die Darstellung $A = B\,C$, wobei $C \in \mathcal{L}(X)$ ein Φ-Operator ist und der Kern des Operators $B \in \mathcal{L}(X, Y)$ nur die Null enthält.*

(b) *Wenn (und nur wenn) der Operator A einen endlichen Index besitzt, dann ist er in der Form $A = C'\,D$ darstellbar, wobei $C' \in \mathcal{L}(Y)$ ein Φ-Operator ist und für den Operator $D \in \mathcal{L}(X, Y)$ die Beziehungen $\alpha(D) = \beta(D) = 0$ gelten.*

Dabei sind die Operatoren B und D genau dann normal auflösbar, wenn A normal auflösbar ist.

Beweis. (a) Im Falle $\alpha(A) < \infty$ gilt nach (2.4) $A = A_1\,(I - P_A)$. Nach Voraussetzung existiert ein Isomorphismus F von $X_1 = \operatorname{im}(I - P_A)$ auf X. Man kann jetzt

$$B = A_1\,F^{-1}\,, \qquad C = F\,(I - P_A)$$

setzen und erhält die Gleichung $A = B\,C$.

(b) Der Operator A besitze einen endlichen Index. Zunächst sei Ind $A \geqq 0$. Wir betrachten die topologischen direkten Summen

$$Y = \overline{\operatorname{im} A} \dotplus Y_1\,, \qquad \overline{\operatorname{im} A} = R_0 \dotplus R_1\,,$$

wobei $\dim Y_1 = \beta(A)$ und $\dim R_1 = \operatorname{Ind} A$ gilt; mit Y_2 bezeichnen wir den $\alpha(A)$ — dimensionalen Teilraum $Y_1 \dotplus R_1$. Nach Voraussetzung existiert ein Operator $G \in \mathcal{L}(Y)$ mit $\ker G = Y_1$, $\operatorname{im} G = R_0$. Es sei $K \in \mathcal{L}(X, Y)$ ein beliebiger Operator mit $\ker K = X_1$, $\operatorname{im} K = Y_2$ und $G^{(-1)}$ die Inverse zum Operator

$G: \overline{\text{im } A} \to R_0$. Wie man leicht nachprüft, sind $C' = G^{(-1)} P$ und $D = GA + K$ die gesuchten Operatoren, wenn mit P der stetige Projektor von Y auf R_0 parallel zu Y_2 bezeichnet wird.

Im Falle Ind $A < 0$ betrachten wir die direkten Summen

$$Y_1 = Y_2 \dotplus Y_3, \quad R_0 = \overline{\text{im } A} \dotplus Y_3,$$

wobei dim $Y_2 = \alpha(A)$ gilt, und erklären C' und D durch dieselben Formeln wie für Ind $A \geqq 0$.

Damit ist die Aussage (b) bewiesen. Die letzte Behauptung des Satzes ergibt sich unmittelbar aus der Konstruktion der Operatoren B und D.

Bemerkung. Wenn Ind A endlich ist, dann kann man durch analoge Überlegungen wie beim Beweis der Behauptung (b) zeigen, daß eine Darstellung der Form $A = BC$ mit $\alpha(B) = \beta(B) = 0$ gilt. In diesem Fall sind $N = B^{-1}$ und $N = D^{-1}$ linke bzw. rechte Normalisatoren des Operators A mit den obengenannten Eigenschaften.

1.6. Bemerkungen und Literaturhinweise

1.2. Die Ergebnisse der Teilabschnitte 1.2.1—1.2.2 einschließlich Lemma 2.1 und Fol gerung 2.1 findet man in verschiedenen Werken über topologische Vektorräume (siehe z. B. A. P. ROBERTSON and W. ROBERTSON [1]). Lemma 2.2 wurde von I. Z. GOCHBERG bewiesen.

Den Begriff der normalen Auflösbarkeit hat F. HAUSDORFF [1] eingeführt; von ihm stammen auch verschiedene äquivalente Definitionen dieses Begriffes.

1.3. Eine umfassende Darstellung der Theorie der $\Phi(\Phi_\pm)$-Operatoren in BANACH-Räumen ist in den Übersichtsartikeln von I. Z. GOCHBERG und M. G. KREIN [1] sowie I. Z. GOCHBERG, A. S. MARKUS und I. A. FELDMAN [1] gegeben. Dort sind auch ausführliche Hinweise auf die Literatur (bis 1960) zu finden. Eine Einschätzung des Entwicklungsstandes der Theorie bis zum Jahre 1969 gibt der Artikel von S. N. KRAČKOWSKI und A. S. DIKANSKI [1]. Wir verweisen ferner auf die Bücher von D. PRZEWORSKA-ROLEWICZ and S. ROLEWICZ [1], T. KATO [1] und S. G. KREIN [1]. Die im vorliegenden Buch angegebenen Beweise unterscheiden sich zum Teil wesentlich von den in den genannten Werken benutzten Methoden.

Die Sätze 3.1 bis 3.3 und die Folgerungen 3.3, 3.4 wurden für stetige Operatoren von B. YOOD [1] in B-Räumen und von A. PIETSCH [1—2] in F-Räumen aufgestellt. Unter den hier genannten Bedingungen wurden die ersten beiden Sätze vom Verfasser in [4] bewiesen (der dort angegebene Beweis geht für beliebige abgeschlossene Operatoren in F-Räumen durch). Das hier zu einem einfacheren Beweis benutzte Lemma 3.1 wurde für B-Räume von U. KÖHLER in seiner Diplomarbeit (1971) aufgestellt (für einen Spezialfall war es bereits 1965 von M. S. AGRANOWITSCH bewiesen worden). Das in Lemma 3.1 genannte Kriterium (und damit auch gleichzeitig Satz 3.1 und Folgerung 3.1) sind unlängst von U. KÖHLER und B. SILBERMANN [1] auf allgemeine lokalkonvexe (l.k.) Vektorräume übertragen worden.

Satz 3.4 wurde für stetige Operatoren von F. V. ATKINSON [1] in B-Räumen und von H. SCHAEFER [1] in l.k. Räumen bewiesen.

Beim Beweis des Satzes 3.5 folgen wir der Arbeit [4] des Verfassers. Das Lemma 3.2 stammt von GOCHBERG, MARKUS und FELDMAN [1].

Der Satz 3.6 wurde erstmalig von F. NOETHER [1] für singuläre Integraloperatoren aufgestellt. Von F. V. ATKINSON [1] wurde dieser Satz für beschränkte und von I. Z. GOCHBERG für beliebige abgeschlossene Operatoren in B-Räumen bewiesen. Die Übertragung auf stetige Operatoren in l.k. Räumen wurde von H. SCHAEFER [1] vorgenommen. Von diesem Autor stammt auch die Folgerung 3.5.

Der Satz 3.7 wurde für den Spezialfall der singulären Integraloperatoren wiederum zuerst von F. NOETHER [1] gefunden. Seine abstrakte Fassung wurde erstmalig von S. G. MICHLIN [1] für stetige Operatoren in HILBERT-Räumen sowie von F. V. ATKINSON [1] und B. YOOD [1] für stetige Operatoren in B-Räumen gegeben. Von B. SZ.-NAGY und I. Z. GOCHBERG wurde Satz 3.7 im Falle abgeschlossener Operatoren in B-Räumen und von H. SCHAEFER [1] für stetige Operatoren in beliebigen l.k. Räumen bewiesen.

Den Satz 3.8 haben J. DIEUDONNÉ für beschränkte Operatoren und M. G. KREIN und M. A. KRASNOSIELSKI im allgemeinen Fall bewiesen.

Für abgeschlossene Operatoren in B-Räumen stammen die Sätze 3.7* und 3.8* von I. Z. GOCHBERG und M. G. KREIN [1]. Im Falle stetiger Φ_+-Operatoren hatte den Satz 3.7* bereits früher G. KÖTHE [1] für allgemeine l.k. Räume aufgestellt. A. PIETSCH [2] hat diesen Satz für stetige und J. N. VLADIMIRSKI [1–2] für abgeschlossene Operatoren in F-Räumen (mit anderen Mitteln) bewiesen.

Satz 3.9 wurde vom Verfasser [6] aufgestellt (man vergleiche auch S. PRÖSSDORF und L. v. WOLFERSDORF [1]).

Die Sätze 1°–5° sind in dem Buch von I. Z. GOCHBERG und I. A. FELDMAN [1], Satz 6° in der Monographie von I. Z. GOCHBERG und M. G. KREIN [2] zu finden.

1.4. Die Sätze 4.1 und 4.2 stammen von S. G. MICHLIN [3]. Die Folgerung 4.2 wurde von I. Z. GOCHBERG in seiner Dissertation (1955) aufgestellt.

Die Sätze 1° und 2° wurden von B. YOOD [1] für B-Räume und von A. DEPRIT und A. PIETSCH [1] für allgemeine l.k. Räume bewiesen.

1.5. Den Satz über die äquivalente linke (beschränkte) Regularisierung (siehe Folgerung 5.4) hat S. G. MICHLIN [3] gefunden. Die übrigen Ergebnisse der Teilabschnitte 1.5.1 und 1.5.2 stammen vom Verfasser [1], [3], [9].

Die Resultate aus 1.5.3 hat M. I. CHAIKIN [3] aufgestellt.

Zum Abschluß wollen wir den Beweis des Satzes von BANACH-HAUSDORFF (siehe 1.2) vervollständigen. Nach 1.2.6 sind noch die Behauptungen (a) $\Rightarrow$ (c) und (d) $\Rightarrow$ (a) zu beweisen. Sie ergeben sich aus den nachfolgenden zwei Hilfssätzen (vgl. K. YOSIDA [1], VII.5).

Lemma 6.1. *Es seien X und Y beliebige F-Räume und A $(X \to Y)$ ein abgeschlossener Operator. Dann ist* im A *genau dann abgeschlossen, wenn folgendes gilt: Für eine beliebige Folge* $\{y_n\} \subset \operatorname{im} A$, $y_n \to 0$, *existiert eine Folge* $\{x_n\} \subset D(A)$ *mit* $x_n \to 0$ *und* $A x_n = y_n$.

Beweis. Wir bezeichnen mit $\hat{X}$ den Quotientenraum $X/\ker A$ und mit $\hat{A}$ den linearen Operator, der auf $D(\hat{A}) = D(A)/\ker A$ durch die Gleichung $\hat{A}\hat{x} = A x$ $(x \in D(A))$ definiert ist. Offenbar gilt $\operatorname{im} \hat{A} = \operatorname{im} A$ und $\ker \hat{A} = \{0\}$. Wie man leicht einsieht, ist $\hat{A}$ ein abgeschlossener Operator. Nach Lemma 2.3 ist $\operatorname{im} \hat{A}$ genau dann abgeschlossen, wenn $\hat{A}^{-1}$ stetig ist. Hieraus folgt unmittelbar die Behauptung des Lemmas.

Wir beweisen jetzt, daß aus (a) die Behauptung (c), d. h. die Beziehung $\operatorname{im} A^* = (\ker A)^\perp$, folgt. Die Inklusion $\operatorname{im} A^* \subset (\ker A)^\perp$ ergibt sich unmittelbar aus der Definition des adjungierten Operators. Wir zeigen die umgekehrte Inklusion. Jedem Funktional $g \in (\ker A)^\perp$ ordnen wir ein auf der Menge $\operatorname{im} A \subset Y$ definiertes lineares stetiges Funktional f_0 zu, indem wir $f_0(y) = \langle x, g\rangle$ für ein beliebiges Element $y = A x \in \operatorname{im} A$ setzen. Offenbar ist f_0 eine eindeutige Funktion; ihre Stetigkeit folgt aus Lemma 5.1. Nach dem Satz von HAHN-BANACH existiert eine Fortsetzung $f \in Y^*$ des Funktionals f_0. Dabei gilt $\langle A x, f\rangle = \langle A x, f_0\rangle = \langle x, g\rangle$ für beliebiges $x \in D(A)$, d. h. $A^* f = g$. Folglich ist $(\ker A)^\perp \subset \operatorname{im} A^*$.

Beim Beweis der Behauptung (d) $\Rightarrow$ (a) beschränken wir uns auf den Fall des BANACH-Raumes.

Lemma 6.2. *Es seien X und Y BANACH-Räume und $A(X \to Y)$ ein abgeschlossener Operator mit dichtem Definitionsgebiet $D(A)$. Wenn die Menge* $\operatorname{im} A^*$ *in X^* abgeschlossen ist, dann ist* $\operatorname{im} A$ *abgeschlossen.*

Beweis. Wir setzen $Y_1 = \overline{\text{im } A}$. Es genügt zu zeigen, daß das Bild $A(K)$ der Einheitskugel $K = \{x \in D(A) : ||x|| \leqq 1\}$ in einer Kugel der Gestalt $S_n = \{y \in Y_1 : ||y|| \leqq 1/n\}$ $(n = 1, 2, \ldots)$ des Raumes Y_1 dicht liegt. Wenn diese Bedingung erfüllt ist, dann folgt bekanntlich mit der Abgeschlossenheit des Operators A die Beziehung $\text{im } A = Y_1 = \overline{\text{im } A}$ (s. L. W. KANTOROWITSCH und G. P. AKILOW [1], Lemma (1.XII)).

Angenommen, das Bild $A(K)$ wäre in keiner Kugel S_n $(n = 1, 2, \ldots)$ dicht. Dann existiert eine Folge von Elementen $y_n \in S_n$ mit $y_n \notin \overline{A(K)}$. Da die Menge $\overline{A(K)}$ abgeschlossen und konvex ist und aus $y \in \overline{A(K)}$ stets auch $-y \in \overline{A(K)}$ folgt, so lassen sich Funktionale $f_n \in Y_1^*$ finden, für die

$$f_n(y_n) > 1\,, \qquad |f_n(A\,x)| \leqq 1 \qquad (x \in K;\, n = 1, 2, \ldots)$$

gilt (s. L. W. KANTOROWITSCH und G. P. AKILOW [1], Satz 5 (2.XI)). Indem man jetzt A als Operator A_1 betrachtet, der $D(A)$ in Y_1 abbildet, erhält man aus den letzten Ungleichungen

$$||A_1^* f_n|| < ||f_n||\,||y_n|| \qquad (n = 1, 2, \ldots)\,.$$

Da offenbar $\ker A_1^* = \{0\}$ ist, so schließen wir aus Lemma 5.1, daß A_1^* stetig invertierbar ist, was jedoch wegen $\lim_{n\to\infty} y_n = 0$ der vorhergehenden Abschätzung widerspricht. Damit ist die Behauptung bewiesen.

KAPITEL 2

ABSTRAKTE SINGULÄRE GLEICHUNGEN VOM NORMALTYP

Die in diesem Buch betrachteten Klassen singulärer Integraloperatoren lassen sich als konkrete Realisierungen einer Algebra von paarigen Operatoren deuten, deren Koeffizienten stetige Funktionen eines gewissen invertierbaren Operators sind. In diesem Kapitel wird die genannte Operatorenalgebra konstruiert und ihre wichtigsten Eigenschaften untersucht. Dabei wird u. a. auf Fragen der Faktorisierung von Funktionen und deren Anwendung auf die Invertierung von Operatoren aus dieser Algebra eingegangen.

Der hier beschriebene abstrakte Zugang zur Theorie der singulären Gleichungen (vom Normaltyp) geht auf I. Z. Gochberg [2] zurück. In den Ausführungen dieses Kapitels stützen wir uns wesentlich auf Ergebnisse aus dem Buch von I. Z. Gochberg und I. A. Feldman [1] sowie den Arbeiten von M. S. Budjanu und I. Z. Gochberg [1—2].

2.1. Eine Algebra von Operatorfunktionen

2.1.1. Der Begriff des Symbols. Sei $\mathfrak{M}$ eine Teilalgebra der Algebra $\mathcal{L}(X)$ aller stetigen linearen Operatoren in einem Banach-Raum X und K eine kompakte Menge. Mit $C(K)$ bezeichnen wir die Banach-Algebra der stetigen komplexwertigen Funktionen auf K mit der Norm

$$||f(x)||_C = \max_{x \in K} |f(x)| \qquad \big(f(x) \in C(K)\big) .$$

Wir nehmen an, daß jedem Operator $A \in \mathfrak{M}$ auf eindeutige Weise eine Funktion $\mathcal{A}(x) \in C(K)$ zugeordnet ist, so daß die folgenden Bedingungen erfüllt sind ($A, B \in \mathfrak{M}$):

σ.1. *Aus* $C = \alpha A + \beta B$ *folgt* $\mathcal{C} = \alpha \mathcal{A} + \beta \mathcal{B}$.

σ.2. *Aus* $C = A B$ *folgt* $\mathcal{C} = \mathcal{A} \mathcal{B}$.

σ.3. $||\mathcal{A}(x)||_C \leqq ||A||$.

Dann nennen wir die Funktion $\mathcal{A}(x)$ *Symbol* des Operators A. Das Symbol stellt also einen stetigen Homomorphismus der Operatorenalgebra $\mathfrak{M}$ in die Funktionenalgebra $C(K)$ her.

Wenn die Algebra $\mathfrak{M}$ das zweiseitige Ideal $\mathfrak{K} = \mathcal{K}(X)$ der in X vollstetigen Operatoren enthält, dann soll außer den Bedingungen $\sigma.1-\sigma.3$ noch die folgende Bedingung erfüllt sein:

σ.4. $T(x) \equiv 0$ *für beliebiges* $T \in \mathfrak{K}$.

In diesem Fall folgt dann aus den Bedingungen $\sigma.1$, $\sigma.2$ und $\sigma.4$ für beliebiges $A \in \mathfrak{M}$ die Beziehung

$$||\mathcal{A}(x)||_C \leqq \inf_{T \in K} ||A + T|| ,$$

so daß das Symbol auch einen stetigen Homomorphismus der Faktoralgebra $\mathfrak{M}/\mathfrak{K}$ in die Algebra $C(K)$ bewerkstelligt. Wir bemerken noch, daß die letzte Ungleichung umgekehrt auch die Bedingung $\sigma.4$ nach sich zieht.

Für die konkreten Algebren $\mathfrak{M}$, die wir später betrachten werden, ist der genannte Homomorphismus $\mathfrak{M}/\mathfrak{K} \to C(K)$ zugleich ein Isomorphismus. Dabei wird K der Einheitskreis, das topologische Produkt des Einheitskreises oder das topologische Produkt eines endlichen geschlossenen Kurvensystems sein. Außerdem wird dann das Symbol noch eine Reihe anderer bemerkenswerter Eigenschaften aufweisen. So ist ein Operator $A \in \mathfrak{M}$ gewöhnlich genau dann ein Noetherscher Operator, wenn sein Symbol nirgends auf K verschwindet; ist letzteres der Fall, dann läßt sich der Index von A mittels des Symbols explizit berechnen.

2.1.2. Polynome von invertierbaren Operatoren. Im weiteren bezeichnet X einen Banach-Raum und $U \in \mathcal{L}(X)$ einen invertierbaren Operator, der zusammen mit seiner Inversen U^{-1} den folgenden zwei Bedingungen genügt:

(1) *Die Spektralradien der Operatoren U und U^{-1} sind gleich Eins: $r(U) = r(U^{-1}) = 1$.*

(2) *Es existiert ein Projektor $P \in \mathcal{L}(X)$ derart, daß gilt:*

$$U P = P U P , \qquad U P \neq P U , \qquad P U^{-1} = P U^{-1} P . \tag{1.1}$$

Offenbar bedeuten die ersten beiden Bedingungen in (1.1), daß der Bildraum im P ein invarianter Teilraum des Operators U ist, der von U in seinen echten Teil abgebildet wird. Die letzte Bedingung in (1.1), die sich auch in der Form

$$U^{-1} Q = Q U^{-1} Q$$

mit $Q = I - P$ schreiben läßt, bedeutet, daß im Q ein invarianter Teilraum des Operators U^{-1} ist.

Wir bezeichnen mit V und $V^{(-1)}$ entsprechend die Einschränkungen der Operatoren $P U P$ und $P U^{-1} P$ auf den abgeschlossenen Teilraum $X_+ = \operatorname{im} P$. Wie man leicht sieht, ist der Operator V nur linksseitig invertierbar und $V^{(-1)}$ eine Linksinverse zu V.

Wegen (1.1) gilt nämlich

$$P U^{-1} P^2 U P = P U^{-1} U P = P , \qquad P U P^2 U^{-1} P = U P U^{-1} \neq P .$$

Wir zeigen, daß *das Spektrum jedes der Operatoren U und U^{-1} mit dem Einheitskreis $|z| = 1$ zusammenfällt.*

Da für jedes λ mit $|\lambda| < 1$ die Beziehung

$$U - \lambda I = U (I - \lambda U^{-1})$$

gilt, wobei der Operator $I - \lambda U^{-1}$ invertierbar ist, so liegt das Spektrum von U auf dem Einheitskreis. Die Annahme, daß das Spektrum nicht der gesamte Einheitskreis ist, führt zu einem Widerspruch. In der Tat, in diesem Fall bilden die regulären Werte von U eine zusammenhängende Menge. Für alle Punkte λ aus dieser Menge ist der Operator $V - \lambda I \in \mathcal{L}(X_+)$ offensichtlich linksseitig invertierbar und demzufolge für alle λ gleichzeitig entweder nur linksseitig oder zweiseitig invertierbar (vgl. 1.3, Behauptung 5°). Letzteres ist aber nicht der Fall, da der Operator V nur linksseitig invertierbar ist, während der Operator $V - \lambda I$ für hinreichend große $|\lambda|$ invertierbar ist. Analog verläuft der Beweis für den Operator U^{-1}.

Im weiteren bezeichnen wir durch $\mathfrak{S}(U)$ die Menge aller Polynome mit komplexen Koeffizienten der Gestalt

$$R = \sum_{j=-m}^{n} \alpha_j U^j ,$$

d. h. also, die lineare Hülle der Operatoren U^j $(j = 0, \pm 1, \ldots)$. Entsprechend seien $\mathfrak{S}^+(U)$ und $\mathfrak{S}^-(U)$ die linearen Hüllen der Operatoren U^j für $j = 0, 1, \ldots$ bzw. für $0, -1, \ldots$

Es ist leicht einzusehen, daß die Koeffizienten α_j durch den Operator $R \in \mathfrak{S}(U)$ eindeutig bestimmt werden. Wir ordnen dem Operator R das Polynom $R(z) = \sum_{j=-m}^{n} \alpha_j z^j$ $(|z| = 1)$ zu. Damit ist eine eineindeutige Beziehung zwischen der Menge $\mathfrak{S}(U)$ und der Menge aller Polynome in ganzzahligen Potenzen von z hergestellt. Im weiteren verwenden wir des öfteren die Schreibweise $R = R(U)$.

Lemma 1.1. *Für jeden Operator $R \in \mathfrak{S}(U)$ ist die Ungleichung*

$$\max_{|z|=1} |R(z)| \leqq ||R|| \tag{1.2}$$

erfüllt.

Beweis. Es sei z_0 ein beliebiger Punkt auf dem Einheitskreis. Wir setzen $\lambda = R(z_0)$ und betrachten den Operator $R - \lambda I \in \mathfrak{S}(U)$. Ihm entspricht das Polynom $R(z) - \lambda$, welches im Punkt z_0 eine Nullstelle besitzt. Folglich gilt

$$R(z) - \lambda = R_1(z) (z - z_0)$$

mit einem gewissen Polynom $R_1(z)$. Daraus ergibt sich

$$R - \lambda I = R_1(U) (U - z_0 I) = (U - z_0 I) R_1(U) .$$

Da, wie oben bewiesen, z_0 ein Spektrumspunkt von U ist, so folgt aus der letzten Gleichung, daß der Operator $R - \lambda I$ nicht invertierbar ist.

Folglich gilt $|\lambda| \leqq ||R||$, und da z_0 ein beliebiger Punkt mit $|z_0| = 1$ war, so ist damit die Ungleichung (1.2) bewiesen.

2.1.3. Stetige Funktionen von invertierbaren Operatoren. Wir bezeichnen mit $\mathfrak{R}(U)$, $\mathfrak{R}^+(U)$ und $\mathfrak{R}^-(U)$ entsprechend die Abschließungen (in der Operatornorm) der linearen Hüllen $\mathfrak{S}(U)$, $\mathfrak{S}^+(U)$ und $\mathfrak{S}^-(U)$. Man sieht leicht ein, daß $\mathfrak{R}(U)$ eine kommutative Banach-Algebra und $\mathfrak{R}^\pm(U)$ ihre Teilalgebren sind.

Mittels der Beziehung (1.2) kann jedem Operator $A \in \mathfrak{R}(U)$ eine gewisse stetige Funktion $A(z)$ auf dem Einheitskreis wie folgt zugeordnet werden: Wir wählen eine beliebige Folge $\{R_n\} \subset \mathfrak{S}(U)$, die in der Operatornorm gegen A konvergiert. Infolge (1.2) konvergiert die entsprechende Folge der Polynome $R_n(z)$ gleichmäßig auf dem Einheitskreis, und die Grenzfunktion $A(z)$ $(|z| = 1)$ dieser Folge ist ebenfalls eine stetige Funktion. Offensichtlich ist die Funktion $A(z)$ von der zufälligen Wahl der Folge $\{R_n\} \subset \mathfrak{S}(U)$ unabhängig und folglich eindeutig bestimmt durch den Operator $A \in \mathfrak{R}(U)$.

Wegen (1.2) gilt offenbar

$$\max_{|z|=1} |A(z)| \leqq \|A\| \qquad \bigl(A \in \mathfrak{R}(U)\bigr) . \tag{1.3}$$

Mithin sind für die Algebra $\mathfrak{M} = \mathfrak{R}(U)$ die Bedingungen $\sigma.1-\sigma.3$ aus 2.1.1 erfüllt. Die Funktion $A(z)$ $(|z| = 1)$ ist also das *Symbol* des Operators $A \in \mathfrak{R}(U)$. Wir bemerken, daß die Abbildung $A \to A(z)$ genau dann eineindeutig und mithin ein Isomorphismus von $\mathfrak{R}(U)$ in die Algebra aller stetigen Funktionen auf dem Einheitskreis ist, wenn $\mathfrak{R}(U)$ eine Algebra ohne Radikal ist (vgl. 2.1.4).

Aus der Abschätzung (1.3) folgt unmittelbar, daß das Symbol $A(z)$ $(|z| = 1)$ eines Operators A aus $\mathfrak{R}^+(U)$ $\bigl(\mathfrak{R}^-(U)\bigr)$ eine analytische Fortsetzung in das Kreisinnere $|z| < 1$ (in das Kreisäußere $|z| > 1$) zuläßt.

Im weiteren bezeichnen wir mit $\mathfrak{R}(z)$ die Algebra aller Symbole $A(z)$ $(|z| = 1)$, wobei A die Algebra $\mathfrak{R}(U)$ durchläuft. Der folgende Satz gibt Aufschluß über die Struktur dieser Algebra $\mathfrak{R}(z)$. Dabei wollen wir hier ebenso wie im folgenden mit W die sogenannte WIENER*sche Algebra* aller Funktionen $A(z)$ auf dem Einheitskreis bezeichnen, die sich in eine absolut konvergente FOURIER-Reihe

$$A(z) = \sum_{j=-\infty}^{\infty} a_j z^j \qquad (|z| = 1)$$

entwickeln lassen. Mit der Norm

$$\|A(z)\|_W = \sum_{-\infty}^{\infty} |a_j|$$

ist W bekanntlich eine BANACH-Algebra.

Satz 1.1. (a) *Wenn gilt*

$$\|U\| = \|U^{-1}\| = 1 , \tag{1.4}$$

dann enthält $\mathfrak{R}(z)$ die Algebra W, und für die Operatoren $A \in \mathfrak{R}(U)$ mit einem Symbol $A(z) \in W$ ergibt sich folgende Abschätzung:

$$\|A\| \leqq \|A(z)\|_W . \tag{1.5}$$

(b) *Wenn $X = H$ ein HILBERT-Raum und U ein unitärer Operator in H ist, dann stimmt $\mathfrak{R}(z)$ mit der Algebra aller auf dem Einheitskreis stetigen Funktionen überein, und für einen beliebigen Operator $A \in \mathfrak{R}(U)$ gilt*

$$\|A\| = \max_{|z|=1} |A(z)| . \tag{1.6}$$

Beweis. (a) Es gelte also

$$A(z) = \sum_{j=-\infty}^{\infty} a_j z^j \quad (|z| = 1), \qquad \sum_{-\infty}^{\infty} |a_j| < \infty .$$

Dann konvergiert die Reihe $\sum_{-\infty}^{\infty} a_j U^j$ in der Operatornorm. Folglich gehört ihre Summe S zu $\mathfrak{R}(U)$, und es gilt $S(z) = A(z)$ ($|z| = 1$). Die Beziehung (1.5) ergibt sich durch Grenzübergang in der Ungleichung

$$\left\| \sum_{j=-n}^{n} a_j U^j \right\| \leqq \sum_{j=-n}^{n} |a_j| .$$

(b) Es sei H ein HILBERT-Raum und U ein unitärer Operator in H. Dann ergibt sich aus der Spektralzerlegung unitärer Operatoren sofort die Abschätzung

$$\|R\| \leqq \max_{|z|=1} |R(z)|$$

für einen beliebigen Operator $R \in \mathfrak{E}(U)$ mit dem Symbol $R(z)$. Da mit (1.2) auch die umgekehrte Ungleichung gilt, so erhalten wir die Gleichung

$$\|R\| = \max_{|z|=1} |R(z)| . \tag{1.7}$$

Es sei jetzt $A(z)$ eine beliebige stetige Funktion auf dem Einheitskreis und $R_n(z)$ ($n = 1, 2, \ldots$) eine gegen $A(z)$ gleichmäßig konvergente Folge von Polynomen. Wegen (1.7) konvergiert die Folge $R_n = R_n(U) \in \mathfrak{E}(U)$ gegen einen Operator $A \in \mathfrak{R}(U)$, dessen Symbol folglich gleich $A(z)$ ist. Durch Grenzübergang für $n \to \infty$ in der Beziehung (1.7) ergibt sich die Gleichung (1.6).

Der Satz ist damit bewiesen.

Wir bemerken, daß jeder isometrische Operator U, der den BANACH-Raum X auf sich abbildet, offensichtlich die Bedingungen (1) und (1.4) erfüllt.

2.1.4 Umkehrung stetiger Funktionen von invertierbaren Operatoren. Für das Weitere benötigen wir die folgenden bekannten Ergebnisse aus der Theorie der BANACHschen Algebren (siehe I. M. GELFAND, D. A. RAIKOW und G. E. SCHILOW [1]): Jedem Element x einer kommutativen BANACH-Algebra $\mathfrak{R}$ läßt sich eine komplexwertige Funktion $x(M)$ ($M \in \mathfrak{M}$) auf der Menge $\mathfrak{M}$ der maximalen Ideale dieser Algebra zuordnen. Dabei definiert $\hat{M}(x) = x(M)$ ein stetiges lineares und multiplikatives Funktional auf $\mathfrak{R}$ mit $\hat{M}(e) = 1$ (e das Einselement von $\mathfrak{R}$). Die Wertemenge der Funktion $x(M)$ auf $\mathfrak{M}$ stimmt mit dem Spektrum des Elements $x \in \mathfrak{R}$ überein, und das Element x ist genau dann in $\mathfrak{R}$ invertierbar, wenn $x(M) \neq 0$ ($\forall\, M \in \mathfrak{M}$) ist oder, was dasselbe bedeutet, wenn x zu keinem maximalen Ideal der Algebra $\mathfrak{R}$ gehört. Die Zuordnung $x \to x(M)$ ist genau dann eineindeutig, wenn $\mathfrak{R}$ eine Algebra ohne Radikal ist (d. h., der Durchschnitt aller maximalen Ideale besteht nur aus dem Nullelement oder, was dasselbe ist, es existiert kein von der Null verschiedenes Element $x \in \mathfrak{R}$ mit $\lim_{n\to\infty} \sqrt[n]{\|x^n\|} = 0$).

Es gilt nun das folgende Lemma.

Lemma 1.2. *Es sei z ein beliebiger Punkt auf dem Einheitskreis und*

$$M_z = \{A \in \mathfrak{R}(U) : A(z) = 0\} .$$

Dann ist M_z ein maximales Ideal der Algebra $\mathfrak{R}(U)$.

Umgekehrt entspricht jedem maximalen Ideal M der Algebra $\mathfrak{R}(U)$ ein Punkt z ($|z| = 1$), so daß $M = M_z$ gilt. Dabei stimmt die zum Element $A \in \mathfrak{R}(U)$ gehörige *Funktion $A(M_z)$ auf der Menge der maximalen Ideale mit dem Symbol $A(z)$ überein:*

$$A(M_z) = A(z) \qquad (|z| = 1)\,.$$

Beweis. Auf der Algebra $\mathfrak{R}(U)$ erklären wir ein Funktional durch die Beziehung

$$f_z(A) = A(z) \qquad \bigl(A \in \mathfrak{R}(U)\bigr)\,.$$

Das Funktional f_z ist linear, multiplikativ und wegen (1.3) auch stetig. Dann ist bekanntlich $\ker f_z = M_z$ ein maximales Ideal (siehe I. M. Gelfand, D. A. Raikow und G. E. Schilow [1], § 4).

Es sei jetzt M ein beliebiges maximales Ideal von $\mathfrak{R}(U)$. Da das Spektrum des Operators U der Einheitskreis ist, so gilt

$$U(M) = z_0 \quad \text{mit} \quad |z_0| = 1\,.$$

Auf Grund der Multiplikativität des Funktionals $\hat{M}$ ergibt sich dann $U^{-1}(M) = z_0^{-1}$ und folglich $R(M) = R(z_0)$ für beliebiges $R \in \mathfrak{C}(U)$. Durch Grenzübergang (siehe Ungleichung (1.3)) erhalten wir schließlich

$$A(M) = A(z_0) \qquad \forall\, A \in \mathfrak{R}(U)\,.$$

Da bekanntlich $A \in \mathfrak{R}(U)$ genau dann zu M gehört, wenn $A(M) = 0$ ist, so folgt $M = M_{z_0}$, und die Behauptung ist damit bewiesen.

Wir bemerken noch, daß die Abbildung $M_z \to z$ einen Homöomorphismus des Kompaktums der maximalen Ideale der Algebra $\mathfrak{R}(U)$ auf den Einheitskreis liefert.

Aus dem Lemma 1.2 ergibt sich der folgende wichtige Satz.

Satz 1.2. *Ein Operator $A \in \mathfrak{R}(U)$ ist genau dann in $\mathcal{L}(X)$ invertierbar, wenn sein Symbol keine Nullstellen hat:*

$$A(z) \neq 0 \qquad (|z| = 1)\,. \tag{1.8}$$

Ist diese Bedingung erfüllt, dann gilt $A^{-1} \in \mathfrak{R}(U)$.

Beweis. Wenn die Bedingung (1.8) erfüllt ist, dann folgt aus Lemma 1.2, daß A in $\mathfrak{R}(U)$ invertierbar ist.

Wir nehmen jetzt an, der Operator A sei in $\mathcal{L}(X)$ invertierbar, und es gelte $A(z_0) = 0$ für ein gewisses z_0 ($|z_0| = 1$). Auf Grund der Behauptung 5°, Abschnitt 1.3, ist dann auch jeder Operator $R \in \mathcal{L}(X)$ invertierbar, der folgende Ungleichung erfüllt:

$$\|A - R\| < \varrho \qquad (\varrho = \|A^{-1}\|^{-1})\,. \tag{1.9}$$

Wir wählen einen Operator $R_0 \in \mathfrak{C}(U)$ derart, daß $\|A - R_0\| < \dfrac{\varrho}{2}$ ist. Wegen (1.3) gilt dann

$$\max_{|z|=1} |A(z) - R_0(z)| < \frac{\varrho}{2}$$

und damit $|R_0(z_0)| < \dfrac{\varrho}{2}$.

Der Operator $R = R_0 - R_0(z_0) I \in \mathfrak{S}(U)$ genügt der Bedingung (1.9) und ist folglich invertierbar. Da das Symbol des Operators R im Punkt z_0 verschwindet, so kann der Operator R, ähnlich wie der Operator $R - \lambda I$ im Beweis des Lemmas 1.1, in der Form

$$R = R_1 (U - z_0 I) \qquad (R_1 \in \mathfrak{S}(U)) \tag{1.10}$$

dargestellt werden. Mit R muß dann aber auch der Operator $U - z_0 I$ invertierbar sein, was nicht der Fall ist. Mit diesem Widerspruch ist der Satz bewiesen.

2.1.5. Wiener-Hopfsche Operatoren. Für das Weitere wollen wir folgende Sprechweise vereinbaren: Jedem Operator A aus einer gewissen Klasse $\mathfrak{A} \subset \mathcal{L}(X)$ sei ein reellwertiges Funktional $\mu(A)$ zugeordnet. Wir sagen, die *Invertierbarkeit des Operators A entspricht dem Funktional μ*, wenn der Operator A genau dann invertierbar, nur linksseitig invertierbar oder nur rechtsseitig invertierbar ist, wenn die Zahl $\mu(A)$ entsprechend gleich Null, positiv oder negativ ist.

Das Funktional μ wird im weiteren der Index einer gewissen stetigen Funktion sein. Unter dem *Index* einer auf dem Einheitskreis Γ ($|z| = 1$) gegebenen stetigen Funktion $a(z)$ mit $a(z) \neq 0$ ($z \in \Gamma$) versteht man die ganze Zahl

$$\operatorname{ind} a(z) = \frac{1}{2\pi} [\arg a(z)]_\Gamma = \frac{1}{2\pi i} [\ln a(z)]_\Gamma .$$

Dabei bezeichnet das Symbol $[\ ]_\Gamma$ den Zuwachs des in Klammern eingeschlossenen Ausdrucks bei einmaligem Umlaufen der Kurve Γ in positiver Richtung (d. h., entgegen dem Uhrzeigersinn). Analog ist der Index einer stetigen Funktion auf einer beliebigen geschlossenen Jordan-Kurve oder auf einem orientierten Kurvensystem erklärt, das aus endlich vielen geschlossenen Jordan-Kurven ohne gemeinsame Punkte besteht. Im Falle des genannten Kurvensystems ist der Index gleich der Summe der Indizes auf den einzelnen Teilkurven (bei der auf diesen Kurven festgelegten Orientierung).

Im folgenden wollen wir mit $\hat{A} = P A P \mid \operatorname{im} P$ stets die Einschränkung des Operators $P A P$ auf den abgeschlossenen Teilraum $X_+ = \operatorname{im} P$ bezeichnen; $\hat{\mathfrak{R}}(U)$ sei die Gesamtheit aller Operatoren $\hat{A}$, wobei A die Algebra $\mathfrak{R}(U)$ durchläuft. Dabei wollen wir vereinbaren, das Symbol $A(z)$ ($|z| = 1$) des Operators A auch *Symbol* des Operators $\hat{A}$ zu nennen. Die Operatoren $\hat{A} \in \hat{\mathfrak{R}}(U)$ nennen wir *singuläre Operatoren vom Wiener-Hopfschen Typ* oder einfach *Wiener-Hopfsche Operatoren.*

Operatoren $\hat{A}$ und $\hat{A}'$ aus $\hat{R}(U)$, deren Symbole entsprechend gleich $A(z)$ und $A\left(\frac{1}{z}\right)$ ($|z| = 1$) sind, heißen zueinander *transponiert.*

Satz 1.3. *Der Operator $\hat{A} \in \hat{\mathfrak{R}}(U)$ ist genau dann mindestens einseitig invertierbar, wenn sein Symbol $A(z)$ keine Nullstellen hat. Ist diese Bedingung erfüllt, dann entspricht die Invertierbarkeit des Operators $\hat{A}$ dem Index des Symbols*

$$\varkappa = \operatorname{ind} A(z) .$$

Wenn die Bedingung (1.8) *verletzt ist, dann ist* $\hat{A}$ *weder ein* Φ_+- *noch ein* Φ_--*Operator im Raum* $X_+ = \operatorname{im} P$.

Beweis. 1. Es sei zunächst die Bedingung (1.8) erfüllt. Wir wählen einen Operator $R \in \mathfrak{E}(U)$ derart, daß gilt

$$R^{-1} A - I = C\,, \qquad \|C\| < \|P\|^{-1} \; (C \in \mathfrak{R}(U))\,. \tag{1.11}$$

Aus (1.3) und (1.11) erhalten wir

$$\max_{|z|=1} |R^{-1}(z)\, A(z) - 1| \leqq \|C\| < 1\,,$$

und folglich ist

$$R(z) \neq 0 \; (|z| = 1)\,, \qquad \operatorname{ind} R(z) = \operatorname{ind} A(z) = \varkappa\,.$$

Demzufolge kann das Polynom $R(z)$ in der Form

$$R(z) = c \prod_{k=1}^{p} (1 - z_k^+ z^{-1})\, z^\varkappa \prod_{l=1}^{q} (z - z_l^-) \tag{1.12}$$

mit $|z_k^+| < 1$ $(k = 1, \ldots, p)$ und $|z_l^-| > 1$ $(l = 1, \ldots, q)$ dargestellt werden.

Indem man in der letzten Beziehung z durch U ersetzt, erhält man für den Operator R die Darstellung

$$R = R_-\, U^\varkappa\, R_+\,,$$

wobei $R_\pm \in \mathfrak{E}^\pm(U)$ invertierbare Operatoren mit $R_\pm^{-1} \in \mathfrak{R}^\pm(U)$ sind.

Aus den Gleichungen (1.1) ergeben sich unmittelbar die Beziehungen

$$A_+ P = P A_+ P\,, \qquad P A_- = P A_- P \qquad (A_\pm \in \mathfrak{R}^\pm(U)) \tag{1.13}$$

oder die dazu äquivalenten Gleichungen

$$Q A_+ = Q A_+ Q\,, \qquad A_- Q = Q A_- Q \qquad (Q = I - P)\,.$$

Folglich gilt

$$P A P = P R_- (I + C)\, U^\varkappa R_+ P = \hat{R}_- [P (I + C)\, U^\varkappa P]\, \hat{R}_+\,,$$

wobei $\hat{R}_\pm = P R_\pm P$ gesetzt wurde.

Wegen (1.11) ist der Operator $P + P C P$ in $\mathscr{L}(X_+)$ invertierbar, und die Operatoren $\hat{R}_\pm$ besitzen die Inversen $P R_\pm^{-1} P$. Folglich ist im Falle $\varkappa = 0$ der Operator $\hat{A} = P A P \mid X_+$ invertierbar.

Aus den Gleichungen (1.13) folgt

$$P (I + C)\, U^\varkappa P = (P + P C P)\, P U^\varkappa P \qquad (\varkappa > 0)\,,$$
$$P (I + C)\, U^\varkappa P = P U^\varkappa P\, (P + P C P) \qquad (\varkappa < 0)\,.$$

Auf Grund der Beziehungen (1.1) und (1.13) können wir jetzt schließen, daß der Operator $P U^\varkappa P$ in $\mathscr{L}(X_+)$ für $\varkappa > 0$ nur linksseitig und für $\varkappa < 0$ nur rechtsseitig invertierbar ist. Dasselbe gilt folglich auch für den Operator $\hat{A}$, und die Hinlänglichkeit der Bedingung (1.8) ist damit gezeigt.

2. Es bleibt nur noch die letzte Behauptung des Satzes zu beweisen. Dieser Beweis verläuft analog zum Beweis des Satzes 1.2.

Es gelte $A(z_0) = 0$ ($|z_0| = 1$). Wir nehmen an, daß $\hat{A} \in \Phi_+(X_+)$ ist. Nach Satz 3.8*, Kapitel 1, existiert eine Zahl $\varrho > 0$ derart, daß $B \in \Phi_+(X_+)$ gilt für alle Operatoren $B \in \mathcal{L}(X_+)$ mit $\|\hat{A} - B\| < \varrho$.

Wir wählen jetzt einen Operator $R_0 \in \mathfrak{S}(U)$ mit

$$\|A - R_0\| < \frac{\varrho}{2} \|P\|^{-1} .$$

Wegen (1.3) ergibt sich dann $|R_0(z_0)| < \frac{\varrho}{2}$. Wir setzen

$$B = P\,R\,P \mid X_+ \quad \text{für} \quad R = R_0 - R_0(z_0)\,I \in \mathfrak{S}(U) .$$

Wie man sich leicht überzeugt, gilt $\|\hat{A} - B\| < \varrho$ und folglich $B \in \Phi_+(X_+)$.

Andererseits erhalten wir aus (1.10) und (1.1) die Beziehung

$$B = P\,R_1\,P\,(V - z_0\,I_+) ,$$

wobei I_+ den identischen Operator in X_+ bezeichnet. Nach Satz 3.1, Kapitel 1, ist dann $V - z_0\,I_+ \in \Phi_+(X_+)$. Wir zeigen, daß die Beziehungen

$$\operatorname{Ind}(V - z\,I_+) = 0 \quad (|z| > 1) , \qquad \operatorname{Ind}(V - z\,I_+) \neq 0 \qquad (|z| < 1) \quad (1.14)$$

gelten.

In der Tat, aus den Bedingungen (1) und (2) von 2.1.2 ist leicht ersichtlich, daß die Spektralradien der Operatoren V und $V^{(-1)}$ $(\in \mathcal{L}(X_+))$ nicht größer als Eins sind. Folglich ist der Operator $V - z\,I_+$ für beliebiges $|z| > 1$ in $\mathcal{L}(X_+)$ invertierbar, und die erste Gleichung in (1.14) ist bewiesen. Für beliebiges z mit $|z| < 1$ ist der Operator $I_+ - z\,V^{(-1)}$ invertierbar, und folglich ist zusammen mit V auch der Operator

$$V - z\,I_+ = (I_+ - z\,V^{(-1)})\,V$$

nur linksseitig invertierbar. Damit gilt auch die zweite Beziehung in (1.14).

Zusammen mit der Behauptung $V - z_0\,I_+ \in \Phi_+(X_+)$ widersprechen jedoch die Beziehungen (1.14) den Aussagen der Sätze 3.8 und 3.8* aus Kapitel 1. Folglich kann $\hat{A}$ kein Φ_+-Operator sein.

Unter Benutzung der Darstellung

$$B = (V^{(-1)} - z_0^{-1}\,I_+)\,P\,R_2\,P \qquad (R_2 \in \mathfrak{S}(U))$$

zeigt man völlig analog zum vorhergehenden, daß $\hat{A}$ kein Φ_--Operator sein kann.

Der Satz ist damit vollständig bewiesen.

Wenn die Bedingung (1.8) erfüllt ist, dann wollen wir im weiteren sagen, daß das Symbol $A(z)$ *nicht entartet*. In diesem Fall heißen die Operatoren $\hat{A} \in \hat{\mathfrak{R}}(U)$ und $A \in \mathfrak{R}(U)$ *Operatoren vom Normaltyp.*

Bemerkung 1. Die beim vorstehenden Beweis gegebene Konstruktion der einseitigen Inversen des Operators $\hat{A} = P\,A\,P \mid$ im P ist im allgemeinen wenig effektiv, da sie auf der Kenntnis des inversen Operators zu $P + P\,C\,P$ aufbaut. Effektivere Formeln für die inversen Operatoren werden in Abschnitt 2.4 gewonnen.

Bemerkung 2. Die im Satz 1.3 für den Operator $\hat{A} = P A P \mid \text{im } P$ formulierten Eigenschaften gelten auch für den Operator $A P + Q \in \mathcal{L}(X)$.

In der Tat, offenbar gilt

$$A P + Q = (P A P + Q)(I + Q A P).$$

Wegen $(Q A P)^2 = 0$ ist $I + Q A P$ ein invertierbarer Operator mit

$$(I + Q A P)^{-1} = I - Q A P.$$

Wie man unschwer einsieht, ist $P A P + Q$ in X genau dann ein $\Phi_\pm$-Operator oder von irgendeiner Seite invertierbar, wenn der Operator $\hat{A}$ die entsprechenden Eigenschaften im Raum $X_+ = \text{im } P$ besitzt.

Ferner gilt: Zwischen den Lösungsmengen der Gleichungen

$$\hat{A}\varphi = P f \tag{1.15}$$

und

$$(A P + Q)\psi = f \tag{1.16}$$

besteht eine eineindeutige Beziehung. Ist nämlich ψ Lösung der Gleichung (1.16), dann ist offenbar $\varphi = P\psi$ Lösung von (1.15). Ist umgekehrt φ Lösung von (1.15), dann ist $\psi = (I - Q A) P \varphi + Q f$ Lösung der Gleichung (1.16).

Auf Grund der letzten Bemerkung kann man die Gleichungen (1.15) und (1.16) identifizieren. Gleichungen der Gestalt (1.15) bzw. (1.16) sollen im weiteren *singuläre Gleichungen vom* WIENER-HOPF*schen Typ* oder einfach WIENER-HOPF*sche Gleichungen* genannt werden.

Allgemeinere Gleichungen mit Operatoren der Gestalt $A P + B Q$ $(A, B \in \mathfrak{R}(U))$ werden wir im nächsten Abschnitt untersuchen.

2.2. Abstrakte singuläre Operatoren

2.2.1. Paarige Operatoren. Sei $\mathfrak{M}$ eine abgeschlossene Teilalgebra der Algebra $\mathcal{L}(X)$ aller linearen beschränkten Operatoren in einem BANACH-Raum X, P ein stetiger Projektor in X und $Q = I - P$.

Paariger Operator heißt jeder Operator der Gestalt $A P + B Q$ oder $P A + Q B$, wobei $A \in \mathfrak{M}$ und $B \in \mathfrak{M}$. Die paarigen Operatoren $A P + B Q$ und $P B + Q A$ heißen zueinander *transponiert*.

Es zeigt sich, daß für gewisse spezielle Algebren $\mathfrak{M}$ zwischen den paarigen Operatoren und den Operatoren der Gestalt $P M P$ oder $Q M Q$ $(M \in \mathfrak{M})$ (letztere betrachtet entsprechend in den Teilräumen im P bzw. im Q) ein einfacher Zusammenhang besteht. Wir werden im weiteren voraussetzen, daß die Algebra $\mathfrak{M}$ die folgenden zwei Eigenschaften besitzt:

a) *Die in $\mathfrak{M}$ invertierbaren Operatoren bilden eine in $\mathfrak{M}$ dichte Menge.*

b) *Der Operator $M \in \mathfrak{M}$ ist invertierbar in $\mathfrak{M}$, sobald einer der Operatoren $P M P \mid \text{im } P$ oder $Q M Q \mid \text{im } Q$ wenigstens einseitig invertierbar ist.*

Die Rolle der Algebra $\mathfrak{M}$ wird im weiteren u. a. die im vorhergehenden Abschnitt konstruierte Algebra $\mathfrak{R}(U)$ spielen, wobei der invertierbare Operator $U \in \mathcal{L}(X)$ die Bedingungen (1) und (2) aus 2.1.2 erfüllt. Auf Grund der Sätze 1.2 und 1.3 genügt die Algebra $\mathfrak{R}(U)$ der Bedingung b). Wir zeigen, daß $\mathfrak{R}(U)$ auch die Bedingung a) erfüllt. In der Tat, jeder Operator $M \in \mathfrak{R}(U)$ läßt sich beliebig genau durch Operatoren $R \in \mathfrak{S}(U)$ approximieren. Den Operator $R \in \mathfrak{S}(U)$ kann man nun als Produkt

$$R = U^l \prod_{k=1}^{m} (U - z_k I) \tag{2.1}$$

darstellen, wobei l eine ganze Zahl, m eine natürliche Zahl und z_k gewisse komplexe Zahlen bedeuten. Wenn $|z_k| \neq 1$ $(k = 1, \ldots, m)$ gilt, dann ist nach Satz 1.2 der Operator R in $\mathfrak{R}(U)$ invertierbar. Liegen dagegen einige der Zahlen z_k auf dem Einheitskreis, dann erhalten wir den gesuchten Operator, indem wir diese Zahlen in (2.1) durch solche Zahlen ersetzen, die nicht auf dem Einheitskreis liegen und deren Abstand zu z_k hinreichend klein ist.

Aus den Sätzen 1.2 und 1.3 folgt weiter, daß die Algebra $\mathfrak{M} = \mathfrak{R}(U)$ sogar der folgenden verschärften Bedingung genügt:

b') *Der Operator* $M \in \mathfrak{M}$ *ist invertierbar in* $\mathfrak{M}$, *sobald einer der Operatoren* $P M P \mid$ im P *bzw.* $Q M Q \mid$ im Q *ein* Φ_+- *oder* Φ_--*Operator ist.*

Für beliebige Algebren $\mathfrak{M}$ $(\subset \mathcal{L}(X))$, die die Bedingungen a), b) erfüllen, gilt nun der folgende Satz.

Satz 2.1. *Die Algebra* $\mathfrak{M}$ *erfülle die Bedingungen* a), b), *und es seien* $A, B \in \mathfrak{M}$. *Dafür, daß der Operator* $A P + B Q$ *mindestens einseitig invertierbar ist, ist notwendig und hinreichend, daß die Operatoren* A *und* B *in* $\mathfrak{M}$ *invertierbar sind und der Operator* $P B^{-1} A P \mid$ im P *von derselben Seite invertierbar ist wie der Operator* $A P + B Q$.

Der Satz 2.1 behält seine Gültigkeit, wenn in seiner Formulierung der Operator $P B^{-1} A P \mid$ im P durch den Operator $Q A^{-1} B Q \mid$ im Q ersetzt wird.

Beweis. Die Operatoren A und B seien in $\mathfrak{M}$ invertierbar. Dann läßt sich der Operator $A P + B Q$ in folgender Form darstellen:

$$A P + B Q = B (P B^{-1} A P + Q)(I + Q B^{-1} A P) . \tag{2.2}$$

Dabei ist $I + Q B^{-1} A P$ ein invertierbarer Operator, und es gilt offenbar

$$(I + Q B^{-1} A P)^{-1} = I - Q B^{-1} A P .$$

Analog ergibt sich die Darstellung

$$A P + B Q = A (P + Q A^{-1} B Q)(I + P A^{-1} B Q) , \tag{2.3}$$

wobei $I + P A^{-1} B Q$ ein invertierbarer Operator ist:

$$(I + P A^{-1} B Q)^{-1} = I - P A^{-1} B Q .$$

Aus den Beziehungen (2.2) und (2.3) folgt unmittelbar, daß wenn einer der Operatoren $A P + B Q$, $P B^{-1} A P \mid$ im P, $Q A^{-1} B Q \mid$ im Q von irgendeiner Seite invertierbar ist, dann sind auch die übrigen zwei Operatoren von derselben Seite invertierbar.

Wir nehmen jetzt an. daß der Operator $A P + B P$ mindestens einseitig invertierbar ist. Der Satz ist bewiesen, wenn wir zeigen, daß die Operatoren A und B in $\mathfrak{M}$ invertierbar sind.

Zunächst beweisen wir, daß wenn einer der Operatoren A, B invertierbar ist, dann ist es auch der andere. Es sei z. B. A invertierbar. Aus der Darstellung (2.3) ergibt sich, daß der Operator $Q A^{-1} B Q \mid \operatorname{im} Q$ von derselben Seite invertierbar ist wie der Operator $A P + B Q$. Infolge der Bedingung b) ist dann $A^{-1} B$ und somit auch B in $\mathfrak{M}$ invertierbar.

Der Fall, daß beide Operatoren A und B nicht invertierbar sind, ist unter den oben angenommenen Voraussetzungen nicht möglich. In der Tat, nehmen wir an, A und B seien nicht invertierbar. Infolge der Bedingung a) kann man den Operator A beliebig genau durch invertierbare Operatoren $A' \in \mathfrak{M}$ approximieren. Bei hinreichend kleiner Norm $\|A - A'\|$ ist der Operator $A' P + B Q$ von derselben Seite wie der Operator $A P + B Q$ invertierbar (siehe Satz 5°, Abschnitt 1.3). Nach dem bereits Bewiesenen ist dann der Operator B invertierbar, das jedoch der Annahme widerspricht.

Der Satz 2.1 ist damit bewiesen.

Aus den Beziehungen (2.2) und (2.3) ergibt sich unmittelbar

Folgerung 2.1. *Wenn die Operatoren A und B aus $\mathfrak{M}$ invertierbar sind, dann gelten folgende Formeln:*

$$\begin{aligned} \dim \ker (A P + B Q) &= \dim \ker (P B^{-1} A P \mid \operatorname{im} P) \\ &= \dim \ker (Q A^{-1} B Q \mid \operatorname{im} Q) \end{aligned} \tag{2.4}$$

und

$$\begin{aligned} \dim \operatorname{coker} (A P + B Q) &= \dim \operatorname{coker} (P B^{-1} A P \mid \operatorname{im} P) \\ &= \dim \operatorname{coker} (Q A^{-1} B Q \mid \operatorname{im} Q)\,. \end{aligned} \tag{2.5}$$

Unter Benutzung der Ergebnisse des Abschnitts 1.3 beweist man völlig analog zum Satz 2.1 die folgende Behauptung.

Satz 2.2. *Die Algebra $\mathfrak{M}$ erfülle die Bedingung* a) *und* b'). *Dafür, daß der Operator $A P + B Q$ ($A, B \in \mathfrak{M}$) ein $\Phi_+(\Phi_-)$-Operator ist, ist notwendig und hinreichend, daß die Operatoren A und B in $\mathfrak{M}$ invertierbar sind und der Operator $P B^{-1} A P \mid \operatorname{im} P$ ein $\Phi_+(\Phi_-)$-Operator ist.*

Der Satz 2.2 behält auch dann seine Gültigkeit, wenn in seiner Formulierung $P B^{-1} A B \mid \operatorname{im} P$ durch $Q A^{-1} B Q \mid \operatorname{im} Q$ ersetzt wird. Dabei gelten ebenfalls die Formeln (2.4) und (2.5). Schließlich bemerken wir, daß man auf Grund des Satzes 3.7*, Kapitel 1, in der Formulierung des Satzes 2.2 den Operator $A P + B Q$ durch einen Operator der Gestalt $A P + B Q + T$ ersetzen kann, wobei T einen vollstetigen Operator in X bezeichnet.

Analoge Sätze lassen sich für paarige Operatoren der Gestalt $P A + Q B$ formulieren. Die entsprechenden Beweise unterscheiden sich von den Beweisen der Sätze 2.1 und 2.2 lediglich dadurch, daß anstelle der Darstellungen (2.2) und (2.3) die folgenden Beziehungen treten:

$$P A + Q B = (I + P A B^{-1} Q)(P A B^{-1} P + Q) B \tag{2.2'}$$

und

$$P A + Q B = (I + Q B A^{-1} P)(P + Q B A^{-1} Q) A\,.$$

2.2.2. Der abstrakte singuläre Operator. Die Algebra $\mathfrak{M}$ ($\subset \mathcal{L}(X)$) erfülle jetzt die folgende Bedingung:

c) *Der Kommutator* $[P, A] = P\,A - A\,P$ *ist vollstetig für einen beliebigen Operator* $A \in \mathfrak{M}$.

Zunächst bemerken wir, daß wenn die Bedingung c) erfüllt ist, dann sind für beliebiges $A \in \mathfrak{M}$ auch die Operatoren

$$[Q, A]\,, \quad P\,A\,Q\,, \quad Q\,A\,P$$

vollstetig, da offensichtlich die Beziehungen

$$[Q, A] = [A, P]\,, \quad P\,A\,Q = P[A, Q] = [P, A]\,Q$$

gelten.

Abstrakten singulären Operator oder einfach *singulären Operator* nennen wir einen Operator der Gestalt

$$C = A\,P + B\,Q + T\,, \tag{2.6}$$

wobei A, $B \in \mathfrak{M}$ und T ein vollstetiger Operator in X ist. Die Operatoren A und B werden wir gelegentlich *Koeffizienten* des Operators (2.6) nennen.

Der Operator $C_0 = A\,P + B\,Q$ heißt *charakteristischer Teil* und T *vollstetiger Teil* des singulären Operators C.

Mit $\tilde{\mathfrak{M}}$ bezeichnen wir die Gesamtheit aller singulären Operatoren der Gestalt (2.6). Wie man leicht sieht, ist $\tilde{\mathfrak{M}}$ eine (nicht notwendig abgeschlossene) Algebra. In der Tat, offensichtlich führt die Addition sowie die Multiplikation mit einer Zahl aus der Menge $\tilde{\mathfrak{M}}$ nicht heraus. Es bleibt noch zu zeigen, daß auch das Produkt zweier Operatoren aus $\tilde{\mathfrak{M}}$ wieder in $\tilde{\mathfrak{M}}$ liegt.

Es seien

$$C = A_1\,P + B_1\,Q + T_1\,, \qquad D = A_2\,P + B_2\,Q + T_2$$

zwei Operatoren aus $\tilde{\mathfrak{M}}$. Dann ergibt sich

$$C\,D = A_1\,A_2\,P + B_1\,B_2\,Q + T \tag{2.7}$$

mit

$$T = A_1[P, A_2]\,P + B_1[Q, B_2]\,Q + A_1(P\,B_2\,Q) + B_1(Q\,A_2\,P) + C\,T_2 + \\ + T_1\,D - T_1\,T_2\,.$$

Da infolge der Bedingung c) der Operator T vollstetig ist, so folgt aus (2.7) unmittelbar $C\,D \in \tilde{\mathfrak{M}}$.

Den abstrakten singulären Operator (2.6) nennt man einen *Operator vom Normaltyp*, wenn seine Koeffizienten A und B in $\mathfrak{M}$ invertierbar sind, d. h. wenn die inversen Operatoren $A^{-1} \in \mathfrak{M}$ und $B^{-1} \in \mathfrak{M}$ existieren.

Aus der Beziehung (2.7) folgt unmittelbar, daß das Produkt zweier singulärer Operatoren vom Normaltyp wieder ein Operator vom Normaltyp ist.

Satz 2.3. *Die Algebra* $\mathfrak{M}$ *erfülle die Bedingung* c). *Wenn der singuläre Operator* C *vom Normaltyp ist, dann ist der Operator* $R = A^{-1}\,P + B^{-1}\,Q$ *ein zweiseitiger Regularisator des Operators* C.

Beweis. Für $A_1 = A^{-1}$, $B_1 = B^{-1}$, $A_2 = A$ und $B_2 = B$ ergibt sich nach (2.7) die Beziehung

$$R\,C = P + Q + T' = I + T',$$

wobei T' vollstetig ist. Wenn wir in der genannten Substitution die Rollen der Operatoren A und A^{-1} (entsprechend B und B^{-1}) vertauschen, erhalten wir

$$C\,R = I + T''$$

mit einem vollstetigen Operator T''. Die Behauptung ist damit bewiesen.

Folgerung 2.2. *Unter den Voraussetzungen des Satzes* 2.3 *ist* C *ein* Φ-*Operator.*

Dies folgt unmittelbar aus Satz 2.3 und Satz 4.3, Kapitel 1.

Indem wir Satz 3.7*, Kapitel 1, berücksichtigen, schließen wir aus Satz 2.2 sowie Folgerung 2.2 unmittelbar auf den nachfolgenden Satz.

Satz 2.4. *Die Algebra* $\mathfrak{M}$ *erfülle die obengenannten Bedingungen* a), b′) *und* c).

Der abstrakte singuläre Operator (2.6) *ist genau dann ein* $\Phi_+(\Phi_-)$-*Operator, wenn er vom Normaltyp ist.*

Die Gleichung

$$C\,\varphi = A\,P\,\varphi + B\,Q\,\varphi + T\,\varphi = f \tag{2.6'}$$

werden wir im weiteren *abstrakte singuläre Gleichung* oder einfach *singuläre Gleichung* nennen. Wenn C vom Normaltyp ist, dann soll auch die *Gleichung* (2.6′) *vom Normaltyp* heißen. Im Falle $T = 0$ spricht man von der *charakteristischen singulären Gleichung.*

Im weiteren werden verschiedene Darstellungen von paarigen Operatoren eine wichtige Rolle spielen. Um solche anzugeben, bezeichnen wir (in Analogie zu den in 2.1.3 eingeführten Bezeichnungen) mit $\mathfrak{M}^+(\mathfrak{M}^-)$ die Teilalgebra der Algebra $\mathfrak{M}$ $(\subset \mathcal{L}(X))$, die aus allen Operatoren $A \in \mathfrak{M}$ mit der Eigenschaft $A\,P = P\,A\,P$ $(P\,A = P\,A\,P)$ besteht.

Es seien $R_+ \in \mathfrak{M}^+$ und $R_- \in \mathfrak{M}^-$ gegebene Operatoren. Für Koeffizienten $A, B \in \mathfrak{M}$ der Gestalt

$$\alpha)\ A = A_1\,R_+\,, \quad B = B_1\,R_- \qquad (A_1, B_1 \in \mathfrak{M})$$

läßt sich der Operator $A\,P + B\,Q$ in folgender Form darstellen:

$$A\,P + B\,Q = (A_1\,P + B_1\,Q)\,(R_+\,P + R_-\,Q)\,. \tag{2.8$_1$}$$

Wenn neben der Bedingung α) noch die Bedingung

$$\beta)\ A - A_2\,R_- \in \mathfrak{M}^-, \quad B - B_2\,R_+ \in \mathfrak{M}^+ \qquad (A_2, B_2 \in \mathfrak{M})$$

erfüllt ist, dann gilt die Darstellung

$$P\,A + Q\,B = (P\,A_1\,P + Q\,B_1\,Q + P\,A_2\,Q + Q\,B_2\,P)\,(R_+\,P + R_-\,Q)\,. \tag{2.8$_2$}$$

Für Koeffizienten der Gestalt

$$\gamma)\ A = R_-\,A_1\,, \quad B = R_+\,B_1 \qquad (A_1, B_1 \in \mathfrak{M})$$

gilt

$$P\,A + Q\,B = (P\,R_- + Q\,R_+)\,(P\,A_1 + Q\,B_1)\,. \tag{2.8$_3$}$$

Wenn neben der Bedingung γ) noch die Bedingung

$$\delta)\ A - R_+ A_2 \in \mathfrak{M}^+ , \qquad B - R_- B_2 \in \mathfrak{M}^- \qquad (A_2, B_2 \in \mathfrak{M})$$

erfüllt ist, dann ergibt sich die Darstellung

$$A P + B Q = \\ = (P R_- + Q R_+)(P A_1 P + Q B_1 Q + P B_2 Q + Q A_2 P) . \qquad (2.8_4)$$

Von der Gültigkeit der Formeln (2.8) kann man sich leicht unmittelbar überzeugen.

Wenn die Algebra $\mathfrak{M}$ die Bedingung c) erfüllt, dann sind offensichtlich sämtliche in Klammern eingeschlossenen Ausdrücke in den Formeln (2.8) Operatoren aus der Algebra $\tilde{\mathfrak{M}}$.

2.2.3. Singuläre Operatoren mit Koeffizienten aus $\mathfrak{R}(U)$. Wir betrachten jetzt die im vorhergehenden Teilabschnitt eingeführte Algebra $\tilde{\mathfrak{M}}$ der abstrakten singulären Operatoren im Falle $\mathfrak{M} = \mathfrak{R}(U)$. Dabei setzen wir im weiteren voraus, daß der invertierbare Operator $U \in \mathcal{L}(X)$ neben den Bedingungen (1) und (2) aus 2.1.2 noch der folgenden Forderung genügt:

$$(3)\ \dim \operatorname{coker} (U \mid \operatorname{im} P) < \infty .$$

Zunächst zeigen wir, daß unter diesen Voraussetzungen die Algebra $\mathfrak{M} = \mathfrak{R}(U)$ die unter 2.2.2 genannte Bedingung c) erfüllt.

Lemma 2.1. *Für einen beliebigen Operator $A \in \mathfrak{R}(U)$ ist der Kommutator $[P, A] = P A - A P$ vollstetig.*

Beweis. Für beliebiges $k = 1, 2, \ldots$ ist der Operator $P_k = P - U^k P U^{-k}$ endlichdimensional.

In der Tat, es ist leicht einzusehen, daß P_k ein Projektor ist von X auf ein gewisses Komplement von im $U^k P$ im Teilraum im P. Infolge der Bedingung (3) ist aber das genannte Komplement endlichdimensional.

Zusammen mit P_k sind dann auch

$$[P, U^k] = P_k U^k , \qquad [P, U^{-k}] = - U^{-k} P_k$$

für alle $k = 1, 2, \ldots$ endlichdimensionale Operatoren. Daraus folgt, daß der Kommutator $[P, R]$ für beliebiges $R \in \mathfrak{E}(U)$ ein endlichdimensionaler Operator ist.

Es sei jetzt A ein beliebiger Operator aus $\mathfrak{R}(U)$ und $\{R_n\}_1^\infty$ eine Folge von Operatoren aus $\mathfrak{E}(U)$, die gleichmäßig gegen A konvergiert. Dann ist der Kommutator $[P, A]$ als gleichmäßiger Grenzwert der Folge der endlichdimensionalen Operatoren $[P, R_n]$ ein vollstetiger Operator.

Das Lemma ist damit bewiesen.

Die Algebra $\tilde{\mathfrak{R}}(U)$ besteht aus allen Operatoren der Gestalt

$$C = A P + B Q + T , \qquad (2.6)$$

wobei $A, B \in \Re(U)$ und T ein vollstetiger Operator in X ist. Es seien $A(z)$ und $B(z)$ die Symbole der Operatoren A bzw. B.

Nach Satz 1.2 ist der Operator (2.6) genau dann vom Normaltyp, wenn die beiden Bedingungen

$$A(z) \neq 0\,, \quad B(z) \neq 0 \quad (|z| = 1) \tag{2.9}$$

erfüllt sind.

Da $\Re(U)$ eine kommutative Algebra ist, so erhalten wir jetzt als unmittelbare Folgerung der Beziehung (2.7):

Der Kommutator $[C, D]$ *zweier singulärer Operatoren* $C, D \in \tilde{\Re}(U)$ *ist vollstetig.*

Dem Operator (2.6) ordnen wir die folgende Funktion $C(z, \Theta)$ der zwei Veränderlichen z $(|z| = 1)$ und $\Theta = \pm 1$ zu:

$$C(z, \Theta) = A(z)\frac{1+\Theta}{2} + B(z)\frac{1-\Theta}{2} \qquad (|z| = 1,\ \Theta = \pm 1)\,. \tag{2.10}$$

Wir zeigen, daß die Funktion $C(z, \Theta)$ das *Symbol* des Operators $C \in \tilde{\Re}(U)$ im Sinne der in 2.1.1 gegebenen Definition ist.[1])

Die Bedingungen $\sigma.1$ und $\sigma.4$ sind offenbar erfüllt. Die Bedingung $\sigma.2$ prüft man leicht nach, indem man die Beziehung (2.7) berücksichtigt. Aus dem folgenden Satz ergibt sich schließlich, daß auch die Bedingung $\sigma.3$ erfüllt ist.

Satz 2.5. *Für jeden Operator der Gestalt* (2.6) *gilt die Abschätzung*

$$\max |C(z, \Theta)| \leqq \|C\|\,, \tag{2.11}$$

wobei das Maximum über alle z $(|z| = 1)$ *und* $\Theta = \pm 1$ *zu bilden ist.*

Beweis. Wir zeigen, daß für alle z $(|z| = 1)$ und beliebiges $T \in \mathcal{K}(X)$ die Beziehung

$$|A(z)| \leqq \|A\,P + B\,Q + T\| \tag{2.12}$$

besteht. Anderenfalls gibt es nämlich einen Punkt z_0 $(|z_0| = 1)$ und einen vollstetigen Operator $T \in \mathcal{K}(X)$ mit

$$|A(z_0)| > \|C_0 + T\|\,, \qquad C_0 = A\,P + B\,Q\,.$$

Wir setzen $\lambda = 1/A(z_0)$ und betrachten den Operator

$$D = I - \lambda\,(C_0 + T)\,.$$

Wegen $\|\lambda\,(C_0 + T)\| = |\lambda|\;\|C_0 + T\| < 1$ ist D invertierbar und daher ein Φ-Operator. Dann ist nach Satz 3.7, Kapitel 1, auch der Operator

$$I - \lambda\,C_0 = (I - \lambda\,A)\,P + (I - \lambda\,B)\,Q$$

ein Φ-Operator. Dies widerspricht aber der letzten Behauptung des Satzes 2.4, da das Symbol $1 - A(z)/A(z_0)$ des Operators $I - \lambda\,A \in \Re(U)$ im Punkt z_0 verschwindet. Mit diesem Widerspruch ist die Beziehung (2.12) bewiesen. Analog erhält man die zu (2.12) entsprechende Ungleichung mit $B(z)$ anstelle $A(z)$.

---

[1]) Wegen $C(z, +1) = A(z)$, $C(z, -1) = B(z)$ kann das Symbol (2.10) auch mit dem Funktionenpaar $(A(z), B(z))$ identifiziert werden.

Die Abschätzung (2.11) ergibt sich jetzt aus (2.12) und der offensichtlichen Beziehung

$$\max_{z,\Theta} |C(z, \Theta)| = \max \left\{ \max_z |A(z)|, \max_z |B(z)| \right\} .$$

Folgerung 2.3. *Dafür, daß der paarige Operator* $A P + B Q$ $(A, B \in \mathfrak{R}(U))$ *vollstetig ist, ist notwendig und, falls* $\mathfrak{R}(U)$ *eine Algebra ohne Radikal ist, so auch hinreichend, daß sein Symbol identisch gleich Null ist.*

Folgerung 2.4. *Wenn* X *ein* HILBERT-*Raum und* U *ein unitärer Operator in* X *ist, der die Bedingungen* (2) *und* (3) *erfüllt, dann ist* $\widetilde{\mathfrak{R}}(U)$ *eine abgeschlossene Teilalgebra der* BANACH-*Algebra* $\mathscr{L}(X)$.

In der Tat, unter den Voraussetzungen der Folgerung 2.4 gilt auf Grund der Beziehung (2.11) und des Satzes 1.1 die Abschätzung

$$\max \{ ||A||, ||B|| \} \leqq ||A P + B Q + T|| \tag{2.13}$$

für beliebige $A, B \in \mathfrak{R}(U)$ und $T \in \mathscr{K}(X)$, woraus leicht die Behauptung folgt.

Offensichtlich bleiben die Beziehung (2.13) und damit auch die Aussage der Folgerung 2.4 gültig, wenn nur die Gleichung (1.6) für alle $A \in \mathfrak{R}(U)$ gilt.

Die Bedingungen (2.9) sind offenbar genau dann erfüllt, wenn das Symbol $C(z, \Theta)$ *nicht entartet*, d. h. wenn

$$C(z, \Theta) \neq 0 \qquad (|z| = 1, \Theta = \pm 1)$$

gilt. *Index* eines nicht entarteten Symbols $C(z, \Theta)$ heißt der Index des Quotienten $A(z)/B(z)$:

$$\begin{aligned} \varkappa = \operatorname{ind} C(z, \Theta) &= \operatorname{ind} [A(z)/B(z)] = \\ &= \operatorname{ind} A(z) - \operatorname{ind} B(z) . \end{aligned}$$

Als konkrete Realisierung der Sätze 2.1 und 2.2 erhalten wir unter Berücksichtigung der Sätze 1.2 und 1.3 den folgenden Satz.

Satz 2.6. *Es seien* $A, B \in \mathfrak{R}(U)$. *Dafür, daß der paarige Operator* $C = A P + B Q$ $(C = P A + Q B)$ *mindestens einseitig invertierbar ist, ist notwendig und hinreichend, daß sein Symbol nicht entartet.*

Sind die Bedingungen (2.9) *erfüllt, dann entspricht die Invertierbarkeit des Operators* C *dem Index des Symbols*

$$\varkappa = \operatorname{ind} C(z, \Theta) .$$

Wenn mindestens eine der Bedingungen (2.9) *verletzt ist, dann ist der Operator* C *im Raum* X *weder ein* Φ_+- *noch ein* Φ_--*Operator.*

Bemerkung. Beim Beweis des Satzes 2.6 wurde von der Bedingung (3) kein Gebrauch gemacht.

Satz 2.7. *Der abstrakte singuläre Operator* $C \in \widetilde{\mathfrak{R}}(U)$ *ist genau dann ein* $\Phi_+(\Phi_-)$-*Operator, wenn sein Symbol nicht entartet. Ist diese Bedingung erfüllt, dann ist* C *ein* Φ-*Operator, und* $R = A^{-1} P + B^{-1} Q$ *ist ein zweiseitiger Regularisator des Operators* C.

Für $\varkappa = \operatorname{ind} C(z, \Theta) \leqq 0$ *ist* R *äquivalenter linker und für* $\varkappa \geqq 0$ *äquivalenter rechter Regularisator.*

Die erste Behauptung des Satzes ist eine direkte Folgerung der Sätze 2.3 und 2.4. Die letzte Behauptung ergibt sich aus den Beziehungen (vgl. Satz 2.6)

$$\dim \ker R = 0 \quad (\varkappa \leqq 0)\,, \qquad \dim \operatorname{coker} R = 0 \quad (\varkappa \geqq 0)\,.$$

2.3. Faktorisierung von Funktionen

Im ersten Teil des Beweises zum Satz 1.3 spielte die Darstellung (1.12) eines Polynoms $R(z)$ die entscheidende Rolle. Dadurch gelang es, die einseitigen Inversen des Operators $P\,R\,P$ $\big(R \in \mathfrak{S}(U)\big)$ effektiv anzugeben.

Analoge effektive Formeln lassen sich auch für die einseitigen Inversen des Operators $P\,A\,P$ sowie der paarigen Operatoren $A\,P + B\,Q$ und $P\,A + Q\,B$ für beliebige $A, B \in \mathfrak{R}(U)$ aufstellen, wenn die Funktionen der Algebra $\mathfrak{R}(z)$ eine entsprechende Darstellung (Faktorisierung) gestatten. Wir beschäftigen uns deshalb in diesem Abschnitt mit der Faktorisierung von Funktionen, die zu bestimmten BANACH-Algebren stetiger Funktionen gehören.

2.3.1. Faktorisierung in R-Algebren. Es sei Γ eine glatte geschlossene (im allgemeinen mehrfach zusammenhängende) orientierte ebene Kurve, die die komplexe Ebene in zwei Gebiete zerlegt: ein inneres zusammenhängendes Gebiet D_+ und ein äußeres Gebiet D_-, das den unendlich fernen Punkt $z = \infty$ enthält. Ohne Beschränkung der Allgemeinheit nehmen wir an, daß der Koordinatenursprung in D_+ liegt. Mit $G_\pm$ bezeichnen wir die Abschließungen der Gebiete $D_\pm$, d. h. $G_\pm = D_\pm \cup \Gamma$.

Faktorisierung der stetigen Funktion $a(z)$ $(z \in \Gamma)$ heißt eine Darstellung der Form

$$a(z) = a_-(z)\, z^\varkappa\, a_+(z) \qquad (z \in \Gamma)\,. \tag{3.1}$$

Dabei ist $\varkappa$ eine ganze Zahl, und die Funktion $a_\pm(z)$ besitzt eine Fortsetzung, die im Gebiet $D_\pm$ analytisch und in $G_\pm$ stetig ist, wobei gilt

$$a_+(z) \neq 0 \;\; (z \in G_+)\,, \qquad a_-(z) \neq 0 \;\; (z \in G_-)\,.$$

Die Zahl $\varkappa$ in (3.1) ist offenbar durch die Beziehung

$$\varkappa = \operatorname{ind} a(z)$$

bestimmt.

Im weiteren bezeichnen wir durch $C(\Gamma)$ die BANACH-Algebra aller stetigen Funktionen auf Γ mit der Norm

$$\|a(z)\|_C = \max_{z \in \Gamma} |a(z)|$$

und durch $R(\Gamma)$ die $\big($in $C(\Gamma)$ dichte$\big)$ Menge aller rationalen Funktionen, die auf Γ keine Polstellen besitzen. Entsprechend bedeutet $R^\pm(\Gamma)$ die Menge aller rationalen Funktionen mit Polstellen außerhalb $G_\pm$ und $C^\pm(\Gamma)$ die Abschließung der Menge $R^\pm(\Gamma)$ in der Norm von $C(\Gamma)$. Offenbar ist $C^\pm(\Gamma)$ eine (abgeschlossene) Teilalgebra von $C(\Gamma)$, die aus allen stetigen Funktionen auf Γ besteht, welche eine im Gebiet $D_\pm$ analytische und in $G_\pm$ stetige Fortsetzung besitzen.

Mit $\mathfrak{A}(\Gamma)$ bezeichnen wir im weiteren eine beliebige BANACH-Algebra, die aus stetigen Funktionen auf Γ besteht und die folgende Eigenschaften besitzt:

a) $\mathfrak{A}(\Gamma)$ *enthält die Menge* $R(\Gamma)$;

b) *aus* $a(z) \in \mathfrak{A}(\Gamma)$ *und* $a(z) \neq 0$ $(z \in \Gamma)$ *folgt* $a^{-1}(z) \in \mathfrak{A}(\Gamma)$.

Wir setzen $\mathfrak{A}^{\pm}(\Gamma) = \mathfrak{A}(\Gamma) \cap C^{\pm}(\Gamma)$. Infolge der für alle $a(z) \in \mathfrak{A}(\Gamma)$ gültigen Beziehung

$$||a(z)||_C \leqq ||a(z)||_{\mathfrak{A}} \tag{3.2}$$

sind $\mathfrak{A}^+(\Gamma)$ und $\mathfrak{A}^-(\Gamma)$ (abgeschlossene) Teilalgebren der BANACH-Algebra $\mathfrak{A}(\Gamma)$. Mit $\mathring{\mathfrak{A}}^-(\Gamma)$ bezeichnen wir die Teilalgebra von $\mathfrak{A}^-(\Gamma)$, die aus allen Funktionen $a(z) \in \mathfrak{A}^-(\Gamma)$ mit $a(\infty) = 0$ besteht.

Das Kompaktum der maximalen Ideale der Algebra $\mathfrak{A}(\Gamma)$ $(\mathfrak{A}^{\pm}(\Gamma))$ ist der Kurve Γ (entsprechend der Punktmenge $G_{\pm}$) homöomorph. Es gilt nämlich

Lemma 3.1. *Jedes maximale Ideal der Algebra* $\mathfrak{A}(\Gamma)$ $(\mathfrak{A}^{\pm}(\Gamma))$ *ist von der Gestalt*

$$M_{z_0} = \{a(z) \in \mathfrak{A}(\Gamma) : a(z_0) = 0\},$$

wobei z_0 *die Punktmenge* $\Gamma(G_{\pm})$ *durchläuft.*

Beweis. Wir beweisen zunächst die Behauptung für die Algebra $\mathfrak{A}(\Gamma)$. Genauso wie beim Beweis des Lemmas 1.2 zeigt man, daß M_{z_0} $(z_0 \in \Gamma)$ ein maximales Ideal ist.

Es sei jetzt M ein beliebiges maximales Ideal der Algebra $\mathfrak{A}(\Gamma)$. Wir nehmen an, es gelte $M \neq M_z$ für alle $z \in \Gamma$. Man sieht leicht (vgl. I. M. GELFAND, D. A. RAIKOW und G. E. SCHILOW [1], S. 10–11), daß dann ein System von Funktionen $a_i(z) \in M$ $(i = 1, 2, \ldots, n)$ existiert mit

$$\sum_{i=1}^{n} |a_i(z)|^2 > 0 \qquad (z \in \Gamma).$$

Wir wählen Funktionen $r_i(z) \in R(\Gamma)$ $(i = 1, 2, \ldots, n)$ derart, daß die Beziehung

$$\max_{z \in \Gamma} |\overline{a}_i(z) - r_i(z)| < \varepsilon \qquad (i = 1, 2, \ldots, n)$$

gilt. Dann gehört die Funktion

$$f(z) = \sum_{i=1}^{n} r_i(z)\, a_i(z) \qquad (z \in \Gamma)$$

zu M, und bei hinreichend kleinem ε gilt $|f(z)| > 0$ $(z \in \Gamma)$. Folglich ist auf Grund der Bedingung b) die Funktion $f(z)$ in $\mathfrak{A}(\Gamma)$ invertierbar, was jedoch der Zugehörigkeit von $f(z)$ zum maximalen Ideal M widerspricht.

Die Behauptung für die Algebra $\mathfrak{A}^{\pm}(\Gamma)$ beweist man analog unter Benutzung des Maximumprinzips für analytische Funktionen.

Folgerung 3.1. *Die Algebra* $\mathfrak{A}(\Gamma)$ *erfülle die Bedingungen* a) *und* b). *Dann folgt aus* $a(z) \in \mathfrak{A}^{\pm}(\Gamma)$ *und* $a(z) \neq 0$ $(z \in G_{\pm})$ *stets* $a^{-1}(z) \in \mathfrak{A}^{\pm}(\Gamma)$.

Die Algebra $\mathfrak{A}(\Gamma)$ heißt *zerfallende Algebra*, wenn $\mathfrak{A}(\Gamma)$ die topologische direkte Summe aus $\mathfrak{A}^+(\Gamma)$ und $\mathring{\mathfrak{A}}^-(\Gamma)$ ist:

$$\mathfrak{A}(\Gamma) = \mathfrak{A}^+(\Gamma) \dotplus \mathring{\mathfrak{A}}^-(\Gamma).$$

Ein Beispiel einer zerfallenden Algebra ist die WIENERsche Algebra W (siehe 2.1.2). In diesem Fall bestehen W^+ und $\mathring{W}^-$ aus allen Funktionen der Gestalt

$$\sum_0^\infty a_n z^n \qquad (|z| = 1)$$

bzw.

$$\sum_{-1}^{-\infty} a_n z^n \qquad (|z| = 1)\,.$$

Eine Algebra $\mathfrak{A}(\Gamma)$ stetiger Funktionen auf Γ heißt R-*Algebra*, wenn sie die Bedingung a) erfüllt und wenn außerdem die Menge $R(\Gamma)$ in $\mathfrak{A}(\Gamma)$ dicht ist.

Eine R-Algebra $\mathfrak{A}(\Gamma)$ erfüllt notwendigerweise die Bedingung b). Das ergibt sich unmittelbar daraus, daß für eine R-Algebra die Aussage des Lemmas 3.1 gilt.

Die letzte Behauptung kann man ähnlich wie das Lemma 1.2 beweisen: Es sei M irgendein maximales Ideal der Algebra $\mathfrak{A}(\Gamma)$ und $\lambda \notin \Gamma$ ein beliebiger Punkt. Da das Spektrum des Elementes $(z - \lambda)^{-1} \in \mathfrak{A}(\Gamma)$ mit dem Wertebereich der Funktionen $(z - \lambda)^{-1}$ $(z \in \Gamma)$ übereinstimmt, so existiert genau ein Punkt $z_0 \in \Gamma$, für den gilt

$$(z - \lambda)^{-1}(M) = (z_0 - \lambda)^{-1}\,.$$

Aus der Additivität und der Multiplikativität des Funktionals $\hat{M}$ folgt leicht, daß der Punkt z_0 von der Wahl des Punktes $\lambda \notin \Gamma$ unabhängig ist. Damit ergibt sich zunächst für jede rationale Funktion $a(z) \in R(\Gamma)$ die Bedingung $a(z)\,(M) = a(z_0)$. Infolge der Dichtheit von $R(\Gamma)$ in $\mathfrak{A}(\Gamma)$ sowie der Ungleichung (3.2) gilt dann die letzte Gleichung für jede beliebige Funktion $a(z) \in \mathfrak{A}(\Gamma)$. Daraus folgt aber $M = M_{z_0}$, und die Behauptung ist bewiesen.

Offenbar ist die WIENERsche Algebra W eine zerfallende R-Algebra.

Für R-Algebren gilt der folgende äußerst wichtige Satz.

Satz 3.1. *Es sei $\mathfrak{A}(\Gamma)$ eine R-Algebra. Dafür, daß jede Funktion $a(z) \in \mathfrak{A}(\Gamma)$ mit $a(z) \neq 0$ $(z \in \Gamma)$ eine Faktorisierung (3.1) mit $a_\pm(z) \in \mathfrak{A}^\pm(\Gamma)$ gestattet, ist notwendig und hinreichend, daß $\mathfrak{A}(\Gamma)$ eine zerfallende Algebra ist.*

Dem Beweis dieses Satzes schicken wir ein allgemeines Lemma voraus, das auch noch später Anwendung findet.

Lemma 3.2. *Es sei R eine BANACH-Algebra mit dem Einselement e, $R^\pm$ zwei Teilalgebren von R mit $R = R^+ \dotplus R^-$, P der stetige Projektor von R auf R^+ parallel zu R^- und $Q = I - P$ der ergänzende Projektor.*

Wenn das Element $a \in R$ die Bedingung

$$\|a\| < \min\,(\|P\|^{-1}, \|Q\|^{-1}) \tag{3.3}$$

erfüllt, dann gestattet das Element $e + a$ die folgende Faktorisierung:

$$e + a = (e + a_-)\,(e + a_+)\,, \tag{3.4}$$

wobei $a_\pm \in R^\pm$ und $(e + a_\pm)^{-1} - e \in R^\pm$.

Beweis. Auf Grund der Bedingung (3.3) hat die Gleichung

$$x + P\,a\,x = e \tag{3.5}$$

eine eindeutige Lösung $x \in R$, die offensichtlich die Gestalt $x = e + x_+$ ($x_+ \in R^+$) hat. Aus (3.5) ergibt sich die Beziehung

$$(e + a)\,(e + x_+) = e + a_- \qquad (a_- \in R^-)\,. \tag{3.6}$$

Indem man die Gleichung

$$x + Q\,x\,a = e$$

betrachtet, erhält man auf analoge Weise

$$(e + x_-)\,(e + a) = e + a_+ \qquad (x_- \in R^-,\, a_+ \in R^+)$$

oder

$$(e + a_+)\,(e + a)^{-1} = e + x_-\,. \tag{3.7}$$

Durch Multiplikation der linken und rechten Seiten der Gleichungen (3.6) und (3.7) ergibt sich

$$a_+ + x_+ + a_+\,x_+ = x_- + a_- + x_-\,a_-\,.$$

Da R^+ und R^- nur das Nullelement gemeinsam haben, so sind beide Seiten der letzten Gleichung gleich Null. Daraus folgt

$$(e + a_+)\,(e + x_+) = (e + x_-)\,(e + a_-) = e\,. \tag{3.8}$$

Wenn R eine kommutative Algebra ist, dann ergibt sich aus (3.6) und (3.8) bereits die Behauptung des Lemmas.

Im Falle einer nicht kommutativen Algebra R folgt aus (3.8) zunächst nur die einseitige Invertierbarkeit der Elemente $e + a_\pm$. Um in diesem Fall die Invertierbarkeit der Elemente $e + a_\pm$ zu zeigen, bemerken wir, daß alle bisherigen Überlegungen ihre Gültigkeit behalten, wenn das Element a durch $\lambda\,a$ ($0 \leqq \lambda \leqq 1$) ersetzt wird. Dabei treten an Stelle der Elemente a_+ gewisse analytische Funktionen $a_\pm(\lambda)$ ($0 \leqq \lambda \leqq 1$), wobei das Element $e + a_+(\lambda)$ $\big(e + a_-(\lambda)\big)$ für jedes λ rechtsseitig (linksseitig) invertierbar ist. Da das Element $e + a_\pm(0) = e$ invertierbar ist, so folgt auf Grund der Behauptung 6°, Abschnitt 1.3, daß auch das Element $e + a_\pm = e + a_\pm(1)$ invertierbar ist.

Das Lemma 3.2 ist damit bewiesen.

Beweis des Satzes 3.1. Es sei $\mathfrak{A}(\Gamma)$ eine zerfallende R-Algebra und $a(z) \in \mathfrak{A}(\Gamma)$ eine Funktion, die auf Γ nirgends verschwindet. Wir bezeichnen mit $r(z)$ eine Funktion aus $R(\Gamma)$ derart, daß die Norm $\big($in $\mathfrak{A}(\Gamma)\big)$ der Funktion $b(z) = a(z)\,r^{-1}(z) - 1$ die Bedingung

$$\|b\|_{\mathfrak{A}} < \min\,(\|P\|^{-1},\, \|Q\|^{-1}) \tag{3.9}$$

erfüllt, wobei P den Projektor von $\mathfrak{A}(\Gamma)$ auf $\mathfrak{A}^+(\Gamma)$ parallel zu $\mathring{\mathfrak{A}}^-(\Gamma)$ und $Q = I - P$ bedeutet.

In Anwendung des Lemmas 3.2 auf die Algebren

$$R = \mathfrak{A}(\Gamma)\,, \qquad R^+ = \mathfrak{A}^+(\Gamma)\,, \qquad R^- = \mathring{\mathfrak{A}}^-(\Gamma)$$

gelangen wir zur Faktorisierung der Funktion $1 + b(z)$, d. h., zu einer Beziehung der Gestalt

$$a(z)\, r^{-1}(z) = b_-(z)\, b_+(z)\,; \tag{3.10}$$

dabei gilt

$$b_\pm(z) \in \mathfrak{A}^\pm(\Gamma)\,, \qquad b_\pm(z) \neq 0 \qquad (z \in G_\pm)\,.$$

Da sich auf Grund der Beziehung (3.2) die Ungleichung

$$\max_{z\in\Gamma} |a(z)\, r^{-1}(z) - 1| \leqq ||b||_{\mathfrak{A}} < 1$$

ergibt, so gilt

$$r(z) \neq 0 \; (z \in \Gamma) \qquad \text{und} \qquad \operatorname{ind} r(z) = \operatorname{ind} a(z) = \varkappa\,.$$

Ebenso wie beim Beweis des Satzes 1.3 (vgl. (1.12)) läßt sich die Funktion $r(z) \in R(\Gamma)$ faktorisieren:

$$r(z) = r_-(z)\, z^\varkappa\, r_+(z)\,, \tag{3.11}$$

wobei

$$r_\pm(z) \in R^\pm(\Gamma)\,, \qquad r_\pm(z) \neq 0 \qquad (z \in G_\pm)\,.$$

Aus den Gleichungen (3.10) und (3.11) erhalten wir unmittelbar die Faktorisierung der Funktion $a(z)$.

Wir beweisen jetzt die Notwendigkeit der in Satz 3.1 formulierten Bedingung. Es sei $a(z)$ eine beliebige Funktion aus $\mathfrak{A}(\Gamma)$ und $b(z) = e^{a(z)}$. Da

$$b(z) \neq 0 \; (z \in \Gamma)\,, \qquad \operatorname{ind} b(z) = 0$$

gilt, so gestattet die Funktion $b(z) \in \mathfrak{A}(\Gamma)$ eine Faktorisierung

$$b(z) = b_-(z)\, b_+(z) \qquad \left(b_\pm(z) \in \mathfrak{A}^\pm(\Gamma)\,,\; b_-(\infty) = 1\right).$$

Wegen $\operatorname{ind} b(z) = 0$ folgt auf Grund eines Satzes von G. E. SCHILOW [1]

$$a_\pm(z) = \ln b_\pm(z) \in \mathfrak{A}^\pm(\Gamma)\,, \qquad a_-(z) \in \mathring{\mathfrak{A}}^-(\Gamma)\,.$$

Somit ergibt sich

$$a(z) = a_+(z) + a_-(z)\,,$$

d. h., $\mathfrak{A}(\Gamma)$ ist eine zerfallende Algebra.

Der Satz 3.1 ist damit bewiesen.

Bemerkung. Offenbar ist $C(\Gamma)$ eine R-Algebra. Man kann jedoch zeigen, daß $C(\Gamma)$ keine zerfallende Algebra ist (siehe I. Z. GOCHBERG und I. A. FELDMAN [1], S. 51).

Nach Satz 3.1 gestattet also eine stetige Funktion $a(z)$ im allgemeinen keine Faktorisierung der Gestalt (3.1) mit $a_\pm(z) \in C^\pm(\Gamma)$.

2.3.2. Faktorisierung in Algebren mit zwei Normen. Aus dem Beweis des Satzes 3.1 folgt leicht die Möglichkeit der Faktorisierung von Funktionen aus allgemeineren Algebren als die R-Algebren, nämlich gewissen *Algebren mit zwei Normen*.

Es seien $\mathfrak{A}(\Gamma)$ und $\tilde{\mathfrak{A}}(\Gamma)$ zwei BANACH-Algebren stetiger Funktionen auf Γ, die neben den Bedingungen a) und b) aus 2.3.1 noch die folgenden Bedingungen erfüllen:

α) $\mathfrak{A}(\Gamma) \subset \tilde{\mathfrak{A}}(\Gamma)$ *im Sinne einer stetigen Einbettung* (d. h., $\mathfrak{A}(\Gamma)$ ist Teilmenge von $\tilde{\mathfrak{A}}(\Gamma)$ und der Operator der Einbettung E: $\mathfrak{A} \to \tilde{\mathfrak{A}}$ ist beschränkt).

β) *$R(\Gamma)$ ist dicht in $\mathfrak{A}(\Gamma)$ in der Norm von $\tilde{\mathfrak{A}}(\Gamma)$.*

γ) *$\tilde{\mathfrak{A}}(\Gamma)$ ist eine zerfallende Algebra.*

δ) *Wenn $\tilde{P}$ den Projektor von $\tilde{\mathfrak{A}}(\Gamma)$ auf $\tilde{\mathfrak{A}}^+(\Gamma)$ bezeichnet, dann ist für beliebige Funktionen $a(z) \in \mathfrak{A}(\Gamma)$ und $\varphi(z) \in \tilde{\mathfrak{A}}(\Gamma)$ die Funktion $(\tilde{P}\, a - a\, \tilde{P})\, \varphi \in \mathfrak{A}(\Gamma)$.*

Zunächst bemerken wir, daß die BANACH-Algebra $\mathfrak{A}(\Gamma)$ notwendigerweise selbst eine zerfallende Algebra ist. Auf Grund der Bedingung δ) gilt nämlich $\tilde{P}\, a \in \mathfrak{A}(\Gamma)$ für beliebiges $a \in \mathfrak{A}(\Gamma)$ und folglich $\mathfrak{A}(\Gamma) = \mathfrak{A}^+(\Gamma) \dotplus \mathring{\mathfrak{A}}^-(\Gamma)$.

Wenn $\mathfrak{A}(\Gamma)$ eine zerfallende R-Algebra ist, dann sind offensichtlich die Bedingungen α)—δ) mit $\tilde{\mathfrak{A}}(\Gamma) = \mathfrak{A}(\Gamma)$ erfüllt. Später werden wir sehen, daß die Algebra der HÖLDER-stetigen Funktionen auf Γ ebenfalls die genannten Bedingungen erfüllt, aber keine R-Algebra ist.

Lemma 3.3. *Es seien die Bedingungen α)—δ) erfüllt und $\tilde{Q} = I - \tilde{P}$. Dann gestattet jede Funktion $a(z) \in \mathfrak{A}(\Gamma)$, die die Bedingung*

$$||1 - a(z)||_{\tilde{\mathfrak{A}}} < \min\,(||\tilde{P}||^{-1},\ ||\tilde{Q}||^{-1}) \tag{3.12}$$

erfüllt, eine Faktorisierung der Gestalt

$$a(z) = a_-(z)\, a_+(z) \qquad (z \in \Gamma) \tag{3.13}$$

mit $a_\pm(z)$ und $a_\pm^{-1}(z)$ aus $\mathfrak{A}^\pm(\Gamma)$.

Beweis. Es sei $a(z) \in \mathfrak{A}(\Gamma)$ eine beliebige Funktion, die die Bedingung (3.12) erfüllt. Auf Grund des Lemmas 3.2 gestattet die Funktion $a(z)$ eine Faktorisierung der Form (3.13), wobei $a_\pm(z)$ und $a_\pm^{-1}(z)$ Funktionen aus $\tilde{\mathfrak{A}}^\pm(\Gamma)$ sind. Wir zeigen, daß diese Funktionen notwendigerweise zu $\mathfrak{A}^\pm(\Gamma)$ gehören.

Indem wir $\varphi(z) = a_+^{-1}(z) - a_-(z)$ $\big(\in \tilde{\mathfrak{A}}(\Gamma)\big)$ setzen und berücksichtigen, daß die Funktion $a_-(z) - c$ $\big(c = a_-(\infty)\big)$ zu $\mathring{\tilde{\mathfrak{A}}}^-(\Gamma)$ gehört, erhalten wir die Beziehungen

$$a_+^{-1} = \tilde{P}\, \varphi + c\,, \qquad a_- = -\,\tilde{Q}\, \varphi + c\,. \tag{3.14}$$

Durch Einsetzen in (3.13) ergibt sich die Gleichung

$$a\, \tilde{P}\, \varphi + \tilde{Q}\, \varphi = f\,,$$

wobei $f(z) = [1 - a(z)]\, c \in \mathfrak{A}(\Gamma)$ ist. Somit gilt

$$\tilde{P}\, a\, \tilde{P}\, \varphi = \tilde{P} f \in \mathfrak{A}(\Gamma)\,,$$

woraus auf Grund der Bedingung δ) folgt, daß die Funktion $a\, \tilde{P}\, \varphi$ und mithin auch $\tilde{P}\, \varphi$ zu $\mathfrak{A}(\Gamma)$ gehört. Folglich ergibt sich $a_+^{-1}(z) \in \mathfrak{A}(\Gamma)$ und damit

$$a_\pm(z) \in \mathfrak{A}^\pm(\Gamma)\,, \qquad a_\pm^{-1}(z) \in \mathfrak{A}^\pm(\Gamma)\,.$$

Das Lemma ist bewiesen.

Satz 3.2. *Für die BANACH-Algebra $\mathfrak{A}(\Gamma)$ seien die Bedingungen α)—δ) erfüllt. Dann gestattet jede auf Γ nirgends verschwindende Funktion $a(z) \in \mathfrak{A}(\Gamma)$ eine Faktorisierung der Gestalt (3.1) mit $a_\pm(z)$ und $a_\pm^{-1}(z)$ aus $\mathfrak{A}^\pm(\Gamma)$.*

Beweis. Auf Grund der Bedingung β) läßt sich eine Funktion $r(z) \in R(\Gamma)$ finden derart, daß die Funktion $b(z) = a(z)\, r^{-1}(z) - 1 \in \mathfrak{A}(\Gamma)$ die Ungleichung

$$\|b\|_{\mathfrak{A}} < \min\,(\|\tilde{P}\|^{-1}, \|\tilde{Q}\|^{-1})$$

erfüllt. Nach Lemma 3.3 gestattet dann die Funktion $a(z)\, r^{-1}(z)$ eine Faktorisierung der Gestalt (3.10). Die weiteren Überlegungen sind dieselben wie beim Beweis der Hinlänglichkeit des Satzes 3.1.

2.3.3. Faktorisierung von Funktionen auf der reellen Achse. Wählt man als Kurve Γ die abgeschlossene reelle Zahlengerade (d. h. genauer das homöomorphe Bild des Einheitskreises bei der stereographischen Projektion

$$\lambda = -\,i\,\frac{z+i}{z-i}\,, \qquad z = i\,\frac{\lambda - i}{\lambda + i}\Big)\,,$$

dann gelangt man zum Begriff der Faktorisierung einer Funktion auf der reellen Zahlengeraden. Die Rollen der Gebiete $D_{\pm}$ spielen dabei die obere Halbebene $\operatorname{Im}\lambda > 0$ bzw. die untere Halbebene $\operatorname{Im}\lambda < 0$.

Es sei also C der auf übliche Weise normierte Raum aller auf der reellen Achse $(-\infty, +\infty)$ stetigen Funktionen, für die die (endlichen) Grenzwerte $f(+\infty)$ und $f(-\infty)$ existieren und gleich sind. *Faktorisierung* einer Funktion $a(\lambda) \in C$ heißt eine Darstellung der Form

$$a(\lambda) = a_-(\lambda)\left(\frac{\lambda - i}{\lambda + i}\right)^{\varkappa} a_+(\lambda)\,. \tag{3.15}$$

Dabei ist $\varkappa$ eine ganze Zahl und die Funktion $a_+(\lambda)$ $(a_-(\lambda))$ besitzt eine Fortsetzung, die in der offenen Halbebene $\operatorname{Im}\lambda > 0$ $(\operatorname{Im}\lambda < 0)$ analytisch und in der abgeschlossenen Halbebene $\operatorname{Im}\lambda \geqq 0$ $(\operatorname{Im}\lambda \leqq 0)$ stetig ist, wobei gilt

$$a_+(\lambda) \neq 0\ (\operatorname{Im}\lambda \geqq 0)\,, \qquad a_-(\lambda) \neq 0\ (\operatorname{Im}\lambda \leqq 0)\,.$$

Die Zahl $\varkappa$ in (3.15) ist durch folgende Beziehung bestimmt:

$$\varkappa = \operatorname{ind} a(\lambda) = \frac{1}{2\pi}\,[\arg a(\lambda)]_{\lambda=-\infty}^{\infty}\,.$$

Eine Banach-Algebra $\mathfrak{C} \subset C$ heißt R-*Algebra*, wenn sie die Menge aller rationalen Funktionen mit Polstellen außerhalb der reellen Zahlengeraden enthält und wenn diese Menge in $\mathfrak{C}$ dicht ist. Wie man leicht sieht, ist die lineare Hülle der Funktionen

$$\left(\frac{\lambda - i}{\lambda + i}\right)^{k} \tag{3.16}$$

$(k = 0, \pm 1, \ldots)$ dicht in der R-Algebra $\mathfrak{C}$.

Mit $\mathfrak{C}^+$, $\mathfrak{C}^-$ und $\mathring{\mathfrak{C}}^-$ bezeichnen wir die Abschließung in der Norm von $\mathfrak{C}$ der linearen Hülle der Funktionen (3.16) entsprechend für $k = 0, 1, 2, \ldots$; $k = 0, -1, -2, \ldots$ bzw. $k = -1, -2, \ldots$.

Die R-Algebra $\mathfrak{C}$ heißt *zerfallend*, wenn $\mathfrak{C} = \mathfrak{C}^+ \dot{+} \overset{\circ}{\mathfrak{C}}{}^-$ gilt. Mit Hilfe der stereographischen Projektion erhält man aus Satz 3.1 unmittelbar den folgenden Satz.

Satz 3.3. *Es sei $\mathfrak{C} \subset C$ eine R-Algebra. Dafür, daß jede Funktion $a(\lambda) \in \mathfrak{C}$ mit*

$$a(\lambda) \neq 0 \qquad (-\infty \leqq \lambda \leqq +\infty)$$

eine Faktorisierung (3.15) *mit $a_\pm(\lambda)$ und $a_\pm^{-1}(\lambda)$ aus $\mathfrak{C}^\pm$ gestattet, ist notwendig und hinreichend, daß $\mathfrak{C}$ eine zerfallende Algebra ist.*

Man kann auch ein entsprechendes Analogon zu Satz 3.2 formulieren.

2.3.4. Eine spezielle Funktionenalgebra. Es sei Γ die in 2.3.1 betrachtete Kurve und $\mathfrak{A} = \mathfrak{A}(\Gamma)$ eine gewisse BANACH-Algebra stetiger Funktionen auf Γ, die die Bedingung a) aus 2.3.1 erfüllen soll. Im folgenden betrachten wir eine Teilalgebra der Algebra $\mathfrak{A}$, die später in der Theorie der singulären Gleichungen vom nicht normalen Typ eine wichtige Rolle spielen wird.

Für einen beliebigen Punkt $\alpha \in \Gamma$ und eine beliebige natürliche Zahl m bezeichnen wir mit $\mathfrak{A}(\alpha, m)$ die Algebra aller Funktionen $a(z) \in \mathfrak{A}$, die eine Darstellung der Form

$$a(z) = \sum_{j=0}^{m-1} a_j (z-\alpha)^j + \tilde{a}(z)(z-\alpha)^m \qquad (z \in \Gamma) \tag{3.17}$$

mit gewissen komplexen Zahlen a_j $(j = 0, 1, \ldots, m-1)$ und einer Funktion $\tilde{a}(z) \in \mathfrak{A}$ gestatten. Offenbar ist die Darstellung (3.17) der Funktion $a(z) \in \mathfrak{A}(\alpha, m)$ eindeutig. Mit der Norm

$$\|a(z)\|_{\mathfrak{A}(\alpha, m)} = \sum_{j=0}^{m-1} |a_j| + \|\tilde{a}(z)\|_{\mathfrak{A}}$$

ist $\mathfrak{A}(\alpha, m)$ eine BANACH-Algebra.

Im weiteren werden wir für eine Funktion $f(z) \in C(\Gamma)$ mit $f^{\{n\}}(\alpha)$ $(n = 0, 1, 2, \ldots)$ die *n-te* TAYLOR*sche Ableitung* dieser Funktion im Punkt $\alpha \in \Gamma$, d. h. den Grenzwert (falls dieser existiert)

$$f^{\{n\}}(\alpha) = n! \lim_{\substack{z \to \alpha \\ z \in \Gamma}} \frac{f(z) - \sum\limits_{k=0}^{n-1} \frac{1}{k!} f^{\{k\}}(\alpha)(z-\alpha)^k}{(z-\alpha)^n}$$

mit $f^{\{0\}}(\alpha) = f(\alpha)$ bezeichnen. Offenbar gelten für die Funktion $a(z) \in \mathfrak{A}(\alpha, m)$ der Gestalt (3.17) die Beziehungen

$$a_j = \frac{1}{j!} a^{\{j\}}(\alpha) \qquad (j = 0, 1, \ldots, m-1), \qquad \tilde{a}(\alpha) = \frac{1}{m!} a^{\{m\}}(\alpha) .$$

Es sei $\boldsymbol{\alpha} = \{\alpha_1, \alpha_2, \ldots, \alpha_r\}$ ein System von paarweise verschiedenen Punkten $\alpha_j \in \Gamma$ $(j = 1, 2, \ldots, r)$ und $\boldsymbol{m} = \{m_1, m_2, \ldots, m_r\}$ ein System von natürlichen

Zahlen. Wir vereinbaren folgende Bezeichnungen:

$$\mathfrak{A}(\boldsymbol{\alpha},\boldsymbol{m}) = \bigcap_{j=1}^{r} \mathfrak{A}(\alpha_j, m_j)\,,$$

$$||a(z)||_{\mathfrak{A}(\boldsymbol{\alpha},\boldsymbol{m})} = \sum_{j=1}^{r} ||a(z)||_{\mathfrak{A}(\alpha_j, m_j)} \qquad (a(z) \in \mathfrak{A}(\boldsymbol{\alpha},\boldsymbol{m}))\,.$$

Offenbar ist $\mathfrak{A}(\boldsymbol{\alpha},\boldsymbol{m})$ eine BANACH-Algebra mit der Norm $||a(z)||_{\mathfrak{A}(\boldsymbol{\alpha},\boldsymbol{m})}$.

Wir nennen einige Eigenschaften der Algebra $\mathfrak{A}(\boldsymbol{\alpha},\boldsymbol{m})$.

1°. *Wenn die Algebra $\mathfrak{A}$ die Bedingung* b) (s. 2.3.1) *erfüllt, dann genügt auch die Algebra $\mathfrak{A}(\boldsymbol{\alpha},\boldsymbol{m})$ dieser Bedingung.*

2°. *Wenn $\mathfrak{A}$ eine* R-*Algebra ist, so ist auch $\mathfrak{A}(\boldsymbol{\alpha},\boldsymbol{m})$ eine* R-*Algebra.*

3°. *Wenn $\mathfrak{A}$ eine zerfallende Algebra ist, so ist auch $\mathfrak{A}(\boldsymbol{\alpha},\boldsymbol{m})$ zerfallend.*

Die Eigenschaften 1° und 2° lassen sich leicht unmittelbar nachprüfen. Für den Beweis der Eigenschaft 3° genügt es zu zeigen, daß der Projektor P von $\mathfrak{A}$ auf $\mathfrak{A}^+$ ein stetiger Operator in $\mathfrak{A}(\alpha, m)$ $(\alpha \in \Gamma)$ ist. Zunächst bemerken wir, daß für ein beliebiges Polynom $q(z)$ und eine beliebige Funktion $\varphi(z) \in \mathfrak{A}$ der Ausdruck $f(z) = (P\,q - q\,P)\,\varphi$ ein Polynom ist.

In der Tat, für beliebiges natürliches k ist

$$g(z) = (P\,z^k - z^k\,P)\,\varphi = (P - z^k\,P\,z^{-k})\,z^k\,\varphi$$

eine Funktion aus $\mathfrak{A}^+$. Wie man leicht sieht, läßt sich jede Funktion $g(z) \in \mathfrak{A}^+$ in der Form

$$g(z) = \sum_{j=0}^{k-1} g_j\,z^j + z^k\,h(z)$$

mit $h(z) \in \mathfrak{A}^+$ und gewissen komplexen Zahlen g_j darstellen (vgl. auch Lemma 2.1, Kapitel 7). Aus den beiden letzten Gleichungen ergibt sich

$$(P\,z^k - z^k\,P)\,\varphi = \sum_{j=0}^{k-1} g_j\,z^j\,.$$

Somit erhalten wir

$$(P\,q - q\,P)\,\varphi = \sum_{j=0}^{l} f_j\,z^j \tag{3.18}$$

und

$$\sum_{j=0}^{l} |f_j| \leqq c_1\,||f(z)||_{\mathfrak{A}} \leqq c_2\,||\varphi(z)||_{\mathfrak{A}}\,.$$

Es sei jetzt $a(z) \in \mathfrak{A}(\alpha, m)$. Unter Benutzung der Darstellung (3.17) erhalten wir

$$P\,a = \sum_{j=0}^{m-1} a_j\,(z-\alpha)^j + [P\,(z-\alpha)^m - (z-\alpha)^m\,P]\,\tilde{a} + (z-\alpha)^m\,P\,\tilde{a}\,.$$

Folglich gilt $P\,a \in \mathfrak{A}(\alpha, m)$ und

$$||\,P\,a||_{\mathfrak{A}(\alpha,m)} \leqq c_3 \left(\sum_{j=0}^{m-1} |a_j| + ||\tilde{a}||_{\mathfrak{A}} \right) = c_3\,||a||_{\mathfrak{A}(\alpha,m)}\,.$$

Damit ist die Behauptung 3° bewiesen.

Auf Grund der Eigenschaften 1°–3° sowie der Beziehung (3.18) schließt man leicht auf folgende Eigenschaft.

4°. *Wenn für die Algebren* $\tilde{\mathfrak{A}}$ *und* $\mathfrak{A}$ *die Bedingungen* α) *bis* δ) *aus* 2.3.2 *erfüllt sind, dann gilt dasselbe für die Algebren* $\mathfrak{A}(\boldsymbol{\alpha}, \boldsymbol{m})$ *und* $\tilde{\mathfrak{A}}(\boldsymbol{\alpha}, \boldsymbol{m})$.

5°. *Aus* $a(z) \in \mathfrak{A}(\boldsymbol{\alpha}, \boldsymbol{m})$ *und* $a(\alpha_j) = 0$ *folgt* $a(z)\,(z - \alpha_j)^{-1} \in \mathfrak{A}(\boldsymbol{\alpha}, \boldsymbol{m}')$ *mit* $\boldsymbol{m}' = \{m_1, \ldots, m_j - 1, \ldots, m_r\}$.

Beweis. Offenbar genügt es, $r = 2$ und $j = 1$ anzunehmen. Die Funktion $a(z)$ läßt sich dann in der Form

$$a(z) = f(z)\,(z - \alpha_1) = b_0 + g(z)\,(z - \alpha_2)$$

mit

$$f(z) = \sum_{j=1}^{m_1-1} a_j\,(z - \alpha_1)^{j-1} + \tilde{a}(z)\,(z - \alpha_1)^{m_1-1},$$

$$g(z) = \sum_{j=1}^{m_2-1} b_j\,(z - \alpha_2)^{j-1} + \tilde{b}(z)\,(z - \alpha_2)^{m_2-1}$$

darstellen, wobei $\tilde{a}(z)$, $\tilde{b}(z) \in \mathfrak{A}$. Offenbar ist $f(z) \in \mathfrak{A}(\alpha_1, m_1 - 1)$ und $g(z) \in \mathfrak{A}(\alpha_2, m_2 - 1)$. Wie man leicht sieht, gilt die Beziehung

$$f(z) = g(\alpha_1) + \frac{f(z) - g(z)}{\alpha_1 - \alpha_2}\,(z - \alpha_2) \qquad (z \in \Gamma)\,. \tag{3.19}$$

Hieraus folgt unmittelbar $f(z) \in \mathfrak{A}(\alpha_2, 1)$. Durch sukzessive Anwendung der Formel (3.19) erhalten wir schließlich $f(z) \in \mathfrak{A}(\alpha_2, m_2 - 1)$. Damit ergibt sich wiederum nach (3.19) $f(z) \in \mathfrak{A}(\alpha_2, m_2)$. Folglich gilt $a(z)\,(z - \alpha_1)^{-1} = f(z) \in \mathfrak{A}(\boldsymbol{\alpha}, \boldsymbol{m}')$.

Aus der Eigenschaft 5° ergeben sich zwei weitere Eigenschaften der Algebra $\mathfrak{A}(\boldsymbol{\alpha}, \boldsymbol{m})$.

6°. *Es sei* $a(z) \in \mathfrak{A}(\boldsymbol{\alpha}, \boldsymbol{m})$. *Dann existiert ein Polynom* $p(z)$ *vom Grade* $\sum_1^r m_j - 1$, *so daß*

$$[a(z) - p(z)] \prod_{j=1}^{r} (z - \alpha_j)^{-m_j} \in \mathfrak{A}$$

gilt.

Das (offenbar eindeutige) Polynom $p(z)$ ist das HERMITE*sche Interpolationspolynom* der Funktion $a(z)$ mit den Knoten α_j.

Wir nennen $\boldsymbol{\alpha} = \{\alpha_1, \alpha_2, \ldots, \alpha_r\}$ ein *System von Nullstellen* der Funktion $a(z) \in \mathfrak{A}(\boldsymbol{\alpha}, \boldsymbol{m})$ von der *Vielfachheit* $\boldsymbol{m} = \{m_1, m_2, \ldots, m_r\}$, wenn sich $a(z)$ in der Gestalt

$$a(z) = \prod_{j=1}^{r} (z - \alpha_j)^{m_j}\, b(z)$$

mit $b(z) \in \mathfrak{A}$ und $b(\alpha_j) \neq 0$ $(j = 1, 2, \ldots, r)$ darstellen läßt.

7°. *Für die Funktion* $a(z) \in \mathfrak{A}(\boldsymbol{\alpha}, \boldsymbol{m})$ *ist* $\boldsymbol{\alpha}$ *ein System von Nullstellen der Vielfachheit* $\boldsymbol{m}$ *genau dann, wenn die folgenden Bedingungen erfüllt sind:*

$$a^{\{k\}}(\alpha_j) = 0\,, \qquad k = 0, 1, \ldots, m_j - 1\,, \qquad j = 1, 2, \ldots, r$$

und

$$a^{\{m_j\}}(\alpha_j) \neq 0\,, \qquad j = 1, 2, \ldots, r\,.$$

Analog lassen sich entsprechende Algebren von Funktionen auf der reellen Achse einführen. Wenn $\mathfrak{C}$ etwa eine R-Algebra stetiger Funktionen auf der reellen Achse und α ein Punkt der reellen Achse ist, dann bezeichnen wir mit $\mathfrak{C}(\alpha, m)$ die Algebra aller Funktionen $a(\lambda) \in \mathfrak{C}$, die sich in der Form

$$a(\lambda) = \sum_{j=0}^{m-1} a_j \left(\frac{\lambda - \alpha}{\lambda + i}\right)^j + \tilde{a}(\lambda) \left(\frac{\lambda - \alpha}{\lambda + i}\right)^m \quad (-\infty < \lambda < \infty)$$

mit $\tilde{a}(\lambda) \in \mathfrak{C}$ darstellen lassen. Entsprechend ist die Algebra $\mathfrak{C}(\boldsymbol{\alpha}, \boldsymbol{m})$ erklärt. Diese besitzt analoge Eigenschaften wie die Algebra $\mathfrak{A}(\boldsymbol{\alpha}, \boldsymbol{m})$.

2.4. Anwendung der Faktorisierung auf die Lösung von singulären Gleichungen

Es sei wiederum $U \in \mathcal{L}(X)$ ein invertierbarer Operator, der zusammen mit seiner Inversen U^{-1} und dem Projektor $P \in \mathcal{L}(X)$ den Bedingungen (1) und (2) aus 2.1.2. genügt.

2.4.1. Wiener-Hopfsche Gleichungen. Aus der Definition der Algebren $\mathfrak{R}(U)$ und $\mathfrak{R}(z)$ (siehe Abschnitt 2.1) folgt leicht, daß $\mathfrak{R}(z)$ eine R-Algebra stetiger Funktionen auf dem Einheitskreis ist. Mit $\mathfrak{R}^+(z)$ und $\mathfrak{R}^-(z)$ bezeichnen wir die Teilalgebren von $\mathfrak{R}(z)$, die man erhält, wenn A die Teilalgebra $\mathfrak{R}^+(U)$ bzw. $\mathfrak{R}^-(U)$ durchläuft.

Wenn $\mathfrak{R}(z)$ eine zerfallende Algebra ist und wenn die Zuordnung zwischen $\mathfrak{R}(U)$ und $\mathfrak{R}(z)$ eineindeutig ist (d. h. $\mathfrak{R}(U)$ eine Algebra ohne Radikal darstellt), dann lassen sich die Inversen des Operators

$$\hat{A} = P\,A\,P \mid \operatorname{im} P \in \hat{\mathfrak{R}}(U) \tag{4.1}$$

effektiv konstruieren.

In der Tat, sei $A \in \mathfrak{R}(U)$ ein beliebiger Operator, dessen Symbol $A(z)$ die Bedingung

$$A(z) \neq 0 \qquad (|z| = 1) \tag{4.2}$$

erfüllt. Nach Satz 3.1 gestattet die Funktion $A(z)$ eine Faktorisierung der Gestalt

$$A(z) = A_-(z)\, z^\varkappa\, A_+(z) \tag{4.3}$$

mit $\varkappa = \operatorname{ind} A(z)$ und $A_\pm(z) \in \mathfrak{R}^\pm(z)$, $A_\pm^{-1}(z) \in \mathfrak{R}^\pm(z)$.

Die Faktorisierung des Symbols (4.3) zieht eine Faktorisierung des Operators A nach sich:

$$A = A_-\, U^\varkappa\, A_+ \left(A_\pm \in \mathfrak{R}^\pm(U)\,,\ A_\pm^{-1} \in \mathfrak{R}^\pm(U)\right). \tag{4.4}$$

Dabei ist $A_\pm$ der zum Symbol $A_\pm(z)$ gehörige Operator. Unter Benutzung der Beziehungen (1.13) prüft man leicht nach, daß der Operator

$$\hat{A}^{(-1)} = A_+^{-1}\, P\, U^{-\varkappa}\, P\, A_-^{-1} \mid \operatorname{im} P \tag{4.5}$$

der zu (4.1) inverse, linksinverse oder rechtsinverse Operator ist, je nachdem, ob die Zahl $\varkappa$ gleich Null, positiv oder negativ ist.

Wir bemerken schließlich, daß für die Gültigkeit der letzten Behauptung offensichtlich eine Darstellung des Operators A in der Form (4.4) ausreichend ist.

Der folgende Satz ergänzt die Aussagen des Satzes 1.3. Wir benutzen dabei wieder die in 2.1.2 eingeführten Bezeichnungen

$$V = \hat{U} = P\,U\,P \mid \operatorname{im} P\,, \qquad V^{(-1)} = P\,U^{-1}\,P \mid \operatorname{im} P\,.$$

Da $V^{(-1)}$ eine Linksinverse zu V ist, so gilt offensichtlich die Beziehung

$$\dim \ker V^{(-1)} = \dim \operatorname{coker} V = \beta(\hat{U})\,.$$

Satz 4.1. *Der Operator* $A \in \mathfrak{R}(U)$ *erfülle die Bedingung* (4.2), *und es sei* $\varkappa = \operatorname{ind} A(z)$. *Dann gilt*

$$\dim \ker \hat{A} = \max(-\varkappa, 0)\,\beta(\hat{U})\,, \tag{4.6}$$
$$\dim \operatorname{coker} \hat{A} = \max(\varkappa, 0)\,\beta(\hat{U})\,.$$

Wenn sich der Operator A außerdem in der Form (4.4) *darstellen läßt und* $\varkappa < 0$ *ist, dann existiert ein abgeschlossener Teilraum* $L \subset \operatorname{im} P$ *der Dimension* $\beta(\hat{U})$ *derart, daß gilt*

$$\ker \hat{A} = L \dotplus V\,L \dotplus \cdots \dotplus V^{-\varkappa-1}\,L\,. \tag{4.7}$$

Als L kann der Teilraum $\hat{A}_+^{-1}\,(\ker V^{(-1)})$ *gewählt werden.*

Beweis. Auf Grund des Satzes 1.3 gilt

$$\dim \ker \hat{A} = 0\;(\varkappa \geqq 0)\,, \qquad \dim \operatorname{coker} \hat{A} = 0\;(\varkappa \leqq 0)\,.$$

Es sei $\varkappa < 0$. Wir betrachten zunächst den einfachsten Fall $A_n = U^{-n}$ $(n = 1, 2, \ldots)$ und setzen dabei $L_n = \ker \hat{A}_n = \ker V^{(-n)}$ mit $V^{(-n)} = [V^{(-1)}]^n$. Wir zeigen, daß der Teilraum L_n als direkte Summe

$$L_n = L_1 \dotplus V\,L_1 \dotplus \cdots \dotplus V^{n-1}\,L_1 \tag{4.8}$$

dargestellt werden kann. Dafür genügt es, die Beziehung

$$L_{k+1} = L_k \dotplus V^k\,L_1 \qquad (k = 1, 2, \ldots) \tag{4.9}$$

nachzuweisen.

Die Teilräume L_k und $V^k\,L_1$ haben nur das Nullelement gemeinsam, da auf Grund der Beziehungen (1.1) aus

$$V^k\,x = y \qquad (x \in L_1,\, y \in L_k)$$

stets $x = V^{(-k)}\,y = 0$ folgt. Wir wählen jetzt ein beliebiges Element $z \in L_{k+1}$ und setzen $x = V^{(-k)}\,z$, $y = z - V^k\,x$. Dann ergibt sich

$$z = y + V^k\,x\,,$$

wobei $x \in L_1$ und $y \in L_k$. Daraus folgt nun die Beziehung (4.9) und damit auch (4.8).

Es sei jetzt $A \in \mathfrak{R}(U)$ ein beliebiger Operator, der die Bedingung (4.2) erfüllt. Wie beim Beweis des Satzes 1.3 gezeigt wurde, kann der Operator $\hat{A}$ in der Form

$$\hat{A} = \hat{R}_-\,V^{(\varkappa)}\,\hat{D}\,\hat{R}_+$$

dargestellt werden, wobei die Operatoren

$$\hat{R}_\pm = P R_\pm P \mid \operatorname{im} P\,, \qquad \hat{D} = (P + P C P) \mid \operatorname{im} P$$

invertierbar sind. Setzen wir hier $B = \hat{R}_+^{-1} \hat{D}^{-1}$, dann erhalten wir aus (4.8) die Beziehung

$$\ker \hat{A} = B L_1 \dotplus B V L_1 \dotplus \cdots \dotplus B V^{-\varkappa - 1} L_1\,, \tag{4.10}$$

woraus unmittelbar die erste der Formeln (4.6) folgt.

Wenn für den Operator A die Darstellung (4.4) gilt, dann ergibt sich

$$\hat{A} = \hat{A}_- V^{(\varkappa)} \hat{A}_+\,,$$

und in diesem Fall folgt aus (4.8) die Gleichung (4.10) mit $B = \hat{A}_+^{-1}$. Da die Operatoren $\hat{A}_+^{-1}$ und V kommutieren, so erhalten wir die Beziehung (4.7) mit $L = B L_1$.

Wir zeigen schließlich die Gültigkeit der zweiten Formel in (4.6) für $\varkappa > 0$. Wenn der Operator A wieder die Darstellung (4.4) zuläßt, dann ist, wie zu Beginn dieses Abschnitts festgestellt wurde, der Operator (4.5) eine Linksinverse zu $\hat{A}$, und folglich gilt auf Grund der ersten Formel (4.6)

$$\dim \operatorname{coker} \hat{A} = \dim \ker \hat{A}^{(-1)} = \varkappa \dim \ker V^{(-1)}\,.$$

Es sei jetzt $A \in \mathfrak{R}(U)$ ein beliebiger Operator, der der Bedingung (4.2) genügt. Nach Satz 1.3 ist $\hat{A}$ ein Φ-Operator, und es gilt

$$\dim \operatorname{coker} \hat{A} = -\operatorname{Ind} \hat{A}\,. \tag{4.11}$$

Wir wählen eine hinreichend kleine positive Zahl ε und einen Operator $R \in \mathfrak{E}(U)$, der die Ungleichung

$$\|A - R\| < \varepsilon$$

erfüllt. Auf Grund des Satzes 3.8, Kapitel 1, ist dann $\hat{R} = P R P \mid \operatorname{im} P$ ebenfalls ein Φ-Operator mit

$$\operatorname{Ind} \hat{R} = \operatorname{Ind} \hat{A}\,. \tag{4.12}$$

Infolge der Ungleichung (1.3) ist

$$\max_{|z|=1} |A(z) - R(z)| < \varepsilon\,,$$

und folglich gilt für hinreichend kleines ε

$$R(z) \neq 0 \quad (|z| = 1)\,, \qquad \operatorname{ind} R(z) = \operatorname{ind} A(z) = \varkappa\,.$$

Wie beim Beweis des Satzes 1.3 festgestellt wurde, besitzt der Operator $R \in \mathfrak{E}(U)$ die Darstellung (4.4), und auf Grund des bereits Bewiesenen ergibt sich somit

$$-\operatorname{Ind} \hat{R} = \dim \operatorname{coker} \hat{R} = \varkappa \dim \ker V^{(-1)}\,. \tag{4.13}$$

Aus den Beziehungen (4.11)–(4.13) erhalten wir

$$\dim \operatorname{coker} \hat{A} = \varkappa \dim \ker V^{(-1)}\,.$$

Der Satz ist damit vollständig bewiesen.

2.4.2. Abstrakte singuläre Gleichungen. Wir betrachten jetzt paarige Operatoren der Gestalt $A P + B Q$ bzw. $P A + Q B$, wobei A und B Operatoren aus $\mathfrak{R}(U)$ sind, deren Symbole $A(z)$ und $B(z)$ die Bedingungen

$$A(z) \neq 0\,, \qquad B(z) \neq 0 \qquad (|z| = 1) \tag{4.14}$$

erfüllen. Mit $\varkappa$ bezeichnen wir den Index des Symbols des Operators:

$$\varkappa = \operatorname{ind} A(z) - \operatorname{ind} B(z)\,.$$

Aus Satz 4.1 und Folgerung 2.1 schließen wir unmittelbar auf den folgenden Satz.

Satz 4.2. *Wenn die Bedingungen* (4.14) *erfüllt sind, dann gelten für den paarigen Operator* $C = A\,P + B\,Q$ $(C = P\,A + Q\,B)$ *die Formeln*

$$\dim \ker C = \max(-\varkappa, 0)\,\beta(\hat{U})\,,$$

$$\dim \operatorname{coker} C = \max(\varkappa, 0)\,\beta(\hat{U})\,.$$

Aus Satz 4.2 und Satz 3.7, Kapitel 1, erhalten wir

Folgerung 4.1. *Wenn die Bedingungen* (4.14) *erfüllt sind, dann gelten für einen beliebigen vollstetigen Operator* T *im Raum* X *die Beziehungen*

$$\dim \ker (C + T) \geqq \dim \ker C\,, \qquad \dim \operatorname{coker} (C + T) \geqq \dim \operatorname{coker} C\,.$$

Für die paarigen Operatoren lassen sich auch die entsprechenden Inversen effektiv konstruieren, sobald der Operator $B^{-1}A$ eine Faktorisierung der Gestalt

$$B^{-1}A = C_-\,U^\varkappa\,C_+ \;(C_\pm \in \mathfrak{R}^\pm(U)\,,\; C_\pm^{-1} \in \mathfrak{R}^\pm(U)) \tag{4.15}$$

gestattet.

In der Tat, zunächst bemerken wir, daß auf Grund der Beziehungen (1.13) die folgende Darstellung gilt:

$$A_1\,A_+\,P + A_2\,A_-\,Q = (A_1\,P + A_2\,Q)\,(A_+\,P + A_-\,Q)\,; \tag{4.16}$$

dabei sind $A_\pm \in \mathfrak{R}^\pm(U)$ und $A_1, A_2 \in \mathfrak{R}(U)$ beliebige Operatoren.

Analog ergibt sich

$$P\,A_1\,A_- + Q\,A_2\,A_+ = (P\,A_- + Q\,A_+)\,(P\,A_1 + Q\,A_2)\,. \tag{4.17}$$

(Wir erinnern, daß $\mathfrak{R}(U)$ eine kommutative Algebra ist.)

Unter Benutzung der Faktorisierung (4.15) sowie der Formel (4.16) läßt sich der Operator $A\,P + B\,Q$ in ein Produkt von drei Operatoren zerlegen:

$$A\,P + B\,Q = B\,C_-\,(U^\varkappa\,P + Q)\,(C_+\,P + C_-^{-1}\,Q)\,. \tag{4.18$_1$}$$

Dabei sind die beiden äußeren Operatoren auf der rechten Seite in (4.18$_1$) invertierbar, während der mittlere Operator durch $U^{-\varkappa}\,P + Q$ für $\varkappa \geqq 0$ von links und für $\varkappa \leqq 0$ von rechts invertiert wird. Folglich ist

$$(A\,P + B\,Q)^{(-1)} = (C_+^{-1}\,P + C_-\,Q)\,(U^{-\varkappa}\,P + Q)\,C_-^{-1}\,B^{-1} \tag{4.19$_1$}$$

für $\varkappa \geqq 0$ linksinverser und für $\varkappa \leqq 0$ rechtsinverser Operator zu $A\,P + B\,Q$.

Analog ergeben sich für den paarigen Operator $P\,A + Q\,B$ die Formeln

$$P\,A + Q\,B = (P\,C_- + Q\,C_+^{-1})\,(P\,U^\varkappa + Q)\,C_+\,B \tag{4.18$_2$}$$

und folglich

$$(P\,A + Q\,B)^{(-1)} = B^{-1}\,C_+^{-1}\,(P\,U^{-\varkappa} + Q)\,(P\,C^{-1} + Q\,C_+)\,. \tag{4.19$_2$}$$

Wie aus den Ausführungen des vorhergehenden Teilabschnittes folgt, läßt sich die Faktorisierung (4.15) leicht angeben, wenn die Funktion $A(z)/B(z)$ eine Faktorisierung gestattet und $\mathfrak{R}(U)$ eine Algebra ohne Radikal ist.

Bemerkung. Wenn der Operator $B^{-1} A$ die Faktorisierung (4.15) gestattet, dann gilt für $\varkappa < 0$

$$\ker (A P + B Q) = L \dotplus U L \dotplus \cdots \dotplus U^{-\varkappa-1} L , \tag{4.20}$$

wobei

$$L = (P + U^{\varkappa+1} Q) (C_+^{-1} P + C_- Q) [\ker (P + U Q)] .$$

In der Tat, wie man leicht unmittelbar nachprüft, ist die rechte Seite von (4.20) eine direkte Summe und außerdem Teilmenge von $\ker (A P + B Q)$. Daraus folgt auf Grund des Satzes 4.2 die Gleichung (4.20).

Eine analoge Behauptung gilt für den Operator $P A + Q B$.

2.5. Bemerkungen und Literaturhinweise

2.1. Der Begriff des Symbols eines singulären Integraloperators geht auf S. G. Michlin [1] zurück, der auch die Eigenschaften σ.1, σ.2 und σ.4 festgestellt hat. Von I. Z. Gochberg [1] wurde zuerst erkannt, daß das von S. G. Michlin eingeführte Symbol auch die Eigenschaft σ.3 besitzt.

Alle Ergebnisse der Teilabschnitte 2.1.2–2.1.5 stammen von I. Z. Gochberg [2]. In unseren Ausführungen halten wir uns im wesentlichen an das Buch von I. Z. Gochberg und I. A. Feldman [1], Kapitel 1, §§ 1–3).

Wir bemerken, daß die Bedingung (1) aus 2.1.2 (bei Erfülltsein der Bedingung (2)) der folgenden Bedingung äquivalent ist:

$$(1') \quad r(U) \leqq 1 , \quad r(U^{-1}) \leqq 1 .$$

Das folgt aus den Überlegungen des Teilabschnitts 2.1.2.

2.2. Der Teilabschnitt 2.2.1 ist dem Buch von I. Z. Gochberg und I. A. Feldman ([1], Kapitel 5, § 1) entlehnt.

Die in 2.2.2 gebrachten Definitionen und Resultate sind (mit Ausnahme des Satzes 2.4 und der Formeln (2.8)) bei Z. I. Chalilov [1], J. I. Tscherski [3] sowie in der Monographie von D. Przeworska-Rolewicz and S. Rolewicz ([1], Chapter II) zu finden.

2.2.3. Das Lemma 2.1 wurde von I. Z. Gochberg und I. A. Feldman [1] bewiesen. Formel (2.10) stellt die von S. G. Michlin für singuläre Integraloperatoren eingeführte Definition des Symbols dar. Der Satz 2.7 wurde von S. G. Michlin [1] bewiesen. Die übrigen Ergebnisse dieses Teilabschnitts stammen von I. Z. Gochberg [1–2].

2.3. In den Teilabschnitten 2.3.1 und 2.3.3 folgen wir den Artikeln von M. S. Budjanu und I. Z. Gochberg [1–2] sowie dem Buch von I. Z. Gochberg und I. A. Feldman ([1], Kapitel 1, § 5). Der Satz 3.2 stellt eine für das weitere günstige Modifikation eines Theorems von Budjanu und Gochberg ([2], Theorem 8.1) über die Faktorisierung von Funktionen in Algebren mit zwei Normen dar. Die Ergebnisse des Teilabschnittes 2.3.4 sind neu (vgl. auch S. Prössdorf [16]).

2.4. Die Ergebnisse dieses Abschnitts stammen von I. Z. Gochberg [2].

KAPITEL 3

SPEZIELLE SINGULÄRE GLEICHUNGEN VOM NORMALTYP

In diesem Kapitel wird die Theorie der diskreten WIENER-HOPF-Gleichungen, der WIENER-HOPFschen Integralgleichungen, entsprechender paariger Gleichungen sowie der singulären Integralgleichungen mit stetigen Koeffizienten auf geschlossenen Kurvensystemen für den Fall aufgebaut, daß das Symbol nicht entartet. Alle wesentlichen Eigenschaften der WIENER-HOPFschen Gleichungen ergeben sich als direkte Folgerung aus den allgemeinen Sätzen des vorhergehenden Kapitels. Dasselbe trifft auch für die singuläre Integralgleichung im Raum L^p $(1 < p < \infty)$ auf dem Einheitskreis zu. Durch Modifikation der entsprechenden Überlegungen aus dem Kapitel 2 lassen sich diese Resultate auch für singuläre Integralgleichungen auf allgemeinen Kurvensystemen erhalten. Dazu sind einige zusätzliche Untersuchungen der Eigenschaften singulärer Integrale notwendig. Die Theorie der singulären Integralgleichungen für die Räume der HÖLDER-stetigen Funktionen erhalten wir schließlich aus der Theorie für die Räume L^p durch Anwendung eines Satzes über die Regularität der Lösung, der am Schluß dieses Kapitels bewiesen wird.

3.1. Diskrete WIENER-HOPF-Gleichungen

3.1.1. Wir bezeichnen mit l^2 den HILBERT-Raum der komplexen Zahlenfolgen

$$\xi = \{\xi_n\}_{-\infty}^{\infty}, \qquad \|\xi\|^2 = \sum_{-\infty}^{\infty} |\xi_n|^2 < \infty$$

und mit l_+^2 den HILBERT-Raum aller komplexen Zahlenfolgen der Gestalt

$$\xi_+ = \{\xi_n\}_0^{\infty}, \qquad \|\xi_+\|^2 = \sum_0^{\infty} |\xi_n|^2 < \infty .$$

Es sei U der Operator, der in l^2 durch die Beziehung

$$U\{\xi_n\} = \{\xi_{n-1}\} \tag{1.1}$$

erklärt ist. Offenbar ist U invertierbar, und der zu ihm inverse Operator ist durch die Gleichung

$$U^{-1}\{\xi_n\} = \{\xi_{n+1}\}$$

gegeben.

Als unitärer Operator genügt der Operator U der Bedingung (1) aus Abschnitt 2.1. Bezeichnen wir mit P den Projektor, der in l^2 durch die Gleichungen

$$P\{\xi_n\} = \{\eta_n\}, \quad \eta_n = \begin{cases} \xi_n, & n = 0, 1, \dots \\ 0, & n = -1, -2, \dots \end{cases} \tag{1.2}$$

definiert ist, dann erfüllen die Operatoren U, U^{-1} und P offenbar auch die Bedingung (2) aus Abschnitt 2.1.

Auf Grund des Satzes 1.1 aus Kapitel 2 ist $\mathfrak{R}(U)$ eine BANACH-Algebra ohne Radikal, die der BANACH-Algebra aller stetigen Funktionen auf dem Einheitskreis isomorph ist.

Es sei jetzt $a(z)$ eine beliebige stetige Funktion auf dem Einheitskeis und a_n $(n = 0, \pm 1, \ldots)$ ihre FOURIER-Koeffizienten: $a(z) = \sum_{-\infty}^{\infty} a_n z^n$. Mit $A \in \mathfrak{R}(U)$ bezeichnen wir den durch die Funktion $a(z)$ eindeutig bestimmten Operator, dessen Symbol gleich $a(z)$ ist. Wir zeigen, daß der Operator A im Raum l^2 durch die sogenannte TOEPLITZ-*Matrix*

$$\{a_{j-k}\}_{j,k=-\infty}^{\infty} \tag{1.3}$$

dargestellt wird, d. h., A wirkt nach der Vorschrift:

$$A\{\xi_j\} = \{\eta_j\}, \quad \eta_j = \sum_{k=-\infty}^{\infty} a_{j-k}\,\xi_k \quad (j = 0, \pm 1, \ldots).$$

Zu diesem Zweck wählen wir eine Folge von Polynomen der Gestalt $R_n(z) = \sum_{j=-n}^{n} b_j^{(n)} z^j$ $(n = 1, 2, \ldots)$, die auf dem Einheitskreis gleichmäßig gegen die Funktion $a(z)$ konvergiert. Wir setzen $b_j^{(n)} = 0$ für $|j| > n$. Der Operator $R_n \in \mathfrak{C}(U)$ $(n = 1, 2, \ldots)$ wird in l^2 offenbar durch die Matrix

$$\{b_{j-k}^{(n)}\}_{j,k=-\infty}^{\infty}$$

dargestellt. Auf Grund des Satzes 1.1 aus Kapitel 2 ergibt sich

$$\|A - R_n\| = \max_{|z|=1} |a(z) - R_n(z)| \underset{n\to\infty}{\longrightarrow} 0.$$

Andererseits konvergiert die Folge $\beta_n = \{b_j^{(n)}\}_{j=-\infty}^{\infty}$ in der l^2-Norm gegen die Folge $\alpha = \{a_j\}_{-\infty}^{\infty}$, und nach Anwendung der SCHWARZschen Ungleichung erhalten wir somit für alle $j = 0, \pm 1, \ldots$ die Beziehung

$$\Big|\sum_{k=-\infty}^{\infty} a_{j-k}\,\xi_k - \sum_{k=-\infty}^{\infty} b_{j-k}^{(n)}\,\xi_k\Big| \leqq \|\alpha - \beta_n\|\,\|\xi\| \underset{n\to\infty}{\longrightarrow} 0. \tag{1.3$_1$}$$

Da die Normkonvergenz in l^2 die koordinatenweise Konvergenz nach sich zieht, so ist damit die Behauptung bewiesen.

Wir betten jetzt den Raum l_+^2 in den Raum l^2 ein, indem wir das Element $\xi_+ = \{\xi_n\}_0^{\infty} \in l_+^2$ mit dem Element $\xi = \{\eta_n\}_{-\infty}^{\infty} \in l^2$ identifizieren, wobei η_n durch (1.2) festgelegt wird. Eine solche Identifizierung des Raumes l_+^2 mit dem Teilraum im $P \subset l^2$ ist möglich, da die Abbildung $\xi_+ \to \xi$ die lineare Struktur und die Norm von l_+^2 nicht ändert.

Nach einer solchen Vereinbarung sind dann $V = P\,U\,P \mid \text{im}\, P$ und $V^{(-1)} = P\,U^{-1}\,P \mid \text{im}\, P$ Operatoren, die in l_+^2 durch die Gleichungen

$$V\{\xi_n\}_0^{\infty} = \{0, \xi_0, \xi_1, \ldots\}, \qquad V^{(-1)}\{\xi_n\}_0^{\infty} = \{\xi_{n+1}\}_0^{\infty}$$

definiert sind. Dabei gilt offenbar

$$\dim \operatorname{coker} (U \mid \operatorname{im} P) = \dim \ker V^{(-1)} = 1 . \tag{1.4}$$

Ebenso ist $\hat{A} = P A P \mid \operatorname{im} P$ $(A \in \Re(U))$ der Operator, der im Raum l^2_+ durch die Matrix

$$\{a_{j-k}\}_{j,k=0}^{\infty} \tag{1.5}$$

dargestellt wird. Entsprechend dem Abschnitt 2.1 ist die Funktion $a(z)$ das *Symbol* des Operators $\hat{A}$: $A(z) = a(z)$.

Auf Grund der Sätze 1.3 und 4.1 aus Kapitel 2 erhalten wir jetzt folgendes Ergebnis für diskrete WIENER-HOPF-Gleichungen.

Satz 1.1. *Es sei $a(z)$ eine beliebige stetige Funktion auf dem Einheitskreis $|z| = 1$ und a_n $(n = 0, \pm 1, \ldots)$ ihre* FOURIER*-Koeffizienten. Dafür, daß der durch die Matrix (1.5) in l^2_+ definierte Operator $\hat{A}$ mindestens einseitig invertierbar ist, ist notwendig und hinreichend, daß die Funktion $a(z)$ $(|z| = 1)$ nirgends verschwindet.*

Ist diese Bedingung erfüllt, dann entspricht die Invertierbarkeit des Operators $\hat{A}$ der Zahl

$$\varkappa = \operatorname{ind} a(z) ,$$

und es gilt

$$\dim \ker \hat{A} = \max(-\varkappa, 0) , \qquad \dim \operatorname{coker} \hat{A} = \max(\varkappa, 0) .$$

Wenn $a(z)$ in wenigstens einem Punkt des Einheitskreises gleich Null ist, dann ist $\hat{A}$ weder ein Φ_+- noch ein Φ_--Operator.

Bemerkung. Die Notwendigkeit der im vorstehenden Satz genannten Bedingung kann wie folgt präzisiert werden (siehe J. LEITERER [1]): Wenn das Symbol $a(z)$ $(|z| = 1)$ in wenigstens einem Punkt verschwindet und nicht identisch gleich Null ist, dann ist $\hat{A}$ kein normal auflösbarer Operator.

Wenn die Funktion $a(z)$ eine Faktorisierung gestattet:

$$a(z) = a_-(z)\, z^{\varkappa}\, a_+(z) \tag{1.6}$$

(z. B., wenn $a(z)$ sich in eine absolut konvergente FOURIER-Reihe entwickeln läßt), dann besitzt der Operator $\hat{A}$ die Darstellung (4.4), Kapitel 2. In diesem Fall folgt aus Satz 4.1, Kapitel 2, für $\varkappa < 0$ die Existenz eines Vektors $\xi = \{\xi_n\}_0^\infty \in l^2_+$, so daß die Vektoren

$$\xi^{(m)} = \{\underbrace{0, \ldots, 0}_{m-1}, \xi_0, \xi_1, \xi_2, \ldots\} \qquad (m = 1, 2, \ldots, -\varkappa)$$

alle linear unabhängigen Lösungen des homogenen Systems

$$\sum_{k=0}^{\infty} a_{j-k}\, \xi_k = 0 \qquad (j = 0, 1, \ldots) \tag{1.7}$$

darstellen. Dabei kann als ξ der Vektor

$$\xi = \{b_0, b_1, b_2, \ldots\}$$

gewählt werden, wobei b_n ($n = 0, 1, \ldots$) die FOURIER-Koeffizienten der Funktion $a_+^{-1}(z)$ sind.

Wir zeigen jetzt, wie sich für die diskrete WIENER-HOPF-Gleichung die in Abschnitt 2.4 beschriebene Konstruktion der einseitigen Inversen zum Operator $\hat{A}$ realisieren läßt. Dabei setzen wir wieder voraus, daß die Funktion $a(z)$ die Faktorisierung (1.6) besitzt. Der einseitige inverse Operator $\hat{A}^{(-1)}$ ist dann durch die Formel (4.5) aus Kapitel 2 gegeben.

Um die Matrix des Operators $\hat{A}^{(-1)}$ zu erhalten, schreiben wir die Funktion $a^{-1}(z)$ in der Form

$$a^{-1}(z) = b_-(z)\, b_+(z)\,,$$

wobei

$$b_+(z) = \begin{cases} a_+^{-1}(z)\,, & \varkappa \geqq 0 \\ a_+^{-1}(z)\, z^{-\varkappa}, & \varkappa < 0 \end{cases}; \qquad b_-(z) = \begin{cases} a_-^{-1}(z)\, z^{-\varkappa}, & \varkappa \geqq 0 \\ a_-^{-1}(z)\,, & \varkappa < 0\,. \end{cases}$$

Mit $b_n^{(1)}$ und $b_n^{(2)}$ ($n = 0, 1, \ldots$) bezeichnen wir entsprechend die FOURIER-Koeffizienten der Funktionen $b_+(z)$ bzw. $b_-\left(\frac{1}{z}\right)$. Unter Berücksichtigung der Ergebnisse dieses Abschnittes erhält man leicht nach der Formel (4.5), Kapitel 2, daß der Operator $\hat{A}^{(-1)}$ durch die Matrix

$$\{b_{jk}\}_{j,\,k=0}^{\infty}$$

mit

$$b_{j\,k} = \sum_{l=0}^{\min(j,\,k)} b_{j-l}^{(1)}\, b_{k-l}^{(2)}$$

dargestellt wird.

3.1.2. Wir bezeichnen im weiteren mit l^p ($1 \leqq p < \infty$) den BANACH-Raum aller (komplexen) Zahlenfolgen $\xi = \{\xi_n\}_{-\infty}^{\infty}$ mit einer endlichen Norm

$$||\xi|| = \left[\sum_{-\infty}^{\infty} |\xi_n|^p\right]^{1/p}$$

und mit m den Raum aller beschränkten Zahlenfolgen $\xi = \{\xi_n\}_{-\infty}^{\infty}$, die durch Einführung der Norm

$$||\xi|| = \sup_n |\xi_n| \tag{1.8}$$

ebenfalls zu einem BANACH-Raum wird. c sei der Teilraum aller konvergenten Folgen $\xi \in m$ und c^0 der Teilraum aller Nullfolgen. Die Norm in c und c^0 wird ebenso wie die Norm in m durch die Gleichung (1.8) definiert. Dann sind auch c und c^0 BANACH-Räume.[1])

In den weiteren Ausführungen dieses Abschnitts bezeichnet E einen beliebigen der vorstehend genannten Folgenräume, E_+ den entsprechend definierten Raum der Folgen $\{\xi_n\}_0^{\infty}$ und P den durch die Beziehungen (1.2) in E definierten Projektor.

---

[1]) Eine ausführliche Behandlung dieser Räume findet der Leser z. B. in dem Buch von L. W. KANTOROWITSCH und G. P. AKILOW [1] (Seite 55 ff.).

Offensichtlich ist der durch die Gleichung (1.1) im Raum E erklärte Operator U isometrisch, und es gilt im $U = E$. Wie in Abschnitt 2.1 bemerkt wurde, erfüllt ein solcher Operator die dort genannten Bedingungen (1) und (2).

Die letzten Bemerkungen berücksichtigend, schließen wir leicht aus den Ausführungen des Abschnittes 2.1, daß sämtliche Ergebnisse des Teilabschnittes 3.1.1 in jedem der Folgenräume E_+ gelten, wenn man voraussetzt, daß die Funktion $a(z)$ der entsprechenden Funktionenalgebra $\mathfrak{R}(z)$ angehört. Nach Satz 1.1, Kapitel 2, ist dafür hinreichend, daß $a(z) \in W$ gilt, und in diesem Fall wird der zum Symbol $a(z) \in W$ gehörige Operator $A \in \mathfrak{R}(U)$ in einem beliebigen Raum E wieder durch die TOEPLITZ-Matrix (1.3) dargestellt.

In der Tat, indem wir

$$R_n(z) = \sum_{j=-n}^{n} b_j^{(n)} z^j, \qquad b_j^{(n)} = \begin{cases} a_j & \text{für} \quad |j| \leqq n, \\ 0 & \text{für} \quad |j| > n \end{cases}$$

für alle $n = 1, 2, \ldots$ setzen, erhalten wir auf Grund der Ungleichung (1.5), Kapitel 2,

$$\|A - R_n\| \leqq \|a(z) - R_n(z)\|_W \underset{n \to \infty}{\to} 0 .$$

Die linke Seite in (1.3_1) läßt sich in diesem Fall durch die Größe $\|\alpha - \beta_n\|_{l^1} \|\xi\|_E$ abschätzen, die für $n \to \infty$ ebenfalls gegen Null strebt.

Für den Raum $E_+ = l_+^1$ stimmt $\mathfrak{R}(z)$ mit der Algebra W aller in eine absolut konvergente FOURIER-Reihe entwickelbaren Funktionen auf dem Einheitskreis überein. Dabei gilt für den Operator $A \in \mathfrak{R}(U)$ mit dem Symbol $a(z)$ die Beziehung

$$\|A\| = \sum_{-\infty}^{\infty} |a_n| = \|a(z)\|_W ,$$

wobei a_n die FOURIER-Koeffizienten der Funktion $a(z)$ bezeichnen.

Diese Behauptung ergibt sich unmittelbar aus der leicht verifizierbaren Beziehung

$$\|R\| = \sum |\alpha_n| ,$$

wobei $R \in \mathfrak{S}(U)$ und α_n die FOURIER-Koeffizienten des Polynoms $R(z)$ sind.

Satz 1.2. *Die Funktion $a(z) \in W$ sei für alle z ($|z| = 1$) verschieden von Null. Dann hat das homogene System* (1.7) *in allen Räumen E_+ ein und dieselben Lösungen.*

Beweis. Auf Grund des Satzes 3.1, Kapitel 2, gestattet die Funktion $a(z) \in W$ eine Faktorisierung der Gestalt (1.6), wobei $a_+^{-1}(z) \in W^+$ gilt. Folglich gehören im Falle $\varkappa < 0$ die Vektoren

$$\xi^{(m)} = \{\underbrace{0, \ldots, 0}_{m-1}, b_0, b_1, b_2, \ldots\} \qquad (m = 1, 2, \ldots, -\varkappa),$$

wobei b_n die FOURIER-Koeffizienten der Funktion $a_+^{-1}(z)$ sind, allen Räumen E_+ gleichzeitig an. Nach dem oben Bewiesenen sind diese Vektoren Lösungen des Systems (1.7). Da nach Satz 1.1 die Anzahl der linear unabhängigen Lösungen des Systems (1.7) im Raum E_+ gleich $-\varkappa$ ist, so sind $\xi^{(m)}$ ($m = 1, 2, \ldots, -\varkappa$) alle Lösungen von (1.7), und die Behauptung ist bewiesen.

Satz 1.3. *Die Funktion $a(z) \in W$ sei für alle z ($|z| = 1$) verschieden von Null. Für $\varkappa \leqq 0$ ist das inhomogene Gleichungssystem*

$$\sum_{k=0}^{\infty} a_{j-k}\,\xi_k = \eta_j \qquad (j = 0, 1, \ldots) \tag{1.9}$$

für eine beliebige Folge $\{\eta_j\}_0^\infty \in E_+$ lösbar im Raum E_+, und das homogene System (1.7) besitzt genau $-\varkappa$ linear unabhängige Lösungen.

Im Falle $\varkappa > 0$ hat das zu (1.9) transponierte homogene System

$$\sum_{k=0}^{\infty} a_{k-j}\,\psi_k = 0 \qquad (j = 0, 1, \ldots) \tag{1.10}$$

genau $\varkappa$ linear unabhängige Lösungen $\psi^{(l)} = \{\psi_k^{(l)}\}_{k=0}^\infty$ ($l = 1, 2, \ldots, \varkappa$), die gleichzeitig sämtlichen Räumen E_+ angehören; das inhomogene System (1.9) besitzt dann und nur dann eine Lösung $\xi = \{\xi_k\}_0^\infty \in E_+$, wenn folgende Bedingungen erfüllt sind:

$$\sum_{k=0}^{\infty} \eta_k\,\psi_k^{(l)} = 0 \qquad (l = 1, 2, \ldots, \varkappa)\,. \tag{1.11}$$

Beweis. Es sei $\hat{A}$ der durch die linke Seite des Systems (1.9) im Raum E_+ definierte Operator. Mit $\hat{A}'$ bezeichnen wir den zu $\hat{A}$ transponierten Operator, der durch die linke Seite des Systems (1.10) in E_+ definiert wird. Der Operator $\hat{A}'$ hat das Symbol $a(\bar{z})$, und es gilt

$$\operatorname{ind} a(\bar{z}) = -\varkappa\,.$$

Somit ergibt sich der Satz 1.3, mit Ausnahme der letzten Behauptung über die Lösbarkeit des Systems (1.9) im Falle $\varkappa > 0$, aus den Sätzen 1.1 und 1.2. Wir beweisen jetzt die letzte Behauptung des Satzes 1.3.

Bekanntlich wird jedes lineare Funktional f im Raum l_+^p ($1 \leqq p < \infty$) durch eine Folge $\{f_k\}_0^\infty \in l_+^{p'}$ über die Formel

$$\langle \xi, f\rangle = \sum_{k=0}^{\infty} \xi_k f_k \quad \text{mit} \quad \xi = \{\xi_k\}_0^\infty \in l_+^p \tag{1.12}$$

bestimmt, wobei $p' = \dfrac{p}{p-1}$ für $p > 1$, $p' = \infty$ für $p = 1$ und $l_+^\infty = m_+$ zu setzen ist.

Wie man leicht einsieht, gilt für beliebige Folgen $\xi = \{\xi_k\}_0^\infty \in l_+^p$ und $f = \{f_k\}_0^\infty \in l_+^{p'}$ die Vertauschungsformel

$$\langle \hat{A}\,\xi, f\rangle = \sum_{j=0}^{\infty}\left(\sum_{k=0}^{\infty} a_{j-k}\,\xi_k\right) f_j = \sum_{k=0}^{\infty}\left(\sum_{j=0}^{\infty} a_{j-k} f_j\right)\xi_k\,. \tag{1.13}$$

Unter Berücksichtigung der Beziehung (1.12) schließen wir aus (1.13), daß $\hat{A}'$ (in $l_+^{p'}$) der adjungierte Operator zu $\hat{A}$ (in l_+^p, $1 \leqq p < \infty$) ist. Da der Operator $\hat{A}$ auf Grund des Satzes 1.1 normal auflösbar ist, so ist Gleichung (1.9) genau dann lösbar, wenn die Bedingung

$$\langle \eta, \psi\rangle = \sum_{k=0}^{\infty} \eta_k\,\psi_k = 0$$

für eine beliebige Lösung $\psi = \{\psi_k\}_0^\infty$ der Gleichung $\hat{A}^* \psi = 0$, d. h. also, die Bedingung (1.11) erfüllt ist.

Es sei jetzt E_+ einer der Räume m, c oder c^0. Dann ist für eine beliebige Folge $\{f_k\}_0^\infty \in l_+^1$ durch Formel (1.12) ein lineares Funktional f im Raum E_+ erklärt. Dabei gilt ebenfalls Formel (1.13) für jedes $\xi \in E_+$. Folglich ist jede der Folgen $\psi^{(l)}$ $(l = 1, 2, \ldots, \varkappa)$ eine Lösung der adjungierten homogenen Gleichung $\hat{A}^* \psi = 0$. Da nach Satz 1.1 die Anzahl der linear unabhängigen Lösungen der letzten Gleichung genau $\varkappa$ ist, so sind die Folgen $\psi^{(l)}$ $(l = 1, 2, \ldots, \varkappa)$ gerade alle diese Lösungen. Die weiteren Überlegungen sind dieselben wie im Falle des Raumes l_+^p. Damit ist Satz 1.3 vollständig bewiesen.

3.2. WIENER-HOPFsche Integralgleichungen

In diesem Abschnitt betrachten wir WIENER-HOPFsche Integralgleichungen in einer ganzen Schar von Räumen komplexwertiger Funktionen, die auf der reellen Achse $(-\infty, +\infty)$ bzw. auf der positiven Halbachse $(0, +\infty)$ erklärt sind.

3.2.1. Zunächst vereinbaren wir einige Bezeichnungen. Mit L^p $(1 \leqq p < \infty)$ bezeichnen wir den Raum aller meßbaren komplexwertigen Funktionen $f(t)$ auf $(-\infty, +\infty)$, deren p-te Potenz integrierbar ist, wobei die Norm durch die Beziehung

$$\|f\| = \left[\int_{-\infty}^{\infty} |f(t)|^p \, dt\right]^{1/p}$$

definiert wird.

Mit M bezeichnen wir den Raum aller meßbaren und fast überall beschränkten Funktionen auf der reellen Achse, in dem eine Norm durch die Gleichung

$$\|f\| = \sup_{-\infty<t<\infty} \operatorname{ess} |f(t)|$$

erklärt wird. M^c sei der Teilraum aller stetigen und M^u der Teilraum aller gleichmäßig stetigen Funktionen aus M.

Ferner bedeute C den Raum aller stetigen Funktionen auf $(-\infty, +\infty)$, für die die (endlichen) Grenzwerte

$$f(+\infty) = \lim_{t \to +\infty} f(t), \qquad f(-\infty) = \lim_{t \to -\infty} f(t)$$

existieren und gleich sind. C^0 sei der Teilraum aller Funktionen $f \in C$ mit $f(+\infty) = f(-\infty) = 0$. In den Räumen C und C^0 wird die Norm wie folgt festgelegt:

$$\|f\| = \max_{-\infty \leqq t \leqq +\infty} |f(t)|.$$

Alle vorstehend genannten Räume sind vollständig, d. h. also BANACH-Räume.

Bekanntlich ist $L^{p'}$ $\left(\frac{1}{p} + \frac{1}{p'} = 1\right)$ der konjugierte Raum zu L^p $(1 < p < \infty)$ und $L^\infty = M$ der konjugierte Raum zu L^1.

Der Raum $L = L^1$ wird zu einer BANACH-Algebra (ohne Einselement), wenn man die Multiplikation $f_1 * f_2$ zweier Funktionen $f_1, f_2 \in L$ als *Faltung*

$$(f_1 * f_2)(t) = \int_{-\infty}^{\infty} f_1(t-s) f_2(s)\, ds = \int_{-\infty}^{\infty} f_1(s) f_2(t-s)\, ds$$

erklärt. Mit L^+ (L^-) bezeichnen wir die Teilalgebra aller Funktionen aus L, die für $t < 0$ ($t > 0$) identisch gleich Null sind.

Für eine beliebige Funktion $f \in L$ ist die FOURIER-*Transformierte*

$$(Ff)(\lambda) = \int_{-\infty}^{\infty} e^{i\lambda t} f(t)\, dt \qquad (-\infty < \lambda < \infty)$$

eine Funktion aus C^0. Des weiteren gilt der wichtige Faltungssatz: Die FOURIER-Transformierte der Faltung $f_1 * f_2$ zweier Funktionen $f_1, f_2 \in L$ ist gleich dem Produkt der FOURIER-Transformierten dieser Funktionen:

$$F(f_1 * f_2) = F f_1 \cdot F f_2 .$$

Daraus folgt, daß die Menge aller FOURIER-Transformierten Ff ($f \in L$) eine gewisse BANACH-Algebra $\mathring{\mathfrak{L}}$ bildet (als Norm von Ff wählt man $||f||_L$).

Mit $\tilde{L}$ bezeichnen wir die BANACH-Algebra, die man aus L durch formales Hinzufügen eines Einselementes δ (der DIRAC*schen δ-Funktion*) erhält.

Das heißt also, $\tilde{L}$ besteht aus allen Funktionen der Gestalt $\mathfrak{f} = c\,\delta + f$, wobei c eine beliebige Konstante und f eine beliebige Funktion aus L ist. Dabei setzt man $\delta * \delta = \delta$, $\delta * f = f * \delta = f$ und folglich

$$(c_1\delta + f_1) * (c_2\delta + f_2) = c_1 c_2 \delta + c_1 f_2 + c_2 f_1 + f_1 * f_2 .$$

Die Norm in $\tilde{L}$ legt man durch die Gleichung

$$||\mathfrak{f}|| = |c| + ||f||_L = |c| + \int_{-\infty}^{\infty} |f(t)|\, dt$$

fest.

$\tilde{L}^+$ ($\tilde{L}^-$) ist die Teilalgebra aller Funktionen der Gestalt $c\,\delta + f$ mit $f \in L^+$ (L^-).

Die FOURIER-Transformierte einer Funktion $\mathfrak{f} = c\,\delta + f \in \tilde{L}$ erklären wir durch die Beziehung

$$\mathfrak{F}(\lambda) = c + \int_{-\infty}^{\infty} e^{i\lambda t} f(t)\, dt \quad (-\infty < \lambda < \infty) .$$

Aus den vorangegangenen Bemerkungen folgt, daß die Menge der FOURIER-Transformierten $\mathfrak{F}(\lambda)$ aller Funktionen $\mathfrak{f} \in \tilde{L}$ in der Norm $||\mathfrak{F}|| = ||\mathfrak{f}||$ eine BANACH-Algebra mit dem Einselement 1 bildet. Diese Algebra werden wir im weiteren mit $\mathfrak{L}$ bezeichnen. Die FOURIER-Transformation $\mathfrak{f} \to \mathfrak{F}(\lambda)$ liefert also einen Isomorphismus der Algebra $\tilde{L}$ auf die Algebra $\mathfrak{L}$.

Mit $\mathfrak{L}^+$ ($\mathfrak{L}^-$) bezeichnen wir die Teilalgebra der Algebra $\mathfrak{L}$, die aus den FOURIER-Transformierten $\mathfrak{F}(\lambda)$ aller Funktionen $\mathfrak{f} \in \tilde{L}^+(\tilde{L}^-)$ besteht; die Teilalgebra $\mathring{\mathfrak{L}}^-$ wird von allen Funktionen $\mathfrak{F}(\lambda) \in \mathfrak{L}^-$ mit $c = \mathfrak{F}(\pm\infty) = 0$ gebildet. Offenbar ist $\mathfrak{L}$ die direkte Summe $\mathfrak{L} = \mathfrak{L}^+ + \mathring{\mathfrak{L}}^-$.

Die Funktionen $\frac{\lambda - i}{\lambda + i}$ und $\frac{\lambda + i}{\lambda - i}$ $(-\infty < \lambda < \infty)$ sind entsprechend die FOURIER-Transformierten der Funktionen

$$\mathfrak{f}_1 = \delta - 2\,e^{-t}\,(t > 0)\,, \qquad \mathfrak{f}_2 = \delta - 2\,e^{t} \quad (t < 0)\,, \tag{2.1}$$

welche zu $\tilde{L}^+$ bzw. $\tilde{L}^-$ gehören. Folglich gilt $\frac{\lambda - i}{\lambda + i} \in \mathfrak{L}^+$ und $\frac{\lambda + i}{\lambda - i} \in \mathfrak{L}^-$.

Daraus schließen wir leicht auf Grund der obengenannten Eigenschaften der FOURIER-Transformation, daß die lineare Hülle der Funktionen

$$\left(\frac{\lambda - i}{\lambda + i}\right)^n \tag{2.2}$$

$(n = 0, \pm 1, \ldots)$ aus den FOURIER-Transformierten sämtlicher Funktionen der Gestalt

$$c\,\delta - r(t)\,, \qquad r(t) = \begin{cases} e^{-t}\,p_1(t)\,, & 0 < t < \infty \\ e^{t}\,\,\,p_2(t)\,, & -\infty < t < 0 \end{cases} \tag{2.3}$$

besteht, wobei c irgendeine Konstante und $p_1(t)$, $p_2(t)$ beliebige Polynome nach nicht negativen Potenzen von t sind.

Da die Menge aller Funktionen $r(t)$ der Form (2.3) bekanntlich in L dicht ist, so erhalten wir, daß die Algebra $\mathfrak{L}$ die Abschließung der linearen Hülle der Funktionen (2.2) und mithin eine R-Algebra ist (vgl. Abschnitt 2.3.3). Aus dem Gesagten ergibt sich außerdem, daß die Abschließungen der linearen Hüllen der Funktionen (2.2) entsprechend für ganzzahlige $n \geqq 0$, $n \leqq 0$ oder $n \leqq -1$ mit den Teilalgebren $\mathfrak{L}^+$, $\mathfrak{L}^-$ bzw. $\mathring{\mathfrak{L}}^-$ übereinstimmen. Daraus folgt, daß $\mathfrak{L} = \mathfrak{L}^+ \dotplus \mathring{\mathfrak{L}}^-$ auch eine zerfallende Algebra ist. Gleichzeitig ist damit gezeigt, daß die Funktionen aus $\mathfrak{L}^+$ ($\mathfrak{L}^-$) eine Fortsetzung besitzen, die in der offenen Halbebene $\operatorname{Im}\lambda > 0$ ($\operatorname{Im}\lambda < 0$) analytisch und in der abgeschlossenen Halbebene $\operatorname{Im}\lambda \geqq 0$ ($\operatorname{Im}\lambda \leqq 0$) stetig ist.

In Anwendung der Ergebnisse des Abschnittes 2.3 auf die Algebra $\mathfrak{L}$ erhalten wir den folgenden wichtigen Satz.

Satz von N. WIENER. *Aus* $\mathfrak{F}(\lambda) \in \mathfrak{L}$ *und* $\mathfrak{F}(\lambda) \neq 0$ $(-\infty \leqq \lambda \leqq \infty)$ *folgt stets* $[\mathfrak{F}(\lambda)]^{-1} \in \mathfrak{L}$.

3.2.2. Im weiteren bezeichnen wir mit E einen der Räume

$$L^p\,(1 \leqq p < \infty)\,, \qquad C^o \subset C \subset M^u \subset M^c \subset M \tag{2.4}$$

und mit E_+ den entsprechenden Raum von Funktionen auf der positiven Halbachse $[0, +\infty)$.

Wir interessieren uns in diesem Abschnitt für die Eigenschaften von Integralgleichungen der Gestalt

$$(\hat{A}\,\varphi)(t) = c\,\varphi(t) - \int_0^\infty k\,(t - s)\,\varphi(s)\,ds = f(t) \qquad (0 \leqq t < \infty)\,, \tag{2.5}$$

wobei c eine Konstante und $k(t) \in L$ ist.

Bekanntlich (siehe E. C. Titchmarsh [1] oder A. Zygmund [1]) bildet der Operator[1])

$$(K\,\varphi)(t) = \int_{-\infty}^{\infty} k\,(t-s)\,\varphi(s)\,ds = (k*\varphi)(t)\ \big(k(t)\in L\big) \tag{2.6}$$

jeden der Funktionenräume E in sich ab, wobei für die Norm dieses Operators die folgende Abschätzung gilt:

$$\|K\|_E \leqq \|k\|_L\,. \tag{2.7}$$

Folglich ist auch der durch die Gleichung

$$(A\,\varphi)(t) = c\,\varphi(t) - \int_{-\infty}^{\infty} k\,(t-s)\,\varphi(s)\,ds \qquad (-\infty < t < \infty) \tag{2.8}$$

im Raum E definierte Operator A beschränkt.

Wir bemerken, daß der Operator A, in Übereinstimmung mit den oben vereinbarten Bezeichnungen, als Operator der Faltung mit der Funktion $\mathfrak{k} = c\,\delta - k(t) \in \tilde{L}$ angesehen werden kann:

$$(A\,\varphi)(t) = (\mathfrak{k} * \varphi)(t) \qquad (\mathfrak{k}\in\tilde{L},\ \varphi\in E)\,. \tag{2.8'}$$

Dabei ergibt sich aus (2.7) die Abschätzung

$$\|A\|_E \leqq \|\mathfrak{k}\|_{\tilde{L}}\,. \tag{2.7'}$$

Des weiteren gilt auf Grund der Assoziativität der Faltung für beliebige Funktionen $\mathfrak{h}, \mathfrak{k}\in\tilde{L}$ und $\varphi\in E$ die Beziehung

$$\mathfrak{h} * (\mathfrak{k} * \varphi) = (\mathfrak{h} * \mathfrak{k}) * \varphi\,. \tag{2.9}$$

Für den durch (2.8′) definierten Operator A sind folgende Beziehungen offensichtlich:

$$A\,P = P\,A\,P\ (\mathfrak{k}\in\tilde{L}^+)\,, \qquad P\,A = P\,A\,P\ (\mathfrak{k}\in\tilde{L}^-)\,. \tag{2.10}$$

Dabei bedeutet P den Projektor im Raum E, der nach folgender Vorschrift wirkt:

$$(P\,\varphi)(t) = \begin{cases}\varphi(t)\,, & 0 < t < \infty\\ 0\,, & -\infty < t < 0\,.\end{cases} \tag{2.11}$$

Wir betrachten jetzt Operatoren U und U^{-1}, die im Raum E durch die nachstehenden Gleichungen definiert sind:

$$\left.\begin{aligned}(U\,\varphi)(t) &= \varphi(t) - 2\int_{-\infty}^{t} e^{s-t}\,\varphi(s)\,ds\,,\\ (U^{-1}\,\varphi)(t) &= \varphi(t) - 2\int_{t}^{\infty} e^{t-s}\,\varphi(s)\,ds\,.\end{aligned}\right\}\ (-\infty < t < \infty) \tag{2.12}$$

---

[1]) Wenn $\varphi\in L^p$ $(1\leqq p<\infty)$, dann ist das Integral (2.6) als Grenzwert der Folge $\int_{-n}^{m} k\,(t-s)\,\varphi(s)\,ds$ $(n, m\to\infty)$ bezüglich der Normkonvergenz in L^p zu verstehen. In allen übrigen Fällen existiert dieses Integral im gewöhnlichen Sinne.

Offenbar sind U und U^{-1} die Operatoren der Faltung mit den durch die Beziehungen (2.1) definierten Funktionen $\mathfrak{f}_1 \in \tilde{L}^+$ und $\mathfrak{f}_2 \in \tilde{L}^-$.

Wegen $\mathfrak{f}_1 * \mathfrak{f}_2 = \delta$ ergibt sich unmittelbar aus Gleichung (2.9), daß U^{-1} der inverse Operator zu U ist. Des weiteren folgt aus (2.10), daß die Operatoren U, U^{-1} und P die Bedingung (2) aus Abschnitt 2.1 erfüllen.

Wir zeigen jetzt, daß das Spektrum der Operatoren U und U^{-1} auf dem Einheitskreis liegt, woraus unmittelbar die Bedingung (1), Abschnitt 2.1, folgt. Es gelte $|\mu| \neq 1$. Wir schreiben den Operator $U - \mu I$ als Faltungsoperator

$$(U - \mu I)\,\varphi = (\mathfrak{f}_1 - \mu\,\delta) * \varphi\,.$$

Da die FOURIER-Transformierte $\mathfrak{F}(\lambda) = \dfrac{\lambda - i}{\lambda + i} - \mu$ der Funktion $\mathfrak{f} = \mathfrak{f}_1 - - \mu\,\delta \in \tilde{L}$ für alle λ $(-\infty \leqq \lambda \leqq \infty)$ verschieden von Null ist, so ergibt sich auf Grund des Satzes von N. WIENER die Existenz einer Funktion $\mathfrak{g} \in \tilde{L}$ mit $\mathfrak{g} * \mathfrak{f} = \delta$. Infolge der Beziehung (2.9) ist der Faltungsoperator mit der Funktion $\mathfrak{g}$ die Inverse zu $U - \mu I$. Folglich kann das Spektrum von U nur auf dem Einheitskreis liegen. Indem man die soeben angestellten Überlegungen mit $\mathfrak{f}_2$ anstelle $\mathfrak{f}_1$ wiederholt, erhält man die Behauptung für den Operator U^{-1}.

Aus den im Teilabschnitt 3.2.1 gemachten Ausführungen folgt unmittelbar, daß die lineare Hülle $\mathfrak{S}(U)$ der Operatoren U^n $(n = 0, \pm 1, \ldots)$ aus allen Operatoren der Gestalt

$$(R\,\varphi)(t) = (c\,\delta - r) * \varphi = c\,\varphi(t) - \int_{-\infty}^{\infty} r\,(t - s)\,\varphi(s)\,ds \qquad (2.13)$$

besteht, wobei die Funktion $r(t)$ die Gestalt (2.3) besitzt. Dabei gilt für das dem Operator $R \in \mathfrak{S}(U)$ zugeordnete Polynom $R(z)$ $(|z| = 1)$, das Symbol des Operators R, die Beziehung

$$R\left(\frac{\lambda - i}{\lambda + i}\right) = c - \int_{-\infty}^{\infty} e^{i\lambda t}\,r(t)\,dt\,. \qquad (2.14)$$

Da, wie bereits oben bemerkt, die Funktionen der Form $c\,\delta + r(t)$ eine in $\tilde{L}$ dichte Menge bilden, so schließen wir auf Grund der Ungleichung (2.7′), daß die Algebra $\mathfrak{R}(U)$ sämtliche Operatoren A der Gestalt (2.8) mit $k(t) \in L$ enthält. Damit ergibt sich für das Symbol $A(z)$ $(|z| = 1)$ des durch Gleichung (2.8) definierten Operators $A \in \mathfrak{R}(U)$ die folgende Bestimmungsgleichung:

$$A(z) = \mathcal{A}\left(i\,\frac{1 + z}{1 - z}\right), \qquad \mathcal{A}(\lambda) = c - \int_{-\infty}^{\infty} e^{i\lambda t}\,k(t)\,dt \qquad (2.15)$$

$$(-\infty \leqq \lambda \leqq \infty)\,.$$

In der Tat, auf Grund der Beziehung (2.14) erhalten wir für die durch (2.15) definierte Funktion $A(z)$ die Abschätzung

$$\max_{|z|=1} |A(z) - R(z)| \leqq \|k - r\|_L\,.$$

Wenn jetzt $\{r_n(t)\}_0^\infty$ eine Folge von Funktionen der Gestalt (2.3) ist, für die $\|k - r_n\|_L \to 0$ gilt, dann ergeben sich aus der letzten Ungleichung sowie der Abschätzung (2.7′) die Beziehungen

$$R_n(z) \rightrightarrows A(z) \ (|z| = 1), \quad R_n \to A .$$

Daraus folgt unmittelbar, daß $A(z)$ das Symbol von A ist.

Die Funktion $\mathcal{A}(\lambda)$ $(-\infty \leqq \lambda \leqq \infty)$ der reellen Veränderlichen λ, die man nach (2.15) aus dem Symbol $A(z)$ mittels bilinearer Transformation des Einheitskreises auf die abgeschlossene reelle Zahlengerade erhält, werden wir im weiteren ebenfalls *Symbol* des Operators A nennen.

Um jetzt auf die Integralgleichungen der Gestalt (2.5) die Ergebnisse des Abschnittes 2.1 anwenden zu können, betten wir in Analogie zum vorangegangenen Abschnitt den Raum E_+ von Funktionen auf der Halbachse in den Raum E ein, indem wir die Funktion $f(t) \in E_+$ mit der Funktion

$$\tilde{f}(t) = \begin{cases} f(t), & t > 0 \\ 0, & t < 0 \end{cases}$$

identifizieren. Dann sind $V = P\,U\,P \mid \operatorname{im} P$ und $V^{(-1)} = P\,U^{-1}\,P \mid \operatorname{im} P$ Operatoren, die in E_+ durch die Gleichungen

$$(V\,\varphi)(t) = \varphi(t) - 2 \int_0^t e^{s-t}\,\varphi(s)\,ds\,,$$

$$(0 < t < \infty)$$

$$(V^{(-1)}\,\varphi)(t) = \varphi(t) - 2 \int_t^\infty e^{t-s}\,\varphi(s)\,ds$$

definiert werden, und der Operator $\hat{A} = P\,A\,P \mid \operatorname{im} P$ kann mit dem durch Gleichung (2.5) im Raum E_+ definierten Operator identifiziert werden. Die Funktion $\mathcal{A}(\lambda)$ heißt ebenfalls *Symbol* des Operators $\hat{A}$.

Wie man leicht sieht, gilt

$$\dim \operatorname{coker}\,(U \mid \operatorname{im} P) = \dim \ker V^{(-1)} = 1\,. \tag{2.16}$$

In der Tat, indem man beide Seiten der Gleichung

$$\varphi(t) - 2 \int_t^\infty e^{t-s}\,\varphi(s)\,ds = 0 \tag{2.17}$$

nach t differenziert und anschließend die erhaltene Gleichung von (2.17) subtrahiert, ergibt sich $\varphi(t) = e^{-t}$ $(t > 0)$ als einzige Lösung der Gleichung (2.17).

In Anwendung der Sätze 1.3 und 4.1 aus Kapitel 2 erhalten wir nun folgendes Resultat für Wiener-Hopfsche Integralgleichungen auf der Halbachse.

Satz 2.1. *Es sei* $k(t) \in L$. *Dafür, daß der durch Gleichung* (2.5) *im Raum* E_+ *definierte Operator* $\hat{A}$ *mindestens einseitig invertierbar ist, ist notwendig und hinreichend, daß sein Symbol nirgends verschwindet:*

$$\mathcal{A}(\lambda) = c - \int_{-\infty}^{\infty} e^{i\lambda t}\,k(t)\,dt \neq 0 \qquad (-\infty \leqq \lambda \leqq \infty)\,. \tag{2.18}$$

Ist die Bedingung (2.18) *erfüllt, dann entspricht die Invertierbarkeit des Operators* $\hat{A}$ *der Zahl*

$$\varkappa = \operatorname{ind} \mathcal{A}(\lambda) = \frac{1}{2\pi} [\arg \mathcal{A}(\lambda)]_{\lambda=-\infty}^{\infty},$$

und es gelten die Formeln

$$\dim \ker \hat{A} = \max(-\varkappa, 0), \qquad \dim \operatorname{coker} \hat{A} = \max(\varkappa, 0).$$

Gilt $\mathcal{A}(\lambda) = 0$ *für irgendein* λ $(-\infty \leqq \lambda \leqq \infty)$, *dann ist* $\hat{A}$ *im Raum* E_+ *weder ein* Φ_+- *noch ein* Φ_--*Operator.*

Bemerkung. Ähnlich wie im Falle diskreter WIENER-HOPF-Gleichungen kann die Notwendigkeit der Bedingung (2.18) wie folgt präzisiert werden (siehe J. LEITERER [1]: Wenn das Symbol $\mathcal{A}(\lambda)$ für wenigstens ein λ $(-\infty \leqq \lambda \leqq \infty)$ verschwindet und nicht identisch gleich Null ist, dann ist $\hat{A}$ kein normal auflösbarer Operator.

Auf Grund der soeben formulierten Eigenschaften ist der Operator $\hat{A}$ insbesondere dann kein Φ_+- und kein Φ_--Operator (und sogar nicht normal auflösbar) im Raum E_+, wenn

$$c = \mathcal{A}(\pm\infty) = 0$$

ist. In diesem Fall nennt man (2.5) eine *Gleichung 1. Art.* Derartige Gleichungen werden wir im Kapitel 5 untersuchen.

In den weiteren Ausführungen dieses Abschnitts betrachten wir ausschließlich *Gleichungen 2. Art,* für die stets $c = 1$ angenommen werden kann. In diesem Fall nimmt dann die Bedingung (2.18) folgende Gestalt an:

$$\mathcal{A}(\lambda) = 1 - \int_{-\infty}^{\infty} e^{i\lambda t} k(t)\, dt \neq 0 \qquad (-\infty \leqq \lambda < \infty). \tag{2.18'}$$

Wir setzen voraus, daß die letzte Bedingung erfüllt ist. Dann lassen sich die einseitigen Inversen des Operators

$$(\hat{A}\varphi)(t) = \varphi(t) - \int_0^{\infty} k(t-s)\, \varphi(s)\, ds \qquad (0 < t < \infty)$$

effektiv konstruieren.

In der Tat, auf Grund des Satzes 3.3, Kapitel 2, gestattet das Symbol $\mathcal{A}(\lambda)$ $(\in \mathfrak{L})$ eine Faktorisierung der Gestalt

$$\mathcal{A}(\lambda) = \mathcal{A}_-(\lambda) \left(\frac{\lambda - i}{\lambda + i}\right)^{\varkappa} \mathcal{A}_+(\lambda) \tag{2.19}$$

mit $\mathcal{A}_\pm(\lambda) \in \mathfrak{L}^\pm$ und $\mathcal{A}_\pm^{-1}(\lambda) \in \mathfrak{L}^\pm$. In Analogie zum Abschnitt 3.1 stellen wir die Funktion $\mathcal{A}^{-1}(\lambda)$ in der Form

$$\mathcal{A}^{-1}(\lambda) = \mathcal{B}_-(\lambda)\, \mathcal{B}_+(\lambda)$$

dar, wobei

$$\mathcal{B}_+(\lambda) = \begin{cases} \mathcal{A}_+^{-1}(\lambda)\,, & \varkappa \geqq 0 \\ \mathcal{A}_+^{-1}(\lambda) \left(\dfrac{\lambda - i}{\lambda + i}\right)^{-\varkappa}, & \varkappa < 0\,, \end{cases}$$

$$\mathcal{B}_-(\lambda) = \begin{cases} \mathcal{A}_-^{-1}(\lambda) \left(\dfrac{\lambda - i}{\lambda + i}\right)^{-\varkappa}, & \varkappa \geqq 0 \\ \mathcal{A}_-^{-1}(\lambda)\,, & \varkappa < 0\,. \end{cases}$$

Offensichtlich ist $\mathcal{B}_\pm(\lambda) \in \mathfrak{L}^\pm$, so daß diese Funktionen folgende Darstellungen zulassen:

$$\mathcal{B}_+(\lambda) = 1 + \int_0^\infty \gamma_1(t)\, e^{i\lambda t}\, dt\,, \qquad \mathcal{B}_-(\lambda) = 1 + \int_{-\infty}^0 \gamma_2(t)\, e^{i\lambda t}\, dt$$

mit $\gamma_1(t) \in L^+$, $\gamma_2(t) \in L^-$.

In Anwendung der Formel (4.5) aus Kapitel 2 erhält man dann nach einigen einfachen Rechnungen für den entsprechenden inversen Operator $A^{(-1)}$ die Beziehung

$$(\hat{A}^{(-1)}\, \varphi)(t) = \varphi(t) + \int_0^\infty \gamma(t, s)\, \varphi(s)\, ds \qquad (0 \leqq t < \infty)\,,$$

wobei der Kern $\gamma(t, s)$ durch folgende Formel bestimmt wird:

$$\gamma(t, s) = \gamma_1\,(t - s) + \gamma_2\,(t - s) + \int_0^{\min(t,\,s)} \gamma_1\,(t - r)\, \gamma_2\,(r - s)\, dr\,.$$

Satz 2.2. *Wenn die Bedingung* (2.18′) *erfüllt ist, dann besitzt die homogene Gleichung* $\hat{A}\,\varphi = 0$ *in allen Räumen* E_+ *ein und dieselben Lösungen.*

Beweis. Da für $\varkappa \geqq 0$ die Gleichung $\hat{A}\,\varphi = 0$ nur die triviale Lösung hat, so ist nur der Fall $\varkappa < 0$ zu betrachten.

Es sei A der durch Gleichung (2.8) (für $c = 1$) im Raum E definierte Operator mit dem Symbol $\mathcal{A}(\lambda)$. Offenbar hat das Symbol des in E_+ betrachteten Operators

$$B = P\, U^{-\varkappa}\, A\, P$$

den Index Null. Folglich existiert auf Grund des Satzes 2.1 der inverse Operator B^{-1}, der den Raum E_+ stetig auf sich abbildet. Unter Berücksichtigung der Beziehungen (1.13), Kapitel 2, erhält man $P\, U^{\varkappa}\, B = P\, A\, P = \hat{A}$ und somit

$$\hat{A}\, B^{-1}\, P\, U^{-\varkappa}\, Q = 0\,,$$

woraus $B^{-1}\, P\, U^{-\varkappa}\,(\text{im } Q) \subset \ker \hat{A}$ folgt.

Wie man leicht unmittelbar nachprüft, bilden die Funktionen

$$e^{-t},\, e^{-t}\, t, \ldots, e^{-t}\, t^{-\varkappa - 1} \qquad (t > 0)$$

eine Basis des Teilraumes $P\, U^{-\varkappa}\,(\text{im } Q)$. Folglich hat dieser Teilraum die Dimension $-\varkappa$ und gehört allen Räumen E_+ gleichzeitig an. Wegen $\dim \ker \hat{A} = -\varkappa$ gilt deshalb

$$B^{-1}\, P\, U^{-\varkappa}\,(\text{im } Q) = \ker \hat{A}\,.$$

Da B^{-1} jeden der Räume E_+ in sich abbildet, so gehört auch $\ker \hat{A}$ allen Räumen E_+ gleichzeitig an.

Satz 2.3. *Das Symbol* $\mathcal{A}(\lambda)$ *des Operators* $\hat{A}$ *erfülle die Bedingung* (2.18'), *und es sei* $\nu = -\operatorname{ind} \mathcal{A}(\lambda) > 0$. *Dann gilt:*

(a) *Die* FOURIER-*Transformierte der allgemeinen Lösung der Gleichung* $\hat{A}\,\varphi = 0$ *wird durch die Formel*

$$\Phi(\lambda) = \mathcal{A}_+^{-1}(\lambda)\,\frac{P_{\nu-1}(\lambda)}{(\lambda + i)^\nu} \tag{2.20}$$

gegeben; dabei bedeutet $P_{\nu-1}(\lambda)$ *ein beliebiges Polynom in* λ *vom Grade* $\leqq \nu - 1$, *und die Funktion* $\mathcal{A}_+(\lambda)$ *ist durch die Faktorisierung* (2.19) *bestimmt.*

(b) *Es existiert eine Basis* $\{\varphi_j(t)\}_{j=0}^{\nu-1}$ *des Nullraumes* $\ker \hat{A}$ *mit folgenden Eigenschaften:*

1. *Die Funktionen* $\varphi_j(t)$ $(j = 0, 1, \ldots, \nu - 1)$ *sind in jedem endlichen Intervall absolut stetig und streben gegen Null für* $t \to +\infty$.

2. $\varphi_{j+1}(t) = \dfrac{d\varphi_j(t)}{dt}, \qquad \varphi_j(0) = 0 \quad (j = 0, \ldots, \nu - 2).$

3. $\varphi_{\nu-1}(0) \neq 0.$

Beweis. (a) Wie beim Satz 2.2 gezeigt wurde, ist die allgemeine Lösung der Gleichung $\hat{A}\,\varphi = 0$ von der Gestalt

$$\varphi = B^{-1}\,[e^{-t}\,R_{\nu-1}(t)]\,,$$

wobei $R_{\nu-1}(t)$ ein willkürliches Polynom in t vom Grade $\leqq \nu - 1$ ist.

Dabei gilt auf Grund der Formel (4.5), Kapitel 2,

$$B^{-1} = A_+^{-1}\,P\,A_-^{-1}\,,$$

wobei $A_\pm^{-1} \in \mathfrak{R}^\pm(U)$ der zum Symbol $\mathcal{A}_\pm^{-1}(\lambda)$ gehörige Operator ist. Wir setzen $\psi(t) = e^{-t}\,R_{\nu-1}(t)$ $(t > 0)$. Dann ergibt sich für die FOURIER-Transformierte

$$(F\,\psi)(\lambda) = \frac{\tilde{R}_{\nu-1}(\lambda)}{(\lambda + i)^\nu}\,.$$

Unter Berücksichtigung der Beziehungen

$$(F\,A_\pm^{-1}\,f)(\lambda) = \mathcal{A}_\pm^{-1}(\lambda)\,(F\,f)(\lambda) \qquad (f \in L)$$

erhalten wir nun

$$\Phi(\lambda) = \mathcal{A}_+^{-1}(\lambda)\,F\,P\,A_-^{-1}\,\psi$$

und

$$g(\lambda) = F\,P\,A_-^{-1}\,\psi = \mathcal{A}_-^{-1}(\lambda)\,\frac{\tilde{R}_{\nu-1}(\lambda)}{(\lambda + i)^\nu} - F\,Q\,A_-^{-1}\,\psi\,,$$

wobei $Q = I - P$ ist. Aus der letzten Gleichung folgt

$$g(\lambda) - \frac{P_{\nu-1}(\lambda)}{(\lambda + i)^\nu} \in \mathring{\mathfrak{L}}^-\,.$$

Andererseits gehört aber diese Funktion offensichtlich zu $\mathfrak{L}^+$. Wegen $\mathfrak{L}^+ \cap \mathring{\mathfrak{L}}^- = \{0\}$ ergibt sich dann $g(\lambda) = \dfrac{P_{\nu-1}(\lambda)}{(\lambda + i)^\nu}$. Damit ist die Formel (2.20) bewiesen.

(b) Wir setzen

$$\Phi_0(\lambda) = \frac{\mathcal{A}_+^{-1}(\lambda)}{(\lambda + i)^\nu}, \qquad \Phi_j(\lambda) = (-i\lambda)^j \,\Phi_0(\lambda) \qquad (j = 1, \ldots, \nu - 1)\,.$$

Auf Grund der soeben bewiesenen Behauptung (a) gilt

$$\Phi_j(\lambda) = \int_0^\infty e^{i\lambda t}\,\varphi_j(t)\,dt \qquad (j = 0, 1, \ldots, \nu - 1)\,,$$

wobei die Funktionen $\varphi_j(t)$ Lösungen der Gleichung $\hat{A}\,\varphi = 0$ sind, die gleichzeitig allen Räumen E_+ angehören. Damit ergibt sich

$$\int_0^\infty e^{i\lambda t}\,\varphi_{j+1}(t)\,dt = -\,i\,\lambda \int_0^\infty e^{i\lambda t}\,\varphi_j(t)\,dt \qquad (j = 0, \ldots, \nu - 2)\,,$$

woraus man mittels partieller Integration die Beziehungen

$$\varphi_j(t) = \int_0^t \varphi_{j+1}(s)\,ds \qquad (j = 0, \ldots, \nu - 2)$$

erhält. Damit sind die Bedingungen 1 und 2 für die Funktionen $\varphi_j(t)$, $j = 0, \ldots, \nu - 2$, bewiesen.

Für die Funktion $\varphi_{\nu-1}(t)$ ergibt sich, wie man leicht sieht, die Darstellung

$$\varphi_{\nu-1}(t) = c\,e^{-t} + \int_0^t e^{s-t} f(s)\,ds \qquad (t > 0)$$

mit $c = \text{const} \neq 0$ und $f \in L$. Daraus folgt unmittelbar die Bedingung 3 sowie Bedingung 1 für $j = \nu - 1$.

Der Satz ist damit bewiesen.

Satz 2.4. *Es sei die Bedingung* (2.18′) *erfüllt.*

Im Falle $\varkappa \leqq 0$ *ist die inhomogene Gleichung*

$$\varphi(t) - \int_0^\infty k\,(t - s)\,\varphi(s)\,ds = f(t) \qquad (0 \leqq t < \infty) \tag{2.21}$$

für eine beliebige Funktion $f \in E_+$ *lösbar im Raum* E_+, *wobei die homogene Gleichung*

$$\varphi(t) - \int_0^\infty k\,(t - s)\,\varphi(s)\,ds = 0$$

genau $-\varkappa$ *linear unabhängige Lösungen besitzt.*

Für $\varkappa > 0$ *hat die zu* (2.21) *transponierte homogene Gleichung*

$$\psi(t) - \int_0^\infty k\,(s - t)\,\psi(s)\,ds = 0 \tag{2.22}$$

genau $\varkappa$ *linear unabhängige Lösungen* $\psi_j(t)$ $(j = 1, 2, \ldots, \varkappa)$, *die gleichzeitig sämtlichen Räumen* E_+ *angehören. Die inhomogene Gleichung* (2.21) *besitzt dann* *und nur dann eine Lösung $\varphi \in E_+$ (die dann notwendigerweise eindeutig ist), wenn die folgenden Bedingungen erfüllt sind:*

$$\int_0^\infty f(t)\, \psi_j(t)\, dt = 0 \qquad (j = 1, 2, \ldots, \varkappa)\,.$$

Beweis. Auf Grund der Sätze 2.1 und 2.2 braucht nur noch die letzte Behauptung des Satzes über die Lösbarkeit der Gleichung (2.21) im Falle $\varkappa > 0$ bewiesen werden.

Der Beweis dieser Behauptung verläuft analog zum Beweis des Satzes 1.3. Dabei tritt an Stelle der Formel (1.12) die Integralbeziehung

$$\langle \varphi, \tilde{f} \rangle = \int_0^\infty \varphi(t)\, f(t)\, dt \qquad (f \in L_+^{p'},\ \varphi \in L_+^p)\,,$$

und die Vertauschungsformel (1.13) nimmt hier die Gestalt

$$\langle \hat{A}\, \varphi, \tilde{f} \rangle = \int_0^\infty (\hat{A}\, \varphi)(t)\, f(t)\, dt = \int_0^\infty \varphi(t)\, (\hat{A}'\, f)(t)\, dt \tag{2.23}$$

an, wobei $\hat{A}'$ den durch die linke Seite der Gleichung (2.22) im Raum E_+ definierten Operator bedeutet. Alle übrigen Überlegungen sind dieselben wie beim Beweis des Satzes 1.3.

3.3. Paarige WIENER-HOPF-Gleichungen

In den vorangegangenen zwei Abschnitten haben wir gesehen, daß die dort betrachteten speziellen invertierbaren Operatoren U der Form (1.1) bzw. (2.12) die Bedingungen (1) und (2) aus 2.1 sowie die Bedingung (3) aus 2.2.3 erfüllen. Folglich lassen sich die Ergebnisse des Abschnittes 2.2 im vollen Umfang auf die paarigen Operatoren der Gestalt $A\,P + B\,Q$ und $P\,A + Q\,B$ anwenden, wobei A und B diskrete bzw. Integraloperatoren vom WIENER-HOPFschen Typ sind. Wir wollen hier die wichtigsten dieser Anwendungen formulieren.

3.3.1. Paarige Systeme. Es sei E einer der in Abschnitt 3.1 eingeführten Folgenräume l^p $(1 \leqq p \leqq \infty)$, c oder c^0 und U, P die durch die Beziehungen (1.1) und (1.2) in E definierten Operatoren.

Wir erinnern daran, daß die Algebra $\mathfrak{R}(z)$ die Algebra W aller Funktionen auf dem Einheitskreis, deren FOURIER-Reihe absolut konvergiert, enthält; im Falle $E = l^1$ gilt $\mathfrak{R}(z) = W$, und für den Raum $E = l^2$ ist $\mathfrak{R}(z) = C\,\{|z| = 1\}$.

Es seien $a(z)$ und $b(z)$ zwei Funktionen aus $\mathfrak{R}(z)$, die im Falle $E \neq l^2$ der Algebra W angehören sollen. Mit a_n, b_n $(n = 0, \pm 1, \ldots)$ bezeichnen wir die FOURIER-Koeffizienten dieser Funktionen und mit $A, B \in \mathfrak{R}(U)$ die Operatoren mit den Symbolen $a(z), b(z)$. Nach 3.1 werden die Operatoren A und B in E durch die TOEPLITZ-Matrizen $\{a_{j-k}\}_{j,\,k=-\infty}^\infty$ bzw. $\{b_{j-k}\}_{j,\,k=-\infty}^\infty$ dargestellt. Demzufolge läßt sich die Gleichung $(A\,P + B\,Q)\,\xi = \eta$ $(\xi, \eta \in E)$ als System

$$\sum_{k=0}^\infty a_{j-k}\, \xi_k + \sum_{k=-\infty}^{-1} b_{j-k}\, \xi_k = \eta_j \qquad (j = 0, \pm 1, \ldots) \tag{3.1}$$

schreiben.

Für die Gleichung $(P\,A + Q\,B)\,\xi = \eta$ ergibt sich das System

$$\begin{cases} \sum\limits_{k=-\infty}^{\infty} a_{j-k}\,\xi_k = \eta_j & (j = 0, 1, \ldots)\,, \\ \sum\limits_{k=-\infty}^{\infty} b_{j-k}\,\xi_k = \eta_j & (j = -1, -2, \ldots)\,. \end{cases} \tag{3.2}$$

In Anwendung der Sätze 2.5 und 4.2 aus Kapitel 2 erhalten wir unter Berücksichtigung der Beziehung (1.4) unmittelbar den folgenden Satz.

Satz 3.1. *Dafür, daß der durch das System* (3.1) *im Raum E definierte Operator $C = A\,P + B\,Q$ mindestens einseitig invertierbar ist, ist notwendig und hinreichend, daß die folgenden zwei Bedingungen gelten:*

$$a(z) \neq 0\,, \qquad b(z) \neq 0 \qquad (|z| = 1)\,. \tag{3.3}$$

Sind die Bedingungen (3.3) *erfüllt, dann entspricht die Invertierbarkeit des Operators C dem Index des Symbols*

$$\varkappa = \frac{1}{2\,\pi}\left[\arg a(e^{i\varphi})/b(e^{i\varphi})\right]_{\varphi=0}^{2\,\pi}\,, \tag{3.4}$$

und dabei gilt

$$\dim \ker C = \max\,(-\varkappa, 0)\,, \qquad \dim \operatorname{coker} C = \max\,(\varkappa, 0)\,. \tag{3.5}$$

Wenn mindestens eine der Bedingungen (3.5) *verletzt ist, dann ist C im Raum E weder ein Φ_+- noch ein Φ_--Operator.*

Der Satz 3.1 gilt auch für den durch das System (3.2) definierten Operator $P\,A + Q\,B$. Des weiteren genügt es infolge der eingangs gemachten Bemerkungen vorauszusetzen, daß die Funktionen $a(z)$ und $b(z)$ der Algebra $\Re(z)$ angehören.

Aus Satz 1.2 folgt auf Grund der Formeln (2.2) und (2.2′) aus Kapitel 2 unmittelbar

Satz 3.2. *Wenn die Funktionen $a(z)$ und $b(z)$ aus W die Bedingungen* (3.3) *erfüllen, dann haben die zu* (3.1) *und* (3.2) *gehörigen homogenen Systeme in allen Räumen E ein und dieselben Lösungen.*

Analog zum Satz 1.3 gilt

Satz 3.3. *Die Funktionen $a(z)$ und $b(z)$ aus W mögen die Bedingungen* (3.3) *erfüllen, und $\varkappa$ sei die durch* (3.4) *bestimmte Zahl.*

Wenn $\varkappa \leqq 0$ gilt, dann ist das inhomogene System (3.1) *für eine beliebige Folge $\{\eta_j\}_{-\infty}^{\infty} \in E$ lösbar, und das zu* (3.1) *gehörige homogene System besitzt genau $-\varkappa$ linear unabhängige Lösungen.*

Im Falle $\varkappa > 0$ hat das homogene transponierte System

$$\begin{cases} \sum\limits_{k=-\infty}^{\infty} a_{k-j}\,\xi_k = 0 & (j = 0, 1, \ldots) \\ \sum\limits_{k=-\infty}^{\infty} b_{k-j}\,\xi_k = 0 & (j = -1, -2, \ldots) \end{cases}$$

genau $\varkappa$ linear unabhängige Lösungen $\psi^{(l)} = \{\psi_k^{(l)}\}_{k=-\infty}^{\infty}$ $(l = 1, 2, \ldots, \varkappa)$, die gleichzeitig sämtlichen Räumen E angehören; das inhomogene System (3.1) *ist genau dann lösbar, wenn gilt:*

$$\sum_{k=-\infty}^{\infty} \eta_k \psi_k^{(l)} = 0 \qquad (l = 1, 2, \ldots, \varkappa) .$$

Der erste Teil des Satzes folgt unmittelbar aus Satz 3.1. Den zweiten Teil beweist man analog zum Satz 1.3.

Einen entsprechenden Satz kann man auch für das paarige System (3.2) formulieren.

Des weiteren lassen sich unter den Voraussetzungen des Satzes 3.3 mit Hilfe der Formeln (4.19_1) und (4.19_2) aus Kapitel 2 leicht die entsprechenden inversen Operatoren $(A\,P + B\,Q)^{(-1)}$ und $(P\,A + Q\,B)^{(-1)}$ konstruieren, indem man die Funktion $a(z)/b(z) \in W$ faktorisiert.

Nach Satz 2.7, Kapitel 2, besitzen die Operatoren $A\,P + B\,Q$ und $P\,A + Q\,B$ in jedem der Räume E einen zweiseitigen Regularisator, wenn (und nur wenn) die Bedingungen (3.3) erfüllt sind. Ein solcher Regularisator ist der durch das System

$$\sum_{k=0}^{\infty} a_{j-k}^{(-1)} \xi_k + \sum_{k=-\infty}^{-1} b_{j-k}^{(-1)} \xi_k = \eta_j \qquad (j = 0, \pm 1, \ldots)$$

in E definierte Operator, wobei $a_n^{(-1)}$ und $b_n^{(-1)}$ $(n = 0, \pm 1, \ldots)$ entsprechend die FOURIER-Koeffizienten der Funktionen $1/a(z)$ bzw. $1/b(z)$ bezeichnen.

3.3.2. Paarige Integralgleichungen. Es bedeute jetzt E einen beliebigen der Funktionenräume (2.4), U und P seien die durch (2.12) bzw. (2.11) in E definierten Operatoren.

Wie in Abschnitt 3.2 bewiesen wurde, enthält in diesem Fall die Algebra $\mathfrak{R}(U)$ alle Integraloperatoren der Gestalt

$$(A\,\varphi)\,(t) = c_1\,\varphi(t) - \int_{-\infty}^{\infty} k_1\,(t - s)\,\varphi(s)\,ds$$

mit $k_1(t) \in L$ und $c_1 = \text{const}$. Wenn der Operator $B \in \mathfrak{R}(U)$ die Gestalt

$$(B\,\varphi)\,(t) = c_2\,\varphi(t) - \int_{-\infty}^{\infty} k_2\,(t - s)\,\varphi(s)\,ds$$

$\big(k_2(t) \in L,\ c_2 = \text{const}\big)$ hat, dann ergibt sich

$$(A\,P + B\,Q)\,\varphi = c\,\varphi(t) - \int_{0}^{\infty} k_1\,(t - s)\,\varphi(s)\,ds - \int_{-\infty}^{0} k_2\,(t - s)\,\varphi(s)\,ds \tag{3.6}$$

und

$$(P\,A + Q\,B)\,\varphi = \begin{cases} c_1\,\varphi(t) - \int_{-\infty}^{\infty} k_1\,(t - s)\,\varphi(s)\,ds\,, & 0 < t < \infty\,, \\ c_2\,\varphi(t) - \int_{-\infty}^{\infty} k_2\,(t - s)\,\varphi(s)\,ds\,, & -\infty < t < 0\,, \end{cases} \tag{3.7}$$

wobei

$$c = \begin{cases} c_1 , & t > 0 \\ c_2 , & t < 0 . \end{cases}$$

Die Gleichung $(P\,A + Q\,B)\,\varphi = f$ heißt gewöhnlich *paarige Integralgleichung*, und die Gleichung $(A\,P + B\,Q)\,\varphi = f$ nennt man *Gleichung mit zwei Kernen.*

Entsprechend den in 2.2.3 und 3.2.2 getroffenen Festlegungen ist das *Symbol* der durch die Gleichungen (3.6) und (3.7) definierten Operatoren die Funktion

$$\mathscr{C}(\lambda, \Theta) = \mathscr{A}(\lambda)\,\frac{1+\Theta}{2} + \mathscr{B}(\lambda)\,\frac{1-\Theta}{2}\,(-\infty \leqq \lambda \leqq \infty,\ \Theta = \pm 1)$$

mit

$$\mathscr{A}(\lambda) = c_1 - \int\limits_{-\infty}^{\infty} e^{i\lambda t}\, k_1(t)\, dt\,, \qquad \mathscr{B}(\lambda) = c_2 - \int\limits_{-\infty}^{\infty} e^{i\lambda t}\, k_2(t)\, dt\,.$$

Aus den Sätzen 2.5 und 4.2, Kapitel 2, sowie den Resultaten des Abschnittes 3.2 folgt unmittelbar

Satz 3.4. *Dafür, daß der durch die Gleichung* (3.6) *mit* $k_j(t) \in L\ (j = 1, 2)$ *im Raum* E *definierte Operator* $C = A\,P + B\,Q$ *mindestens einseitig invertierbar ist, ist notwendig und hinreichend, daß sein Symbol* $\mathscr{C}(\lambda, \Theta)$ *nicht entartet:*

$$\mathscr{A}(\lambda) \neq 0\,, \qquad \mathscr{B}(\lambda) \neq 0 \qquad (-\infty \leqq \lambda \leqq \infty)\,. \tag{3.8}$$

Sind die Bedingungen (3.8) *erfüllt, dann entspricht die Invertierbarkeit des Operators* C *dem Index des Symbols*

$$\varkappa = \frac{1}{2\pi}\left[\arg \mathscr{A}(\lambda)/\mathscr{B}(\lambda)\right]_{\lambda=-\infty}^{\infty}\,,$$

und es gelten die Formeln (3.5).

Ist eine der Bedingungen (3.8) *verletzt, dann ist der Operator* C *im Raum* E *weder ein* Φ_+*- noch ein* Φ_-*-Operator.*

Der Satz 3.4 gilt auch für den durch die Gleichung (3.7) definierten Operator $P\,A + Q\,B$.

Ähnlich wie dies im Teilabschnitt 3.3.1 für die paarigen Systeme geschah, lassen sich die Sätze 2.2 und 2.4 für die durch (3.6) und (3.7) definierten paarigen Integraloperatoren formulieren.

Wenn die Bedingungen (3.8) erfüllt sind, dann besitzen die Operatoren (3.6) und (3.7) nach Satz 2.7, Kapitel 2, in jedem der Räume E einen zweiseitigen Regularisator R, der durch folgende Gleichung gegeben werden kann:

$$R\,\varphi = c^{-1}\,\varphi(t) - \int\limits_{0}^{\infty} h_1(t-s)\,\varphi(s)\,ds - \int\limits_{-\infty}^{0} h_2\,(t-s)\,\varphi(s)\,ds\,.$$

Dabei sind die Funktionen $h_1(t), h_2(t) \in L$ durch die folgenden Beziehungen definiert (vgl. Satz von N. Wiener):

$$\mathscr{A}^{-1}(\lambda) = c_1^{-1} - \int\limits_{-\infty}^{\infty} e^{i\lambda t}\, h_1(t)\, dt\,, \qquad \mathscr{B}^{-1}(\lambda) = c_2^{-1} - \int\limits_{-\infty}^{\infty} e^{i\lambda t}\, h_2(t)\, dt\,.$$

3.4. Singuläre Integralgleichungen

3.4.1. Eigenschaften des Cauchyschen singulären Integrals in $H^\mu(\Gamma)$. In diesem ganzen Abschnitt wollen wir unter Γ ein *Kurvensystem*[1]) in der komplexen Ebene verstehen, das aus endlich vielen glatten geschlossenen Kurven ohne gemeinsame Punkte besteht und das die Ebene in zwei Gebiete zerlegt: ein zusammenhängendes endliches Gebiet D_+ (Innengebiet) und ein Gebiet D_- (Außengebiet), welches den unendlich fernen Punkt $z = \infty$ enthält. Ohne Beschränkung der Allgemeinheit werden wir im weiteren stets voraussetzen, daß der Koordinatenursprung in D_+ liegt. Mit $G_\pm = D_\pm \cup \Gamma$ bezeichnen wir die Abschließungen der Gebiete $D_\pm$. Als positive Richtung auf Γ wollen wir immer diejenige wählen, bei deren Befolgung das Gebiet D_+ zur Linken bleibt.

Wie gewöhnlich soll $C(\Gamma)$ die Banach-Algebra aller stetigen Funktionen auf Γ mit der durch

$$||\varphi||_C = \max_{t \in \Gamma} |\varphi(t)|$$

definierten Norm und $M(\Gamma)$ den Banach-Raum der auf Γ meßbaren und fast überall beschränkten Funktionen bedeuten. Mit $H^\mu(\Gamma)$ $(0 < \mu \leqq 1)$ bezeichnen wir die Gesamtheit aller (komplexwertigen) Funktionen $\varphi(t)$, die auf Γ definiert sind und dort eine Hölder-*Bedingung* erfüllen (oder, wie man auch sagt, H-*stetig* sind) mit dem Exponenten μ, d. h.

$$|\varphi(t) - \varphi(t')| \leqq A\ |t - t'|^\mu$$

für beliebige Punkte $t, t' \in \Gamma$ und eine gewisse (von φ abhängige) Konstante A. Mit $H^{\mu,\lambda}(\Gamma \times \Gamma)$ werde die Menge der Funktionen $\varphi(t, \tau)$ bezeichnet, die für alle Paare (t, τ) und (t', τ') von Punkten aus Γ definiert sind und der Bedingung

$$|\varphi(t, \tau) - \varphi(t', \tau')| \leqq A\ [|t - t'|^\mu + |\tau - \tau'|^\lambda]$$

genügen. Für $\lambda = \mu$ schreiben wir einfach $H^\mu(\Gamma \times \Gamma)$.

Im weiteren wollen wir für die Funktionen $\varphi(t) \in H^\mu(\Gamma)$ stets eine Norm durch die Beziehung

$$||\varphi||_{H^\mu} = ||\varphi||_C + h_\mu(\varphi)\,, \qquad h_\mu(\varphi) = \sup_{t, t' \in \Gamma} \frac{|\varphi(t) - \varphi(t')|}{|t - t'|^\mu}$$

erklärt wissen. Mit der so definierten Norm ist $H^\mu(\Gamma)$ eine Banach-Algebra. Insbesondere gilt für beliebige Funktionen $\varphi(t)$, $\psi(t) \in H^\mu(\Gamma)$ die Ungleichung

$$||\varphi\,\psi||_{H^\mu} \leqq ||\varphi||_{H^\mu}\ ||\psi||_{H^\mu}\,. \tag{4.1}$$

Mit $L^p(\Gamma)$ $(1 < p < \infty)$ bezeichnen wir den Banach-Raum aller meßbaren Funktionen $\varphi(t)$ auf Γ, deren p-te Potenz integrierbar ist, wobei die Norm durch die Formel

$$||\varphi||_{L^p} = \Big[\int_\Gamma |\varphi(t)|^p\ |dt|\Big]^{1/p}$$

definiert wird.

---

[1]) Bezüglich der Eigenschaften glatter Kurvensysteme sowie der auf solchen Kurven betrachteten Klassen Hölder-stetiger Funktionen verweisen wir den Leser auf das Buch von N. I. Muschelischwili [1] (Kapitel I).

Bekanntlich (siehe I. I. PRIWALOW [1] oder N. I. MUSCHELISCHWILI [1]) existiert für eine beliebige Funktion $\varphi(t) \in H^\mu(\Gamma)$ $(0 < \mu \leqq 1)$ der Wert des CAUCHYschen Integrals

$$\Phi(z) = \frac{1}{2\pi i} \int_\Gamma \frac{\varphi(\tau)}{\tau - z} d\tau \tag{4.2}$$

als CAUCHYscher Hauptwert in allen Punkten $z \in \Gamma$ (für $z \notin \Gamma$ existiert das Integral (4.2) im gewöhnlichen Sinne). Mit anderen Worten, es existiert der Grenzwert

$$\int_\Gamma \frac{\varphi(\tau)}{\tau - t} d\tau = \lim_{\varepsilon \to 0} \int_{\Gamma - \Gamma_\varepsilon} \frac{\varphi(\tau)}{\tau - t} d\tau \quad (t \in \Gamma),$$

wobei $\Gamma_\varepsilon = \{z : |z - t| < \varepsilon\} \cap \Gamma$ gesetzt wurde. Dabei gilt

$$\int_\Gamma \frac{\varphi(\tau)}{\tau - t} d\tau = \int_\Gamma \frac{\varphi(\tau) - \varphi(t)}{\tau - t} d\tau + \pi i \, \varphi(t), \tag{4.3}$$

wobei das Integral auf der rechten Seite in (4.3) offensichtlich absolut konvergiert. Speziell für $\varphi(t) \equiv 1$ erhalten wir

$$\int_\Gamma \frac{d\tau}{\tau - t} = \pi i .$$

Das Integral

$$(S\varphi)(t) = \frac{1}{\pi i} \int_\Gamma \frac{\varphi(\tau)}{\tau - t} d\tau \quad (t \in \Gamma) \tag{4.4}$$

heißt CAUCHY*sches singuläres Integral* oder einfach singuläres Integral. Die Funktion φ nennt man gewöhnlich die *Dichte* des singulären Integrals und den Ausdruck $\dfrac{d\tau}{\tau - t}$ den CAUCHY*schen Kern*. Der durch das Integral (4.4) definierte Operator S wird *singulärer Operator* (mit CAUCHYschem Kern) genannt.

Wir nennen die wichtigsten Eigenschaften des Operators S.[1])

1°. *S ist ein linearer beschränkter Operator im Raum $H^\mu(\Gamma)$ für beliebiges μ, $0 < \mu < 1$ (Theorem von* PLEMELJ-PRIWALOW).

2°. *Es sei $\varphi(t) \in H^\mu(\Gamma)$ $(0 < \mu \leqq 1)$. Dann existieren in jedem Punkt $t \in \Gamma$ die Randwerte des* CAUCHY*schen Integrals* (4.2)

$$\Phi_+(t) = \lim_{\substack{z \to t \\ z \in D_+}} \Phi(z), \qquad \Phi_-(t) = \lim_{\substack{z \to t \\ z \in D_-}} \Phi(z), \tag{4.5}$$

und dabei gelten die folgenden Formeln von SOCHOZKI-PLEMELJ:

$$\Phi_+(t) = \frac{1}{2} [\varphi(t) + S\varphi], \qquad \Phi_-(t) = \frac{1}{2} [-\varphi(t) + S\varphi]. \tag{4.6}$$

---

[1]) Wegen der Beweise der Sätze 1°–3° verweisen wir den Leser wieder auf das Buch von N. I. MUSCHELISCHWILI [1] (Kapitel I).

3°. *Wenn* $\varphi(t, \tau) \in H^\mu(\Gamma \times \Gamma)$ $(0 < \mu \leqq 1)$ *ist, dann gilt folgende Vertauschungsformel von* Poincaré-Bertrand:

$$\frac{1}{(\pi i)^2} \int_\Gamma \frac{d\tau}{\tau - t} \int_\Gamma \frac{\varphi(\varrho, \tau)}{\varrho - \tau} d\varrho = \frac{1}{(\pi i)^2} \int_\Gamma d\varrho \int_\Gamma \frac{\varphi(\varrho, \tau)\, d\tau}{(\tau - t)(\varrho - \tau)} + \varphi(t, t) . \quad (4.7)$$

Daraus folgt unmittelbar die äußerst wichtige Beziehung

$$S^2 = I , \quad (4.8)$$

wobei I den identischen Operator bedeutet.

Im weiteren spielen die Operatoren

$$P = \frac{1}{2}(I + S) , \qquad Q = \frac{1}{2}(I - S) \quad (4.9)$$

eine fundamentale Rolle. Offensichtlich ist $P + Q = I$, und aus (4.8) erhalten wir unmittelbar die Beziehungen

$$P^2 = P , \qquad Q^2 = Q , \qquad P\,Q = Q\,P = 0 . \quad (4.10)$$

Damit sind P und Q zueinander ergänzende Projektoren im Banach-Raum $H^\mu(\Gamma)$ $(0 < \mu < 1)$.

4°. *Der Projektor* $P(Q)$ *projiziert den Raum* $H^\mu(\Gamma)$ $(0 < \mu < 1)$ *auf den Teilraum* $H^\mu_+(\Gamma)$ $\left(H^\mu_-(\Gamma)\right)$ *aller Funktionen aus* $H^\mu(\Gamma)$, *die eine im Gebiet* D_+ *analytische (in* D_- *analytische und im Unendlichen verschwindende) Fortsetzung besitzen.*

Dieser Satz ist eine direkte Folgerung aus Satz 2° und den Cauchyschen Integralformeln.

Lemma 4.1. *Es gelte* $K(t, \tau) \in H^{\lambda, \mu}(\Gamma \times \Gamma)$ $(0 < \mu < \lambda \leqq 1)$, *und* T *sei der Integraloperator*

$$(T\,\varphi)\,(t) = \int_\Gamma T(t, \tau)\, \varphi(\tau)\, d\tau \quad (4.11)$$

mit dem Kern

$$T(t, \tau) = \frac{K(t, \tau) - K(t, t)}{\tau - t} . \quad (4.12)$$

Dann ist T *ein beschränkter Operator des Raumes* $H^\nu(\Gamma)$ $(0 < \nu \leqq 1)$ *in den Raum* $H^\mu(\Gamma) : T \in \mathcal{L}[H^\nu(\Gamma), H^\mu(\Gamma)]$.

Beweis. Es sei $\varphi(t) \in H^\nu(\Gamma)$ eine beliebige Funktion. Wir setzen $\psi(t) = (T\,\varphi)\,(t)$ $(t \in \Gamma)$. Dann ergibt sich zunächst

$$||\psi||_C \leqq c' \left[\int_\Gamma |\tau - t|^{\mu - 1} \, |d\tau| \right] ||\varphi||_C = c'' \, ||\varphi||_C , \quad (4.13)$$

wobei hier und im folgenden mit dem kleinen Buchstaben c gewisse Konstanten bezeichnet werden.

Im weiteren ist die Größe $h_\mu(\psi)$ abzuschätzen. Dazu genügt es offenbar, Γ als eine glatte geschlossene Kurve anzunehmen.

Es seien t_1 und t_2 zwei hinreichend nahe, aber verschiedene Punkte auf Γ. Wir beschreiben um t_1 einen Kreis vom Radius $\delta = 2\,|t_1 - t_2|$. Mit Γ_δ bezeichnen wir das innerhalb des genannten Kreises gelegene Kurvenstück von Γ und mit a und b die Endpunkte von Γ_δ.

Es gilt

$$\psi(t_1) - \psi(t_2) = \int_{\Gamma_\delta} T(t_1, \tau)\, \varphi(\tau)\, d\tau - \int_{\Gamma_\delta} T(t_2, \tau)\, \varphi(\tau)\, d\tau + $$
$$+ (t_1 - t_2) \int_{\Gamma - \Gamma_\delta} \frac{K(t_2, \tau) - K(t_2, t_2)}{(\tau - t_1)\,(\tau - t_2)} \varphi(\tau)\, d\tau +$$
$$+ \int_{\Gamma - \Gamma_\delta} \frac{K(t_1, \tau) - K(t_2, \tau)}{\tau - t_1} \varphi(\tau)\, d\tau +$$
$$+ \int_{\Gamma - \Gamma_\delta} \frac{K(t_2, t_2) - K(t_1, t_1)}{\tau - t_1} \varphi(\tau)\, d\tau = \sum_{k=1}^{5} I_k\,.$$

Die Integrale I_1 und I_2 lassen sich leicht abschätzen. Indem man $r = |\tau - t_1|$ setzt und die für glatte Kurven gültige Beziehung

$$|d\tau| = |ds| \leqq \gamma |dr| \qquad (s \text{ Bogenmaß},\ \gamma = \text{const})$$

benutzt, erhält man sofort die Abschätzung

$$|I_1| \leqq c_1\, ||\varphi||_C \int_0^\delta r^{\mu - 1}\, dr = 2\, c_1\, |t_1 - t_2|^\mu\, ||\varphi||_C\,.$$

Ein analoges Ergebnis erhalten wir für das Integral I_2.

Für I_3 ergibt sich

$$|I_3| \leqq c_3\, ||\varphi||_C\, |t_1 - t_2| \int_{\Gamma - \Gamma_\delta} |\tau - t_1|^{\mu - 2} \left|\frac{\tau - t_1}{\tau - t_2}\right|^{1 - \mu} |d\tau|$$
$$\leqq c_4 ||\varphi||_C\, |t_1 - t_2| \int_\delta^R r^{\mu - 2}\, dr$$

mit $R = \max\limits_{\tau \in \Gamma - \Gamma_\delta} |\tau - t_1|$, da offenbar

$$\frac{|\tau - t_1|}{|\tau - t_2|} \leqq \frac{|\tau - t_2| + |t_2 - t_1|}{|\tau - t_2|} \leqq 1 + \frac{|t_2 - t_1|}{\delta} = \frac{3}{2}$$

gilt. Durch Ausrechnen des letzten Integrals erhalten wir

$$|I_3| \leqq c_5\, ||\varphi||_C\, |t_1 - t_2|^\mu\,.$$

Für das Integral I_4 finden wir die Abschätzung

$$|I_4| \leqq c_6 ||\varphi||_C\, |t_1 - t_2|^\lambda \int_\delta^R \frac{dr}{r}\,.$$

Dabei gilt

$$\int_{\delta}^{R} \frac{dr}{r} \leqq c_7 \left|\ln |t_1 - t_2|\right| \leqq c_8 |t_1 - t_2|^{-\varepsilon} ,$$

wobei ε eine beliebig kleine positive Zahl ist, und demzufolge ergibt sich wiederum

$$|I_4| \leqq c_9 \|\varphi\|_C |t_1 - t_2|^{\mu} .$$

Dem Integral I_5 geben wir die Gestalt

$$I_5 = [K(t_2, t_2) - K(t_1, t_1)] \left\{ \int_{\Gamma - \Gamma_\delta} \frac{\varphi(\tau) - \varphi(t_1)}{\tau - t_1} d\tau + \varphi(t_1) \int_{\Gamma - \Gamma_\delta} \frac{d\tau}{\tau - t_1} \right\} .$$

Das zweite Integral auf der rechten Seite läßt sich einfach berechnen:

$$\int_{\Gamma - \Gamma_\delta} \frac{d\tau}{\tau - t_1} = \ln \frac{a - t_1}{b - t_1} ;$$

folglich ist dieses Integral durch eine von $t_1 \in \Gamma$ unabhängige Konstante beschränkt. Für das erste Integral erhalten wir die Abschätzung

$$\left| \int_{\Gamma - \Gamma_\delta} \frac{\varphi(\tau) - \varphi(t_1)}{\tau - t_1} d\tau \right| \leqq c_{10} \, h_\nu(\varphi) \int_{\delta}^{R} r^{\nu - 1} \, dr \leqq c_{11} \, h_\nu(\varphi) .$$

Damit ergibt sich

$$|I_5| \leqq c_{12} \|\varphi\|_{H^\nu} |t_1 - t_2|^{\mu} .$$

Die Abschätzungen für die Integrale I_k ($k = 1, \ldots, 5$) liefern jetzt zusammen mit (4.13) die gesuchte Beziehung

$$\|\psi\|_{H^\mu} \leqq c_{13} \|\varphi\|_{H^\nu} .$$

Bemerkung. Für $K(t, \tau) = f(\tau)$, $\varphi(\tau) \equiv 1$ und $\mu = \nu$ erhält man aus dem Beweis des Lemmas unter Berücksichtigung der Beziehung (4.3) das Theorem von Plemelj-Priwalow.

Des weiteren ergibt sich aus dem vorstehenden Beweis unmittelbar die

Folgerung 4.1. *Es sei* $K(t, \tau) \in H^\mu(\Gamma \times \Gamma)$ $(0 < \mu \leqq 1)$ und $0 < \nu < \mu$. Dann gilt $T \in \mathscr{L}[M(\Gamma), H^\nu(\Gamma)]$.

Folgerung 4.2. *Es sei* $a(t) \in H^\mu(\Gamma)$ $(0 < \mu < 1)$ *und* T_a *der Kommutator*[1])

$$T_a \varphi = (S\, a - a\, S)\, \varphi = \frac{1}{\pi i} \int_{\Gamma} \frac{a(\tau) - a(t)}{\tau - t} \varphi(\tau) \, d\tau . \qquad (4.14)$$

Dann ist $T_a \in \mathscr{L}[H^\nu(\Gamma), H^\mu(\Gamma)]$ $(0 < \nu \leqq 1)$.

[1]) Wir wollen hier ein für allemal folgende Vereinbarung treffen: Wenn $a(t)$ eine gewisse Funktion ist, dann bezeichnen wir mit a (gelegentlich auch mit $a(t)$ oder aI) den Operator der Multiplikation mit dieser Funktion (in einem jeweils genannten Funktionenraum).

Diese Behauptung folgt aus Lemma 4.1 für $K(t, \tau) = a(\tau)$.

Folgerung 4.3. *Unter den Voraussetzungen des Lemmas* 4.1 *ist* T *ein vollstetiger Operator von* $H^\nu(\Gamma)$ $(0 < \nu \leqq 1)$ *in den Raum* $H^\mu(\Gamma)$.

Beweis. Offenbar genügt es zu zeigen, daß der Operator der Einbettung des Raumes $H^\mu(\Gamma)$ in den Raum $H^\nu(\Gamma)$ für $0 < \nu < \mu$ vollstetig ist, d. h., daß jede beschränkte Menge $E \subset H^\mu(\Gamma)$ als Menge von $H^\nu(\Gamma)$ relativ kompakt ist.

Sei $E \subset H^\mu(\Gamma)$ eine beschränkte Menge. Für die Funktionen $f \in E$ gilt $||f||_{H^\mu} \leqq C$ mit einer von f unabhängigen Konstanten C und demzufolge

$$|f(t) - f(\tau)| \leqq C\,|t - \tau|^\mu \qquad (t, \tau \in \Gamma)\,, \tag{4.15}$$

d. h., die Funktionen $f \in E$ sind gleichmäßig beschränkt und gleichgradig stetig. Folglich läßt sich nach dem Satz von ARZELÁ aus jeder unendlichen Teilmenge von E eine Folge $\{f_n\}_1^\infty$ auszählen, die gleichmäßig auf Γ gegen eine Grenzfunktion f_0 konvergiert. Wegen (4.15) gilt dabei $f_0 \in H^\mu(\Gamma)$ und $||f_0||_{H^\mu} \leqq C$.

Wir setzen

$$F_n(t, \tau) = \frac{f_n(t) - f_n(\tau)}{|t - \tau|^\nu} \qquad (n = 0, 1, 2, \ldots;\ t, \tau \in \Gamma)$$

mit $F_n(t, t) = 0$. Bekanntlich gilt dann $F_n \in H^\lambda(\Gamma \times \Gamma)$ für $\lambda = \mu - \nu$ und

$$|F_n(t, \tau) - F_n(t', \tau')| \leqq ||f_n||_{H^\mu}\,[|t - t'|^\lambda + |\tau - \tau'|^\lambda]$$

(siehe N. I. MUSCHELISCHWILI [1], Seite 13–14). Folglich sind wegen (4.15) die Funktionen $F_n(t, \tau)$ $(n = 1, 2, \ldots)$ auf $\Gamma \times \Gamma$ gleichmäßig beschränkt und gleichgradig stetig. Daraus schließen wir wieder auf Grund des Satzes von ARZELÁ, daß die Folge $\{F_n\}$ eine auf $\Gamma \times \Gamma$ gleichmäßig konvergente Teilfolge $\{F_{n_k}\}$ enthält. Da jedoch

$$F_{n_k}(t, \tau) \underset{k \to \infty}{\to} F_0(t, \tau) \qquad (t, \tau \in \Gamma)$$

im Sinne der punktweisen Konvergenz gilt, so hat die Folge $\{F_{n_k}\}$ gleichmäßig gegen F_0 zu konvergieren. Damit ergibt sich

$$||f_0 - f_{n_k}||_{H^\nu} = ||f_0 - f_{n_k}||_C + h_\nu\,(f_0 - f_{n_k}) \underset{k \to \infty}{\to} 0\,,$$

und die Behauptung ist bewiesen.

Folgerung 4.4. *Es sei* $a(t) \in H^\mu(\Gamma)$ $(0 < \mu < 1)$. *Der Kommutator* $T_a = S\,a - a\,S$ *ist vollstetig von* $H^\nu(\Gamma)$ $(0 < \nu \leqq 1)$ *in den Raum* $H^\mu(\Gamma)$.

Folgerung 4.5. *Wenn gilt*

$$T(t, \tau) = \frac{k(t, \tau)}{|t - \tau|^\lambda} \qquad (0 \leqq \lambda < 1)\,, \tag{4.16}$$

wobei $k(t, \tau) \in H^\nu(\Gamma \times \Gamma)$ $(0 < \nu \leqq 1)$, *dann ist der Integraloperator* (4.11) *vollstetig im Raum* $H^\mu(\Gamma)$ *für beliebiges* $\mu < \min(1 - \lambda, \nu)$.

Beweis. Wir setzen $\lambda' = \min(1 - \lambda, \nu) > 0$ und

$$K(t, \tau) = (\tau - t)\,|\tau - t|^{-\lambda}\,k(t, \tau)\,.$$

Dann ist $K(t, \tau) \in H^{\lambda'}(\Gamma \times \Gamma)$ (siehe N. I. MUSCHELISCHWILI [1], Seite 15), und außerdem gilt die Darstellung (4.12). Damit ergibt sich die Behauptung aus Folgerung 4.3.

Bemerkung 1. Wenn $T(t, \tau) \in H^{\mu}(\Gamma \times \Gamma)$, dann gilt offensichtlich $T \in \mathcal{L}[M(\Gamma), H^{\mu}(\Gamma)]$, und folglich ist T ein vollstetiger Operator im Raum $H^{\mu}(\Gamma)$.

Bemerkung 2. Es sei $K(t, \tau) \in H^{\mu}(\Gamma \times \Gamma)$. Dann ist der Kern (4.12) in der Form (4.16) darstellbar, wobei $k(t, \tau) \in H^{\mu+\lambda-1}(\Gamma \times \Gamma)$ und $1 - \mu < \lambda < 1$ ist; λ kann im angegebenen Intervall beliebig gewählt werden (siehe N. I. MUSCHELISCHWILI [1], §§ 5–6). Kerne der Gestalt (4.16) heißen *schwach singulär.*

Folgerung 4.6. *Die Algebra* $\mathfrak{A}(\Gamma) = H^{\mu}(\Gamma)$ $(0 < \mu < 1)$ *erfüllt alle in Abschnitt* 2.3.2 *genannten Bedingungen.*

In der Tat, zunächst ist offensichtlich, daß $H^{\mu}(\Gamma)$ den Bedingungen a) und b) aus 2.3.1 genügt. Wir zeigen jetzt, daß mit $\tilde{\mathfrak{A}}(\Gamma) = H^{\nu}(\Gamma)$ für beliebiges ν, $0 < \nu < \mu$, die Bedingungen α)–δ) aus 2.3.2 erfüllt sind.

Die Bedingung α), d. h. die Beschränktheit des Einbettungsoperators $H^{\mu}(\Gamma) \to H^{\nu}(\Gamma)$, ist offensichtlich. Die Bedingung β) läßt sich wie folgt einsehen. Zunächst kann man eine beliebige Funktion aus $H^{\mu}(\Gamma)$ bezüglich der Norm von $H^{\nu}(\Gamma)$ durch stückweise lineare Funktionen und diese wiederum durch stetig differenzierbare Funktionen approximieren. Letztere kann man schließlich durch rationale Funktionen annähern. Auf Grund des Satzes 4° ist $H^{\nu}(\Gamma)$ eine zerfallende Algebra: $H^{\nu}(\Gamma) = H^{\nu}_{+}(\Gamma) \dotplus H^{\nu}_{-}(\Gamma)$, und die Bedingung δ) ergibt sich wegen $P\,a - a\,P = S\,a - a\,S$ unmittelbar aus Folgerung 4.2.

Wir bemerken noch, daß $H^{\mu}(\Gamma)$ keine R-Algebra im Sinne von 2.3 ist, da bekanntlich dieser Raum nicht separabel ist.

Aus Satz 3.2, Kapitel 2, und Folgerung 4.4 schließen wir unmittelbar auf den folgenden Satz.

Satz 4.1. *Jede Funktion* $a(t) \in H^{\mu}(\Gamma)$ $(0 < \mu < 1)$, *die nirgends auf* Γ *verschwindet, gestattet eine Faktorisierung der Gestalt*

$$a(t) = a_{-}(t)\, t^{\varkappa}\, a_{+}(t) \qquad (t \in \Gamma) \tag{4.17}$$

mit $a_{\pm}(t) \in H^{\mu}_{\pm}(\Gamma)$. *Dabei gilt*

$$a_{+}(z) \neq 0 \quad (z \in G_{+}), \qquad a_{-}(z) \neq 0 \quad (z \in G_{-}),$$

$$\varkappa = \frac{1}{2\pi i}\left[\ln a(t)\right]_{\Gamma}.$$

Die Faktorisierung (4.17) kann man explizit angeben. Mittels der Formeln von SOCHOZKI-PLEMELJ überzeugt man sich nämlich leicht davon, daß die Funktionen

$$a_{\pm}(z) = e^{\pm b(z)}\ (z \in D_{\pm}), \qquad b(z) = \frac{1}{2\pi i}\int_{\Gamma} \frac{\ln\left[\tau^{-\varkappa}\, a(\tau)\right] d\tau}{\tau - z}$$

die Bedingung (4.17) erfüllen.

3.4.2. Die singuläre Integralgleichung mit Cauchyschem Kern in $H^\mu(\Gamma)$. Wir betrachten jetzt den singulären Integraloperator, der durch die Gleichung

$$(A\,\varphi)\,(t) = a(t)\,\varphi(t) + b(t)\,(S\,\varphi)\,(t) + \int_\Gamma T(t,\tau)\,\varphi(\tau)\,d\tau \tag{4.18}$$

definiert wird, wobei der Kern $T(t,\tau)$ die Gestalt

$$T(t,\tau) = \frac{K(t,\tau) - K(t,t)}{\tau - t}$$

haben soll. Dabei sind $a(t)$, $b(t) \in H^\mu(\Gamma)$ $(0 < \mu < 1)$ und $K(t,\tau) \in H^\lambda(\Gamma\times\Gamma)$ $(\mu < \lambda \leqq 1)$ vorgegebene Funktionen, und S bezeichnet den singulären Operator (4.4.)

Nach Folgerung 4.3 ist der Integraloperator T mit dem Kern $T(t,\tau)$ ein vollstetiger Operator im Raum $H^\mu(\Gamma)$, und demzufolge ist der Operator A in diesem Raum ein linearer beschränkter Operator (vgl. (4.1) und Satz 1°).

Mittels der Projektoren P und Q aus (4.9) läßt sich der Operator A in der Form

$$A = c(t)\,P + d(t)\,Q + T$$

mit

$$c(t) = a(t) + b(t)\,, \qquad d(t) = a(t) - b(t) \tag{4.19}$$

schreiben. Folglich ist A ein Operator der Gestalt (2.6), Kapitel 2, wobei hier die Rolle der Algebra $\mathfrak{M} \subset \mathcal{L}(H^\mu(\Gamma))$ die Algebra aller Operatoren der Multiplikation mit Funktionen aus $H^\mu(\Gamma)$ spielt; nach Folgerung 4.4 erfüllt diese Algebra die Bedingung c) aus 2.2.2.

Der Operator

$$A_0 = a(t)\,I + b(t)\,S = c(t)\,P + d(t)\,Q \tag{4.20}$$

ist der *charakteristische Teil* des Operators A.

Nach der in 2.2.2 gegebenen Definition wird der singuläre Operator A ein *Operator vom Normaltyp* genannt, wenn die beiden Funktionen $c(t)$ und $d(t)$ in (4.19) nirgends auf Γ verschwinden.[1])

In Anwendung des Satzes 2.3, Kapitel 2, erhalten wir zunächst das folgende Resultat.

Satz 4.2. *Der singuläre Operator* (4.18) *sei vom Normaltyp:*

$$a^2(t) - b^2(t) \neq 0 \qquad (t \in \Gamma)\,. \tag{4.21}$$

Dann ist A ein Φ-Operator im Raum $H^\mu(\Gamma)$, und der Operator $R = c^{-1}\,P + d^{-1}\,Q$ ist ein zweiseitiger Regularisator des Operators A.

Unter Benutzung der Vertauschungsformel (4.7) prüft man leicht nach, daß für beliebige Funktionen $\varphi(t)$ und $\psi(t)$ aus $H^\mu(\Gamma)$ die folgende Beziehung gilt:

$$\int_\Gamma (A\,\varphi)\,\psi\,dt = \int_\Gamma \varphi\,A'\,\psi\,dt\,. \tag{4.22}$$

---

[1]) Bekanntlich ist ein Element $a(t)$ der Algebra $C(\Gamma)$ (entsprechend $H^\mu(\Gamma)$) genau dann invertierbar (in dieser Algebra), wenn $a(t) \neq 0$ $(t \in \Gamma)$ gilt (s. I. M. Gelfand, D. A. Raikow und G. E. Schilow [1], § 2).

Dabei bedeutet A' den zu A *transponierten Operator*, der durch die Formel

$$\begin{aligned}(A'\,\psi)\,(t) &= a(t)\,\psi(t) - S(b\,\psi) + \int_\Gamma T(\tau,t)\,\psi(\tau)\,d\tau \\ &= (P\,d + Q\,c + T')\,\psi \end{aligned} \tag{4.23}$$

definiert wird.

Wir bemerken, daß sich der transponierte Operator ebenfalls in der Form (4.18) darstellen läßt, denn offenbar gilt

$$(A'\,\psi)\,(t) = a(t)\,\psi(t) - b(t)\,(S\,\psi)\,(t) + \int_\Gamma T_1(t,\tau)\,\psi(\tau)\,d\tau$$

mit

$$T_1(t,\tau) = T(\tau,t) - \frac{b(\tau) - b(t)}{\tau - t}.$$

Die in Satz 4.2 formulierten Eigenschaften des Operators A lassen sich jetzt wie folgt präzisieren.

Satz 4.3. *Wir setzen voraus, daß die Bedingung* (4.21) *erfüllt ist. Dann gilt:*

(a) *Dafür, daß die Gleichung*

$$A\,\varphi = f \qquad (f \in H^\mu(\Gamma)) \tag{4.24}$$

eine Lösung $\varphi \in H^\mu(\Gamma)$ *hat, ist notwendig und hinreichend, daß*

$$\int_\Gamma f(t)\,\psi(t)\,dt = 0 \tag{4.25}$$

gilt für eine beliebige Lösung $\psi \in H^\mu(\Gamma)$ *der transponierten homogenen Gleichung* $A'\,\psi = 0$.

(b) *Die Anzahlen* $\alpha(A)$ *und* $\alpha(A')$ *der linear unabhängigen Lösungen der homogenen Gleichungen* $A\,\varphi = 0$ *und* $A'\,\psi = 0$ *sind endlich.*

(c) *Die Differenz* $\alpha(A) - \alpha(A')$ *hängt nur vom charakteristischen Teil des Operators* A *ab und läßt sich nach der folgenden Formel berechnen:*

$$\alpha(A) - \alpha(A') = \frac{1}{2\,\pi\,i}\left[\ln\frac{d(t)}{c(t)}\right]_\Gamma. \tag{4.26}$$

Die Behauptungen (a)—(c) nennt man allgemein die Noether*schen Sätze* für die singuläre Integralgleichung (4.24).

Die Behauptung (b) ist eine direkte Folgerung des Satzes 4.2. Die Notwendigkeit der Bedingungen (4.25) folgt unmittelbar aus (4.23). Die Hinlänglichkeit dieser Bedingungen sowie die Behauptung (c) erhalten wir im folgenden aus entsprechenden Eigenschaften des singulären Operators im Raum $L^p(\Gamma)$.

Bemerkung. Nach Satz 4.2 ist der singuläre Operator A (unter der Bedingung (4.21)) im Raum $H^\mu(\Gamma)$ normal auflösbar, d. h., die Gleichung (4.24) ist in $H^\mu(\Gamma)$ genau dann lösbar, wenn die Bedingung

$$\langle f, \chi\rangle = 0$$

erfüllt ist für sämtliche Funktionale $\chi \in [H^\mu(\Gamma)]^*$, die Lösung der adjungierten homogenen Gleichung $A^*\,\chi = 0$ sind. Andererseits erzeugt offenbar jede Funktion $\psi(t) \in H^\mu(\Gamma)$ mittels der Formel

$$\langle f, \chi_\psi\rangle = \int_\Gamma f(t)\,\psi(t)\,dt \qquad (f \in H^\mu(\Gamma)) \tag{4.27}$$

ein Funktional $\chi_\psi \in [H^\mu(\Gamma)]^*$, und für die Funktionale der Gestalt (4.27) gilt wegen (4.22) die Beziehung

$$A^* \chi_\psi = A' \psi .$$

Die Behauptung (a) des Satzes 4.3 besagt demnach, daß die adjungierte homogene Gleichung $A^* \psi = 0$ (betrachtet im Dual zu $H^\mu(\Gamma)$) als Lösungen nur Funktionale der Gestalt (4.27) mit $A' \psi = 0$ hat; insbesondere gilt $\alpha(A^*) = \alpha(A')$.

In der Tat, angenommen das Gegenteil wäre der Fall: Es seien $\psi_1, \ldots, \psi_n \in H^\mu(\Gamma)$ alle linear unabhängigen Lösungen der Gleichung $A' \psi = 0$ und $\chi \in [H^\mu(\Gamma)]^*$ eine Lösung der Gleichung $A^* \chi = 0$, die von den Funktionalen $\chi_{\psi_1}, \ldots, \chi_{\psi_n}$ linear unabhängig ist. Dann existiert bekanntlich (siehe L. W. Kantorowitsch und G. P. Akilow [1]) eine Funkiton $f(t) \in H^\mu(\Gamma)$ derart, daß gilt:

$$\langle f, \chi_{\psi_j} \rangle = 0 \qquad (j = 1, \ldots, n) , \quad \langle f, \chi \rangle = 1 . \tag{4.28}$$

Aus den ersten n Bedingungen in (4.28) folgt auf Grund der Behauptung (a) des Satzes 4.3, daß Gleichung (4.24) in $H^\mu(\Gamma)$ lösbar ist. Dann muß aber notwendig $\langle f, \chi \rangle = 0$ sein, was der letzten Bedingung in (4.28) widerspricht.

3.4.3. Das Hilbertsche singuläre Integral und die Integralgleichung mit Hilbertschem Kern. In enger Beziehung zum Cauchyschen singulären Integral (4.4) steht das sogenannte Hilbert*sche singuläre Integral*

$$(H \varphi)(s) = \frac{1}{2\pi} \int_0^{2\pi} \cot \frac{\sigma - s}{2} \varphi(\sigma)\, d\sigma , \quad 0 \leqq s \leqq 2\pi ; \tag{4.29}$$

das Integral (4.29) wird ebenfalls im Sinne des Cauchyschen Hauptwertes verstanden. Wie man leicht unmittelbar einsieht, existiert das Integral (4.29) bei beliebigem s für jede Funktion $\varphi(s) \in H^\mu[0, 2\pi]$ $(0 < \mu \leqq 1)$ mit $\varphi(0) = \varphi(2\pi)$, und dabei gilt

$$\frac{1}{2\pi} \int_0^{2\pi} \cot \frac{\sigma - s}{2} \varphi(\sigma)\, d\sigma = \frac{1}{2\pi} \int_0^{2\pi} \cot \frac{\sigma - s}{2} [\varphi(\sigma) - \varphi(s)]\, d\sigma .$$

Um die Beziehung zwischen dem Cauchyschen Kern $\frac{d\tau}{\tau - t}$ und dem Hilbert*schen Kern* $\frac{1}{2} \cot \frac{\sigma - s}{2} d\sigma$ herzustellen, nehmen wir der Einfachheit wegen an, daß Γ eine einzige geschlossene glatte Kurve sei, die einer Ljapunow-Bedingung genügt. Ohne Beschränkung der Allgemeinheit kann angenommen werden, daß die Länge der Kurve gleich 2π ist. Dann besitzt Γ eine Parameterdarstellung der Form

$$t = t(s) = x(s) + i\, y(s) , \quad 0 \leqq s \leqq 2\pi ,$$

mit s als Bogenlänge; dabei ist die Ableitung $t'(s)$ eine H-stetige Funktion, und es gilt $t(0) = t(2\pi)$. Mit σ wollen wir den Parameterwert bezeichnen, der dem Punkt $\tau \in \Gamma$ entspricht: $\tau = t(\sigma)$.

Dann gilt offenbar

$$\frac{d\tau}{\tau - t} - \frac{1}{2} \cot \frac{\sigma - s}{2} d\sigma = \frac{k(s, \sigma)}{\sigma - s} d\sigma , \tag{4.30}$$

wobei

$$k(s, \sigma) = \frac{t'(\sigma)}{\dfrac{t(\sigma) - t(s)}{\sigma - s}} - \frac{\sigma - s}{2} \cot \frac{\sigma - s}{2}$$

gesetzt wurde. Wie man leicht einsieht, genügt die Funktion $k(s, \sigma)$ einer H-Bedingung, und es ist $k(s, s) = \lim_{\sigma \to s} k(s, \sigma) = 0$.

Setzen wir jetzt $\varphi(\tau) = \varphi[t(\sigma)] = \tilde{\varphi}(\sigma)$ und

$$h(s, \sigma) = \frac{1}{\pi i} \frac{k(s, \sigma) - k(s, s)}{\sigma - s}, \tag{4.31}$$

so erhalten wir

$$(S \varphi)(t) = \frac{1}{i} (H \tilde{\varphi})(s) + \int_0^{2\pi} h(s, \sigma) \tilde{\varphi}(\sigma) \, d\sigma . \tag{4.32}$$

Dabei gilt für den Kern $h(s, \sigma)$ die Abschätzung

$$|h(s, \sigma)| \leqq \frac{C}{|\sigma - s|^\lambda}, \qquad 0 \leqq \lambda < 1 . \tag{4.33}$$

Als Γ kann man speziell den Einheitskreis $\Gamma_0 = \{t : |t| = 1\}$ wählen. In diesem Fall ergibt sich wegen

$$t(s) = e^{is}, \qquad d\tau = i \tau \, d\sigma$$

die einfache Beziehung

$$\frac{d\tau}{\tau - t} - \frac{1}{2} \frac{d\tau}{\tau} = \frac{1}{2} \cot \frac{\sigma - s}{2} d\sigma ,$$

und die Formel (4.31) nimmt die Gestalt

$$\frac{1}{\pi i} \int_{\Gamma_0} \frac{\varphi(\tau)}{\tau - t} d\tau - \frac{1}{2 \pi i} \int_{\Gamma_0} \frac{\varphi(\tau)}{\tau} d\tau = \frac{1}{i} (H \tilde{\varphi})(s) \tag{4.34}$$

an.

Wir betrachten jetzt die singuläre Integralgleichung mit einem Hilbertschen Kern der Gestalt

$$(B \tilde{\varphi})(s) = \tilde{a}(s) \tilde{\varphi}(s) + \frac{\tilde{b}(s)}{2\pi} \int_0^{2\pi} \cot \frac{\sigma - s}{2} \tilde{\varphi}(\sigma) \, d\sigma + \int_0^{2\pi} h(s, \sigma) \tilde{\varphi}(\sigma) \, d\sigma = \tilde{g}(s) ,$$

wobei $\tilde{a}(s)$, $\tilde{b}(s)$ und $\tilde{g}(s)$ gewisse H-stetige und 2π-periodische Funktionen sind und $h(s, \sigma)$ eine (in beiden Veränderlichen) 2π-periodische Funktion der Form (4.31) mit einer gewissen H-stetigen Funktion $k(s, \sigma)$ darstellt. Der Operator B läßt sich offenbar in der Gestalt (4.18) darstellen:

$$(B \tilde{\varphi})(s) = a(t) \varphi(t) + i b(t) (S_0 \varphi)(t) + \int_{\Gamma_0} T(t, \tau) \varphi(\tau) \, d\tau . \tag{4.36}$$

Dabei wurde $a(t) = \tilde{a}(s)$, $b(t) = \tilde{b}(s)$ mit $t = e^{is}$ gesetzt, und S_0 bedeutet den CAUCHYschen singulären Operator aus (4.34) mit dem Einheitskreis Γ_0 als Integrationskurve.

In Anwendung des Satzes 4.3 auf den durch die rechte Seite der Formel (4.36) definierten Operator erhält man leicht die NOETHERschen Sätze für die Integralgleichungen der Gestalt (4.35)[1]). Die Formulierung der entsprechenden Sätze überlassen wir dem Leser.

3.4.4. Das singuläre Integral in $L^p(\Gamma)$. Im weiteren wollen wir immer voraussetzen, daß das Kurvensystem Γ einer LJAPUNOW-Bedingung genügt.

Bekanntlich existiert für jede integrierbare Funktion φ das Integral (4.29) fast überall im Intervall $(0, 2\pi)$, und der durch dieses Integral definierte Operator H ist ein beschränkter Operator im Raum $L^p(0, 2\pi)$ $(1 < p < \infty)$ (siehe A. ZYGMUND [1], Chapter VII, und N. DUNFORD and J. T. SCHWARTZ [1], XI. 7). Daraus ergibt sich auf Grund der Beziehung (4.32) unmittelbar der folgende Satz.

1°. *Das CAUCHYsche singuläre Integral (4.4) existiert für jede auf Γ integrierbare Funktion φ in fast allen Punkten $t \in \Gamma$, und der durch dieses Integral definierte Operator S ist ein beschränkter Operator im Raum $L^p(\Gamma)$ $(1 < p < \infty)$.*

Der Satz 2° aus 3.4.1 läßt folgende Verallgemeinerung zu (siehe I. I. PRIWALOW [2], Seite 136):

2°. *Für jede integrierbare Funktion φ besitzt das CAUCHYsche Integral (4.2) fast überall auf Γ die Randwerte (4.5), wenn sich der Punkt z dem Punkt $t \in \Gamma$ längs eines beliebigen nicht tangentialen Weges nähert, und die Randwerte lassen sich durch die Formeln (4.6) darstellen.*

3°. *Es gelten folgende Vertauschungsformeln:*

a) *Es sei $\varphi \in L^p(\Gamma)$ $(1 < p < \infty)$ und $T(t, \tau)$ der durch (4.12) mit $K(t, \tau) \in$ $\in H^\mu(\Gamma \times \Gamma)$ $(0 < \mu \leqq 1)$ definierte Kern. Dann gelten für fast alle $t_0 \in \Gamma$ die Beziehungen*

$$\int_\Gamma \frac{dt}{t - t_0} \int_\Gamma T(t, \tau)\, \varphi(\tau)\, d\tau = \int_\Gamma \varphi(\tau)\, d\tau \int_\Gamma \frac{T(t, \tau)}{t - t_0}\, dt \tag{4.37$_1$}$$

und

$$\int_\Gamma T(t_0, t)\, dt \int_\Gamma \frac{\varphi(\tau)\, d\tau}{\tau - t} = \int_\Gamma \varphi(\tau)\, d\tau \int_\Gamma \frac{T(t_0, t)}{\tau - t}\, dt\,. \tag{4.37$_2$}$$

b) *Wenn $\varphi \in L^p(\Gamma)$ $(1 < p < \infty)$ und $\psi \in L^q(\Gamma)$ mit $q > p' = \dfrac{p}{p-1}$, dann gilt fast überall auf Γ*

$$S(\psi\, S\, \varphi) + S(\varphi\, S\, \psi) = \varphi\, \psi + S\, \varphi\, S\, \psi\,. \tag{4.38}$$

Insbesondere $(\psi = 1)$ gilt die Formel (4.8), wobei I den identischen Operator im Raum $L^p(\Gamma)$ bedeutet.

---

[1]) Gerade für diese Gleichungen stellte F. NOETHER [1] die später nach ihm benannten Sätze auf.

Zum Beweis der Formeln (4.37) und (4.38) bemerken wir zunächst, daß sie im Falle H-stetiger Funktionen φ und ψ eine direkte Folgerung aus (4.7) darstellen. Da nun der Operator S bezüglich der Norm von $L^p(\Gamma)$ stetig ist und $H^\mu(\Gamma)$ in $L^p(\Gamma)$ eine dichte Menge bildet, so ist die Gültigkeit dieser Formeln im allgemeinen Falle leicht einzusehen.

Aus Satz 2° folgt unmittelbar

4°. *Der durch* (4.9) *in* $L^p(\Gamma)$ $(1 < p < \infty)$ *definierte Operator* $P(Q)$ *projiziert den Raum* $L^p(\Gamma)$ *auf den Teilraum* $L^p_+(\Gamma)$ $(L^p_-(\Gamma))$ *aller Funktionen* $\varphi \in L^p(\Gamma)$, *für die das* Cauchy*sche Integral* (4.2) *fast überall auf* Γ *die Randwerte*

$$\Phi_+(t) = \varphi(t)\,, \qquad \big(\Phi_-(t) = -\varphi(t)\big) \tag{4.39}$$

hat.

Wir bemerken, daß auf Grund der Formeln (4.6) die Beziehungen (4.39) den folgenden Bedingungen äquivalent sind:

$$S\,\varphi = \varphi \qquad (S\,\varphi = -\,\varphi)\,.$$

Im weiteren bezeichnen wir mit $C^\pm(\Gamma)$, genauso wie in 2.3, die Teilalgebra von $C(\Gamma)$, die aus allen stetigen Funktionen auf Γ besteht, welche eine im Gebiet $D_\pm$ analytische und in $G_\pm$ stetige Fortsetzung besitzen. Offenbar gelten für beliebiges p, $1 < p < \infty$, die Beziehungen

$$C^+(\Gamma) \subset L^p_+(\Gamma)\,, \qquad C^-(\Gamma) \subset L^p_-(\Gamma) \dotplus \{c\} \qquad (c = \text{const.})\,.$$

5°. *Aus* $\varphi \in L^p_\pm(\Gamma)$ $(1 < p < \infty)$ *und* $a \in C^\pm(\Gamma)$ *folgt* $a\,\varphi \in L^p_\pm(\Gamma)$.

Beweis. Sei $\varphi \in L^p_+(\Gamma)$ und $a \in C^+(\Gamma)$. Dann gelten fast überall auf Γ die Beziehungen $S\,\varphi = \varphi$, $S\,a = a$, und folglich liefert die Formel (4.38)

$$2\,S(a\,\varphi) = S(a\,S\,\varphi) + S(\varphi\,S\,a) = 2\,a\,\varphi\,.$$

Damit ergibt sich $S(a\,\varphi) = a\,\varphi$, d. h. $a\,\varphi \in L^p_+(\Gamma)$.

Im Falle $\varphi \in L^p_-(\Gamma)$, $a \in C^-(\Gamma)$ gilt $S\,\varphi = -\,\varphi$, $S\,a = -\,a + c$ $(c = \text{const})$, und aus (4.38) schließen wir auf $S(a\,\varphi) = -\,a\,\varphi$, d. h. $a\,\varphi \in L^p_-(\Gamma)$.

Lemma 4.3. *Es sei* $a(t) \in C(\Gamma)$. *Dann ist der Kommutator* $T_a = S\,a - a\,S$ *vollstetig im Raum* $L^p(\Gamma)$ $(1 < p < \infty)$.

Beweis. Wenn $a(t) \in H^\mu(\Gamma)$ $(0 < \mu \leqq 1)$ gilt, dann ist der Kommutator T_a ein Operator mit einem schwachsingulären Kern und demzufolge in $L^p(\Gamma)$ vollstetig (siehe z. B. L. W. Kantorowitsch und G. P. Akilow [1], Seite 296).

Es sei jetzt $a(t) \in C(\Gamma)$. Dann läßt sich eine Folge von Funktionen $a_n(t) \in H^\mu(\Gamma)$ auswählen, die in der Norm des Raumes $C(\Gamma)$ gegen $a(t)$ konvergiert. Wir setzen

$$T_{a_n}\,\varphi = (S\,a_n - a_n\,S)\,\varphi \qquad \big(\varphi \in L^p(\Gamma)\big)\,.$$

Dann ergibt sich

$$\begin{aligned} ||T_a\,\varphi - T_{a_n}\,\varphi||_{L^p} &\leqq ||S\,[(a - a_n)\,\varphi]||_{L^p} + ||(a - a_n)\,S\,\varphi||_{L^p} \leqq \\ &\leqq 2\,||S||_{L^p}\,||\varphi||_{L^p}\,||a - a_n||_C \end{aligned}$$

und folglich

$$||T_a - T_{a_n}||_{L^p} \leqq 2\,||S||_{L^p}\,||a - a_n||_C \underset{n\to\infty}{\longrightarrow} 0\,.$$

Als Grenzwert einer gleichmäßig konvergenten Folge vollstetiger Operatoren ist T_a vollstetig.

Das Lemma ist damit bewiesen.

3.4.5. Der Fall des Einheitskreises. Es sei speziell Γ der Einheitskreis ($|z| = 1$) und $p = 2$. In diesem Fall besitzen die Operatoren S, P und Q eine äußerst einfache Darstellung im Raum $L^2(\Gamma)$.

In der Tat, sei $\varphi(t) \in L^2(\Gamma)$ eine beliebige Funktion und

$$\varphi(t) = \sum_{k=-\infty}^{\infty} c_k\, t^k \qquad (|t| = 1)$$

ihre Fourier-Reihe. Da diese Reihe bezüglich der Norm des Raumes $L^2(\Gamma)$ konvergiert und P stetig ist, so erhalten wir unter Benutzung des Satzes 4° aus 3.4.1:

$$P\,\varphi = \lim_{n\to\infty} P\left(\sum_{k=-n}^{n} c_k\, t^k\right) = \lim_{n\to\infty} \sum_{k=0}^{n} c_k\, t^k = \sum_{k=0}^{\infty} c_k\, t^k\,.$$

Analog ergibt sich

$$Q\,\varphi = \sum_{k=-\infty}^{-1} c_k\, t^k\,,$$

und demzufolge gilt

$$S\,\varphi = (P - Q)\,\varphi = \sum_{k=0}^{\infty} c_k\, t^k - \sum_{k=-\infty}^{-1} c_k\, t^k\,.$$

Wie man leicht sieht, sind die Mengen im P und im $Q = \ker P$ orthogonal im Sinne des Skalarproduktes

$$[f, g]_{L^2} = \int_\Gamma f(t)\,\overline{g(t)}\,ds \qquad (f, g \in L^2(\Gamma))\,, \tag{4.40}$$

d. h., P und Q sind im vorliegenden Fall orthogonale Projektoren im Hilbert-Raum $L^2(\Gamma)$ (vgl. 1.2) und demzufolge auch selbstadjungiert.

Des weiteren erhalten wir auf Grund der Parsevalschen Gleichung

$$\|S\,\varphi\|_{L^2}^2 = 2\,\pi \sum_{k=-\infty}^{\infty} |c_k|^2 = \|\varphi\|_{L^2}^2\,,$$

d. h., S ist ein isometrischer und folglich unitärer Operator, da wegen (4.8) offensichtlich im $S = L^2(\Gamma)$ ist. Insbesondere gilt $\|S\|_{L^2} = 1$.

Bemerkung 1. Allgemein gelten für die Norm des singulären Operators S im Raum L^p auf dem Einheitskreis die folgenden Beziehungen (siehe I. Z. Gochberg und N. J. Krupnik [1]):

$$\|S\|_{L^p} = \cot\frac{\pi}{2\,p} \qquad \text{für} \quad p = 2^n \quad (n = 1, 2, \ldots)$$

und

$$\|S\|_{L^p} \geqq \cot\frac{\pi}{2\,p} \qquad \text{für beliebiges } p > 2\,.$$

Für $1 < p < 2$ läßt sich die Norm nach der Formel

$$\|S\|_{L^p} = \|S\|_{L^{p'}}$$

mit $p' = \dfrac{p}{p-1} > 2$ bestimmen.

Bemerkung 2. Aus der obengenannten Darstellung für den Operator S ergibt sich wegen (4.34) sofort die entsprechende Darstellung für den HILBERTschen Operator: Wenn $\psi(s) = \sum_{k=-\infty}^{\infty} c_k e^{iks} \in L^2(0,2\pi)$, dann gilt

$$H\psi = i \sum_{k=1}^{\infty} c_k e^{iks} - i \sum_{k=-\infty}^{-1} c_k e^{iks}.$$

3.4.6. Die singuläre Integralgleichung in $L^p(\Gamma)$. Im weiteren sei Γ ein allgemeines LJAPUNOWsches Kurvensystem der in 3.4.1 beschriebenen Gestalt und S der durch (4.4) im Raum $L^p(\Gamma)$ $(1 < p < \infty)$ definierte singuläre Operator.

Wir betrachten in $L^p(\Gamma)$ die singuläre Integralgleichung

$$A\varphi = a(t)\,\varphi(t) + b(t)\,(S\varphi)\,(t) + T\varphi = f(t)\,. \tag{4.41}$$

Dabei ist $f(t) \in L^p(\Gamma)$ eine gegebene Funktion, T ein beliebiger vollstetiger Operator in $L^p(\Gamma)$ und $a(t)$, $b(t)$ beliebige stetige Funktionen auf Γ. Offensichtlich ist A ein beschränkter Operator im Raum $L^p(\Gamma)$.

Für das Weitere ist es zweckmäßig, den Operator A mittels der Formeln (4.9) und (4.19) wieder in der Form

$$A = c(t)\,P + d(t)\,Q + T \tag{4.42}$$

darzustellen. Dann erkennt man sofort, daß A ein Operator der Gestalt (2.6), Kapitel 2, ist. Dabei spielt jetzt die Rolle der Algebra $\mathfrak{M} \subset \mathcal{L}[L^p(\Gamma)]$ die Gesamtheit aller Operatoren der Multiplikation mit einer stetigen Funktion im Raum $L^p(\Gamma)$. Mit anderen Worten, ein Operator $W \in \mathfrak{M}$ wird durch eine Gleichung der Gestalt

$$(W\varphi)\,(t) = w(t)\,\varphi(t) \qquad \big(t \in \Gamma;\, \varphi \in L^p(\Gamma)\big) \tag{4.43}$$

definiert, wobei $w(t) \in C(\Gamma)$ eine durch den Operator W eindeutig bestimmte stetige Funktion ist.

Entsprechend der in Abschnitt 2.2 eingeführten Definition heißt die Funktion

$$A(t, \Theta) = a(t) + \Theta\, b(t) \qquad (t \in \Gamma;\, \Theta = \pm 1) \tag{4.44}$$

Symbol des durch (4.42) definierten Operators A. Insbesondere ist also auch die Funktion $w(t)$ in (4.43) das Symbol des Multiplikationsoperators W. Der Operator A ist vom *Normaltyp*, wenn sein Symbol nicht entartet.[1]) Letzteres ist offensichtlich genau dann der Fall, wenn die Bedingung (4.21) oder, was dasselbe ist, die folgenden beiden Bedingungen erfüllt sind:

$$a(t) + b(t) \neq 0\,, \qquad a(t) - b(t) \neq 0 \qquad (t \in \Gamma)\,. \tag{4.45}$$

Es zeigt sich, daß alle wesentlichen Eigenschaften der Gleichung (4.41) aus den Ergebnissen des Abschnitts 2.2 abgeleitet werden können. Zu diesem Zweck müssen wir zeigen, daß die Algebra $\mathfrak{M}$ allen Bedingungen aus 2.2 genügt.

Die Bedingung c) aus 2.2 ist auf Grund des Lemmas 4.3 erfüllt. Um die Bedingungen a) und b) (bzw. b′) aus 2.2 nachzuprüfen, beweisen wir zunächst einen einfachen Hilfssatz.

---

[1]) Vgl. Fußnote auf Seite 100.

Lemma 4.4. *Das Spektrum des Operators* (4.43) *stimmt mit allen Punkten der Kurve*

$$\lambda = w(t) \qquad (t \in \Gamma)$$

überein.

Beweis. Offenbar genügt es zu zeigen, daß der Operator W in $\mathcal{L}[L^p(\Gamma)]$ nicht invertierbar ist, wenn die Funktion $w(t)$ auf Γ eine Nullstelle hat.

Es sei also $w(t_0) = 0$ $(t_0 \in \Gamma)$. Mit Γ_0 bezeichnen wir die geschlossene Teilkurve von Γ, die den Punkt t_0 enthält, und mit s_0 die Kurvenabszisse des Punktes t_0 auf Γ_0; ohne Beschränkung der Allgemeinheit können wir offensichtlich $s_0 > 0$ annehmen.

Wir wählen eine hinreichend kleine positive Zahl ε und tragen auf Γ_0 von t_0 ausgehend in Richtung der abnehmenden Kurvenabszisse s das Kurvenstück Γ_ε ab, dessen Länge gleich ε ist. Dann setzen wir

$$\varphi_\varepsilon(t) = \begin{cases} \varepsilon^{-1/p} & \text{für } t \in \Gamma_\varepsilon\,, \\ 0 & \text{für } t \in \Gamma - \Gamma_\varepsilon\,. \end{cases}$$

Offenbar gilt $\|\varphi_\varepsilon\|_{L^p} = 1$ und

$$\|W\,\varphi_\varepsilon\|_{L^p} = \left[\frac{1}{\varepsilon}\int_{\Gamma_\varepsilon} |w(t)|^p\,ds\right]^{1/p} \leqq \max_{t \in \Gamma_\varepsilon} |w(t)|\,.$$

Da $w(t)$ stetig ist und $w(t_0) = 0$ gilt, so geht für $\varepsilon \to 0$ die Größe $\max\limits_{t \in \Gamma_\varepsilon} |w(t)| \to 0$ und damit auch $\|W\,\varphi_\varepsilon\|_{L^p} \to 0$. Folglich ist der Operator W in $\mathcal{L}[L^p(\Gamma)]$ nicht invertierbar.

Folgerung 4.7. *Für die Norm des durch* (4.43) *in* $L^p(\Gamma)$ *definierten Operators* W *gilt*

$$\|W\|_{L^p} = \max_{t \in \Gamma} |w(t)|\,. \tag{4.46}$$

Beweis. Auf Grund des Lemmas 4.4 ergibt sich für den Spektralradius $r(W) = \max\limits_{t \in \Gamma} |w(t)|$, woraus unmittelbar

$$\|W\|_{L^p} \geqq \max_{t \in \Gamma} |w(t)|$$

folgt. Die umgekehrte Ungleichung ist offensichtlich.

Folgerung 4.8. *Der Operator* $W \in \mathfrak{M}$ *ist genau dann in* $\mathcal{L}[L^p(\Gamma)]$ *invertierbar, wenn sein Symbol* $w(t)$ *auf* Γ *keine Nullstellen hat. Ist das der Fall, dann gilt* $W^{-1} \in \mathfrak{M}$.

Aus Folgerung 4.8 schließen wir, daß die Algebra $\mathfrak{M}$ die Bedingung a) aus 2.2 erfüllt, da leicht einzusehen ist, daß sich jede Funktion $w(t) \in C(\Gamma)$ in der Norm des Raumes $C(\Gamma)$ durch solche stetige Funktionen (z. B. rationale Funktionen) beliebig genau approximieren läßt, die auf Γ nirgends verschwinden.

Wenn Γ der Einheitskreis ist, dann ist auch die Bedingung b′) aus 2.2 sofort einsichtig, da in diesem Fall offensichtlich $\mathfrak{M} = \mathfrak{R}(U)$ gilt, wobei U der Operator der Multiplikation mit der unabhängigen Veränderlichen $t \in \Gamma$ ist:

$$(U\,\varphi)\,(t) = t\,\varphi(t) \qquad (t \in \Gamma)\,. \tag{4.47}$$

Wegen Lemma 4.4 erfüllt der Operator U die Bedingungen (1) und (2) aus 2.1.

Obwohl im Falle eines beliebigen Kurvensystems Γ die Algebra $\mathfrak{R}(U)$ nur eine echte Teilalgebra von $\mathfrak{M}$ ist (da die lineare Hülle der Funktionen $\{t^n\}_{-\infty}^{\infty}$ in $C(\Gamma)$ nicht mehr dicht liegt), läßt sich dennoch auf die Algebra $\mathfrak{M}$ der Satz 1.3 aus Kapitel 2 übertragen:

Lemma 4.5. *Der im Raum* $X_+ = \operatorname{im} P$ *betrachtete Operator* $\hat{W} = P\,W\,P$ *ist genau dann mindestens einseitig invertierbar, wenn das Symbol* $w(t)$ $(t \in \Gamma)$ *keine Nullstellen hat. Ist diese Bedingung erfüllt, dann entspricht die Invertierbarkeit von* $\hat{W}$ *der Zahl* ind $w(t)$.

Wenn $w(t)$ *auf* Γ *den Wert Null annimmt, dann ist* $\hat{W}$ *weder* Φ_+- *noch* Φ_--*Operator.*

Der Beweis stellt sich als einfache Modifikation des Beweises von Satz 1.3, Kapitel 2, dar.

In der Tat, die Funktion $w(t) \in C(\Gamma)$ läßt sich durch Funktionen $R(t) \in R(\Gamma)$ (rationale Funktionen, die auf Γ keine Polstellen besitzen) beliebig genau approximieren. Wie man leicht sieht, kann die Funktion $R(t)$ in der Form

$$R(t) = R_-(t)\, t^{\varkappa}\, R_+(t) \qquad \big(R_{\pm}(t) \in R^{\pm}(\Gamma)\big)$$

dargestellt werden (vgl. (3.11), Kapitel 2).

Da auf Grund der Behauptung 5° aus 3.4.4 schließlich auch die Beziehungen

$$a_+ P = P\, a_+ P\,, \qquad P\, a_- = P\, a_- P \qquad \big(a_{\pm} \in C^{\pm}(\Gamma)\big) \tag{4.48}$$

gelten, so kann man jetzt alle Überlegungen aus dem Punkt 1 des Beweises von Satz 1.3, Kapitel 2, (mit dem durch (4.47) definierten Operator U) wiederholen und erhält damit den ersten Teil des Lemmas 4.5.

Die letzte Behauptung des Lemmas beweist man durch dieselben Überlegungen wie im Punkt 2 des Beweises zu Satz 1.3, Kapitel 2. Von der Richtigkeit der Beziehungen (1.14) des Kapitels 2, die im vorliegenden Fall die Gestalt

$$\operatorname{Ind} V_z = 0 \quad (z \in D_-)\,, \qquad \operatorname{Ind} V_z \neq 0 \quad (z \in D_+)$$

mit $V_z = P\,(t - z)\,P \mid X_+$ annehmen, kann man sich leicht mittels der Beziehungen (4.48) überzeugen: Für $z \in D_-$ ist der Operator $V_z^{(-1)} = P\,(t - z)^{-1}\,P \mid X_+$ eine Inverse und für $z \in D_+$ nur eine Linksinverse zu V_z.

Das Lemma 4.5 ist damit bewiesen.

Aus dem vorangegangenen Lemma und Folgerung 4.8 schließen wir, daß die Algebra $\mathfrak{M}$ auch der Bedingung b') aus Abschnitt 2.2 genügt. Folglich sind auf die Integralgleichungen der Gestalt (4.41) alle Resultate aus 2.2 anwendbar. Wir formulieren die wichtigsten dieser Ergebnisse.

Satz 4.4. *Die Bedingungen* (4.45) *sind notwendig und hinreichend dafür, daß der Operator* $A_0 = a(t)\, I + b(t)\, S$ *im Raum* $L^p(\Gamma)$ $(1 < p < \infty)$ *mindestens einseitig invertierbar ist.*

Sind die Bedingungen (4.45) *erfüllt, dann entspricht die Invertierbarkeit des Operators* A_0 *dem Index des Symbols*

$$\varkappa = \frac{1}{2\pi}\left[\arg \frac{a(t) + b(t)}{a(t) - b(t)}\right]_{\Gamma}, \tag{4.49}$$

und dabei gilt

$$\dim \ker A_0 = \max(-\varkappa, 0), \qquad \dim \operatorname{coker} A_0 = \max(\varkappa, 0).$$

Dieselben Behauptungen gelten auch für den Operator $\bar{A}_0 = a\,I + S\,b$.

Satz 4.5. *Die Bedingungen* (4.45) *sind notwendig und hinreichend dafür, daß der Operator* (4.42) *ein Φ_+- oder Φ_--Operator im Raum $L^p(\Gamma)$ ist.*

Sind die Bedingungen (4.45) *erfüllt, dann ist der Operator A in $L^p(\Gamma)$ ein Φ-Operator mit dem Index*

$$\operatorname{Ind} A = \frac{1}{2\pi}\left[\arg \frac{a(t) - b(t)}{a(t) + b(t)}\right]_\Gamma,$$

und der Operator $R = c^{-1} P + d^{-1} Q$ ist ein zweiseitiger Regularisator des Operators A.

Bemerkung. In Richtung der Notwendigkeit der Bedingungen (4.45) kann die Aussage des Satzes 4.5 weiter verschärft werden (siehe J. Leiterer [2]): Wenn der Operator A normal auflösbar ist, dann ist jede der Funktionen $c(t)$ und $d(t)$ auf jeder geschlossenen Teilkurve von Γ entweder identisch gleich Null oder nirgends gleich Null.

Satz 4.6. *Es seien $a(t)$, $b(t) \in C(\Gamma)$ und T ein beliebiger vollstetiger Operator in $L^p(\Gamma)$ $(1 < p < \infty)$. Dann gilt folgende Abschätzung:*

$$\max_{t\in\Gamma,\ \Theta=\pm 1} |a(t) + \Theta\, b(t)| \leqq \|a\,I + b\,S + T\|_{L^p}. \tag{4.51}$$

Bemerkung. Da, wie man leicht nachprüft, die Ungleichung

$$\max\{\|a\|_C, \|b\|_C\} \leqq \max_{t,\,\Theta} |a(t) + \Theta\, b(t)| \tag{4.52}$$

gilt, so ist wegen (4.51) und (4.46) die Faktornorm $|A_0| = \inf_T \|A_0 + T\|_{L^p}$ der durch die linke Seite in (4.52) definierten Größe äquivalent.

Folgerung 4.9. *Die singulären Integraloperatoren der Gestalt* (4.42) *mit beliebigen stetigen Koeffizienten $c(t)$ und $d(t)$ bilden eine abgeschlossene Teilalgebra der* Banach-*Algebra $\mathcal{L}[L^p(\Gamma)]$.*

3.4.7. Lösung der charakteristischen Gleichung. Wir betrachten jetzt die *charakteristische Gleichung*

$$A_0\,\varphi = a(t)\,\varphi(t) + b(t)\,(S\,\varphi)(t) = f(t) \tag{4.53}$$

$(f, \varphi \in L^p(\Gamma))$ unter der spezielleren Voraussetzung $a(t), b(t) \in H^\mu(\Gamma)$ $(0 < \mu < 1)$. Des weiteren setzen wir voraus, daß die Bedingungen (4.45) erfüllt sind. In diesem Fall erhalten wir unter Benutzung der Ergebnisse aus 2.4.2 eine einfache Formel für die einseitigen Inversen des Operators A_0.

In der Tat, nach (4.17) gestattet die Funktion $c(t)/d(t)$ eine Faktorisierung der Gestalt

$$\frac{c(t)}{d(t)} = c_-(t)\, t^\varkappa\, c_+(t) \qquad (t \in \Gamma)$$

mit $c_{\pm}(t) \in H^{\mu}_{\pm}(\Gamma)$, wobei die Zahl $\varkappa$ durch (4.49) gegeben ist. Nach (4.19$_1$), Kapitel 2, ergibt sich folglich für die einseitigen Inversen des Operators A_0 die Darstellung

$$A_0^{(-1)} = (c_+^{-1} P + c_- Q)(t^{-\varkappa} P + Q) c_-^{-1} d^{-1} .$$

Damit erhalten wir unter Berücksichtigung des Satzes 4.4 in Abhängigkeit von $\varkappa$ die folgenden Ergebnisse.

1. $\varkappa = 0$: Die Gleichung (4.53) hat für jede beliebige rechte Seite f eine eindeutige Lösung $\varphi = A_0^{(-1)} f$.

2. $\varkappa < 0$: Die Gleichung (4.53) hat für beliebiges f die Lösung $\varphi = A_0^{(-1)} f$. Die homogene Gleichung $A_0 \varphi = 0$ besitzt $m = -\varkappa$ linear unabhängige Lösungen[1])

$$\varphi_k(t) = t^k (c_+^{-1} - c_- t^{\varkappa}) \qquad (k = 0, 1, \ldots, m-1) .$$

3. $\varkappa > 0$: Die Gleichung (4.53) ist dann und nur dann lösbar, wenn die rechte Seite f die $\varkappa$ Bedingungen

$$\langle f, \psi_j \rangle = 0 \qquad (j = 0, 1, \ldots, \varkappa - 1) \tag{4.54}$$

erfüllt, in denen die ψ_j die linear unabhängigen Lösungen der adjungierten homogenen Gleichung $A_0^* \psi = 0$ bezeichnen. Sind diese Bedingungen erfüllt, dann ist $\varphi = A_0^{(-1)} f$ die eindeutige Lösung der Gleichung (4.53).

Den Bedingungen (4.54) kann man noch eine etwas andere Gestalt geben. Zunächst bemerken wir, daß die Beziehung (4.22) ihre Gültigkeit für beliebige Funktionen $\varphi \in L^p(\Gamma)$ und $\psi \in L^{p'}(\Gamma)$ $\left(p > 1, \frac{1}{p} + \frac{1}{p'} = 1\right)$ behält; dies folgt leicht aus der Stetigkeit der Operatoren A und A' in $L^p(\Gamma)$ sowie der Dichtheit von $H^{\mu}(\Gamma)$ in $L^p(\Gamma)$.

Andererseits kann bekanntlich der Dual zu $L^p(\Gamma)$ mit dem Raum $L^{p'}(\Gamma)$ identifiziert werden. Wir wollen im weiteren diese Identifizierung stets in dem Sinne verstanden wissen, daß man das Element $\psi(t) \in L^{p'}(\Gamma)$ dem Funktional $\psi \in [L^p(\Gamma)]^*$ gleichsetzt, welches durch die Beziehung

$$\langle f, \psi \rangle = \int_{\Gamma} f(t)\, \psi(t)\, dt \qquad (f \in L^p(\Gamma)) \tag{4.55}$$

definiert wird. Nach dieser Vereinbarung erhalten wir unter Berücksichtigung der Formel (4.22) für den adjungierten Operator A_0^* die Beziehung

$$A_0^* \psi = A_0' \psi = a(t)\, \psi(t) - S(b\, \psi) . \tag{4.56}$$

Damit nehmen die Bedingungen (4.54) folgende Gestalt an:

$$\int_{\Gamma} f(t)\, \psi_j(t)\, dt = 0 \qquad (j = 0, 1, \ldots, \varkappa - 1) ,$$

wobei jetzt $\psi_j(t) \in L^{p'}(\Gamma)$ die linear unabhängigen Lösungen der homogenen transponierten Gleichung $A_0' \psi = 0$ sind. Wie man leicht unmittelbar nachprüft, gilt

$$\psi_j(t) = \frac{c_+(t)\, t^j}{c(t)} \qquad (j = 0, 1, \ldots, \varkappa - 1) .$$

Analoge Resultate erhält man für die Gleichung

$$a(t)\, \varphi(t) + S(b\, \varphi) = f(t) .$$

---

[1]) Man prüft leicht unmittelbar nach, daß $A_0 \varphi_k = 0$ $(k = 0, 1, \ldots, m-1)$ gilt.

3.4.8. Das Riemann-Hilbertsche Randwertproblem. Unter Benutzung der Formeln von Sochozki-Plemelj können wir die Gleichung (4.53) in der Form

$$c(t)\, \Phi_+(t) = d(t)\, \Phi_-(t) + f(t) \qquad (t \in \Gamma) \tag{4.57}$$

schreiben, wobei $\Phi_{\pm}(t) \in L^p(\Gamma)$ die Randwerte des Cauchyschen Integrals (4.2) mit der Dichtefunktion $\varphi(t) \in L^p(\Gamma)$ sind. Damit ist die singuläre Integralgleichung (4.53) dem folgenden Randwertproblem der Funktionentheorie (gewöhnlich Riemann-Hilbert*sches Randwertproblem* oder *Kopplungsproblem* genannt) äquivalent:

Gesucht ist eine Funktion $\Phi(z)$ in Form des Cauchyschen Integrals (4.2) mit einer Dichtefunktion $\varphi(t) \in L^p(\Gamma)$, deren Randwerte $\Phi_{\pm}(t)$ fast überall auf Γ der Bedingung (4.57) genügen.

Die im vorhergehenden Teilabschnitt gegebene Lösung der Gleichung (4.53) ist also gleichzeitig die Lösung des genannten Randwertproblems.

3.4.9. Über die Stetigkeit der Lösung. Wir kehren jetzt zu der in 3.4.2 betrachteten singulären Integralgleichung

$$(A\,\varphi)\,(t) = a(t)\,\varphi(t) + b(t)\,(S\,\varphi)\,(t) + \int_\Gamma T(t,\tau)\,\varphi(\tau)\,d\tau = f(t) \tag{4.58}$$

zurück, in der $a(t)$, $b(t)$ und $f(t)$ Funktionen aus $H^\mu(\Gamma)$ $(0 < \mu < 1)$ sind und der Kern $T(t,\tau)$ die in 3.4.2 formulierten Voraussetzungen erfüllt. Des weiteren nehmen wir an, daß die Bedingungen (4.45) erfüllt sind. Wir wollen zeigen, daß der Satz 4.3 eine Folgerung des Satzes 4.5 ist.

Satz 4.7. *Jede Lösung* $\varphi \in L^p(\Gamma)$ $(1 < p < \infty)$ *der Gleichung* (4.58) *gehört zu* $H^\mu(\Gamma)$.

Beweis. Wir nehmen an, die Gleichung (4.58) sei in $L^p(\Gamma)$ lösbar, und $\varphi \in L^p(\Gamma)$ sei eine ihrer Lösungen. Auf Grund des Satzes 4.5 gilt

$$\varphi - V\,\varphi = R\,f \tag{4.59}$$

mit $R = c^{-1}\,P + d^{-1}\,Q$ und

$$V = \frac{1}{2}\left(\frac{1}{d} - \frac{1}{c}\right)(T_c\,P + T_d\,Q) - R\,T\,.$$

Dabei ist $g = R\,f \in H^\mu(\Gamma)$. Unter Benutzung der Vertauschungsformeln (4.37) erkennt man leicht, daß V ein Integraloperator mit einem schwach singulären Kern $V(t,\tau)$ ist. Folglich ist für hinreichend großes n der n-te iterierte Kern $V_n(t,\tau)$ beschränkt (siehe S. G. Michlin [2], S. 85).

Aus (4.57) erhalten wir

$$\varphi - V^n\,\varphi = \sum_{k=0}^{n-1} V^k\,g\,,$$

wobei die rechte Seite zu $H^\mu(\Gamma)$ gehört. Da auf Grund der Hölderschen Ungleichung

$$|V^n\,\varphi| = \left|\int_\Gamma V_n(t,\tau)\,\varphi(\tau)\,d\tau\right| \leqq ||\varphi||_{L^p} \left\{\int_\Gamma |V_n(t,\tau)|^{p'}\,|d\tau|\right\}^{1/p'}$$

gilt, so ist folglich $\varphi \in M(\Gamma)$. Nach Folgerung 4.1 ist dann $V\varphi \in H^{\nu}(\Gamma)$ $(0 < \nu < \mu)$, woraus wegen (4.58) $\varphi \in H^{\nu}(\Gamma)$ folgt. In Anwendung des Lemmas 4.1 erhalten wir jetzt $V\varphi \in H^{\mu}(\Gamma)$, und aus (4.58) ergibt sich schließlich $\varphi \in H^{\mu}(\Gamma)$.

Der Satz ist damit bewiesen.

Auf Grund der am Schluß des Teilabschnitts 3.4.7 gemachten Bemerkungen ist der durch die Gleichung (4.23) in $L^{p'}(\Gamma)$ definierte Operator A' der adjungierte Operator zu A (in $L^{p}(\Gamma)$), und nach dem soeben bewiesenen Satz gehört jede Lösung $\psi \in L^{p'}(\Gamma)$ der homogenen Gleichung $A'\psi = 0$ zu $H^{\mu}(\Gamma)$.

Nach diesen Bemerkungen schließen wir aus Satz 4.5 leicht auf den Satz 4.3.

Bemerkung. Im Falle $p = 2$ hat man neben dem Operator A' noch den zu A im Sinne des Skalarproduktes (4.40) adjungierten Operator, den wir hier zwecks Unterscheidung mit $A^{[*]}$ bezeichnen wollen. Unter Berücksichtigung der Formel (4.22) erkennt man leicht, daß zwischen den Operatoren $A^{[*]}$ und A' folgende Beziehung besteht:

$$A^{[*]} = J\,A'\,J\,, \qquad J = J_1\,J_2$$

mit $J_2\varphi = \overline{\varphi(t)}$, $J_1\varphi = e^{-\Theta(t)}\,\varphi(t)$, wobei $\Theta(t)$ den Winkel bezeichnet, den die Tangente an Γ im Punkte t mit der positiven Richtung der x-Achse bildet.

3.5. Bemerkungen und Literaturhinweise

3.1. Diese Ergebnisse wurden zuerst von M. G. Krein [1] für den Fall aufgestellt, daß das Symbol sich in eine absolut konvergente Fourier-Reihe entwickeln läßt. Die in 3.1.1 dargelegten Verallgemeinerungen der Kreinschen Resultate sind der Monographie von I. Z. Gochberg und I. A. Feldman [1] entnommen.

3.2. Sämtliche Resultate dieses Abschnitts stammen von M. G. Krein [1]. Die Beweise der Sätze 2.2 und 2.3 bauen auf einer Idee von G. N. Tschebotarev [4] auf.

3.3. Die Ergebnisse dieses Abschnitts sind von I. Z. Gochberg und M. G. Krein [4] sowie von I. Z. Gochberg [2] gefunden worden.

3.4. Die Beschränktheit des singulären Operators (4.4) ist von J. Plemelj (1908) und I. I. Priwalow (1916) für den Raum $H^{\mu}(\Gamma)$, von N. N. Lusin (1915) für den Raum $L^2(\Gamma)$ und von M. Riesz (1927) für den Raum $L^p(\Gamma)$ $(1 < p < \infty)$ bewiesen worden.

Die Vollstetigkeit des Kommutators $S\,a - a\,S$ im Raum $L^p(\Gamma)$ (Lemma 4.3) hat S. G. Michlin [1] entdeckt. Für den Fall des Raumes $H^{\mu}(\Gamma)$ und $a(t) \in H^{\mu}(\Gamma)$ $(0 < \mu < 1)$ ist diese Tatsache zuerst von I. A. Feldman (man vgl. Budjanu und Gochberg [2]) festgestellt worden. Die Vollstetigkeit des allgemeineren Integraloperators (4.11)–(4.12) im Raum $H^{\mu}(\Gamma)$ wurde von W. Pogorzelski [1] unter den einschränkenden Voraussetzungen $K(t,\tau) \in H^{\lambda}(\Gamma\times\Gamma)$ und $\mu < 1/2\,\lambda$ bewiesen.

Den Satz 4.1 haben zuerst F. D. Gachov (siehe [1]) und B. V. Chwedelidse [1] gefunden. Wesentlich früher hat F. Noether [1] die Sätze 4.2 und 4.3 bewiesen.

Der zweite Teil des Satzes 4.5 wurde zuerst von S. G. Michlin [1], [4] für den Fall des Raumes $L^2(\Gamma)$ aufgestellt. B. V. Chwedelidse [1] hat diese Ergebnisse auf den Raum $L^p(\Gamma)$ für beliebiges p, $1 < p < \infty$, übertragen. Der erste Teil des Satzes 4.5 sowie Satz 4.6 stammt von I. Z. Gochberg [1–2]. Satz 4.4 ist von B. V. Chwedelidse [1–2], I. B. Simonenko [1] und I. Z. Gochberg [2] bewiesen worden.

Der Zusammenhang zwischen der singulären Integralgleichung (4.53) und dem Riemann-Hilbertschen Randwertproblem (4.57) wurde erstmalig von T. Carleman [1] hergestellt, der gleichzeitig in einem Spezialfall eine Lösungsmethode für das Problem (4.53) ausarbeitete. Unter Benutzung der Carlemanschen Methode hat dann F. D. Gachov [1] eine vollständige Lösung der Riemann-Hilbertschen Aufgabe und damit der Gleichung (4.53) gegeben.

KAPITEL 4

ABSTRAKTE SINGULÄRE GLEICHUNGEN VOM NICHT NORMALEN TYP

Dieses Kapitel soll die theoretischen Grundlagen für die nächsten Kapitel liefern, in denen verschiedene spezielle singuläre Gleichungen vom nicht normalen Typ untersucht werden. Wir beginnen mit der Beschreibung einer allgemeinen Methode, mittels derer sich gewisse Klassen nicht normal auflösbarer Gleichungen auf normal auflösbare Gleichungen zurückführen lassen. Diese Methode beruht auf einer speziellen Darstellung des Operators der Gleichung und besteht darin, daß man den Raum, in dem die rechte Seite der Gleichung vorgegeben wird, in geeigneter Weise einengt bzw. den Raum, in dem die Lösung gesucht wird, entsprechend erweitert. Die Methode wird anschließend auf WIENER-HOPFsche Gleichungen sowie auf abstrakte singuläre Gleichungen angewandt, deren Symbol endlich viele Nullstellen ganzzahliger oder gebrochener Ordnungen besitzt. Am Schluß dieses Kapitels wird eine andere Methode der Zurückführung nicht normal auflösbarer auf normal auflösbare Gleichungen behandelt, die auf der Kenntnis eines abgeschlossenen linken Regularisators aufbaut. Beide Methoden werden einander gegenübergestellt.

4.1. Die Methode einer speziellen Faktorisierung

4.1.1. Es sei X ein BANACH-Raum und $A \in \mathcal{L}(X)$ ein linearer beschränkter Operator in X. Wir nehmen an, daß der Operator A nicht normal auflösbar ist, aber eine Faktorisierung der Gestalt

$$A = B\,C\,D \tag{1.1}$$

gestattet; dabei sei $C \in \mathcal{L}(X)$ ein normal auflösbarer Operator, und die Operatoren B und D $(\in \mathcal{L}(X))$ sollen folgende Bedingungen erfüllen:

(1) $\dim \ker B = 0$.

(2) *Der Operator D besitzt eine stetige Fortsetzung $\tilde{D}$, die einen erweiterten* BANACH-*Raum $\tilde{X}$ $(\supset X)$ auf X eineindeutig abbildet.*

Wir führen den Raum $\overline{X} = \operatorname{im} B$ (Bildraum des Operators B) ein, wobei wir die Norm eines Elementes $y = B\,f \in \overline{X}$ durch die Beziehung

$$\|y\|_{\overline{X}} = \|f\|_X \tag{1.2}$$

erklären wollen. Offenbar ist $\overline{X}$ ein BANACH-Raum, und für beliebiges $y \in \overline{X}$ gilt die Abschätzung

$$\|y\|_X \leqq \|B\|_X\, \|y\|_{\overline{X}}\,,$$

d. h., der Raum $\bar{X}$ ist in den Raum X stetig eingebettet. Aus dem Satz von Banach über Homomorphismen (siehe Abschnitt 1.1) schließt man leicht, daß die auf $\bar{X}$ erklärten Normen $\|\cdot\|_X$ und $\|\cdot\|_{\bar{X}}$ genau dann äquivalent sind, wenn der Operator $B \in \mathcal{L}(X)$ normal auflösbar ist.

Im weiteren bezeichnen wir mit $\bar{B}$ den Operator B, betrachtet als Abbildung von X in $\bar{X}$:

$$\bar{B}\, x = B\, x \qquad (x \in X)\,.$$

Wegen (1.2) vermittelt der Operator $\bar{B}$ einen isometrischen Isomorphismus von X auf $\bar{X}$. Insbesondere ist $\bar{B}$ invertierbar. Infolge der Bedingung (2) ist $\tilde{D} \in \mathcal{L}(\tilde{X}, X)$ ebenfalls ein invertierbarer Operator.

Auf Grund der Darstellung (1.1) können wir unter Berücksichtigung der Bedingung (2) das Definitionsgebiet des Operators A zu $\tilde{X}$ erweitern. Diese Fortsetzung des Operators A betrachten wir als Operator von $\tilde{X}$ in $\bar{X}$ und bezeichnen sie mit $\tilde{A}$:

$$\tilde{A} = \bar{B}\, C\, \tilde{D}\,. \tag{1.3}$$

Der so erhaltene Operator $\tilde{A} \in \mathcal{L}(\tilde{X}, \bar{X})$ ist offensichtlich normal auflösbar.

Des weiteren folgt aus der Beziehung (1.3), daß, wenn C ein Φ-Operator (entsprechend $\Phi_\pm$-Operator oder von irgendeiner Seite invertierbar) ist, auch $\tilde{A}$ ein solcher Operator ist, und umgekehrt; dabei gilt

$$\begin{aligned} \dim \ker \tilde{A} &= \dim \ker C\,, \\ \dim \operatorname{coker} \tilde{A} &= \dim \operatorname{coker} C\,. \end{aligned} \tag{1.4}$$

Für die Gleichung

$$A\, x = y \tag{1.5}$$

ergeben sich damit folgende Lösbarkeitsaussagen: Dafür, daß (1.5) eine Lösung $x \in \tilde{X}$ besitzt, ist $y \in \bar{X}$ eine notwendige Bedingung. Wenn $y \in \bar{X}$, dann ist (1.5) genau dann lösbar in $\tilde{X}$, wenn $\langle B^{-1}\, y, f\rangle = 0$ gilt für eine beliebige Lösung $f \in X^*$ der Gleichung $C^* f = 0$. Ist letzteres der Fall, dann hat die allgemeine Lösung der Gleichung (1.5) die Gestalt $x = \tilde{D}^{-1}\, z$, wobei z die allgemeine Lösung der Gleichung

$$C\, z = B^{-1}\, y$$

bedeutet.

Man sieht leicht, daß die Bedingung (2) erfüllt ist, wenn folgendes gilt:

(2′) *Der Raum X ist der Dual zu einem gewissen* Banach*-Raum X_1 und D der adjungierte zu einem Operator $D_1 \in \mathcal{L}(X_1)$ mit*

$$\dim \ker D = \dim \ker D_1 = 0\,. \tag{1.6}$$

In der Tat, wegen der zweiten Gleichung aus (1.6) können wir analog zu $\bar{X}$ bzw. $\bar{B}$ den Raum $\bar{X}_1 = \operatorname{im} D_1$ und den isometrischen Isomorphismus $\bar{D}_1$ von X_1 auf $\bar{X}_1$ einführen. Dann vermittelt der adjungierte Operator $\tilde{D} = \bar{D}_1^*$

einen isometrischen Isomorphismus von $\overline{X}_1^*$ auf $X_1^* = X$. Der Raum $\tilde{X} = \overline{X}_1^*$ ist ein BANACH-Raum, und da infolge der ersten Bedingung (1.6) die Menge $\overline{X}_1$ in X_1 dicht liegt, so gilt $X \subset \tilde{X}$. Der Operator $\tilde{D}$ ist die in der Bedingung (2) geforderte Fortsetzung des Operators D von X auf $\tilde{X}$.

Wir bemerken, daß für einen reflexiven Raum X die Bedingung (2′) die folgende Gestalt annimmt (in diesem Fall ist $X_1 = X^*$, $D_1 = D^*$):

$$\dim \ker D = \dim \operatorname{coker} D = 0 . \tag{1.7}$$

Die Bedingung (2) ist auch dann erfüllt, wenn der Operator D eine ,,formale“ Inverse besitzt:

(2″) *Es existiert ein auf ganz X definierter Operator $D^{(-1)}$ mit Werten, die im allgemeinen außerhalb von X liegen, so daß folgende zwei Beziehungen gelten:*

$$D^{(-1)} D x = x , \qquad D D^{(-1)} x = x \qquad \forall\, x \in X . \tag{1.8}$$

Offenbar folgt aus (2′) die Bedingung (2″) mit $D^{(-1)} = (\overline{D}_1^*)^{-1}$.

Die zweite Beziehung (1.8) bedeutet insbesondere, daß der Operator D natürlicherweise auf den Werten des Operators $D^{(-1)}$ erklärt ist. Mit $\tilde{X}$ bezeichnen wir dann die Bildmenge $D^{(-1)}(X)$ des Operators $D^{(-1)}$ auf X und mit $\tilde{D}$ den auf $\tilde{X}$ definierten Operator D. In $\tilde{X}$ erklären wir eine Norm durch die Formel

$$||f||_{\tilde{X}} = ||D f||_X = ||g||_X \qquad (f = D^{(-1)} g \in \tilde{X}) .$$

Unter Benutzung der zweiten Beziehung (1.8) überzeugt man sich leicht davon, daß $\tilde{X}$ ein BANACH-Raum ist, den der Operator $\tilde{D}$ isometrisch auf X abbildet. Der Operator $D^{(-1)}$ ist die Inverse zu $\tilde{D}$. Aus der ersten Beziehung (1.8) folgt schließlich die stetige Einbettung $X \subset \tilde{X}$.

Bei den in den nächsten Kapiteln folgenden Anwendungen wird sich die Bedingung (2″) immer einfach nachprüfen lassen.

Es ist offensichtlich, daß die oben durchgeführten Konstruktionen auch in dem Fall möglich sind, wo die Operatoren in der Darstellung (1.1) zwischen je zwei BANACH-Räumen wirken.

4.1.2. Wie aus Satz 5.8, Kapitel 1, folgt, kann jeder Operator A mit einem endlichen Index in der Form (1.1) dargestellt werden, so daß B die Bedingung (1), D die Bedingungen (1.7) erfüllt und C ein Φ-Operator ist. Dabei sind die Faktoren in (1.1) nicht eindeutig bestimmt. Insbesondere lassen sich stets die beiden Grenzfälle $B = I$ und $D = I$ realisieren, denen die Raumpaare $(\tilde{X}, X)$ bzw. $(X, \overline{X})$ entsprechen (vgl. hierzu auch Abschnitt 4.2). In diesen Fällen läßt sich die Gleichung (1.5) wie folgt interpretieren:

1°. $B = I$: Die rechte Seite y der Gleichung wird im Raum X vorgegeben, und es wird eine verallgemeinerte Lösung $x \in \tilde{X}$ gesucht.

2°. $D = I$: Es wird $y \in \overline{X}$ vorgegeben und eine gewöhnliche Lösung $x \in X$ gesucht.

Bei den Anwendungen (siehe Kapitel 5 und 6) wird darauf zu achten sein, daß die Operatoren B und D in der Darstellung (1.1) so gewählt werden, daß die Räume $\tilde{X}$ und $\overline{X}$ eine möglichst einfache analytische Beschreibung zulassen.

4.1.3. In den Anwendungen (vgl. Kapitel 5) hat man es gelegentlich mit Darstellungen der Form

$$A = B\,C \tag{1.9}$$

zu tun, wobei $C \in \mathscr{L}(X, Y)$ ein Φ-Operator ist und der Operator $B \in \mathscr{L}(Y)$ die Bedingung

$$0 < \dim \ker B < \infty$$

erfüllt. Dieser Fall läßt sich leicht auf den in 4.1.1 betrachteten Fall $\dim \ker B = 0$ zurückführen.

Zu diesem Zweck führen wir in die Betrachtungen den Faktorraum $\boldsymbol{Y} = Y/\ker B$ ein und bezeichnen mit F die kanonische Abbildung von Y auf $\boldsymbol{Y}$, die dem Element $y \in Y$ die Klasse $\hat{y} = y + \ker B$ zuordnet. Der Operator B erzeugt dann auf natürliche Weise einen Operator $\boldsymbol{B} \in \mathscr{L}(\boldsymbol{Y}, Y)$ mit $\dim \ker \boldsymbol{B} = 0$, der durch die Gleichung

$$\boldsymbol{B}\,\hat{y} = B\,y$$

definiert wird. Offenbar gilt $\boldsymbol{B}\,F = B$. Damit ergibt sich für den Operator A infolge (1.9) die Darstellung

$$A = \boldsymbol{B}\,\boldsymbol{C}\,,$$

wobei $\boldsymbol{C} = F\,C \in \mathscr{L}(X, \boldsymbol{Y})$ ein Φ-Operator mit

$$\operatorname{Ind} \boldsymbol{C} = \operatorname{Ind} C + \dim \ker B \tag{1.10}$$

ist und der Operator $\boldsymbol{B} \in \mathscr{L}(\boldsymbol{Y}, Y)$ die Bedingung

$$\dim \ker \boldsymbol{B} = 0$$

erfüllt. Folglich ist das in 4.1.1 beschriebene Schema auf den Operator A anwendbar, d. h., der Operator $A\colon X \to \overline{Y}$ ist ein Φ-Operator mit dem Index (1.10), wobei im vorliegenden Fall die Norm eines Elementes $z \in \overline{Y} = \operatorname{im} B$ durch die folgende Beziehung festgelegt ist:

$$\|z\|_{\overline{Y}} = \|\boldsymbol{B}^{-1}\,z\|_{\boldsymbol{Y}} = \inf_{B\,y = z} \|y\|_Y\,.$$

Bemerkung. Aus den Ergebnissen des Abschnitts 1.3 folgt: Ein Operator A der Gestalt (1.9) ist genau dann ein $\Phi_\pm$-Operator von X in Y, wenn $C \in \mathscr{L}(X, Y)$ ein solcher Operator ist.

In den folgenden zwei Behauptungen setzen wir voraus, daß der Operator A die Darstellung (1.9) besitzt, wobei B und C die obengenannten Eigenschaften haben.

Zunächst bemerken wir, daß für die Lösbarkeit der Gleichung $A\,x = y$ offensichtlich die Beziehung $y \in \operatorname{im} B$ notwendig ist.

Lemma 1.1. *Jede Lösung x der Gleichung*

$$A\,x = y \qquad (y \in \operatorname{im} B) \tag{1.11}$$

ist Lösung der Gleichung $C\,x = z$ für ein gewisses z mit $B\,z = y$, und umgekehrt.

Beweis. Es sei $A\,x = y$. Indem wir $C\,x = z$ setzen, erhalten wir $B\,z = B\,C\,x = y$.

Umgekehrt ergibt sich aus $C\,x = z$, wobei $B\,z = y$ gilt, die Beziehung $y = B\,C\,x = A\,x$.

Lemma 1.2. *Die Gleichung* (1.11) *ist genau dann lösbar, wenn gilt:*

$$\langle z, f\rangle = 0 \text{ für alle } f \in (\ker C^*) \cap (\ker B)^\perp\,, \tag{1.12}$$

wobei z ein beliebiges Element mit $B\,z = y$ ist.

Beweis. Es sei x eine Lösung der Gleichung (1.11). Dann gilt $C\,x = z_0$ für ein gewisses z_0 mit $B\,z_0 = y$. Daraus folgt $\langle z_0, f\rangle = 0$ für alle $f \in \ker C^*$ und somit auch die Bedingung (1.12).

Es sei jetzt umgekehrt die Bedingung (1.12) erfüllt. Dann ist $z \in \operatorname{im} C + \ker B$, d. h., für ein gewisses $h \in \ker B$ gilt $z - h = C\,x$. Wegen $B\,(z - h) = y$ folgt dann nach Lemma 1.1 die Beziehung $A\,x = y$.

Folgerung. Für den Operator A der Gestalt (1.9) gilt

$$\dim \operatorname{coker} A = \dim\,[(\ker C^*) \cap (\ker B)^\perp] = \operatorname{codim}\,(\operatorname{im} C + \ker B)\,.$$

Bemerkung. Die Überlegungen dieses Teilabschnittes lassen sich auch auf den Fall übertragen, daß $\dim \ker B = \infty$ ist, wenn man zusätzlich voraussetzt, daß die Summe $\ker B + \operatorname{im} C$ abgeschlossen ist. In diesem Fall ist A genau dann normal auflösbar bzw. ein Φ_--Operator, wenn C ein solcher Operator ist.

Dies folgt unmittelbar aus den Darstellungen $A = \boldsymbol{B}\,\boldsymbol{C}$, $\boldsymbol{C} = F\,C$ sowie Lemma 3.2, Kapitel 1.

4.1.4. Ein weiterer Sachverhalt, der uns später in den Anwendungen begegnen wird, ist der folgende:

Für den Operator $D \in \mathcal{L}(X)$ sei die in 4.1.1 genannte Bedingung (2) erfüllt, und $Z \subset X$ sei ein (in X stetig eingebetteter) Banach-Raum, auf dem die Einschränkung

$$D_Z = D|Z : Z \to Z$$

ein beschränkter Operator ist.

Dann kann man einen Banach-Raum $\tilde{Z}$ mit $Z \subset \tilde{Z} \subset \tilde{X}$ und eine Erweiterung $\tilde{D}_Z$ des Operators D_Z auf den Raum $\tilde{Z}$ konstruieren derart, daß $\tilde{D}_Z$ ein umkehrbar stetiger linearer Operator von $\tilde{Z}$ auf Z ist. Dafür genügt es,

$$\tilde{Z} = \tilde{D}^{-1}(Z)\,, \qquad \tilde{D}_Z\,x = \tilde{D}\,x \qquad (x \in \tilde{Z})$$

zu setzen und auf $\tilde{Z}$ eine neue Norm durch die Beziehung

$$\|x\|_0 = \|\tilde{D}\,x\|_Z$$

zu erklären.

4.2. Wiener-Hopfsche Gleichungen

Wir wenden jetzt die Ergebnisse aus dem vorhergehenden Abschnitt auf Wiener-Hopfsche Operatoren der Gestalt $P\,A\,P$ mit $A \in \mathfrak{R}(U)$ an, wobei der invertierbare Operator $U \in \mathcal{L}(X)$ den Bedingungen (1) und (2) aus 2.1 genüge.

4.2.1. Es sei also $A \in \mathfrak{R}(U)$ ein Operator vom nicht normalen Typ, d. h., sein Symbol $A(z)$ ($|z| = 1$) besitzt Nullstellen auf dem Einheitskreis.

Wir setzen voraus, daß der Operator A die Gestalt

$$A = A_- \, C \, A_+ \quad \text{mit} \quad A_\pm \in \mathfrak{R}^\pm(U)\,, \qquad C \in \mathfrak{R}(U) \tag{2.1}$$

hat, wobei C ein Operator vom Normaltyp ist. Dann erhalten wir unter Benutzung der Beziehungen (1.13) aus Kapitel 2 für den Operator $\hat{A} = P\,A\,P \mid \text{im}\, P$ die Darstellung

$$\hat{A} = \hat{B}\,\hat{C}\,\hat{D} \tag{2.2}$$

mit den im Raum $X_+ = \text{im}\, P$ betrachteten Operatoren

$$\hat{B} = P\,A_-\,P\,, \qquad \hat{C} = P\,C\,P\,, \qquad \hat{D} = P\,A_+\,P\,. \tag{2.3}$$

Wenn die Operatoren $\hat{B}$ und $\hat{D}$ in der Darstellung (2.2) die Bedingungen (1) und (2) (bzw. (2′) oder (2″)) aus 4.1 erfüllen, dann kann man nach dem in 4.1 behandelten Schema die Räume $\overline{X}_+ \subset X_+ \subset \tilde{X}_+$ konstruieren, so daß der Operator $\hat{A} : \tilde{X}_+ \to \overline{X}_+$ ein Φ-Operator ist.

4.2.2. Im weiteren setzen wir voraus, daß $\mathfrak{R}(U)$ eine Algebra ohne Radikal ist.

Dann gilt die Darstellung (2.1) und demzufolge auch (2.2), falls das Symbol $A(z)$ des Operators A eine Faktorisierung der Gestalt

$$A(z) = \varrho_-(z)\; C(z)\; \varrho_+(z) \tag{2.4}$$

mit

$$\varrho_\pm(z) \in \mathfrak{R}^\pm(z)\,, \qquad C(z) \in \mathfrak{R}(z)\,, \qquad C(z) \neq 0 \qquad (|z| = 1)$$

zuläßt. In diesem Fall sind die Operatoren $\hat{B}$, $\hat{C}$ und $\hat{D}$ in der Darstellung (2.2) die entsprechend zu den Symbolen $\varrho_-(z)$, $C(z)$ bzw. $\varrho_+(z)$ gehörigen Operatoren aus der Algebra $\mathfrak{R}(U)$ (vgl. 2.1).

Wir bemerken, daß die Symbole $\varrho_+(z)$ und $\varrho_-(z)$ auf Grund des Eindeutigkeitssatzes für analytische Funktionen (siehe I. I. PRIWALOW [2], S. 212) höchstens auf einer Punktmenge des Einheitskreises vom LEBESGUEschen Maße Null verschwinden können.

4.2.3. Wir betrachten jetzt speziell den Fall, daß das Symbol $A(z)$ des Operators $A \in \mathfrak{R}(U)$ endlich viele Nullstellen ganzzahliger Ordnungen besitzt.

Es seien $\alpha_1, \alpha_2, \ldots, \alpha_r$ paarweise verschiedene Punkte des Einheitskreises und $m_1, m_2, \ldots, m_r$ positive ganze Zahlen. Das Symbol $A(z)$ habe die Gestalt

$$A(z) = \prod_{j=1}^{r} (z - \alpha_j)^{m_j}\, B(z) \tag{2.5}$$

mit $B(z) \in \mathfrak{R}(z)$ und $B(z) \neq 0$ ($|z| = 1$).

Wir wählen beliebige nicht negative ganze Zahlen m_j' und m_j'' derart, daß gilt

$$m_j' + m_j'' = m_j \qquad (j = 1, 2, \ldots, r)\,.$$

Indem wir

$$\varrho_+(z) = \prod_{j=1}^{r} (z - \alpha_j)^{m_j'}\,, \qquad \varrho_-(z) = \prod_{j=1}^{r} (z^{-1} - \alpha_j^{-1})^{m_j''} \qquad (|z| = 1) \tag{2.6}$$

und

$$C(z) = \prod_{j=1}^{r} (-\alpha_j z)^{m''_j} B(z)$$

setzen, erhalten wir für das Symbol $A(z)$ die Darstellung (2.4).

Für das Weitere vereinbaren wir folgende Bezeichnungen:

$$B_\alpha = U^{-1} - \alpha^{-1} I, \qquad D_\alpha = U - \alpha I. \tag{2.7$_1$}$$

Die Operatoren $B_\alpha \in \mathfrak{R}^-(U)$, $D_\alpha \in \mathfrak{R}^+(U)$ haben die Symbole $z^{-1} - \alpha^{-1}$ bzw. $z - \alpha$. Auf Grund der Beziehungen (1.13), Kapitel 2, ergeben sich für die Operatoren $\hat{B}$ und $\hat{D}$ aus (2.3) die Darstellungen

$$\hat{B} = \prod_{j=1}^{r} \hat{B}_{\alpha j}^{m''_j}, \qquad \hat{D} = \prod_{j=1}^{r} \hat{D}_{\alpha j}^{m'_j}. \tag{2.7$_2$}$$

Satz 2.1. *Es gelte* $m''_j > 0$ *und*

$$\ker \hat{B}_{\alpha j} \cap \operatorname{im} \hat{B}_{\alpha_j} = \{0\} \qquad (j = 1, 2, \ldots, r). \tag{2.8}$$

Dann ist der Kern des Operators $\hat{B}$ *die direkte Summe*

$$\ker \hat{B} = \ker \hat{B}_{\alpha_1} \dotplus \cdots \dotplus \ker \hat{B}_{\alpha_r}.$$

Beweis. Offenbar genügt es, die Behauptung für $r = 2$ zu zeigen. Wegen (2.8) gilt zunächst $\ker \hat{B}_{\alpha j}^{m''_j} = \ker \hat{B}_{\alpha j}$. Des weiteren folgt aus $\alpha_1 \neq \alpha_2$ unmittelbar $\ker \hat{B}_{\alpha_1} \cap \ker \hat{B}_{\alpha_2} = \{0\}$.

Da für beliebiges $\varphi \in \ker \hat{B}_{\alpha_1}$ die Gleichung

$$\hat{B}_{\alpha_2} \varphi = P U^{-1} \varphi - \alpha_2^{-1} \varphi = (\alpha_1^{-1} - \alpha_2^{-1}) \varphi$$

gilt, so ist $\hat{B}_{\alpha_2} (\ker \hat{B}_{\alpha_1}) = \ker \hat{B}_{\alpha_1}$.

Sei jetzt $\hat{B} f = 0$ $(f \in X_+)$. Dann ist $\hat{B}_{\alpha_2}^{m''_2} f \in \ker \hat{B}_{\alpha_1}$, und folglich gilt auf Grund der vorher bewiesenen Beziehung

$$\hat{B}_{\alpha_2}^{m''_2} f = \hat{B}_{\alpha_2}^{m''_2} f_1, \qquad f_1 \in \ker \hat{B}_{\alpha_1}.$$

Daraus schließen wir $f_2 = f - f_1 \in \ker \hat{B}_{\alpha_2}$ und $f = f_1 + f_2$. Die Behauptung ist bewiesen.

Bemerkung. Wenn der Operator U die Bedingung

$$\sup_n \|P U^{-n}\| < \infty \qquad (n = 0, 1, 2, \ldots)$$

erfüllt, dann gilt die Beziehung (2.8) für einen beliebigen Punkt α $(|\alpha| = 1)$.

In der Tat, es gelte für $f \in X_+$ und $g \in \ker \hat{B}_\alpha$ die Gleichung

$$\hat{B}_\alpha f = P U^{-1} f - \alpha^{-1} f = g.$$

Dann ergeben sich für $n = 1, 2, \ldots$ leicht die Beziehungen

$$\alpha^{n-1} P U^{-n} f - \alpha^{-1} f = n g, \qquad \|P U^{-n} f\| \geqq n \|g\| - \|f\|,$$

woraus auf Grund der Voraussetzung $g = 0$ folgt.

Im weiteren setzen wir voraus, daß $\ker \hat{B}$ *endlichdimensional* ist. Dann können wir nach 4.1.3 den BANACH-Raum $\overline{X}_+(\varrho_-) = \operatorname{im} \hat{B}$ konstruieren, wobei die Norm eines Elementes $\varphi \in \overline{X}_+(\varrho_-)$ durch die Beziehung

$$||\varphi||_{\overline{X}_+(\varrho_-)} = \inf_{\hat{B}\psi=\varphi} ||\psi||_{X_+}$$

definiert ist. Entsprechend sind die Räume $\overline{X}_+^{(j)} = \operatorname{im} \hat{B}_{\alpha j}^{m_j''}$ $(j = 1, 2, \ldots, r)$ erklärt.

Wenn $||\varphi||^{(j)}$ die Norm im Raum $\overline{X}_+^{(j)}$ bezeichnet, dann ist bekanntlich der Durchschnitt $\bigcap_{j=1}^{r} \overline{X}_+^{(j)}$ ein BANACH-Raum mit der Norm $\sum_{j=1}^{r} ||\varphi||^{(j)}$. Der folgende Satz zeigt, daß sich die analytische Beschreibung des Bildraumes $\operatorname{im} \hat{B}$ auf die Beschreibung des Raumes $\operatorname{im} \hat{B}_\alpha^m$ in *einem* Punkt α zurückführen läßt.

Satz 2.2. *Es gilt*

$$\overline{X}_+(\varrho_-) = \bigcap_{j=1}^{r} \overline{X}_+^{(j)} .$$

Dem Beweis des Satzes schicken wir das folgende Lemma voraus.

Lemma 2.1. *Es sei X ein BANACH-Raum, A und B zwei miteinander kommutierende Operatoren aus $\mathcal{L}(X)$ und $C = A\,B$.*

Wenn zwei Operatoren R_1 und R_2 $(\in \mathcal{L}(X))$ existieren derart, daß die Beziehungen

$$A\,R_1 + B\,R_2 = I\,, \qquad A\,R_2 = R_2\,A\,, \qquad B\,R_1 = R_1\,B$$

gelten, dann ist

$$\operatorname{im} C = \operatorname{im} A \cap \operatorname{im} B\,, \tag{2.9}$$

und die auf $\operatorname{im} C$ *definierten Normen*

$$||f||_{\operatorname{im} C} = \inf_{Cx=f} ||x||_X \qquad (f \in \operatorname{im} C)$$

und $||f||' = ||f||_{\operatorname{im} A} + ||f||_{\operatorname{im} B}$ *sind äquivalent.*

Beweis. Wegen $C = A\,B = B\,A$ gilt offensichtlich

$$\operatorname{im} C \subset \operatorname{im} A \cap \operatorname{im} B\,.$$

Es sei $f \in \operatorname{im} A \cap \operatorname{im} B$, d. h.

$$f = A\,x = B\,y \qquad (x, y \in X)\,.$$

Dann ergibt sich für $z = R_1\,y + R_2\,x$ die Beziehung

$$C\,z = A\,R_1\,B\,y + B\,R_2\,A\,x = (A\,R_1 + B\,R_2)\,f = f\,,$$

d. h. $f \in \operatorname{im} C$. Damit ist (2.9) bewiesen.

Aus den Abschätzungen

$$||f||_{\operatorname{im} C} \leq ||z|| \leq ||R_1||\,||y|| + ||R_2||\,||x||$$

folgt

$$||f||_{\operatorname{im} C} \leq M_1 ||f||'\,.$$

Unter Benutzung der Definition der Normen $||f||_{\text{im } C}$ und $||f||'$ sieht man leicht, daß auch eine Abschätzung in der umgekehrten Richtung der Gestalt

$$||f||' \leqq M_2 ||f||_{\text{im } C}$$

gilt. Das Lemma ist damit bewiesen.

Wir kommen nun zum Beweis des Satzes 2.2. Es genügt offenbar, den Fall $r = 2$ zu betrachten.

Wie man leicht einsieht, lassen sich zwei Polynome $P_j(z)$ $(j = 1, 2)$ mit der Eigenschaft Grad $P_j(z) \leqq m_j''$ finden derart, daß die Identität

$$(1 - z\,\alpha_1^{-1})^{m_1''}\, P_2(z) + (1 - z\,\alpha_2^{-1})^{m_2''}\, P_1(z) = z^{m_1'' + m_2''}$$

erfüllt ist. Mit $S_j \in \mathfrak{S}(U)$ bezeichnen wir den Operator mit dem Symbol $P_j(z)/z^{m_j''}$ $(j = 1, 2)$. Wie man leicht nachprüft, sind dann für die Operatoren

$$A = \hat{B}_{\alpha_1}^{m_1''}, \qquad B = \hat{B}_{\alpha_2}^{m_2''}, \qquad R_1 = \hat{S}_2, \qquad R_2 = \hat{S}_1$$

im Raum $X_+ = \text{im } P$ die Voraussetzungen des Lemmas 2.1 erfüllt. Daraus folgt die Behauptung des Satzes.

Im weiteren nehmen wir an, daß der durch die zweite Beziehung (2.7_2) im Raum $X_+ = \text{im } P$ definierte Operator $\hat{D}$ die Bedingung (2'') aus 4.1 erfüllt. Dann können wir den Raum $\tilde{X}_+(\varrho_+) = \hat{D}^{(-1)}(X_+)$ einführen, in dem die Norm durch die Beziehung

$$||f||_{\tilde{X}_+} = ||\hat{D} f||_{X_+}$$

erklärt ist. Die Räume $\tilde{X}_+(\varrho_+)$ und $\overline{X}_+(\varrho_-)$ wollen wir die *durch die Nullstellen des Symbols erzeugten Räume* nennen.

Aus den Ergebnissen des Kapitels 2 sowie des Abschnittes 4.1 schließen wir auf den folgenden Satz.

Satz 2.3. *Dafür, daß der Operator*

$$\hat{A} : \tilde{X}_+(\varrho_+) \to \overline{X}_+(\varrho_-)$$

ein Φ_+- oder Φ_--Operator ist, ist notwendig und hinreichend, daß die Funktion $B(z)$ in der Darstellung (2.5) (*oder, was dasselbe ist, die Funktion $C(z)$ in* (2.4)) *nirgends auf dem Einheitskreis verschwindet.*

Ist diese Bedingung erfüllt, dann ist $\hat{A}$ ein Φ-Operator von $\tilde{X}_+(\varrho_+)$ in $\overline{X}_+(\varrho_-)$, und für seinen Index gilt die folgende Formel:

$$\text{Ind } \hat{A} = \dim \ker \hat{B} - \varkappa\, \beta(\hat{U}), \tag{2.10}$$

wobei

$$\varkappa = \text{ind } C(z) = \text{ind } B(z) + \sum_{j=1}^{r} m_j''.$$

Des weiteren erhalten wir aus Lemma 1.2, daß unter den Voraussetzungen des Satzes 2.3 die Gleichung

$$\hat{A}\, x = y \qquad (y \in \overline{X}_+(\varrho_-)) \tag{2.11}$$

dann und nur dann eine Lösung $x \in \tilde{X}_+(\varrho_+)$ besitzt, wenn $\langle z, f \rangle = 0$ für alle $f \in (\ker \hat{C}^*) \cap (\ker \hat{B})^\perp$ gilt, wobei $z \in X_+$ ein beliebiges Element mit $\hat{B}\, z = y$ ist.

Bemerkung 1. Wenn $\dim \ker \hat{B} = 0$ gilt und $C(z)$ nirgends auf dem Einheitskreis verschwindet, dann entspricht die Invertierbarkeit des Operators $\hat{A}$ der Zahl $\varkappa$, und es gilt

$$\dim \ker \hat{A} = \max(-\varkappa, 0)\, \beta(\hat{U}), \qquad \dim \operatorname{coker} \hat{A} = \max(\varkappa, 0)\, \beta(\hat{U}).$$

Dies ist eine direkte Folgerung aus den Ergebnissen des Abschnitts 4.1 sowie den Sätzen 1.3 und 4.1, Kapitel 2.

Bemerkung 2. Da die nicht negativen ganzen Zahlen m_j' und m_j'' nur die Bedingung $m_j' + m_j'' = m_j$ $(j = 1, \ldots, r)$ erfüllen sollen, ansonsten aber beliebig wählbar sind, so können wir (in Abhängigkeit von den Eigenschaften der rechten Seite der Gleichung (2.11) sowie den geforderten Eigenschaften der Lösung) insbesondere die folgenden beiden Grenzfälle betrachten:

1°. $m_j' = m_j, \quad m_j'' = 0 \quad (j = 1, \ldots, r)$.

2°. $m_j' = 0, \quad m_j'' = m_j \quad (j = 1, \ldots, r)$.

Im ersten Fall ergibt sich $\overline{X}_+(\varrho_-) = X_+$, und im Fall 2° ist $\tilde{X}_+(\varrho_+) = X_+$.

4.2.4. Die Überlegungen des Teilabschnitts 4.2.3. lassen sich auch auf den Fall übertragen, wo das Symbol $A(z)$ endlich viele Nullstellen nicht ganzzahliger Ordnungen besitzt.

Es seien $\alpha_1, \alpha_2, \ldots, \alpha_r$ paarweise verschiedene Punkte des Einheitskreises, $m_1', m_2', \ldots, m_r'$ und $m_1'', m_2'', \ldots, m_r''$ beliebige nicht negative reelle Zahlen. Wir setzen voraus, daß das Symbol $A(z)$ des Operators $A \in \Re(U)$ in der Form (2.4) darstellbar ist, wobei $C(z) \in \Re(z)$ gilt und die Funktionen $\varrho_\pm(z)$ durch die Beziehungen (2.6) gegeben sind.[1])

Wie man leicht sieht, sind die Funktionen $\varrho_+(z)$ und $\varrho_-(z)$ auf dem Einheitskreis absolut stetig und erfüllen eine HÖLDER-Bedingung. Folglich sind diese Funktionen in eine absolut konvergente FOURIER-Reihe entwickelbar (siehe A. ZYGMUND [1], Chapter VI, Theorem (3.6)). Ferner kann man sich leicht davon überzeugen, daß $\varrho_+(z)$ $(\varrho_-(z))$ in das Gebiet $|z| < 1$ $(|z| > 1)$ hinein analytisch fortsetzbar ist. Demzufolge gilt $\varrho_\pm(z) \in W^\pm$ und damit erst recht $\varrho_\pm(z) \in \in \Re^\pm(z)$. Wir bezeichnen mit $\hat{D}$ und $\hat{B}$ entsprechend die WIENER-HOPFschen Operatoren mit den Symbolen $\varrho_+(z)$ bzw. $\varrho_-(z)$.

Wie aus den in Teilabschnitt 4.2.3 durchgeführten Überlegungen folgt, behält in diesem Fall der Satz 2.3 seine volle Gültigkeit, wenn man Formel (2.10) durch folgende ersetzt:

$$\operatorname{Ind} \hat{A} = \dim \ker \hat{B} - \beta(\hat{U}) \operatorname{ind} C(z). \tag{2.10'}$$

Wir beweisen jetzt, daß unter den Voraussetzungen dieses Teilabschnitts (d. h. also im Falle beliebiger reeller Zahlen $m_j'' \geqq 0$) auch der Satz 2.2 gültig bleibt. Der Beweis stellt eine entsprechende Modifikation des im Falle ganzzahliger Ordnungen m_j'' geführten Beweises dar.

---

1) Wir bemerken, daß im Falle nicht ganzer Zahlen m_j $(j = 1, 2, \ldots, r)$ aus der Darstellung (2.5) noch nicht die Darstellung (2.4) folgt, da die Funktionen z^{m_j} $(|z| = 1)$ nicht mehr stetig sind.

Wir zeigen die Existenz zweier Funktionen $f_0(z)$ und $g_0(z)$ aus W^-, für die die Beziehung

$$(z^{-1} - \alpha_1^{-1})^{m_1''} f_0(z) + (z^{-1} - \alpha_2^{-1})^{m_2''} g_0(z) \equiv 1 \qquad (|z| \geqq 1) \tag{2.12}$$

gilt. Zu diesem Zweck betrachten wir die Gesamtheit J aller Funktionen der Gestalt

$$(z^{-1} - \alpha_1^{-1})^{m_1''} f(z) + (z^{-1} - \alpha_2^{-1})^{m_2''} g(z) \tag{2.13}$$

mit $f, g \in W^-$. Die Behauptung (2.12) ist bewiesen, wenn man nachweisen kann, daß $J = W^-$ ist. Nehmen wir an, es sei $J \neq W^-$. Wie man leicht einsieht, ist J ein Ideal der Algebra W^-. Demzufolge ist J als eigentliches Ideal in einem maximalen Ideal von W^- enthalten (siehe I. M. Gelfand, D. A. Raikow und G. E. Schilow [1]). Nach Lemma 3.1, Kapitel 2, existiert folglich ein Punkt z_0 ($|z_0| \geqq 1$), in dem die Funktionen (2.13) für beliebige $f, g \in W^-$ den Wert Null annehmen. Wegen $\alpha_1 \neq \alpha_2$ kann $z_0 \neq \alpha_1$ vorausgesetzt werden. Indem wir jetzt $f(z) \equiv 1$ und $g(z) \equiv 0$ setzen, erhalten wir $(z_0^{-1} - \alpha_1^{-1})^{m_1''} = 0$, was natürlich nicht sein kann. Mit diesem Widerspruch ist die Behauptung (2.12) bewiesen.

Wir bezeichnen jetzt mit S_1, S_2, A_1 und A_2 entsprechend die Operatoren aus $\mathfrak{R}^-(U)$ mit den Symbolen $f_0(z)$, $g_0(z)$, $(z^{-1} - \alpha_1^{-1})^{m_1''}$ bzw. $(z^{-1} - \alpha_2^{-1})^{m_2''}$. Wie man leicht einsieht, sind dann für die Operatoren

$$A = P\,A_1\,, \qquad B = P\,A_2\,, \qquad R_1 = P\,S_1\,, \qquad R_2 = P\,S_2$$

im Raum $X_+ = \operatorname{im} P$ die Voraussetzungen des Lemmas 2.1 erfüllt. Daraus folgt unmittelbar die Behauptung des Satzes 2.2.

4.3. Abstrakte singuläre Gleichungen

4.3.1. Für Operatoren aus der Algebra $\tilde{\mathfrak{R}}(U)$, d. h. Operatoren der Gestalt

$$A = A_1\,P + A_2\,Q + T \qquad \big(A_1, A_2 \in \mathfrak{R}(U)\big)\,,$$

wobei T in X vollstetig ist, läßt sich Satz 5.8, Kapitel 1, dahingehend verschärfen, daß im vorliegenden Fall die Operatoren B, C und D in der Darstellung (1.1) aus der Algebra $\tilde{\mathfrak{R}}(U)$ genommen werden können.

Wir setzen dabei voraus, daß der invertierbare Operator $U \in \mathcal{L}(X)$ neben den Bedingungen (1) und (2) aus 2.1 noch die folgende Bedingung erfüllt:

$$\beta(\hat{U}) = \beta(U\,P \mid \operatorname{im} P) = 1\,.$$

Unter diesen Voraussetzungen gilt also der nachfolgende Satz.

Satz 3.1. *Es sei* $A \in \tilde{\mathfrak{R}}(U)$.

(a) *Wenn* $\dim \ker A$ *endlich ist, dann besitzt* A *die Darstellung* $A = B\,C$.

(b) *Wenn* A *einen endlichen Index hat, dann ist er in der Forn* $A = C\,D$ *darstellbar.*

Dabei sind B, C *und* D *Operatoren aus der Algebra* $\tilde{\mathfrak{R}}(U)$, *wobei* C *ein* Φ-*Operator ist und für* B, D *die folgenden Beziehungen gelten:*

$$\dim \ker B = 0\,, \qquad \dim \ker D = \dim \operatorname{coker} D = 0\,.$$

Beweis. Wir zeigen, daß die beim Beweis des Satzes 5.8, Kapitel 1, konstruierten Operatoren B, C und D unter den oben angenommenen Voraussetzungen zu $\tilde{\Re}(U)$ gehören. Die Algebra $\tilde{\Re}(U)$ enthält den identischen Operator I sowie alle vollstetigen und demzufolge auch alle endlichdimensionalen stetigen Operatoren. Wie aus dem Beweis des Satzes 5.8, Kapitel 1, leicht zu ersehen ist, genügt es somit zu zeigen, daß für zwei beliebige abgeschlossene Teilräume X_1 und X_2 des Raumes X endlicher Kodimension ein Operator in $\tilde{\Re}(U)$ existiert, der X_1 auf X_2 isomorph abbildet.

Wenn $\operatorname{codim} X_1 = \operatorname{codim} X_2$ gilt, dann existiert ein abgeschlossener Teilraum X_0 mit $X = X_1 \dotplus X_0 = X_2 \dotplus X_0$. Wir bezeichnen mit P_j $(j = 1, 2)$ den (endlichdimensionalen) Projektor von X auf X_0 parallel zu X_j. Dann ist $F = I + P_1 - P_2 \in \tilde{\Re}(U)$ der gesuchte Isomorphismus $(F^{-1} = I - P_1 + P_2)$.

Zum Abschluß des Beweises genügt es zu zeigen, daß zu einer beliebigen natürlichen Zahl m ein abgeschlossener Teilraum X_m der Kodimension m und ein Operator aus $\tilde{\Re}(U)$, der X isomorph auf X_m abbildet, existieren. Wir setzen

$$W = U P + Q , \qquad W^{(-1)} = U^{-1} P + Q .$$

Dann gilt $W^{(-1)} W = I$, und nach Satz 4.2, Kapitel 2, ist $X_m = \operatorname{im} W^m$ der gesuchte Teilraum und $W^m \in \tilde{\Re}(U)$ der gesuchte Isomorphismus.

Der Satz ist damit bewiesen.

4.3.2. Im weiteren betrachten wir speziell die paarigen Operatoren der Gestalt

$$A_1 P + A_2 Q \qquad \big(A_1, A_2 \in \Re(U)\big)$$

(ohne vollstetigen Teil) sowie die entsprechenden transponierten Operatoren $P A_2 + Q A_1$.

Dabei setzen wir im folgenden immer voraus, daß der invertierbare Operator $U \in \mathscr{L}(X)$ die Bedingungen (1) und (2) aus 2.1 erfüllt und $\Re(U)$ eine Algebra ohne Radikal ist.

Wir nehmen an, daß die Operatoren A_1 und A_2 die folgende Gestalt besitzen:

$$A_1 = A_+ A_0 F , \qquad A_2 = A_- B_0 F . \tag{3.1}$$

Dabei seien A_0 und B_0 $\big(\in \Re(U)\big)$ Operatoren vom Normaltyp, $A_\pm \in \Re^\pm(U)$ und $F \in \Re(U)$. Dann läßt sich für die obengenannten paarigen Operatoren leicht eine Darstellung der Form (1.1) angeben.

Unter Benutzung der Formeln (4.16), (4.17) aus Kapitel 2 erhalten wir nämlich die Gleichungen

$$A_1 P + A_2 Q = F (A_0 P + B_0 Q) (A_+ P + A_- Q) \tag{3.2}$$

und

$$P A_2 + Q A_1 = (P A_- + Q A_+) (P B_0 + Q A_0) F . \tag{3.3}$$

Wir bemerken, daß zwischen den Nullräumen (Bildräumen) des Operators $B = P A_- + Q A_+$ einerseits sowie der Operatoren $P A_- = P A_- P$ und $Q A_+ = Q A_+ Q$ andererseits offenbar die folgenden Beziehungen bestehen:

$$\ker B = \ker P A_- \dotplus \ker Q A_+ , \qquad \operatorname{im} B = \operatorname{im} P A_- \oplus \operatorname{im} Q A_+ . \tag{3.4}$$

4.3.3. Wir bezeichnen mit $A(z)$ und $B(z)$ entsprechend die Symbole der Operatoren A_1 bzw. A_2 $\left(\in \Re(U)\right)$. Wir betrachten den Fall, daß die Funktionen $A(z)$ und $B(z)$ ($|z| = 1$) endlich viele Nullstellen ganzzahliger Ordnungen besitzen.

Es seien $\alpha_1, \alpha_2, \ldots, \alpha_r$, $\beta_1, \beta_2, \ldots, \beta_s$ und $\gamma_1, \gamma_2, \ldots, \gamma_q$ gewisse (nicht notwendig verschiedene) Punkte des Einheitskreises und $m_1, m_2, \ldots, m_r$, $n_1, n_2, \ldots, n_s$ sowie $l_1, l_2, \ldots, l_q$ nicht negative ganze Zahlen. Wir nehmen an, daß die Funktionen $A(z)$ und $B(z)$ ($|z| = 1$) die folgende Gestalt besitzen:

$$\begin{aligned} A(z) &= \varrho_+(z)\, \varrho(z)\, A_0(z)\,, \\ B(z) &= \varrho_*(z)\, \varrho(z)\, B_1(z)\,, \end{aligned} \tag{3.5}$$

wobei $A_0(z)$ und $B_1(z)$ Funktionen aus $\Re(z)$ sind, die auf dem Einheitskreis nirgends verschwinden, und

$$\varrho_+(z) = \prod_{j=1}^{r} (z - \alpha_j)^{m_j}\,, \qquad \varrho(z) = \prod_{j=1}^{q} (z - \gamma_j)^{l_j}\,,$$

$$\varrho_*(z) = \prod_{j=1}^{s} (z - \beta_j)^{n_j}\,.$$

Bemerkung. Offensichtlich kann in den Darstellungen (3.5) für die Funktionen $A(z)$ und $B(z)$ o. B. d. A. stets $\varrho(z) \equiv 1$ angenommen werden. Durch geeignete Wahl der Punkte γ_j ($j = 1, \ldots, q$) kann man jedoch erforderlichenfalls erreichen, daß die Punkte α_k und β_l ($k = 1, \ldots, r$; $l = 1, \ldots, s$) paarweise verschieden sind. Im letzten Fall sind dann die Punkte γ_j gerade die gemeinsamen Nullstellen der Funktionen $A(z)$ und $B(z)$.

Für das Weitere ist es erforderlich, der Funktion $B(z)$ die Gestalt

$$B(z) = \varrho_-(z)\, \varrho(z)\, B_0(z) \tag{3.6}$$

zu geben; dabei gilt

$$\varrho_-(z) = \prod_{j=1}^{s} (z^{-1} - \beta_j^{-1})^{n_j}\,, \qquad B_0(z) = \prod_{j=1}^{s} (-\beta_j\, z)^{n_j}\, B_1(z)\,.$$

Wir setzen jetzt (siehe (2.7_1))

$$A_+ = \prod_{j=1}^{r} D_{\alpha_j}^{m_j}\,, \qquad A_- = \prod_{j=1}^{s} B_{\beta_j}^{n_j}\,, \qquad F = \prod_{j=1}^{q} D_{\gamma_j}^{l_j}\,,$$

$$B = P\, A_- + Q\, A_+\,, \qquad D = A_+\, P + A_-\, Q$$

und bezeichnen mit A_0, B_0 die Operatoren aus der Algebra $\Re(U)$, deren Symbole entsprechend $A_0(z)$ bzw. $B_0(z)$ sind. Dann stellen sich die Operatoren A_1 und A_2 in der Form (3.1) dar, und folglich gelten auch die Darstellungen (3.2) und (3.3) für die paarigen Operatoren.

4.3.4. Unter Beibehaltung der im vorhergehenden Teilabschnitt angenommenen Voraussetzungen fordern wir jetzt zusätzlich, daß die Nullräume der Operatoren B und F endlichdimensional sind: $\dim \ker B < \infty$, $\dim \ker F < \infty$.

Durch $\overline{X}(\varrho_+, \varrho_-)$ bezeichnen wir den Bildraum im B mit der Norm

$$||\varphi||_{\overline{X}(\varrho_+,\, \varrho_-)} = \inf_{B\,\psi = \varphi} ||\psi||_X \qquad (\varphi \in \operatorname{im} B)$$

und durch $\overline{X}(\varrho)$ den Bildraum im F mit der Norm

$$||\varphi||_{\overline{X}(\varrho)} = \inf_{F\psi=\varphi} ||\psi||_X \qquad (\varphi \in \operatorname{im} F) .$$

Des weiteren setzen wir voraus, daß die Operatoren D und F die Bedingung (2″) aus 4.1.1 erfüllen. Dann können wir die Räume $\tilde{X}(\varrho_+, \varrho_-) = D^{(-1)}(X)$ und $\tilde{X}(\varrho) = F^{(-1)}(X)$ einführen, wobei wir die Normen entsprechend durch die Beziehungen

$$||f||_{\tilde{X}(\varrho_+, \varrho_-)} = ||\tilde{D} f||_X , \qquad ||f||_{\tilde{X}(\varrho)} = ||\tilde{F} f||_X$$

definieren.

Die beiden folgenden Sätze sind eine direkte Folgerung der Ergebnisse des Abschnitts 4.1 sowie der Sätze 2.6 und 4.2 aus Kapitel 2.

Satz 3.2. *Dafür, daß der Operator*

$$A = A_1 P + A_2 Q\colon \tilde{X}(\varrho_+, \varrho_-) \to \overline{X}(\varrho)$$

ein Φ_+- oder Φ_--Operator ist, ist notwendig und hinreichend, daß die Funktionen $A_0(z)$ und $B_0(z)$ in (3.5) *bzw.* (3.6) *nirgends auf dem Einheitskreis verschwinden.*

Sind diese Bedingungen erfüllt, dann ist A ein Φ-Operator, und für seinen Index gilt die Formel

$$\operatorname{Ind} A = \dim \ker F - \varkappa \beta(\hat{U})$$

mit $\varkappa = \operatorname{ind} A_0(z) - \operatorname{ind} B_0(z)$.

Satz 3.3. *Dafür, daß der Operator*

$$A' = P A_2 + Q A_1\colon \tilde{X}(\varrho) \to \overline{X}(\varrho_+, \varrho_-)$$

ein Φ_+- oder Φ_--Operator ist, ist notwendig und hinreichend, daß die Funktionen $A_0(z)$ und $B_0(z)$ nirgends auf dem Einheitskreis verschwinden.

Sind diese Bedingungen erfüllt, dann ist A' ein Φ-Operator, und für seinen Index gilt die folgende Formel:

$$\operatorname{Ind} A' = \dim \ker B + \varkappa \beta(\hat{U}) .$$

Bemerkung. Wenn im Satz 3.2 (Satz 3.3) $\dim \ker F = 0$ ($\dim \ker B = 0$) gilt und wenn die Symbole $A_0(z)$ und $B_0(z)$ nicht entarten, dann entspricht die Invertierbarkeit des Operators A (A') der Zahl $\varkappa(-\varkappa)$, wobei gilt

$$\dim \ker A = \max(-\varkappa, 0)\, \beta(\hat{U}) \; (= \dim \operatorname{coker} A') ,$$

$$\dim \operatorname{coker} A = \max(\varkappa, 0)\, \beta(\hat{U}) \; (= \dim \ker A') .$$

Die Räume $\overline{X}(\varrho_+, \varrho_-)$, $\overline{X}(\varrho)$, $\tilde{X}(\varrho_+, \varrho_-)$ und $\tilde{X}(\varrho)$ werden wir im weiteren die *durch die Nullstellen des Symbols erzeugten Räume* nennen.

Wir weisen noch darauf hin, daß auf Grund der Bemerkung aus 4.3.3 o. B. d. A. $F = I$ und damit $\overline{X}(\varrho) = \tilde{X}(\varrho) = X$ angenommen werden kann.

Der folgende Satz gibt Aufschluß über die Struktur des Raumes $\overline{X}(\varrho_+, \varrho_-)$. Wir setzen

$$\varrho_+^{(j)}(z) = (z - \alpha_j)^{m_j} \quad (j = 1, \ldots, r) , \qquad \varrho_-^{(k)}(z) = (z^{-1} - \beta_k^{-1})^{n_k} \quad (k = 1, \ldots, s) .$$

Satz 3.4. *Es gilt*

$$\overline{X}(\varrho_+, \varrho_-) = \overline{X}(\varrho_+, 1) \cap \overline{X}(1, \varrho_-) = \\ = \left[\bigcap_{j=1}^{r} \overline{X}(\varrho_+^{(j)}, 1)\right] \cap \left[\bigcap_{j=1}^{s} \overline{X}(1, \varrho_-^{(k)})\right].$$

Der Beweis verläuft analog zu dem des Satzes 2.2.

4.3.5. Wir erinnern daran, daß wir in Teilabschnitt 4.2.3 die beiden Grenzfälle $B = I$ bzw. $D = I$ der Darstellung (1.1) des Wiener-Hopfschen Operators durch eine entsprechende Faktorisierung des Symbols $(\varrho_-(z) \equiv 1$ bzw. $\varrho_+(z) \equiv 1)$ realisieren konnten. Analoges gilt unter entsprechenden Voraussetzungen an das Symbol auch für die paarigen Operatoren.

Unter den Bedingungen der vorhergehenden zwei Teilabschnitte soll für das Weitere $\varrho(z) \equiv 1$ und damit $F = I$ angesetzt werden.

Wir wählen beliebige nicht negative ganze Zahlen m_j', m_j'' $(j = 1, \ldots, r)$ und n_k', n_k'' $(k = 1, \ldots, s)$ derart, daß für alle j und k gilt

$$m_j' + m_j'' = m_j\,, \qquad n_k' + n_k'' = n_k\,.$$

Analog zu 4.3.4 können wir die Räume $\overline{X}(\varrho_+'', \varrho_-'')$ und $\tilde{X}(\varrho_+', \varrho_-')$ einführen, wobei wir

$$\varrho_+'(z) = \prod_{j=1}^{r} (z - \alpha_j)^{m_j'}\,, \qquad \varrho_-'(z) = \prod_{k=1}^{s} (z^{-1} - \beta_k^{-1})^{n_k'}\,,$$

$$\varrho_+''(z) = \prod_{k=1}^{s} (z - \beta_k)^{n_k''}\,, \qquad \varrho_-''(z) = \prod_{j=1}^{r} (z^{-1} - \alpha_j^{-1})^{m_j''} \tag{3.7}$$

setzen. Für die Symbole $A(z)$ und $B(z)$ ergeben sich dann die Darstellungen

$$A(z) = \varrho_+'(z)\, \varrho_-''(z)\, A_0''(z)\,, \qquad B(z) = \varrho_-'(z)\, \varrho_+''(z)\, B_0''(z) \tag{3.8}$$

mit

$$A_0''(z) = \prod_{j=1}^{r} (-\alpha_j\, z)^{m_j''}\, A_0(z)\,, \qquad B_0''(z) = \prod_{k=1}^{s} (-\beta_k\, z)^{-n_k''}\, B_0(z)\,.$$

Wir bezeichnen mit A_+', A_+'', A_0'' entsprechend die Operatoren aus $\Re(U)$ mit den Symbolen ϱ_+', ϱ_+'' bzw. $A_0''(z)$. Entsprechende Bedeutung haben A_-', A_-'' und B_0''. Schließlich setzen wir noch

$$B'' = P\, A_-'' + Q\, A_+''\,, \qquad D' = A_+''\, P + A_-'\, Q\,.$$

Offenbar gilt

$$A_1 = A_+'\, A_-''\, A_0''\,, \qquad B_1 = A_-'\, A_+''\, B_0''$$

und folglich

$$A = A_1\, P + A_2\, Q = (A_-''\, A_0''\, P + A_+''\, B_0''\, Q)\, D'\,.$$

Wir nehmen jetzt an, daß der Kommutator

$$T = [A_-''\, A_0'', P] + [A_+''\, B_0'', Q] \tag{3.9}$$

ein vollstetiger Operator von X in den Raum $\overline{X}(\varrho_+'', \varrho_-'')$ ist. (In den in den nächsten Kapiteln folgenden Anwendungen ist das immer dann der Fall, wenn die Funktionen $A(z)$ und $B(z)$ in einer gewissen Umgebung ihrer Nullstellen hinreichend oft differenzierbar sind.)

Dann erhalten wir

$$A = B'' (P A_0'' + Q B_0'') D' + T D' ,$$

und aus den Ergebnissen des Abschnitts 4.1 ergibt sich unmittelbar folgender Satz.

Satz 3.5. *Der Kommutator* (3.9) *sei ein vollstetiger Operator von* X *in* $\overline{X}(\varrho_+'', \varrho_-'')$.

Dafür, daß der Operator $A = A_1 P + A_2 Q$ *ein* Φ_+- *oder* Φ_--*Operator von* $\tilde{X}(\varrho_+', \varrho_-')$ *in* $\overline{X}(\varrho_+'', \varrho_-'')$ *ist, ist notwendig und hinreichend, daß die Funktionen* $A_0(z)$ *und* $B_0(z)$ *aus* (3.5) *bzw.* (3.6) *nirgends auf dem Einheitskreis verschwinden.*

Sind diese Bedingungen erfüllt, dann ist A *ein* Φ-*Operator, und für seinen Index gilt die folgende Formel:*

$$\operatorname{Ind} A = \dim \ker B'' - \varkappa'' \beta(\hat{U}) \tag{3.10}$$

mit

$$\varkappa'' = \operatorname{ind} A_0''(z) - \operatorname{ind} B_0''(z) = \sum_{j=1}^{r} m_j'' + \sum_{k=1}^{s} n_k'' + \varkappa ,$$

wobei die Zahl $\varkappa$ *wie in Satz* 3.2 *bestimmt ist.*

Analog erhält man

$$P A_1 + Q A_2 = B'' (A_0'' P + B_0'' Q) D' + B'' \tilde{T}$$

mit

$$\tilde{T} = [P, A_+' A_0''] + [Q, A_-' B_0''] . \tag{3.11}$$

Daraus können wir auf den folgenden Satz schließen.

Satz 3.6. *Der Kommutator* (3.11) *sei ein vollstetiger Operator von* $\tilde{X}(\varrho_+', \varrho_-')$ *in* X.

Dafür, daß der Operator $P A_1 + Q A_2$ *ein* Φ_+- *oder* Φ_--*Operator von* $\tilde{X}(\varrho_+', \varrho_-')$ *in* $\overline{X}(\varrho_+'', \varrho_-'')$ *ist, ist notwendig und hinreichend, daß die Funktionen* $A_0(z)$ *und* $B_0(z)$ *aus* (3.5) *bzw.* (3.6) *nirgends auf dem Einheitskreis verschwinden.*

Sind diese Bedingungen erfüllt, dann ist $P A_1 + Q A_2$ *ein* Φ-*Operator, und sein Index läßt sich nach der Formel* (3.10) *berechnen.*

4.3.6. Unter Benutzung der Faktorisierung von Funktionen (vgl. Abschnitt 2.3) läßt sich für den paarigen Operator

$$A = A_1 P + A_2 Q$$

eine Darstellung der Form $A = B C$ ohne den vollstetigen Teil (3.9) erhalten, was besonders für die effektive Lösung der Gleichung

$$A \varphi = f \qquad (\varphi \in X, f \in \operatorname{im} B)$$

von Wichtigkeit ist.

Wir nehmen also an, daß die Funktionen $A_0(z)$ und $B_0(z)$ aus (3.5) bzw. (3.6) nirgends auf dem Einheitskreis verschwinden und wählen in den Darstellungen (3.8) der Symbole $A(z)$ und $B(z)$

$$m_j'' = m_j , \quad n_k'' = n_k \qquad (j = 1, \ldots, r;\ k = 1, \ldots, s) ,$$

d. h. also, $\varrho'_+(z) = \varrho'_-(z) \equiv 1$. Im weiteren setzen wir voraus, daß die Funktion $B_0(z)/A_0(z)$ eine Faktorisierung gestattet; es sei

$$B''_0(z)/A''_0(z) = C_-(z)\, z^{\varkappa_0}\, C_+(z)\,,$$

wobei $C_\pm(z) \in \mathfrak{R}^\pm(z)$, $C_\pm^{-1}(z) \in \mathfrak{R}^\pm(z)$. Mit $C_\pm \in \mathfrak{R}(U)$ bezeichnen wir den Operator mit dem Symbol $C_\pm(z)$. Dann erhalten wir für den Operator A die Darstellung

$$A = A''_0\, C_+\, (A''_-\, P + A''_+\, U^{\varkappa_0}\, Q)\, C \tag{3.12}$$

mit $C = C_+^{-1}\, P + C_-\, Q$.

Wir nehmen an, daß die Bedingung

$$\dim \ker\, (A''_+\, P + A''_-\, Q) = 0 \tag{3.13}$$

erfüllt ist. Für $\varkappa_0 > 0$ bezeichnen wir mit L_k $(k = 0, 1, \ldots, \varkappa_0 - 1)$ den $\beta(\hat{U})$-dimensionalen Teilraum

$$L_k = (A''_+\, U^k\, P + A''_-\, U^{k-\varkappa_0+1}\, Q)\, [\ker\, (P + U\, Q)]\,.$$

Wie man leicht sieht, gilt $L_j \cap L_k = \{0\}$ $(j \neq k)$. Sei X_0 die direkte Summe

$$X_0 = L_0 \dotplus L_1 \dotplus \cdots \dotplus L_{\varkappa_0 - 1} \qquad (\varkappa_0 > 0)$$

(für $\varkappa_0 \leqq 0$ setzen wir $X_0 = \{0\}$).

Man kann sich unschwer davon überzeugen, daß X die direkte Summe

$$X = \operatorname{im}\, (P + U^{-\varkappa_0}\, Q) \dotplus X_0$$

ist und außerdem $X_0 \subset \ker\, (A''_-\, P + A''_+\, U^{\varkappa_0}\, Q)$ gilt. Mit Q_0 bezeichnen wir den Projektor von X auf X_0 parallel zu im $(P + U^{-\varkappa_0}\, Q)$.

Lemma 3.1. *Es gilt die Darstellung*

$$A''_-\, P + A''_+\, U^{\varkappa_0}\, Q = (A''_-\, P + A''_+\, Q)\, (P + U^{\varkappa_0}\, Q)\, (I - Q_0)\,. \tag{3.14}$$

Beweis. Für $\varkappa_0 \leqq 0$ ist die Behauptung wegen $Q_0 = 0$ offensichtlich.

Sei $\varkappa_0 > 0$. Jedes Element $f \in X$ kann als Summe $f = f_1 + f_2$ mit $f_1 \in \operatorname{im}\, (P + U^{-\varkappa_0}\, Q)$ und $f_2 \in X_0$ dargestellt werden. Dann ergeben sich wegen $U^{\varkappa_0}\, Q\, f_1 \in \operatorname{im}\, Q$ die Beziehungen

$$\begin{aligned}(A''_-\, P + A''_+\, Q)\, (P + U^{\varkappa_0}\, Q)\, (I - Q_0)\, f &= (A''_-\, P + A''_+\, U^{\varkappa_0}\, Q)\, f_1 = \\ &= (A''_-\, P + A''_+\, U^{\varkappa_0}\, Q)\, f\,,\end{aligned}$$

womit die Behauptung bewiesen ist.

Aus (3.12) und (3.14) erhalten wir jetzt folgende Darstellung für den Operator A:

$$A = B\, A_0 \tag{3.15}$$

mit

$$B = A''_0\, C_+\, (A''_-\, P + A''_+\, Q)\,, \qquad A_0 = (P + U^{\varkappa_0}\, Q)\, (I - Q_0)\, C\,.$$

Lemma 3.2. *Der Operator*

$$A_0^{(-1)} = C^{-1}\, (P + U^{-\varkappa_0}\, Q)$$

ist für $\varkappa_0 \geqq 0$ *eine Rechtsinverse und für* $\varkappa_0 \leqq 0$ *eine Linksinverse zu* A_0.

Beweis. Sei $\varkappa_0 \geqq 0$. Aus $(I - Q_0)(P + U^{-\varkappa_0} Q) = P + U^{-\varkappa_0} Q$ folgt

$$A_0 A_0^{(-1)} = (P + U^{\varkappa_0} Q)(I - Q_0)(P + U^{-\varkappa_0} Q) = I .$$

Für $\varkappa_0 \leqq 0$ ergibt sich analog

$$A_0^{(-1)} A_0 = C^{-1}(P + U^{-\varkappa_0} Q)(P + U^{\varkappa_0} Q) C = I .$$

Satz 3.7. *Es sei neben* (3.13) *noch die Bedingung*

$$\dim \ker (A''_- P + A''_+ Q) = 0$$

erfüllt. Dann entspricht die Invertierbarkeit des Operators $A : X \to \operatorname{im} B$ *der Zahl*

$$- \varkappa_0 = \operatorname{ind} B''_0(z) - \operatorname{ind} A''_0(z) ,$$

und es gilt

$$\dim \ker A = \max \{\varkappa_0, 0\} \beta(\hat{U}) , \qquad \dim \operatorname{coker} A = \max \{-\varkappa_0, 0\} \beta(\hat{U}) .$$

Die entsprechende einseitige Inverse hat die Gestalt

$$A^{(-1)} = C^{-1}(P + U^{-\varkappa_0} Q) B^{-1} .$$

Der Kern von A besteht aus allen Elementen der Gestalt $C^{-1} \psi$ $(\psi \in X_0)$.

4.3.7. Die in 4.2.4 gemachten Bemerkungen treffen auch für die paarigen Operatoren zu.

Wie man nämlich aus den in den vorhergehenden Teilabschnitten durchgeführten Überlegungen leicht ersieht, behalten die Sätze 3.2, 3.3, 3.5 und 3.6 ihre Gültigkeit auch im Falle endlich vieler Nullstellen nicht ganzzahliger Ordnungen des Symbols, wenn man voraussetzt, daß die Funktionen $A(z)$ und $B(z)$ in der Form (3.5) und (3.6) bzw. (3.8) darstellbar sind und sämtliche Funktionen in diesen Darstellungen zur Algebra $\mathfrak{R}(z)$ gehören. Die Überlegungen aus 4.3.6 lassen sich ebenfalls auf den genannten Fall anwenden.

4.4. Eine Algebra singulärer Operatoren

In diesem Abschnitt setzen wir voraus, daß der invertierbare Operator $U \in \mathscr{L}(X)$ die Bedingungen (1) und (2) aus 2.1.2 sowie (3) aus 2.2.3 erfüllt und $\mathfrak{R}(U)$ eine Algebra ohne Radikal ist.

Es seien $\boldsymbol{\alpha} = \{\alpha_1, \alpha_2, \ldots, \alpha_r\}$ und $\boldsymbol{\beta} = \{\beta_1, \beta_2, \ldots, \beta_s\}$ Systeme von Punkten des Einheitskreises und $\boldsymbol{m} = \{m_1, m_2, \ldots, m_r\}$ sowie $\boldsymbol{n} = \{n_1, n_2, \ldots, n_s\}$ Systeme von natürlichen Zahlen. Für die Symbolalgebra $\mathfrak{R} = \mathfrak{R}(z)$ bilden wir die Algebren $\mathfrak{R}(\boldsymbol{\alpha}, \boldsymbol{m})$, $\mathfrak{R}(\boldsymbol{\beta}, \boldsymbol{n})$ (vgl. 2.3.4) und

$$\mathfrak{R}(\boldsymbol{\alpha}, \boldsymbol{m}; \boldsymbol{\beta}, \boldsymbol{n}) = \mathfrak{R}(\boldsymbol{\alpha}, \boldsymbol{m}) \cap \mathfrak{R}(\boldsymbol{\beta}, \boldsymbol{n}) .$$

Wir betrachten die Menge aller singulären Operatoren der Gestalt

$$A = A_1 P + A_2 Q + T , \tag{4.1}$$

wobei T ein vollstetiger Operator in X ist und A_1, A_2 Operatoren aus $\mathfrak{R}(U)$ mit Symbolen $A_1(z)$, $A_2(z)$ aus der Algebra $\mathfrak{R}(\boldsymbol{\alpha}, \boldsymbol{m}; \boldsymbol{\beta}, \boldsymbol{n})$ sind. Wie aus Formel

(2.7), Kapitel 2, unmittelbar folgt, bilden die Operatoren der Gestalt (4.1) eine Algebra.

4.4.1. Ähnlich wie in 4.3 führen wir den Operator B durch die Formel $B = P A_- + Q A_+$ mit

$$A_- = \prod_{j=1}^{r} (U^{-1} - \alpha_j^{-1} I)^{m_j}, \qquad A_+ = \prod_{k=1}^{s} (U - \beta_k I)^{n_k}$$

ein. Wir setzen hier voraus, daß der Operator B die folgende Bedingung erfüllt:

(1) $\dim \ker B = 0$

Mit $\overline{X} = \overline{X}(\varrho_+, \varrho_-)$ bezeichnen wir den Bildraum im B, den wir mit der Norm versehen ($\varrho_\pm$ sind die Symbole der Operatoren $A_\pm$).

Im weiteren untersuchen wir die Eigenschaften des singulären Operators (4.1) im Raumpaar $X, \overline{X}$ bzw. im Raum $\overline{X}$.

Lemma 4.1. *Es sei $A_0(z) \in \mathfrak{R}(\boldsymbol{\alpha}, \boldsymbol{m}; \boldsymbol{\beta}, \boldsymbol{n})$ und $A_0 \in \mathfrak{R}(U)$ der Operator mit dem Symbol $A_0(z)$. Dann ist der Kommutator $[P, A_0]$ ein vollstetiger Operator von X in den Raum $\overline{X}$.*

Beweis. Zunächst bemerken wir, daß der Operator $[P, U^l] \in \mathcal{L}(X)$ ($l = 1, 2, \ldots$) endlichdimensional ist (vgl. Beweis des Lemmas 2.1, Kapitel 2). Aus der Gleichung

$$[P, U^l] = -\alpha P (U^{-1} - \alpha^{-1} I) P U^l Q + \alpha P U^{l-1} Q \qquad (|\alpha| = 1)$$

erhält man leicht unter Benutzung des Satzes 3.4, daß im $[P, U^l] \subset$ im B und mithin $[P, U^l] \in \mathcal{K}(X, \overline{X})$ gilt.

Wegen Satz 6° aus 2.3.4 gestattet der Operator A_0 die Darstellungen

$$A_0 = R_1 + G A_- = R_2 + H A_+ \tag{4.2}$$

mit $G, H \in \mathfrak{R}(U)$ und gewissen Operatorenpolynomen (in U) R_1 und R_2. Folglich gilt

$$[P, A_0] = [P, R_1] + P A_-[P, G] - Q A_- G P .$$

Der Kommutator $[P, R_1]$ ist ein vollstetiger Operator von X in $\overline{X}$. Dasselbe gilt für den Operator

$$P A_-[P, G] = B P[P, G] ,$$

da nach Lemma 2.1, Kapitel 2, $[P, G] \in \mathcal{K}(X)$ ist. Unter Benutzung der Beziehung (4.2) erhalten wir schließlich

$$Q A_- G P = Q (R_2 - R_1) P + B Q H P$$

und damit $Q A_- G P \in \mathcal{K}(X, \overline{X})$. Das Lemma ist bewiesen.

Folgerung 4.1. *Wenn $A_0(z) \in \mathfrak{R}(\boldsymbol{\beta}, \boldsymbol{n})$ und $B_0(z) \in \mathfrak{R}(\boldsymbol{\alpha}, \boldsymbol{m})$ gilt, dann ist die Voraussetzung des Satzes* 3.5 *erfüllt (d. h., der Kommutator* (3.9) *ist ein vollstetiger Operator von X in $\overline{X}$).*

Folgerung 4.2. *Die singulären Operatoren der Gestalt* (4.1) *mit* $T \in \mathcal{K}(X, \overline{X})$ *und* $A_j(z) \in \Re(\boldsymbol{\alpha}, \boldsymbol{m}; \boldsymbol{\beta}, \boldsymbol{n})$ $(j = 1, 2)$ *bilden eine Algebra.*

Lemma 4.2. *Es sei* $A_0(z) \in \Re(\boldsymbol{\alpha}, \boldsymbol{m}; \boldsymbol{\beta}, \boldsymbol{n})$ *und* $A_0 \in \Re(U)$ *der Operator mit dem Symbol* $A_0(z)$. *Dann gilt* $A_0 \in \mathcal{L}(\overline{X})$.

Die Behauptung folgt mit Lemma 4.1 unmittelbar aus der Beziehung

$$A_0 B = B A_0 + [A_0, P] (A_- - A_+) .$$

Als Folgerung der Lemmata 4.1 und 4.2 ergibt sich

Lemma 4.3. *Es sei*

$$A = A_1 P + A_2 Q , \qquad A' = A_1' P + A_2' Q$$

mit $A_j(z)$, $A_j'(z) \in \Re(\boldsymbol{\alpha}, \boldsymbol{m}; \boldsymbol{\beta}, \boldsymbol{n})$ $(j = 1, 2)$. *Dann gilt* $[A, A'] \in \mathcal{K}(X, \overline{X})$.

Satz 4.1. *Es gelte* $A_j(z) \in \Re(\boldsymbol{\alpha}, \boldsymbol{m}; \boldsymbol{\beta}, \boldsymbol{n})$ $(j = 1, 2)$. *Dafür, daß der Operator* $A = A_1 P + A_2 Q$ *ein* $\Phi(\Phi_\pm)$*-Operator im Raum* $\overline{X}$ *ist, notwendig und hinreichend, daß die Bedingungen*

$$A_1(z) \neq 0 , \qquad A_2(z) \neq 0 \qquad (|z| = 1)$$

erfüllt sind.

Beweis. Auf Grund des Lemmas 4.3 gilt $A B = B A + T$ mit $T \in \mathcal{K}(X, \overline{X})$. Folglich ist A ein $\Phi(\Phi_\pm)$-Operator in $\overline{X}$ genau dann, wenn er ein solcher Operator in X ist. Die Behauptung ist jetzt eine direkte Folgerung des Satzes 2.7, Kapitel 2.

Satz 4.2. *Es seien* $A_1(z)$, $A_2(z)$ *Funktionen aus der Algebra* $\Re(\boldsymbol{\alpha}, \boldsymbol{m}; \boldsymbol{\beta}, \boldsymbol{n})$ *und* $A = A_1 P + A_2 Q$ $(A = P A_1 + Q A_2)$. *Dafür, daß* A *ein* Φ_+- *oder* Φ_--*Operator ist, der von* X *in den Raum* $\overline{X}$ *wirkt, ist notwendig und hinreichend, daß die Funktionen* $A_1(z)$ *und* $A_2(z)$ *folgende Darstellung besitzen:*

$$A_1(z) = \prod_{j=1}^{r} (z - \alpha_j)^{m_j} A_0(z) , \qquad A_2(z) = \prod_{k=1}^{s} (z - \beta_k)^{n_k} B_0(z) , \tag{4.3}$$

wobei $A_0(z)$ *und* $B_0(z)$ *Funktionen aus der Algebra* $\Re(z)$ *sind, die nirgends auf dem Einheitskreis verschwinden.*

Sind die Bedingungen (4.3) *erfüllt, dann ist* A *ein stetiger* Φ*-Operator von* X *in* $\overline{X}$ *mit dem Index*

$$\operatorname{Ind} A = \left[\operatorname{ind} (B_0(z)/A_0(z)) - \sum_{j=1}^{r} m_j\right] \beta(\hat{U}) .$$

Beweis. Wenn die Funktionen $A_1(z)$ und $A_2(z)$ die Darstellungen (4.3) besitzen, dann lassen sich die Operatoren A_1 und A_2 in der Form

$$A_1 = A_- A_0' , \qquad A_2 = A_+ B_0$$

mit A_0', $B_0 \in \Re(U)$ darstellen, wobei der Operator A_0' das Symbol $A_0(z) \times \times \prod_{j=1}^{r} (-\alpha_j z)^{m_j}$ besitzt. Unter Berücksichtigung des Lemmas 4.1 erhalten wir

$$A = B (P A_0' + Q B_0) + T \tag{4.4}$$

mit $T \in \mathcal{K}(X, \overline{X})$. Folglich ist $A \in \mathcal{L}(X, X)$. Wenn die Funktionen $A_0(z)$ und $B_0(z)$ nirgends auf dem Einheitskreis verschwinden, dann gilt nach Satz 2.7, Kapitel 2, $P A_0' + Q B_0 \in \Phi(X)$ und mithin $A \in \Phi(X, \overline{X})$.

Wir zeigen jetzt die Notwendigkeit der Bedingungen (4.3). Es sei A ein Φ_+- oder Φ_--Operator, der von X in den Raum $\overline{X}$ wirkt. Wir bezeichnen mit $\alpha(\beta)$ einen beliebigen der Punkte $\alpha_j(\beta_k)$ $(j = 1, \ldots, r,\ k = 1, \ldots, s)$ und setzen $m = m_j$, $n = n_k$. Die Funktionen $A_1(z)$ und $A_2(z)$ besitzen die Darstellungen

$$A_l(z) = A_l'(z) + A_l''(z) \qquad (l = 1, 2)$$

mit

$$A_1'(z) = \sum_{j=0}^{m-1} a_j (z^{-1} - \alpha^{-1})^j , \qquad A_1''(z) = G(z) (z^{-1} - \alpha^{-1})^m ,$$

$$A_2'(z) = \sum_{j=0}^{n-1} b_j (z - \beta)^j , \qquad A_2''(z) = H(z) (z - \beta)^n$$

und $G(z), H(z) \in \Re(z)$. Wir setzen

$$A' = A_1' P + A_2' Q , \qquad A'' = A_1'' P + A_2'' Q$$

und $B_1 = P (U^{-1} - \alpha^{-1} I)^m + Q (U - \beta I)^n$. Auf Grund des bereits Bewiesenen gilt im $A'' \subset$ im B_1 und folglich auch im $A' \subset$ im B_1. Insbesondere existiert für beliebiges $\varphi \in$ im P ein Element $f \in X$, so daß gilt

$$A' \varphi = \sum_{j=0}^{m-1} a_j P (U^{-1} - \alpha^{-1} I)^j \varphi = P (U^{-1} - \alpha^{-1} I)^m f . \tag{4.5}$$

Wir nehmen zunächst $a_0 \neq 0$ an. Dann kann man aus (4.5) leicht auf die Beziehung

$$\operatorname{im} P = \operatorname{im} P (U^{-1} - \alpha^{-1} I) P \tag{4.6}$$

schließen. Hieraus folgt wegen der Bedingung (1) die Invertierbarkeit des Operators $P (U^{-1} - \alpha^{-1} I) P \mid \operatorname{im} P$, was jedoch dem Satz 1.3, Kapitel 2, widerspricht. Folglich ist $a_0 = 0$. Es sei jetzt

$$a_j = 0 \quad (j = 0, \ldots, l - 1) , \qquad a_l \neq 0 \quad (l \leqq m - 1) .$$

Aus der Gleichung (4.5) folgt dann

$$\operatorname{im} P (U^{-1} - \alpha^{-1} I)^l P = \operatorname{im} P (U^{-1} - \alpha^{-1} I)^{l+1} P ,$$

was wegen $\dim \ker P (U^{-1} - \alpha^{-1} I) = 0$ die Beziehung (4.6) nach sich zieht. Folglich gilt $a_j = 0$, $j = 0, 1, \ldots, m - 1$. Analog beweist man $b_j = 0, 1, \ldots, \ldots, n - 1$.

Aus dem Bewiesenen folgt auf Grund der Behauptung 5° aus 2.3.4, daß die Funktionen $A_1(z)$ und $A_2(z)$ die Darstellungen (4.3) mit $A_0(z)$, $B_0(z) \in \Re(z)$ besitzen. Folglich gilt die Beziehung (4.4). Wegen $A \in \Phi_\pm(X, \overline{X})$ ist dabei $P A_0' + Q B_0 \in \Phi_\pm(X)$, woraus nach Satz 2.7, Kapitel 2, die Behauptung folgt.

Die Indexformel ergibt sich aus Formel (4.4) und Satz 4.2, Kapitel 2.

Bemerkung. Wenn in den Bedingungen (4.3) alle Punkte α_j und β_k paarweise verschieden sind, dann entspricht die Invertierbarkeit des Operators $A \in \mathcal{L}(X, \overline{X})$ der Zahl $\sum_1^r m_j - \operatorname{ind}(B_0(z)/A_0(z))$.

Dies folgt aus der im Falle $\alpha_j \neq \beta_k$ gültigen Beziehung $\dim\ker(A_1 P + A_2 Q) = \dim\ker(P A_1 + Q A_2)$ (siehe S. Prössdorf und B. Silbermann [4], Lemma 2.1).

4.4.2. Ebenso wie in 4.3 kann man jetzt den Operator $D = A_+ P + A_- Q$ betrachten. Wir setzen voraus, daß D die Bedingung (2″) aus 4.1.1 erfüllt, so daß der Raum $\widetilde{X} = \widetilde{X}(\varrho_+, \varrho_-)$ erklärt ist.

Unter den Voraussetzungen des Lemmas 4.1 gilt dann $[P, A_0] \in \mathcal{K}(\widetilde{X}, X)$. Diese Behauptung beweist man analog zum Lemma 4.1, indem man von der Beziehung

$$[P, U^{-l}] = \frac{1}{\alpha} Q\, U^{-l} P\, (U - \alpha I)\, P - \frac{1}{\alpha} Q\, U^{-l+1} P$$

($|\alpha| = 1,\ l = 1, 2, \ldots$) Gebrauch macht. Durch Wiederholung vorangegangener Überlegungen erhält man, daß sich die Ergebnisse des Teilabschnitts 4.4.1 auf das Raumpaar $\widetilde{X}, X$ anstelle des Raumpaares $X, \overline{X}$ übertragen lassen. Insbesondere gilt das entsprechende Analogon zum Satz 4.2, wobei sich der Index des Operators $A \in \mathcal{L}(\widetilde{X}, X)$ unter der Voraussetzung (4.3) nach der Formel

$$\operatorname{Ind} A = \left[\operatorname{ind}\left(B_0(z)/A_0(z)\right) + \sum_{k=1}^{s} n_k\right] \beta(\hat{U})$$

berechnet.

Durch Kombination der Aussagen des Satzes 4.2 für die Raumpaare $X, \overline{X}$ und $\widetilde{X}, X$ ergibt sich unmittelbar der folgende Satz, der für Symbole aus der Algebra $\Re(\boldsymbol{\alpha}, \boldsymbol{m}; \boldsymbol{\alpha}, \boldsymbol{n})$ die Sätze 3.5 und 3.6 weiter präzisiert; dabei behalten wir die Bezeichnungen (3.7) bei.

Satz 4.3. *Es seien $A_1(z)$, $A_2(z)$ Funktionen aus der Algebra $\Re(\boldsymbol{\alpha}, \boldsymbol{m}; \boldsymbol{\beta}, \boldsymbol{n})$ und $A = A_1 P + A_2 Q$ ($A = P A_1 + Q A_2$). Dafür, daß A ein Φ_+- oder Φ_--Operator ist, der von $\widetilde{X}(\varrho_+', \varrho_-')$ in den Raum $\overline{X}(\varrho_+'', \varrho_-'')$ wirkt, ist notwendig und hinreichend, daß die Funktionen $A_1(z)$ und $A_2(z)$ die Darstellungen* (4.3) *besitzen, wobei $A_0(z)$ und $B_0(z)$ Funktionen aus der Algebra $\Re(z)$ sind, die nirgends auf dem Einheitskreis verschwinden.*

Sind die Bedingungen (4.3) *erfüllt, dann ist A ein stetiger Φ-Operator von $\widetilde{X}(\varrho_+', \varrho_-')$ in $\overline{X}(\varrho_+'', \varrho_-'')$ mit dem Index*

$$\operatorname{Ind} A = \left[\operatorname{ind}\left(B_0(z)/A_0(z)\right) + \sum_{k=1}^{s} n_k' - \sum_{j=1}^{r} m_j''\right] \beta(\hat{U})\,. \tag{4.7}$$

Bemerkung. Man kann zeigen: Wenn in den Darstellungen (4.3) alle Punkte α_j und β_k paarweise verschieden sind, dann entspricht die Invertierbarkeit des Operators $A \in \mathcal{L}(\widetilde{X}(\varrho_+', \varrho_-'), \overline{X}(\varrho_+'', \varrho_-''))$ der Zahl $-\lambda$, wobei λ die in der Formel (4.7) in eckige Klammern eingeschlossene Zahl bedeutet.

4.4.3. Die wesentlichen Überlegungen der Teilabschnitte 4.4.1 und 4.4.2 lassen sich auch auf den Fall übertragen, daß die Symbole der Operatoren A_1 und A_2 endlich viele Nullstellen nicht ganzzahliger Ordnungen besitzen.

Es seien m'_j, m''_j $(j = 1, \ldots, r)$ und n'_k, n''_k $(k = 1, \ldots, s)$ beliebige nicht negative reelle Zahlen und

$$m_j = m'_j + m''_j\,, \qquad n_k = n'_k + n''_k\,.$$

Mit $\boldsymbol{m}(\boldsymbol{n})$ bezeichnen wir jetzt den ganzzahligen Multiindex mit den Komponenten $-[-m_j]$, $j = 1, \ldots, r$ $(-[-n_k], k = 1, \ldots, s)$, wobei $[-m_j]$ den ganzen Teil der Zahl $-m_j$ bedeutet. Im übrigen behalten wir die in 4.3.5 eingeführten Bezeichnungen bei.

Wir setzen voraus, daß die Symbole der Operatoren A_1 und A_2 die Darstellungen (3.8) besitzen, wobei die Funktionen $A''_0(z)$ und $B''_0(z)$ entsprechend den Algebren $\mathfrak{R}(\boldsymbol{\beta}, \boldsymbol{n})$ bzw. $\mathfrak{R}(\boldsymbol{\alpha}, \boldsymbol{m})$ angehören und nirgends auf dem Einheitskreis verschwinden. Unter Benutzung der Ergebnisse des Teilabschnitts 2.3.4 sowie der Formeln (2.8), Kapitel 2, erhalten wir dann für den Operator $A = A_1 P + A_2 Q$ $(A = P A_1 + Q A_2)$ die Darstellung

$$A = B'' (A''_0 P + B''_0 Q + T) D'$$

mit $T \in \mathcal{K}(X)$. Hieraus folgt $A \in \Phi(\widetilde{X}(\varrho'_+, \varrho'_-), \bar{X}(\varrho''_+, \varrho''_-))$ und die Indexformel

$$\operatorname{Ind} A = \operatorname{ind} B''_0(z) - \operatorname{ind} A''_0(z)\,.$$

4.5. Die Methode der linken Regularisierung

Im Abschnitt 4.1 haben wir gesehen, daß man, ausgehend von einer Darstellung der Form (1.9) des nicht normal auflösbaren Operators $A \in \mathcal{L}(X, Y)$, einen Banach-Raum $\bar{Y}$ konstruieren kann derart, daß der Operator $A : X \to \bar{Y}$ ein Φ-Operator ist.

In diesem Abschnitt behandeln wir eine andere Methode zur Konstruktion eines Raumpaares mit den genannten Eigenschaften. Sie basiert auf der Kenntnis eines abgeschlossenen linken Regularisators des Operators A. Am Schluß werden beide Methoden einander gegenübergestellt.

X und Y bezeichnen im weiteren gewisse Banach-Räume.

4.5.1. Es sei A $(X \to Y)$ ein abgeschlossener Operator. Wir nehmen an, daß ein abgeschlossener linker Regularisator R des Operators A bekannt sei. Im Definitionsgebiet $D(R)$ führen wir eine neue Norm ein durch die Beziehung

$$|y| = \|y\|_Y + \|R\,y\|_X \qquad (y \in D(R))\,, \tag{5.1}$$

wobei $\|\cdot\|_X$ und $\|\cdot\|_Y$ entsprechend die Normen in den Räumen X und Y bezeichnen. Infolge der Abgeschlossenheit des Operators R ist $D(R)$ in der neuen Norm ein Banach-Raum, den wir im weiteren mit Y_R bezeichnen wollen.

Wenn wir ferner mit R' den Operator bezeichnen, der von Y_R in X wirkt und durch die Beziehung $R'\,y = R\,y$ definiert ist, dann ergibt sich aus 4.1 die Ungleichung

$$\|R'\,y\|_X \leqq |y|\,,$$

d. h., R' ist ein beschränkter Operator: $R' \in \mathcal{L}(Y_R, X)$.

Mit A' bezeichnen wir den Operator, der von X in Y_R wirkt und durch die Gleichung

$$A' x = A x , \qquad D(A') = D(A)$$

erklärt ist. Aus der Abgeschlossenheit des Operators A und der Beziehung $||y||_Y \leqq |y|$ $(y \in Y_R)$ folgt dann unmittelbar die Abgeschlossenheit des Operators A'.

Wegen $R' A' = R A = I + T$ ist R' ein linker beschränkter Regularisator von A', und nach Satz 4.1, Kapitel 1, ist folglich A' ein Φ_+-Operator.

Im Falle $A \in \mathcal{L}(X, Y)$ gilt auch $A' \in \mathcal{L}(X, Y_R)$, und in diesem Fall ist A' ein Φ-Operator, wenn der Kern von R endlichdimensional ist.

In der Tat, aus (5.1) und der Beziehung $R A = I + T$ erhalten wir die Ungleichung

$$|A' x| = ||A x||_Y + ||R A x||_X \leqq C ||x||_X ,$$

d. h. $A' \in \mathcal{L}(X, Y_R)$. Wenn außerdem $\ker R = \ker R'$ endlichdimensional ist, dann folgt nach Satz 5.5, Kapitel 1, daß A' einen endlichen Index besitzt und folglich ein Φ-Operator ist.

Der nachfolgende Satz liefert ein einfaches Kriterium für die Vollstetigkeit eines Operators $T \in \mathcal{L}(X, Y_R)$.

Satz 5.1. *Es sei $T \in \mathcal{K}(X, Y)$ ein vollstetiger Operator mit* $\operatorname{im} T \subset D(R)$. *Dafür, daß der Operator $T' \in \mathcal{L}(X, Y_R)$ vollstetig ist, ist notwendig und hinreichend, daß $T_0 = R T$ ein vollstetiger Operator in X ist.*

Beweis. Die Notwendigkeit der Bedingung ist offensichtlich, weil $R T = R' T'$ als Produkt eines stetigen und eines vollstetigen Operators vollstetig ist.

Hinlänglichkeit. Es sei T_0 vollstetig. Wir geben uns eine beschränkte Menge $E \subset X$ willkürlich vor und wählen eine beliebige Elementfolge $\{x_n\} \subset E$. Zu zeigen ist die Existenz einer Teilfolge $\{x_{n_k}\}$, für die die Folge $\{T' x_{n_k}\}$ in Y_R konvergiert.

Auf Grund der Vollstetigkeit der Operatoren T und T_0 läßt sich eine Teilfolge $\{x_{n_k}\}$ finden derart, daß gilt

$$y_{n_k} = T x_{n_k} \to y_0 , \qquad T_0 x_{n_k} \to x_0 ,$$

wobei $x_0 \in X$, $y_0 \in Y$. Damit ergibt sich

$$y_{n_k} \in D(R) , \quad y_{n_k} \to y_0 , \quad R y_{n_k} \to x_0 ,$$

woraus wegen der Abgeschlossenheit des Operators R die Beziehungen $y_0 \in D(R)$ und $R y_0 = x_0$ folgen.

Wir erhalten somit $y_0 \in Y_R$ und

$$|T' x_{n_k} - y_0| = ||T x_{n_k} - y_0||_Y + ||T_0 x_{n_k} - x_0||_X \to 0 .$$

Damit ist der Satz bewiesen.

4.5.2. Es sei wieder R ein abgeschlossener linker Regularisator des abgeschlossenen Operators A $(X \to Y)$.

Bei konkreten Aufgaben ist oftmals das Definitionsgebiet $D(R)$ des Operators R analytisch schwer überschaubar. Mitunter läßt sich jedoch ein Raum Z finden, der in $D(R)$ eingebettet ist und von einfacherer Struktur als $D(R)$ ist. In diesem Fall läßt sich A mittels der nachfolgenden Überlegungen auf einen normal auflösbaren Operator von X in Z zurückführen.

Es sei Z ein BANACH-Raum, der in den BANACH-Raum Y_R stetig eingebettet ist. Durch die Beziehungen

$$\underline{A}\, x = A\, x\,, \qquad D(\underline{A}) = \{x \in D(A) : A\, x \in Z\}$$

erklären wir einen Operator $\underline{A}\ (X \to Z)$, der, wie man leicht nachprüft, abgeschlossen ist.

Der Operator $\underline{A}$ besitzt einen beschränkten linken Regularisator und ist folglich ein Φ_+-Operator.

In der Tat, der Operator R'', der Z in X abbildet und der durch die Beziehung $R''\, y = R\, y$ definiert ist, erfüllt für alle $y \in Z$ die Ungleichung

$$\|R''\, y\|_X \leqq |y| \leqq C\, \|y\|_Z\,,$$

d. h. $R'' \in \mathcal{L}(Z, X)$. Da außerdem die Gleichung

$$R''\, \underline{A}\, x = x + T\, x \qquad (x \in D(\underline{A}))$$

gilt, so ist R'' linker Regularisator von $\underline{A}$.

Im weiteren setzen wir voraus: $A \in \mathcal{L}(X, Y)$, und $\alpha(R) = \dim \ker R$ ist endlich. Dann ist $A' \in \mathcal{L}(X, Y_R)$ ein Φ-Operator. Da außerdem A ein rechter beschränkter Regularisator des abgeschlossenen Operators R ist, so folgt nach Satz 4.2, Kapitel 1, daß auch R ein Φ-Operator ist.

Satz 5.2. *Wenn Z in Y_R dicht liegt, dann ist A ein Φ-Operator, und es gelten die folgenden Beziehungen:*

$$\ker \underline{A} = \ker A'\,, \quad (\operatorname{im} \underline{A})^{\perp} = (\operatorname{im} A')^{\perp}\,, \quad \operatorname{Ind} \underline{A} = \operatorname{Ind} A'\,. \tag{5.2}$$

Beweis. Offenbar genügt es, die zweite der Beziehungen (5.2) zu beweisen. Die erste ergibt sich unmittelbar aus der Definition des Operators $\underline{A}$.

Wegen der stetigen und dichten Einbettung von Z in Y_R gilt $Y_R^* \subset Z^*$. Hieraus erhalten wir unter Berücksichtigung der offensichtlichen Beziehung $\operatorname{im} \underline{A} \subset \operatorname{im} A'$ die Inklusion $(\operatorname{im} A')^{\perp} \subset (\operatorname{im} \underline{A})^{\perp}$.

Es bleibt also noch zu zeigen, daß die Differenz $(\operatorname{im} \underline{A})^{\perp} - (\operatorname{im} A')^{\perp}$ die leere Menge ist. Wir nehmen an, diese Menge enthalte ein gewisses Funktional f_0. Da die Zahl $m = \beta(A')$ endlich ist, so existiert eine Basis $f_1, f_2, \ldots, f_m$ in dem Teilraum $(\operatorname{im} A')^{\perp}$. Dann sind die Funktionale $f_0, f_1, \ldots, f_m$ aus Z^* linear unabhängig, und es gibt folglich ein Element $y_0 \in Z$ mit $f_0(y_0) = 1$ und

$$f_j(y_0) = 0\,, \qquad j = 1, 2, \ldots, m\,. \tag{5.3}$$

Auf Grund der normalen Auflösbarkeit des Operators A' folgt dann aus (5.3) die Existenz eines Elementes $x_0 \in X$ mit $A'\, x_0 = y_0$. Wegen $y_0 \in Z$ gilt aber $x_0 \in D(\underline{A})$ und $\underline{A}\, x_0 = A'\, x_0 = y_0$. Berücksichtigt man noch $f_0 \in (\operatorname{im} \underline{A})^{\perp}$, dann erhält man

$$f_0(y_0) = f_0(\underline{A}\, x_0) = 0\,.$$

Der konstruierte Widerspruch beweist die Behauptung.

Bemerkung. Der BANACH-Raum Z sei stetig in Y eingebettet, und es gelte $Z \subset D(R)$. Dann ist Z auch in den Raum Y_R stetig eingebettet, sobald für alle $z \in Z$ eine Ungleichung der Gestalt

$$\|R\, z\|_X \leqq C\, \|z\|_Z$$

mit einer von z unabhängigen Konstanten C gilt.

Dies folgt unmittelbar aus der Ungleichungskette

$$|z| = \|z\|_Y + \|R\, z\|_X \leqq \|z\|_Y + C\, \|z\|_Z \leqq C'\, \|z\|_Z\, .$$

Das nachfolgende Lemma liefert schließlich für den Fall $X = Y$ ein hinreichendes Kriterium für die Dichtheit einer Menge $Z \subset D(R)$ in der Norm des Raumes $Y_R = X_R$.

Lemma 5.1. *Es sei $Z \subset D(R)$ eine im Raum X dichte lineare Teilmenge derart, daß aus $R\, x \in Z$ $(x \in X)$ stets $x \in Z$ folgt. Dann liegt Z dicht im Raum X_R.*

Beweis. Da R ein Φ-Operator in X ist, so besitzt X mit einem gewissen abgeschlossenen Teilraum X_1 und einem endlichdimensionalen Teilraum X_2 die folgenden Darstellungen (vgl. Abschnitt 1.2):

$$X = X_1 \dotplus \ker R\,, \qquad X = \operatorname{im} R \dotplus X_2\, .$$

Daraus ergibt sich $D(R) = D_1 \oplus \ker R$, wobei $D_1 = D(R) \cap X_1$.

Mit R_1 bezeichnen wir die Einschränkung des Operators R auf den Teilraum D_1 (vgl. Teilabschnitt 1.2.5). Dann ist R_1^{-1} beschränkt, d. h., für eine gewisse Konstante $C > 0$ und beliebiges $x \in D_1$ gilt:

$$\|x\| \leqq C\, \|R_1\, x\| = C\, \|R\, x\|\, . \tag{5.4}$$

Jedes Element $x \in D(R)$ läßt sich auf eindeutige Weise in der Form $x = x' + x''$ mit $x' \in D_1$ und $x'' \in \ker R$ darstellen. Da nach Lemma 2.2, Kapitel 1, die Menge $(\operatorname{im} R) \cap Z$ in $\operatorname{im} R$ dicht ist, so existiert eine Folge von Elementen $R\, x_n' \in Z$ mit $x_n' \in D_1$ und $R\, x_n' \to R\, x'$. Aus der Ungleichung (5.4) folgt dann $x_n' \to x'$.

Setzen wir nun $x_n = x_n' + x''$, dann gilt $x_n \to x$ und $R\, x_n \to R\, x$, woraus

$$|x_n - x| = \|x_n - x\| + \|R\, x_n - R\, x\| \to 0$$

folgt. Da nach Voraussetzung aus $R\, x_n = R\, x_n \in Z$ auch $x_n \in Z$ folgt, so ist damit die Behauptung bewiesen.

4.5.3. Wir wollen jetzt die Methode der linken Regularisierung der in Abschnitt 4.1 behandelten Methode gegenüberstellen.

Der Operator $A \in \mathscr{L}(X, Y)$ besitze also die Darstellung $A = B\, C$, wobei $B \in \mathscr{L}(Y)$ der Bedingung (1) aus 4.1 genügt und $C \in \mathscr{L}(X, Y)$ ein Φ-Operator ist. Offensichtlich ist $\operatorname{im} A \subset \overline{Y} = \operatorname{im} B$.

Ferner sei R ein gewisser abgeschlossener linker Regularisator des Operators A, d. h., es gilt $\operatorname{im} A \subset Y_R = D(R)$ und $R\, A = I + T$, wobei T ein vollstetiger Operator in X ist.

Nach 1.2.5 bezeichnen wir mit C_1 die Einschränkung des Operators C auf irgendein topologisches Komplement zu $\ker C$ und mit Q einen stetigen Projektor des Raumes Y auf im C. Da offenbar $B^{-1}\,y \in$ im C für beliebiges $y \in$ im A gilt, so erhalten wir

$$R\,y = (I + T)\,C_1^{-1}\,B^{-1}\,y = (I + T)\,C_1^{-1}\,Q\,B^{-1}\,y\,. \tag{5.5}$$

Demzufolge kann der Operator R, falls notwendig, durch die rechte Seite der Formel (5.5) auf ganz im B fortgesetzt werden. O. B. d. A. können wir also annehmen, daß im $B \subset D(R)$ gilt.

Der Operator $R\,B$ ist offensichtlich ein linker Regularisator zu C, und da C ein Φ-Operator ist, so muß $R\,B$ notwendig ein beschränkter Operator sein (siehe Satz 5.4, Kapitel 1). Folglich ergibt sich für beliebiges $y \in$ im B die Abschätzung

$$|y| = ||y||_Y + ||R\,y||_X \leqq c\,||B^{-1}\,y||_Y = c\,||y||_{\overline{Y}}\,, \tag{5.6}$$

wobei $c = \text{const}$ ist. Es gilt also die stetige Einbettung $\overline{Y} \subset Y_R$.

Wenn speziell im $B = D(R)$ ist, dann schließen wir aus (5.6) unter Benutzung des Satzes von Banach über Homomorphismen, daß die auf im B definierten Normen $|\ |$ und $||\ ||_{\overline{Y}}$ äquivalent sind. In diesem Fall stimmen also die Räume $\overline{Y}$ und Y_R überein. Das gilt insbesondere dann, wenn der Regularisator R die Gestalt $R = M\,B^{-1}$ hat, wobei M ein Regularisator des Φ-Operators C ist. Folglich bleiben auch die Ergebnisse von 4.5.2 erhalten, wenn man $Y_R =$ im B setzt.

4.5.4. Wir betrachten zur Illustration zwei einfache Beispiele.

Beispiel 1. Es sei A der Operator, der im Raum $C[0, 1]$ durch die Gleichung

$$(A\,\varphi)(x) = x\,\varphi(x) + \int_0^1 K(x, y)\,\varphi(y)\,dy \tag{5.7}$$

definiert wird. Dabei sei $K(x, y)$ ein stetiger und nach x stetig differenzierbarer Kern im Quadrat $[0, 1] \times [0, 1]$.

Den Operator A können wir in der Form $A = B + T$ schreiben, wobei B den Operator der Multiplikation mit der unabhängigen Veränderlichen x und T den Integraloperator mit dem Kern $K(x, y)$ bedeutet. Der Operator T ist vollstetig in $C[0, 1]$. Der Operator B erfüllt offensichtlich die Bedingung (1) aus 4.1, und er ist nicht normal auflösbar in $C[0, 1]$.

Mit R bezeichnen wir den Operator, der durch die Beziehung

$$(R\,\varphi)(x) = \frac{\varphi(x) - \varphi(0)}{x} \tag{5.8}$$

erklärt ist. Zum Definitionsgebiet $D(R)$ zählen wir sämtliche Funktionen $\varphi \in C[0, 1]$, für die die rechte Seite der Beziehung (5.8) ebenfalls zu $C[0, 1]$ gehört. Offenbar gilt $R\,B = I$, d. h., der Operator R ist eine Linksinverse und demzufolge auch ein linker Regularisator zu B. Man überzeugt sich leicht davon, daß R ein abgeschlossener Operator ist.

Indem man auf $D(R)$ die Norm

$$|\varphi| = \max_{0 \leq x \leq 1} |\varphi(x)| + \max_{0 \leq x \leq 1} \left| \frac{\varphi(x) - \varphi(0)}{x} \right|$$

einführt, erhält man den BANACH-Raum $C_R[0, 1]$. Wie man unmittelbar einsieht, ist $C_R[0, 1]$ die Erweiterung des Raumes $\overline{C}[0, 1] = \operatorname{im} B$ um eine Dimension (alle Konstanten).

Nach 4.5.1 ist der Operator B: $C[0, 1] \to C_R[0, 1]$ ein Φ-Operator. Der Index dieses Operators ist gleich Eins, da eine Funktion $\varphi \in C_R[0, 1]$ genau dann zu $\operatorname{im} B$ gehört, wenn $\varphi(0) = 0$ gilt. Da der Operator

$$(R\,T\,\varphi)(x) = \int_0^1 \frac{K(x, y) - K(0, y)}{x} \varphi(y)\, dy$$

in $C[0, 1]$ vollstetig ist, so ist nach Satz 5.1 auch der Operator T: $C[0, 1] \to$ $\to C_R[0, 1]$ vollstetig. Folglich ist der Operator

$$A : C[0, 1] \to C_R[0, 1]$$

ein Φ-Operator mit dem Index Eins.

Mittels der Bemerkungen aus 4.5.2 prüft man leicht nach, daß der BANACH-Raum $C^{(1)}[0, 1]$ mit der Norm

$$||\varphi||_{C^{(1)}} = \max_{0 \leq x \leq 1} |\varphi(x)| + \max_{0 \leq x \leq 1} |\varphi'(x)|$$

stetig und dicht in den Raum $C_R[0, 1]$ eingebettet ist.

Ein analoges Ergebnis erhält man für den Operator

$$(A\,\varphi)(x) = a(x)\,\varphi(x) + \int_0^1 K(x, y)\,\varphi(y)\, dy\,,$$

wobei die Funktion $a(x) \in C[0, 1]$ endlich viele Nullstellen ganzzahliger Ordnungen auf dem Intervall $[0, 1]$ besitzt.

Beispiel 2. Wir betrachten die Differentialgleichung

$$(A\,\varphi)(x) = x\,\varphi'(x) + c(x)\,\varphi(x) = f(x) \tag{5.9}$$

auf dem Intervall $[0, 1]$; dabei sei die Funktion $c(x) \in C[0, 1]$, stetig differenzierbar in einer gewissen (rechtsseitigen) Umgebung des Punktes $x = 0$ und $c(0) > -1$. Wir behalten die beim Beispiel 1 eingeführten Bezeichnungen bei.

a) Zunächst betrachten wir den Fall $c(x) \equiv \gamma = \text{const}$.

Wenn $\gamma \neq 0$ ist, dann besitzt die Gleichung (5.9), wie man leicht unmittelbar nachprüft, für eine beliebige Funktion $f(x) \in C_R[0, 1]$ die eindeutige Lösung

$$\varphi(x) = \frac{1}{x^\gamma} \int_0^x t^\gamma\, g(t)\, dt + \frac{f(0)}{\gamma} \quad (x \neq 0)\,, \quad \varphi(0) = \frac{f(0)}{\gamma} \quad \text{mit } g(t) = \frac{f(x) - f(0)}{x}\,.$$

Wenn $\gamma = 0$ ist, dann hat die Gleichung (5.9) mit $f(x) \in C_R[0, 1]$ genau dann eine Lösung $\varphi \in C^{(1)}[0, 1]$, wenn $f(0) = 0$ gilt; diese Lösung ist bis auf eine Konstante eindeutig bestimmt.

Daraus folgt nun, daß im Falle $c(x) \equiv \gamma$ der durch (5.9) definierte Operator $A : C^{(1)}[0, 1] \to C_R[0, 1]$ ein Φ-Operator mit dem Index Null ist.

b) Im allgemeinen Fall $c(x) \neq \text{const}$ kann man den Operator A in der Gestalt $A = A_0 + T$ schreiben, wobei

$$(A_0 \varphi)(x) = x \varphi'(x) + c(0) \varphi(x) , \quad (T \varphi)(x) = [c(x) - c(0)] \varphi(x)$$

gesetzt ist.

Da der Operator

$$(R T \varphi)(x) = \frac{c(x) - c(0)}{x} \varphi(x) ,$$

wie leicht einzusehen ist, ein vollstetiger Operator von $C^{(1)}[0, 1]$ in $C[0, 1]$ ist, so ist nach Satz 5.1 der Operator $T : C^{(1)}[0, 1] \to C_R[0, 1]$ vollstetig. Folglich ist der Operator

$$A : C^{(1)}[0, 1] \to C_R[0, 1]$$

ein Φ-Operator mit dem Index Null.

4.6. Bemerkungen und Literaturhinweise

4.1. Dem Wesen nach geht die hier behandelte Methode auf G. N. Tschebotarev [2–3], M. I. Chaikin [1], V. B. Dybin [3] sowie V. B. Dybin und N. K. Karapetjanz [2] zurück, wo sie in der spezielleren Form $D = I$ bei der Untersuchung Wiener-Hopfscher Integralgleichungen vom nicht normalen Typ sowie der entsprechenden diskreten Analoga als *Methode der Normalisierung* auftrat (vgl. hierzu auch die Abschnitte 4.5. und 1.5.3). Vom Verfasser [6] (vgl. auch [7], [10–11]) wurde eine ähnliche Methode der Faktorisierung singulärer Integraloperatoren vom nicht normalen Typ zur Invertierung sowie zur Berechnung des Index solcher Operatoren benutzt. M. I. Chaikin [1] gab im Zusammenhang mit der Untersuchung von Wiener-Hopfschen Integralgleichungen 1. Art, deren Symbol im Unendlichen eine Nullstelle von gebrochener Ordnung besitzt, erstmalig ein Beispiel für eine Faktorisierung der Form (1.1) mit $D \neq I$ an.

In der hier dargestellten allgemeinen Form wurde diese Methode gleichzeitig von A. A. Semencul [1] und vom Verfasser [13] beschrieben.

4.2.–4.5. Die meisten der hier dargelegten Ergebnisse werden erstmalig veröffentlicht.

Die Sätze 2.1 und 2.2 verallgemeinern einige Resultate von G. N. Tschebotarev [3] über Wiener-Hopfsche Integralgleichungen im Raum der beschränkten Funktionen.

Die Ergebnisse des Teilabschnitts 4.3.6. wurden für singuläre Integralgleichungen bereits früher vom Verfasser [10] und von B. Silbermann [4] aufgestellt.

KAPITEL 5

WIENER-HOPFSCHE INTEGRALGLEICHUNGEN VOM NICHT NORMALEN TYP UND IHR DISKRETES ANALOGON

In diesem Kapitel werden die Ergebnisse aus Kapitel 4 auf diskrete WIENER-HOPF-Gleichungen, WIENER-HOPFsche Integralgleichungen und die entsprechenden paarigen Gleichungen angewandt, deren Symbol endlich viele Nullstellen ganzzahliger und gebrochener Ordnungen besitzt.

Die ersten vier Abschnitte haben einen einheitlichen Aufbau. Am Anfang jedes dieser Abschnitte werden für den jeweiligen Gleichungstyp der Kern des entsprechenden Operators B aus der Darstellung (1.1), Kapitel 4, bestimmt und eine analytische Beschreibung der Räume $\bar{X} = \operatorname{im} B$ und $\tilde{X}$ gegeben. Anschließend untersuchen wir die Eigenschaften der betrachteten Gleichungen in diesen Räumen, zuerst im Falle ganzzahliger und danach im Falle beliebiger reeller Ordnungen der Nullstellen des Symbols. Dabei gelingt es, für jeden der genannten Gleichungsstypen die Sätze 2.3 bzw. 3.2 und 3.3 aus Kapitel 4 zu verschärfen. Die entsprechenden Resultate sind in den Sätzen 1.5, 2.6, 3.3 (3.4) und 4.2 formuliert und stellen die Hauptergebnisse dieses Kapitels dar.

Eine Reihe von Überlegungen und Ergebnissen der Abschnitte 5.1 und 5.2 (entsprechend 5.3 und 5.4) sind analog. Sie werden deshalb in der Regel im diskreten Fall ausführlicher und im stetigen Fall weniger ausführlich dargestellt. Bei den WIENER-HOPFschen Integralgleichungen nimmt der Fall eine gewisse Sonderstellung ein, wenn das Symbol im Unendlichen verschwindet (Gleichungen erster Art). Ihm ist ein gesonderter Teilabschnitt gewidmet.

5.1. Diskrete WIENER-HOPF-Gleichungen

In diesem Abschnitt bezeichnet E (entsprechend E_+) einen beliebigen der in Abschnitt 3.1 eingeführten Folgenräume l^p $(1 \leq p < \infty)$, m, c oder c^0 und U, P die durch die Beziehungen (1.1) bzw. (1.2), Kapitel 3, in E definierten Operatoren.

5.1.1. Die durch Nullstellen des Symbols erzeugten Folgenräume

1. Es sei α ein beliebiger Punkt des Einheitskreises. Die durch die Beziehungen (2.7_1), Kapitel 4, definierten Operatoren B_α und D_α haben jetzt die Gestalt

$$B_\alpha \xi = \{\xi_{n+1} - \alpha^{-1} \xi_n\}_{-\infty}^{\infty}, \quad D_\alpha \xi = \{\xi_{n-1} - \alpha \xi_n\}_{-\infty}^{\infty}, \tag{1.1}$$

wobei $\xi = \{\xi_n\}_{-\infty}^{\infty} \in E$ ist. Die in E_+ betrachteten Operatoren $\hat{B}_\alpha = P B_\alpha | E_+$ und $\hat{D}_\alpha = D_\alpha P | E_+$ werden offenbar durch folgende TOEPLITZ-Matrizen dargestellt:

$$\hat{B}_\alpha = \begin{pmatrix} -\bar{\alpha} & 1 & 0 & 0 & \cdots \\ 0 & -\bar{\alpha} & 1 & 0 & \cdots \\ 0 & 0 & -\bar{\alpha} & 1 & \cdots \\ \cdot & \cdot & \cdot & \cdot & \cdot \end{pmatrix}, \quad \hat{D}_\alpha = \begin{pmatrix} -\alpha & 0 & 0 & \cdots \\ 1 & -\alpha & 0 & \cdots \\ 0 & 1 & -\alpha & \cdots \\ \cdot & \cdot & \cdot & \cdot \end{pmatrix}.$$

Mit $\hat{G}_\alpha$ bezeichnen wir den Operator, der einer beliebigen Zahlenfolge $f = \{f_k\}_0^\infty$ die Zahlenfolge

$$\hat{G}_\alpha f = \left\{ -\frac{1}{\alpha} \sum_{k=0}^{n} \alpha^{k-n} f_k \right\}_{n=0}^{\infty} \tag{1.1'}$$

zuordnet. Der Operator $\hat{G}_\alpha$ wird folglich durch die Dreiecksmatrix

$$\hat{G}_\alpha = -\bar{\alpha} \begin{pmatrix} 1 & 0 & 0 & \cdots \\ \bar{\alpha} & 1 & 0 & \cdots \\ \bar{\alpha}^2 & \bar{\alpha} & 1 & \cdots \\ \cdot & \cdot & \cdot & \cdot \end{pmatrix}$$

definiert. Wie man leicht sieht, gelten die folgenden zwei Beziehungen:[1]

$$\hat{G}_\alpha \hat{D}_\alpha f = f, \qquad \hat{D}_\alpha \hat{G}_\alpha f = f. \tag{1.2}$$

2. Es seien jetzt $\alpha_1, \alpha_2, \ldots, \alpha_r$ paarweise verschiedene Punkte des Einheitskreises und m_j', m_j'' $(j = 1, 2, \ldots, r)$ positive ganze Zahlen. Wir setzen

$$B = \prod_{j=1}^{r} B_{\alpha_j}^{m_j''}, \qquad D = \prod_{j=1}^{r} D_{\alpha_j}^{m_j'}, \qquad \hat{G} = \prod_{j=1}^{r} \hat{G}_{\alpha_j}^{m_j'} \tag{1.3}$$

und bezeichnen mit $\hat{B}$ bzw. $\hat{D}$ entsprechend die Einschränkungen der Operatoren $P B P$ und $P D P$ auf den Raum E_+ (vgl. (2.7₂), Kapitel 4).

Wegen (1.2) gelten die Beziehungen

$$\hat{G} \hat{D} x = x, \qquad \hat{D} \hat{G} x = x \quad \forall\, x \in E_+ .$$

Folglich erfüllt der Operator $\hat{D}$ mit $\hat{D}^{(-1)} = \hat{G}$ die Bedingung (2'') aus Abschnitt 4.1. Den Ausführungen des Abschnittes 4.2.3 folgend, führen wir jetzt den Raum $\tilde{E}_+(\varrho_+) = \hat{G}(E_+)$ ein, in dem die Norm durch die Beziehung

$$\|f\|_{\tilde{E}_+} = \|\hat{D} f\|_{E_+} \qquad (f \in \tilde{E}_+(\varrho_+))$$

erklärt ist. Dabei bedeuten $\varrho_\pm(z)$ die durch die Gleichungen (2.6), Kapitel 4, definierten Funktionen:

$$\varrho_+(z) = \prod_{j=1}^{r} (z - \alpha_j)^{m_j'}, \qquad \varrho_-(z) = \prod_{j=1}^{r} (z^{-1} - \alpha_j^{-1})^{m_j''}. \tag{1.4}$$

Offenbar ist $\varrho_+(z) \in W^+$ $(\varrho_-(z) \in W^-)$ das Symbol des Operators $D(B)$.

---

[1] Bezüglich der zweiten Formel in (1.2) bemerken wir, daß der Operator $\hat{D}_\alpha$ natürlicherweise auf einer *beliebigen* Folge der Gestalt $f = \{f_k\}_0^\infty$ erklärt ist.

Bemerkung. Es läßt sich leicht die Wachstumsordnung der Glieder einer Folge $\eta \in \tilde{E}_+(\varrho_+)$ bestimmen. Im Falle des Raumes $E_+ = m_+$ gilt

$$\eta_n = O(n^{m'}), \qquad m' = \max \{m_1', \ldots, m_r'\} .$$

Davon kann man sich leicht unter Benutzung der Beziehung

$$\hat{G}_{\alpha_2} \hat{G}_{\alpha_1} = \frac{1}{\alpha_1 - \alpha_2} (\hat{G}_{\alpha_1} - \hat{G}_{\alpha_2}) \quad (\alpha_1 \neq \alpha_2)$$

überzeugen.

3. Wir untersuchen jetzt den Nullraum des Operators $\hat{B}$.

Lemma 1.1. *Wenn E_+ einer der Räume l_+^p $(1 \leq p < \infty)$ oder c_+^0 ist, dann gilt* $\ker \hat{B} = \{0\}$.

Beweis. Aus $\hat{B}_\alpha \xi = 0$ $(\xi \in E_+;\ j = 1, 2, \ldots, r)$ folgt

$$\xi_{n+1} = \frac{1}{\alpha} \xi_n \qquad (n = 0, 1, \ldots),$$

d. h. $\xi = C\{\alpha^{-n}\}_{n=0}^\infty$ mit $C = \xi_0 = \text{const}$. Diese Folge gehört aber nur dann einem der Räume l_+^p oder c_+^0 an, wenn $C = 0$ ist. Folglich gilt $\dim \ker B = \{0\}$, und unter Berücksichtigung der Beziehung (2.7_2), Kapitel 4, erhalten wir die Behauptung.

Lemma 1.2. *Der Kern des im Raum m_+ betrachteten Operators $\hat{B}$ ist r-dimensional, und in ihm bilden die Folgen $e_{\bar{\alpha}_j} = \{\alpha_j^{-n}\}_{n=0}^\infty$ $(j = 1, 2, \ldots, r)$ eine Basis.*

Beweis. Aus $\hat{B}_{\alpha_j} \xi = 0$ $(\xi \in m_+)$ folgt, genauso wie beim Beweis des Lemmas 1.1, die Beziehung $\xi = C\, e_{\bar{\alpha}_j}$, wobei jetzt $e_{\bar{\alpha}_j} \in m_+$ ist. Die Behauptung ergibt sich dann nach Satz 2.1, Kapitel 4, und der daran anschließenden Bemerkung.

Bemerkung. Wie aus den vorangegangenen Überlegungen unmittelbar folgt, hängt im Falle des Raumes c_+ der Kern von $\hat{B}$ wesentlich von der Lage der Punkte α_j ab: Er besteht nur aus der Null, wenn $\alpha_j \neq 1$ $(j = 1, 2, \ldots, r)$ gilt und aus allen stationären Folgen, wenn $\alpha_j = 1$ ist für irgendein j.

4. Den Ausführungen des Abschnittes 4.2.3 weiter folgend, führen wir jetzt den Raum $\bar{E}_+(\varrho_-)$ als den Bildraum des Operators $\hat{B} = P B \mid E_+$ ein.

Zunächst sei E_+ einer der Räume l_+^p $(1 \leq p < \infty)$ oder c_+^0. Wegen Lemma 1.1 wird dann die Norm eines Elementes $\eta \in \bar{E}_+(\varrho_-)$ durch die Beziehung

$$\|\eta\|_{\bar{E}_+} = \|\xi\|_{E_+} \qquad (\eta = \hat{B}\xi,\ \xi \in E_+) \tag{1.5}$$

festgelegt.

Zum Zweck der analytischen Beschreibung des Raumes $\bar{E}_+(\varrho_-)$ führen wir folgende Bezeichnungen ein: Wenn die aus der Zahlenfolge $f = \{f_k\}_0^\infty$ gebildete unendliche Reihe $\sum_{k=0}^{\infty} f_k$ konvergiert, dann wollen wir mit $f^{(-1)}$ die Folge

$$f^{(-1)} = \left\{ \sum_{k=n}^{\infty} f_k \right\}_{n=0}^{\infty}$$

bezeichnen. Ist die aus der neuen Folge gebildete Reihe wiederum konvergent, dann setzen wir $f^{(-2)} = [f^{(-1)}]^{(-1)}$ usw. Mit $E_+^{(m)}$ (m eine natürliche Zahl) bezeichnen wir die Gesamtheit aller Folgen $f \in E_+$, für die die Elemente $f^{(-k)}$ ($k = 1, 2, \ldots, m$) existieren und ebenfalls zu E_+ gehören. Die Menge $E_+^{(m)}$ versehen wir mit der Norm

$$\|f\|_0 = \sum_{k=0}^{m} \|f^{(-k)}\|_{E_+} . \tag{1.6}$$

Satz 1.1. *Es sei E_+ einer der Räume l_+^p ($1 \leqq p < \infty$) oder c_+^0. Dafür, daß die Folge $f = \{f_n\}_0^{\infty} \in E_+$ zum Raum $\bar{E}_+(\varrho_-)$ gehört, ist notwendig und hinreichend, daß $f_{\alpha_j} = \{\alpha_j^n f_n\}_{n=0}^{\infty} \in E_+^{(m_j'')}$ ($j = 1, 2, \ldots, r$) gilt. Die Norm (1.5) ist der Norm $\sum_{j=1}^{r} \|f_{\alpha_j}\|_0$ äquivalent.*

Beweis. Wegen Satz 2.2, Kapitel 4, braucht die Behauptung nur für $r = 1$ bewiesen zu werden. Wir nehmen daher $r = 1$ an und setzen $m = m_1''$, $\alpha = \alpha_1$. Den Beweis führen wir durch vollständige Induktion nach m.

Notwendigkeit. Wir betrachten zunächst den Fall $m = 1$. Es sei also $f = \hat{B}_\alpha \xi$ ($\xi \in E_+$). Dann gilt $f_n = \xi_{n+1} - \alpha^{-1} \xi_n$ ($n = 0, 1, \ldots$), woraus wegen $\xi \in E_+$ die Beziehung

$$\sum_{k=n}^{\infty} \alpha^k f_k = -\alpha^{n-1} \xi_n$$

und somit $f_\alpha^{(-1)} = \dfrac{-1}{\alpha} \xi_\alpha \in E_+$ folgt.

Wir nehmen jetzt an, daß die Notwendigkeit der Bedingungen für $m - 1$ bewiesen ist, und es sei $f = \hat{B}_\alpha^m \xi$ ($\xi \in E_+$). Indem wir $\eta = \hat{B}_\alpha^{m-1} \xi$ setzen, erhalten wir $f = \hat{B}_\alpha \eta$ und folglich

$$f_\alpha^{(-1)} = \frac{-1}{\alpha} \eta_\alpha .$$

Nach Induktionsannahme ergibt sich dann

$$f_\alpha^{(-k-1)} = \frac{-1}{\alpha} \eta_\alpha^{(-k)} \in E_+ \qquad (k = 0, 1, \ldots, m-1) ,$$

d. h. $f_\alpha \in E_+^{(m)}$.

Hinlänglichkeit. Es sei $f_\alpha \in E_+^{(m)}$. Wir zeigen, daß die Folge $\xi = \{\xi_n\}_0^\infty \in E_+$ mit

$$\xi_n = \frac{(-1)^m}{\alpha^{n-m}} [f_\alpha^{(-m)}]_n \qquad (n = 0, 1, \ldots) \tag{1.7}$$

die Gleichung $\hat{B}_\alpha^m \xi = f$ erfüllt.

Im Falle $m = 1$ ergibt sich in der Tat

$$\xi_{n+1} - \alpha^{-1} \xi_n = \frac{1}{\alpha^n} \left\{ \sum_{k=n}^{\infty} \alpha^k f_k - \sum_{k=n+1}^{\infty} \alpha^k f_k \right\} = f_n .$$

Wir nehmen an, die Behauptung sei für $m - 1$ bewiesen, und ξ_n $(n = 0, 1, \ldots)$ werde durch die Beziehung (1.7) definiert. Wir setzen

$$\eta_n = \frac{-1}{\alpha^{n-1}} [f_\alpha^{(-1)}]_n \qquad (n = 0, 1, \ldots)$$

und $\eta = \{\eta_n\}_0^\infty \in E_+$. Dann gilt $\eta_\alpha = -\alpha f_\alpha^{(-1)}$, und somit ist nach dem bereits Bewiesenen $\hat{B}_\alpha \eta = f$.

Weiter ist offenbar

$$\xi_n = \frac{(-1)^{m-1}}{\alpha^{n-m+1}} [\eta_\alpha^{(-m+1)}]_n \qquad (n = 0, 1, \ldots) ,$$

und nach Induktionsannahme gilt folglich $\hat{B}_\alpha^{m-1} \xi = \eta$ und somit $\hat{B}_\alpha^m \xi = \hat{B}_\alpha \eta = f$.

Es bleibt noch die Äquivalenz der Normen zu zeigen. Auf Grund der Beziehung (1.7) ergibt sich zunächst für $f = \hat{B}_\alpha^m \xi \in \overline{E}_+(\varrho_-)$ die Abschätzung

$$||f||_{\overline{E}_+} = ||\xi||_{E_+} = ||f_\alpha^{(-m)}||_{E_+} \leqq ||f_\alpha||_0 . \tag{1.8}$$

Andererseits gelten für eine gewisse Konstante C die Ungleichungen

$$||f_\alpha^{(-k)}||_{E_+} \leqq C||\xi||_{E_+} \qquad (k = 0, 1, \ldots, m) . \tag{1.9}$$

In der Tat, für $m = 1$ folgt dies unmittelbar aus den Beziehungen

$$f = \hat{B}_\alpha \xi , \qquad f_\alpha^{(-1)} = \frac{-1}{\alpha} \xi_\alpha .$$

Für beliebiges m beweist man (1.9) durch vollständige Induktion genauso wie die Notwendigkeit der im Satz formulierten Bedingungen. Aus (1.8) und (1.9) ergibt sich unmittelbar die Äquivalenz der Normen $||f||_{\overline{E}_+}$ und $||f_\alpha||_0$, und der Satz ist damit bewiesen.

Aus dem vorstehenden Beweis (siehe Formel (1.7)) ergibt sich unmittelbar

Folgerung 1.1. *Die Inverse zum Operator $\hat{B}_\alpha$ hat die Gestalt*

$$\hat{B}_\alpha^{-1} f = \left\{ -\alpha^{-n+1} \sum_{k=n}^{\infty} \alpha^k f_k \right\}_{n=0}^{\infty} \qquad (f = \{f_n\}_0^\infty \in \operatorname{im} \hat{B}_\alpha) .$$

5. Wir geben jetzt eine hinreichend große Klasse von Folgen an, die im Raum $\overline{E}_+(\varrho_-)$ enthalten und dicht ist.

Es sei E ein beliebiger der Räume l^p $(1 \leqq p < \infty)$ oder c^0 und m irgendeine reelle Zahl. Wir bezeichnen mit E^m den Raum aller Zahlenfolgen der Gestalt $f = \{(1 + |n|)^{-m} \xi_n\}_{n=-\infty}^{\infty}$, wobei $\xi = \{\xi_n\} \in E$ ist. Mit der Norm

$$|f| = \|\xi\|_E$$

ist E^m ein BANACH-Raum, der zu E isometrisch und isomorph ist.

Im Falle einer positiven ganzen Zahl m gehört eine Folge $f = \{f_n\}_{-\infty}^{\infty}$ genau dann zu E^m, wenn

$$\eta^{(k)} = \{n^k f_n\}_{n=-\infty}^{\infty} \in E\,, \qquad k = 0, 1, \ldots, m\,,$$

gilt, und in diesem Fall ist $|f|$ der Norm

$$\|f\|_{E^m} = \sum_{k=0}^{m} \|\eta^{(k)}\|_E$$

äquivalent.

Mit E_+^m bezeichnen wir die entsprechenden Räume von Folgen der Gestalt $\{f_n\}_{n=0}^{\infty}$.

Wegen $(l^p)^* = l^q$ $(q = p/(p-1)$ für $1 < p < \infty$ und $q = \infty$ für $p = 1)$ ist $l^{q,-m}$ der konjugierte Raum zu $l^{p,m}$ für $1 \leqq p < \infty$ und beliebiges reelles m. Entsprechendes gilt für $l_+^{p,m}$.

Satz 1.2. *Es sei m eine positive ganze und ε eine beliebige positive Zahl. Für beliebiges $f \in E_+^{m+\varepsilon}$ existieren die Folgen $f^{(-k)} \in E$, $k = 0, 1, \ldots, m$. Der Raum $E_+^{m+\varepsilon}$ ist in den Raum $E_+^{(m)}$ stetig und dicht eingebettet.*

Beweis. Es sei $f \in E_+^{m+\varepsilon}$. Wir betrachten zunächst den Fall $m = 1$.

Wenn $E = l_+$ ist, dann erhalten wir

$$\|f^{(-1)}\|_{l_+} \leqq \sum_{n=0}^{\infty} \sum_{k=n}^{\infty} |f_k| = \sum_{k=0}^{\infty} (k+1)\,|f_k| < \infty\,.$$

Folglich gilt $f^{(-1)} \in l_+$ und

$$\|f\|_0 = \sum_{k=0}^{1} \|f^{(-k)}\|_{l_+} \leqq 2\,\|f\|_{l_+^{1,1}}\,.$$

Wir betrachten den Fall $E = l_+^p$, $1 < p < \infty$. Nach der HÖLDERschen Ungleichung ergibt sich

$$\sum_{j=n}^{\infty} |f_j| \leqq \left(\sum_{j=n}^{\infty} \frac{1}{j^q}\right)^{1/q} \left(\sum_{j=n}^{\infty} j^p\,|f_j|^p\right)^{1/p} \leqq \gamma_1\, n^{-(q-1)/q} \left(\sum_{j=n}^{\infty} j^p |f_j|)^p\right)^{1/p},$$

wobei $q = p/(p-1) > 1$ und $\gamma_1 = \text{const}$ ist. Hieraus folgt

$$\sum_{n=1}^{\infty} \left[\sum_{j=n}^{\infty} |f_j|\right]^p \leqq \gamma_2 \sum_{j=1}^{\infty} |j^{1+\varepsilon} f_j|^p\,.$$

Folglich gilt $f^{(-1)} \in l_+^p$ sowie auch die stetige Einbettung $l_+^{p,1+\varepsilon} \subset E_+^{(1)}$.

Im Falle $E = c^0$ ergibt sich schließlich

$$\|f^{(-1)}\|_{c^0} \leqq \sum_{n=0}^{\infty} |f_n| \leqq \|f\|_{c^{0,1+\varepsilon}} \sum_{n=0}^{\infty} \frac{1}{(1+n)^{1+\varepsilon}}\,.$$

Damit ist die Behauptung für $m = 1$ bewiesen.

Für $m \geqq 2$ ergibt sich die Behauptung durch sukzessive Anwendung der vorangegangenen Überlegungen, indem man von der leicht nachprüfbaren Beziehung

$$f_k^{(-2)} = (1 - k) f_k^{(-1)} + \sum_{n=k}^{\infty} n f_n , \qquad f^{(-2)} = \{f_k^{(-2)}\}_{k=0}^{\infty} ,$$

Gebrauch macht. Die Dichtheit der Menge $E_+^{m+\varepsilon}$ im Raum $E_+^{(m)}$ ist leicht einzusehen, wenn man berücksichtigt, daß jede Folge mit endlich vielen von Null verschiedenen Gliedern zu $E_+^{m+\varepsilon}$ gehört.

Bemerkung 1. Wie aus dem vorstehenden Beweis ersichtlich ist, gilt im Falle $E = l_+$: $l_+^{1,m} \subset E_+^{(m)}$.

Indem wir

$$m' = \max\,\{m_1', \ldots, m_r'\} , \qquad m'' = \max\,\{m_1'', \ldots, m_r''\}$$

setzen, erhalten wir aus Satz 1.1 und Satz 1.2 die stetigen Einbettungen

$$E_+^{m''+\varepsilon} \subset \bar{E}_+(\varrho_-) \qquad (\varepsilon > 0;\, \varepsilon = 0 \quad \text{für } E_+ = l_+) .$$

Analog beweist man

$$\tilde{E}_+(\varrho_+) \subset E_+^{-(m'+\varepsilon)} \qquad (\varepsilon > 0;\, \varepsilon = 0 \quad \text{für } E_+ = C_+^0).$$

Bemerkung 2. Man kann sich leicht davon überzeugen, daß für eine Folge $\{f_n\}_0^\infty \in$ $\in \tilde{l}_+^1(\varrho_+)$ die Abschätzung

$$f_n = O(n^{m'-1})$$

gilt.

6. Wir kommen jetzt zur analytischen Beschreibung des Raumes $\bar{E}_+(\varrho_-)$ in dem Falle, wenn E_+ einer der Folgenräume m_+ oder c_+ ist. Unter Berücksichtigung des Lemmas 1.2 und der daran anschließenden Bemerkung wird im vorliegenden Fall in Übereinstimmung mit Abschnitt 4.2.3 die Norm eines Elementes $\eta \in \bar{E}_+(\varrho_-)$ durch die Beziehung

$$||\eta||_{\bar{E}_+} = \inf_{PB\,\xi = \eta} ||\xi||_{E_+} \tag{1.10}$$

eingeführt.

Zur Beschreibung des Raumes $\bar{E}_+(\varrho_-)$ verwenden wir jetzt das bekannte CESÀROsche Summierungsverfahren für unendliche Reihen (s. G. M. FICHTENHOLZ [1], Bd. II, S. 420). Wir erinnern daran, daß eine unendliche Reihe

$$x_0 + x_1 + \cdots + x_n + \cdots$$

C_1-summierbar zur C_1-Summe S heißt, in Zeichen $(C_1) \sum_{k=0}^{\infty} x_k = S$, wenn die Folge der arithmetischen Mittel ihrer Teilsummen $S_n = \sum_{k=0}^{n} x_k$, d. h. die Folge

$$\sigma_n = \frac{S_0 + S_1 + \cdots + S_n}{n + 1} ,$$

gegen S konvergiert. Ist diese Bedingung erfüllt, dann nennen wir im weiteren auch die Folge $x = \{x_n\}_0^\infty$ C_1-summierbar und bezeichnen mit $x^{(-1)}$ die Folge

$$x^{(-1)} = \{x_n^{(-1)}\}_0^\infty , \qquad x_n^{(-1)} = (C_1) \sum_{k=n}^{\infty} x_k .$$

Ist die Folge $x^{(-1)}$ ebenfalls C_1-summierbar, dann setzen wir $x^{(-2)} = [x^{(-1)}]^{(-1)}$ usw.

Im Falle des Raumes $E_+ = m_+$ führen wir $E_+^{(m)}$ (m eine beliebige natürliche Zahl) als die Gesamtheit aller Folgen $x = \{x_n\}_0^\infty \in E_+$ ein, die folgende Eigenschaften besitzen:

(1) $x^{(-k)}$ ist C_1-summierbar für $k = 0, 1, \ldots, m-2$;

(2) $x^{(-k)} \in E_+$ für $k = 0, 1, \ldots, m-1$;

(3) $\left\{\sum_{k=0}^{n} x_k^{(-m+1)}\right\}_{n=0}^{\infty} \in E_+$.

Die Norm eines Elementes $x \in E_+^{(m)}$ definieren wir durch die Gleichung

$$\|x\|_0 = \sum_{l=0}^{m-1} \|x^{(-l)}\|_{m_+} + \inf_C \left\| C + \sum_{k=0}^{n} x_k^{(-m+1)} \right\|_{m_+},$$

wobei das Infimum über alle Konstanten C zu bilden ist.

Satz 1.3. *Dafür, daß die Folge $f = \{f_n\}_0^\infty \in m_+$ zum Raum $\overline{m}_+(\varrho_-)$ gehört, ist notwendig und hinreichend, daß $f_{\alpha j} = \{\alpha_j^n f_n\}_{n=0}^\infty \in E_+^{(m_j'')}$ $(j = 1, 2, \ldots, r)$ gilt. Die Norm* (1.10) *in $\overline{m}_+(\varrho_-)$ ist der Norm $\sum_{j=1}^{r} \|f_{\alpha j}\|_0$ äquivalent.*

Ein entsprechender Satz gilt im Falle des Raumes c_+:

Satz 1.4. *Dafür, daß die Folge $f = \{f_n\}_0^\infty \in c_+$ zum Raum $\bar{c}_+(\varrho_-)$ gehört, ist notwendig und hinreichend, daß für jedes $j = 1, 2, \ldots, r$ die folgenden drei Bedingungen erfüllt sind:*

a) *$f_{\alpha j}^{(-k)}$ ist C_1-summierbar für $k = 0, 1, \ldots, m_j'' - 2$;*

b) *$[f_{\alpha j}^{(-k)}]_{\alpha j} \in c_+$ für $k = 0, 1, \ldots, m_j'' - 1$;*

c) *es existiert eine Konstante $C = C_j$ derart, daß gilt*[1])

$$\left\{\alpha_j^{-n}\left[\sum_{k=0}^{n} f_{\alpha j, k}^{(-m_j''+1)} + C\right]\right\}_{n=0}^{\infty} \in c_+ .$$

Die Norm in $\bar{c}_+(\varrho_-)$ ist der Norm $\sum_{j=1}^{r} \|f_{\alpha j}\|_0$ äquivalent. Dabei gilt

$$\|f_{\alpha j}\|_0 = \sum_{l=0}^{m_j''-1} \|f_{\alpha j}^{(-l)}\|_{c_+} + \left\| C + \sum_{k=0}^{n} f_{\alpha j, k}^{(-m_j''+1)} \right\|_{c_+}, \tag{1.11}$$

wenn $\alpha_j \neq 1$ ist; im Falle $\alpha_j = 1$ ist auf der rechten Seite von (1.11) *das Infimum über alle Konstanten C zu bilden.*

Die Beweise der Sätze 1.3 und 1.4 überlassen wir dem Leser. Sie verlaufen ganz analog zum Beweis des Satzes 1.1.

5.1.2. Symbole mit Nullstellen ganzzahliger Ordnungen

1. Wir betrachten den diskreten WIENER-HOPF-Operator $\hat{A}$, der im Raum E_+ durch die Matrix $\{a_{j-k}\}_{j,k=0}^\infty$ definiert wird, wobei die Zahlen a_k ($k = 0,$

[1]) Die Konstante C in der Bedingung c) ist offenbar genau dann eindeutig bestimmt, wenn $\alpha_j \neq 1$ ist.

$\pm 1, \ldots$) die Bedingung

$$\sum_{k=0}^{\infty} |a_k| < \infty$$

erfüllen. Nach Abschnitt 3.1 gilt $\hat{A} = P\,A\,P \mid E_+$, wobei A den Operator bedeutet, der im Raum E durch die Matrix $\{a_{j-k}\}_{j,k=-\infty}^{\infty}$ dargestellt wird.

Wir setzen voraus, daß das Symbol

$$a(z) = \sum_{k=-\infty}^{\infty} a_k z^k \qquad (|z| = 1)$$

des Operators $\hat{A}$ die folgende Darstellung gestattet:

$$a(z) = \prod_{j=1}^{r} (z - \alpha_j)^{m_j}\, b(z)\,. \tag{1.12}$$

Dabei seien $\alpha_1, \alpha_2, \ldots, \alpha_r$ paarweise verschiedene Punkte des Einheitskreises, $m_1, m_2, \ldots, m_r$ positive ganze Zahlen und $b(z)$ ($|z| = 1$) eine Funktion, die sich in eine absolut konvergente FOURIER-Reihe entwickeln läßt: $b(z) \in W$.[1])

Den Ausführungen des Abschnittes 4.2.3 folgend, führen wir nicht negative ganze Zahlen m_j' und m_j'' mit

$$m_j' + m_j'' = m_j \qquad (j = 1, 2, \ldots, r)$$

ein und stellen das Symbol $a(z)$ in der Form

$$a(z) = \varrho_-(z)\, c(z)\, \varrho_+(z) \tag{1.13}$$

dar. Dabei gilt $c(z) = \prod_{j=1}^{r} (-\alpha_j z)^{m_j''}\, b(z)$, und $\varrho_\pm(z)$ bedeuten die im vorangegangenen Teilabschnitt eingeführten Funktionen (siehe (1.4)). Mit $\hat{C}$ bezeichnen wir den im Raum E_+ definierten diskreten WIENER-HOPF-Operator mit dem Symbol $c(z) \in W$.

Es gilt nun der folgende Satz:

Satz 1.5. *Dafür, daß $\hat{A}$ als Operator von $\tilde{E}_+(\varrho_+)$ in $\bar{E}_+(\varrho_-)$ ein Φ_+- oder Φ_--Operator ist, ist notwendig und hinreichend, daß die Funktion $c(z)$ in der Darstellung* (1.13) *(oder, was dasselbe ist, die Funktion $b(z)$ in* (1.12)*) nirgends auf dem Einheitskreis verschwindet.*

Ist diese Bedingung erfüllt, dann entspricht die Invertierbarkeit des Operators $\hat{A}$ der Zahl $\varkappa - \delta$, und es gilt

$$\dim \ker \hat{A} = \max(\delta - \varkappa, 0)\,, \qquad \dim \operatorname{coker} \hat{A} = \max(\varkappa - \delta, 0)\,.$$

Dabei ist

$$\varkappa = \operatorname{ind} c(z) = \operatorname{ind} b(z) + \sum_{j=1}^{r} m_j''\,,$$

$$\delta = \begin{cases} 0 & \textit{für} \quad E_+ = l_+^p \ (1 \leq p < \infty) \quad \textit{oder} \quad E_+ = c_+^0\,, \\ r'' & \textit{für} \quad E_+ = m_+\,, \end{cases}$$

[1]) Notwendige und hinreichende Bedingungen für die Darstellbarkeit der Funktion $a(z)$ in der Form (1.12) werden in Nr. 3 dieses Teilabschnittes angegeben.

und r'' bedeutet die Anzahl der positiven m_j'' ($j = 1, 2, \ldots, r$). Im Falle $E_+ = c_+$ gilt

$$\delta = \begin{cases} 1, & \textit{falls} \quad \alpha_{j_0} = 1 \quad \textit{und} \quad m_{j_0}'' > 0 \quad (1 \leqq j_0 \leqq r)\,, \\ 0 & \textit{anderenfalls}\,. \end{cases}$$

Beweis. Der erste Teil des Satzes folgt unmittelbar aus Satz 2.3, Kapitel 4.

Es sei $b(z) \neq 0$ ($|z| = 1$). Dann schließen wir wieder nach Satz 2.3, Kapitel 4, unter Berücksichtigung der Lemmata 1.1 und 1.2, daß $\hat{A}$ ein Φ-Operator von $\tilde{E}_+(\varrho_+)$ in $\bar{E}_+(\varrho_-)$ ist, wobei für den Index dieses Operators die Beziehung

$$\operatorname{Ind} \hat{A} = \delta - \varkappa \tag{1.14}$$

gilt.

Im Falle der Räume l_+^p oder c_+^0 gilt nach Lemma 1.1 $\ker B = \{0\}$. Folglich ist der Operator $\hat{A} = \hat{B}\,\hat{C}\,\hat{D}$ genau dann invertierbar, wenn $\hat{C}$ invertierbar ist, d. h., die Invertierbarkeit des Operators $\hat{A}$ entspricht der Zahl $\varkappa$.

Wir betrachten jetzt den Fall des Raumes m_+ und faktorisieren die von Null verschiedene Funktion $c(z) \in W$ (vgl. Satz 3.1, Kapitel 2):

$$c(z) = c_-(z)\, z^\varkappa\, c_+(z) \qquad (|z| = 1)\,.$$

Mit $b_0, b_1, b_2, \ldots$ bezeichnen wir die FOURIER-Koeffizienten der Funktion $c_-\left(\frac{1}{z}\right) \in W^+$.

Im Falle $\varkappa \leqq 0$ ist $\dim \operatorname{coker} \hat{C} = 0$. Es sei $\varkappa > 0$. Nach Satz 1.3, Kapitel 3, hat das zum Operator $\hat{C}$ gehörige transponierte homogene Gleichungssystem

$$\sum_{k=0}^{\infty} c_{k-j}\, \psi_k = 0 \qquad (j = 0, 1, \ldots) \tag{1.15}$$

($c_0, c_{\pm 1}, \ldots$ die FOURIER-Koeffizienten der Funktion $c(z)$) genau $\varkappa$ linear unabhängige Lösungen

$$\xi^{(m)} = \{\underbrace{0, \ldots, 0}_{m-1}, b_0, b_1, b_2, \ldots\} \qquad (m = 1, 2, \ldots, \varkappa)\,,$$

die gleichzeitig allen Räumen E_+ angehören. Folglich hat die allgemeine Lösung des Systems (1.15) die Gestalt

$$\psi = \sum_{m=1}^{\varkappa} \gamma_m\, \xi^{(m)} = \{\psi_0, \psi_1, \psi_2, \ldots\}\,, \tag{1.16}$$

wobei γ_m willkürliche Konstanten sind. Auf Grund des Lemmas 1.2, Kapitel 4, schließen wir unter Benutzung des Lemmas 1.2 sowie des Satzes 1.3, Kapitel 3, daß das inhomogene Gleichungssystem

$$\sum_{k=0}^{\infty} a_{j-k}\, \xi_k = \eta_j \qquad (j = 0, 1, \ldots) \tag{1.17}$$

für eine beliebige Folge $\eta = \{\eta_j\}_0^\infty \in \bar{E}_+(\varrho_-)$ genau dann eine Lösung im Raum $\tilde{E}_+(\varrho_+)$ besitzt, wenn für irgendeine Folge $\zeta = \{\zeta_j\}_0^\infty \in m_+$ mit $\hat{B}\zeta = \eta$ die Bedingung

$$\sum_{k=0}^{\infty} \zeta_k \psi_k = 0 \tag{1.18}$$

für jede solche Folge der Gestalt (1.16) erfüllt ist, die den Bedingungen

$$\sum_{k=0}^{\infty} \psi_k \alpha_j^{-k} = 0 \qquad (j = 1, \ldots, r\colon m_j'' > 0) \tag{1.19}$$

genügt. Nach einigen einfachen Rechnungen und unter Berücksichtigung der Beziehung $c_-(z) \neq 0$ $(|z| = 1)$ erhält man, daß (1.19) dem folgenden Gleichungssystem zur Bestimmung der Koeffizienten γ_m äquivalent ist:

$$\sum_{m=1}^{\varkappa} \gamma_m \alpha_j^{-m+1} = 0 \qquad (j = 1, \ldots, r\colon m_j'' > 0)\,. \tag{1.20}$$

Damit ergibt sich: Für die Lösbarkeit des Systems (1.17) ist notwendig und hinreichend, daß die Bedingungen (1.18) für jede Folge der Gestalt (1.16) erfüllt sind, wobei die Koeffizienten γ_m aus (1.20) zu bestimmen sind. Die Anzahl der in (1.20) willkürlich wählbaren Koeffizienten γ_m und folglich auch die Anzahl der Lösbarkeitsbedingungen (1.18) ist gleich der größeren der beiden Zahlen $\varkappa - r''$ und 0. Damit gilt

$$\dim \operatorname{coker} \hat{A} = \max(\varkappa - r'', 0)\,. \tag{1.21}$$

Aus den Formeln (1.14) und (1.21) folgt die Behauptung des Satzes im Falle des Raumes m_+.

Für den Raum c_+ verläuft der Beweis analog. In diesem Fall nimmt das System (1.20) die Gestalt

$$\sum_{m=1}^{\varkappa} \gamma_m = 0 \tag{1.20'}$$

an, wenn für ein gewisses j_0 $(1 \leqq j_0 \leqq r)$ die Beziehungen $\alpha_{j_0} = 1$ und $m_{j_0}'' > 0$ gelten. Gilt hingegen $\alpha_j \neq 1$ $(j = 1, \ldots, r)$, dann sind alle Koeffizienten γ_m willkürlich wählbar, und die Lösbarkeitsbedingungen (1.18) nehmen in diesem Fall die Gestalt

$$\sum_{k=m-1}^{\infty} \zeta_k b_{k+1-m} = 0 \tag{1.18'}$$

an. Letzteres gilt auch im Falle der Räume l_+^p und c_+^0.

Der Satz 1.5 ist damit vollständig bewiesen.

Wir bemerken, daß beim vorstehenden Beweis gleichzeitig die notwendigen und hinreichenden Bedingungen für die Lösbarkeit des inhomogenen Gleichungssystems (1.17) aufgestellt wurden. Diese haben die Gestalt (1.18) und (1.20) (oder (1.20′)) bzw. (1.18′).

Bemerkung. Die oben angenommene Voraussetzung $b(z) \in W$ kann abgeschwächt werden. Im Fall des Raumes l_+^2 kann $b(z)$ eine beliebige stetige Funktion sein. Für die

Räume l_+^p $(1 \leqq p < \infty)$ und c_+^0 genügt es zu fordern, daß $b(z) \in \mathfrak{R}(z)$ gilt. Die Behauptungen des Satzes 1.5 gelten auch unter diesen allgemeineren Voraussetzungen.

2. Wenn E_+ einer der Räume l_+^p $(1 \leqq p < \infty)$ oder c_+^0 ist, dann läßt sich unter den Voraussetzungen dieses Teilabschnittes auch ein entsprechendes Analogon des Satzes 1.3 aus Kapitel 3 formulieren.

Dazu bemerken wir zunächst, daß für den transponierten Operator $\hat{A}'$ die Darstellung $\hat{A}' = \hat{D}' \hat{C}' \hat{B}'$ gilt. Dabei haben $\hat{D}'$ und $\hat{B}'$ entsprechend die Symbole $\varrho'_-(z) = \varrho_+\left(\frac{1}{z}\right) \in W^-$ und $\varrho'_+(z) = \varrho_-\left(\frac{1}{z}\right) \in W^+$. Es sei jetzt $c(z) \neq 0$ $(|z| = 1)$. Nach Satz 1.5 ist dann $\hat{A}'$ ein Φ-Operator von $\tilde{E}_+(\varrho'_+)$ in $\bar{E}_+(\varrho'_-)$, wobei

$$\dim \ker \hat{A}' = \max(\varkappa, 0), \qquad \dim \operatorname{coker} \hat{A}' = \max(-\varkappa, 0).$$

Jede Lösung ψ des Systems (1.15) kann als $\psi = \hat{B}' \tilde{\psi}$ dargestellt werden, wobei $\tilde{\psi}$ gleichzeitig sämtlichen Räumen $\tilde{E}_+(\varrho'_+)$ angehört. Die Lösbarkeitsbedingungen (1.18) nehmen jetzt folgende Gestalt an:

$$0 = \sum_{k=0}^{\infty} \zeta_k \psi_k = \sum_{k=0}^{\infty} (\hat{B}^{-1} \eta)_k (\hat{B}' \tilde{\psi})_k .$$

Durch die rechte Seite der letzten Gleichung definiert das Element $\tilde{\psi}$ ein lineares Funktional auf $\bar{E}_+(\varrho_-)$, wovon man sich leicht mittels der HÖLDERschen Ungleichung überzeugen kann. Wir treffen deshalb folgende Festlegung:

$$\langle \eta, \tilde{\psi} \rangle \equiv \sum_{k=0}^{\infty} \eta_k \tilde{\psi}_k = \sum_{k=0}^{\infty} (\hat{B}^{-1} \eta)_k (\hat{B}' \tilde{\psi})_k \qquad (\eta \in \bar{E}_+(\varrho_-)) .$$

Wie man leicht einsieht, ist im Falle $E_+ = l_+^p$ $(1 \leqq p < \infty)$ jedes lineare Funktional auf dem Raum $\bar{l}_+^p(\varrho_-)$ von dieser Gestalt.

Damit gilt also folgender Satz.

Satz 1.6. *Es sei E_+ einer der Räume l_+^p $(1 \leqq p < \infty)$ oder c_+^0, und das Symbol $a(z)$ habe die Gestalt* (1.13), *wobei $c(z) \neq 0$ $(|z| = 1)$ gilt.*

Für $\varkappa = \operatorname{ind} c(z) \leqq 0$ hat das inhomogene System (1.17) *für eine beliebige Folge $\{\eta_k\}_0^\infty \in \bar{E}_+(\varrho_-)$ eine Lösung $\xi \in \tilde{E}_+(\varrho_+)$, und das entsprechende homogene System besitzt genau $-\varkappa$ linear unabhängige Lösungen.*

Im Falle $\varkappa > 0$ hat das zu (1.17) *transponierte homogene System*

$$\sum_{k=0}^{\infty} a_{k-j} \tilde{\psi}_k = 0 \qquad (j = 0, 1, \ldots)$$

$\varkappa$ linear unabhängige Lösungen $\tilde{\psi}^{(l)} = \{\tilde{\psi}_k^{(l)}\}_{k=0}^\infty$ $(l = 1, \ldots, \varkappa)$, die gleichzeitig sämtlichen Räumen $\tilde{E}_+(\varrho'_+)$ angehören. Das System (1.17) *hat dann und nur dann eine Lösung $\xi \in \tilde{E}_+(\varrho_+)$, wenn gilt*

$$\sum_{k=0}^{\infty} \eta_k \tilde{\psi}_k^{(l)} = 0 \qquad (l = 1, \ldots, \varkappa) .$$

3. Wir wollen jetzt klären, welche Bedingungen die Folge der FOURIER-Koeffizienten des Symbols $\{a_k\}_{-\infty}^{\infty}$ erfüllen muß, damit die Darstellung (1.12) gilt.

Es sei α ein beliebiger Punkt des Einheitskreises ($|\alpha| = 1$). Für die Folgen $\xi = \{\xi_n\}_{-\infty}^{\infty} \in l^1$ führen wir den Operator R_α ein, der durch die folgenden Beziehungen definiert wird:

$$R_\alpha \xi = \begin{cases} \left\{\alpha^{-j-1} \sum_{n=j+1}^{\infty} \alpha^n \xi_n\right\}_{j=0}^{\infty} \\ \left\{-\alpha^{-j-1} \sum_{n=-\infty}^{j} \alpha^n \xi_n\right\}_{j=-\infty}^{-1} . \end{cases} \tag{1.22}$$

Mit $l^1_{\alpha,m}$ ($m \geqq 0$ und ganz) bezeichnen wir die Menge aller Folgen $\xi \in l^1$, für die gilt

$$R_\alpha^k \xi \in l^1 , \qquad k = 0, 1, \ldots, m .$$

Dann läßt sich die Algebra $W(\alpha, m)$ (vgl. 2.3.4) wie folgt charakterisieren.

Satz 1.7. *Es sei $a(z)$ eine Funktion aus der Algebra W und a_n ($n = 0, \pm 1, \ldots$) ihre* FOURIER-*Koeffizienten. Dann gilt $a(z) \in W(\alpha, m)$ genau dann, wenn $\{a_n\}_{-\infty}^{\infty} \in l^1_{\alpha,m}$ gilt.*

Beweis. Wir betrachten zunächst den Fall $m = 1$ und setzen $b(z) = (z - \alpha)^{-1} [a(z) - a(\alpha)]$.

Sei $a(z) \in W(\alpha, 1)$. Dann gilt $b(z) = \sum_{-\infty}^{\infty} b_n z^n \in W$, $a(z) = \sum_{-\infty}^{\infty} a_n z^n \in W$ und folglich

$$a_n = b_{n-1} - \alpha b_n \qquad (n = \pm 1, \pm 2, \ldots) .$$

Aus den letzten Gleichungen ergibt sich sofort $R_\alpha\{a_n\} = \{b_n\} \in l^1$.

Es sei jetzt umgekehrt $\{a_n\} \in l^1_{\alpha,1}$. Wir setzen $\{b_n\} = R_\alpha\{a_n\}$ ($\in l^1$). Eine einfache Rechnung ergibt

$$\sum_{-\infty}^{\infty} b_n z^n = \frac{a(z) - a(\alpha)}{z - \alpha} = b(z) ,$$

d. h., $b(z) \in W$ und folglich $a(z) \in W(\alpha, 1)$.

Damit ist der Satz für $m = 1$ bewiesen. Für $m > 1$ erhält man die Behauptung leicht durch sukzessive Anwendung der vorangegangenen Überlegungen.

Aus den Sätzen 5° und 7° des Teilabschnitts 2.3.4 ergibt sich

Folgerung 1.2. *Dafür, daß die Funktion $a(z) \in W$ die Darstellung* (1.12) *mit $b(z) \in W$ gestattet, sind die beiden folgenden Bedingungen zusammen notwendig und hinreichend:*

a) $a(z) \in W(\boldsymbol{\alpha}, \boldsymbol{m})$ *mit* $\boldsymbol{\alpha} = \{\alpha_1, \alpha_2, \ldots, \alpha_r\}, \boldsymbol{m} = \{m_1, m_2, \ldots, m_r\}$.

b) $a^{(k)}(\alpha_j) = 0,\ k = 0, 1, \ldots, m_j - 1,\ j = 1, 2, \ldots, r$.

Im weiteren bezeichnen wir durch W^m die Algebra aller Funktionen $a(z) = \sum_{-\infty}^{\infty} a_n z^n \in W$ mit $\{a_n\}_{-\infty}^{\infty} \in l^{1,m}$. Aus dem Beweis des Satzes 1.2 folgt leicht

$l^{1,m} \subset l^1_{\alpha,m}$, und mithin gilt $W^m \subset W(\alpha, m)$ für beliebiges α ($|\alpha| = 1$). Bekanntlich gehört zu W^m jede m-mal differenzierbare Funktion $a(z)$, deren Ableitungen zu W gehören (vgl. G. M. FICTHENHOLZ [1], Bd. III, no. 504).

Folgerung 1.3. *Wenn die Funktion* $a(z) \in W^m$ *im Punkt* α_j ($|\alpha_j| = 1$) *eine Nullstelle der Ordnung* $m_j \leqq m$ ($j = 1, 2, \ldots, r$) *besitzt, dann gestattet sie die Darstellung* (1.12) *mit* $b(z) \in W$.

5.1.3. Symbole mit Nullstellen nicht ganzzahliger Ordnungen

Wir nehmen jetzt an, daß m, m_j' und m_j'' ($j = 1, 2, \ldots, r$) beliebige nicht negative ganze Zahlen sind. Mit B und D bezeichnen wir die Operatoren aus der Algebra $\Re(U)$ mit den durch (1.4) definierten Symbolen $\varrho_-(z)$ bzw. $\varrho_+(z)$. Unter $B_\alpha^m (D_\alpha^m)$ wollen wir jetzt den Operator aus $\Re(U)$ mit dem Symbol $(z^{-1} - \alpha^{-1})^m$ (entsprechend $(z - \alpha)^m$) verstehen. Dann gelten für B und D ebenfalls die Darstellungen (1.3).

Aus der Entwicklung der Funktion $(z - \alpha)^m \in W^+$:

$$(z - \alpha)^m = \\ = (-\alpha)^m \left[1 - m\bar{\alpha}\, z - \frac{m(1-m)}{2!}\bar{\alpha}^2 z^2 - \frac{m(1-m)(2-m)}{3!}\bar{\alpha}^3 z^3 - \cdots\right]$$

folgt auf Grund der Definition der Operatoren aus der Algebra $\Re(U)$ (siehe Abschnitt 2.1), daß die Operatoren $\hat{B}_\alpha^m = P B_\alpha^m \mid E_+$ und $\hat{D}_\alpha^m = D_\alpha^m P \mid E_+$ im Raum E_+ durch die TOEPLITZ-Matrizen

$$\hat{B}_\alpha^m = (-\bar{\alpha})^m \begin{pmatrix} 1 & -m\alpha & -\frac{m(1-m)}{2!}\alpha^2 & \cdots \\ 0 & 1 & -m\alpha & \cdots \\ 0 & 0 & 1 & \cdots \\ \cdots & \cdots & \cdots & \cdots \end{pmatrix}$$

bzw.

$$\hat{D}_\alpha^m = (-\alpha)^m \begin{pmatrix} 1 & 0 & 0 & \cdots \\ -m\bar{\alpha} & 1 & 0 & \cdots \\ -\frac{m(1-m)}{2!}\bar{\alpha}^2 & -m\bar{\alpha} & 1 & \cdots \\ \cdots & \cdots & \cdots & \cdots \end{pmatrix}$$

dargestellt werden. Für die Operatoren $\hat{B}$ und $\hat{D}$ gelten ebenfalls die Beziehungen (2.7$_2$), Kapitel 4.

Mit $\hat{G}_\alpha^m$ bezeichnen wir jetzt den Operator, der für eine beliebige Folge $f = \{f_n\}_0^\infty$ durch die Dreiecksmatrix

$$\hat{G}_\alpha^m = (-\bar{\alpha})^m \begin{pmatrix} 1 & 0 & 0 & \cdots \\ m\bar{\alpha} & 1 & 0 & \cdots \\ \frac{m(m+1)}{2!}\bar{\alpha}^2 & m\bar{\alpha} & 1 & \cdots \\ \cdots & \cdots & \cdots & \cdots \end{pmatrix}$$

definiert wird. Den Operator G erklären wir wieder wie in (1.3). Wie man leicht nachprüft, gelten die Beziehungen

$$\hat{G}_\alpha^m \hat{D}_\alpha^m f = f, \qquad \hat{D}_\alpha^m \hat{G}_\alpha^m f = f.$$

Folglich kann der Raum $\tilde{E}_+(\varrho_+) = \hat{G}(E_+)$ genauso wie in 5.1.1 eingeführt werden.

Die Lemmata 1.1 und 1.2 behalten im vorliegenden Fall ihre Gültigkeit. Den Bildraum $\overline{E}_+(\varrho_-) = \operatorname{im} \hat{B}$ versehen wir wieder mit der in 4.2.3 erklärten Norm.

Wie man unmittelbar nachrechnen kann, wird die Inverse zum Operator $\hat{B}_\alpha^m$ in den Räumen l_+^p $(1 \leqq p < \infty)$ und c_+^0 durch folgende TOEPLITZ-Matrix gegeben:

$$(\hat{B}_\alpha^m)^{-1} = (-\alpha)^m \begin{pmatrix} 1 & m\alpha & \frac{m(m+1)}{2!}\alpha^2 & \cdots \\ 0 & 1 & m\alpha & \cdots \\ 0 & 0 & 1 & \cdots \\ \cdots & \cdots & \cdots & \cdots \end{pmatrix}.$$

Damit ist auf Grund des Satzes 2.2, Kapitel 4, auch im vorliegenden Fall die analytische Beschreibung des Raumes $\overline{E}_+(\varrho_-)$ möglich.

Wir betrachten jetzt im Raum E_+ den diskreten WIENER-HOPF-Operator $\hat{A}$, dessen Symbol $a(z)$ $(|z| = 1)$ die Gestalt (1.13) besitzen soll. Für den Operator $\hat{A}$ gilt dann ebenfalls der Satz 1.5. Dies folgt unmittelbar aus dem oben dargestellten Beweis dieses Satzes.

5.2. WIENER-HOPFsche Integralgleichungen

In diesem Abschnitt bezeichnet E einen beliebigen der Funktionenräume (2.4) aus Abschnitt 3.2 auf der reellen Achse, E_+ den entsprechenden Raum auf der positiven Halbachse und P, U die durch die Beziehungen (2.11) bzw. (2.12), Kapitel 3, in E definierten Operatoren.

Im Abschnitt 3.2 haben wir bereits erkannt, daß für die WIENER-HOPFschen Integralgleichungen der unendlich ferne Punkt eine besondere Rolle spielt. Noch deutlicher wird das in diesem Abschnitt zu sehen sein, wo neben Gleichungen zweiter Art, deren Symbol in endlichen Punkten verschwinden kann, auch Integralgleichungen erster Art betrachtet werden. Letztere besitzen kein diskretes Analogon.

5.2.1. Die durch Nullstellen des Symbols erzeugten Funktionenräume

1. Bei der Abbildung des Einheitskreises auf die reelle Achse mittels stereographischer Projektion entspricht dem Symbol $z^{\pm 1} - \tilde{\alpha}^{\pm 1}$ $(|z| = |\tilde{\alpha}| = 1)$ das

Symbol $\frac{\lambda-\alpha}{\lambda\pm i}$ $(-<\lambda,\alpha<\infty)$, falls $\tilde{\alpha}\neq 1$, bzw. das Symbol $\frac{1}{\lambda\pm i}$, falls $\tilde{\alpha}=1$ (vgl. 3.2.2).

Wir betrachten also jetzt die WIENER-HOPFschen Integraloperatoren B_α, D_α und B_∞, D_∞, die im Raum E durch folgende Gleichungen definiert sind (α ein beliebiger Punkt der reellen Achse):

$$(B_\alpha\,\varphi)\,(t)=\varphi(t)-(1+i\,\alpha)\,e^t\int\limits_t^\infty e^{-s}\,\varphi(s)\,ds\,,$$

$$(D_\alpha\,\varphi)\,(t)=\varphi(t)-(1-i\,\alpha)\,e^{-t}\int\limits_{-\infty}^t e^{s}\,\varphi(s)\,ds\,,$$

$$(B_\infty\,\varphi)\,(t)=i\,e^t\int\limits_t^\infty e^{-s}\,\varphi(s)\,ds\,,$$

$$(D_\infty\,\varphi)\,(t)=-\,i\,e^{-t}\int\limits_{-\infty}^t e^{s}\,\varphi(s)\,ds\,.$$

Die Symbole der Operatoren B_α, B_∞, D_α und D_∞ haben nacheinander die Gestalt

$$\frac{\lambda-\alpha}{\lambda-i},\ \frac{1}{\lambda-i},\ \frac{\lambda-\alpha}{\lambda+i},\ \frac{1}{\lambda+i}\qquad(-\infty\leqq\lambda\leqq\infty)\,.$$

Offenbar sind B_α und B_∞ die Operatoren der Faltung mit den zu $\tilde{L}^-$ bzw. L^- gehörigen Funktionen[1])

$$\delta-(1+i\,\alpha)\,e^t\,(t<0)\,,\qquad i\,e^t\,(t<0)\;;$$

D_α und D_∞ sind die Operatoren der Faltung mit den Funktionen

$$\delta-(1-i\,\alpha)\,e^{-t}\quad(t>0)\,,\qquad -\,i\,e^{-t}\quad(t>0)$$

aus $\tilde{L}^+$ bzw. L^+. Wenn m eine natürliche Zahl ist, dann sind B_∞^m und D_∞^m, wie man leicht einsieht, die Operatoren der Faltung mit den Funktionen

$$-\frac{(-\,i)^m}{(m-1)!}\,e^t\,t^{m-1}\quad(t<0)\,,\qquad\frac{(-\,i)^m}{(m-1)!}\,e^{-t}\,t^{m-1}\quad(t>0)$$

entsprechend. Die Symbole dieser Operatoren sind $(\lambda-i)^{-m}$ bzw. $(\lambda+i)^{-m}$.

Mit $\hat{D}_\alpha$ und $\hat{D}_\infty$ bezeichnen wir die Einschränkungen der Operatoren $P\,D_\alpha\,P$ bzw. $P\,D_\infty\,P$ auf den Raum E_+. Entsprechende Bedeutung haben $\hat{B}_\alpha$ und $\hat{B}_\infty$. Des weiteren seien $\hat{G}_\alpha$ und $\hat{G}_\infty$ die Operatoren, die einer beliebigen lokal integrierbaren Funktion f auf $(0,\infty)$ (d. h., f integrierbar auf jedem endlichen Intervall $(0,a)$) entsprechend die Funktionen

$$(\hat{G}_\alpha\,f)\,(t)=f(t)+(1-i\,\alpha)\,e^{-i\alpha t}\int\limits_0^t e^{i\alpha s}\,f(s)\,ds\qquad(t>0)\,,$$

$$(\hat{G}_\infty\,f)\,(t)=i\,[f(t)+f'(t)]\qquad(t>0)$$

[1]) Genauso wie in Abschnitt 3.2 wollen wir auch hier vereinbaren, eine auf der positiven (negativen) Halbachse definierte Funktion mit der durch Null auf die ganze reelle Achse fortgesetzten Funktion zu identifizieren.

zuordnen. Hierbei bedeutet $f'(t)$ die (verallgemeinerte) Ableitung der (durch Null auf die negative Halbachse fortgesetzten) Funktion $f(t)$ im Sinne der Distributionstheorie (vgl. I. M. GELFAND und G. E. SCHILOW [1]). Durch einfache Rechnung überzeugt man sich leicht davon, daß die Beziehungen (1.2) (für beliebiges endliches α sowie auch für $\alpha = \infty$) gelten.

2. Es seien jetzt $\alpha_1, \alpha_2, \ldots, \alpha_r$ paarweise verschiedene Punkte auf der reellen Achse, $m'_\infty \geqq 0$, $m'_1, \ldots, m'_r \geqq 0$ und $m''_\infty \geqq 0$, $m''_1, \ldots, m''_r > 0$ ganze Zahlen. Wir setzen

$$B = B_\infty^{m''_\infty} \prod_{j=1}^{r} B_{\alpha_j}^{m''_j}, \qquad D = D_\infty^{m'_\infty} \prod_{j=1}^{r} D_{\alpha_j}^{m'_j}, \qquad \hat{G} = \hat{G}_\infty^{m'_\infty} \prod_{j=1}^{r} \hat{G}_{\alpha_j}^{m'_j}. \tag{2.1}$$

Mit $\hat{B}$ und $\hat{D}$ bezeichnen wir entsprechend die Einschränkungen der Operatoren $P\,B$ und $D\,P$ auf den Raum E_+ (man vgl. Formel (2.7$_2$), Kapitel 4). Des weiteren erklären wir die folgenden Funktionen:

$$\varrho_+(\lambda) = (\lambda + i)^{-m'_\infty} \left(\frac{\lambda - \alpha_1}{\lambda + i}\right)^{m'_1} \cdots \left(\frac{\lambda - \alpha_r}{\lambda + i}\right)^{m'_r},$$
$$(-\infty \leqq \lambda \leqq \infty)$$
$$\varrho_-(\lambda) = (\lambda - i)^{-m''_\infty} \left(\frac{\lambda - \alpha_1}{\lambda - i}\right)^{m''_1} \cdots \left(\frac{\lambda - \alpha_r}{\lambda - i}\right)^{m''_r}.$$

Offenbar ist $\varrho_+(\lambda) \in \mathfrak{L}^+ \big(\varrho_-(\lambda) \in \mathfrak{L}^-\big)$ das Symbol des Operators $D(B)$. Völlig analog zu 5.1.1, Nr. 2, können wir jetzt den Raum $\tilde{E}_+(\varrho_+) = \hat{G}(E_+)$ einführen.

Wir bemerken, daß speziell im Falle $m'_j = 0$ $(j = 1, \ldots, r)$, d. h.

$$\varrho_+(\lambda) = (\lambda + i)^{-m'_\infty},$$

der Raum $\tilde{E}_+(\varrho_+)$ durch Hinzunahme der verallgemeinerten Ableitungen bis einschließlich der m'_∞-ten Ordnung sämtlicher Funktionen aus E_+ hervorgeht. Dabei hat jedes Element $\varphi \in \tilde{E}_+(\varrho_+)$ die Gestalt

$$\varphi(t) = \left(\frac{d}{dt} + 1\right)^{m'_\infty} f(t) \qquad (f \in E_+).$$

3. Als nächstes untersuchen wir den Kern des Operators $\hat{B}$. Die Ergebnisse sind völlig analog zu den entsprechenden Resultaten bei diskreten WIENER-HOPF-Gleichungen.

Lemma 2.1. *Wenn E_+ einer der Räume L_+^p $(1 \leqq p < \infty)$ oder C_+^0 ist, dann gilt* $\ker \hat{B} = \{0\}$.

Beweis. Es gelte

$$\hat{B}_{\alpha_j} \varphi = \varphi(t) - (1 + i\,\alpha_j)\, e^t \int_t^\infty e^{-s}\, \varphi(s)\, ds = 0 \qquad (t > 0)$$

mit $\varphi \in E_+$. Dann ist $\varphi(t)$ absolut stetig, und durch Differentiation der letzten Gleichung ergibt sich $\varphi'(t) = -\,i\,\alpha_j\, \varphi(t)$, woraus schließlich $\varphi(t) = C\, e^{-i\alpha_j t}$ $(C = \text{const})$ folgt. Wegen $\varphi \in E_+$ muß aber $C = 0$ sein, d. h. $\varphi = 0$.

Wenn $\hat{B}_\infty \varphi = 0$ ($\varphi \in E_+$) gilt, dann erhalten wir durch Multiplikation dieser Gleichung mit e^{-t} und anschließende Differentiation unmittelbar $\varphi = 0$. Daraus folgt unter Berücksichtigung der Formel (2.7_2), Kapitel 4, die Behauptung.

Lemma 2.2. *Im Raum* M_+ *ist* $\ker B$ *r-dimensional, und in ihm bilden die Funktionen*

$$e^{-i\alpha_1 t}, e^{-i\alpha_2 t}, \ldots, e^{-i\alpha_r t} \qquad (t > 0) \tag{2.2}$$

eine Basis.

Beweis. Aus dem Beweis des Lemmas 2.1 folgt, daß die Funktion $e^{-i\alpha_j t}$ $(t > 0)$ $(j = 1, \ldots, r)$ die eindeutige Lösung der Gleichung $\hat{B}_{\alpha_j} \varphi = 0$ im Raum M_+ ist. Die Gleichung $\hat{B}_\infty \varphi = 0$ hat auch in M_+ nur die triviale Lösung. Auf Grund des Satzes 2.1 aus Kapitel 4 genügt es mithin zu zeigen, daß $e^{-i\alpha_j t} \notin$ $\notin \operatorname{im} \hat{B}_{\alpha_j}$ gilt.

Wir nehmen das Gegenteil an, d. h., für eine gewisse Funktion $\varphi \in M_+$ sei

$$\varphi(t) - (1 + i\alpha_j)\, e^t \int_t^\infty e^{-s} \varphi(s)\, ds = e^{-i\alpha_j t} \qquad (t > 0)\,.$$

Durch Differentiation der letzten Gleichung erhalten wir

$$\varphi'(t) + i\alpha_j \varphi(t) = -(1 + i\alpha_j)\, e^{-i\alpha_j t}$$

und folglich

$$\varphi(t) = -(1 + i\alpha_j)\, t + C\, e^{-i\alpha_j t} \qquad (t > 0)\,. \tag{2.3}$$

Die Funktion (2.3) gehört jedoch nicht zu M_+. Mit diesem Widerspruch ist die Behauptung bewiesen.

Folgerung 2.1. *In jedem Raum* E_+ *gilt* $\ker \hat{B}_\infty = \{0\}$.

Wir bemerken, daß die Funktionen (2.2) auch dem Raum M_+^u angehören. Dagegen gehört die Funktion $e^{-i\alpha t}$ $(t > 0)$ nur dann zu C_+, wenn $\alpha = 0$ ist. Folglich gilt:

Der Kern des im Raum C_+ *betrachteten Operators* $\hat{B} = P B \mid C_+$ *besteht nur aus der Null, wenn* $\alpha_j \neq 0$ *für alle* $j = 1, 2, \ldots, r$ *gilt, und aus allen Konstanten, wenn* $\alpha_j = 0$ *ist für irgendein* j.

In Übereinstimmung mit Abschnitt 4.2.3 bezeichnen wir mit $\bar{E}_+(\varrho_-)$ den Bildraum des in E_+ betrachteten Operators $\hat{B} = P B \mid E_+$. Dabei wird infolge der Lemmata 2.1 und 2.2 die Norm einer Funktion $f \in \bar{E}_+(\varrho_-)$ durch eine der nachfolgenden Beziehungen definiert:

$$\|f\|_{\bar{E}_+} = \|\hat{B}^{-1} f\|_{E_+}\,,$$

wenn E_+ einer der Räume L_+^p $(1 \leq p < \infty)$ oder C_+^0 ist, und

$$\|f\|_{\bar{E}_+} = \inf_{\hat{B}\varphi = f} \|\varphi\|_{E_+}\,,$$

wenn $E_+ = M_+$ ist. Entsprechendes gilt für den Raum C_+.

Unsere nächste Aufgabe besteht in der analytischen Beschreibung des Raumes $\bar{E}_+(\varrho_-)$.

4. Wir betrachten zunächst den Bildraum

$$E_+^{(\infty)} = \overline{E}_+\{(\lambda - i)^{-m''_\infty}\} = \operatorname{im} \hat{B}_\infty^{m''_\infty}$$

mit der Norm

$$||f||_{E_+^{(\infty)}} = ||\varphi||_{E_+} \qquad (f = \hat{B}_\infty^{m''_\infty} \varphi)\,.$$

Satz 2.1. *Es gilt $f \in E_+^{(\infty)}$ genau dann, wenn $f^{(k)}(t)$ $(t \geqq 0)$ für $k = 0, 1, \ldots, \ldots, m''_\infty - 1$ absolut stetig ist (auf jedem endlichen Intervall) und $f^{(k)}(t) \in E_+$ gilt für $k = 0, 1, \ldots, m''_\infty$. Die Norm $||f||_{E_+^{(\infty)}}$ ist der Norm $||f||_\infty = \sum_{k=0}^{m''_\infty} ||f^{(k)}||_{E_+}$ äquivalent.*

Beweis. Wir betrachten zunächst den Fall $m''_\infty = 1$.

Es sei $f = \hat{B}_\infty \varphi = i\, e^t \int_t^\infty e^{-s} \varphi(s)\, ds$ $(t \geqq 0, \varphi \in E_+)$. Offenbar ist $f(t)$ absolut stetig, $f \in E_+$, und es gilt $f'(t) = -\, i\, \hat{B}_0 \varphi \in E_+$. Des weiteren ergibt sich $||f||_{E_+} + ||f'||_{E_+} \leqq c||\varphi||_{E_+}$.

Wenn umgekehrt $f(t)$ absolut stetig ist und $f, f' \in E_+$ gilt, dann ist für die Funktion $\varphi = i\,(f' - f) \in E_+$, wie man leicht nachprüft, die Gleichung $f = \hat{B}_\infty \varphi$ erfüllt. Folglich ist $f \in E_+^{(\infty)}$, und es gilt außerdem die Abschätzung

$$||f||_{E_+^{(\infty)}} = ||\varphi||_{E_+} \leqq ||f||_{E_+} + ||f'||_{E_+}\,.$$

Damit ist der Satz für $m''_\infty = 1$ bewiesen.

Für beliebiges m''_∞ erhält man die Behauptung leicht durch vollständige Induktion nach m''_∞.

Folgerung 2.2. *Es gilt*

$$(\hat{B})_\infty^{-1} = i\left(\frac{d}{dt} - 1\right).$$

Bemerkung. Aus $f = \hat{B}_\infty^m \varphi$ $(\varphi \in E_+$, m eine natürliche Zahl) folgt $f^{(m)} = (-\,i)^m\, \hat{B}_0^m\, \varphi$.

5. Als nächstes betrachten wir den Bildraum

$$E_+^{(j)} = \overline{E}_+\left\{\left(\frac{\lambda - \alpha_j}{\lambda - i}\right)^{m''_j}\right\} = \operatorname{im} \hat{B}_{\alpha_j}^{m''_j} \qquad (j = 1, \ldots, r)\,.$$

Zunächst sei E_+ einer der Räume L_p^+ $(1 \leqq p < \infty)$ oder C_+^0. Dann ist die Norm einer Funktion $f \in E_+^{(j)}$ durch die Beziehung

$$||f||_{E_+^{(j)}} = ||\varphi||_{E_+} \qquad (f = \hat{B}_{\alpha_j}^{m''_j} \varphi)$$

festgelegt.

Wir führen jetzt die folgende Bezeichnung ein. Sei $f(t) \in L(0, \tau)$ für beliebiges $\tau > 0$, und es existiere das uneigentliche Integral

$$\int_0^\infty f(s)\, ds = \lim_{\tau \to \infty} \int_0^\tau f(s)\, ds\,.$$

Dann setzen wir

$$f^{(-1)}(t) = \int_t^\infty f(s)\, ds \qquad (t \geqq 0)\,.$$

Offenbar ist $f^{(-1)}(t)$ absolut stetig, und es gilt $[f^{(-1)}(t)]' = -f(t)$. Des weiteren bezeichnen wir $f^{(-2)}(t) = [f^{(-1)}(t)]^{(-1)}$, wenn diese Funktion existiert, usw. Ferner sei $f^{(0)}(t) = f(t)$.

Satz 2.2. *Es gilt* $f \in E_+^{(j)}$ *dann und nur dann, wenn* $[e^{i\alpha_j t} f(t)]^{(-k)} \in E_+$ ($k = 0, 1, \ldots, m_j''$) *gilt. Die Norm* $||f||_{E_+^{(j)}}$ *ist der Norm*

$$||f||_j = \sum_{k=0}^{m_j''} ||[e^{i\alpha_j t} f(t)]^{(-k)}||_{E_+}$$

äquivalent.

Beweis. Wir betrachten zunächst den Fall $m_j'' = 1$.

Es sei $f \in E_+^{(j)}$, d. h., es gilt $f = \hat{B}_{\alpha_j}\varphi$ mit $\varphi \in E_+$. Indem wir beide Seiten der letzten Gleichung mit $e^{i\alpha_j s}$ multiplizieren und anschließend über das Intervall (t, τ) $(0 < t < \tau)$ integrieren, erhalten wir

$$\int_t^\tau e^{i\alpha_j s} f(s)\, ds = \int_t^\tau e^{i\alpha_j s}\varphi(s)\, ds - (1 + i\alpha_j)\int_t^\tau e^{(1+i\alpha_j)s}\, ds \int_s^\infty e^{-x}\varphi(x)\, dx\,.$$

Nach partieller Integration des zweiten Integrals auf der rechten Seite ergibt sich

$$\int_t^\tau e^{i\alpha_j s} f(s)\, ds = e^{(1+i\alpha_j)t}\int_t^\infty e^{-s}\varphi(s)\, ds - e^{(1+i\alpha_j)\tau}\int_\tau^\infty e^{-s}\varphi(s)\, ds\,. \tag{2.4}$$

Durch einfache Abschätzung (Benutzung der HÖLDERschen Ungleichung im Falle $E_+ = L_+^p$) überzeugt man sich leicht davon, daß der letzte Term in (2.4) für $\tau \to \infty$ gegen Null strebt. Folglich ergibt sich

$$[e^{i\alpha_j t} f(t)]^{(-1)} = e^{(1+i\alpha_j)t}\int_t^\infty e^{-s}\varphi(s)\, ds \in E_+\,.$$

Die letzte Gleichung läßt sich auch in der Form

$$\hat{B}_\infty\,\varphi = i\, e^{-i\alpha_j t}\int_t^\infty e^{i\alpha_j s} f(s)\, ds \tag{2.5'}$$

schreiben. Nach Anwendung des Operators $i\left(\dfrac{d}{dt} - 1\right)$ auf beide Seiten dieser Gleichung und Berücksichtigung der Folgerung 2.2 finden wir jetzt

$$\varphi(t) = f(t) + (1 + i\alpha_j)\, e^{-i\alpha_j t}\int_t^\infty e^{i\alpha_j s} f(s)\, ds\,. \tag{2.5}$$

Aus den Gleichungen $f = \hat{B}_{\alpha_j}\varphi$ sowie (2.5′) und (2.5) folgt unmittelbar die Äquivalenz der Normen $||f||_{E_+^{(j)}}$ und $||f||_j$.

Es sei jetzt umgekehrt $f(t) \in E_+$ und $[e^{i\alpha_j t} f(t)]^{(-1)} \in E_+$. Dann gehört die durch (2.5) definierte Funktion $\varphi(t)$ ebenfalls zu E_+. Man prüft leicht nach, daß $\hat{B}_{\alpha_j}\varphi = f$ und folglich $f \in E_+^{(j)}$ gilt.

Damit ist der Satz für $m_j'' = 1$ bewiesen. Für beliebiges $m_j'' \geqq 1$ erhält man die Behauptung leicht durch vollständige Induktion.

Mit der Formel (2.5) haben wir gleichzeitig die Inverse zum Operator $\hat{B}_{\alpha_j} = P B_{\alpha_j} \mid E_+$ konstruiert.

Folgerung 2.3. *Es gilt*

$$\hat{B}_0^{-1} f = f(t) + f^{(-1)}(t) \qquad (f \in \operatorname{im} \hat{B}_0)\,.$$

Folgerung 2.4. *Für beliebiges* α $(-\infty < \alpha < \infty)$ *gilt*

$$\hat{B}_\alpha^{-1} f = f(t) + (1 + i\alpha)\, e^{-i\alpha t}\, [e^{i\alpha t} f(t)]^{(-1)}\,.$$

6. Wir überzeugen uns jetzt davon, daß die in Nr. 5 eingeführten Räume $E_+^{(j)}$ hinreichend viele Funktionen enthalten.

Mit $L^{p,m}$ $(1 \leqq p \leqq \infty$; m beliebig ganz) bezeichnen wir den Raum aller Funktionen der Gestalt $f(t) = (t + i)^{-m}\, \varphi(t)$, wobei $\varphi(t) \in L^p$. Mit der Norm

$$|f|_m = \|\varphi\|_{L^p}$$

ist $L^{p,m}$ ein BANACH-Raum, der dem Raum L^p isometrisch und isomorph ist. Für $m = 0$ gilt $L^{p,0} = L^p$.

Im Falle $m > 0$ gehört eine Funktion $f(t)$ offensichtlich genau dann zum Raum $L^{p,m}$, wenn

$$t^k f(t) \in L^p \qquad (k = 0, 1, \ldots, m)$$

gilt; dabei ist die Norm $|f|_m$ der folgenden Norm äquivalent:

$$\|f\|_{L^{p,m}} = \sum_{k=0}^{m} \|t^k f(t)\|_{L^p}\,.$$

Mit $L_+^{p,m}$ bezeichnen wir wieder den entsprechenden Raum von Funktionen auf der positiven Halbachse $[0, +\infty)$.

Unter Benutzung der Beziehung $(L^p)^* = L^q \left(q = \dfrac{p}{p-1}\right.$ für $1 < p < \infty$ und $\left. q = \infty \text{ für } p = 1\right)$ überzeugt man sich leicht davon, daß $L^{q,-m}$ der konjugierte Raum zum Raum $L^{p,m}$ für $1 \leqq p < \infty$ und eine beliebige ganze Zahl m ist. Entsprechendes gilt für $L_+^{p,m}$.

Satz 2.3. *Für beliebiges* $f(t) \in L_+^{p,m}$ $(1 \leqq p < \infty,\ m \geqq 0)$ *existieren die Funktionen* $f^{(-k)}(t)$, *und dabei gilt* $f^{(-k)}(t) \in L_+^p$ $(k = 0, 1, \ldots, m)$.

Der Raum $L_+^{p,m}$ *ist in den Raum* $E_+^{(\alpha)} = \bar{L}_+^p \left\{\left(\dfrac{\lambda - \alpha}{\lambda - i}\right)^m\right\}$ *stetig und dicht eingebettet.*

Beweis. Wir beweisen den Satz durch vollständige Induktion nach m. Zunächst nehmen wir $m = 1$ an.

Für $p = 1$ ergibt sich durch partielle Integration

$$\int_0^\infty |f^{(-1)}(t)|\, dt \leqq \int_0^\infty dt \int_t^\infty |f(s)|\, ds = \int_0^\infty t |f(t)|\, dt\,,$$

da wegen $f \in L_+^{1,1}$ die Beziehung

$$t \int_t^\infty |f(s)|\, ds \leqq \int_t^\infty s\, |f(s)|\, ds \underset{t \to +\infty}{\longrightarrow} 0$$

gilt. Damit erhalten wir $f^{(-1)}(t) \in L_+^1$, und aus Satz 2.2 folgt

$$c \|f\|_{E_+^{(\alpha)}} \leqq \sum_{k=0}^{1} \|f^{(-k)}(t)\|_{L_+^1} \leqq \|f\|_{L_+^{1,1}} \qquad (c = \text{const} > 0)\,.$$

Wir betrachten den Fall $p > 1$. Zunächst bemerken wir, daß die Funktion $f(t) \in L_+^{p,1}$ summierbar ist, denn nach der HÖLDERschen Ungleichung gilt

$$\int_1^\infty |f(t)|\, dt \leqq (q-1)^{-1/q} \left[\int_1^\infty |t f(t)|^p\, dt\right]^{1/p}.$$

Folglich existiert die Funktion $f^{(-1)}(t)$. Wir zeigen jetzt, daß $f^{(-1)}(t) \in L_+^p$ ist. Zu diesem Zweck führen wir die Funktion

$$\varphi(s, t) = t\, |f(s\, t)| \qquad (s \geqq 1, t \geqq 1)$$

ein, von der wir die folgenden Integrale nach den Variablen s und t berechnen:

$$\int_1^\infty \varphi(s, t)\, ds = \int_t^\infty |f(x)|\, dx\,, \quad \left\{\int_1^\infty [\varphi(s, t)]^p\, dt\right\}^{1/p} = \frac{1}{s^{1+1/p}} \left\{\int_s^\infty |x f(x)|^p\, dx\right\}^{1/p}.$$

Auf Grund der bekannten Ungleichung[1])

$$\left[\int_1^\infty \left\{\int_1^\infty \varphi(s, t)\, ds\right\}^p dt\right]^{1/p} \leqq \int_1^\infty \left\{\int_1^\infty [\varphi(s, t)]^p\, dt\right\}^{1/p} ds$$

erhalten wir dann die Abschätzung

$$\left\{\int_1^\infty |f^{(-1)}(t)|^p\, dt\right\}^{1/p} \leqq p \left\{\int_1^\infty |x f(x)|^p\, dx\right\}^{1/p}.$$

Da außerdem für beliebiges $t \geqq 0$ die Ungleichung

$$|f^{(-1)}(t)| \leqq \int_0^\infty |f(t)|\, dt \leqq c_0 \left[\|f\|_{L_+^p} + \|t f(t)\|_{L_+^p}\right]$$

gilt, so ergibt sich

$$\|f^{(-1)}\|_{L_+^p} \leqq c \left[\|f\|_{L_+^p} + \|t f(t)\|_{L_+^p}\right].$$

Daraus folgt die Stetigkeit der Einbettung $L_+^{p,m} \subset E_+^{(\alpha)}$ im Falle $m = 1$.

Für $m \geqq 2$ erhält man die letzte Behauptung durch sukzessive Anwendung der obigen Überlegungen, wenn man berücksichtigt, daß für eine beliebige Funktion $f(t) \in L_+^{p,2}$ die Beziehung

$$f^{(-2)}(t) = -\, t f^{(-1)}(t) + \int_t^\infty s f(s)\, ds$$

gilt. Von der Gültigkeit dieser Gleichung kann man sich durch partielle Integration unmittelbar überzeugen.

---

[1]) Siehe G. H. HARDY, J. E. LITTLEWOOD and G. POLYA [1], Theorem 202.

Die Dichtheit der Menge $L_+^{p,m}$ im Raum $E_+^{(\alpha)}$ ist wie folgt einzusehen. Sei $f = \hat{B}_\alpha^m \varphi$ ($\varphi \in L_+^p$) eine beliebige Funktion aus $E_+^{(\alpha)}$ und $\varepsilon > 0$. Dann existiert bekanntlich eine stetige Funktion ψ mit kompaktem Träger derart, daß $\|\varphi - \psi\|_{L_+^p} < \varepsilon$ ist. Die Funktion $g = \hat{B}_\alpha^m \psi$ besitzt dann ebenfalls einen kompakten Träger und gehört mithin zu $L_+^{p,m}$. Dabei gilt auf Grund der Normdefinition in $E_+^{(\alpha)}$ die Beziehung $\|f - g\|_{E_+^{(\alpha)}} = \|\varphi - \psi\|_{L_+^p} < \varepsilon$.

Der Satz ist damit bewiesen.

Bemerkung. Mit denselben Mitteln läßt sich beweisen, daß die stetige Einbettung

$$\tilde{L}_+^q \left\{ \left(\frac{\lambda - \alpha}{\lambda + i} \right)^m \right\} \subset L_+^{q,-m} \qquad (1 < q \leqq \infty, \quad m \geqq 0)$$

gilt.

7. Wir betrachten jetzt den Raum $E_+^{(j)} = \operatorname{im} \hat{B}_{\alpha_j}^{m_j''}$ in dem Fall, wenn E_+ der Raum M_+ ist. Auf Grund des Lemmas 2.2 wird in diesem Fall die Norm einer Funktion $f \in E_+^{(j)}$ durch die Formel

$$\|f\|_{E_+^{(j)}} = \inf_C \|\varphi(t) + C\, e^{-i\alpha_j t}\|_{M_+} \tag{2.6}$$

erklärt, wobei $f = \hat{B}_{\alpha_j}^{m_j''} \varphi$ ($\varphi \in M_+$) gilt.

Zur analytischen Beschreibung des Raumes $E_+^{(j)} = M_+^{(j)}$ verwenden wir das CESÀROsche Summierungsverfahren für uneigentliche Integrale (siehe z. B. A. ZYGMUND [1], Chapter III). Es sei $f(t)$ eine auf $(0, +\infty)$ meßbare Funktion. Man sagt, das uneigentliche Integral $\int_0^\infty f(t)\, dt$ sei *C_1-summierbar zum Wert S*, in Zeichen $(C_1) \int_0^\infty f(t)\, dt = S$, wenn

$$t^{-1} \int_0^t dx \int_0^x f(\xi)\, d\xi = t^{-1} \int_0^t (t - x) f(x)\, dx \underset{t \to +\infty}{\longrightarrow} S$$

gilt. Ist diese Bedingung erfüllt, dann nennen wir im weiteren auch die Funktion $f(t)$ C_1-summierbar und setzen

$$f^{(-1)}(t) = (C_1) \int_t^\infty f(s)\, ds \qquad (t \geqq 0)\,.$$

Ist die Funktion $f^{(-1)}(t)$ ebenfalls C_1-summierbar, dann bezeichnen wir $f^{(-2)}(t) = [f^{(-1)}(t)]^{(-1)}$ usw.

Im weiteren ist $f(t) \in M_+$. Dann gilt $(C_1) \int_0^\infty f(s)\, ds = \int_0^t f(s)\, ds + f^{(-1)}(t)$. Folglich ist $f^{(-1)}(t)$ absolut stetig, und es gilt $[f^{(-1)}(t)]' = -f(t)$.

Satz 2.4. *Es gilt $f \in E_+^{(j)} = M_+^{(j)}$ dann und nur dann, wenn die Funktion $f_{\alpha_j}(t) = e^{i\alpha_j t} f(t)$ die folgenden Bedingungen erfüllt:*

(1) *$f_{\alpha_j}^{(-k)}(t)$ ist C_1-summierbar für $k = 0, 1, \ldots, m_j'' - 2$;*

(2) *$f_{\alpha_j}^{(-k)}(t) \in M_+$ für $k = 0, 1, \ldots, m_j'' - 1$;*

(3) *$g(t) = \int_0^t f_{\alpha_j}^{(-m_j''+1)}(s)\, ds \in M_+$.*

Die Norm (2.6) *ist der Norm*

$$\|f\|_j = \|f_{\alpha_j}\|_{M_+} + \cdots + \|f_{\alpha_j}^{(-m_j''+1)}\|_{M_+} + \inf_C \|C + g\|_{M_+}$$

äquivalent.

Der Beweis des Satzes 2.4 verläuft analog zum Beweis des Satzes 2.2, wenn man berücksichtigt, daß der Teilraum aller Konstanten aus M_+ ein invarianter Teilraum der Operatoren $P\,B_\infty$ und $P\,A_-$ ist.

Ein zum Satz 2.4 analoges Resultat läßt sich auch für den Raum C_+ angeben (vgl. hierzu auch Satz 1.4). Von seiner Formulierung wollen wir jedoch absehen.

8. Auf Grund der Sätze 2.1 bis 2.4 erhalten wir unter Benutzung des Satzes 2.2 aus Kapitel 4 die analytische Beschreibung des Raumes $\bar{E}_+(\varrho_-)$.

Satz 2.5. *Es gilt* $\bar{E}_+(\varrho_-) = E_+^{(1)} \cap \cdots \cap E_+^{(r)} \cap E_+^{(\infty)}$, *und die Norm* $\|f\|_{\bar{E}_+}$ *ist der Norm* $|f| = \|f\|_1 + \cdots + \|f\|_r + \|f\|_\infty$ *äquivalent.*

Daraus ergibt sich zusammen mit den Sätzen 2.1 bis 2.3

Folgerung 2.5. *Es sei* $E_+ = L_+^p$ $(1 \leqq p < \infty)$ *und* $m = \max\{m_1'', \ldots, m_r''\}$. *Dann gilt* $E_+^{(\infty)} \cap L_+^{p,m} \subset \bar{E}_+(\varrho_-)$ *im Sinne einer stetigen Einbettung.*

Bemerkung. Im Falle $m_\infty' = 0$ gilt die stetige Einbettung

$$\tilde{L}_+^p(\varrho_+) \subset L_+^{p,-m'}, \quad 1 < p \leqq \infty, \quad m' = \max\{m_1', \ldots, m_r'\}; \quad \tilde{L}_+^1(\varrho_+) \subset L_+^{1,-(m'+\varepsilon)} \quad (\varepsilon < 0).$$

Außerdem kann man sich leicht davon überzeugen, daß für eine Funktion $f(t)$, die gleichzeitig allen Räumen $\tilde{E}_+(\varrho_+)$ angehört, folgende Abschätzung für $t \to \infty$ gilt:

$$f(t) = O(t^{m'-1}).$$

5.2.2. Symbole mit Nullstellen ganzzahliger Ordnungen

Wir betrachten im Raum E_+ die WIENER-HOPFsche Integralgleichung

$$(\hat{A}\,\varphi)(t) = c\,\varphi(t) - \int_0^\infty k(t-s)\,\varphi(s)\,ds = f(t) \quad (0 \leqq t < \infty), \tag{2.7}$$

wobei c eine Konstante und $k(t) \in L$ ist. Wir setzen voraus, daß das Symbol

$$\mathcal{A}(\lambda) = c - \int_{-\infty}^{\infty} e^{i\lambda t}\,k(t)\,dt \quad (-\infty \leqq \lambda \leqq \infty)$$

die folgende Darstellung besitzt:

$$\mathcal{A}(\lambda) = (\lambda + i)^{-m_\infty} \left(\frac{\lambda - \alpha_1}{\lambda + i}\right)^{m_1} \cdots \left(\frac{\lambda - \alpha_r}{\lambda + i}\right)^{m_r} \mathcal{B}(\lambda). \tag{2.8}$$

Dabei seien $\alpha_1, \alpha_2, \ldots, \alpha_r$ paarweise verschiedene Punkte auf der reellen Achse, $m_\infty \geqq 0$, $m_1, \ldots, m_r > 0$ ganze Zahlen und $\mathcal{B}(\lambda) \in \mathfrak{L}$.[1])

Wir bemerken, daß der Fall $m_\infty > 0$ der Gleichung 1. Art $(c = 0)$ entspricht. Im Falle der Gleichung 2. Art $(c \neq 0)$ gilt $m_\infty = 0$ und $\mathcal{B}(\infty) \neq 0$.

---

[1]) Notwendige und hinreichende Bedingungen für die Darstellbarkeit der Funktion $\mathcal{A}(\lambda)$ in der Form (2.8) werden in Nr. 3 dieses Teilabschnittes angegeben.

1. Ähnlich wie in 5.1.2. führen wir nicht negative ganze Zahlen m_j' und m_j'' mit

$$m_j' + m_j'' = m_j \quad (j = 1, \ldots, r), \qquad m_\infty' + m_\infty'' = m_\infty$$

ein und stellen das Symbol $\mathcal{A}(\lambda)$ in der Form

$$\mathcal{A}(\lambda) = \varrho_-(\lambda)\ \mathcal{C}(\lambda)\ \varrho_+(\lambda) \tag{2.9}$$

dar. Dabei bedeuten $\varrho_\pm(\lambda)$ die im vorangegangenen Teilabschnitt eingeführten Funktionen und

$$\mathcal{C}(\lambda) = \left(\frac{\lambda - i}{\lambda + i}\right)^{m_1'' + \cdots + m_r'' + m_\infty''} \mathcal{B}(\lambda)\,.$$

Satz 2.6. *Dafür, daß der durch* (2.7) *definierte Operator* $\hat{A}$ *ein* Φ_+- *oder* Φ_--*Operator von* $\tilde{E}_+(\varrho_+)$ *in* $\bar{E}_+(\varrho_-)$ *ist, ist notwendig und hinreichend, daß* $\mathcal{C}(\lambda) \neq 0$ $(-\infty \leqq \lambda \leqq \infty)$ *gilt (oder, was dasselbe ist,* $\mathcal{B}(\lambda) \neq 0$).

Ist diese Bedingung erfüllt, dann entspricht die Invertierbarkeit des Operators $\hat{A}$ *der Zahl* $\varkappa - \delta$, *und es gilt*

$$\dim\ker \hat{A} = \max(\delta - \varkappa, 0)\,, \qquad \dim\operatorname{coker} \hat{A} = \max(\varkappa - \delta, 0)\,.$$

Dabei ist

$$\varkappa = \operatorname{ind} \mathcal{C}(\lambda) = \operatorname{ind} \mathcal{B}(\lambda) + m_\infty'' + \sum_{j=1}^{r} m_j''\,,$$

$$\delta = \begin{cases} 0 & \textit{für } E_+ = L_+^p\ (1 \leqq p < \infty) \textit{ oder } E_+ = C_+^0\,, \\ r'' & \textit{für } E_+ = M_+\,, \end{cases}$$

und r'' *bedeutet die Anzahl der positiven* m_j'' $(j = 1, 2, \ldots, r)$. *Im Falle* $E_+ = C_+$ *gilt*

$$\delta = \begin{cases} 1\,, & \textit{falls } \alpha_{j_0} = 0 \textit{ und } m_{j_0}'' > 0 \quad (1 \leqq j_0 \leqq r)\,, \\ 0 & \textit{anderenfalls.} \end{cases}$$

Beweis. Der Beweis verläuft analog zum Beweis des Satzes 1.5. Den ersten Teil des Satzes erhalten wir leicht aus dem Satz 2.3, Kapitel 4. Dasselbe gilt für den zweiten Teil des Satzes im Falle der Räume L_+^p und C_+^0.

Wir beweisen die zweite Behauptung des Satzes für den Raum M_+. Es sei also $\mathcal{C}(\lambda) \neq 0$ $(-\infty \leqq \lambda \leqq \infty)$. Auf Grund des Satzes 2.3, Kapitel 4, sowie des Lemmas 2.2 ist $\hat{A}$ ein Φ-Operator von $\tilde{E}_+(\varrho_+)$ in $\bar{E}_+(\varrho_-)$ mit dem Index

$$\operatorname{Ind} \hat{A} = r'' - \varkappa\,. \tag{2.10}$$

Nach Satz 3.3, Kapitel 2, können wir die Funktion $\mathcal{C}(\lambda) \in \mathfrak{L}$ faktorisieren:

$$\mathcal{C}(\lambda) = \mathcal{C}_-(\lambda) \left(\frac{\lambda - i}{\lambda + i}\right)^{\varkappa} \mathcal{C}_+(\lambda)\,, \tag{2.11}$$

wobei $\mathcal{C}_\pm(\lambda) \in \mathfrak{L}^\pm$ und $\mathcal{C}_\pm^{-1}(\lambda) \in \mathfrak{L}^\pm$ gilt.

Mit $\hat{C}$ bezeichnen wir den im Raum M_+ definierten WIENER-HOPFschen Integraloperator mit dem Symbol $\mathcal{C}(\lambda)$ und mit $\hat{C}'$ den zu $\hat{C}$ transponierten Operator. Für das Symbol $\mathscr{C}(-\lambda)$ des Operators $\hat{C}'$ ergibt sich dann die Faktorisierung

$$\mathscr{C}(-\lambda) = \mathscr{C}_+(-\lambda)\left(\frac{\lambda - i}{\lambda + i}\right)^{-\varkappa} \mathscr{C}_-(-\lambda) .$$

Dabei gilt offensichtlich $\mathscr{C}_\mp(-\lambda) \in \mathfrak{L}^\pm$.

Im Falle $\varkappa \leqq 0$ ist dim coker $\hat{C}$ = dim ker $\hat{C}' = 0$.

Es sei $\varkappa > 0$. Nach Satz 2.3, Kapitel 3, hat die FOURIER-Transformierte der allgemeinen Lösung der Gleichung $\hat{C}'\psi = 0$ die Gestalt

$$\Psi(\lambda) = \mathscr{C}_-^{-1}(-\lambda)\frac{P_{\varkappa-1}(\lambda)}{(\lambda + i)^\varkappa}, \tag{2.12}$$

wobei $P_{\varkappa-1}(\lambda)$ ein beliebiges Polynom in λ vom Grade $\leqq \varkappa - 1$ ist. Auf Grund des Lemmas 1.2, Kapitel 4, schließen wir unter Benutzung des Lemmas 2.2 sowie des Satzes 2.4, Kapitel 3, daß die Gleichung (2.7) für eine beliebige Funktion $f(t) \in \bar{E}_+(\varrho_-)$ genau dann eine Lösung $\varphi \in \tilde{E}_+(\varrho_+)$ besitzt, wenn die Bedingung

$$\int_0^\infty h(t)\,\psi(t)\,dt = 0 \tag{2.13}$$

erfüllt ist für jede Funktion $\psi(t)$, deren FOURIER-Transformierte durch die Formel (2.12) gegeben wird und außerdem im Punkt $-\alpha_j$ verschwindet:

$$\Psi(-\alpha_j) = \int_{-\infty}^{\infty} \psi(t)\,e^{-i\alpha_j t}\,dt = 0 \quad (j = 1, \ldots, r\colon m_j'' > 0) . \tag{2.14}$$

Dabei bedeutet $h(t) \in M_+$ irgendeine Funktion, die der Gleichung $\hat{B}h = f$ genügt.

O. B. d. A. können wir annehmen, daß $m_j'' > 0$ für $j = 1, \ldots, r''$ gilt. Dann sind die Bedingungen (2.14) den Forderungen $P_{\varkappa-1}(-\alpha_j) = 0$ $(j = 1, \ldots, r'')$ äquivalent. Damit ergibt sich

$$\Psi(\lambda) = \frac{\mathscr{C}_-^{-1}(-\lambda)}{(\lambda + i)^\varkappa}(\lambda + \alpha_1)\ldots(\lambda + \alpha_{r''})\,P_{\varkappa-r''-1}(\lambda) , \tag{2.15}$$

wobei $P_{\varkappa-r''-1}(\lambda)$ ein beliebiges Polynom vom Grade $\leqq \varkappa - r'' - 1$ ist ($P_{\varkappa-r''-1}(\lambda) \equiv 0$ für $\varkappa \leqq r''$). Demzufolge bestehen die notwendigen und hinreichenden Lösbarkeitsbedingungen für die Gleichung (2.7) darin, daß die Bedingungen (2.13) für die Funktionen $\psi(t)$, deren FOURIER-Transformierte durch die Formel (2.15) gegeben ist, erfüllt sein müssen. Die Anzahl dieser Bedingungen ist offensichtlich gleich

$$\dim \operatorname{coker} \hat{A} = \max(\varkappa - r'', 0) . \tag{2.16}$$

Aus den Formeln (2.10) und (2.16) folgt unsere Behauptung.

Im Falle des Raumes C_+ erhalten wir mittels derselben Überlegungen, daß die Lösbarkeitsbedingungen für die Gleichung (2.7) die Bedingungen (2.13) sind, wobei die Fouriertransformierte der Funktion $\psi(t)$ durch die Formel

$$\Psi(\lambda) = \frac{\mathscr{C}_-^{-1}(-\lambda)}{(\lambda+i)^\varkappa} \lambda P_{\varkappa-2}(\lambda)$$

gegeben wird, falls $\alpha_{j_0} = 0$ und $m''_{j_0} > 0$ für ein gewisses j_0, $1 \leqq j_0 \leqq r$, gilt bzw. durch die Formel (2.12) in allen anderen Fällen.

Der Satz 2.6 ist damit bewiesen.

2. Wir wollen jetzt die Lösbarkeitsbedingungen für die Gleichung (2.7) etwas näher betrachten.

Wie aus dem Beweis des Satzes 2.6 folgt, sind (2.13) die notwendigen und hinreichenden Bedingungen für die Lösbarkeit in $\tilde{E}_+(\varrho_+)$ der Gleichung (2.7) mit $f(t) \in \bar{E}_+(\varrho_-)$. Dabei bedeutet $h(t) \in E_+$ eine beliebige Funktion, die der Gleichung $\hat{B}\, h = f$ genügt, und die Fouriertransformierte der Funktion $\psi(t)$ wird durch (2.15) für den Raum M_+ bzw. durch die Formel (2.12) für die Räume L_+^p $(1 \leqq p < \infty)$ und C_+^0 gegeben. Im Fall der Räume L_+^p oder C_+^0 kann man den Lösbarkeitsbedingungen (2.13) die explizitere Form

$$\int_0^\infty h(t) \left[e^{-t}\, t^l + \int_0^t e^{s-t}\, (t-s)^l\, c_-(-s)\, ds \right] dt = 0 \qquad (2.17)$$

$$(l = 0, 1, \ldots, \varkappa - 1)$$

geben. Dabei bedeutet $c_-(t) \in L^-$ die Funktion, deren FOURIER-Transformierte gleich $\mathscr{C}_-^{-1}(\lambda) - 1$ ist, und $\mathscr{C}_-(\lambda)$ wird durch (2.11) und die Bedingung $\mathscr{C}_-(\infty) = 1$ bestimmt.

Aus Satz 2.2, Kapitel 3, und den Lemmata 2.1 und 2.2 folgt

Satz 2.7. *Die homogene Gleichung $\hat{A}\,\varphi = 0$ hat in allen Räumen $\tilde{E}_+(\varrho_+)$, wobei E_+ einen beliebigen der Räume L_+^p $(1 \leqq p < \infty)$ oder C_+^0 bezeichnet, ein und dieselben Lösungen. Wenn $m''_j = 0$ $(j = 1, \ldots, r)$ ist, dann gilt dies auch für alle übrigen Räume E_+.*

Für die im Satz 2.7 genannten Fälle (d. h., E_+ ist einer der Räume L_+^p $(1 \leqq p < \infty)$, C_+^0, oder es gilt $m''_j = 0, j = 1, \ldots, r$) läßt sich auch ein Analogon des Satzes 2.4 aus Kapitel 3 formulieren. Zu diesem Zweck betrachten wir neben den oben eingeführten Funktionen $\varrho_\pm(\lambda)$ noch die Funktionen

$$\varrho'_+(\lambda) = \varrho_-(-\lambda) \in \mathfrak{L}^+ , \qquad \varrho'_-(\lambda) = \varrho_+(-\lambda) \in \mathfrak{L}^- .$$

Offenbar ist $\varrho'_+(\lambda)$ $(\varrho'_-(\lambda))$ das Symbol des transponierten Operators $\hat{B}'(\hat{D}')$, und für das Symbol $\mathscr{A}(-\lambda)$ des zu $\hat{A}$ transponierten Operators $\hat{A}'$ ergibt sich die Darstellung

$$\mathscr{A}(-\lambda) = \varrho'_-(\lambda)\ \mathscr{C}(-\lambda)\, \varrho'_+(\lambda) .$$

Wenn $\mathscr{C}(\lambda) \neq 0$ $(-\infty \leqq \lambda \leqq \infty)$ gilt, dann ist folglich $\hat{A}'$ auf Grund des Satzes 2.6 ein Φ-Operator von $\tilde{E}_+(\varrho'_+)$ in $\bar{E}_+(\varrho'_-)$, wobei

$$\dim \ker \hat{A}' = \max(\varkappa, 0) , \qquad \dim \operatorname{coker} \hat{A}' = \max(-\varkappa, 0)$$

gilt.

Jedes Element $\psi \in \tilde{L}_+^q(\varrho'_+)$ $(1 \leqq q \leqq \infty)$ kann man als lineares Funktional auf dem Raum $\bar{L}_+^p(\varrho_-)$ $\left(p = \frac{q}{q-1}\right)$ deuten, indem man den Wert des Funktionals ψ auf dem Element $f \in \bar{L}_+^p(\varrho_-)$ durch die Formel

$$\langle f, \psi \rangle \equiv \int_0^\infty f(t)\, \psi(t)\, dt = \int_0^\infty \hat{B}^{-1} f \cdot \hat{B}' \psi\, dt \tag{2.18}$$

erklärt. Die Stetigkeit des Funktionals (2.18) folgt aus der Abschätzung

$$|\langle f, \psi \rangle| \leqq \|\hat{B}^{-1} f\|_{L_+^p} \|\hat{B}' \psi\|_{L_+^q} = \|f\|_{\bar{L}_+^p(\varrho_-)} \|\psi\|_{\tilde{L}_+^q(\varrho'_+)} .$$

Für $1 \leqq p < \infty$ ist jedes lineare Funktional auf dem Raum $\bar{L}_+^p(\varrho_-)$ von der Gestalt (2.18). Dies ergibt sich leicht aus $(L_+^p)^* = L_+^q$.

Offenbar kann man mittels der Formel (2.18) jedes Element ψ, das gleichzeitig sämtlichen Räumen $\tilde{E}_+(\varrho'_+)$ angehört, als lineares Funktional auf dem Raum $\bar{E}_+(\varrho_-)$ deuten.

Wir bemerken, daß die Integralbeziehung (2.18) für eine beliebige Funktion $\psi(t) \in L_+^q$ gilt (vgl. Formel (2.23) aus Kapitel 3). Die Gültigkeit der Formel (2.18) läßt sich auch dann beweisen, wenn $m_\infty = 0$ und $f(t) \in L_+^{p,\, m}$ $(1 \leqq p < \infty)$ gilt, wobei $m = \max\{m''_1, \ldots, m''_r\}$.

In der Tat, unter den genannten Voraussetzungen gilt nach Folgerung 2.5 $f(t) \in \bar{L}_+^p(\varrho_-)$. Wir wählen eine Folge von stetigen Funktionen mit kompakten Trägern $f_n(t)$, die bezüglich der Norm von $L_+^{p,\, m}$ gegen die Funktion $f(t)$ konvergiert. Dann konvergiert $\hat{B}^{-1} f_n \to \hat{B}^{-1} f$ bezüglich der Norm von L^p (vgl. Folgerung 2.4). Unter Berücksichtigung der Bemerkung nach Satz 2.3 sowie der Formel (2.23) aus Kapitel 3 beweist man leicht die Beziehung

$$\int_0^\infty f_n(t)\, \psi(t)\, dt = \int_0^\infty \hat{B}^{-1} f_n \cdot \hat{B}' \psi\, dt .$$

Die Formel (2.18) erhält man jetzt durch Grenzübergang für $n \to \infty$.

Nach diesen Vereinbarungen ergibt sich aus Satz 2.4, Kapitel 3, der folgende Satz.

Satz 2.8. *Es sei E_+ einer der Räume L_+^p $(1 \leqq p < \infty)$ oder C_+^0, und das Symbol $\mathcal{A}(\lambda)$ besitze die Gestalt (2.8), wobei $\mathcal{B}(\lambda) \neq 0$ $(-\infty \leqq \lambda \leqq \infty)$ gilt.*

Im Falle $\varkappa = \operatorname{ind} \mathcal{C}(\lambda) \leqq 0$ hat die Gleichung (2.7) für eine beliebige rechte Seite $f(t) \in \bar{E}_+(\varrho_-)$ eine Lösung $\varphi \in \tilde{E}_+(\varrho_+)$, wobei die entsprechende homogene Gleichung genau $-\varkappa$ linear unabhängige Lösungen besitzt.

Für $\varkappa > 0$ hat die zu (2.7) transponierte homogene Gleichung

$$c\, \psi(t) - \int_0^\infty k\,(s - t)\, \psi(s)\, ds = 0$$

genau $\varkappa$ linear unabhängige Lösungen $\psi_l(t)$ $(l = 0, 1, \ldots, \varkappa - 1)$, die gleichzeitig sämtlichen Räumen $\tilde{E}_+(\varrho'_+)$ angehören. Die Gleichung (2.7) besitzt in diesem Fall *dann und nur dann eine (notwendigerweise eindeutige) Lösung* $\varphi \in \tilde{E}_+(\varrho_+)$, *wenn*

$$\int_0^\infty f(t)\, \psi_l(t)\, dt = 0 \qquad (l = 0, 1, \ldots, \varkappa - 1)$$

gilt.

Wenn $m_j'' = 0$ $(j = 1, 2, \ldots, r)$ ist, dann gilt der Satz für einen beliebigen Raum E_+.

3. Wir wollen jetzt klären, welche Bedingungen der Kern $k(t)$ in Gleichung (2.7) zu erfüllen hat, damit für das Symbol $\mathcal{A}(\lambda)$ die Darstellung (2.8) gilt.

Wir führen zunächst in Analogie zu 5.1.2, Nr. 3, einen Operator R_α $(-\infty < \alpha < \infty)$ ein, der für eine Funktion $\varphi \in L = L^1(-\infty, \infty)$ durch die folgenden Beziehungen definiert wird:

$$(R_\alpha \varphi)(t) = \begin{cases} i\, e^{-i\alpha t} \int_t^\infty e^{i\alpha s}\, \varphi(s)\, ds\,, & t > 0 \\ -\, i\, e^{-i\alpha t} \int_{-\infty}^t e^{i\alpha s}\, \varphi(s)\, ds\,, & t < 0\,. \end{cases} \tag{2.19}$$

Mit $L^1_{\alpha, m}$ ($m \geqq 0$ und ganz) bezeichnen wir die Menge aller Funktionen $\varphi \in L$, für die gilt

$$R_\alpha^k \varphi \in L\,, \qquad k = 0, 1, \ldots, m\,.$$

Durch die Klasse $L^1_{\alpha, m}$ läßt sich die Algebra $\mathfrak{L}(\alpha, m)$ (vgl. 2.3.4) wie folgt charakterisieren.

Satz 2.9. *Es sei*

$$\mathcal{F}(\lambda) = c + \int_{-\infty}^\infty e^{i\lambda t} f(t)\, dt \qquad (-\infty < \lambda < \infty)$$

eine Funktion aus der Algebra $\mathfrak{L}$. *Dann gilt* $\mathcal{F}(\lambda) \in \mathfrak{L}(\alpha, m)$ *genau dann, wenn* $f(t) \in L^1_{\alpha, m}$ *ist.*

Beweis. Wir betrachten zunächst den Fall $m = 1$ und setzen dafür $\mathcal{G}(\lambda) = \left(\frac{\lambda + i}{\lambda - \alpha}\right) [\mathcal{F}(\lambda) - \mathcal{F}(\alpha)]$.

Sei $\mathcal{F}(\lambda) \in \mathfrak{L}(\alpha, 1)$, d. h. $\mathcal{G}(\lambda) \in \mathfrak{L}$. Offenbar gilt $\mathcal{G}(\infty) = c' = c - \mathcal{F}(\alpha)$. Wir bezeichnen mit $g(t)$ die inverse FOURIER-Transformierte der Funktion $\mathcal{G}(\lambda) - c'$. Wie man leicht sieht, gilt die Beziehung

$$f(t) = (D_\alpha\, g)\, (t) + c'\, (-1 + i\,\alpha)\, e_+(t) \tag{2.20}$$

mit $e_+(t) = e^{-t}$ für $t > 0$ und $e_+(t) = 0$ für $t < 0$.

Mittels der Überlegungen aus dem Beweis des Satzes 2.2 erhält man die Gleichung

$$[I + (i + \alpha)\, R_\alpha]\, D_\alpha = I\,. \tag{2.21}$$

Aus (2.20) und (2.21) folgt $R_\alpha f \in L$.

Es sei jetzt umgekehrt $f \in L^1_{\alpha,1}$. Wir setzen $g(t) = f(t) + (i + \alpha)\, (R_\alpha f)\, (t)$ und $g_\pm(t) = (i + \alpha)\, (R_\alpha f)\, (t)$ $(t \gtrless 0)$. Dann sind $g(t)$ und $g_\pm(t)$ Funktionen aus L. Unter Benutzung der Identitäten

$$\int_0^\infty e^{i\lambda t}\, g_+(t)\, dt = i\,\frac{g_+(+0)}{\lambda} + \frac{i}{\lambda}\int_0^\infty e^{i\lambda t}\, g'_+(t)\, dt\,,$$

$$(\lambda \neq 0)$$

$$\int_{-\infty}^0 e^{i\lambda t}\, g_-(t)\, dt = -\,i\,\frac{g_-(-0)}{\lambda} + \frac{i}{\lambda}\int_{-\infty}^0 e^{i\lambda t}\, g'_-(t)\, dt$$

erhält man

$$\frac{\lambda + i}{\lambda - \alpha}\,[\mathcal{F}(\lambda) - \mathcal{F}(\alpha)] = (Fg)\,(\lambda) - (Ff)\,(\alpha) \in \mathfrak{L}\,,$$

d. h. $\mathcal{F}(\lambda) \in \mathfrak{L}(\alpha, 1)$.

Damit ist der Satz für $m = 1$ bewiesen. Für $m > 1$ erhält man die Behauptung durch sukzessive Anwendung der vorangegangenen Überlegungen.

Aus den Sätzen 5° und 7° des Teilabschnitts 2.3.4 ergibt sich

Folgerung 2.6. *Es sei* $\mathcal{A}(\lambda) \in \mathfrak{L}$, $\boldsymbol{\alpha} = \{\alpha_1, \alpha_2, \ldots, \alpha_r\}$ *ein System von Punkten der reellen Achse und* $\boldsymbol{m} = \{m_1, m_2, \ldots, m_r\}$ *ein System natürlicher Zahlen. Dafür, daß gilt*

$$\prod_{j=1}^{r}\left(\frac{\lambda + i}{\lambda - \alpha_j}\right)^{m_j}\mathcal{A}(\lambda) \in \mathfrak{L}\,, \tag{2.22}$$

sind die beiden folgenden Bedingungen zusammen notwendig und hinreichend:

a) $\mathcal{A}(\lambda) \in \mathfrak{L}(\boldsymbol{\alpha}, \boldsymbol{m})$.

b) $\mathcal{A}^{\{k\}}(\alpha_j) = 0\,, \quad k = 0, 1, \ldots, m_j - 1\,, \quad j = 1, 2, \ldots, r\,.$

Im weiteren bezeichnen wir mit $\mathfrak{L}^m$ die Algebra der FOURIER-Transformierten aller Funktionen der Gestalt $c\,\delta + f$ mit $f \in L^{1,m}$; im Falle $c = 0$ schreiben wir $\mathring{\mathfrak{L}}^m$.

Aus der Abschätzung

$$\int_{-\infty}^{\infty} |(R_\alpha^k\,\varphi)(t)|\, dt \leqq \frac{1}{k!}\int_{-\infty}^{\infty} |t|^k\, |\varphi(t)|\, dt$$

folgt unmittelbar $L^{1,m} \subset L^1_{\alpha, m}$ und mithin $\mathfrak{L}^m \subset \mathfrak{L}(\alpha, m)$ für beliebiges α $(-\infty < \alpha < \infty)$. Wie man leicht sieht, hat die Funktion $\mathcal{F}(\lambda) \in \mathfrak{L}^m$ stetige Ableitungen

$$\mathcal{F}^{(k)}(\lambda) = \int_{-\infty}^{\infty} e^{i\lambda t}(i\,t)^k f(t)\, dt\,, \qquad k = 1, 2, \ldots, m\,.$$

Folgerung 2.7. *Wenn die Funktion* $\mathcal{A}(\lambda) \in \mathfrak{L}^m$ *im Punkt* $\alpha_j \in (-\infty, \infty)$ *eine Nullstelle der Ordnung* $m_j \leqq m$ $(j = 1, 2, \ldots, r)$ *besitzt, dann gilt die Beziehung* (2.22).

Satz 2.10. *Es sei* $\mathcal{F}(\lambda) = F f \in \mathring{\mathfrak{L}}$ *und* m *eine natürliche Zahl. Dann gilt* $(\lambda + i)^m\, \mathcal{F}(\lambda) \in \mathfrak{L}$ *genau dann, wenn die Funktion* $f(t)$ *die folgenden drei Bedingungen erfüllt:*

(1) $f(t), f'(t), \ldots, f^{(m-2)}(t)$ *sind absolut stetig auf* $(-\infty, \infty)$.
(2) $f^{(m-1)}(t)$ *ist absolut stetig auf* $(-\infty, 0]$ *und auf* $[0, \infty)$.
(3) $f^{(k)}(t) \in L,\ k = 0, 1, \ldots, m$.

Beweis. Wir betrachten als erstes den Fall $m = 1$ und beweisen zunächst die Notwendigkeit der formulierten Bedingungen.

Es gelte also $\mathcal{G}(\lambda) = (\lambda + i)\,\mathcal{F}(\lambda) \in \mathfrak{L}$, d. h. $\mathcal{G}(\lambda) = c + (F\,g)(\lambda)$ $(g \in L)$. Da $(\lambda + i)^{-1}$ die FOURIER-Transformierte der Funktion $\varphi(t) = -\,i\,e^{-t}$ $(t > 0)$ ist, so ist folglich $\mathcal{F}(\lambda)$ die FOURIER-Transformierte der Faltung

$$f(t) = (c\,\delta + g) * \varphi = c\,\varphi(t) - i\int_{-\infty}^{t} e^{s-t}\,g(s)\,ds\,.$$

Aus der letzten Beziehung folgt, daß die Funktion $f(t)$ auf $(-\infty, 0]$ und $[0, \infty)$ absolut stetig ist und bei $t = 0$ einen Sprung $-\,i\,c$ mit $c = \lim\limits_{\lambda\to\infty} \lambda\,\mathcal{F}(\lambda)$ besitzt. Ferner gilt (für $t \neq 0$)

$$f'(t) = -\,c\,\varphi(t) - i\,g(t) \in L\,.$$

Zum Beweis der Hinlänglichkeit nehmen wir an, daß $f(t)$ die Bedingungen (2) und (3) für $m = 1$ erfüllt. Für $a < 0$, $b > 0$ und $-\infty < \lambda < \infty$ ergibt sich dann

$$\int_a^b \frac{d}{dt}\left[e^{i\lambda t} f(t)\right] dt = f(+0) - f(-0) + e^{i\lambda b} f(b) - e^{i\lambda a} f(a) =$$

$$= i\,\lambda \int_a^b e^{i\lambda t} f(t)\,dt + \int_a^b e^{i\lambda t} f'(t)\,dt\,.$$

Für $a \to -\infty$ besitzen die beiden letzten Integrale einen endlichen Grenzwert. Folglich existiert der endliche Grenzwert $\lim\limits_{a\to+\infty} e^{i\lambda a} f(a)$, der infolge $e^{i\lambda t} f(t) \in L$ gleich Null sein muß. Ebenso gilt $\lim\limits_{b\to-\infty} e^{i\lambda b} f(b) = 0$. Durch Grenzübergang ergibt sich aus der letzten Gleichung

$$i\,\lambda\,\mathcal{F}(\lambda) = c - \int_{-\infty}^{\infty} e^{i\lambda t} f'(t)\,dt \in \mathfrak{L}\,,$$

was zu beweisen war. Damit ist die Behauptung für $m = 1$ bewiesen.

Für $m \geqq 2$ erhält man die Behauptung durch sukzessive Anwendung der vorangegangenen Überlegungen, wenn man z. B. berücksichtigt, daß im Falle $(\lambda + i)^2\,\mathcal{F}(\lambda) \in \mathfrak{L}$ die Beziehung $c = \lim\limits_{\lambda\to\infty} \lambda\,\mathcal{F}(\lambda) = 0$ gilt und demzufolge $f(t)$ auf der ganzen reellen Achse absolut stetig ist.

Bemerkung. Unter den Voraussetzungen des Satzes 2.10 gilt

$$\lim_{\lambda\to\infty} \lambda^m\,\mathcal{F}(\lambda) = i^m\left[f^{(m-1)}(+0) - f^{(m-1)}(-0)\right],$$

und demzufolge ist die Stetigkeit der $(m-1)$-ten Ableitung der Funktion $f(t)$ im Punkt $t = 0$ gleichbedeutend damit, daß $(\lambda + i)^m\,\mathcal{F}(\lambda) \in \mathring{\mathfrak{L}}$ ist.

5.2.3. Gleichungen erster Art

Für $c = 0$ ergibt (2.7) die WIENER-HOPFsche Integralgleichung erster Art

$$\hat{A}\,\varphi = \int_0^\infty k\,(t-s)\,\varphi(s)\,ds = f(t) \qquad (0 \leqq t < \infty)\,. \tag{2.23}$$

Dabei wird wie stets $k(t) \in L$ angenommen. Unter der Voraussetzung, daß das Symbol

$$\mathcal{A}(\lambda) = \int_{-\infty}^{\infty} e^{i\lambda t}\,k(t)\,dt \qquad (-\infty \leqq \lambda \leqq \infty) \tag{2.24}$$

die Darstellung (2.8) besitzt, werden die Lösbarkeitsverhältnisse für die Gleichung (2.23) durch die Sätze 2.6 bis 2.8 beschrieben.

In diesem Teilabschnitt werden solche Fälle betrachtet, in denen die Funktion $\mathcal{A}(\lambda)$ im Punkt $\lambda = \infty$ eine Nullstelle nicht unbedingt ganzzahliger Ordnung besitzt.

1. Zunächst betrachten wir den folgenden Spezialfall der Darstellung (2.8): $m_1 = \cdots = m_r = 0$, d. h.

$$\mathcal{A}(\lambda) = (\lambda + i)^{-m_\infty}\,\mathcal{B}(\lambda) \qquad (-\infty \leqq \lambda \leqq \infty)\,. \tag{2.24'}$$

Dabei bedeute m_∞ eine positive ganze Zahl und $\mathcal{B}(\lambda) \in \mathfrak{L}$ eine Funktion, die die Bedingung $\mathcal{B}(\lambda) \neq 0$ für alle λ $(-\infty \leqq \lambda \leqq \infty)$ erfüllt. Nach Satz 2.10 ist die Darstellung (2.24′) genau dann möglich, wenn die Funktion $k(t)$ den Bedingungen (1)–(3) des genannten Satzes mit $m = m_\infty$ genügt.

Es seien m'_∞ und m''_∞ zwei beliebige nicht negative ganze Zahlen, deren Summe gleich m_∞ ist. Wir setzen

$$\varrho_+(\lambda) = (\lambda + i)^{-m'_\infty}\,, \qquad \varrho_-(\lambda) = (\lambda - i)^{-m''_\infty}\,, \qquad \varrho'_+(\lambda) = \varrho_-(-\lambda)\,.$$

Dann bezeichnet $E_+^{(\infty)} = \bar{E}_+(\varrho_-)$ den im Satz 2.1 beschriebenen Raum. Die Räume $\tilde{E}_+(\varrho_+)$ und $\tilde{E}_+(\varrho'_+)$ bestehen aus allen verallgemeinerten Funktionen der Gestalt

$$\left(\frac{d}{dt} + 1\right)^{m'_\infty} f(t) \quad \text{bzw.} \quad \left(\frac{d}{dt} + 1\right)^{m''_\infty} f(t) \qquad (f \in E_+)\,.$$

(Die Ableitung $\dfrac{df}{dt}$ ist im Sinne der Distributionstheorie zu verstehen; vgl. 5.2.1, Nr. 2.)

Unter den oben angenommenen Voraussetzungen ergeben sich aus den Sätzen 2.6 bis 2.8 die folgenden Aussagen über die Gleichung (2.23):

1°. *Der Operator $\hat{A}$ ist ein Φ-Operator von $\tilde{E}_+(\varrho_+)$ in $E_+^{(\infty)}$. Die Invertierbarkeit von $\hat{A}$ entspricht der Zahl*

$$\varkappa = \operatorname{ind} \mathcal{B}(\lambda) + m''_\infty\,,$$

und es gelten die Formeln

$$\dim \ker \hat{A} = \max(-\varkappa, 0)\,, \qquad \dim \operatorname{coker} \hat{A} = \max(\varkappa, 0)\,.$$

2°. *Die homogene Gleichung*

$$\int_0^\infty k\,(t-s)\,\varphi(s)\,ds = 0 \qquad (0 \leqq t < \infty) \tag{2.25}$$

hat in allen Räumen $\widetilde{E}_+(\varrho_+)$ *ein und dieselben Lösungen.*

3°. *Für* $\varkappa \leqq 0$ *hat die Gleichung* (2.23) *bei einer beliebigen rechten Seite* $f(t) \in E_+^{(\infty)}$ *eine Lösung* $\varphi \in \widetilde{E}_+(\varrho_+)$.

Für $\varkappa > 0$ *hat die zu* (2.23) *transponierte homogene Gleichung*

$$\int_0^\infty k(s-t)\,\psi(s)\,ds = 0$$

genau $\varkappa$ *linear unabhängige Lösungen* $\psi_l(t)$ $(l = 0, 1, \ldots, \varkappa - 1)$, *die gleichzeitig sämtlichen Räumen* $\widetilde{E}_+(\varrho_+')$ *angehören. Die Gleichung* (2.23) $\big($*mit* $f(t) \in E_+^{(\infty)}\big)$ *besitzt in diesem Fall genau dann eine (notwendigerweise eindeutige) Lösung* $\varphi \in \widetilde{E}_+(\varrho_+)$, *wenn gilt*

$$\int_0^\infty f(t)\,\psi_l(t)\,dt = 0 \qquad (l = 0, 1, \ldots, \varkappa - 1)\,.$$

2. Im weiteren untersuchen wir die Gleichung (2.23) für den Fall, daß das Symbol (2.24) im Unendlichen eine Nullstelle nicht ganzzahliger Ordnung besitzt.

Es seien μ und ν positive nicht ganze Zahlen. Wir führen die Funktionen

$$b(t) = \frac{e^{i\frac{\pi\mu}{2}}}{\Gamma(\mu)}\,e^t(-t)^{\mu-1} \qquad (t < 0)$$

und

$$d(t) = \frac{e^{-i\frac{\pi\nu}{2}}}{\Gamma(\nu)}\,e^{-t}\,t^{\nu-1} \qquad (t > 0)$$

ein, wobei Γ die Gammafunktion bedeutet. Die FOURIER-Transformierten der Funktionen $b(t) \in L^-$ und $d(t) \in L^+$ sind entsprechend die Funktionen

$$\varrho_-(\lambda) = \frac{1}{(\lambda - i)^\mu} \quad \left(\varrho_-(0) = e^{i\frac{\pi\mu}{2}}\right) \tag{2.26$_1$}$$

bzw.

$$\varrho_+(\lambda) = \frac{1}{(\lambda + i)^\nu} \quad \left(\varrho_+(0) = e^{-i\frac{\pi\nu}{2}}\right). \tag{2.26$_2$}$$

Mit $B_\infty^\mu(D_\infty^\nu)$ bezeichnen wir den Operator der Faltung mit der Funktion $b(t)$ $\big(d(t)\big)$ im Raum E. Dann werden die im Raum E_+ erklärten Operatoren

$\hat{B}^{\mu}_{\infty} = P\,B^{\mu}_{\infty}$ und $\hat{D}^{\nu}_{\infty} = D^{\nu}_{\infty}\,P$ durch die folgenden Gleichungen definiert:

$$(\hat{B}^{\mu}_{\infty}\,\varphi)\,(t) = \frac{e^{i\frac{\pi\mu}{2}}}{\Gamma(\mu)} \int_t^{\infty} e^{t-s}\,(s-t)^{\mu-1}\,\varphi(s)\,ds\,,$$

$$(t > 0,\ \varphi \in E_+)$$

$$(\hat{D}^{\nu}_{\infty}\,\varphi)\,(t) = \frac{i^{\,\frac{\pi\nu}{2}}}{\Gamma(\nu)} \int_0^{t} e^{s-t}\,(t-s)^{\nu-1}\,\varphi(s)\,ds\,.$$

Die Kerne der Operatoren $\hat{B}^{\mu}_{\infty}$ und $\hat{D}^{\nu}_{\infty}$ bestehen nur aus dem Nullelement des Raumes E_+. Dies ergibt sich unmittelbar aus dem folgenden allgemeinen Lemma.

Lemma 2.3. *Die Funktion $k(t) \in L^-$ genüge den folgenden drei Bedingungen: (1) Es existiert eine Zahl $\varepsilon > 0$ mit $e^{-\varepsilon t}\,k(t) \in L$; (2) die* FOURIER-*Transformierte $\mathcal{K}(\lambda)$ der Funktion $k(t)$ ist für alle λ, $\operatorname{Im}\lambda \leqq \varepsilon$, verschieden von Null; (3) es existieren eine ganze Zahl $m > 0$ und eine positive Zahl γ derart, daß für alle hinreichend großen $|\lambda|$, $\operatorname{Im}\lambda \leqq \varepsilon$, die Abschätzung $|\lambda^m\,\mathcal{K}(\lambda)| \geqq \gamma$ gilt.*

Dann besitzt die Gleichung (2.25) in einem beliebigen Raum E_+ nur die Nulllösung.

Beweis. Wir bemerken, daß die Bedingung (1) die Analytizität der Funktion $\mathcal{K}(\lambda)$ in der Halbebene $\operatorname{Im}\lambda < \varepsilon$ garantiert (vgl. E. C. TITCHMARSH [1]).

Es sei zunächst $\varphi(t) \in L_+$ eine Lösung der Gleichung (2.25). Dann gilt

$$\int_0^{\infty} k\,(t-s)\,\varphi(s)\,ds = f_-(t) \qquad (-\infty < t < \infty)$$

mit $f_-(t) \in L^-$, woraus nach dem Faltungssatz

$$\Phi_+(\lambda) = \mathcal{K}^{-1}(\lambda)\,\mathcal{F}_-(\lambda) \tag{2.27}$$

folgt ($\Phi_+(\lambda)$ die FOURIER-Transformierte der durch Null auf die negative Halbachse fortgesetzten Funktion $\varphi(t)$).

Die linke (rechte) Seite der Gleichung (2.27) ist eine analytische Funktion in der oberen (unteren) Halbebene und stetig auf der reellen Achse. Folglich wird durch (2.27) eine ganze Funktion erklärt, die für $\lambda \to \infty$, $\operatorname{Im}\lambda \geqq 0$, gegen Null strebt und für $\lambda \to \infty$, $\operatorname{Im}\lambda < 0$, nicht schneller als $|\lambda|^m$ wächst. Eine solche Funktion kann aber nur die Null sein, d. h., es gilt $\Phi_+(\lambda) \equiv 0$ und folglich $\varphi = 0$.

Wenn $\varphi(t)$ eine Lösung der Gleichung (2.25) ist, die irgendeinem anderen Raum E_+ angehört, dann ist die Funktion $\psi(t) = e^{-\varepsilon_0 t}\,\varphi(t) \in L_+$ $(0 < \varepsilon_0 < \varepsilon)$ eine Lösung der Gleichung $\int_t^{\infty} l\,(t-s)\,\psi(s)\,ds = 0$ $(t > 0)$, wobei der Kern $l(t) = e^{-\varepsilon_0 t}\,k(t)$ ebenfalls die Bedingungen (1)–(3) erfüllt. Nach dem bereits Bewiesenen ergibt sich dann $\psi = 0$ und damit $\varphi = 0$.

Das Lemma ist bewiesen.

Offenbar erfüllen die Funktionen $b(t)$ und $d(-t)$ $(t < 0)$ die Bedingungen des Lemmas 2.3.

Im vorliegenden Fall lassen sich die Räume $\bar{E}_+(\varrho_-) = \operatorname{im} B^\mu_\infty$ und $E_+(\varrho_+)$ $[\hat{D}^\nu_\infty(\tilde{E}_+) = E_+]$ mittels des Begriffes der Ableitung gebrochener Ordnung beschreiben (vgl. I. M. GELFAND und G. E. SCHILOW [1], Kap. 1, § 5).

Es sei $-\infty \leqq a \leqq +\infty$ und

$$v(t) = \frac{1}{\Gamma(\mu)} \int_a^t (t-s)^{\mu-1}\, u(s)\, ds\,,$$

wobei $(t-s)^{\mu-1} = |t-s|^{\mu-1}\, e^{i\pi(\mu-1)}$ für $t < s$ vereinbart wird. Bekanntlich heißt dann $v(t)$ *μ-faches Integral* der Funktion $u(t)$ über das Intervall (a, t); die Funktion $u(t)$ nennt man *Ableitung der Ordnung* μ der Funktion $v(t)$, in Symbolen $u(t) = \dfrac{d^\mu v}{dt^\mu}\,[a]$. Damit erhalten wir:

Der Raum $\bar{E}_+(\varrho_-)$ besteht aus allen Funktionen $f(t) \in E_+$ derart, daß für $t > 0$

$$e^t \frac{d^\mu}{dt^\mu}\left(e^{-t} f(t)\right)[+\infty] \in E_+$$

gilt. Der Raum $\tilde{E}_+(\varrho_+)$ besteht aus allen verallgemeinerten Funktionen der Gestalt

$$\varphi(t) = e^{-t} \frac{d^\nu}{dt^\nu}\left(e^t \psi(t)\right)[0]\,, \qquad \psi(t) \in E_+\,.$$

Für $0 < \mu < 1$, $0 < \nu < 1$ kann man die Räume $\bar{E}_+(\varrho_-)$ und $\tilde{E}_+(\varrho_+)$ auch auf direktem Wege charakterisieren. Unter Benutzung der bekannten Eigenschaft für EULERsche Integrale 1. Art (s. G. M. FICHTENHOLZ [1], Bd. II, Nr. 529)

$$\int_0^1 x^{\mu-1}(1-x)^{-\mu}\, dx = \frac{\pi}{\sin \mu\pi} \qquad (0 < \mu < 1)$$

prüft man nämlich leicht nach, daß die Gleichung $\hat{B}^\mu_\infty\, \varphi = f$ $(\varphi \in E_+)$ der folgenden äquivalent ist:

$$\int_t^\infty e^{t-s}(s-t)^{-\mu} f(s)\, ds = \frac{\pi\, e^{i\frac{\pi\mu}{2}}}{\Gamma(\mu)\sin\mu\pi} \int_t^\infty e^{t-s}\varphi(s)\, ds \qquad (t > 0)\,.$$

Wegen Satz 2.1 gilt dann: *Die Funktion $f(t) \in E_+$ gehört genau dann zu $\bar{E}_+(\varrho_-)$, wenn die Funktion*

$$\int_t^\infty e^{t-s}(s-t)^{-\mu} f(s)\, ds \ (\in E_+)$$

für $t \geqq 0$ absolut stetig ist und ihre Ableitung zu E_+ gehört.

Der Raum $\tilde{E}_+(\varrho_+)$ besteht offenbar aus den verallgemeinerten Lösungen der sogenannten *Abelschen Integralgleichung*

$$\int_0^t (t-s)^{\nu-1}\, e^s \varphi(s)\, ds = e^t \psi(t) \qquad (t > 0,\ \psi(t) \in E_+)\,.$$

Diese Lösungen haben die Gestalt

$$\varphi(t) = \frac{\sin \nu \pi}{\pi} e^{-t} \frac{d}{dt} \int_0^t (t-s)^{-\nu} e^s \psi(s)\, ds$$

(s. F. D. GACHOW [1]).

Wir betrachten jetzt die Integralgleichung (2.23) unter der Voraussetzung, daß das Symbol (2.24) eine Darstellung der Gestalt (2.9) mit einer Funktion $\mathscr{C}(\lambda) \in \mathfrak{L}$ und den durch (2.26) definierten Funktionen $\varrho_\pm(\lambda)$ gestattet. Aus den Ergebnissen des Teilabschnittes 4.2.4 erhalten wir den folgenden Satz.

Satz 2.11. *Dafür, daß $\hat{A}$ als Operator von $\tilde{E}_+(\varrho_+)$ in $\bar{E}_+(\varrho_-)$ ein Φ_+- oder Φ_--Operator ist, ist notwendig und hinreichend, daß $\mathscr{C}(\lambda) \neq 0$ $(-\infty \leqq \lambda \leqq \infty)$ gilt.*

Ist die letzte Bedingung erfüllt, dann entspricht die Invertierbarkeit des Operators $\hat{A}$ der Zahl $\varkappa = \operatorname{ind} \mathscr{C}(\lambda)$, und es gilt

$$\dim \ker \hat{A} = \max(-\varkappa, 0), \qquad \dim \operatorname{coker} \hat{A} = \max(\varkappa, 0).$$

3. Auf analoge Weise kann man Gleichungen 1. Art behandeln, deren Symbol im Unendlichen ein gewisses logarithmisches Verhalten aufweist.

Wir betrachten die Kerne

$$b(t) = e^{2t} \int_0^\infty \frac{(-t)^{x-1}}{\Gamma(x)}\, dx \qquad (t < 0),$$

$$d(t) = e^{-2t} \int_0^\infty \frac{t^{x-1}}{\Gamma(x)}\, dx \qquad (t > 0),$$

deren FOURIER-Transformierten entsprechend die Funktionen

$$\varrho_-(\lambda) = \frac{1}{\ln(2 + i\lambda)}, \qquad \varrho_+(\lambda) = \frac{1}{\ln(2 - i\lambda)} \tag{2.28}$$

$$(\varrho_-(0) = \varrho_+(0) > 0)$$

sind. Wie man leicht nachprüft, erfüllen die Funktionen $b(t)$ und $d(-t)$ $(t < 0)$ die Bedingungen des Lemmas 2.5 für $m = 1$ und eine beliebige positive Zahl $\varepsilon < 1$.

Mit B und D bezeichnen wir die Operatoren der Faltung mit den Funktionen $b(t)$ bzw. $d(t)$ im Raum E und mit $\hat{B}$, $\hat{D}$ die Einschränkungen der Operatoren $P\,B$ bzw. $D\,P$ auf den Raum E_+. Zum Zwecke der analytischen Beschreibung des Bildraumes $\bar{E}_+(\varrho_-) = \operatorname{im} \hat{B}$ betrachten wir die Funktion $k(t) = e^t \ln(-t)$ $(t < 0)$. Ihre FOURIER-Transformierte ist die Funktion

$$\mathscr{K}(\lambda) = \frac{i}{\lambda - i} [-\Gamma'(1) + \ln(1 + i\lambda)].$$

Man überzeugt sich leicht davon, daß die Beziehung

$$\mathcal{K}(\lambda)\,\varrho_-(\lambda) = \frac{\mathcal{G}(\lambda)}{\lambda - i} \tag{2.29}$$

gilt, wobei $\mathcal{G}(\lambda) \in \mathfrak{L}^-$, $\mathcal{G}(\lambda) \neq 0$ $(-\infty \leqq \lambda \leqq \infty)$, ind $\mathcal{G}(\lambda) = 0$.

In der Tat ergibt sich

$$\ln(\lambda - i) - \ln(2 + i\lambda) = \ln\frac{\lambda - i}{\lambda - 2i} - \ln i\,,$$

wobei $\ln\dfrac{\lambda - i}{\lambda - 2i}$ die FOURIER-Transformierte der zu L^- gehörigen Funktion $t^{-1}(e^t - e^{2t})$ $\quad(t < 0)$ ist.

Es seien K und G die Faltungsoperatoren im Raum E mit den Symbolen $\mathcal{K}(\lambda)$ und $\mathcal{G}(\lambda)$ entsprechend. Wegen (2.29) gilt $K\,B = B_\infty\,G$ und folglich

$$P\,K\,P\,B = P\,B_\infty\,P\,G\,. \tag{2.30}$$

Daraus folgt:

Der Raum $\bar{E}_+(\varrho_-)$ besteht aus allen Funktionen $f(t) \in E_+$, für die die Funktion

$$\int_t^\infty e^{t-s}\ln(s - t)\,f(s)\,ds \quad (\in E_+) \tag{2.31}$$

für $t \geqq 0$ absolut stetig ist und eine zu E_+ gehörige Ableitung besitzt.

In der Tat, aus $f \in \bar{E}_+(\varrho_-)$ ergibt sich nach (2.30) $P\,K\,f \in \operatorname{im} P\,B_\infty$, und somit hat die Funktion (2.31) auf Grund des Satzes 2.1 die genannten Eigenschaften. Sind umgekehrt für (2.31) die besagten Bedingungen erfüllt, dann gilt $P\,K\,f \in \operatorname{im} P\,B_\infty$, und wegen der Invertierbarkeit des Operators $P\,G$ in E_+ existiert folglich eine Funktion $\varphi \in E_+$ mit $P\,K\,f = P\,B_\infty\,P\,G\,\varphi$. Unter Benutzung von (2.30) erhalten wir $P\,K\,(f - P\,B\,\varphi) = 0$ und somit $f = P\,B\,\varphi \in \bar{E}_+(\varrho_-)$, da nach Lemma 2.5 $\ker P\,K = \{0\}$ gilt.

Zur Beschreibung des Raumes $\tilde{E}_+(\varrho_+)$ $[D(\tilde{E}_+) = E_+]$ führen wir die Funktion $n(t) = e^{-t}\ln t$ $(t > 0)$ ein. Dann gilt

$$\mathcal{N}(\lambda)\,\varrho_+(\lambda) = \frac{\mathcal{H}(\lambda)}{\lambda + i}\,,$$

wobei $\mathcal{H}(\lambda) \in \mathfrak{L}^+$, $\mathcal{H}(\lambda) \neq 0$ $(-\infty \leqq \lambda \leqq \infty)$, ind $\mathcal{H}(\lambda) = 0$. Daraus folgt die Beziehung

$$N\,P\,D\,P = D_\infty\,P\,H\,P\,,$$

wobei N und H entsprechend die Faltungsoperatoren in E mit den Symbolen $\mathcal{N}(\lambda)$ bzw. $\mathcal{H}(\lambda)$ bedeuten.

Mittels der letzten Gleichung beweist man leicht die folgende Behauptung:

Der Raum $\tilde{E}_+(\varrho_+)$ besteht aus allen Funktionen der Gestalt

$$\hat{G}_\infty f = i\,[f(t) + f'(t)]$$

mit $f(t) = \int_0^t e^{-t+s}\ln(t - s)\,h(s)\,ds \quad \big(h(s) \in E_+\big)$.

5.2.4. Symbole mit Nullstellen nicht ganzzahliger Ordnungen

Im vorangegangenen Teilabschnitt haben wir Symbole betrachtet, die eine einzige Nullstelle nicht ganzzahliger Ordnung im Punkt $\lambda = \infty$ besitzen. Hier untersuchen wir den allgemeineren Fall, wo das Symbol eine beliebige endliche Anzahl von Nullstellen nicht ganzzahliger Ordnungen hat. Dabei beschränken wir uns auf Untersuchungen im Raum $E_+ = L_+^p$ $(1 \leqq p < \infty)$.

1. Es sei t_0 ein beliebiger Punkt auf der reellen Achse und $\mu \geqq 0$ eine reelle Zahl. Dann gilt

$$\left(\frac{\lambda - t_0}{\lambda + i}\right)^\mu \in \mathfrak{L}^+, \qquad \left(\frac{\lambda - t_0}{\lambda - i}\right)^\mu \in \mathfrak{L}^-.$$

In der Tat, indem wir die stereographische Projektion $z = \dfrac{\lambda - i}{\lambda + i}$ durchführen, erhalten wir $\dfrac{\lambda - t_0}{\lambda + i} = \dfrac{z - z_0}{1 - z_0}$ mit $z_0 = \dfrac{t_0 - i}{t_0 + i}$. Da die Funktion $\left(\dfrac{z - z_0}{1 - z_0}\right)^\mu$ $(|z| = 1)$ zur Teilalgebra W^+ gehört (vgl. 4.2.4), so kann man sie in der Umgebung eines beliebigen Punktes z_1 $(|z_1| = 1)$ in eine Potenzreihe entwickeln:

$$\left(\frac{z - z_0}{1 - z_0}\right)^\mu = \sum_{n=0}^{\infty} a_n (z - z_1)^n \qquad (|z| = 1).$$

Damit ergibt sich

$$\left(\frac{\lambda - t_0}{\lambda + i}\right)^\mu = \sum_{n=0}^{\infty} a_n [X(\lambda) - X(\lambda_1)]^n$$

für die Umgebung eines beliebigen Punktes λ_1 $(-\infty \leqq \lambda_1 \leqq \infty)$, wobei $X(\lambda) = \dfrac{\lambda - i}{\lambda + i} \in \mathfrak{L}$ gilt. Folglich erfüllt die Funktion $\left(\dfrac{\lambda - t_0}{\lambda + i}\right)^\mu$ die Voraussetzungen des Satzes 2, § 35 (vgl. auch § 34) aus I. M. GELFAND, D. A. RAIKOW und G. E. SCHILOW [1], und demzufolge gehört diese Funktion zur Algebra $\mathfrak{L}^+$. Analog beweist man die Behauptung für $\left(\dfrac{\lambda - t_0}{\lambda - i}\right)^\mu$.

Wir bezeichnen mit $B_{t_0}^\mu$ den Faltungsoperator im Raum L^p $(1 \leqq p < \infty)$ mit dem Symbol $\left(\dfrac{\lambda - t_0}{\lambda - i}\right)^\mu$ und mit Δ_-^μ den Operator der verallgemeinerten Differentiation, der durch folgende Beziehung definiert wird[1]):

$$\Delta_-^\mu v = e^{-i\left(t_0 t - \frac{\pi\mu}{2}\right)} \frac{d^\mu}{dt^\mu} \left(e^{i t_0 t} v(t)\right) [+\infty].$$

Dann gilt

$$B_{t_0}^\mu = \Delta_-^\mu B_\infty^\mu. \tag{2.32}$$

[1]) Bezüglich der Bezeichnungen s. 5.2.3, Nr. 2.

Die letzte Formel stellt eine Verallgemeinerung der Beziehung $B_{t_0} = i\, e^{-it_0 t} \frac{d}{dt} (e^{it_0 t} B_\infty)$ dar, von der bereits in 5.2.1 Gebrauch gemacht wurde.

Zum Beweis der Formel (2.32) bemerken wir, daß Δ_-^μ der Operator der Faltung mit der verallgemeinerten Funktion $e^{-i\left(t_0 t + \frac{\pi\mu}{2}\right)} \frac{t_-^{-\mu-1}}{\Gamma(-\mu)}$ ist.[1]) Die FOURIER-Transformierte dieser verallgemeinerten Funktion hat die Gestalt[2])

$$(\lambda - t_0)^\mu \left((-i)^\mu = e^{-i\frac{\pi\mu}{2}}\right).$$

Folglich ist $\Delta_-^\mu B_\infty^\mu$ der Operator der Faltung in L^p mit der Funktion, deren FOURIER-Transformierte $\left(\frac{\lambda - t_0}{\lambda - i}\right)^\mu$ ist. Die Beziehung (2.32) ist damit bewiesen.

Aus (2.32) ergibt sich $B_\infty^\mu = \Delta_-^{-\mu} B_{t_0}^\mu$, wobei der Operator $\Delta_-^{-\mu}$ nach 5.2.3, Nr. 2, durch die Gleichung

$$\Delta_-^{-\mu} u = \frac{e^{-i\left(t_0 t - \frac{\pi\mu}{2}\right)}}{\Gamma(\mu)} \int_t^\infty |t - s|^{\mu-1} e^{it_0 s} u(s)\, ds$$

erklärt ist. Da offenbar $P \Delta_-^{-\mu} = P \Delta_-^{-\mu} P$ gilt, so erhalten wir die Beziehung

$$P B_\infty^\mu = P \Delta_-^{-\mu} P B_{t_0}^\mu . \tag{2.33}$$

Aus (2.33) schließen wir mittels ähnlicher Überlegungen wie in 5.2.3, Nr. 3, daß $f \in$ im $P B_{t_0}^\mu$ *genau dann gilt, wenn* $P \Delta_-^{-\mu} f$ *zu* im $P B_\infty^\mu$ *gehört.* Den Bildraum im $P B_\infty^\mu =$ im $\hat{B}_\infty^\mu$ haben wir in 5.2.3, Nr. 2, beschrieben.

Es sei jetzt $\nu \geqq 0$ ebenfalls eine beliebige reelle Zahl und $D_{t_0}^\nu$ der Faltungsoperator in L^p mit dem Symbol $\left(\frac{\lambda - t_0}{\lambda + i}\right)^\nu$. Mit Δ_+^ν bezeichnen wir den Operator der verallgemeinerten Differentiation, der durch folgende Formel definiert ist:

$$\Delta_+^\nu v = e^{-i\left(t_0 t - \frac{\pi\nu}{2}\right)} \frac{d^\nu}{dt^\nu} \left(e^{it_0 t} v(t)\right) [-\infty] .$$

Dann gilt die Beziehung

$$D_{t_0}^\nu = \Delta_+^\nu D_\infty^\nu . \tag{2.34}$$

Der Beweis verläuft genauso wie im Falle der Formel (2.32), wenn man berücksichtigt, daß Δ_+^ν der Operator der Faltung mit der verallgemeinerten Funktion $e^{-i\left(t_0 t - \frac{\pi\nu}{2}\right)} \frac{t_+^{-\nu-1}}{\Gamma(-\nu)}$ ist, deren FOURIER-Transformierte die Gestalt

$$(\lambda - t_0)^\nu \left(i^\nu = e^{i\frac{\pi\nu}{2}}\right)$$

---

[1]) Vgl. I. M. GELFAND und G. E. SCHILOW [1], Kapitel 1, §§ 3 und 5.

[2]) Vgl. I. M. GELFAND und G. E. SCHILOW [1], Kapitel 2, 2.3, Formeln (3) und (9).

hat.[1]) Aus (2.34) ergibt sich die Gleichung

$$D^{\nu}_{\infty} P = \Delta^{-\nu}_{+} P D^{\nu}_{t_0} P \tag{2.35}$$

mit

$$\Delta^{-\nu}_{+} u = \frac{e^{-i\left(t_0 t + \frac{\pi\nu}{2}\right)}}{\Gamma(\nu)} \int\limits_{-\infty}^{t} (t-s)^{\nu-1} e^{i t_0 s} u(s)\, ds .$$

Mittels (2.35) beweist man leicht die folgende Behauptung:

Der Raum $\tilde{L}^p_+$ $[\hat{D}^{\nu}_{\infty}(\tilde{L}^p_+) = L^p_+]$ *besteht aus allen verallgemeinerten Funktionen der Gestalt*

$$\varphi(t) = e^{-t} \frac{d^{\nu}}{dt^{\nu}} (e^t \psi(t))\ [0] \tag{2.36}$$

mit $\psi(t) = \Delta^{-\nu}_{+} u\ (u \in E_+)$.

Im weiteren bezeichnen wir mit $\hat{G}^{\nu}_{\infty}$ und $\hat{G}^{\nu}_{t_0}$ die durch (2.36) erklärten Abbildungen $\hat{G}^{\nu}_{\infty}\colon \psi \to \varphi$ bzw. $\hat{G}^{\nu}_{t_0}\colon u \to \varphi$.

2. Es sei jetzt $\hat{A}$ der Wiener-Hopfsche Integraloperator der Gestalt (2.7), dessen Symbol $\mathcal{A}(\lambda)$ $(-\infty \leqq \lambda \leqq \infty)$ die Darstellung (2.9) besitze. Dabei sei $\mathscr{C}(\lambda) \in \mathfrak{L}$, und $\varrho_{\pm}(\lambda)$ bedeuten die in 5.2.1, Nr. 2, eingeführten Funktionen mit beliebigen nicht negativen reellen Zahlen m'_j und m''_j. Die Operatoren $\hat{B}$ und $\hat{G}$ haben dieselbe Bedeutung wie in 5.2.1, Nr. 2. In Analogie zu 5.2.1 führen wir die Räume $\bar{L}^p_+ = \operatorname{im} \hat{B}$ und $\tilde{L}^p_+ = \hat{G}(L^p_+)$ ein. Nach Satz 2.2, Kapitel 4, gilt

$$\bar{L}^p_+ = (\operatorname{im} \hat{B}^{m''_\infty}_{\infty}) \cap (\operatorname{im} \hat{B}^{m''_1}_{\alpha_1}) \cap \cdots \cap (\operatorname{im} \hat{B}^{m''_r}_{\alpha_r}) .$$

Aus den Ergebnissen von 4.2.4 ergibt sich unmittelbar, daß für den Operator $\hat{A}\colon \tilde{L}^p_+ \to \bar{L}^p_+$ $(1 \leqq p < \infty)$ der Satz 2.11 gilt.

5.2.5. Beispiele

Beispiel 1. Wir betrachten die Wiener-Hopfsche Integralgleichung 2. Art

$$\varphi(t) - \int\limits_0^{\infty} k(t-s)\, \varphi(s)\, ds = f(t) \qquad (0 \leqq t < \infty) \tag{2.37}$$

mit $k(t) = e^{-t}(2-t)$ $(t > 0)$. Das Symbol ist gleich

$$\mathcal{A}(\lambda) = \frac{\lambda^2}{(\lambda + i)^2}$$

und hat folglich die Gestalt (2.8), wobei

$$m_\infty = 0\,, \quad r = 1\,, \quad \alpha_1 = 0\,, \quad m_1 = 2\,, \quad \mathscr{B}(\lambda) \equiv 1$$

---

[1]) Vgl. I. M. Gelfand und G. E. Schilow [1], Kapitel 2, 2.3, Formeln (3) und (9).

gilt. Die Gleichung (2.37) lösen wir in den beiden Grenzfällen

$$1^\circ.\ m_1' = 2\,, \quad m_1'' = 0 \quad (\varrho_+(\lambda) = \mathcal{A}(\lambda),\ \varrho_-(\lambda) \equiv 1)$$

und

$$2^\circ.\ m_1' = 0, \quad m_1'' = 2 \quad \left(\varrho_+(\lambda) \equiv 1, \quad \varrho_-(\lambda) = \frac{\lambda^2}{(\lambda - i)^2}\right).$$

Fall 1°. Es sei $f(t) \in L_+^p$ $(1 \leqq p < \infty)$.

Die Gleichung (2.37) besitzt eine eindeutige Lösung $\varphi(t) \in \tilde{L}_+^p(\varrho_+) = \hat{G}_0^2(L_+^p)$. Diese Lösung hat die Gestalt

$$\varphi(t) = (\hat{G}_0^2 f)(t) = f(t) + (2 + t) \int_0^t f(s)\, ds - \int_0^t s f(s)\, ds\,.$$

Fall 2°. Nach (2.9) gilt jetzt

$$\mathscr{E}(\lambda) = \left(\frac{\lambda - i}{\lambda + i}\right)^2, \qquad \varkappa = 2\,.$$

Es sei $f(t) \in \bar{L}_+^p(\varrho_-)$. Auf Grund des Satzes 2.6 besitzt die Gleichung (2.37) genau dann eine Lösung $\varphi(t) \in L_+^p$, wenn die beiden Bedingungen

$$\int_0^\infty h(t)\, e^{-t}\, dt = 0\,, \qquad \int_0^\infty h(t)\, e^{-t}\, t\, dt = 0 \tag{2.38}$$

erfüllt sind. Dabei ist $h \in L_+^p$ die Lösung der Gleichung $\hat{B}_0^2 h = f$, d. h.

$$h(t) = \hat{B}_0^{-2} f = f(t) + 2 f^{(-1)}(t) + f^{(-2)}(t)\,.$$

Sind die Bedingungen (2.38) erfüllt, dann stellt sich die (eindeutige) Lösung $\varphi(t) \in L_+^p$ der Gleichung (2.38) durch die folgende Formel dar (vgl. Abschnitt 3.2):

$$\varphi(t) = \hat{C}^{(-1)} h = h(t) - 4 \int_0^\infty e^{t-s} (t - s + 1)\, h(s)\, ds \qquad (t > 0)\,. \tag{2.39}$$

Im weiteren setzen wir speziell $f(t) \in L_+^{p,2}$ $(1 \leqq p < \infty)$ voraus. Unter Berücksichtigung der Beziehungen (1.2) sowie (2.18) mit $\hat{B} = \hat{B}_0^2$ und $\hat{B}' = \hat{D}_0^2$ können wir dann die Lösbarkeitsbedingungen (2.38) in der Form

$$\int_0^\infty f(t)\, (\hat{G}_0^2 \chi_l)(t)\, dt = 0 \qquad (l = 0, 1)$$

schreiben, wobei $\chi_l(t) = e^{-t} t^l$ gesetzt ist. Eine einfache Rechnung ergibt

$$\hat{G}_0^2 \chi_0 = 1 + t\,, \qquad \hat{G}_0^2 \chi_1 = t\,.$$

Folglich nehmen die Lösbarkeitsbedingungen (2.38) für eine Funktion $f(t) \in L_+^{p,2}$ die Gestalt

$$\int_0^\infty f(t)\, dt = 0\,, \qquad \int_0^\infty t f(t)\, dt = 0$$

an. Bei Erfülltsein der letzten beiden Bedingungen läßt sich die Lösung (2.39) der Gleichung (2.37), wie man leicht nachrechnen kann, in der folgenden Form darstellen:

$$\varphi(t) = f(t) - (2 + t) \int_t^\infty f(s)\, ds + \int_t^\infty s f(s)\, ds \qquad (t > 0)\,.$$

Beispiel 2. Wir betrachten die Gleichung

$$\int_0^\infty k\,(t - s)\, \varphi(s)\, ds = f(t) \qquad (0 \leqq t < \infty) \tag{2.40}$$

mit dem Kern $k(t) = \dfrac{1}{2} e^{-|t|}$. Das Symbol der Gleichung (2.40) ist in diesem Fall die Funktion

$$\mathcal{A}(\lambda) = \frac{1}{1 + \lambda^2} = \frac{1}{(\lambda - i)\,(\lambda + i)}\,.$$

Nach 5.2.3, Nr. 1, ergeben sich für die Gleichung (2.40) die folgenden Lösbarkeitsverhältnisse:

(a) Sei $f(t) \in E_+$ beliebig. Dann existieren genau zwei linear unabhängige Lösungen der Gleichung (2.40) im Raum aller Distributionen der Gestalt $\psi(t) + 2\,\psi'(t) + \psi''(t)$ mit $\psi(t) \in E_+$.

(b) Wenn $f(t) \in E_+$ absolut stetig und $f'(t) \in E_+$ ist, dann hat (2.40) eine eindeutige Lösung im Raum aller Distributionen der Gestalt $\psi(t) + \psi'(t)$ mit $\psi(t) \in E_+$.

(c) Ist die Funktion $f(t) \in E_+$ zusammen mit ihrer Ableitung $f'(t)$ absolut stetig und gehören die Funktionen $f'(t)$ und $f''(t)$ ebenfalls zu E_+, dann hat (2.40) eine Lösung $\varphi(t) \in E_+$ genau dann, wenn gilt

$$\int_0^\infty [f''(t) - 2\,f'(t) + f(t)]\, e^{-t}\, dt = 0\,.$$

Beispiel 3. Wir betrachten Gleichung (2.40) mit dem Kern $k(t) = \dfrac{1}{\pi} K_0(|t|)$, wobei $K_0(z)$ die modifizierte HANKEL-Funktion nullter Ordnung

$$K_0(z) = \frac{\pi\, i}{2} H_0^{(1)}(i\, z)$$

bedeutet. Die FOURIER-Transformierte von $k(t)$ ist dann die Funktion (s. I. S. GRADSTEIN und I. M. RYSHIK [1], Formel 3.773, 6)

$$\mathcal{A}(\lambda) = \frac{1}{\sqrt{1 + \lambda^2}}\,.$$

Wir setzen

$$\varrho_-(\lambda) = \frac{1}{\sqrt{\lambda - i}}\,, \qquad \varrho_+(\lambda) = \frac{1}{\sqrt{\lambda + i}}\,, \quad \mathcal{C}(\lambda) = 1\,.$$

Nach 5.2.3, Nr. 2, besitzt Gleichung (2.40) eine eindeutige Lösung im Raum aller Distributionen der Gestalt

$$\varphi(t) = e^{-t} \frac{d^{1/2}}{dt^{1/2}} \left(e^t\, \psi(t)\right) [0] \qquad \left(\psi(t) \in E_+\right)\,,$$

wenn die rechte Seite $f(t) \in E_+$ so beschaffen ist, daß die Funktion

$$g(t) = \int_t^\infty e^{t-s} \frac{f(s)}{\sqrt{s-t}}\, ds$$

für $t \geqq 0$ absolut stetig ist und ihre Ableitung $g'(t)$ zu E_+ gehört.

5.3. Paarige diskrete WIENER-HOPF-Gleichungen

In diesem und im nächsten Abschnitt wenden wir die Ergebnisse aus 4.3—4.4 und den vorangegangenen zwei Abschnitten auf paarige WIENER-HOPF-Gleichungen an.

5.3.1. Die durch Nullstellen des Symbols erzeugten Folgenräume

1. Im weiteren bezeichnet E (entsprechend E_+) einen beliebigen der in Abschnitt 3.1 eingeführten Folgenräume und U, P die durch die Beziehungen (1.1) bzw. (1.2), Kapitel 3, in E definierten Operatoren.

Außerdem führen wir im Raum E die linearen stetigen Operatoren P' und P'' durch die Gleichungen

$$P'\{\xi_n\} = \{\eta_n\}\,, \qquad \eta_n = \begin{cases} \xi_{-n-1}\,, & n = 0, 1, \ldots \\ 0\,, & n = -1, -2, \ldots \end{cases}$$

und

$$P''\{\xi_n\} = \{\zeta_n\}\,, \qquad \zeta_n = \begin{cases} 0\,, & n = 0, 1, \ldots \\ \xi_{-n-1}\,, & n = -1, -2, \ldots \end{cases}$$

ein. Offenbar gilt

$$\operatorname{im} P' = \ker P' = \operatorname{im} P\,, \qquad \operatorname{im} P'' = \ker P'' = \operatorname{im} Q\,,$$
$$P'\,P'' = P\,, \qquad P''\,P' = Q\,. \tag{3.1}$$

Der Operator P' (P'') bildet im Q (im P) isometrisch auf im P (im Q) ab.

Es seien $\alpha_1, \alpha_2, \ldots, \alpha_r$, $\beta_1, \beta_2, \ldots, \beta_s$ und $\gamma_1, \gamma_2, \ldots, \gamma_q$ gewisse (nicht notwendig verschiedene) Punkte des Einheitskreises und $m_1, m_2, \ldots, m_r$, $n_1, n_2, \ldots, n_s$ sowie $l_1, l_2, \ldots, l_q$ positive ganze Zahlen. Mit B_α, D_α ($|\alpha| = 1$) bezeichnen wir die durch die Beziehungen (1.1) in E definierten Operatoren. Wie leicht einzusehen ist, gelten die Gleichungen

$$B_\alpha\, Q = P''\, D_{\bar\alpha}\, P'\,, \qquad Q\, D_\alpha = P''\, B_{\bar\alpha}\, P'\,. \tag{3.2}$$

Im weiteren benutzen wir die in 4.3 eingeführten Bezeichnungen

$$A_+ = \prod_{j=1}^{r} D_{\alpha_j}^{m_j}\,, \qquad A_- = \prod_{j=1}^{s} B_{\beta_j}^{n_j}\,, \qquad F = \prod_{j=1}^{q} D_{\gamma_j}^{l_j}\,, \tag{3.3}$$

$$B = P\,A_- + Q\,A_+\,, \qquad D = A_+\,P + A_-\,Q\,. \tag{3.4}$$

Die Operatoren A_+, A_- und F haben entsprechend die Symbole

$$\varrho_+(z) = \prod_{j=1}^{r} (z - \alpha_j)^{m_j}\,, \qquad \varrho_-(z) = \prod_{j=1}^{s} (z^{-1} - \beta_j^{-1})^{n_j}\,,$$

$$\varrho(z) = \prod_{j=1}^{q} (z - \gamma_j)^{l_j}\,. \tag{3.3'}$$

Mit $\hat{G}_\alpha$ bezeichnen wir den durch die Formel (1.1′) für eine beliebige Folge $\{f_n\}_{-\infty}^{\infty}$, $f_n = 0$ $(n < 0)$, definierten Operator. Wir setzen jetzt

$$G = \prod_{j=1}^{r} \hat{G}_{\alpha_j}^{m_j}\,, \qquad H = \prod_{k=1}^{s} \hat{G}_{\bar{\beta}_k}^{n_k}\,, \qquad D^{(-1)} = P\,G\,P + P''\,H\,P'\,. \tag{3.5}$$

Unter Benutzung der Beziehungen (1.2) und (3.2) überzeugt man sich leicht davon, daß der Operator D die Bedingung (2″) aus 4.1.1 erfüllt, d. h., es gilt

$$D^{(-1)}\,D\,x = x\,, \qquad D\,D^{(-1)}\,x = x \quad \forall\, x \in E\,. \tag{3.6}$$

Folglich kann man den Raum $\tilde{E}(\varrho_+, \varrho_-) = D^{(-1)}(E)$ mit der Norm

$$\|f\|_{\tilde{E}(\varrho_+,\,\varrho_-)} = \|D\,f\|_E$$

einführen (vgl. 4.3.4).

2. Unter Benutzung der ersten Beziehung (3.4), Kapitel 4, schließt man aus den Lemmata 1.1 und 1.2 leicht auf das folgende

Lemma 3.1. (a) *Wenn E einer der Räume l^p $(1 \leqq p < \infty)$ oder c^0 ist, dann gilt* $\ker B = \{0\}$.

(b) *Der Kern des Operators B im Raum m ist von der Dimension $r + s$, und die Folgen $\xi^{(j)} = \{\xi_n^{(j)}\}$ $(j = 1, \ldots, r)$ und $\eta^{(k)} = \{\eta_n^{(k)}\}$ $(k = 1, \ldots, s)$ mit*

$$\xi_n^{(j)} = \begin{cases} \beta_j^{-n}, & n \geqq 0 \\ 0, & n < 0\,, \end{cases} \qquad \eta_n^{(k)} = \begin{cases} 0\,, & n \geqq 0 \\ \alpha_k^{-n}, & n < 0 \end{cases}$$

bilden in $\ker B = 0$ *eine Basis.*

Von der Richtigkeit des folgenden Lemmas kann man sich leicht unmittelbar überzeugen.

Lemma 3.2. (a) *Wenn E einer der Räume l^p $(1 \leqq p < \infty)$ oder c^0 ist, dann gilt* $\ker F = \{0\}$.

(b) *Der Kern des Operators F im Raum m ist von der Dimension q, und die Folgen $\{\gamma_j^{-n}\}_{n=-\infty}^{\infty}$ $(j = 1, \ldots, q)$ bilden in* $\ker F$ *eine Basis.*

Die Formulierung der Lemmata 3.1 und 3.2 für den Fall des Raumes c überlassen wir dem Leser.

Da die Kerne der Operatoren B und F endlichdimensional sind, können wir die Bildräume $\bar{E}(\varrho_+, \varrho_-) = \operatorname{im} B$ und $\bar{E}(\varrho) = \operatorname{im} F$ mit den in 4.3.4 erklärten Normen einführen.

3. Der folgende Satz zeigt, daß sich die analytische Beschreibung des Raumes $\bar{E}(\varrho_+, \varrho_-)$ auf die analytische Beschreibung des Bildraumes $\operatorname{im} P\,A_-$ zurückführen läßt, die für die verschiedenen Räume E durch die Sätze 1.1, 1.3 und

1.4 gegeben wird. Hierbei bedeutet A_- den durch die zweite Beziehung (3.3) definierten Operator. Des weiteren setzen wir

$$A'_- = \prod_{j=1}^{r} B_{\alpha_j^{-1}}^{m_j} .$$

Satz 3.1. *Dafür, daß ein Element $f \in E$ zum Raum $\bar{E}(\varrho_+, \varrho_-)$ gehört, ist notwendig und hinreichend, daß*

$$(1)\ P f \in \operatorname{im} P A_- , \qquad (2)\ P' f \in \operatorname{im} P A'_- .$$

Beweis. Auf Grund der zweiten Beziehung (3.4), Kapitel 4, ist $f \in \bar{E}(\varrho_+, \varrho_-)$ genau dann, wenn die Bedingungen (1) und (2′) $Q f \in \operatorname{im} Q A_+$ erfüllt sind.

Nach den Sätzen 2.2 und 3.4, Kapitel 4, gelten die Beziehungen

$$\operatorname{im} Q A_+ = \bigcap_{j=1}^{r} \operatorname{im} Q D_{\alpha_j}^{m_j} , \qquad \operatorname{im} P A'_- = \bigcap_{j=1}^{r} \operatorname{im} P B_{\alpha_j^{-1}}^{m_j} . \tag{3.7}$$

Des weiteren ist wegen (3.1) und (3.2) die Gleichung $Q f = Q D_\alpha^m \varphi$ der Gleichung $P' f = P B_{\alpha^{-1}}^m P' \varphi$ äquivalent. Daraus folgt zusammen mit (3.7) die Äquivalenz der Bedingungen (2) und (2′). Der Satz ist damit bewiesen.

Folgerung 3.1. *Sei E einer der Räume l^p $(1 \leqq p < \infty)$ oder c^0. Dann hat die Inverse $B^{-1} : \bar{E}(\varrho_+, \varrho_-) \to E$ zum Operator B die Gestalt*

$$B^{-1} = P \hat{A}_-^{-1} P + P''(\hat{A}'_-)^{-1} P' . \tag{3.8}$$

Hierbei bedeuten $\hat{A}_-$ und $\hat{A}'_-$ die Einschränkungen der Operatoren $P A_-$ bzw. $P A'_-$ auf den Teilraum im P.

Wir bemerken, daß die Inverse $\hat{B}_\alpha^{-1}$ in 5.1.1 konstruiert wurde. Unter Berücksichtigung der Folgerung 1.1 erhalten wir dann aus (3.8) für die Inversen zu den Operatoren

$$B_1 = P B_\beta + Q , \qquad B_2 = P + Q D_\alpha$$

die folgenden Formeln:

$$\begin{aligned} B_1^{-1}\{f_n\} &= P\left\{- \beta^{-n+1} \sum_{k=n}^{\infty} \beta^k f_k\right\} + Q\{f_n\} , \\ B_2^{-1}\{f_n\} &= Q\left\{- \alpha^{-n-1} \sum_{k=-\infty}^{n} \alpha^k f_k\right\} + P\{f_n\} . \end{aligned} \tag{3.8'}$$

Folgerung 3.2. *Sei E einer der Räume l^p oder c^0 und $m = \max\{m_1, \ldots, m_r, n_1, \ldots, n_s\}$. Dann gilt im Sinne einer stetigen Einbettung*

$$E^{m+\varepsilon} \subset \bar{E}(\varrho_+, \varrho_-) \qquad (\varepsilon > 0; \varepsilon = 0 \textit{ für } E = l^1) ,$$

$$\tilde{E}(\varrho_+, \varrho_-) \subset E^{-(m+\varepsilon)} \qquad (\varepsilon > 0; \varepsilon = 0 \textit{ für } E = c) .$$

Dies folgt unmittelbar aus Satz 3.1 und der Bemerkung zu Satz 1.2.

4. Aus den Ausführungen der Punkte 4—6 von 5.1.1 ist leicht zu ersehen, daß die analytische Beschreibung des Raumes $\bar{E}(\varrho)$ völlig analog zum Raum $\bar{E}_+(\varrho_-)$ verläuft. Als Beispiel formulieren wir das entsprechende Analogon zum Satz 1.1. Dabei bezeichnet R_γ den durch die Beziehungen (1.22) definierten Operator.

Satz 3.2. *Es sei E einer der Räume l^p $(1 \leqq p < \infty)$ oder c^0. Dafür, daß die Folge $f = \{f_n\}_{-\infty}^{\infty} \in E$ zum Raum $\bar{E}(\varrho)$ gehört, ist notwendig und hinreichend, daß gilt*

$$R_{\gamma_j}^k f \in E \qquad (k = 1, \ldots, l_j; \quad j = 1, \ldots, q) .$$

Die Norm in $\bar{E}(\varrho)$ ist der Norm $\sum_{j=1}^{q} ||R_{\gamma_j}^{l_j} f||_E$ äquivalent.

Beim Beweis des Satzes 3.2 machen wir von Lemma 2.1, Kapitel 4, und von der Beziehung $D_\gamma^{-1} = R_\gamma$ Gebrauch.

5. Unter Berücksichtigung der Ergebnisse aus 5.1.3 ersieht man leicht aus den vorangegangenen Überlegungen, daß die Resultate der Punkte 1—3 dieses Teilabschnittes auch im Falle nicht ganzer Zahlen m_j, n_j und l_j gelten.

5.3.2. Symbole mit Nullstellen beliebiger endlicher Ordnungen

1. Es seien $a(z)$ und $b(z)$ Funktionen auf dem Einheitskreis, die sich in eine absolut konvergente FOURIER-Reihe entwickeln lassen: $a(z)$, $b(z) \in W$. Wir nehmen an, daß die Funktionen $a(z)$, $b(z)$ die folgende Gestalt besitzen:[1])

$$a(z) = \varrho_+(z)\, \varrho(z)\, a_0(z)\,, \qquad b(z) = \varrho_-(z)\, \varrho(z)\, b_0(z) \tag{3.9}$$

mit $a_0(z)$, $b_0(z) \in W$; die Funktionen $\varrho_\pm(z)$, $\varrho(z)$ sind durch (3.3′) erklärt, wobei m_j, n_j, l_j beliebige positive reelle Zahlen bedeuten.

Mit a_n, b_n $(n = 0, \pm 1, \ldots)$ bezeichnen wir die FOURIER-Koeffizienten der Funktionen $a(z)$, $b(z)$ und mit $A_1, A_2 \in \Re(U)$ die Operatoren mit den Symbolen $a(z)$, $b(z)$, entsprechend. Der paarige Operator $A = A_1 P + A_2 Q$ wird dann im Raum E durch die Gleichungen

$$\sum_{k=0}^{\infty} a_{j-k}\, \xi_k + \sum_{k=-\infty}^{-1} b_{j-k}\, \xi_k = \eta_j \qquad (j = 0, \pm 1, \ldots) \tag{3.10}$$

definiert mit $\{\xi_k\}_{-\infty}^{\infty}$, $\{\eta_k\}_{-\infty}^{\infty} \in E$. Nach 4.3.2—4.3.3 ergibt sich für A die Darstellung $A = F\,C\,D$ mit $C = A_0\,P + B_0\,Q$, wobei $A_0, B_0 \in \Re(U)$ die Operatoren mit den Symbolen $a_0(z)$, $b_0(z)$ bezeichnen. F und D sind durch die Formeln (3.3)—(3.4) gegeben (vgl. 5.1.3).

Satz 3.3. *Dafür, daß A als Operator von $\tilde{E}(\varrho_+, \varrho_-)$ in $\bar{E}(\varrho)$ ein Φ_+- oder Φ_--Operator ist, ist notwendig und hinreichend, daß die Funktionen $a_0(z)$ und $b_0(z)$ in (3.9) nirgends auf dem Einheitskreis verschwinden.*

---

[1]) Vgl. Bemerkung in 4.3.3.

Ist diese Bedingung erfüllt, dann entspricht die Invertierbarkeit des Operators A der Zahl $\varkappa - \delta$, und es gilt

$$\dim \ker A = \max(\delta - \varkappa, 0)\,, \qquad \dim \operatorname{coker} A = \max(\varkappa - \delta, 0)\,.$$

Dabei ist

$$\varkappa = \frac{1}{2\pi}[\arg a_0(e^{i\varphi})/b_0(e^{i\varphi})]_{\varphi=0}^{2\pi}\,, \tag{3.11}$$

$$\delta = \begin{cases} 0 & \textit{für} \quad E = l^p\,(1 \leqq p < \infty) \quad \textit{oder} \quad E = c^0\,, \\ q & \textit{für} \quad E = m\,. \end{cases}$$

Beweis. Der erste Teil des Satzes ist eine unmittelbare Folgerung des Satzes 3.2, Kapitel 4. Der Beweis des zweiten Teiles stellt eine Modifikation des Beweises von Satz 1.5 dar.

Es gelte $a_0(z) \neq 0$, $b_0(z) \neq 0$ ($|z| = 1$). Für die Räume l^p ($1 \leqq p < \infty$) und c^0 ist die Behauptung offensichtlich, da in diesem Fall nach Lemma 3.2 $\dim \ker F = 0$ gilt.

Wir betrachten den Fall $E = m$. Nach Satz 3.1, Kapitel 2, gestattet die Funktion $c(z) = a_0(z)/b_0(z)$ eine Faktorisierung in der Algebra W:

$$c(z) = c_-(z)\, z^\varkappa\, c_+(z) \qquad (|z| = 1)\,.$$

Sei $\varkappa > 0$. Wegen Satz 3.3, Kapitel 3, hat die homogene transponierte Gleichung

$$(P B_0 + Q A_0)\,\xi = 0 \tag{3.12}$$

genau $\varkappa$ linear unabhängige Lösungen $\xi^{(m)}$ ($m = 1, 2, \ldots, \varkappa$), die gleichzeitig sämtlichen Räumen E angehören. Aus der Formel (vgl. (4.18_2))

$$P B_0 + Q A_0 = (P C_-^{-1} + Q C_+)\,(P U^{-\varkappa} + Q)\, C_+^{-1} A_0$$

($C_\pm \in \Re(U)$ die Operatoren mit den Symbolen $c_\pm(z)$) ist leicht ersichtlich, daß $\xi^{(m)} = \{d_{k-m+1}\}_{k=-\infty}^{\infty}$ ($m = 1, 2, \ldots, \varkappa$) angenommen werden kann; dabei bezeichnen d_n ($n = 0, \pm 1, \ldots$) die FOURIER-Koeffizienten der Funktion $c_+(z)/a_0(z)$ (vgl. auch Bemerkung aus 2.4.2). Folglich hat die allgemeine Lösung der Gleichung (3.12) die Gestalt

$$\sum_{m=1}^{\varkappa} c_m\, \xi^{(m)} = \{\psi_k\}_{k=-\infty}^{\infty}\,. \tag{3.13}$$

Indem wir jetzt die entsprechenden Überlegungen aus dem Beweis des Satzes 1.5 wiederholen und dabei Satz 3.3, Kapitel 3, sowie Lemma 3.2 (b) benutzen, erhalten wir:

Dafür, daß für eine beliebige Folge $\eta \in \tilde{m}(\varrho)$ das System (3.10) eine Lösung $\xi \in \tilde{m}(\varrho_+, \varrho_-)$ besitzt, ist notwendig und hinreichend, daß die Bedingungen

$$\sum_{k=-\infty}^{\infty} \zeta_k\, \psi_k = 0$$

für jede Folge der Gestalt (3.13) erfüllt sind. Dabei ist $\zeta = \{\zeta_k\}_{-\infty}^{\infty} \in m$ irgendeine Folge mit $F\zeta = \eta$, und die Koeffizienten c_m sind aus dem Gleichungssystem

$$\sum_{m=1}^{\varkappa} c_m \gamma_j^{-m+1} = 0 \qquad (j = 1, 2, \ldots, q)$$

zu bestimmen. Daraus folgt jetzt die Beziehung

$$\dim \operatorname{coker} A = \max(\varkappa - q, 0) .$$

Da andererseits nach Satz 3.2 für den Index die Gleichung

$$\operatorname{Ind} A = q - \varkappa$$

gilt, so ist der Satz bewiesen.

Bemerkung. Für den Raum $E = c$ gilt die Behauptung des Satzes mit

$$\delta = \begin{cases} 1, & \text{falls } \gamma_{j_0} = 1 \qquad (1 \leqq j_0 \leqq q) \\ 0 & \text{anderenfalls} . \end{cases}$$

2. Wir betrachten jetzt den zu A transponierten paarigen Operator $A' = P A_2 + Q A_1$, der durch das Gleichungssystem

$$\sum_{k=-\infty}^{\infty} b_{j-k} \xi_k = \eta_j \qquad (j = 0, 1, \ldots),$$

$$\sum_{k=-\infty}^{\infty} a_{j-k} \xi_k = \eta_j \qquad (j = -1, -2, \ldots)$$

definiert ist. O. B. d. A. setzen wir voraus, daß in den Darstellungen (3.9) $\varrho(z) \equiv 1$ ist. Nach 4.3.2–4.3.3 ist dann der Operator A' in der Form $A' = B C'$ mit $C' = P B_0 + Q A_0$ darstellbar.

Satz 3.4. *Dafür, daß A' als Operator von E in $\bar{E}(\varrho_+, \varrho_-)$ ein Φ_+- oder Φ_--Operator ist, ist notwendig und hinreichend, daß die Funktionen $a_0(z)$ und $b_0(z)$ in (3.9) nirgends auf dem Einheitskreis verschwinden.*

Ist diese Bedingung erfüllt, dann entspricht die Invertierbarkeit des Operators A' der Zahl $-(\varkappa + \sigma)$, und es gilt

$$\dim \ker A' = \max(\varkappa + \sigma, 0) , \qquad \dim \operatorname{coker} A' = \max(-\varkappa - \sigma, 0) .$$

Dabei ist

$$\sigma = \begin{cases} 0 & \text{für} \quad E = l^p \ (1 \leqq p < \infty) \quad \text{oder} \quad E = c^0 , \\ r + s & \text{für} \quad E = m . \end{cases}$$

Der Beweis verläuft analog zum Beweis des Satzes 3.3.

Bemerkung. Satz 3.4 gilt auch im Falle des Raumes $E = c$. Dabei hat man $\sigma = 0$ zu setzen, wenn $\alpha_j \neq 1$ $(j = 1, \ldots, r)$ und $\beta_k \neq 1$ $(k = 1, \ldots, s)$ gilt, und $\sigma = 1$ in den übrigen Fällen.

3. Wir wenden jetzt auf die paarigen Operatoren $A_1 P + A_2 Q$ und $P A_1 + Q A_2$ die Ergebnisse aus Abschnitt 4.4 an.

Dabei setzen wir voraus, daß die Symbole $a(z)$ und $b(z)$ der Operatoren A_1 und A_2 der Algebra $W(\boldsymbol{\alpha}, \boldsymbol{m}; \boldsymbol{\beta}, \boldsymbol{n})$ (vgl. 2.3.4) angehören:

$$a(z), b(z) \in \bigcap_{j=1}^{r} W(\alpha_j, m_j) \cap \bigcap_{k=1}^{s} W(\beta_k, n_k) .$$

Die Zahlen m_j und n_k nehmen wir der Einfachheit halber als ganzzahlig an.

Wir geben jetzt beliebige nicht negative ganze Zahlen m_j', m_j'' $(j = 1, \ldots, r)$ und n_k', n_k'' $(k = 1, \ldots, s)$ vor, so daß für alle j und k

$$m_j' + m_j'' = m_j , \qquad n_k' + n_k'' = n_k$$

gilt. Mit $\varrho_\pm'(z)$ und $\varrho_\pm''(z)$ bezeichnen wir die durch die Formeln (3.7), Kapitel 4, definierten Funktionen. Entsprechend 5.3.1 führen wir die Räume $\tilde{E}(\varrho_+', \varrho_-')$ und $\bar{E}(\varrho_+'', \varrho_-'')$ ein.

Aus Satz 4.3, Kapitel 4, folgt

Satz 3.5. *Dafür, daß der Operator $A = A_1 P + A_2 Q$ $(A = P A_1 + Q A_2)$, ein Φ_+- oder Φ_--Operator ist, der von $\tilde{E}(\varrho_+', \varrho_-')$ in den Raum $\bar{E}(\varrho_+'', \varrho_-'')$ wirkt, ist notwendig undd hinreichend, daß die Funktionen*

$$a_0(z) = a(z)/\varrho_+(z) \quad \text{und} \quad b_0(z) = b(z)/\varrho_-(z)$$

der Algebra W angehören und nirgends auf dem Einheitskreis verschwinden.

Sind diese Bedingungen erfüllt, dann ist A ein Φ-Operator mit dem Index

$$\operatorname{Ind} A = -\lambda , \qquad \lambda = \varkappa + \sum_{j=1}^{r} m_j'' + \sum_{k=1}^{s} n_k'' ,$$

wobei die Zahl $\varkappa$ durch die Gleichung (3.11) *bestimmt wird.*

Bemerkung. Wenn alle Punkte α_j und β_k paarweise verschieden sind, dann entspricht die Invertierbarkeit des Operators A der Zahl λ.

5.4. Paarige WIENER-HOPFsche Integralgleichungen

5.4.1. Die durch Nullstellen des Symbols erzeugten Funktionenräume

1. In diesem Abschnitt bezeichnet E einen beliebigen der Funktionenräume (2.4) aus Abschnitt 3.2 und P, U die durch die Beziehungen (2.11), (2.12) aus Kapitel 3 im Raum E definierten Operatoren. In Analogie zu 5.3.1 definieren wir in E lineare stetige Operatoren P' und P'' durch die Gleichungen

$$(P' \varphi)(t) = \begin{cases} \varphi(-t) , & t > 0 \\ 0 , & t < 0 \end{cases} , \qquad (P'' \varphi)(t) = \begin{cases} 0 , & t > 0 \\ \varphi(-t) , & t < 0 . \end{cases}$$

Offenbar gelten wiederum die Beziehungen (3.1).

Mit B_α, D_α, B_∞, D_∞ $(-\infty < \alpha < \infty)$ bezeichnen wir die in 5.2.1 eingeführten Operatoren. Wie man leicht nachprüft, gelten die Beziehungen

$$\begin{aligned} B_\alpha Q &= P'' D_{-\alpha} P' , \qquad & Q D_\alpha &= P'' B_{-\alpha} P' , \\ B_\infty Q &= - P'' D_\infty P' , \qquad & Q D_\infty &= - P'' B_\infty P' . \end{aligned} \tag{4.1}$$

Es seien jetzt $\alpha_1, \alpha_2, \ldots, \alpha_r$, $\beta_1, \beta_2, \ldots, \beta_s$ und $\gamma_1, \gamma_2, \ldots, \gamma_q$ (nicht notwendig verschiedene) Punkte auf der reellen Achse und $m_\infty, m_1, \ldots, m_r$, $n_\infty, n_1, \ldots, n_s$ sowie $l_\infty, l_1, \ldots, l_q$ positive ganze Zahlen. Für das Weitere führen wir die folgenden Bezeichnungen ein:

$$A_+ = D_\infty^{m_\infty} \prod_{j=1}^{r} D_{\alpha_j}^{m_j} , \qquad A_- = B_\infty^{n_\infty} \prod_{j=1}^{s} B_{\beta_j}^{n_j} , \qquad F = D_\infty^{l_\infty} \prod_{j=1}^{q} D_{\gamma_j}^{l_j} ,$$

$$G = \hat{G}_\infty^{m_\infty} \prod_{j=1}^{r} \hat{G}_{\alpha_j}^{m_j} , \qquad H = (-\hat{G}_\infty)^{n_\infty} \prod_{j=1}^{s} \hat{G}_{-\beta_j}^{n_j} .$$

Hierbei bedeuten $\hat{G}_\alpha$ und $\hat{G}_\infty$ die für eine beliebige auf $(-\infty, \infty)$ lokal integrierbare Funktion $f(t)$ mit $f(t) = 0$ $(t < 0)$ in 5.2.1 erklärten Operatoren.

Die Operatoren A_+, A_- und F $(\in \mathfrak{R}(U))$ besitzen entsprechend die Symbole

$$\varrho_+(\lambda) = (\lambda + i)^{-m_\infty} \prod_{j=1}^{r} \left(\frac{\lambda - \alpha_j}{\lambda + i}\right)^{m_j} ,$$

$$\varrho_-(\lambda) = (\lambda - i)^{-n_\infty} \prod_{j=1}^{s} \left(\frac{\lambda - \beta_j}{\lambda - i}\right)^{n_j} ,$$

$$\varrho(\lambda) = (\lambda + i)^{-l_\infty} \prod_{j=1}^{q} \left(\frac{\lambda - \gamma_j}{\lambda + i}\right)^{l_j} .$$

Ferner bezeichnen wir mit B, D und $D^{(-1)}$ die durch die Beziehungen (3.4) bzw. (3.5) definierten Operatoren.

Genauso wie in 5.3.1 zeigt man, daß im vorliegenden Fall ebenfalls die Gleichungen (3.6) gelten. Wie im vorangegangenen Abschnitt führen wir die Räume $\tilde{E}(\varrho_+, \varrho_-) = D^{(-1)}(E)$, $\bar{E}(\varrho_+, \varrho_-) = \operatorname{im} B$ und $\bar{E}(\varrho) = \operatorname{im} F$ ein.

2. In Analogie zu den Lemmata 3.1 und 3.2 kann man leicht die folgenden Behauptungen beweisen.

Lemma 4.1. (a) *Wenn E einer der Räume L^p $(1 \leq p < \infty)$ oder C^0 ist, dann gilt* $\ker B = \{0\}$.

(b) *Der Kern des Operators B im Raum M ist von der Dimension $r + s$ und wird von den Funktionen*

$$e^{-i\beta_j t} \; (t > 0;\; j = 1, \ldots, r) , \qquad e^{-i\alpha_k t} \; (t < 0;\; k = 1, \ldots, s)$$

aufgespannt.

Lemma 4.2. (a) *Wenn E einer der Räume L^p $(1 \leq p < \infty)$ oder C^0 ist, dann gilt* $\ker F = \{0\}$.

(b) *Der Kern des Operators F im Raum M ist von der Dimension q und wird durch die Funktionen $e^{-i\gamma_j t}$ $(j = 1, 2, \ldots, q)$ aufgepsannt.*

3. Indem wir jetzt

$$A'_- = (-1)^{m_\infty} B_\infty^{m_\infty} \prod_{j=1}^{r} B_{-\alpha_j}^{m_j}$$

setzen und die Beweise aus 5.3.1 wiederholen, überzeugen wir uns davon, daß der Satz 3.1 sowie die Folgerung 3.1 im vorliegenden Fall ihre volle Gültigkeit behalten. Damit reduziert sich die analytische Beschreibung des Raumes $\bar{E}(\varrho_+, \varrho_-)$ auf die Beschreibung des Bildraumes im $P A_-$, die bereits in den Sätzen 2.1, 2.2, 2.4 und 2.5 gegeben wurde.

Für das Weitere führen wir noch den Operator

$$B^{(\infty)} = P B_\infty^{n_\infty} + Q D_\infty^{m_\infty}$$

ein. Offenbar ist $B^{(\infty)}$ ein Spezialfall des oben betrachteten allgemeineren Operators B. Aus Satz 3.1 und Satz 2.3 erhalten wir

Folgerung 4.1. *Sei* $m = \max\{m_1, \ldots, m_r, n_1, \ldots, n_s\}$ *und* $E = L^p$ $(1 \leqq p < \infty)$. *Dann gilt im Sinne einer stetigen Einbettung*

$$(\operatorname{im} B^{(\infty)}) \cap L^{p,m} \subset \bar{E}(\varrho_+, \varrho_-)\,.$$

Für $m_\infty = n_\infty = 0$ *ergibt sich*

$$\tilde{E}(\varrho_+, \varrho_-) \subset L^{p,-m'}$$

mit $m' = m$ *für* $p > 1$ *und* $m' > m$ *für* $p = 1$.

Wir bemerken noch, daß sich aus (3.8) auf Grund der Folgerungen 2.2 und 2.4 im Falle der Räume L^p $(1 \leqq p < \infty)$ und C^0 für die Inversen zu den Operatoren $B^{(\infty)}$ und

$$B = P B_\beta^n + Q D_\alpha^m$$

die folgenden Formeln ergeben:

$$[B^{(\infty)}]^{-1} f(t) = \begin{cases} i^{n_\infty}\left(\dfrac{d}{dt} - 1\right)^{n_\infty} f(t)\,, & t > 0 \\[2ex] i^{m_\infty}\left(\dfrac{d}{dt} + 1\right)^{m_\infty} f(t)\,, & t < 0 \end{cases}$$

und

$$(B^{-1} f)(t) = \begin{cases} [I + (\beta - i) R_\beta]^n f\,, & t > 0 \\ [I + (\alpha + i) R_\alpha]^m f\,, & t < 0\,. \end{cases}$$

Hierbei bedeutet R_α den durch die Gleichungen (2.19) definierten Operator.

4. Die analytische Beschreibung des Raumes $\bar{E}(\varrho)$ verläuft wieder in völliger Analogie zum Raum $\bar{E}_+(\varrho_-)$ (vgl. 5.2.1). Als Beispiel formulieren wir das entsprechende Analogon zu den Sätzen 2.1 und 2.2.

Satz 4.1. *Es sei E einer der Räume L^p $(1 \leqq p < \infty)$ oder C^0. Dafür, daß eine Funktion $f(t) \in E$ zum Raum $\bar{E}(\varrho)$ gehört, ist notwendig und hinreichend, daß*

(1) $f^{(l)}(t)$ $(l = 0, 1, \ldots, l_\infty - 1)$ *absolut stetig ist und* $f^{(l)}(t) \in E$ $(l = 0, 1, \ldots, l_\infty)$ *gilt,*

(2) $R^k_{\gamma_j} f \in E \quad (k = 1, \ldots, l_j;\ j = 1, \ldots, q)$.

Die Norm in $\bar{E}(\varrho)$ *ist der Norm*

$$\sum_{l=0}^{l_\infty} \|f^{(l)}\|_E + \sum_{j=1}^{q} \sum_{k=0}^{l_j} \|R^k_{\gamma_j} f\|_E$$

äquivalent.

Zum Beweis des Satzes 4.1 benutzt man das Lemma 2.1, Kapitel 4, und die Beziehung (vgl. auch (2.21))

$$D_\gamma^{-1} = I + (i + \gamma)\, R_\gamma\,.$$

Im Falle der Räume M oder C ist die zweite Bedingung des Satzes 4.1 in Übereinstimmung mit Satz 2.4 zu verändern.

5.4.2. Symbole mit endlich vielen Nullstellen

1. Wir betrachten im Raum E die Integralgleichung mit zwei Kernen der Gestalt

$$c\,\varphi(t) - \int_0^\infty k_1(t - s)\,\varphi(s)\,ds - \int_{-\infty}^0 k_2(t - s)\,\varphi(s)\,ds = f(t) \quad (-\infty < t < \infty)\,, \tag{4.2}$$

wobei $k_j(t) \in L$ $(j = 1, 2)$, $c = c_1\,(t > 0)$ und $c = c_2\,(t < 0)$. Der durch die linke Seite der Gleichung (4.2) definierte Operator hat die Gestalt $A = A_1 P + A_2 Q$, wobei $A_1, A_2 \in \mathfrak{R}(U)$ entsprechend die Operatoren mit den Symbolen

$$\mathcal{A}(\lambda) = c_1 - \int_{-\infty}^{\infty} e^{i\lambda t} k_1(t)\,dt\,, \qquad \mathcal{B}(\lambda) = c_2 - \int_{-\infty}^{\infty} e^{i\lambda t} k_2(t)\,dt \tag{4.3}$$

sind.

Wir nehmen an, daß die Funktionen $\mathcal{A}(\lambda), \mathcal{B}(\lambda)$ die folgende Darstellung gestatten:[1])

$$\mathcal{A}(\lambda) = \varrho_+(\lambda)\,\varrho(\lambda)\,\mathcal{A}_0(\lambda)\,, \qquad \mathcal{B}(\lambda) = \varrho_-(\lambda)\,\varrho(\lambda)\,\mathcal{B}_0(\lambda) \tag{4.4}$$

mit den in 5.4.1 erklärten Funktionen $\varrho_\pm(\lambda)$, $\varrho(\lambda)$ und $\mathcal{A}_0(\lambda), \mathcal{B}_0(\lambda) \in \mathfrak{L}$.

Unter den oben angenommenen Voraussetzungen gilt der folgende Satz.

Satz 4.2. *Dafür, daß* A *als Operator von* $\tilde{E}(\varrho_+, \varrho_-)$ *in* $\bar{E}(\varrho)$ *ein* Φ_+*- oder* Φ_-*-Operator ist, ist notwendig und hinreichend, daß die Funktionen* $\mathcal{A}_0(\lambda)$ *und* $\mathcal{B}_0(\lambda)$ *für alle reellen Werte* λ $(-\infty \leqq \lambda \leqq \infty)$ *verschieden von Null sind.*

Ist diese Bedingung erfüllt, dann entspricht die Invertierbarkeit des Operators A *der Zahl* $\varkappa - \delta$, *und es gilt*

$$\dim \ker A = \max(\delta - \varkappa, 0)\,, \qquad \dim \operatorname{coker} A = \max(\varkappa - \delta, 0)\,.$$

---

[1]) O. B. d. A. kann $\varrho(\lambda) \equiv 1$ und damit $\bar{E}(\varrho) = E$ angenommen werden.

Dabei ist

$$\varkappa = \frac{1}{2\pi} [\arg \mathcal{A}_0(\lambda)/\mathcal{B}_0(\lambda)]_{\lambda=-\infty}^{+\infty}, \tag{4.5}$$

$$\delta = \begin{cases} 0 & \textit{für} \quad E = L^p \quad (1 \leqq p < \infty) \qquad \textit{oder} \quad E = C^0, \\ q & \textit{für} \quad E = M. \end{cases}$$

Der Beweis verläuft völlig analog zu den Beweisen der Sätze 3.3 und 2.6.

2. Wir betrachten den zu A transponierten Operator $A' = P A_2 + Q A_1$, der durch die Gleichungen

$$A' \varphi = \begin{cases} c_2 \varphi(t) - \int\limits_{-\infty}^{\infty} k_2 (t - s) \varphi(s) \, ds, & 0 < t < \infty, \\ c_1 \varphi(t) - \int\limits_{-\infty}^{\infty} k_1 (t - s) \varphi(s) \, ds, & -\infty < t < 0 \end{cases}$$

gegeben ist. Mittels derselben Überlegungen wie in 5.3.2 erhalten wir dann einen zum Satz 3.4 völlig analogen Satz.

Bemerkung. Für den Raum $E = L^p$ $(1 \leqq p < \infty)$ lassen sich nach 4.3.7 die bisherigen Ergebnisse dieses Teilabschnittes auch auf den Fall übertragen, daß die Nullstellen der Funktionen $\mathcal{A}(\lambda)$ und $\mathcal{B}(\lambda)$ nicht notwendig ganzzahlige Ordnungen m_j $(j = 1, \ldots, r)$ und n_k $(k = 1, \ldots, s)$ haben. Die analytische Beschreibung der Räume $\tilde{L}^p(\varrho_+, \varrho_-)$ und $\bar{L}^p(\varrho_+, \varrho_-)$ läßt sich unter Benutzung der Ergebnisse aus 5.2.3 und 5.2.4 sowie des entsprechenden Satzes 3.1 analog zum ganzzahligen Fall geben.

3. In Analogie zu Nr. 3 des Teilabschnitts 5.3.2 wenden wir jetzt auf den durch die linke Seite der Gleichung (4.2) definierten Operator A die Ergebnisse aus 4.3.5 an. Wir beschränken uns dabei auf den Fall, daß E einer der Räume L^p $(1 \leqq p < \infty)$ oder C^0 ist. Des weiteren setzen wir in (4.4) $\varrho(\lambda) \equiv 1$.

Wir geben beliebige nicht negative ganze Zahlen m_j', m_j'' $(j = 1, \ldots, r, \infty)$ und n_k', n_k'' $(k = 1, \ldots, s, \infty)$ vor derart, daß für alle genannten Werte von j und k gilt

$$m_j' + m_j'' = m_j, \qquad n_k' + n_k'' = n_k.$$

Des weiteren bezeichnen wir

$$\varrho_+'(\lambda) = \frac{\prod\limits_{j=1}^{r} \left(\frac{\lambda - \alpha_j}{\lambda + i}\right)^{m_j'}}{(\lambda + i)^{m_\infty'}}, \qquad \varrho_-'(\lambda) = \frac{\prod\limits_{k=1}^{s} \left(\frac{\lambda - \beta_k}{\lambda - i}\right)^{n_k'}}{(\lambda - i)^{n_\infty'}},$$

$$\varrho_+''(\lambda) = \frac{\prod\limits_{k=1}^{s} \left(\frac{\lambda - \beta_k}{\lambda + i}\right)^{n_k''}}{(\lambda + i)^{n_\infty''}}, \qquad \varrho_-''(\lambda) = \frac{\prod\limits_{j=1}^{r} \left(\frac{\lambda - \alpha_j}{\lambda - i}\right)^{m_j''}}{(\lambda - i)^{m_\infty''}}.$$

Lemma 4.3. *Die Funktion* $k(t)$ $(-\infty < t < \infty)$ *besitze folgende Eigenschaften*[1]):

[1]) Bezüglich der Bezeichnungen siehe 5.2.2, Nr. 3.

a) $k(t) \in \bigcap_{j=1}^{r} L^1_{\alpha_j, m''_j} \cap \bigcap_{k=1}^{s} L^1_{\beta_k, n''_k}$.

b) *$k(t)$ genügt den Bedingungen* (1)—(3) *des Satzes* 2.10 *für* $m = \max\{m''_\infty, n''_\infty\}$.

Sei K der Operator der Faltung mit der Funktion $k(t)$. Dann ist der Kommutator $T = [P, K]$ ein vollstetiger Operator von E in den Raum $\bar{E}(\varrho''_+, \varrho''_-)$.

Beweis. Aus Lemma 4.1, Kapitel 4, und Satz 2.9 folgt, daß unter der Bedingung a) T ein vollstetiger Operator von E in den Raum im B_2 ist mit

$$B_2 = P\, B_{\alpha_j}^{m''_j} + Q\, D_{\beta_k}^{n''_k} \qquad (j = 1, \ldots, r;\quad k = 1, \ldots, s)\,.$$

Wir zeigen jetzt, daß T auch von E in im $B_2^{(\infty)}$ vollstetig ist, wobei $B_2^{(\infty)} = P\, B_\infty^{m''_\infty} + Q\, D_\infty^{n''_\infty}$. Daraus folgt auf Grund des Satzes 3.4, Kapitel 4, die Behauptung.

Wegen der Voraussetzung b) kann nach Satz 2.10 die FOURIER-Transformierte $\mathcal{K}(\lambda)$ der Funktion $k(t)$ wie folgt dargestellt werden:

$$\mathcal{K}(\lambda) = \frac{\mathcal{K}_1(\lambda)}{(\lambda - i)^{m''_\infty}} = \frac{\mathcal{K}_2(\lambda)}{(\lambda + i)^{n''_\infty}} \tag{4.6}$$

mit $\mathcal{K}_l(\lambda) \in \mathfrak{L}$ $(l = 1, 2)$. Sei K_l der Faltungsoperator in E mit dem Symbol $\mathcal{K}_l(\lambda)$. Dann entsprechen den Darstellungen (4.6) folgende Darstellungen des Operators K:

$$K = B_\infty^{m''_\infty} K_1 \qquad \text{und} \qquad K = D_\infty^{n''_\infty} K_2\,.$$

Damit ergibt sich

$$\begin{aligned} T = P\,K\,Q - Q\,K\,P &= P\, B_\infty^{m''_\infty}\, P\, K_1\, Q - Q\, D_\infty^{n''_\infty}\, Q\, K_2\, P \\ &= B_2^{(\infty)}\, (P\, K_1\, Q - Q\, K_2\, P)\,. \end{aligned}$$

Der in Klammern eingeschlossene Operator ist nach Lemma 2.1, Kapitel 2, im Raum E vollstetig, und folglich ist T ein vollstetiger Operator von E in im $B_2^{(\infty)}$.

Das Lemma ist bewiesen.

Im weiteren setzen wir voraus, daß die Kerne $k_{10}(t)$ und $k_{20}(t)$, die den Funktionen $\mathcal{A}_0(\lambda)$, $\mathcal{B}_0(\lambda)$ aus (4.4) auf Grund der Beziehungen (4.3) entsprechen, der Bedingung b) des Lemmas 4.3 genügen. Außerdem gelte

$$k_{10}(t) \in \bigcap_{k=1}^{s} L^1_{\beta k, n''_k}\,, \qquad k_{20}(t) \in \bigcap_{j=1}^{r} L^1_{\alpha j, m''_j}\,.$$

Aus Satz 3.5, Kapitel 4, erhalten wir unter Berücksichtigung des Lemmas 4.3 sowie des Satzes 2.9 das folgende Ergebnis.

Satz 4.3. *Dafür, daß der durch die linke Seite von* (4.2) *definierte Operator A von $\tilde{E}(\varrho'_+, \varrho_-)$ in $\bar{E}(\varrho''_+, \varrho''_-)$ ein Φ_+- oder Φ_--Operator ist, ist notwendig und hinreichend, daß die Funktionen $\mathcal{A}_0(\lambda)$ und $\mathcal{B}_0(\lambda)$ für alle reellen Werte λ $(-\infty \leqq \lambda \leqq \infty)$ verschieden von Null sind.*

Ist die letzte Bedingung erfüllt, dann ist A ein Φ-Operator, und für seinen Index gilt die Formel

$$- \operatorname{Ind} A = \varkappa + m''_\infty + n''_\infty + \sum_{j=1}^{r} m''_j + \sum_{k=1}^{s} n''_k ,$$

wobei die Zahl $\varkappa$ *durch* (4.5) *bestimmt wird.*

Bemerkung 1. Der Satz 4.3 gilt auch für den Operator $A = P A_1 + Q A_2$. Außerdem läßt sich ein Analogon zum Satz 3.5 formulieren.

Bemerkung 2. Indem man in (4.4) $\varrho(\lambda) \equiv 1$ setzt und ähnlich wie in 5.2.2, Nr. 2, vorgeht, gelangt man zum entsprechenden Analogon des Satzes 2.8.

Bemerkung 3. Auf den Operator A lassen sich die Ergebnisse aus 4.3.6 anwenden.

5.5. Nicht beschränkte Regularisierung von paarigen Wiener-Hopf-Gleichungen

Wir betrachten die Integralgleichung (4.2) im Raum L^p $(1 \leqq p < \infty)$, wobei $f(t) \in L^p$ eine gegebene und $\varphi(t) \in L^p$ die gesuchte Funktion ist. Bezüglich der Kerne dieser Gleichung machen wir folgende Voraussetzungen:

a) Die Funktionen (4.3) haben die Gestalt

$$\mathcal{A}(\lambda) = \varrho_-(\lambda)\, \mathcal{A}_0(\lambda) , \qquad \mathcal{B}(\lambda) = \varrho_+(\lambda)\, \mathcal{B}_0(\lambda) \tag{5.1}$$

mit den in 5.4.1 eingeführten Funktionen $\varrho_\pm(\lambda)$; $\mathcal{A}_0(\lambda), \mathcal{B}_0(\lambda) \in \mathfrak{L}$ und $\mathcal{A}_0(\lambda) \neq 0$ $\mathcal{B}_0(\lambda) \neq 0$ $(-\infty \leqq \lambda \leqq \infty)$.

b) Die Kerne $k_1(t)$ und $k_2(t)$ genügen den Bedingungen (1)—(3) des Satzes 2.10 für $m = \max \{m_\infty, n_\infty\}$.

c) $k_j(t) \in \bigcap_{j=1}^{r} L^1_{\alpha_j, m_j} \cap \bigcap_{k=1}^{s} L^1_{\beta_k, n_k} \qquad (j = 1, 2)$.

Mit A bezeichnen wir im weiteren den durch die linke Seite der Gleichung (4.2) im Raum L^p definierten Operator und mit A_0, B_0 die Faltungsoperatoren in L^p mit den Symbolen $\mathcal{A}_0(\lambda)$ bzw. $\mathcal{B}_0(\lambda)$. Im übrigen benutzen wir die in 5.4 eingeführten Bezeichnungen.

Wegen (5.1) gelten die Beziehungen

$$A_1 = A_-\, A_0 , \qquad A_2 = A_+\, B_0 ,$$

woraus unmittelbar

$$A = B\,(P\, A_0 + Q\, B_0) + T_0$$

mit

$$B = P\, A_- + Q\, A_+ , \qquad T_0 = [A_1, P] + [A_2, Q]$$

folgt. Auf Grund der Voraussetzungen b) und c) ist nach Lemma 4.3 T_0 ein vollstetiger Operator von L^p in den Bildraum $\bar{L}^p(\varrho_+, \varrho_-) = \operatorname{im} B$. Die Inverse B^{-1} zum Operator B wird durch die Formel (3.8) geliefert.

Wir bemerken, daß nach Satz 3.1 sowie Folgerung 2.5 zum Definitionsgebiet $D(B^{-1}) = \operatorname{im} B$ zum Beispiel jede Funktion $\varphi(t)$ gehört, die den nachfolgenden Bedingungen genügt:

(1) $\varphi^{(k)}(t)$ ist für $k = 0, 1, \ldots, m-1$ auf den Halbachsen $[0, +\infty)$ und $(-\infty, 0]$ absolut stetig und die Ableitungen $\varphi^{(k)}(t)$, $k = 0, 1, \ldots, m$, gehören zu $L^p(0, \infty)$ bzw. $L^p(-\infty, 0)$; dabei ist $m = \max\{m_\infty, n_\infty\}$.

(2) $\varphi(t) \in L^{p,l}$ für $l = \max\{m_1, \ldots, m_r, n_1, \ldots, n_s\}$.

Da die Menge dieser Funktionen im Raum L^p dicht ist, so ist mithin der Operator B^{-1} in L^p auf einer dichten Menge erklärt.

Für die Lösbarkeit der Gleichung (4.2) ist notwendig, daß $f(t) \in D(B^{-1})$ gilt. Wir nehmen an, daß diese Bedingung erfüllt ist.

Aus den vorangegangenen Überlegungen können wir jetzt unmittelbar schließen, daß die Integralgleichung vom nicht normalen Typ (4.2) der folgenden Integralgleichung vom Normaltyp äquivalent ist:

$$(P A_0 + Q B_0)\varphi + T_1 \varphi = B^{-1} f .$$

Dabei ist $T_1 = B^{-1} T_0$ ein vollstetiger Operator in L^p.

Wenn T ein beliebiger vollstetiger Operator von L^p in den Raum $\bar{L}^p(\varrho_+, \varrho_-)$ ist, dann ergibt sich analog, daß die Gleichung

$$A\varphi + T\varphi = f \tag{5.2}$$

der Gleichung vom Normaltyp

$$(P A_0 + Q B_0)\varphi + T_2 \varphi = B^{-1} f$$

mit dem in L^p vollstetigen Operator $T_2 = T_1 + B^{-1} T$ äquivalent ist.

Wir bezeichnen jetzt mit R den in 3.3.2 konstruierten beschränkten Regularisator des Φ-Operators $P A_0 + Q B_0$. Dann ist der auf $D(B^{-1}) = \operatorname{im} B$ definierte Operator $R B^{-1}$ ein linker nicht beschränkter Regularisator des Operators $A + T$. Jede Lösung der Gleichung (5.2) ist dann zugleich Lösung der FREDHOLMschen Integralgleichung

$$R(P A_0 + Q B_0)\varphi + R T_2 \varphi = R B^{-1} f . \tag{5.3}$$

Die Äquivalenz der Gleichungen (5.2) und (5.3) gilt aber (für beliebiges $f(t)$) im allgemeinen nur dann, wenn die durch (4.5) definierte Zahl $\varkappa \leqq 0$ ist.

Aus den erhaltenen Ergebnissen und den Resultaten des Abschnittes 1.5 ergibt sich unmittelbar

Folgerung 5.1. *Unter den oben angenommenen Voraussetzungen hat der im Raum L^p betrachtete Operator A (entsprechend $A + T$) einen endlichen Index und ist nicht normal auflösbar.*[1])

Wir bemerken noch, daß die Bedingung der Vollstetigkeit $T : L^p \to \bar{L}^p(\varrho_+, \varrho_-)$ im Falle $p > 1$ z. B. für alle Integraloperatoren der Gestalt

$$(T\varphi)(t) = \int_{-\infty}^{\infty} T(t, s)\, \varphi(s)\, ds \tag{5.4}$$

erfüllt ist, wobei der Kern $T(t, s)$ die folgenden Bedingungen erfüllt:

α) $T(t, s)$ ist für beliebiges s m-mal differenzierbar nach t;

[1]) Vgl. Bemerkung zu Satz 2.1, Kapitel 3.

β) $(T\,\varphi)^{(k)}(t) = \int_{-\infty}^{\infty} T_t^{(k)}(t, s)\,\varphi(s)\,ds \qquad (\forall\,\varphi \in L^p) \qquad (k = 0, 1, \ldots, m);$

γ) $\int_{-\infty}^{\infty}\int_{-\infty}^{\infty} |(t+i)^l T(t, s)|^{p'}\,dt\,ds < \infty \left(\frac{1}{p} + \frac{1}{p'} = 1\right).$

Dabei haben m und l dieselbe Bedeutung wie in den obengenannten Bedingungen (1) und (2).

Davon kann man sich leicht überzeugen, wenn man berücksichtigt, daß ein Integraloperator der Gestalt (5.4) vollstetig in L^p ist, sobald die Bedingung γ) für $l = 0$ erfüllt ist.

Es sei schließlich bemerkt, daß sich die in diesem Abschnitt benutzten Überlegungen auch auf paarige diskrete WIENER-HOPF-Gleichungen anwenden lassen.

5.6. Bemerkungen und Literaturhinweise

Erstmalig wurde eine WIENER-HOPFsche Integralgleichung vom nicht normalen Typ vermutlich von V. A. FOCK [1] betrachtet. Dieser Autor gab hinreichende Lösbarkeitsbedingungen für die rechte Seite einer solchen Gleichung im Falle eines symmetrischen Kernes $k(t) = 0(e^{-c|t|})$ $(c > 0)$ an. Mit der Lösung paariger Integralgleichungen vom nicht normalen Typ (erster und zweiter Art) in gewissen Klassen integrierbarer Funktionen haben sich zuerst F. D. GACHOV und V. I. SMAGINA [1] unter Benutzung der RIEMANNschen Randwertaufgabe für die reelle Achse beschäftigt.

5.1. Die wichtigsten Ergebnisse dieses Abschnittes stammen von G. N. TSCHEBOTAREV: Von ihm wurden in [3], [4] die Sätze 1.1 (für $p = 1$), 1.3 und 1.5 formuliert (ohne Beweis). Teile des Satzes 1.5 wurden gleichzeitig und unabhängig von V. B. DYBIN und N. K. KARAPETJANZ [2] bewiesen.

Die Ergebnisse aus 5.1.2, Nr. 3, wurden von Š. I. GALIEV [3] gefunden.

Die Resultate des Teilabschnitts 5.1.3 gehen zum großen Teil auf N. K. KARAPETJANZ [2] zurück.

5.2. Die Ergebnisse der Teilabschnitte 5.2.1 und 5.2.2 mit Ausnahme der Sätze 2.3, 2.8 und 2.9 und ohne die Betrachtung der Räume $\widetilde{E}_+$ wurden ebenfalls von G. N. TSCHEBOTAREV [1—4] erzielt. Für Gleichungen zweiter Art und die Räume L_+^p $(1 \leqq p < \infty)$, C_+^0 hat den Satz 2.6 gleichzeitig V. B. DYBIN [3], [4] (man vgl. auch [5]) aufgestellt. Die Sätze 2.3 und 2.9 wurden faktisch vom Verfasser in der Arbeit [11] (mit den hier verwendeten Methoden) bewiesen. Ähnliche Überlegungen wie in Nr. 2 von 5.2.2 kann man bei M. I. CHAIKIN [1] und V. B. DYBIN [4] finden.

Im Abschnitt 5.2.3 folgen wir im wesentlichen der Arbeit von M. I. CHAIKIN [1]. Derselben Arbeit ist auch das Beispiel 3 aus 5.2.5 entnommen. Die Ergebnisse des Teilabschnittes 5.2.4 sind neu.

Wir weisen an dieser Stelle auch auf die Arbeit von A. VOIGTLÄNDER [1] hin, wo mit den Methoden des Abschnitts 6.5 und unter Benutzung der FOURIER-Transformation einige allgemeinere Fälle von Entartungen WIENER-HOPFscher Integralgleichungen zweiter Art im Raum L^p untersucht werden.

WIENER-HOPFsche Integralgleichungen erster Art mit gewissen Symbolen, die im Punkt $\lambda = \infty$ eine Nullstelle von unendlicher Ordnung besitzen, wurden unlängst von Š. I. GALIEV [1], [3] betrachtet (vgl. auch Anhang A, Nr. 3).

Mit wahrscheinlichkeitstheoretischen Mitteln hat die homogene WIENER-HOPFsche Integralgleichung zweiter Art F. SPITZER [1] unter der Voraussetzung untersucht, daß der Kern der Gleichung eine Wahrscheinlichkeitsdichte ist, d. h. $k(t) \geqq 0$ und $\int_{-\infty}^{\infty} k(t)\,dt = 1$

(das Symbol einer solchen Gleichung verschwindet im Punkt $\lambda = 0$). Mit dem Auffinden der Asymptotik der Lösung einer solchen Gleichung in Abhängigkeit von den reellen Nullstellen des Symbols hat sich H. Widom [1] beschäftigt. Auf diese und ähnliche Fragen konnten wir hier nicht eingehen, da sie den Rahmen dieses Buches sprengen würden.

5.3. Der Satz 3.4 wurde (im Falle von Nullstellen beliebiger endlicher Ordnung) von N. K. Karapetjanz [2] aufgestellt.

5.4. Das stetige Analogon zum Satz 3.4 (siehe 5.4.2, Nr. 2) wurde von V. B. Dybin [3] für die Räume L^p $(1 \leqq p < \infty)$ und C^0 gefunden. Von diesem Autor wurde auch die Formel für die Inverse B^{-1} (vgl. 5.4.1, Nr. 3) angegeben.

5.5. Hier werden einige frühere Ergebnisse des Verfassers (Dissertation, Leningrad 1966) verallgemeinert.

Abschließend weisen wir noch auf die Arbeiten von I. Z. Gochberg und V. I. Levtschenko [1–2] sowie V. I. Levtschenko [1] hin, in denen einige interessante Ergebnisse über die Konvergenz des Projektionsverfahrens bei diskreten Wiener-Hopf-Gleichungen vom nicht normalen Typ (in den in 5.1.1 eingeführten Räumen und ähnlichen) aufgestellt wurden. Diese Ergebnisse wurden unlängst von S. Prössdorf und B. Silbermann [4] verallgemeinert und auf paarige Wiener-Hopf-Gleichungen (sowohl im diskreten als auch im stetigen Fall) übertragen (vgl. hierzu weiter Anhang B).

KAPITEL 6

SINGULÄRE INTEGRALGLEICHUNGEN VOM NICHT NORMALEN TYP

Mit den in Kapitel 4 sowie Abschnitt 1.5 dargelegten Methoden werden jetzt singuläre Integralgleichungen auf endlichen geschlossenen Kurvensystemen mit stetigen Koeffizienten untersucht, deren Symbol endlich viele Nullstellen ganzzahliger oder gebrochener Ordnungen besitzt. Der Aufbau dieses Kapitels ist ähnlich dem vorangegangenen. Wir beginnen mit der Bereitstellung einiger Hilfsmittel. Anschließend werden die Räume beschrieben, in denen die singulären Operatoren betrachtet werden. Das Kernstück bilden die Sätze 3.1 (3.2), 3.4 und 5.5, wo die Eigenschaften der singulären Integralgleichungen in verschiedenen Fällen der Entartung des Symbols formuliert sind. Am Schluß wird die Frage der Existenz und Konstruktion eines Regularisators und äquivalenten Regularisators des singulären Integraloperators vom nicht normalen Typ im Raum L^p untersucht.

6.1. Hilfssätze

6.1.1. Bezeichnungen

1. Es sei Γ eine glatte orientierte ebene JORDAN-Kurve und s die Bogenlänge, die von einem festen Punkt auf Γ gezählt wird. Die Gleichung von Γ hat die Gestalt $t(s) = x(s) + i\, y(s)$, $0 \leqq s \leqq \gamma$. Dabei sind die reellwertigen Funktionen $x(s)$, $y(s)$ im angegebenen Intervall stetig differenzierbar, und ihre Ableitungen $x'(s)$, $y'(s)$ können nicht gleichzeitig verschwinden.

Wir sagen, daß Γ zur Klasse C^m (m eine natürliche Zahl) gehört, wenn die Funktion $t(s)$ stetige Ableitungen bis zur Ordnung m einschließlich besitzt. Genügt außerdem die Ableitung $t^{(m)}(s)$ einer HÖLDER-Bedingung mit dem Exponenten λ $(0 < \lambda \leqq 1)$, dann schreiben wir $\Gamma \in C^{m,\lambda}$. Kurven der Klasse $C^{1,\lambda}$ heißen LJAPUNOW-*Kurven*. Wenn $\Gamma \in C^m$ für beliebiges m gilt, dann nennen wir Γ eine Kurve der Klasse C^∞.

Ein Kurvensystem Γ, das aus endlich vielen geschlossenen oder offenen glatten Kurven ohne gemeinsame Punkte besteht, wird im weiteren einfach *glattes Kurvensystem*[1]) genannt. Es heißt zur Klasse C^m (entsprechend $C^{m,\lambda}$) gehörig, wenn alle Kurven von Γ dieser Klasse angehören.

2. Sei Γ ein glattes Kurvensystem. Mit $C^m(\Gamma)$ bezeichnen wir die Gesamtheit aller auf Γ m-fach stetig differenzierbaren (komplexwertigen) Funktionen und mit $C^{m,\lambda}(\Gamma)$ $(0 < \lambda \leqq 1)$ die Menge der Funktionen $f(t) \in C^m(\Gamma)$, deren

[1]) Im weiteren werden nur solche Kurvensysteme betrachtet.

m-te Ableitung $f^{(m)}(t)$ zu $H^\lambda(\Gamma)$ gehört. Entsprechende Bedeutung hat die Bezeichnung $C^{m,\lambda}(\Gamma_1 \times \Gamma_2)$ für Funktionen zweier Veränderlicher, die auf $\Gamma_1 \times \Gamma_2$ definiert sind. $C^m(\Gamma)$ und $C^{m,\lambda}(\Gamma)$ sind BANACH-Räume mit den Normen

$$\|f\|_{C^m(\Gamma)} = \sum_{k=0}^{m} \max_{t \in \Gamma} |f^{(k)}(t)|$$

bzw.

$$\|f\|_{C^{m,\lambda}(\Gamma)} = \|f\|_{C^m(\Gamma)} + \sup_{t,\tau \in \Gamma} \frac{|f^{(m)}(t) - f^{(m)}(\tau)|}{|t-\tau|^\lambda}. \tag{1.1}$$

Wir wollen vereinbaren, für $\lambda = 0$ im weiteren $C^{m,0}(\Gamma) = C^m(\Gamma)$ und $H^0(\Gamma) = C(\Gamma)$ zu setzen.

Wenn $\Gamma \in C^{m,\lambda}$ gilt, dann ist $C^{m,\lambda}(\Gamma)$ gleich der Menge aller auf Γ definierten Funktionen $f(t)$, für die die Funktion $f(s) = f(t(s))$ der reellen Veränderlichen s auf dem Intervall $[0, \gamma]$ stetige Ableitungen bis zur Ordnung m hat, wobei $f^{(m)}(s)$ eine HÖLDER-Bedingung mit dem Exponenten λ erfüllt. Außerdem ist die Norm (1.1) äquivalent der Norm

$$\|f\|_{m,\lambda} = \sum_{k=0}^{m} \max_{0 \leqq s \leqq \gamma} |f^{(k)}(s)| + \sup_{0 \leqq s,\sigma \leqq \gamma} \frac{|f^{(m)}(s) - f^{(m)}(\sigma)|}{|s-\sigma|^\lambda}.$$

3. Mit $W_p^{(m)}(\Gamma)$ $(1 < p < \infty)$ bezeichnen wir, wie gewöhnlich (siehe S. L. SOBOLEW [1] oder W. I. SMIRNOW [1]), den SOBOLEWschen Raum aller Funktionen $f(t) \in L^p(\Gamma)$, die verallgemeinerte Ableitungen $f^{(k)}(t) \in L^p(\Gamma)$, $k = 1, 2, \ldots, m$, besitzen. Die Norm einer Funktion $f \in W_p^{(m)}(\Gamma)$ wird durch die Formel

$$\|f\|_{W_p^{(m)}(\Gamma)} = \sum_{k=0}^{m} \|f^{(k)}\|_{L^p(\Gamma)} \tag{1.2}$$

definiert. $W_p^{(m)}(\Gamma)$ ist die Vervollständigung in der Norm (1.2) der Menge $C^\infty(\Gamma)$ aller auf Γ beliebig oft differenzierbaren Funktionen.

4. Sei Γ ein glattes Kurvensystem, $t_1, t_2, \ldots, t_r$ paarweise verschiedene Punkte auf Γ und $\Gamma_{t_j} \subset \Gamma$ $(j = 1, 2, \ldots, r)$ ein Kurvenstück, das t_j als inneren Punkt enthält.

Mit $C^\lambda(\Gamma; (\Gamma_{t_j}, m_j)_1^r)$ $(0 \leqq \lambda \leqq 1)$ bezeichnen wir die Gesamtheit aller Funktionen $f(t) \in H^\lambda(\Gamma)$, deren Einschränkungen auf Γ_{t_j} dem Raum $C^{m_j,\lambda}(\Gamma_{t_j})$ angehören. Entsprechend bezeichne $W_p(\Gamma; (\Gamma_{t_j}, m_j)_1^r)$ die Gesamtheit aller Funktionen $f(t) \in L^p(\Gamma)$, deren Einschränkungen auf Γ_{t_j} zu $W_p^{(m_j)}(\Gamma_{t_j})$ gehören. In den Normen

$$\|f\|_{C^\lambda} = \|f\|_{H^\lambda(\Gamma)} + \sum_{j=1}^{r} \|f\|_{C^{m_j,\lambda}(\Gamma_{t_j})}$$

bzw.

$$\|f\|_{W_p} = \|f\|_{L^p(\Gamma)} + \sum_{j=1}^{r} \|f\|_{W_p^{(m_j)}(\Gamma_{t_j})}$$

sind $C^\lambda(\Gamma; (\Gamma_{t_j}, m_j)_1^r)$ und $W_p(\Gamma; (\Gamma_{t_j}, m_j)_1^r)$ BANACH-Räume. An den Stellen des Buches, wo die konkrete Gestalt der Kurvenstücke Γ_{t_j} nicht von Belang ist, werden wir in den Bezeichnungen dieser Räume einfach Γ_{t_j} durch t_j ersetzen.

5. Wenn für eine Funktion $f(t) \in C(\Gamma)$ und gewisse Kurvenstücke Γ_{t_j} $(j = 1, 2, \ldots, r)$ die Einschränkungen von $f(t)$ auf Γ_{t_j} zu $C^{m_j, \lambda}(\Gamma_{t_j})$ gehören, dann wollen wir $f(t) \in C\big(\Gamma; (t_j, m_j + \lambda)_1^r\big)$ schreiben.

6.1.2. Einige Ungleichungen

Sei $f(t) \in C^0\big(\Gamma; (\Gamma_{t_j}, m_j - 1)_1^r\big)$. Wir bezeichnen mit Hf das HERMITEsche Interpolationspolynom der Funktion $f(t)$ mit den Interpolationsknoten t_j, das die Bedingungen

$$(Hf)^{(k)}(t_j) = f^{(k)}(t_j) \qquad (k = 0, \ldots, m_j - 1;\ j = 1, \ldots, r) \tag{1.3}$$

erfüllt. Hf ist das eindeutig bestimmte Polynom in t vom Grade $\sum_{j=1}^{r} m_j - 1$, das den Bedingungen (1.3) genügt. Das HERMITEsche Interpolationspolynom hat die Gestalt (siehe I. S. BERESIN und N. P. SHIDKOW [1]):

$$(Hf)(t) = \sum_{j=1}^{r} \sum_{k=0}^{m_j-1} \frac{1}{k!} f^{(k)}(t_j)\,(t - t_j)^k\, g_{jk}(t)$$

mit

$$g_{jk}(t) = h_j(t) \sum_{l=0}^{m_j-k-1} \frac{1}{l!} \left[\frac{1}{h_j(t)}\right]^{(l)}_{t=\alpha_j} (t - t_j)^l ,$$

$$h_j(t) = (t - t_j)^{-m_j} \prod_{i=1}^{r} (t - t_i)^{m_i} .$$

Für $r = 1$ ergibt sich offenbar $g_{jk}(t) \equiv 1$.

Wir setzen jetzt

$$F(t) = \frac{f(t) - (Hf)(t)}{\prod_{j=1}^{r} (t - t_j)^{m_j}} \qquad (t \in \Gamma)$$

mit $F(t_j) = \lim_{t \to t_j} F(t)$ und beweisen einige für das weitere wichtige Eigenschaften der Funktion $F(t)$.

Lemma 1.1. *Sei* $f(t) \in C^\lambda\big(\Gamma;\ (\Gamma_{t_j}, m_j)_1^r\big)$ $(0 \leq \lambda \leq 1)$ *und* $\Gamma \in C^{m,\lambda}$ *mit* $m = \max_j m_j$. *Dann gilt* $F(t) \in H^\lambda(\Gamma)$, *und die Abbildung* $f \to F$ *von* $C^\lambda\big(\Gamma;(\Gamma_{t_j}, m_j)_1^r\big)$ *in* $H^\lambda(\Gamma)$ *ist stetig.*

Beweis. Durch sukzessive Anwendung der partiellen Integration kann man sich leicht davon überzeugen, daß für eine beliebige Funktion $g(x) \in C^m[0, 1]$ die Beziehung

$$g(1) - \sum_{k=0}^{m-1} \frac{1}{k!} g^{(k)}(0) = \frac{1}{(m-1)!} \int_0^1 (1 - x)^{m-1} g^{(m)}(x)\, dx \tag{1.4}$$

gilt.

Wir wählen einen beliebigen, aber festen Index j, $1 \leqq j \leqq r$. Sei $t = t(s)$ $(0 \leqq s \leqq \gamma_j)$ die Gleichung der Teilkurve des Systems Γ, die den Punkt t_j enthält; des weiteren sei $t_j = t(s_j)$ und $f(s) = f\big(t(s)\big)$. Indem wir in der Formel (1.4) $m = m_j$ und

$$g(x) = f\,[s_j + x\,(s - s_j)]$$

setzen, erhalten wir

$$\frac{f(s) - \sum\limits_{k=0}^{m_j-1} \frac{1}{k!} f^{(k)}(s_j)\,(s - s_j)^k}{(s - s_j)^{m_j}} = \frac{1}{(m_j - 1)!} \int\limits_0^1 (1 - x)^{m_j - 1} f^{(m_j)}\,[s_j + x\,(s - s_j)]\,dx\,.$$

Daraus ergeben sich unmittelbar für die Funktion

$$F_j(t) = \frac{f(t) - \sum\limits_{k=0}^{m_j-1} \frac{1}{k!} f^{(k)}(t_j)\,(t - t_j)^k}{(t - t_j)^{m_j}}$$

auf Grund der in 6.1.1, Nr. 2, gemachten Bemerkungen die Beziehungen $F_j(t) \in H^\lambda(\Gamma)$ und

$$\|F_j\|_{H^\lambda(\Gamma)} \leqq c\,\|f\|_{C^\lambda} \qquad (c = \text{const})\,. \tag{1.5}$$

Andererseits gelten für beliebiges j die Darstellungen

$$F(t) = \frac{1}{h_j(t)}\,[F_j(t) - H_1(t) - H_2(t)] \tag{1.6}$$

mit

$$H_1(t) = \sum_{l \neq j} \sum_{k=0}^{m_l-1} \frac{1}{k!} f^{(k)}(t_l)\,(t - t_l)^k \,\frac{g_{lk}(t)}{(t - t_j)^{m_j}}\,,$$

$$H_2(t) = \sum_{k=0}^{m_j-1} \frac{1}{k!} f^{(k)}(t_j)\,(t - t_j)^k\,\frac{g_{jk}(t) - 1}{(t - t_j)^{m_j}}\,.$$

Da die Funktionen $(t - t_j)^{-m_j}\,g_{lk}(t)$ $(l \neq j)$ und $(t - t_j)^{-m}\,[g_{jk}(t) - 1]$, wie leicht einzusehen ist, beliebig oft differenzierbar sind, so folgt jetzt aus (1.5) und (1.6) die Behauptung des Lemmas.

Lemma 1.2. *Sei* $f(t) \in W_p\big(\Gamma; (\Gamma_{t_j}, m_j)_1^r\big)$ *und* $\Gamma \in C^m$ *mit* $m = \max\limits_j m_j$. *Dann gilt* $F(t) \in L^p(\Gamma)$, *und die Abbildung* $f \to F$ *von* $W_p\big(\Gamma; (\Gamma_{t_j}, m_j)_1^r\big)$ *in* $L^p(\Gamma)$ *ist stetig.*

Wir bemerken zunächst, daß auf Grund der Sobolewschen Einbettungssätze (vgl. S. L. Sobolew [1])

$$W_p\big(\Gamma; (\Gamma_{t_j}, m_j)_1^r\big) \subset C^0\big(\Gamma; (\Gamma_{t_j}, m_j - 1)_1^r\big) \tag{1.7}$$

im Sinne einer stetigen Einbettung gilt. Mithin ist unter den Voraussetzungen des Lemmas 1.2 die Existenz des Polynoms Hf gesichert.

Zum Beweis des Lemmas 1.2 benötigen wir einige Ungleichungen, die in den zwei folgenden Hilfssätzen aufgestellt werden.

Lemma 1.3. *Sei* (a, b) *ein endliches Intervall,* $f(x) \in L^p(a, b)$ $(1 < p < \infty)$ *und*

$$F(x) = \int\limits_a^x |f(y)|\, dy\,, \qquad G(x) = \int\limits_x^b |f(y)|\, dy \qquad (a < x < b)\,.$$

Dann gilt

$$\left\|\frac{F(x)}{x-a}\right\|_{L^p(a,\,b)} \leqq \frac{p}{p-1}\, \|f\|_{L^p(a,\,b)}\,, \tag{1.8}$$

$$\left\|\frac{G(x)}{b-x}\right\|_{L^p(a,\,b)} \leqq \frac{p}{p-1}\, \|f\|_{L^p(a,\,b)}\,. \tag{1.9}$$

Beweis. Wir beweisen zunächst die Ungleichung (1.8) für $a = 0$, $b = 1$. Zu diesem Zweck führen wir die Hilfsfunktion

$$\varphi(x, y) = |f(x\, y)| \qquad (0 \leqq x, y \leqq 1)$$

ein, von der wir die folgenden Integrale nach den Variablen x und y berechnen:

$$\int\limits_0^1 \varphi(x, y)\, dx = \frac{F(y)}{y}\,, \qquad \left\{\int\limits_0^1 [\varphi(x, y)]^p\, dy\right\}^{1/p} \leqq \left\{\frac{1}{x}\int\limits_0^1 |f(t)|^p\, dt\right\}^{1/p}.$$

Auf Grund der bekannten Ungleichung[1])

$$\left[\int\limits_0^1 \left\{\int\limits_0^1 \varphi(x, y)\, dx\right\}^p dy\right]^{1/p} \leqq \int\limits_0^1 \left\{\int\limits_0^1 [\varphi(x, y)]^p\, dy\right\}^{1/p} dx$$

erhalten wir dann die Abschätzung

$$\left\|\frac{F(y)}{y}\right\|_{L^p(0,\,1)} \leqq \frac{p}{p-1}\, \|f\|_{L^p(0,\,1)}\,.$$

Daraus ergibt sich mittels der Substitution $x = a + (b - a)\, y$ leicht die zu beweisende Ungleichung (1.8).

Die Ungleichung (1.9) beweist man analog, indem man von der Funktion $\varphi(x, y) = |f\,[1 + (1 - y)\,(x - 1)]|$ ausgeht.

Lemma 1.4. *Sei* $f(x) \in W_p^{(n)}(a, b)$, $a \leqq x_0 \leqq b$ *und* $f^{(k)}(x_0) = 0$ *für* $k = 0, 1, \ldots, m-1$ $(m \leqq n)$.

Dann ist $g(x) = (x - x_0)^{-m} f(x)$ *eine Funktion aus* $W_p^{(n-m)}(a, b)$, *und es gilt*

$$\|g\|_{W_p^{(n-m)}(a,b)} \leqq \left(\frac{p}{p-1}\right)^m \|f\|_{W_p^{(n)}(a,\,b)}\,.$$

Beweis. Durch partielle Integration überzeugt man sich leicht davon, daß für beliebiges $k \leqq n - 1$ die Beziehung

$$g^{(k)}(x) = \frac{1}{x - x_0} \int\limits_{x_0}^x \left(\frac{y - x_0}{x - x_0}\right)^k f^{(k+1)}(y)\, dy$$

[1]) Siehe G. H. Hardy, J. E. Littlewood and G. Polya [1], Theorem 202.

gilt. Damit erhalten wir auf Grund der Ungleichungen (1.8) und (1.9)

$$||g^{(k)}||_{L^p(a,\,b)} \leqq \left\{ \int_a^b \left| \frac{1}{x - x_0} \int_{x_0}^{x} |f^{(k+1)}(y)\,|dy \right|^p dx \right\}^{1/p} \leqq \frac{p}{p-1} ||f^{(k+1)}||_{L^p(a,\,b)}\,.$$

Hieraus folgt die Behauptung im Falle $m = 1$.

Für $m > 1$ erhält man die Behauptung des Lemmas leicht durch Induktion nach m, wenn man berücksichtigt, daß für die Funktion $h(x) = (x - x_0)^{1-m} f(x)$ die Beziehungen $g(x) = (x - x_0)^{-1} h(x)$ und

$$h(x_0) = \lim_{x \to x_0} (x - x_0)^{1-m} f(x) = \frac{f^{(m-1)}(x_0)}{(m-1)!} = 0$$

gelten.

Wir kommen jetzt zum Beweis des Lemmas 1.2.

Für die beim Beweis des Lemmas 1.1 eingeführte Funktion $F_j(t)$ ergibt sich nach Lemma 1.4: $F_j(t) \in L^p(\Gamma)$ und

$$||F_j||_{L^p(\Gamma)} \leqq c\,||f||_{W_p}\,.$$

Daraus erhalten wir unter Berücksichtigung der Darstellung (1.6) sowie der nach (1.7) gültigen Abschätzungen

$$|f^{(k)}(t_j)| \leqq c||f||_{W_p} \qquad (k = 0, 1, \ldots, m_j - 1; j = 1, \ldots, r)$$

die Behauptung des Lemmas 1.2.

Bemerkung. Die Aussagen der Lemmata 1.1 und 1.2 lassen sich wie folgt verallgemeinern: Sei $f(t) \in C^\lambda(\Gamma; (\Gamma_{tj}, n_j)_1^r)$ $(0 \leqq \lambda \leqq 1)$ und $\Gamma \in C^{n,\lambda}$ mit $n = \max_j n_j$ und $n_j \geqq m_j\,(j = 1, \ldots, r)$. Dann gilt $F(t) \in C^\lambda(\Gamma; (\Gamma_{tj}, n_j - m_j)_1^r)$, und die Abbildung $f \to F$ von $C^\lambda(\Gamma; \Gamma_{tj}, n_j)_1^r)$ in $C^\lambda(\Gamma; (\Gamma_{tj}, n_j - m_j)_1^r)$ ist stetig. Analog läßt sich die entsprechende Verallgemeinerung des Lemmas 1.2 formulieren.

Dies folgt leicht aus den vorstehenden Beweisen.

6.1.3. Weitere Eigenschaften des singulären Integrals

Für das Weitere benötigen wir einige Eigenschaften des in Abschnitt 3.4 eingeführten singulären Integraloperators S in den Räumen $W_p(\Gamma; (\Gamma_{tj}, m_j)_1^r)$ und $C^\lambda(\Gamma; (\Gamma_{tj}, m_j)_1^r)$.

Lemma 1.5. *Sei Γ eine offene* Ljapunow-*Kurve mit dem Anfangspunkt a und dem Endpunkt b. Wenn $\varphi(t) \in W_p^{(1)}(\Gamma)$ $(1 < p < \infty)$, dann gilt*

$$\frac{d}{dt} \int_\Gamma \frac{\varphi(\tau)}{\tau - t}\,d\tau = \frac{\varphi(a)}{a - t} - \frac{\varphi(b)}{b - t} + \int_\Gamma \frac{\varphi'(\tau)}{\tau - t}\,d\tau \tag{1.10}$$

für alle inneren Punkte t der Kurve Γ.

Beweis. Zunächst setzen wir $\varphi(t) \in C^{1,\lambda}(\Gamma)$ $(0 < \lambda < 1)$ voraus. Wir legen in der komplexen Ebene einen Schnitt an, der den Punkt $t \in \Gamma$ $(t \neq a,\ t \neq b)$ mit dem unendlich fernen Punkt verbindet und der rechts von Γ verläuft. In der so aufgeschnittenen komplexen Ebene ist $\ln(z - t)$ eine eindeutige Funktion von z.

Sei $\varepsilon > 0$ eine beliebige hinreichend kleine Zahl. Wir legen jetzt auf Γ von t ausgehend nach beiden Richtungen hin die Kurven $t_1\,t$ und $t\,t_2$, deren Längen je gleich ε sind, und bezeichnen mit Γ_ε beide Kurven zusammengenommen. Wir betrachten die Funktion

$$\psi_\varepsilon(t) = \int_{\Gamma-\Gamma_\varepsilon} \varphi'(\tau) \ln(\tau - t)\, d\tau .$$

Nach partieller Integration erhalten wir

$$\psi_\varepsilon(t) = -\int_{\Gamma-\Gamma_\varepsilon} \frac{\varphi(\tau)}{\tau - t}\, d\tau + \varphi(b) \ln(b - t) - \varphi(a) \ln(a - t) +$$
$$+ \varphi(t_1) \ln(t_1 - t) - \varphi(t_2) \ln(t_2 - t) .$$

Für $\varepsilon \to 0$ strebt das Integral auf der rechten Seite gegen das singuläre Integral

$$-\int_\Gamma \frac{\varphi(\tau)}{\tau - t}\, d\tau ,$$

während die beiden folgenden Glieder der rechten Seite nicht von ε abhängen. Die letzten beiden Summanden kann man wie folgt umformen:

$$\varphi(t_1) \ln(t_1 - t) - \varphi(t_2) \ln(t_2 - t) = \varphi(t)\,[\ln(t_1 - t) - \ln(t_2 - t)]$$
$$+ [\varphi(t_1) - \varphi(t)] \ln(t_1 - t) - [\varphi(t_2) - \varphi(t)] \ln(t_2 - t) .$$

Das erste Glied auf der rechten Seite der letzten Gleichung strebt mit $\varepsilon \to 0$ gegen $\pi\, i\, \varphi(t)$, und die letzten beiden Glieder konvergieren wegen $\lim\limits_{x \to 0} x^\lambda \ln x = 0$ gegen Null. Mithin ergibt sich

$$\lim_{\varepsilon \to 0} \psi_\varepsilon(t) = \pi\, i\, \varphi(t) + \varphi(b) \ln(b - t) - \varphi(a) \ln(a - t) - \int_\Gamma \frac{\varphi(\tau)}{\tau - t}\, d\tau . \tag{1.11}$$

Wir differenzieren jetzt die Funktion $\psi_\varepsilon(t)$. Dann finden wir unter Benutzung der Differentiationsregel für Parameterintegrale mit variablen Integrationsgrenzen

$$\psi_\varepsilon'(t) = -\int_{\Gamma-\Gamma_\varepsilon} \frac{\varphi'(\tau)}{\tau - t}\, d\tau + [\varphi'(t_1) \ln(t_1 - t)\, t'\,(s - \varepsilon) -$$
$$- \varphi'(t_2) \ln(t_2 - t)\, t'\,(s + \varepsilon)]\, \overline{t'(s)} .$$

Nach dem bereits Bewiesenen konvergiert die rechte Seite für $\varepsilon \to 0$ gegen die Funktion

$$-\int_\Gamma \frac{\varphi'(\tau)}{\tau - t}\, d\tau + \pi\, i\, \varphi'(t) ,$$

und zwar gleichmäßig bezüglich $t \in \Gamma_0$, wobei $\Gamma_0 \subset \Gamma$ eine beliebige abgeschlossene Kurve bedeutet, die die Punkte a und b nicht enthält (vgl. N. I. Musche-

LISCHWILI [1], Seite 40). Auf Grund eines bekannten Satzes aus der Analysis gilt dann

$$\left[\lim_{\varepsilon\to 0}\psi_\varepsilon(t)\right]' = \lim_{\varepsilon\to 0}\psi_\varepsilon'(t) = \pi\, i\, \varphi'(t) - \int_\Gamma \frac{\varphi'(\tau)}{\tau - t}\, d\tau\,.$$

Hieraus folgt zusammen mit (1.11) die Formel (1.10) für den Fall, daß $\varphi(t) \in C^{1,\lambda}(\Gamma)$ ist.

Es sei jetzt $\varphi(t) \in W_p^{(1)}(\Gamma)$. Dann existiert eine Folge von Funktionen $\varphi_n(t) \in C^{1,\lambda}(\Gamma)$ mit

$$\|\varphi - \varphi_n\|_{W_p^{(1)}(\Gamma)} \to 0\,.$$

Wir setzen

$$\psi(t) = \int_\Gamma \frac{\varphi(\tau)}{\tau - t}\, d\tau\,, \qquad \psi_n(t) = \int_\Gamma \frac{\varphi_n(\tau)}{\tau - t}\, d\tau\,.$$

Mit $\chi(t)$ bezeichnen wir die rechte Seite von (1.10).

Da für die Funktionen $\varphi_n(t)$ die Formel (1.10) bereits bewiesen ist und da S im Raum $L^p(\Gamma)$ ein stetiger Operator ist (vgl. 3.4.4), so erhalten wir

$$\|\psi - \psi_n\|_{L^p(\Gamma)} \to 0\,, \qquad \|\chi - \psi_n'\|_{L^p(\Gamma_0)} \to 0\,, \qquad n \to \infty\,.$$

Daraus folgt auf Grund der Abgeschlossenheit des Operators der verallgemeinerten Differentiation (siehe W. I. SMIRNOW [1]) $\psi(t) \in W_p^{(1)}(\Gamma_0)$ und $\psi'(t) = \chi(t)$, was zu beweisen war.

Aus dem vorstehenden Beweis ergibt sich leicht

Folgerung 1.1. *Sei $\varphi(t) \in W_p^{(1)}(\Gamma)$ und t ein innerer Punkt der Kurve Γ. Dann gilt folgende Regel der partiellen Integration:*

$$\int_\Gamma \varphi'(\tau) \ln(\tau - t)\, d\tau = \pi\, i\, \varphi(t) + \varphi(b) \ln(b - t) - \\ - \varphi(a) \ln(a - t) - \int_\Gamma \frac{\varphi(\tau)}{\tau - t}\, d\tau\,.$$

Im weiteren bezeichne Γ ein Kurvensystem, das aus endlich vielen geschlossenen LJAPUNOW-Kurven ohne gemeinsame Punkte besteht. Des weiteren seien $t_1, t_2, \ldots, t_r$ paarweise verschiedene Punkte auf Γ und $\Gamma_{t_j}, \Gamma'_{t_j}$ $(j = 1, 2, \ldots, r)$ Kurvenstücke auf Γ, die jeweils t_j als innere Punkte enthalten und so beschaffen sind, daß die abgeschlossene Kurve $\overline{\Gamma'_{t_j}}$ (d. h. die Kurve Γ'_{t_j} einschließlich ihrer Endpunkte) nur aus inneren Punkten von Γ_{t_j} besteht.

Aus Lemma 1.5 schließen wir unmittelbar auf

Folgerung 1.2. *Der singuläre Operator S,*

$$(S\,\varphi)(t) = \frac{1}{\pi\, i} \int_\Gamma \frac{\varphi(\tau)}{\tau - t}\, d\tau \qquad (t \in \Gamma)\,,$$

bildet den Raum $W_p(\Gamma; (\Gamma_{t_j}, m_j)_1^r)$ stetig in den Raum $W_p(\Gamma; (\Gamma'_{t_j}, m_j)_1^r)$ $(1 < p < \infty)$ *ab.*

Entsprechendes gilt für $C^\lambda(\Gamma; (\Gamma_{t_j}, m_j)_1^r)$ $(0 < \lambda < 1)$.

Folgerung 1.3. *Der singuläre Operator* S *ist ein Homöomorphismus des Raumes* $W_p^{(m)}(\Gamma)$ $(1 < p < \infty)$ *auf sich, und für beliebiges* $\varphi \in W_p^{(m)}(\Gamma)$ *gilt*

$$\frac{d^k}{dt^k} \int\limits_\Gamma \frac{\varphi(\tau)}{\tau - t}\, d\tau = \int\limits_\Gamma \frac{\varphi^{(k)}(\tau)}{\tau - t}\, d\tau \qquad (k = 1, 2, \ldots, m)\,.$$

Entsprechendes gilt für den Raum $C^{m,\lambda}(\Gamma)$ $(0 < \lambda < 1)$.

Zum Beweis der Folgerung 1.3 genügt es zu bemerken, daß im Falle einer geschlossenen Kurve Γ $(a = b)$ die ersten beiden Glieder der rechten Seite von (1.10) verschwinden und außerdem $S^2 = I$ gilt.

Lemma 1.6. *Sei* $a(t) \in C(\Gamma; (t_j, m_j + \lambda)_1^r)$ $(0 < \lambda \leqq 1)$ *und* $\Gamma \in C^{m,\lambda}$ *mit* $m = \max\limits_j m_j$. *Dann bildet der Kommutator* $T_a = S\,a - a\,S$ *den Raum* $L^p(\Gamma)$ $(1 < p < \infty)$ *vollstetig in den Raum* $W_p(\Gamma; (\Gamma_{t_j}, m_j)_1^r)$ *ab.*

Beweis. Sei $\varphi \in L^p(\Gamma)$. Wir zeigen zunächst, daß die Funktion $\psi = T_a\,\varphi$ zum Raum $W_p(\Gamma; (\Gamma_{t_j}, m_j)_1^r)$ gehört. Wegen $\psi \in L^p(\Gamma)$ genügt es, die Einschränkungen der Funktion ψ auf Γ_{t_j} zu betrachten.

Wir setzen

$$\psi(t) = \int\limits_\Gamma T(t,\tau)\,\varphi(\tau)\,d\tau\,, \qquad T(t,\tau) = \frac{1}{\pi i}\,\frac{a(\tau) - a(t)}{\tau - t}$$

und betrachten bei festem j, $1 \leqq j \leqq r$, nur Punkte $t \in \Gamma_{t_j}$. Dann existieren die partiellen Ableitungen der Funktion $T(t,\tau)$ nach t (entsprechend nach $\tau \in \Gamma_{t_j}$) bis zur $(m_j - 1)$-ten Ordnung, und diese gehören der Klasse $H^\lambda(\Gamma_{t_j} \times \Gamma)$ an (vgl. Lemma 1.1). Die m_j-te Ableitung ist darstellbar in der Form

$$T_t^{(m_j)}(t,\tau) = \frac{\partial^{m_j} T(t,\tau)}{\partial t^{m_j}} = \frac{T_0(t,\tau)}{|t - \tau|^\nu}\,, \tag{1.12}$$

wobei $1 - \lambda < \nu < 1$ und $T_0(t,\tau) \in H^{\lambda+\nu-1}(\Gamma_{t_j} \times \Gamma)$ ist; die Zahl ν kann im angegebenen Intervall beliebig gewählt werden (siehe N. I. Muschelischwili [1], § 7). Dabei gilt

$$\psi^{(k)}(t) = \int\limits_\Gamma T_t^{(k)}(t,\tau)\,\varphi(\tau)\,d\tau \qquad (t \in \Gamma_{t_j};\ k = 1, \ldots, m_j)\,. \tag{1.13}$$

In der Tat, für $k = 1, \ldots, m_j - 1$ ist diese Formel infolge der Stetigkeit der Ableitungen $T_t^{(k)}(t,\tau)$ eine bekannte Eigenschaft von Parameterintegralen (siehe z. B. G. M. Fichtenholz [1], Bd. II). Wir beweisen jetzt die Formel (1.13) für $k = m_j$. Wenn $\varphi(t) \in C(\Gamma)$ ist, dann erhält man die Behauptung leicht, indem man in Analogie zum Beweis des Lemmas 1.5 zunächst das Integral

$$\int\limits_{\Gamma - \Gamma_\varepsilon} T_t^{(m_j - 1)}(t,\tau)\,\varphi(\tau)\,d\tau$$

differenziert und dann mit $\varepsilon \to 0$ geht. Sei jetzt $\varphi(t) \in L^p(\Gamma)$. Wir wählen eine Folge stetiger Funktionen $\varphi_n(t)$ mit $\|\varphi - \varphi_n\|_{L^p(\Gamma)} \to 0$, und setzen für $t \in \Gamma_{t_j}$:

$$\Phi_n(t) = \int\limits_\Gamma T_t^{(m_j - 1)}(t,\tau)\,\varphi_n(\tau)\,d\tau\,,$$

$$\chi(t) = \int\limits_\Gamma T_t^{(m_j)}(t,\tau)\,\varphi(\tau)\,d\tau\,.$$

Nach dem soeben Bewiesenen ist

$$\Phi_n'(t) = \int_\Gamma T_t^{(m_j)}(t,\tau)\,\varphi_n(\tau)\,d\tau\,.$$

Sei ν eine im Intervall $1-\lambda < \nu < 1$ beliebig gewählte, feste Zahl. Mit $q = p > 1$, $\sigma = 1$ und $1 < r < \frac{1}{\nu}$ sind dann wegen (1.12) alle Bedingungen des Satzes 3 (2.X) aus dem Buch von L. W. Kantorowitsch und G. P. Akilow [1] erfüllt. Folglich sind die durch die rechten Seiten der Gleichungen (1.13) definierten Integraloperatoren vollstetig von $L^p(\Gamma)$ in $L^p(\Gamma_{tj})$. Mithin gilt

$$\|\psi^{(m_j-1)} - \Phi_n\|_{L^p(\Gamma_{tj})} \leqq C_1\,\|\varphi - \varphi_n\|_{L^p(\Gamma)} \to 0\,,$$

$$\|\chi - \Phi_n'\|_{L^p(\Gamma_{tj})} \leqq C_2\,\|\varphi - \varphi_n\|_{L^p(\Gamma)} \to 0\,.$$

Daraus folgt auf Grund der Abgeschlossenheit des Operators der verallgemeinerten Differentiation $\psi^{(m_j-1)}(t) \in W_p^{(1)}(\Gamma_{tj})$ und $\psi^{(m_j)}(t) = \chi(t)$. Damit ist (1.13) auch für $k = m_j$ bewiesen.

Aus den Formeln (1.13) schließen wir unter Benutzung der bereits genannten Vollstetigkeit ihrer rechten Seiten unmittelbar auf die Behauptung des Lemmas.

Bemerkung. Lemma 1.6 läßt sich auch für den Fall $\lambda = 0$ beweisen (vgl. A. P. Calderon [1]).

Lemma 1.7. *Sei* $a(t) \in C^\lambda(\Gamma; (\Gamma_{tj}, m_j)_1^r)$ $(0 < \lambda \leqq 1)$, $\Gamma \in C^{m,\lambda}$ *mit* $m = \max m_j$ *und* $0 < \mu < \lambda$. *Dann bildet der Kommutator* T_a *den Raum* $H^\nu(\Gamma)$ $(0 < \nu \leqq 1)$ *vollstetig in den Raum* $C^\mu(\Gamma; (\Gamma_{tj}, m_j)_1^r)$ *ab.*

Diese Behauptung folgt ebenfalls aus den Formeln (1.13), wenn man berücksichtigt, daß nach Folgerung 4.3, Kapitel 3, die rechten Seiten von (1.13) vollstetige Operatoren von $H^\nu(\Gamma)$ in $H^\mu(\Gamma_{tj})$ definieren.

6.1.4. Mittlere Ableitungen

1. Sei $[a, b]$ ein endliches Intervall und $f(x)$ eine auf diesem Intervall meßbare und im Lebesgueschen Sinne integrierbare Funktion: $f(x) \in L(a, b)$. Wir setzen $f(x) = 0$ für alle $x \notin [a, b]$. Für beliebiges $h > 0$ bezeichnen wir mit $f_h(x)$ die Steklow*sche Mittelfunktion*

$$f_h(x) = \frac{1}{2h}\int_{x-h}^{x+h} f(t)\,dt \qquad \text{für} \quad a < x < b$$

bzw.

$$f_h(a) = \frac{1}{h}\int_a^{a+h} f(t)\,dt\,, \qquad f_h(b) = \frac{1}{h}\int_{b-h}^{b} f(t)\,dt\,.$$

Sei $x_0 \in [a, b]$ ein beliebiger Punkt. Wenn der Grenzwert $\alpha = \lim_{h\to 0} f_h(x_0)$ existiert, dann nennen wir diesen *mittleren Grenzwert* der Funktion f im Punkt x_0 und schreiben dafür

$$\alpha = \widetilde{\lim_{x\to x_0}}\, f(x)\,.$$

Lemma 1.8. *Wenn $f(x)$ im Punkt x_0 einen (gewöhnlichen) Grenzwert besitzt, dann existiert in diesem Punkt auch der mittlere Grenzwert, und beide stimmen überein.*

Beweis. Es sei zunächst $\alpha = \lim_{x\to x_0} f(x)$ endlich und $a < x_0 < b$. Für beliebiges $\varepsilon > 0$ existiert mithin eine Zahl $\delta = \delta(\varepsilon) > 0$, so daß aus

$$|t - x_0| < \delta\,, \qquad a \leqq t \leqq b\,, \qquad t \neq x_0$$

stets $|f(t) - \alpha| < \varepsilon$ folgt. Damit ergibt sich für $h < \delta$ die Ungleichung

$$|f_h(x_0) - \alpha| \leqq \frac{1}{2\,h} \int\limits_{x_0-h}^{x_0+h} |f(t) - \alpha|\, dt < \varepsilon\,,$$

d. h. $\widetilde{\lim_{x\to x_0}}\, f(x) = \alpha$.

Analog verläuft der Beweis für $x_0 = a$, $x_0 = b$ oder $\alpha = \infty$.

Bekanntlich hat die Funktion $f(x) = \sin\frac{1}{x}$ $(-1 \leqq x \leqq 1)$ im Punkt $x = 0$ keinen Grenzwert; es gilt jedoch $\widetilde{\lim_{x\to 0}}\, f(x) = 0$.

Wir führen jetzt folgende Bezeichnungen ein:

Wenn $f^{\{0\}}(x_0) = \widetilde{\lim_{x\to x_0}}\, f(x)$ endlich ist, dann bezeichnen wir

$$f^{\{1\}}(x_0) = \widetilde{\lim_{x\to x_0}} \frac{f(x) - f^{\{0\}}(x_0)}{x - x_0}\,;$$

sei $f^{\{n-1\}}(x_0)$ bereits erklärt und endlich, dann setzen wir

$$f^{\{n\}}(x_0) = n!\, \widetilde{\lim_{x\to x_0}} \frac{f(x) - \sum\limits_{k=0}^{n-1} \frac{1}{k!} f^{\{k\}}(x_0)\,(x - x_0)^k}{(x - x_0)^n}\,.$$

Wenn der Grenzwert $f^{\{n\}}(x_0)$ existiert, so nennen wir ihn *mittlere Ableitung n-ter Ordnung* der Funktion f im Punkt x_0.

Wegen Lemma 1.8 gilt: Wenn die n-te Taylorsche Ableitung (vgl. 2.3.4) der Funktion f im Punkt x_0 existiert, dann existiert auch die mittlere Ableitung $f^{\{n\}}(x_0)$, und beide Ableitungen stimmen überein. Insbesondere gilt $f^{\{n\}}(x_0) = f^{(n)}(x_0)$, wenn die gewöhnliche Ableitung $f^{(n)}(x_0)$ existiert.

Die mittlere Ableitung kann in einigen Fällen auch dann existieren, wenn die gewöhnliche (oder auch die Taylorsche) Ableitung nicht vorhanden ist. So haben z. B. die Funktionen

$$f(x) = x \sin\frac{1}{x}\; (f(0) = 0)\,; \qquad f(x) = |x|\,, \qquad -1 \leqq x \leqq 1$$

im Punkt $x_0 = 0$ die mittlere Ableitung $f^{\{1\}}(0) = 0$.

Lemma 1.9. *Sei $g(x) \in L^p(a, b)$ $(1 \leqq p < \infty)$, m eine nicht negative ganze Zahl und $x_0 \in [a, b]$. Dann hat die Funktion $f(x) = (x - x_0)^{m+\mu} g(x)$ für $\mu \geqq \frac{1}{p}$ im Punkt x_0 die mittleren Ableitungen $f^{\{k\}}(x_0) = 0$ $(k = 0, 1, \ldots, m)$.*

Beweis. Unter Benutzung der HÖLDERschen Ungleichung erhalten wir leicht die Abschätzung

$$|f_h(x_0)| \leqq \frac{1}{\sqrt[p]{2}} h^{m+\mu-\frac{1}{p}} \left[\int\limits_{x_0-h}^{x_0+h} |g(t)|^p \, dt\right]^{\frac{1}{p}},$$

woraus auf Grund der absoluten Stetigkeit des Integrals die Behauptung für $k = 0$ folgt. Für $k = 1, \ldots, m$ beweist man die Behauptung durch Induktion.

Bemerkung. Die Definition der mittleren Ableitung läßt sich leicht auf Funktionen mehrerer Veränderlicher übertragen. Dabei hat man an Stelle der STEKLOWschen Mittelfunktionen die SOBOLEWschen Mittelfunktionen einzuführen.

2. Eine weitere Eigenschaft der mittleren Ableitungen besteht in folgendem. Wir betrachten im Raum $L^p(a, b)$ den Operator A, der durch die Gleichung

$$(A\,\varphi)(x) = \frac{\varphi(x) - \sum\limits_{j=0}^{k-1} \frac{1}{j!} \varphi^{\{j\}}(x_0)\,(x - x_0)^j}{(x - x_0)^k}$$

definiert wird. Dabei ist k eine feste natürliche Zahl und $x_0 \in [a, b]$ ein fester Punkt. Das Definitionsgebiet $D(A)$ des Operators A besteht aus allen Funktionen $\varphi \in L^p(a, b)$, für die der Ausdruck $(A\,\varphi)(x) \in L^p(a, b)$ ist. $D(A)$ ist dicht in $L^p(a, b)$, da nach Lemma 1.1 $C^\infty[a, b] \subset D(A)$ gilt.

Lemma 1.10. *Der Operator A ist abgeschlossen.*

Beweis. Es gelte $\varphi_n \in D(A)$, $\varphi_n \to \varphi$ und $A\,\varphi_n \to \psi$ (im Sinne der Norm von $L^p(a, b)$). Wir zeigen, daß $\varphi \in D(A)$ und $A\,\varphi = \psi$ ist.

Wegen der linearen Unabhängigkeit des Funktionensystems $(x - x_0)^j$ $(j = 0, 1, \ldots, k - 1)$ ist auf Grund der gemachten Voraussetzungen leicht einzusehen, daß die endlichen Grenzwerte

$$\lim_{n\to\infty} \varphi_n^{\{j\}}(x_0) = c_j \qquad (j = 0, 1, \ldots, k - 1)$$

existieren. Wir setzen

$$\chi(x) = \frac{\varphi(x) - \sum\limits_{j=0}^{k-1} \frac{1}{j!} c_j\,(x - x_0)^j}{(x - x_0)^k} \quad (x \neq x_0)$$

und zeigen, daß $\chi(x) = \psi(x)$ fast überall auf (a, b) gilt. Daraus folgt nach Lemma 1.9 $\varphi^{\{j\}}(x_0) = c_j$ $(j = 0, 1, \ldots, k - 1)$, womit die Behauptung bewiesen ist.

Für beliebiges $m = 1, 2, \ldots$ setzen wir $I_m = [a, b] - \left(x_0 - \frac{1}{m}, x_0 + \frac{1}{m}\right)$ und $I = [a, b] - \{x_0\}$. Wegen $I = \bigcup\limits_{m=1}^{\infty} I_m$ genügt es zu zeigen, daß $\chi(x) = \psi(x)$

fast überall auf I_m $(m = 1, 2, \ldots)$ gilt. Letzteres folgt aber unmittelbar aus den Abschätzungen

$$\int_{I_m} |\psi(x) - \chi(x)|\, dx \leqq \int_{I_m} |\psi(x) - (A\,\varphi_n)(x)|\, dx + \int_{I_m} |(A\,\varphi_n)(x) - \chi(x)|\, dx$$

und

$$\int_{I_m} |\psi(x) - (A\,\varphi_n)(x)|\, dx \leqq C'_m\, ||\psi - A\,\varphi_n||_{L^p_{(a,\,b)}}\,,$$

$$\int_{I_m} |\chi(x) - (A\,\varphi_n)(x)|\, dx \leqq C''_m\, ||\varphi - \varphi_n||_{L^p(a,\,b)} + \sum_{j=0}^{k-1} |c_j - \varphi_n^{\{j\}}(x_0)|\,,$$

da die rechten Seiten der beiden letzten Ungleichungen für $n \to \infty$ gegen Null streben.

Das Lemma ist bewiesen.

3. Sei jetzt Γ eine hinreichend glatte JORDAN-Kurve und $t = t(s)$ $(0 \leqq s \leqq \gamma)$ die Gleichung von Γ, wobei s die Bogenlänge auf Γ bedeutet. Wir sagen, daß die Funktion $f(t) \in L(\Gamma)$ im Punkt $t_0 = t(s_0) \in \Gamma$ die mittlere Ableitung $f^{\{1\}}(t_0)$ besitzt, wenn die Funktionen $f(s) = f(t(s))$ der reellen Veränderlichen s im Punkt $s_0 \in [0, \gamma]$ die mittlere Ableitung $f^{\{1\}}(s_0)$ besitzt, und setzen

$$f^{\{1\}}(t_0) = \overline{t'(s_0)}\, f^{\{1\}}(s_0) \qquad \left(t'(s) = \frac{dt(s)}{ds}\right).$$

Schließlich definieren wir induktiv

$$f^{\{k+1\}}(t) = \overline{t'(s)}\, \frac{d}{ds} f^{\{k\}}(t)\,,$$

wobei auf der rechten Seite $\frac{d}{ds} f^{\{k\}}(t)$ formal nach der Produktenregel zu berechnen und in dem dabei erhaltenen Ausdruck $\frac{d}{ds} f^{\{l\}}(s) = f^{\{l+1\}}(s)$ zu setzen ist.

Alle unter Nr. 1 und Nr. 2 genannten Eigenschaften der mittleren Ableitung $f^{\{k\}}(t)$ behalten offensichtlich ihre Gültigkeit.

6.2. Die durch Nullstellen des Symbols erzeugten Räume

6.2.1. Sei Γ ein Kurvensystem in der komplexen Ebene, das aus endlich vielen geschlossenen LJAPUNOW-Kurven ohne gemeinsame Punkte besteht und das die Ebene in zwei Gebiete zerlegt: ein zusammenhängendes endliches Gebiet D_+, in dem der Koordinatenursprung liegt, und ein Gebiet D_-, welches den unendlich fernen Punkt enthält. Die positive Richtung auf Γ wird wie üblich gewählt (vgl. 3.4.1). Mit P und Q bezeichnen wir, ebenso wie in Abschnitt 3.4, die im Raum $L^p(\Gamma)$ $(1 < p < \infty)$ definierten Projektoren

$$P = \frac{1}{2}\,(I + S)\,, \qquad Q = \frac{1}{2}\,(I - S)\,.$$

Des weiteren seien $\alpha_1, \alpha_2, \ldots, \alpha_r, \beta_1, \beta_2, \ldots, \beta_s$ und $\gamma_1, \gamma_2, \ldots, \gamma_q$ Punkte auf Γ und $m_1, m_2, \ldots, m_r, n_1, n_2, \ldots, n_s$ sowie $l_1, l_2, \ldots, l_q$ nicht negative ganze Zahlen. Wir setzen

$$\varrho_+(t) = \prod_{j=1}^{r} (t - \alpha_j)^{m_j}, \qquad \varrho_-(t) = \prod_{j=1}^{s} (t^{-1} - \beta_j^{-1})^{n_j}, \tag{2.1}$$

$$\varrho(t) = \prod_{j=1}^{q} (t - \gamma_j)^{l_j} \qquad (t \in \Gamma).$$

Da offenbar $\varrho_+(t) \in C^+(\Gamma)$, $\varrho_-(t) \in C^-(\Gamma)$ gilt, so ergeben sich nach Satz 5° aus 3.4.4 die Beziehungen

$$\varrho_+ P = P \varrho_+ P, \qquad P \varrho_- = P \varrho_- P. \tag{2.2}$$

Wir führen jetzt die folgenden Operatoren ein:

$$B = P \varrho_- + Q \varrho_+, \qquad D = \varrho_+ P + \varrho_- Q, \qquad F = \varrho I. \tag{2.3}$$

6.2.2. Wir setzen zunächst voraus, daß die Punkte α_j und β_k ($j = 1, \ldots, r$; $k = 1, \ldots, s$) paarweise verschieden sind und beweisen unter diesen Voraussetzungen den folgenden Hilfssatz.

Lemma 2.1. *Es seien* $\varrho_+(t)$, $\varrho_-(t)$ *die durch* (2.1) *definierten Funktionen,* $f_+(t) \in L_+^p(\Gamma)$ (= im P) *und* $f_-(t) \in L_-^p(\Gamma)$ (= im Q). *Dann folgt aus*

$$\varrho_+(t) f_-(t) = \varrho_-(t) f_+(t) \qquad (t \in \Gamma) \tag{2.4}$$

stets

$$f_+(t) = f_-(t) = 0.$$

Beweis. Wir setzen

$$m = \sum_{j=1}^{r} m_j, \qquad n = \sum_{j=1}^{s} n_j. \tag{2.5}$$

Für $m = n = 0$ ist die Behauptung wegen $L_+^p(\Gamma) \cap L_-^p(\Gamma) = \{0\}$ offensichtlich. Sei $m + n > 0$. Wir zeigen zunächst, daß $f_+(t)$ und $f_-(t)$ Polynome sind. Zu diesem Zweck führen wir die Polynome $g_-(t) = t^{-m} \varrho_+(t)$ und $g_+(t) = t^n \varrho_-(t)$ ein und schreiben die Gleichung (2.4) in der Form

$$t^{m+n} g_-(t) f_-(t) = g_+(t) f_+(t). \tag{2.6}$$

Indem wir auf beide Seiten der letzten Gleichung den Projektor P anwenden, finden wir, daß $h_+(t) = g_+(t) f_+(t)$ ein Polynom vom Grade $\leqq m + n - 1$ ist. Dieses Polynom ist (im Polynomring) durch das Polynom $g_+(t)$ teilbar, da anderenfalls die Funktion $h_+(t)/g_+(t) = f_+(t)$ wegen $\beta_k \in \Gamma$ nicht zu $L_+^p(\Gamma)$ gehören würde. Mithin ist $f_+(t)$ ein Polynom. Aus ähnlichen Überlegungen heraus ist das Polynom $h_+(t)$ auch durch das Polynom $t^{m+n} g_-(t) = t^n \varrho_+(t)$ teilbar. Folglich ist nach (2.6) auch $f_-(t) = h_+(t)/t^{m+n} g_-(t)$ ein Polynom.

Da nach Voraussetzung die Nullstellen der Polynome $\varrho_+(t)$ und $\varrho_-(t)$ verschieden sind, so ist nach (2.4) $f_+(t)/\varrho_+(t) = f_-(t)/\varrho_-(t)$ ein Polynom, und mithin gilt $f_+(t) = f_-(t) = 0$.

Folgerung 2.1. *Sei* $f_+(t) \in L^p_+(\Gamma)$ $\big(f_-(t) \in L^p_-(\Gamma)\big)$. *Wenn die Funktion*

$$\varphi_1(t) = f_+(t)/\varrho_+(t) \qquad \big(\varphi_2(t) = f_-(t)/\varrho_-(t)\big)$$

zu $L^p(\Gamma)$ *gehört, dann ist notwendigerweise* $\varphi_1(t) \in L^p_+(\Gamma)$ $\big($*entsprechend* $\varphi_2(t) \in L^p_-(\Gamma)\big)$.

Beweis. Sei z. B. $\varphi_1(t) \in L^p(\Gamma)$. Aus der Beziehung $P\,\varphi_1 = \varphi_1 - Q\,\varphi_1$ erhalten wir

$$\varrho_+(t)\,P\,\varphi_1 - f_+(t) = -\,\varrho_+(t)\,Q\,\varphi_1\,,$$

d. h. also eine Gleichung der Gestalt

$$\varphi_+(t) = \varrho_+(t)\,\varphi_-(t) \qquad (t \in \Gamma)$$

mit $\varphi_\pm(t) \in L^p_\pm(\Gamma)$. Daraus folgt nach Lemma 2.1 $\varphi_+(t) = \varphi_-(t) = 0$, d. h. $Q\,\varphi_1 = 0$ und damit $\varphi_1 = P\,\varphi_1 \in L^p_+(\Gamma)$.

Analog beweist man die Behauptung für die Funktion $\varphi_2(t)$.

Im weiteren bezeichnen wir mit $D^{(-1)}$ den Operator, der für beliebiges $f \in L^p(\Gamma)$ durch die Formel

$$D^{(-1)} f = \varrho_+^{-1}\,P f + \varrho_-^{-1}\,Q f \tag{2.7}$$

definiert ist. Die Gesamtheit aller Funktionen der Gestalt (2.7), wobei f den Raum $L^p(\Gamma)$ durchläuft, soll mit $\tilde{L}^p(\varrho_+, \varrho_-)$ bezeichnet werden.

Wegen (2.2) gilt offenbar für beliebiges $g \in L^p(\Gamma)$:

$$D^{(-1)}\,D\,g = g\,. \tag{2.8}$$

Folglich ist $L^p(\Gamma) \subset \tilde{L}^p(\varrho_+, \varrho_-)$. Wir setzen jetzt D zu einem auf $\tilde{L}^p(\varrho_+, \varrho_-)$ erklärten Operator $\tilde{D}$ fort, indem wir

$$\tilde{D}\,\varphi = \varrho_+\,\tilde{P}\,\varphi + \varrho_-\,\tilde{Q}\,\varphi \qquad \big(\varphi \in \tilde{L}^p(\varrho_+, \varrho_-)\big)$$

festlegen. Dabei sind $\tilde{P}$ und $\tilde{Q}$ die Operatoren, die für die Funktion $\varphi = \varrho_+^{-1}\,P f + {} + \varrho_-^{-1}\,Q f \in \tilde{L}^p(\varrho_+, \varrho_-)$ durch die Gleichungen

$$\tilde{P}\,\varphi = \varrho_+^{-1}\,P f\,, \qquad \tilde{Q}\,\varphi = \varrho_-^{-1}\,Q f$$

definiert sind.

Wir bemerken, daß die Operatoren $\tilde{P}$, $\tilde{Q}$ eindeutig definiert sind, da nach Lemma 2.1 die Funktion $f \in L^p(\Gamma)$ durch $\varphi \in \tilde{L}^p(\varrho_+, \varrho_-)$ eindeutig bestimmt ist. Des weiteren gelten wegen (2.8) für beliebiges $g \in L^p(\Gamma)$ die Gleichungen $\tilde{P}\,g = {} = P\,g$, $\tilde{Q}\,g = Q\,g$ und mithin $\tilde{D}\,g = D\,g$. Offenbar gilt auch

$$\tilde{D}\,D^{(-1)} f = f \qquad \big(f \in L^p(\Gamma)\big)\,.$$

Damit erfüllt der Operator D die Bedingung (2″) aus 4.1.1. Folglich wird $\tilde{L}^p(\varrho_+, \varrho_-)$ in der Norm

$$\|\varphi\|_{\tilde{L}^p(\varrho_+\,\varrho_-)} = \|\tilde{D}\,\varphi\|_{L^p(\Gamma)} = \|f\|_{L^p(\Gamma)}$$

zu einem Banach-Raum, den der Operator $\tilde{D}$ isometrisch auf $L^p(\Gamma)$ abbildet.

6.2.3. Offenbar gilt $\dim \ker F = 0$. Dem Teilabschnitt 4.1.1 folgend, bezeichnen wir mit $\bar{L}^p(\varrho) = \operatorname{im} F$ den BANACH-Raum, der aus allen Funktionen der Gestalt

$$\varphi(t) = \varrho(t) f(t) \qquad (f \in L^p(\Gamma))$$

besteht, wobei die Norm durch die Formel

$$\|\varphi\|_{\bar{L}^p(\varrho)} = \|f\|_{L^p(\Gamma)}$$

erklärt wird. Entsprechend sei $\tilde{L}^p(\varrho)$ der BANACH-Raum aller Funktionen der Gestalt

$$\psi(t) = \varrho^{-1}(t) f(t) \qquad (f \in L^p(\Gamma))$$

mit der Norm

$$\|\psi\|_{\tilde{L}^p(\varrho)} = \|f\|_{L^p(\Gamma)} .$$

Der Operator F bildet den Raum $L^p(\Gamma)$ (entsprechend $\tilde{L}^p(\varrho)$) isometrisch auf $\bar{L}^p(\varrho)$ (entsprechend $L^p(\Gamma)$) ab.

Die Überlegungen dieses Teilabschnitts lassen sich offensichtlich auch auf den allgemeineren Fall übertragen, wenn $\varrho(t)$ eine beliebige meßbare beschränkte Funktion ist, die auf Γ höchstens auf einer Menge vom LEBESGUEschen Maße Null verschwindet.

6.2.4. Es seien jetzt $\alpha_1, \alpha_2, \ldots, \alpha_r$ und $\beta_1, \beta_2, \ldots, \beta_s$ beliebige (nicht notwendig verschiedene) Punkte auf Γ.

Lemma 2.2. *Es gilt* $\dim \ker B = \{0\}$.

Beweis. Sei $B\varphi = 0$ $(\varphi \in L^p(\Gamma))$. Indem wir auf beide Seiten dieser Gleichung den Projektor P anwenden, erhalten wir wegen (2.2) $P \varrho_- P \varphi = 0$ oder

$$P\varphi = \varrho_-^{-1} Q \varrho_- P \varphi .$$

Daraus folgt nach Lemma 2.1 $P\varphi = 0$. Analog ergibt sich $Q \varrho_+ Q \varphi = 0$ oder

$$Q\varphi = \varrho_+^{-1} P \varrho_+ Q \varphi .$$

Damit erhalten wir nach Lemma 2.1 auch $Q\varphi = 0$ und mithin $\varphi = 0$.

Den Ausführungen von 4.3.4 folgend, bezeichnen wir im weiteren durch $L^p(\varrho_+, \varrho_-)$ den Bildraum im B mit der Norm

$$\|f\|_{\bar{L}^p(\varrho_+, \varrho_-)} = \|B^{-1} f\|_{L^p(\Gamma)} .$$

Dann gilt $\bar{L}^p(\varrho_+, \varrho_-) \subset L^p(\Gamma)$ im Sinne einer stetigen Einbettung, und der Operator B bildet $L^p(\Gamma)$ auf den BANACH-Raum $\bar{L}^p(\varrho_+, \varrho_-)$ isometrisch ab.

Wir geben jetzt eine analytische Beschreibung des Raumes $\bar{L}^p(\varrho_+, \varrho_-)$.

Satz 2.1. *Es seien m und n die durch (2.5) definierten ganzen Zahlen. Dafür, daß eine Funktion $f(t) \in L^p(\Gamma)$ zum Raum $\bar{L}^p(\varrho_+, \varrho_-)$ gehört, sind die beiden folgenden Bedingungen zusammen notwendig und hinreichend:*

(1) *Es existiert ein Polynom* $q_-(t) = \dfrac{a_1}{t} + \cdots + \dfrac{a_n}{t^n}$,
so daß $\varphi_1(t) \equiv (Pf - q_-(t))/\varrho_-(t) \in L^p(\Gamma)$.

(2) *Es existiert ein Polynom* $q_+(t) = b_1 + \cdots + b_m t^{m-1}$,
so daß $\varphi_2(t) \equiv (Qf - q_+(t))/\varrho_+(t) \in L^p(\Gamma)$.

Sind die Bedingungen (1) *und* (2) *erfüllt, dann gilt* $B^{-1}f = \varphi_1 + \varphi_2$, *und die Norm im Raum* $\overline{L}^p(\varrho_+, \varrho_-)$ *ist der Norm*

$$\|f\|' = \|\varphi_1\|_{L^p(\Gamma)} + \|\varphi_2\|_{L^p(\Gamma)}$$

äquivalent.

Beweis. Notwendigkeit. Sei $f(t) \in \overline{L}^p(\varrho_+, \varrho_-)$, d. h., es gilt $f = B\varphi$ mit $\varphi(t) \in L^p(\Gamma)$. Durch Anwendung der Operatoren P und Q auf beide Seiten der letzten Gleichung finden wir unter Benutzung von (2.2)

$$P\varrho_- P\varphi = Pf, \qquad Q\varrho_+ Q\varphi = Qf.$$

Daraus erhalten wir nach einigen elementaren Umformungen die Beziehungen

$$t^n f_-(t) = t^n Pf - t^n \varrho_-(t) P\varphi \tag{2.9}$$

und

$$Qf - \varrho_+(t) Q\varphi = f_+(t) \tag{2.10}$$

mit $f_\pm(t) \in L^p_\pm(\Gamma)$. Die rechten Seiten der letzten Gleichungen gehören zum Teilraum $L^p_+(\Gamma)$; die linken Seiten gehören nach Subtraktion gewisser Polynome der Gestalt $q(t) = a_n + a_{n-1}t + \cdots + a_1 t^{n-1}$ für (2.9) bzw. $q_+(t) = b_1 + b_2 t + \cdots + b_m t^{m-1}$ für (2.10) dem Teilraum $L^p_-(\Gamma)$ an. Indem man auf beide Seiten von (2.9) den Operator Q und auf (2.10) den Operator P anwendet, ergibt sich demnach

$$t^n f_-(t) = q(t), \qquad f_+(t) = q_+(t). \tag{2.11}$$

Aus (2.9)—(2.11) folgt unmittelbar, daß die Bedingungen (1) und (2) erfüllt sind.

Hinlänglichkeit. Es seien umgekehrt die Bedingungen (1) und (2) erfüllt. Dann ist nach Folgerung 2.1 $\varphi_1(t) \in L^p_+(\Gamma)$ und $\varphi_2(t) \in L^p_-(\Gamma)$. Für die Funktion $\varphi = \varphi_1 + \varphi_2$ gilt folglich $P\varphi = \varphi_1$, $Q\varphi = \varphi_2$. Unter Benutzung der Beziehungen (2.2) erhalten wir somit

$$\begin{aligned} B\varphi &= P\varrho_-\varphi_1 + Q\varrho_+\varphi_2 = P(Pf - q_-) + Q(Qf - q_+) \\ &= Pf + Qf = f. \end{aligned}$$

Die Behauptung über die Äquivalenz der Normen folgt unmittelbar aus den Abschätzungen

$$\|\varphi_1\|_{L^p(\Gamma)} \leqq \|P\|\,\|\varphi\|_{L^p(\Gamma)}, \qquad \|\varphi_2\|_{L^p(\Gamma)} \leqq \|Q\|\,\|\varphi\|_{L^p(\Gamma)}$$

und der offensichtlichen Ungleichung $\|\varphi\|_{L^p(\Gamma)} \leqq \|f\|'$. Der Satz ist damit bewiesen.

Folgerung 2.2. *Es sei* $\Gamma \in C^{\overline{m}}$ *mit* $\overline{m} = \max\{m_1, \ldots, m_r, n_1, \ldots, n_s\}$. *Im Sinne einer stetigen Einbettung gilt*

$$W_p(\Gamma; (\Gamma_{\alpha_j}, m_j)_1^r, (\Gamma_{\beta_k}, n_k)_1^s) \subset \overline{L}^p(\varrho_+, \varrho_-). \tag{2.12}$$

Beweis. Sei $f(t)$ eine Funktion, die dem in (2.12) zur Linken stehenden Raum angehört. Wir bezeichnen mit $q(t)$ das Hermitesche Interpolationspolynom (in t) der Funktion $t^n Pf$ mit den Knoten β_k ($k = 1, \ldots, s$) und mit $q_+(t)$ das entsprechende Interpolationspolynom von Qf mit den Knoten α_j ($j = 1, \ldots, r$).

Des weiteren setzen wir $q_-(t) = t^{-n} q(t)$. Auf Grund des Lemmas 1.2 sowie der Folgerung 1.2 gelten dann für die im Satz 2.1 genannten Funktionen φ_1 und φ_2 die Abschätzungen

$$||\varphi_1||_{L^p(\Gamma)} \leqq C||f||_{W_p}, \qquad ||\varphi_2||_{L^p(\Gamma)} \leqq C||f||_{W_p}$$

mit $C = \text{const}$. Daraus folgt nach Satz 2.1 die Behauptung.

Folgerung 2.3. *Es sei $a(t) \in C(\alpha_j, m_j) \cap C(\beta_k, n_k)$ $(j = 1, \ldots, r;\ k = 1, \ldots, s)$. Die Funktion $a(t)$ ist ein Multiplikator im Raum $\bar{L}^p(\varrho_+, \varrho_-)$, d. h., für beliebiges $f(t) \in \bar{L}^p(\varrho_+, \varrho_-)$ gilt*

$$a(t)\, f(t) \in \bar{L}^p(\varrho_+, \varrho_-)\,, \qquad ||a f||_{\bar{L}^p(\varrho_+, \varrho_-)} \leqq c||f||_{L^p(\varrho_+, \varrho_-)}\,.$$

Beweis. Sei $f = B\varphi$ $(\varphi \in L^p(\Gamma))$. Dann ist

$$a(t)\, f(t) = B\, a\, \varphi + (a\, B - B\, a)\, \varphi\,,$$

und die Behauptung folgt jetzt aus Lemma 4.1, Kapitel 4.

Unter Berücksichtigung des Satzes 3.4, Kapitel 4, sowie des Lemmas 1.9 ist leicht einzusehen, daß Satz 2.1 auch wie folgt formuliert werden kann.

Satz 2.2. *Dafür, daß eine Funktion $f(t) \in L^p(\Gamma)$ zum Raum $\bar{L}^p(\varrho_+, \varrho_-)$ gehört, ist notwendig und hinreichend, daß für alle $j = 1, \ldots, s$ und $k = 1, \ldots, r$ die folgenden Bedingungen erfüllt sind:*

(1) *Es existieren die mittleren Ableitungen $b_{jl} = (P f)^{\{l\}}(\beta_j)$, $l = 0, 1, \ldots, n_j - 1$, so daß*

$$\frac{P f - \sum_{l=0}^{n_j-1} \frac{1}{l!}\, b_{jl}\, (t - \beta_j)^l}{(t - \beta_j)^{n_j}} \in L^p(\Gamma)\,.$$

(2) *Es existieren die mittleren Ableitungen $a_{kl} = (Q f)^{\{l\}}(\alpha_k)$, $l = 0, 1, \ldots, m_k - 1$, so daß*

$$\frac{Q f - \sum_{l=0}^{m_k-1} \frac{1}{l!}\, a_{kl}\, (t - \alpha_k)^l}{(t - \alpha_k)^{m_k}} \in L^p(\Gamma)\,.$$

Folgerung 2.4. *Die Inverse zum Operator*

$$B = P\,(t^{-1} - \alpha^{-1})^m + Q\,(t - \beta)^n$$

wird durch folgende Formel definiert:

$$(B^{-1} f)(t) = (t^{-1} - \alpha^{-1})^{-m} \left[P f - \sum_{k=0}^{m-1} (t^m\, P f)^{\{k\}}(\alpha)\, \frac{(t - \alpha)^k}{k!\, t^m} \right] + (t - \beta)^{-n} \left[Q f - \sum_{k=0}^{n-1} (Q f)^{\{k\}}(\beta)\, \frac{(t - \beta)^k}{k!} \right]. \tag{2.13}$$

6.3. Symbole mit Nullstellen ganzzahliger Ordnungen

6.3.1. Sei Γ ein Kurvensystem der in 6.2.1 beschriebenen Gestalt. Wir betrachten im Raum $L^p(\Gamma)$ $(1 < p < \infty)$ die singuläre Integralgleichung

$$A\,\varphi = a(t)\,\varphi(t) + \frac{b(t)}{\pi i} \int_\Gamma \frac{\varphi(\tau)}{\tau - t}\, d\tau = f(t) \qquad (t \in \Gamma)\,, \tag{3.1}$$

wobei $a(t)$ und $b(t)$ stetige Funktionen auf Γ sind. Ebenso wie in 3.4 führen wir die Funktionen

$$c(t) = a(t) + b(t) , \qquad d(t) = a(t) - b(t)$$

ein, mittels derer sich der Operator A in der Form

$$A = c(t)\, P + d(t)\, Q$$

darstellt.

Wir setzen voraus, daß die Funktionen $c(t)$ und $d(t)$ die folgende Darstellung gestatten:

$$\left.\begin{aligned} c(t) &= \prod_{j=1}^{r} (t - \alpha_j)^{m_j} \prod_{i=1}^{q} (t - \gamma_i)^{l_i}\, c_0(t) , \\ d(t) &= \prod_{k=1}^{s} (t - \beta_k)^{n_k} \prod_{i=1}^{q} (t - \gamma_i)^{l_i}\, d_1(t) . \end{aligned}\right\} \tag{3.2}$$

Dabei seien $c_0(t)$ und $d_1(t)$ Funktionen aus $C(\Gamma)$, α_j, β_k, γ_i Punkte auf Γ und m_j, n_k, l_i nicht negative ganze Zahlen. Mit Hilfe der durch (2.1) definierten Funktionen $\varrho_\pm(t)$, $\varrho(t)$ kann man dann den Funktionen $c(t)$, $d(t)$ die folgende Gestalt geben:

$$c(t) = \varrho_+(t)\, \varrho(t)\, c_0(t) , \qquad d(t) = \varrho_-(t)\, \varrho(t)\, d_0(t) , \tag{3.3}$$

wobei $d_0(t) = t^n\, d_1(t) \prod_{k=1}^{s} (-\beta_k)^{n_k}$.

Wir bemerken, daß auf Grund des Lemmas 1.1 die Funktion $c(t)$ in der Form (3.2) darstellbar ist, wenn sie zur Klasse $C\big(\Gamma; (\alpha_j, m_j)_1^r, (\gamma_i, l_i)_1^q\big)$ gehört und in den Punkten α_j und γ_i Nullstellen der entsprechenden Ordnung besitzt.

Wir wollen, solange nichts Gegenteiliges ausgesagt wird, o. B. d. A. annehmen, daß die Punkte α_j und β_k $(j = 1, \ldots, r;\ k = 1, \ldots, s)$ in (3.2) paarweise verschieden sind. Dann stellen die Punkte γ_i gerade die gemeinsamen Nullstellen der Funktionen $c(t)$ und $d(t)$ dar.

Wegen (2.2) und (3.3) erhält man für den Operator A die Darstellung $A = F\, C\, D$ mit $C = c_0\, P + d_0\, Q$; die Operatoren D und F sind durch die Formeln (2.3) gegeben. Damit ergibt sich in Anwendung des Satzes 3.2, Kapitel 4, sowie der daran anschließenden Bemerkung unmittelbar der folgende Satz.

Satz 3.1. *Dafür, daß A als Operator von $\tilde{L}^p(\varrho_+, \varrho_-)$ in $\bar{L}^p(\varrho)$ ein Φ_+- oder Φ_--Operator ist, ist notwendig und hinreichend, daß die Funktionen $c_0(t)$ und $d_0(t)$ aus (3.3) nirgends auf Γ verschwinden.*

Ist dies der Fall, dann entspricht die Invertierbarkeit des Operators A der Zahl

$$\varkappa = \frac{1}{2\pi} \left[\arg \frac{c_0(t)}{d_0(t)} \right]_\Gamma , \tag{3.4}$$

und es gilt

$$\dim \ker A = \max(-\varkappa, 0) , \qquad \dim \operatorname{coker} A = \max(\varkappa, 0) .$$

6.3.2. Wir betrachten jetzt den zu A transponierten singulären Operator $A' = P\, d + Q\, c$, für den sich analog die Darstellung $A' = B\, C'\, F$ mit $C' = P\, d_0 + Q\, c_0$ und dem durch (2.3) definierten Operator B ergibt.

Als Realisierung des Satzes 3.3, Kapitel 4, erhalten wir

Satz 3.2. *Dafür, daß A' als Operator von $\tilde{L}^p(\varrho)$ in $\bar{L}^p(\varrho_+, \varrho_-)$ ein Φ_+- oder Φ_--Operator ist, ist notwendig und hinreichend, daß die Funktionen $c_0(t)$ und $d_0(t)$ aus (3.3) nirgends auf Γ verschwinden.*

Ist das der Fall, dann entspricht die Invertierbarkeit des Operators A' der Zahl $-\varkappa$, und es gilt

$$\dim \ker A' = \max(\varkappa, 0), \qquad \dim \operatorname{coker} A' = \max(-\varkappa, 0).$$

Bemerkung. Der Satz 3.2 behält auch noch dann seine volle Gültigkeit, wenn einige der Punkte α_j und β_k bei den Funktionen $\varrho_+(t)$, $\varrho_-(t)$ zusammenfallen. Demzufolge kann in Satz 3.2 o. B. d. A. $\varrho(t) \equiv 1$, d. h. $\tilde{L}^p(\varrho) = L^p(\Gamma)$ gesetzt werden.

Dies ergibt sich daraus, daß von der Voraussetzung $\alpha_j \neq \beta_k$ lediglich bei der Konstruktion des Raumes $\tilde{L}^p(\varrho_+, \varrho_-)$, aber nicht bei der des Raumes $\bar{L}^p(\varrho_+, \varrho_-)$ Gebrauch gemacht wurde (vgl. die Teilabschnitte 6.2.2 und 6.2.4).

6.3.3. Auf Grund der Sätze 3.1 und 3.2 sind die singulären Integraloperatoren A und A' NOETHERsche Operatoren in den Raumpaaren $\tilde{L}^p(\varrho_+, \varrho_-)$, $\bar{L}^p(\varrho)$ und $\tilde{L}^p(\varrho)$, $\bar{L}^p(\varrho_+, \varrho_-)$ entsprechend, wenn die Koeffizienten $c(t)$ und $d(t)$ die Darstellungen (3.3) besitzen, wobei $c_0(t) \neq 0$, $d_0(t) \neq 0$ $(t \in \Gamma)$ gilt. Wir beweisen jetzt die umgekehrte Behauptung: Wenn A (entsprechend A') im genannten Raumpaar ein NOETHERscher Operator ist, dann haben die Funktionen $c(t)$ und $d(t)$ notwendigerweise die Gestalt (3.3). In diesem Sinne entsprechen also die oben konstruierten Räume exakt den in diesem Teilabschnitt betrachteten Nullstellen des Symbols der Operatoren A und A'.

Satz 3.3. *Für die auf Γ stetigen Funktionen $c(t)$ und $d(t)$ mögen die TAYLORschen Ableitungen*[1] $c^{\{m_j\}}(\alpha_j)$, $c^{\{l_i\}}(\gamma_i)$ *und* $d^{\{n_k\}}(\beta_k)$, $d^{\{l_i\}}(\gamma_i)$ *für alle* $j = 1, \ldots, r$, $k = 1, \ldots, s$ *und* $i = 1, \ldots, q$ *existieren.*

Dafür, daß der Operator $A = c(t)\,P + d(t)\,Q$ ein Φ_+- oder Φ_--Operator von $\tilde{L}^p(\varrho_+, \varrho_-)$ in $\bar{L}^p(\varrho)$ ist, ist notwendig und hinreichend, daß für die Funktionen $c(t)$ und $d(t)$ die Darstellungen (3.3) für gewisse Funktionen $c_0(t)$, $d_0(t) \in C(\Gamma)$ gelten, die nirgends auf Γ verschwinden.

Ein analoger Satz gilt für den transponierten Operator $A' = P\,d + Q\,c$ und das Raumpaar $\tilde{L}^p(\varrho)$, $\bar{L}^p(\varrho_+, \varrho_-)$.

Dem Beweis des Satzes 3.3 schicken wir das folgende Lemma voraus.

Lemma 3.1. *Die Funktionen $c(t)$ und $d(t)$ mögen die Bedingungen des Satzes 3.3 erfüllen. Wenn für eine beliebige Funktion $\varphi(t) \in L^p(\Gamma)$ $(1 < p < \infty)$ die Funktion*

$$\frac{c(t)\,P\,\varphi}{\varrho_+(t)\,\varrho(t)} \left(\textit{entsprechend}\ \frac{d(t)\,Q\varphi}{\varrho_-(t)\,\varrho(t)} \right) \tag{3.5}$$

ebenfalls zum Raum $L^p(\Gamma)$ gehört, dann ist $c(t)$ $(d(t))$ in der Form (3.3) mit $c_0(t) \in C(\Gamma)$ $(d_0(t) \in C(\Gamma))$ darstellbar.

Beweis. Wir beweisen die Behauptung für die Funktion $c(t)$. Für $d(t)$ verläuft der Beweis analog.

Indem man in (3.5) $\varphi \equiv 1$ setzt, ergibt sich $\varrho_+^{-1}\,\varrho^{-1}\,c \in L^p(\Gamma)$. Insbesondere ist also die Funktion $c(t)\,(t - \alpha_1)^{-m_1}$ auf Γ integrierbar. Daraus folgt

$$c(t) = (t - \alpha_1)^{m_1}\,\tilde{c}(t) \tag{3.6}$$

mit $\tilde{c}(t) \in C(\Gamma)$.

---

[1] Bezüglich der Bezeichnungen siehe 2.3.4.

In der Tat, da $m_1 \geqq 1$ angenommen werden kann, so muß auf Grund der Stetigkeit der Funktion $c(t)$ notwendigerweise $c(\alpha_1) = 0$ sein, so daß

$$\lim_{t \to \alpha_1} \frac{c(t)}{t - \alpha_1} = c^{\{1\}}(\alpha_1)$$

gilt. Wir setzen für $t \in \Gamma$

$$c_1(t) = \begin{cases} \dfrac{c(t)}{t - \alpha_1} & \text{falls} \quad t \neq \alpha_1 \\ c^{\{1\}}(\alpha_1) & \text{falls} \quad t = \alpha_1 . \end{cases}$$

Dann ist $c_1(t)$ offenbar stetig auf Γ und $c(t) = (t - \alpha_1)\, c_1(t)$. Nach Induktion ergibt sich leicht die Darstellung (3.6).

Indem man nun analog mit den Punkten $\alpha_2, \ldots, \alpha_r, \gamma_1, \ldots, \gamma_q$ verfährt, erhält man die Behauptung des Lemmas.

Wir kommen nun zum Beweis des Satzes 3.3. Wegen Satz 3.1 hat man nur noch die Notwendigkeit der Darstellungen (3.3) zu zeigen.

Der Operator A möge also den Raum $\tilde{L}^p(\varrho_+, \varrho_-)$ in den Raum $\bar{L}^p(\varrho)$ abbilden und außerdem ein Φ_+- oder Φ_--Operator sein. Dann gilt zunächst

$$C\,\varphi \equiv \varrho^{-1}[\varrho_+^{-1}\, c\, P\, \varphi + \varrho_-^{-1}\, d\, Q\, \varphi] \in L^p(\Gamma)$$

für eine beliebige Funktion $\varphi \in L^p(\Gamma)$. Folglich sind die Voraussetzungen des Lemmas 3.1 erfüllt, und die Funktionen $c(t)$ und $d(t)$ haben demnach die Gestalt (3.3). Damit ergibt sich

$$C\,\varphi = c_0\, P\,\varphi + d_0\, Q\,\varphi .$$

Nach den Ausführungen von 4.1.1 ist schließlich C im Raum $L^p(\Gamma)$ ein Φ_+- bzw. Φ_--Operator. Daraus folgt auf Grund des Satzes 4.5, Kapitel 3, daß die Funktionen $c_0(t)$ und $d_0(t)$ nirgends auf Γ verschwinden.

Der Satz 3.3 ist damit bewiesen.

Bemerkung. Es gilt sogar noch mehr als im Satz 3.3 behauptet wird: Wenn der singuläre Operator A von $\tilde{L}^p(\varrho_+, \varrho_-)$ in $\bar{L}^p(\varrho)$ normal auflösbar ist, dann gelten die Darstellungen (3.3), wobei jede der stetigen Funktionen $c_0(t)$ und $d_0(t)$ auf jeder geschlossenen Teilkurve von Γ entweder identisch gleich Null oder nirgends gleich Null ist.

Dies folgt unmittelbar aus dem vorstehenden Beweis und der Bemerkung zu Satz 4.5, Kapitel 3.

6.3.4. Im weiteren wollen wir auf den singulären Integraloperator 3.1 die Ergebnisse aus 4.3.5 und 4.4 anwenden.

Einfachheithalber nehmen wir an, daß die Funktionen $c(t)$ und $d(t)$ die Darstellungen (3.3) mit $\varrho(t) \equiv 1$ (d. h. $l_1 = \cdots = l_q = 0$) besitzen. Dabei sollen die Punkte α_j und β_k bei den Funktionen $\varrho_+(t)$, $\varrho_-(t)$ zunächst wieder paarweise verschieden sein. Des weiteren setzen wir voraus, daß die Funktionen $c_0(t)$ und $d_0(t)$ in (3.3) die folgenden Bedingungen erfüllen:

$$c_0(t) \in \bigcap_{k=1}^{s} C(\beta_k, n_k) , \qquad d_0(t) \in \bigcap_{j=1}^{r} C(\alpha_j, m_j) ,$$

wobei $C(\alpha, m)$ die in 2.3.4 eingeführte Teilalgebra der Algebra $C = C(\Gamma)$ bedeutet.

Wir geben beliebige nicht negative ganze Zahlen m_j', m_j'' $(j = 1, \ldots, r)$ und n_k', n_k'' $(k = 1, \ldots, s)$ vor, so daß für alle j und k gilt

$$m_j' + m_j'' = m_j , \qquad n_k' + n_k'' = n_k .$$

Wir setzen

$$\begin{aligned} \varrho'_+(t) &= \prod_{j=1}^{r} (t-\alpha_j)^{m'_j}, & \varrho'_-(t) &= \prod_{k=1}^{s} (t^{-1}-\beta_k^{-1})^{n'_k}, \\ \varrho''_+(t) &= \prod_{k=1}^{s} (t-\beta_k)^{n''_k}, & \varrho''_-(t) &= \prod_{j=1}^{r} (t^{-1}-\alpha_j^{-1})^{m''_j}. \end{aligned} \tag{3.7}$$

Dann ergeben sich für die Funktionen $c(t)$, $d(t)$ die Darstellungen

$$c(t) = \varrho'_+(t)\, \varrho''_-(t)\, c''_0(t), \qquad d(t) = \varrho'_-(t)\, \varrho''_+(t)\, d''_0(t) \tag{3.8}$$

mit

$$c''_0(t) = \prod_{j=1}^{r} (-\alpha_j\, t)^{m''_j}\, c_0(t), \qquad d''_0(t) = \prod_{k=1}^{s} (-\beta_k\, t)^{-n''_k}\, d_0(t).$$

Aus Satz 3.5 und Folgerung 4.1 des Kapitels 4 folgt

Satz 3.4. *Dafür, daß der singuläre Integraloperator* (3.1) *als Operator von* $\tilde{L}^p(\varrho'_+, \varrho'_-)$ *in* $\tilde{L}^p(\varrho''_+, \varrho''_-)$ *ein* Φ_+- *oder* Φ_--*Operator ist, ist notwendig und hinreichend, daß die Funktionen* $c_0(t)$ *und* $d_0(t)$ *nirgends auf* Γ *verschwinden.*

Ist diese Bedingung erfüllt, dann ist A *ein* Φ-*Operator von* $\tilde{L}^p(\varrho'_+, \varrho'_-)$ *in* $\tilde{L}^p(\varrho''_+, \varrho''_-)$, *und für seinen Index gilt die Formel*

$$-\operatorname{Ind} A = \varkappa + \sum_{j=1}^{r} m''_j + \sum_{k=1}^{s} n''_k,$$

wobei die Zahl $\varkappa$ *nach* (3.4) *bestimmt wird.*

Der Satz gilt auch für den Operator $P\,c + Q\,d$, da die Voraussetzungen des Satzes 3.6, Kapitel 4, ebenfalls erfüllt sind.

Man kann nämlich zeigen, daß die Kommutatoren $[\tilde{P}, \varrho'_+\, c_0\, I]$ und $[\tilde{Q}, \varrho'_-\, d_0\, I]$ vollstetige Operatoren von $\tilde{L}^p(\varrho'_+, \varrho'_-)$ in $L^p(\Gamma)$ sind. Wir beweisen dies für den zweiten Kommutator. Für den ersten verläuft der Beweis analog.

Jede Funktion $\varphi(t) \in \tilde{L}^p(\varrho'_+, \varrho'_-)$ ist von der Gestalt

$$\varphi(t) = \frac{P\,f}{\varrho'_+(t)} + \frac{Q\,f}{\varrho'_-(t)} \qquad (f(t) \in L^p(\Gamma)).$$

Nach Satz 6° aus 2.3.4 existiert ein Polynom $h(t)$ mit der Eigenschaft, daß $d_* = (\varrho'_-\, d_0 - h)/\varrho'_+$ eine stetige Funktion auf Γ ist. Damit ergibt sich

$$\varrho'_-\, d_0\, \varphi = d_*\, P\,f + h\,\frac{P\,f}{\varrho'_+} + d_0\, Q\,f$$

und folglich (vgl. 6.2.2)

$$\tilde{Q}(\varrho'_-\, d_0\, \varphi) = Q\, d_*\, P\,f + Q\, d_0\, Q\,f = d_0\, Q\,f + T\,f,$$

wobei nach Lemma 4.3, Kapitel 3, T ein vollstetiger Operator im Raum $L^p(\Gamma)$ ist. Folglich gilt

$$(\tilde{Q}\,\varrho'_-\, d_0 - \varrho'_-\, d_0\, \tilde{Q})\,\varphi = T\,f = T\,\tilde{D}'\,\varphi.$$

Da $\tilde{D}' = \varrho'_+\,\tilde{P} + \varrho'_-\,\tilde{Q}$ ein isometrischer Operator von $\tilde{L}^p(\varrho'_+, \varrho'_-)$ auf $L^p(\Gamma)$ ist, so ist damit die Behauptung bewiesen.

Bemerkung. Wenn alle Punkte α_j und β_k paarweise verschieden sind, dann entspricht die Invertierbarkeit des Operators A der Zahl — Ind A (siehe Abschnitt 4.4).

Der Satz 4.3, Kapitel 4, liefert ein Gegenstück zum Satz 3.4:

Satz 3.5. *Es gelte* $c(t), d(t) \in \bigcap_{j=1}^{r} C(\alpha_j, m_j) \cap \bigcap_{k=1}^{s} C(\beta_k, n_k)$.

Dafür, daß $A = c(t)\, P + d(t)\, Q$ *ein* Φ_+- *oder* Φ_--*Operator von* $\tilde{L}^p(\varrho'_+, \varrho'_-)$ *in* $\bar{L}^p(\varrho''_+, \varrho''_-)$ *ist, ist notwendig und hinreichend, daß die Funktionen* $c(t)/\varrho_+(t)$ *und* $d(t)/\varrho_-(t)$ *auf* Γ *stetig sind und nirgends verschwinden.*

Ein analoger Satz gilt für den Operator $P\, c + Q\, d$.

6.3.5. Unter den Voraussetzungen des Teilabschnittes 6.3.4 kann insbesondere $m''_j = m_j$ $(j = 1, \ldots, r)$ und $n''_k = n_k$ $(k = 1, \ldots, s)$ gewählt werden. Dann ist $\tilde{L}^p(\varrho'_+, \varrho'_-) = L^p(\Gamma)$, und der singuläre Operator A wird als Operator von $L^p(\Gamma)$ in den Raum $\bar{L}^p(\varrho''_+, \varrho''_-)$ betrachtet.

In diesem Fall genügt es auf Grund der am Schluß von 6.3.2 gemachten Bemerkung vorauszusetzen, daß die Funktionen $c(t)$ und $d(t)$ die Darstellungen (3.2) mit $l_1 = \cdots = l_q = 0$ besitzen. Dabei können einige der Punkte α_j und β_k (oder auch alle) zusammenfallen.

Schließlich sei noch darauf hingewiesen, daß Satz 3.4 auch für den gestörten singulären Operator

$$A = c(t)\, P + d(t)\, Q + T \tag{3.9}$$

gilt, wobei T einen beliebigen vollstetigen Operator von $L^p(\Gamma)$ in $\bar{L}^p(\varrho''_+, \varrho''_-)$ bedeutet (vgl. Satz 3.7*, Kapitel 1). Der Index des Operators A kann dann auch in der Form

$$\operatorname{Ind} A = \varkappa_0 - \sum_{j=1}^{r} m_j \tag{3.10}$$

mit $\varkappa_0 = \frac{1}{2\pi}\left[\arg \frac{d_1(t)}{c_0(t)}\right]_\Gamma$ geschrieben werden.

Ein vollstetiger Operator von $L^p(\Gamma)$ in $\bar{L}^p(\varrho''_+, \varrho''_-)$ ist z. B. jeder Integraloperator der Gestalt

$$(T\, \varphi)\, (t) = \int_\Gamma T(t, \tau)\, \varphi(\tau)\, d\tau$$

mit einem Kern $T(t, \tau) = T_*(t, \tau)\, |t - \tau|^{-k}$ $(0 \leq k < 1)$, wobei $T_*(t, \tau)$ eine beschränkte und für $t \neq \tau$ stetige Funktion ist und die Funktion $T(t, \tau)$ in einer gewissen Umgebung $U \subset \Gamma$ der Punkte α_j und β_k $(j = 1, \ldots, r;\ k = 1, \ldots, s)$ Ableitungen nach der Veränderlichen t bis zur m_j-ten bzw. n_k-ten Ordnung einschließlich besitzt, die der Klasse $C(U \times \Gamma)$ angehören.

Dies ergibt sich leicht aus Folgerung 2.2 sowie der Vollstetigkeit im Raum L^p von Integraloperatoren mit Kernen vom Typ eines Potentials (siehe L. W. Kantorowitsch und G. P. Akilow [1], X.2).

6.3.6. Wir behalten die Voraussetzungen aus dem vorhergehenden Teilabschnitt bei. Setzt man in den Ausführungen des Teilabschnittes 4.5.2

$$Z = W_p\big(\Gamma; (\alpha_j, m_j)_1^r, (\beta_k, n_k)_1^s\big) \quad \text{und} \quad R = B^{-1}$$

mit $B = P\,\varrho''_- + Q\,\varrho''_+$, dann ergibt sich nach Satz 5.2 und Lemma 5.1 aus Kapitel 4, daß der durch die Beziehungen

$$\underline{A}\,\varphi = A\,\varphi\,, \qquad D(\underline{A}) = \{\varphi \in L^p(\Gamma) : A\,\varphi \in Z\}$$

definierte abgeschlossene Operator $\underline{A}$ $(D(\underline{A}) \to Z)$ ein Φ-Operator ist, wobei

$$\ker \underline{A} = \ker A\,, \qquad (\operatorname{im} \underline{A})^\perp = (\operatorname{im} A)^\perp$$

und folglich $\operatorname{Ind} \underline{A} = \operatorname{Ind} A$ gilt.

6.3.7. Zum Abschluß dieses Abschnittes betrachten wir noch einen Spezialfall, in dem sich ähnlich wie bei den Wiener-Hopfschen Gleichungen die Aussagen des Satzes 3.4 wesentlich verschärfen lassen.

Es handelt sich dabei um den Fall, daß einer der Koeffizienten $c(t)$ oder $d(t)$ keine Nullstellen auf Γ hat. Sei z. B. $d(t) \neq 0$ $(t \in \Gamma)$ und

$$c(t) = \prod_{j=1}^{r} (t - \alpha_j)^{m_j}\, c_0(t)\,,$$

wobei $c_0(t) \neq 0$ auf Γ und $c_0(t) \in C(\Gamma)$, $d(t) \in \bigcap_{j=1}^{r} C(\alpha_j, m_j)$ gilt.

Unter Berücksichtigung der Darstellung (3.8) für die Funktion $c(t)$ sowie der Beziehungen (2.2) ergibt sich dann für den Operator $A = c\,P + d\,Q$ die Darstellung

$$A = d\,B''\,C\,D'\left(I + Q\,\frac{c_0''}{d}\,P\right) \tag{3.11}$$

mit

$$B'' = P\,\varrho''_- + Q\,, \qquad D' = \varrho'_+\,P + Q\,, \qquad C = P\,\frac{c_0''}{d}\,P + Q\,.$$

Dabei hat der Operator $I + \tilde{Q}\,\frac{c_0''}{d}\,\tilde{P}$ im Raum $\tilde{L}^p(\varrho'_+, 1)$ die Inverse $I - \tilde{Q}\,\frac{c_0''}{d}\,\tilde{P}$, und D' ist ein isometrischer Operator von $\tilde{L}^p(\varrho'_+, 1)$ auf $L^p(\Gamma)$. Der Operator dB'' ist ein eineindeutiger stetiger Operator von $L^p(\Gamma)$ auf $\bar{L}^p(1, \varrho''_-)$ (vgl. Folgerung 2.3). Folglich ist wegen (3.11) der Operator $A\colon \tilde{L}^p(\varrho'_+, 1) \to \bar{L}^p(1, \varrho''_-)$ genau dann von irgendeiner Seite invertierbar, wenn C im Raum $L^p(\Gamma)$ von der entsprechenden Seite invertierbar ist.

Daraus folgt auf Grund des Satzes 4.5, Kapitel 3, daß im vorliegenden Fall *die Invertierbarkeit des Operators A der Zahl $\varkappa'$*,

$$\varkappa' = \varkappa + \sum_{j=1}^{r} m_j''\,, \qquad \varkappa = \frac{1}{2\,\pi}\left[\arg\frac{c_0(t)}{d(t)}\right]_\Gamma\,,$$

entspricht, wobei außerdem

$$\dim\ker A = \max(-\varkappa', 0)\,, \qquad \dim\operatorname{coker} A = \max(\varkappa', 0)$$

ist. Dasselbe gilt für den Operator $P\,c + Q\,d$.

6.3.8. Aus den Ergebnissen des Abschnitts 6.1 sowie den Ausführungen von 6.2 und 6.3 ist leicht ersichtlich, daß sich sämtliche Resultate der beiden letzten Abschnitte auf den Raum $H^\lambda(\Gamma)$ $(0 < \lambda < 1)$ übertragen lassen. Ihre Formulierung erhält man, indem man in den obengenannten Ergebnissen formal $L^p(\Gamma)$ durch $H^\lambda(\Gamma)$ und $C(\Gamma)$ durch $H^\lambda(\Gamma)$ ersetzt.

6.4. Symbole mit Nullstellen nicht ganzzahliger Ordnungen

Die Ergebnisse der vorangegangenen zwei Abschnitte lassen sich auf den Fall verallgemeinern, daß das Symbol endlich viele Nullstellen nicht notwendig ganzzahliger Ordnungen besitzt. Der Einfachheit halber setzten wir Γ als eine einfache geschlossene LJAPUNOW-Kurve voraus, welche den Koordinatenursprung umschließt.

6.4.1. Es seien also $\alpha_1, \alpha_2, \ldots, \alpha_r, \beta_1, \beta_2, \ldots, \beta_s$ und $\gamma_1, \gamma_2, \ldots, \gamma_q$ Punkte auf Γ und $m_1, m_2, \ldots, m_r, n_1, n_2, \ldots, n_s$ sowie $l_1, l_2, \ldots, l_q$ beliebige nicht negative reelle Zahlen. Die Punkte α_j und β_k ($j = 1, \ldots, r$; $k = 1, \ldots, s$) wollen wir als paarweise verschieden annehmen. Im weiteren werden wir die durch (2.1) und (2.3) eingeführten Bezeichnungen beibehalten.

Offenbar gilt auch im vorliegenden Fall $\varrho_\pm(t) \in C^\pm(\Gamma)$, so daß die Beziehungen (2.2) ihre Gültigkeit beibehalten. Dasselbe trifft auf das Lemma 2.1 und mithin auch auf Folgerung 2.1 zu.

In der Tat, aus einer Beziehung der Gestalt

$$(t - \alpha_1)^{m_1} f_-(t) = (t^{-1} - \beta_1^{-1})^{n_1} f_+(t)$$

mit $f_\pm(t) \in L^p_\pm(\Gamma)$ ergibt sich

$$(t - \alpha_1)^{[m_1]+1} \varphi_-(t) = (t^{-1} - \beta_1^{-1})^{[n_1]+1} \varphi_+(t) ,$$

wobei

$$\varphi_+(t) = f_+(t)\,(t - \alpha_1)^{[m_1]+1-m_1} \in L^p_+(\Gamma) ,$$
$$\varphi_-(t) = f_-(t)\,(t^{-1} - \beta_1^{-1})^{[n_1]+1-n_1} \in L^p_-(\Gamma)$$

und $[m]$ den ganzen Teil der Zahl m bedeutet. Mithin folgt nach dem in 6.2.2 bewiesenen Lemma 2.1 $\varphi_\pm(t) = 0$ und damit $f_\pm(t) = 0$. Analog kann man im Falle endlich vieler Punkte α_j und β_k verfahren.

Aus den Überlegungen des Abschnittes 6.2 ist jetzt leicht ersichtlich, daß die Konstruktion der Räume $\tilde{L}^p(\varrho_+, \varrho_-)$, $\tilde{L}^p(\varrho)$ und $\bar{L}^p(\varrho)$ genauso wie im Falle ganzer Zahlen m_j, n_k und l_i vorgenommen werden kann.

6.4.2. Wie man leicht sieht, gilt im vorliegenden Fall auch das Lemma 2.2. Wir versehen den Bildraum $\bar{L}^p(\varrho_+, \varrho_-) = \operatorname{im} B$ mit der in 6.2.4 eingeführten Norm.

Um den Raum $\bar{L}^p(\varrho_+, \varrho_-)$ analytisch zu beschreiben, betrachten wir zunächst den einfachsten Fall $r = s = 1$:

$$\varrho_+(t) = (t - \alpha)^m , \qquad \varrho_-(t) = (t^{-1} - \beta^{-1})^n .$$

Wir führen folgende Zahlen ein:

$$\mu = \left[m + \frac{1}{p}\right], \qquad \nu = \left[n + \frac{1}{p}\right].$$

Satz 4.1. *Dafür, daß eine Funktion $f(t) \in L^p(\Gamma)$ zum Raum $\bar{L}^p(\varrho_+, \varrho_-)$ gehört, sind die beiden folgenden Bedingungen zusammen notwendig und hinreichend:*[1])

(1) *Es existiert ein Polynom* $q_-(t) = \frac{a_1}{t} + \cdots + \frac{a^\nu}{t^\nu}$, *so daß*

$$\varphi_1(t) \equiv \frac{P\,[(t^{-1} - \beta^{-1})^{\nu - n} f(t)] - q_-(t)}{(t^{-1} - \beta^{-1})^\nu} \in L^p(\Gamma)\,.$$

(2) *Es existiert ein Polynom* $q_+(t) = b_1 + \cdots + b_\mu\, t^{\mu-1}$, *so daß*

$$\varphi_2(t) \equiv \frac{Q\,[(t - \alpha)^{\mu - m} f(t)] - q_+(t)}{(t - \alpha)^\mu} \in L^p(\Gamma)\,.$$

Sind die Bedingungen (1) *und* (2) *erfüllt, dann gilt* $B^{-1} f = \varphi_1 + \varphi_2$.

Beweis. Notwendigkeit. Sei $f = B\,\varphi \in \bar{L}^p(\varrho_+, \varrho_-)$. Indem wir die Überlegungen aus dem entsprechenden Teil des Beweises von Satz 2.1 wiederholen, gelangen wir zu Beziehungen der Gestalt

$$(t^{-1} - \beta^{-1})^\nu\, P\,\varphi = (t^{-1} - \beta^{-1})^{\nu - n}\,[f_-(t) + P f]\,, \tag{4.1}$$

$$(t - \alpha)^\mu\, Q\,\varphi = (t - \alpha)^{\mu - m}\,[f_+(t) + Q f]\,. \tag{4.2}$$

Die linke Seite von (4.1) ergibt nach Addition eines geeigneten Polynoms $q_-(t) = \frac{a_1}{t} + \cdots + \frac{a_\nu}{t^\nu}$ eine Funktion aus $L^p_+(\Gamma)$. Es ist leicht einzusehen, daß die rechte Seite der Gleichung (4.1) zu $L^q(\Gamma)$ für ein gewisses $q > 1$ gehört. Nach Anwendung des Operators P auf beide Seiten von (4.1) erhalten wir somit unter Berücksichtigung der Folgerung 2.1 die Beziehung

$$(t^{-1} - \beta^{-1})^\nu\, P\,\varphi + q_-(t) = P\,(t^{-1} - \beta^{-1})^{\nu - n}\, P f = P\,(t^{-1} - \beta^{-1})^{\nu - n} f\,,$$

aus der unmittelbar die Bedingung (1) folgt. Analog erhält man aus (4.2) die Bedingung (2).

Der Beweis der Hinlänglichkeit der Bedingungen (1) und (2) verläuft unter Benutzung der Beziehungen (2.2) sowie der Folgerung 2.1 ähnlich wie im Falle des Satzes 2.1. Dabei hat man die bereits beim Beweis der Notwendigkeit benutzte Beziehung $(t - \alpha)^{\mu - m} f(t) \in L^q(\Gamma)$ $(q > 1)$ zu berücksichtigen.

Der Satz 4.1 ist damit bewiesen.

Im Falle $r \geqq 1$, $s \geqq 1$ gilt nach Satz 3.4, Kapitel 4,

$$\bar{L}^p(\varrho_+, \varrho_-) = \left[\bigcap_{j=1}^{r} \bar{L}^p(\varrho_+^{(j)}, 1)\right] \cap \left[\bigcap_{k=1}^{s} \bar{L}^p(1, \varrho_-^{(k)})\right],$$

wobei

$$\varrho_+^{(j)}(t) = (t - \alpha_j)^{m_j}\,, \qquad \varrho_-^{(k)}(t) = (t^{-1} - \beta_k^{-1})^{n_k}\,.$$

---

[1]) Im Falle $\nu = 0$ hat man in der Bedingung (1) $q_-(t) \equiv 0$ zu setzen. Entsprechendes gilt für $\mu = 0$.

6.4.3. Wir nehmen jetzt an, daß die auf Γ definierten stetigen Funktionen $c(t)$ und $d(t)$ in der Form (3.3) darstellbar sind, wobei $c_0(t)$ und $d_0(t)$ ebenfalls Funktionen aus $C(\Gamma)$ bedeuten. Dann gelten für die Operatoren

$$A = c(t)\,P + d(t)\,Q\,, \qquad A' = P\,d + Q\,c$$

die Sätze 3.1 und 3.2. Wenn dagegen Darstellungen der Form (3.8) gelten, dann lassen sich die Ergebnisse aus Teilabschnitt 4.4.3 anwenden.

6.5. Einige allgemeine Fälle von Entartungen

6.5.1. Es sei wieder Γ eine einfache geschlossene LJAPUNOW-Kurve, die den Koordinatenursprung umschließt. Wir betrachten jetzt den singulären Operator

$$A = c(t)\,P + d(t)\,Q\,,$$

wobei die Koeffizienten $c(t)$ und $d(t)$ die folgende Gestalt besitzen sollen:

$$\begin{aligned} c(t) &= (t-\alpha)^{m_0+r_0}\left(\frac{1}{\alpha}-\frac{1}{t}\right)^{m_1+r_1} c_1(t)\,, \\ d(t) &= \left(\frac{1}{\beta}-\frac{1}{t}\right)^{n_0+s_0}(t-\beta)^{n_1+s_1}\,d_1(t)\,. \end{aligned} \tag{5.1}$$

Dabei seien α und β zwei verschiedene Punkte auf Γ, m_0, m_1, n_0, n_1 nicht negative ganze Zahlen und $0 \leqq r_0, r_1, s_0, s_1 < 1$. Die Funktionen $c_1(t)$ und $d_1(t)$ sollen nirgends auf Γ verschwinden und zur Klasse $C\left(\Gamma; (\alpha, m_2+\lambda), (\beta, n_2+\lambda)\right)$ mit $0 < \lambda < 1$ und

$$m_2 = 2 + \sum_{j=0}^{1} m_j - [1-r_j]\,, \qquad n_2 = 2 + \sum_{j=0}^{1} n_j - [1-s_j] \tag{5.2}$$

gehören. Schließlich sei noch $\Gamma \in C^{\tilde{n},\lambda}$ für $\tilde{n} = \max\{m_2, n_2\}$.

Wir bemerken, daß sich in der Form (5.1) z. B. Koeffizienten mit Nullstellen der Gestalt $|t-\alpha|^{\mu}$ (μ beliebig reell) darstellen lassen. Es gilt nämlich

$$|t-\alpha|^{2\mu} = (t-\alpha)^{\mu}\left(\frac{1}{t}-\frac{1}{\alpha}\right)^{\mu} a(t)\,,$$

wobei die Funktion $a(t) \in C^{\infty}(\Gamma)$ nirgends auf Γ verschwindet und außerdem den Index Null hat (siehe N. I. MUSCHELISCHWILI [1], § 6). Im Falle des Einheitskreises ist offensichtlich $a(t) = 1$.

Für das Weitere führen wir folgende Bezeichnungen ein:

$$\xi_j = m_j + \left[r_j + \frac{1}{p'}\right], \qquad \eta_j = n_j + \left[s_j + \frac{1}{p'}\right] \qquad (j = 0, 1)\,, \tag{5.3}$$

$$M_0(t) = t^{-\xi_0}\,(t-\alpha)^{m_0+r_0}\left(\frac{1}{\alpha}-\frac{1}{t}\right)^{m_1+r_1}, \qquad c_0(t) = t^{\xi_0}\,c_1(t)\,,$$

$$N_0(t) = t^{\eta_0}\left(\frac{1}{\beta}-\frac{1}{t}\right)^{n_0+s_0}(t-\beta)^{n_1+s_1}\,, \qquad d_0(t) = t^{-\eta_0}\,d_1(t)\,.$$

Dabei bedeutet $p' = \dfrac{p}{p-1}$.

Dann gilt $c = M_0 c_0$, $d = N_0 d_0$, und eine einfache Rechnung ergibt folgende Darstellung für den Operator A:

$$A = V A_0 + (N_0 - M_0)\,T\,, \tag{5.4}$$

wobei

$$V = M_0 P + N_0 Q\,, \qquad A_0 = c_0 P + d_0 Q\,,$$

$$T = (P c_0 - c_0 P)\,P - (Q d_0 - d_0 Q)\,Q\,.$$

Satz 5.1. *Es gilt* $\dim \ker V = 0$.

Beweis. Unter Berücksichtigung der Beziehungen (2.2) erhält man $V = t^{-\xi_0} V_1 V_2$ mit

$$V_1 = \left(\frac{1}{\alpha} - \frac{1}{t}\right)^{m_1+r_1} P + t^{\xi_0+\eta_0}(t-\beta)^{n_1+s_1}\,Q\,,$$

$$V_2 = (t-\alpha)^{m_0+r_0}\,P + \left(\frac{1}{\beta} - \frac{1}{t}\right)^{n_0+s_0} Q\,.$$

Offenbar ist $\dim \ker V_2 = 0$. Außerdem gilt nach Lemma 2.1

$$\dim \ker (R_1 P + R_2 Q) = 0$$

mit $R_1(t) = \left(\dfrac{1}{\alpha} - \dfrac{1}{t}\right)^{m_1+r_1}$, $\quad R_2(t) = (t-\beta)^{n_1+s_1}$.

Durch Einsetzen überzeugt man sich unmittelbar davon, daß jede Funktion φ der Gestalt

$$\varphi = (R_2 - t^{-\xi_0-\eta_0} R_1)\,P_{\xi_0+\eta_0-1} \tag{5.5}$$

dem Kern des Operators V_1 angehört. Dabei bedeutet $P_{\xi_0+\eta_0-1}$ ein beliebiges Polynom in t, dessen Grad die Zahl $\xi_0 + \eta_0 - 1$ nicht übersteigt. (Für $\xi_0 + \eta_0 = 0$ wird $P_{\xi_0+\eta_0-1} \equiv 0$ gesetzt.) Wir zeigen jetzt, daß $\ker V_1$ nur aus Elementen der Gestalt (5.5) besteht. Daraus erhält man unter Benutzung des Lemmas 2.1 leicht die Behauptung des Satzes.

Wir bezeichnen mit X den $(\xi_0 + \eta_0)$-dimensionalen Teilraum des Raumes $L^p(\Gamma)$, der von allen Funktionen der Gestalt (5.5) gebildet wird. Auf Grund des Satzes 4.4, Kapitel 3, sowie des Lemmas 2.1 ergibt sich leicht

$$L^p(\Gamma) = \operatorname{im}(P + t^{-\xi_0-\eta_0} Q) \dotplus X\,.$$

Es gelte jetzt $V_1 \varphi = 0$ $(\varphi \in L^p(\Gamma))$. Wir setzen $\varphi = \varphi_1 + \varphi_2$ mit $\varphi_1 \in \operatorname{im}(P + t^{-\xi_0-\eta_0} Q)$ und $\varphi_2 \in X$. Dann finden wir $V_1 \varphi = V_1 \varphi_1$ und

$$(R_1 P + R_2 Q)(P + t^{\xi_0+\eta_0} Q)\,\varphi_1 = V_1 \varphi_1 = 0\,,$$

da $t^{\xi_0+\eta_0} Q \varphi_1 \in \operatorname{im} Q$ ist. Mithin gilt

$$P \varphi_1 + t^{\xi_0+\eta_0} Q \varphi_1 = 0$$

und folglich auch $P \varphi_1 = Q \varphi_1 = 0$, d. h. also $\varphi_1 = 0$. Damit ergibt sich nun $\varphi = \varphi_2 \in X$, was zu beweisen war.

Im Bildraum $\boldsymbol{L} = \operatorname{im} V$ des Operators V führen wir nun wieder wie üblich die Norm

$$\|f\|_{\boldsymbol{L}} = \|g\|_{L^p(\Gamma)} \qquad (f = V\,g)$$

ein, in der $\boldsymbol{L}$ zu einem BANACH-Raum wird.

6.5.2. Im weiteren geben wir eine analytische Beschreibung des Raumes $\boldsymbol{L}$. Zu diesem Zweck vereinbaren wir folgende Bezeichnungen:

$$M_1(t) = \left(\frac{1}{\alpha} - \frac{1}{t}\right)^{(1-r_1)(1-[1-r_1])},$$

$$N_1(t) = (t - \beta)^{(1-s_1)(1-[1-s_1])},$$

$$\xi_2 = m_1 + 1 - [1 - r_1], \qquad \eta_2 = n_1 + 1 - [1 - s_1],$$

$$\sigma = \xi_0 + \xi_2 + \eta_0 + \eta_2 - 1.$$

Satz 5.2. *Eine Funktion $f \in L^p(\Gamma)$ gehört genau dann dem Raum $\boldsymbol{L}$ an, wenn ein Polynom P_σ vom Grade $\leqq \sigma$ existiert, so daß*

$$\varphi_1 = \frac{P\,t^{\xi_0+\xi_2}\,M_1\,N_1\,f - P_\sigma}{t^{\xi_0+\xi_2}\,M_0\,M_1\,N_1} \in L^p(\Gamma)$$

und

$$\varphi_2 = \frac{Q\,t^{\xi_0+\xi_2}\,M_1\,N_1\,f + P_\sigma}{t^{\xi_0+\xi_2}\,N_0\,M_1\,N_1} \in L^p(\Gamma)$$

gilt. (Für $\sigma = -1$ setzen wir $P_\sigma \equiv 0$.) Sind diese Bedingungen erfüllt, dann ist $V^{-1}f = \varphi_1 + \varphi_2$, und die Norm im Raum $\boldsymbol{L}$ ist der Norm $\|f\|' = \|\varphi_1\|_{L^p(\Gamma)} + \|\varphi_2\|_{L^p(\Gamma)}$ äquivalent.

Beweis. Wenn $f = V\,g \in \boldsymbol{L}$ ist, dann überzeugt man sich ähnlich wie beim Beweis des Satzes 2.1 leicht davon, daß die Bedingungen des Satzes 5.2 mit $\varphi_1 = P\,g$, $\varphi_2 = Q\,g$ und einem gewissen Polynom P_σ erfüllt sind.

Sind umgekehrt die Bedingungen des Satzes 5.2 erfüllt, dann ergibt sich nach Folgerung 2.1 $P\,\varphi_1 = \varphi_1$, $Q\,\varphi_2 = \varphi_2$ und mithin $f = V(\varphi_1 + \varphi_2)$. Die Äquivalenz der Normen zeigt man genauso beim Beweis des Satzes 2.1.

Der Satz ist bewiesen.

Satz 5.3. *Es gilt (im Sinne einer stetigen Einbettung)*

$$W_p\big(\Gamma; (\Gamma_\alpha, m_2), (\Gamma_\beta, n_2)\big) \subset \boldsymbol{L}$$

mit den durch (5.2) *erklärten Zahlen m_2, n_2.*

Den Satz 5.4 werden wir aus einem allgemeineren Satz ableiten, für dessen Formulierung wir die folgenden Bezeichnungen benötigen:

$$M_2(t) = t^{-\xi_0}(t-\alpha)^{\xi_3}\left(\frac{1}{\alpha} - \frac{1}{t}\right)^{m_1+r_1},$$

$$N_2(t) = t^{\eta_0}\left(\frac{1}{\beta} - \frac{1}{t}\right)^{\eta_3}(t-\beta)^{n_1+s_1},$$

$$\xi_3 = m_0 + 1 - [1 - r_0], \qquad \eta_3 = n_0 + 1 - [1 - s_0].$$

Wir betrachten jetzt folgende Teilmengen von $L^p(\Gamma)$:

$$Z_1 = \{M_2 N_2 f : f \in L^p(\Gamma)\}\,,$$
$$Z_2 = \{M_2(t)\,(t-\alpha)^{(1-[1-r_1])(m_1+1)}\,\varphi(t) : \varphi(t) \text{ ein beliebiges Polynom vom Grade } \leqq \eta_1 + \eta_3 - 1\}\,,$$
$$Z_3 = \{N_2(t)\,t^{-\xi_1-\xi_3}\,\psi(t) : \psi(t) \text{ ein beliebiges Polynom vom Grade } \leqq \xi_1 + \xi_3 - 1\}.$$

Wie man leicht sieht, gilt $Z_i \cap Z_j = \{0\}$ für $i \neq j$ $(i, j = 1, 2, 3)$. In der Norm

$$||g||_{Z_1} = ||M_2^{-1}\,N_2^{-1}\,g||_{L^p(\Gamma)} \qquad (g \in Z_1)$$

ist Z_1 ein Banach-Raum. Als endlichdimensionale Räume sind Z_2 und Z_3 in jeder beliebigen Norm (insbesondere in der Norm des Raumes $L^p(\Gamma)$) Banach-Räume. Folglich ist $Z = Z_1 \dotplus Z_2 \dotplus Z_3$ in der Norm $||g|| = \sum_{j=1}^{3} ||g_j||_{Z_j}$ ebenfalls ein Banach-Raum. Wir beweisen jetzt folgenden Satz.

Satz 5.4. *Es gilt* $Z \subset \boldsymbol{L}$.

Beweis. Sei

$$g = g_1 + g_2 + g_3 \qquad \text{mit} \qquad g_j \in Z_j \quad (j = 1, 2, 3)\,.$$

Wir setzen $R(t) = (t-\alpha)^{(1-[1-r_1])(m_1+1)}$ und

$$M_3(t) = (t-\alpha)^{(1-[1-r_0])(1-r_0)}\,,$$
$$N_3(t) = \left(\frac{1}{\beta} - \frac{1}{t}\right)^{(1-s_0)(1-[1-s_0])}. \tag{5.6}$$

Dann ergibt sich

$$g_2 + g_3 = M_2\,R\,\varphi + N_2\,t^{-\xi_1-\xi_3}\,\psi = M_0\,(M_3\,R\,\varphi) + N_0(N_3\,t^{-\xi_1-\xi_3}\,\psi) =$$
$$= V\,(M_3\,R\,\varphi + N_3\,t^{-\xi_1-\xi_3}\,\psi) \in \boldsymbol{L}$$

und

$$||g_2 + g_3||_{\boldsymbol{L}} \leqq c_1[||\varphi||_{L^p} + ||\psi||]_{L^p} \leqq c_2\,[||g_2||_{Z_2} + ||g_3||_{Z_3}]\,.$$

Wir betrachten jetzt die Funktion $g_1 = M_2\,N_2\,f$ und setzen

$$\Theta = \xi_3 - \xi_0 + \eta_3 - \eta_0\,.$$

Die Funktion $f \in L^p(\Gamma)$ kann als Summe $f_1 + f_2$ dargestellt werden, wobei $f_1 \in \operatorname{im}(P + t^{-\Theta}\,Q)$ und f_2 eine Linearkombination der Funktionen t^{-k} $(k = 1, \ldots, \Theta)$ ist.

Mit Hilfe des Satzes 5.2 kann man leicht nachprüfen, daß die Funktion $g_{11} = M_2\,N_2\,f_1$ zu $\boldsymbol{L}$ gehört und außerdem die Ungleichung $||g_{11}||_{\boldsymbol{L}} \leqq c||g_{11}||_{Z_1}$ erfüllt. Wir zeigen, daß dies auch für die Funktion $g_{12} = M_2\,N_2\,f_2$ gilt.

Wir setzen

$$M_4(t) = t^{-\xi_0}\,(t-\alpha)^{\xi_0}\left(\frac{1}{\alpha} - \frac{1}{t}\right)^{m_1+r_1}, \qquad N_4(t) = t^{\eta_0}\left(\frac{1}{\beta} - \frac{1}{t}\right)^{\eta_0}(t-\beta)^{n_1+s_1}\,,$$
$$M_5(t) = (t-\alpha)^{-(1-[r_0+\frac{1}{p'}])\,r_0}\,, \qquad M_6(t) = (t-\alpha)^{[r_0+\frac{1}{p'}](1-r_0)}\,,$$
$$N_5(t) = \left(\frac{1}{\beta} - \frac{1}{t}\right)^{-(1-[s_0+\frac{1}{p'}])\,s_0}\,, \qquad N_6(t) = \left(\frac{1}{\beta} - \frac{1}{t}\right)^{[s_0+\frac{1}{p'}](1-s_0)}.$$

Mit $\Delta(t)$ bezeichnen wir die Funktion aus $C(\Gamma)$, für die $M_2 N_2 = \Delta M_4 N_4$ gilt. Wie man leicht einsieht, gilt $\Delta(t) \in H^\varepsilon(\Gamma)$ für hinreichend kleines $\varepsilon > 0$. Wir erhalten jetzt

$$g_{12} = \Delta M_4 N_4 f_2 = M_4 N_4 (P \Delta f_2 + Q \Delta f_2) =$$
$$= M_0(M_5 M_6 N_4 P \Delta f_2) + N_0(N_5 N_6 M_4 Q \Delta f_2) .$$

Die Funktionen

$$a_1 = M_6 N_4 P \Delta f_2 , \qquad a_2 = N_6 M_4 Q \Delta f_2$$

gehören entsprechend zur Klasse $H^\varepsilon_+(\Gamma)$ bzw. $H^\varepsilon_-(\Gamma)$. Aus $M_5, N_5 \in L^p(\Gamma)$ folgt dann nach Folgerung 2.1

$$M_5 a_1 \in L^p_+(\Gamma) \qquad \text{und} \qquad N_5 a_2 \in L^p_-(\Gamma) .$$

Damit ergibt sich

$$g_{12} = V (M_5 a_1 + N_5 a_2) \in \boldsymbol{L}$$

und

$$\|g_{12}\|_{\boldsymbol{L}} = \|M_5 a_1 + N_5 a_2\|_{L^p(\Gamma)} \leqq c \, \|f_2\|_{L^p(\Gamma)} .$$

Der Satz 5.4 ist damit bewiesen.

Beweis des Satzes 5.3. Wegen Satz 5.4 genügt es, die stetige Einbettung

$$W_p\big(\Gamma; (\Gamma_\alpha, m_2), (\Gamma_\beta, n_2)\big) \subset Z \tag{5.7}$$

zu beweisen.

Sei $f \in W_p\big(\Gamma; (\Gamma_\alpha, m_2), (\Gamma_\beta, n_2)\big)$. Mit Hf bezeichnen wir das Hermitesche Interpolationspolynom mit dem Knoten β, das folgendermaßen definiert wird:

$$(H f)^{(k)} (\beta) = (f/M_2 R)^{(k)} (\beta) \qquad (k = 0, \ldots, \eta_1 + \eta_3 - 1) .$$

Des weiteren betrachten wir das Hermitesche Interpolationspolynom H_1 mit

$$(H_1 f)^{(l)} (\alpha) = (F f)^{(l)} (\alpha) \qquad (l = 0, \ldots, \xi_1 + \xi_3 - 1) ,$$

wobei

$$F f = t^{\xi_1+\xi_3} \frac{f - M_2 R H f}{N_2} .$$

Aus Lemma 1.2 folgt dann leicht

$$\varphi = t^{-\xi_1-\xi_3} \frac{F f - H_1 f}{M_2} \in L^p(\Gamma)$$

und $\|\varphi\|_{L^p(\Gamma)} \leqq c\|f\|_{W_p}$. Damit erhalten wir

$$f = M_2 N_2 \varphi + M_2 R H f + N_2 t^{-\xi_1-\xi_3} H_1 f ,$$

wobei die Ordnungen der Polynome $H f$ und $H_1 f$ entsprechend nicht größer als $\eta_1 + \eta_3 - 1$ bzw. $\xi_1 + \xi_3 - 1$ sind. Aus der letzten Gleichung folgt auf Grund der stetigen Einbettung (1.7) unmittelbar die Beziehung (5.7) und damit die Behauptung des Satzes 5.3.

6.5.3. Wir betrachten jetzt den Operator $T_0 = (N_0 - M_0) T$ aus der Darstellung (5.4). Nach Lemma 4.3, Kapitel 3, ist T ein vollstetiger Operator in $L^p(\Gamma)$. Wir zeigen, daß T_0 ein vollstetiger Operator von $L^p(\Gamma)$ in den Raum $\boldsymbol{L}$ ist.

Zunächst folgt aus Lemma 1.6, daß T den Raum $L^p(\Gamma)$ vollstetig in den Raum $W_p = W_p(\Gamma; (\Gamma_\alpha, m_2), (\Gamma_\beta, n_2))$ abbildet. Wir beweisen jetzt, daß $f \to M_0 f$ eine stetige Abbildung von W_p in $\boldsymbol{L}$ ist.

Sei $f \in W_p$. Mit $H_2 f$ und $H_3 f$ bezeichnen wir folgende HERMITEsche Interpolationspolynome:

$$(H_2 f)(\alpha) = \begin{cases} f(\alpha), & \text{falls} \quad r_0 > 0 \\ 0, & \text{falls} \quad r_0 = 0 \end{cases}$$

und

$$(H_3 f)^{(k)}(\beta) = (F_1 f)^{(k)}(\beta), \qquad (k = 0, \ldots, \eta_1 + \eta_3 - 1),$$

wobei wir $F_1 f = (R\, M_3)^{-1}(f - H_2 f)$ setzen (in einer Umgebung des Punktes β). Unter erneuter Benutzung des Lemmas 1.2 erhalten wir dann

$$\psi = R\,\frac{F_1 f - H_3 f}{N_2} \in L^p(\Gamma).$$

Damit ergibt sich

$$f = N_2\, M_3\, \psi + M_3\, R\, H_3 f + H_2 f$$

und

$$M_0 f = M_2\, N_2\, \psi + M_2\, R\, H_3 f + M_0\, M_2 f.$$

Die beiden ersten Summanden auf der rechten Seite der letzten Gleichung liegen in Z, der dritte Summand gehört zu $\boldsymbol{L}$. Folglich gilt $M_0 f \in \boldsymbol{L}$. Die Stetigkeit der Abbildung $f \to M_0 f$ folgt leicht aus Lemma 1.2, Satz 5.4 sowie (1.7).

Aus den vorangegangenen Überlegungen ergibt sich unmittelbar die Vollstetigkeit des Operators $M_0 T$ von $L^p(\Gamma)$ in $\boldsymbol{L}$. Analog erhält man die Vollstetigkeit von $N_0 T$. Mithin ist T_0 ein vollstetiger Operator von $L^p(\Gamma)$ in $\boldsymbol{L}$. Wegen (5.5) ergibt sich jetzt folgende Darstellung für den Operator A:

$$A = V\, C, \qquad C = A_0 + T_*,$$

wobei $T_* = V^{-1}\, T_0$ ein vollstetiger Operator in $L^p(\Gamma)$ ist.

Aus den Ergebnissen der Abschnitte 3.4 und 4.1 folgt jetzt unmittelbar der nachstehende Satz.

Satz 5.5. *Unter den oben angenommenen Voraussetzungen* (5.1) *ist der Operator A ein Φ-Operator von $L^p(\Gamma)$ in den Raum $\boldsymbol{L}$ mit dem Index*

$$\operatorname{Ind} A = \varkappa = \varkappa_1 - \xi_0 - \eta_0, \qquad \varkappa = \frac{1}{2\pi}\left[\arg\frac{d_0(t)}{c_0(t)}\right]_\Gamma,$$

$$\varkappa_1 = \frac{1}{2\pi}\left[\arg\frac{d_1(t)}{c_1(t)}\right]_\Gamma.$$

Bemerkung 1. Im Interesse einer einfacheren Schreibweise haben wir in (5.1) bei den Funktionen $c(t)$ und $d(t)$ je eine Nullstelle angenommen. Alle Überlegungen dieses Teilabschnittes lassen sich offenbar ohne zusätzliche Schwierigkeiten im Falle beliebiger endlich vieler Nullstellen anwenden.

Bemerkung 2. Im Falle paarweise verschiedener Nullstellen α_j und β_k ganzzahliger Ordnungen m_j bzw. n_k stimmt der in 6.2 eingeführte Raum $\overline{L}^p(\varrho_+, \varrho_-)$ mit dem Raum

$L = \operatorname{im} V$ überein. Dabei bedeuten $\varrho_\pm(t)$ die durch (2.1) definierten Funktionen und $V = \varrho_- P + \varrho_+ Q$.

Dies ergibt sich unmittelbar aus Folgerung 2.2 sowie Satz 5.3 unter Benutzung der Beziehung

$$B - V = (P \varrho_- - \varrho_- P) + (Q \varrho_+ - \varrho_+ Q) .$$

6.6. Die Lösung einer singulären Integralgleichung vom nicht normalen Typ mittels Faktorisierung

Unter den Voraussetzungen des vorhergehenden Abschnittes wollen wir uns jetzt mit der effektiven Lösung der Gleichung

$$A \varphi = c(t) P \varphi + d(t) Q \varphi = f(t) \qquad (t \in \Gamma) \tag{6.1}$$

beschäftigen. Die rechte Seite $f(t)$ soll dem in 6.5 eingeführten Raum $L = \operatorname{im} V$ angehören, und es wird eine Lösung $\varphi(t) \in L^p(\Gamma)$ gesucht. Wir bedienen uns hierbei der Überlegungen aus 4.3.6.

In bezug auf die Funktionen $c_1(t)$ und $d_1(t)$ in (5.1) fordern wir jetzt noch zusätzlich, daß sie zur Klasse $H^\lambda(\Gamma)$ gehören, d. h., es soll gelten (vgl. 6.1.1)

$$c_1(t), d_1(t) \in C^\lambda\big(\Gamma; (\alpha, m_2), (\beta, n_2)\big) \qquad (0 < \lambda < 1) .$$

Unter Beibehaltung der Bezeichnungen (5.3) stellen wir die Funktionen $c(t)$ und $d(t)$ wieder in der Form

$$c(t) = M_0(t) c_0(t) , \qquad d(t) = N_0(t) d_0(t)$$

dar. Nach 3.4.1 gestattet die auf Γ nirgends verschwindende Funktion $d_0(t)/c_0(t)$ eine Faktorisierung:

$$\frac{d_0(t)}{c_0(t)} = a_-(t)\, t^\varkappa\, a_+(t) \qquad (t \in \Gamma) .$$

Dabei gilt $a_\pm(t) \in C^\lambda\big(\Gamma; (\alpha, m_2), (\beta, n_2)\big)$; dies folgt leicht aus der am Schluß von 3.4.1 angegebenen Gestalt der Funktionen $a_\pm(t)$ sowie aus Folgerung 1.2. Unter Berücksichtigung des Satzes 5° aus 3.4.4 erhalten wir dann die folgende Darstellung des Operators A:

$$A = c_0\, a_+ (M_0 P + t^\varkappa N_0 Q)(a_+^{-1} P + a_- Q) . \tag{6.2}$$

Wir bezeichnen mit C den in $L^p(\Gamma)$ stetig invertierbaren Operator

$$C = a_+^{-1} P + a_- Q \qquad (C^{-1} = a_+ P + a_-^{-1} Q)$$

und mit L_0 den endlichdimensionalen Teilraum der Dimension $\max(\varkappa, 0)$, der von allen Funktionen der folgenden Gestalt gebildet wird:

$$\psi(t) = (N_0 N_3 M_3 - t^{-\varkappa} M_0 M_3 N_3) P_{\varkappa-1}(t) .$$

Dabei bedeutet $P_{\varkappa-1}(t)$ ein beliebiges Polynom vom Grade $\leqq \varkappa - 1$ ($P_{\varkappa-1}(t) \equiv 0$ für $\varkappa \leqq 0$), und die Funktionen $M_3(t)$ und $N_3(t)$ werden durch (5.6) bestimmt.

Man kann sich leicht davon überzeugen, daß der Raum $L^p(\Gamma)$ die direkte Summe

$$\operatorname{im}(P + t^{-\varkappa} Q) \dotplus L_0 = L^p(\Gamma)$$

darstellt. Indem wir jetzt die Überlegungen aus 4.3.6 wiederholen, erhalten wir die beiden folgenden Sätze.

Satz 6.1. *Der Kern des Operators A besteht aus allen Funktionen $C^{-1}\psi$ mit $\psi \in L_0$, d. h. aus allen Funktionen der Gestalt*

$$\varphi_0(t) = (a_+ N_0 N_3 M_3 - t^{-\varkappa} a_-^{-1} M_0 M_3 N_3) P_{\varkappa-1}(t) . \tag{6.3}$$

Satz 6.2. *Die Invertierbarkeit des Operators $A \in \mathcal{L}(L^p(\Gamma), \boldsymbol{L})$ entspricht der Zahl $-\varkappa = \operatorname{ind} \dfrac{c_0}{d_0}$, und es gilt*

$$\dim \ker A = \max(\varkappa, 0) , \qquad \dim \operatorname{coker} A = \max(-\varkappa, 0) .$$

Die entsprechende einseitige Inverse hat die Gestalt

$$A^{(-1)} = C^{-1}(P + t^{-\varkappa} Q) V^{-1} (c_0 a_+)^{-1} I .$$

Wir kehren jetzt zur Gleichung (6.1) zurück. Zunächst bemerken wir, daß auf Grund der letzten Behauptung des Satzes 6.2 für die Lösbarkeit der Gleichung (6.1) notwendig ist, daß

$$g(t) = \frac{f(t)}{c_0(t)\, a_+(t)} \in \boldsymbol{L}$$

gilt. Wir nehmen an, diese Bedingung sei erfüllt. Dann folgt aus Satz 6.2:

Für $\varkappa \geqq 0$ ist

$$\varphi_1 = A^{(-1)} f \tag{6.4}$$

stets eine Lösung der Gleichung (6.1). Die allgemeine Lösung hat die Gestalt $\varphi = \varphi_1 + \varphi_0$, wobei die Funktionen φ_0 durch die Formel (6.3) geliefert werden.

Im Falle $\varkappa < 0$ ist die Funktion (6.4) die einzig mögliche Lösung der Gleichung (6.1). Sie ist dann und nur dann Lösung von (6.1), wenn die Bedingung

$$Q(t^{-\varkappa} Q V^{-1} g) = t^{-\varkappa} Q V^{-1} g$$

oder, was dasselbe ist, die Bedingungen

$$\int_\Gamma t^k (V^{-1} g)(t)\, dt = 0 \qquad (k = 0, 1, \ldots, -\varkappa - 1) ,$$

erfüllt sind.

Die letzte Behauptung folgt daraus, daß im Falle $\varkappa < 0$ eine Funktion $f \in L^p(\Gamma)$ die Gleichung $A_0 A_0^{(-1)} f = f$ genau dann erfüllt, wenn $Q t^{-\varkappa} Q f = t^{-\varkappa} Q f$ gilt (vgl. (3.15), Kapitel 4).

6.7. Nicht beschränkte Regularisierung singulärer Integralgleichungen vom nicht normalen Typ

6.7.1. Nicht beschränkte Regularisierung

Wir betrachten im Raum $L^p(\Gamma)$ $(1 < p < \infty)$ die singuläre Integralgleichung

$$A\varphi = a(t)\varphi(t) + \frac{b(t)}{\pi} \int_\Gamma \frac{\varphi(\tau)}{\tau - t}\, d\tau + \int_\Gamma T(t, \tau)\, \varphi(\tau)\, d\tau = f(t) . \tag{7.1}$$

Dabei sei Γ ein Kurvensystem der in 6.2.1 beschriebenen Gestalt. Bezüglich der Koeffizienten der Gleichung (7.1) machen wir folgende Voraussetzungen:

(1) $a(t)$, $b(t)$ und $T(t, \tau)$ genügen auf Γ bzw. $\Gamma \times \Gamma$ einer HÖLDER-Bedingung.

(2) Die Funktionen

$$c(t) = a(t) + b(t)\,, \qquad d(t) = a(t) - b(t)$$

verschwinden auf Γ entsprechend in den Punkten $\alpha_1, \alpha_2, \ldots, \alpha_r$ und $\beta_1, \beta_2, \ldots, \beta_s$; die positiven ganzen Zahlen m_j bzw. n_k ($j = 1, \ldots, r$; $k = 1, \ldots, s$) seien die Ordnungen dieser Nullstellen.

(3) In einer Umgebung (auf Γ) der Punkte α_j und β_k ($j = 1, \ldots, r$; $k = 1, \ldots, s$) besitzen die Funktionen $a(t)$, $b(t)$ und $T(t, \tau)$ Ableitungen nach t bis zur m_j-ten bzw. n_k-ten Ordnung einschließlich, die einer HÖLDER-Bedingung mit dem Exponenten $\lambda > \frac{p-1}{p}$ genügen.

Schließlich sei noch $\Gamma \in C^{\tilde{m}, \mu}$ mit $\tilde{m} = \max\{m_1, \ldots, m_r, n_1, \ldots, n_s\}$ und $0 < \mu \leq 1$.

Wir zeigen, daß sich unter diesen Voraussetzungen ein nicht beschränkter Regularisator des Operators A durch die Koeffizienten $c(t)$ und $d(t)$ explizit konstruieren läßt. (Dabei wird, ähnlich wie bei der Regularisierung der Gleichung (7.1) im Normalfall, von der Faktorisierung der Funktionen in der Algebra $H^\lambda(\Gamma)$ kein Gebrauch gemacht.)

Wir beweisen zunächst den folgenden Hilfssatz.

Lemma 7.1. *Sei Γ_0 ein Kurvenstück auf Γ, $f(t, \tau) \in H^\lambda(\Gamma_0 \times \Gamma)$ $(0 < \lambda \leq 1)$ und*

$$F(t, \tau) = \int_\Gamma \frac{f(t, t_1)}{t_1 - \tau}\, dt_1 \qquad (t \in \Gamma_0, \tau \in \Gamma)\,.$$

Wenn die partiellen Ableitungen $f_t^{(k)}(t, \tau)$ der Funktion $f(t, \tau)$ nach der Veränderlichen t für $k = 1, \ldots, m$ existieren und zu $H^\lambda(\Gamma_0 \times \Gamma)$ gehören, dann gilt

$$F_t^{(k)}(t, \tau) = \int_\Gamma \frac{f_t^{(k)}(t, t_1)}{t_1 - \tau}\, dt_1 \qquad (k = 1, \ldots, m)$$

und $F_t^{(k)}(t, \tau) \in H^{\lambda'}(\Gamma_0 \times \Gamma)$ für beliebiges $\lambda' < \lambda$.

Beweis. Wir setzen für hinreichend kleines $\mu > 0$ und festes $\tau \in \Gamma$

$$g(t, t_1) = \frac{f(t, t_1) - f(t, \tau)}{|t_1 - \tau|^\mu}\,, \qquad \varphi(t_1) = \frac{|t_1 - \tau|^\mu}{t_1 - \tau}\,.$$

Dann erfüllt $g(t, t_1)$ auf $\Gamma_0 \times \Gamma$ eine HÖLDER-Bedingung (vgl. N. I. MUSCHELISCHWILI [1], §§ 5—6), und nach einem bekannten Satz aus der Analysis ergibt sich jetzt (siehe G. M. FICHTENHOLZ [1], Bd. II)

$$F_t^{(k)}(t, \tau) = \int_\Gamma g_t^{(k)}(t, t_1)\, \varphi(t_1)\, dt_1 + \pi i f_t^{(k)}(t, \tau) =$$

$$= \int_\Gamma \frac{f_t^{(k)}(t, t_1)}{t_1 - \tau}\, dt_1 \qquad (k = 0, 1, \ldots, m)\,.$$

Daraus folgt $F_t^{(k)}(t,\tau) \in H^{\lambda'}(\Gamma_0 \times \Gamma)$ (vgl. N. I. MUSCHELISCHWILI [1], § 18).

Das Lemma ist bewiesen.

Wir kommen jetzt zur Konstruktion des Regularisators. Wenn für die Funktion $\varphi(t) \in L^p(\Gamma)$ die mittleren Ableitungen $\varphi^{\{k\}}(\alpha_j)$ $(k = 0, 1, \ldots, m_j - 1;$ $j = 1, \ldots, r)$ existieren, dann wollen wir hier mit $H_1 \varphi$ das HERMITEsche Interpolationspolynom der Funktion φ mit den Interpolationsknoten α_j bezeichnen, das die Bedingungen

$$(H_1 \varphi)^{(k)}(\alpha_j) = \varphi^{\{k\}}(\alpha_j) \qquad (k = 0, 1, \ldots, m_j - 1;\ j = 1, \ldots, r)$$

erfüllt. Entsprechend wird $H_2 \varphi$ mit β_l $(l = 1, \ldots, s)$ an Stelle von α_j erklärt.

Wir betrachten den Operator B, der im Raum $L^p(\Gamma)$ durch die Gleichung

$$B \varphi = \frac{P \varphi - H_1 P \varphi}{c(t)} + \frac{Q \varphi - H_2 Q \varphi}{d(t)} \tag{7.2}$$

gegeben ist. Das Definitionsgebiet $D(B)$ besteht aus allen Funktionen $\varphi \in L^p(\Gamma)$, für die die rechte Seite von (7.2) erklärt und ein Element des Raumes $L^p(\Gamma)$ ist. Die Menge $D(B)$ ist dicht in $L^p(\Gamma)$, da sie z. B. alle beliebig oft differenzierbaren Funktionen auf Γ enthält (vgl. 6.1). Wie man leicht einsieht, ist B kein beschränkter Operator.

Wir zeigen, daß B ein Regularisator des Operators A ist (vgl. Definition aus 1.4).

Unter Benutzung der Vertauschungsformeln (4.37) und (4.38) aus Kapitel 3 sowie der Gleichung

$$\int_\Gamma \frac{d\tau}{\tau - t} = \pi i \qquad (t \in \Gamma)$$

erhalten wir für beliebiges $\varphi \in L^p(\Gamma)$ die Beziehungen

$$P A \varphi = c(t) P \varphi + \int_\Gamma N(t,\tau) \varphi(\tau)\, d\tau\,, \tag{7.3}$$

$$Q A \varphi = d(t) Q \varphi + \int_\Gamma M(t,\tau) \varphi(\tau)\, d\tau\,,$$

wobei

$$2 N(t,\tau) = R_a(t,\tau) + G(t,\tau) + L(t,\tau) + 2 T(t,\tau)\,,$$

$$2 M(t,\tau) = - R_a(t,\tau) - G(t,\tau) - L(t,\tau)$$

und

$$R_a(t,\tau) = \frac{1}{\pi i} \frac{a(t) - a(\tau)}{t - \tau}\,, \qquad G(t,\tau) = \frac{1}{\pi i} \int_\Gamma R_b(t,t_1) \frac{dt_1}{\tau - t_1}\,,$$

$$L(t,\tau) = \frac{1}{\pi i} \int_\Gamma [T(t_1,\tau) - T(t,\tau)] \frac{dt_1}{t_1 - t}\,.$$

Auf Grund der Lemmata 1.1 und 7.1 genügen die Funktionen $N(t,\tau)$ und $M(t,\tau)$ der obengenannten Bedingung (3) mit $m_j - 1$ anstelle m_j und $n_k - 1$ anstelle n_k. Wegen Lemma 1.9 erhalten wir

$$H_1[c P \varphi] = 0\,, \qquad H_2[d Q \varphi] = 0\,,$$

und aus den Gleichungen (7.3) ergibt sich jetzt $A\,\varphi \in D(B)$ und

$$B\,A\,\varphi = \varphi(t) + \int_\Gamma K(t,\tau)\,\varphi(\tau)\,d\tau \tag{7.4}$$

mit

$$K(t,\tau) = \frac{1}{c(t)}\,[N(t,\tau) - H_1\,N] + \frac{1}{d(t)}\,[M(t,\tau) - H_2\,M]\,,$$

wobei in $H_1\,N$ (entsprechend in $H_2\,M$) die Operation H_1 (bzw. H_2) auf das Argument t anzuwenden ist.

Zum Beweis der Behauptung, daß B ein Regularisator des Operators A ist, bleibt mithin die Vollstetigkeit des Integraloperators mit dem Kern $K(t,\tau)$ in Raum $L^p(\Gamma)$ nachzuweisen. Wir zeigen dies für den Operator mit dem Kern

$$K_1(t,\tau) = \frac{1}{c(t)}\,[N(t,\tau) - H_1\,N]\,.$$

Für $K_2(t,\tau) = K(t,\tau) - K_1(t,\tau)$ verläuft der Beweis analog.

Es sei U_j eine hinreichend kleine Umgebung auf Γ des Punktes α_j $(j = 1, \ldots, r)$ und

$$\Gamma' = \bigcup_{j=1}^{r} U_j\,, \qquad \Gamma'' = \Gamma - \Gamma'\,.$$

Wir setzen

$$V(t,\tau) = \begin{cases} 0\,, & t \in \Gamma' \\ K_1(t,\tau)\,, & t \in \Gamma'' \end{cases}; \qquad W(t,\tau) = K_1(t,\tau) - V(t,\tau)\,.$$

Zunächst betrachten wir den Operator V mit dem Kern $V(t,\tau)$:

$$V\,\varphi = h(t)\left[\int_\Gamma N(t,\tau)\,\varphi(\tau)\,d\tau + \int_\Gamma V_0(t,\tau)\,\varphi(\tau)\,d\tau\right]$$

mit

$$V_0(t,\tau) = -\,H_1\,N\,, \qquad h(t) \begin{cases} 0\,, & t \in \Gamma' \\ \dfrac{1}{c(t)}\,, & t \in \Gamma''\,. \end{cases}$$

Der Operator mit dem Kern $V_0(t,\tau)$ ist ein stetiger Operator von endlichem Rang und somit vollstetig. Auf Grund der Vollstetigkeit von Integraloperatoren mit Kernen vom Typ des Potentials (vgl. L. W. Kantorowitsch und G. P. Akilow [1], Seite 296) ist $\int_\Gamma N(t,\tau)\,\varphi(\tau)\,d\tau$ und damit auch V ein vollstetiger Operator.

Es bleibt also noch die Vollstetigkeit des Operators

$$W\,\varphi = \int_\Gamma W(t,\tau)\,\varphi(\tau)\,d\tau$$

zu zeigen. Da die Ableitungen $N_t^{(m_j-1)}(t,\tau)$ für $t \in U_j$, $\tau \in \Gamma$ und $j = 1, \ldots, r$ eine Hölder-Bedingung mit dem Exponenten $\nu > p^{-1}(p-1)$ erfüllen, so gilt

$$|K_1(t,\tau)| \leq c_0 \prod_{j=1}^{r} |t - \alpha_j|^{\nu-1} \qquad (t \in \Gamma',\ \tau \in \Gamma)\,.$$

Wegen $(1 - \nu)\, p < 1$ erhalten wir somit für $p' = p/(p-1)$ die Endlichkeit des folgenden Integrals

$$\int_\Gamma \Big[\int_\Gamma |W(t,\tau)|^{p'}\, |d\tau|\Big]^{p/p'} |dt| = \int_{\Gamma'} \Big[\int_\Gamma |K_1(t,\tau)|^{p'}\, |d\tau|\Big]^{p/p'} |dt| \,.$$

Damit ist eine bekannte hinreichende Bedingung für die Vollstetigkeit des Integraloperators mit dem Kern $W(t, \tau)$ im Raum $L^p(\Gamma)$ erfüllt (siehe L. W. KANTOROWITSCH und G. P. AKILOW [1], Seite 292). Die Vollstetigkeit des Integraloperators in (7.4) ist somit bewiesen.

Der Regularisator B besitzt einen endlichdimensionalen Kern.

In der Tat, indem wir beide Seiten der Gleichung $B\varphi = 0$ mit $c(t)\, d(t)$ multiplizieren, erhalten wir eine Gleichung der Gestalt

$$A_1 \varphi \equiv d(t)\, P\varphi + c(t)\, Q\varphi = d(t)\, \psi_1(t) + c(t)\, \psi_2(t)\,,$$

wobei $\psi_1(t)$ und $\psi_2(t)$ gewisse Polynome sind, deren Grad entsprechend die Zahlen $m - 1$ bzw. $n - 1$ mit

$$m = \sum_{j=1}^{r} m_j\,, \qquad n = \sum_{k=1}^{s} n_k \tag{7.5}$$

nicht übersteigt. Nach dem bereits Bewiesenen hat der Operator A_1 einen nicht beschränkten Regularisator, und folglich ist $\dim\ker A_1 < \infty$. Damit ergibt sich

$$\dim\ker B \leqq \dim\ker A_1 + m + n < \infty\,.$$

Die Ergebnisse dieses Teilabschnittes formulieren wir als

Satz 7.1. *Unter den Voraussetzungen* (1) *bis* (3) *ist der durch* (7.2) *definierte Operator B ein nicht beschränkter Regularisator des singulären Integraloperators* (7.1). *Der Kern dieses Regularisators ist endlichdimensional.*

Folgerung 7.1. *Der im Raum $L^p(\Gamma)$ betrachtete Operator A besitzt einen endlichen Index und ist nicht normal auflösbar.*

Dies folgt unmittelbar aus den Sätzen 5.4 und 5.5 von Kapitel 1.

Bemerkung 1. Die Voraussetzungen bezüglich des Kernes $T(t, \tau)$ in (7.1) lassen sich dahingehend abschwächen, daß es genügt, an Stelle der Bedingung (1) die Darstellung

$$T(t,\tau) = \frac{k(t,\tau) - k(t,t)}{\tau - t}$$

zu fordern, wobei $k(t, \tau)$ der Bedingung (1) genügt.

Dies folgt aus der Tatsache, daß in diesem Fall ebenfalls die Vertauschungsformeln (4.37), Kapitel 3, gelten.

Bemerkung 2. Mit Hilfe des Lemmas 1.10 kann man sich davon überzeugen, daß der Regularisator B abgeschlossen ist.

Des weiteren erhält man leicht auf Grund des Satzes 2.1, daß eine Funktion φ genau dann zum Definitionsgebiet $D(B)$ gehört, wenn $\varphi \in \bar{L}^p(\varrho_+'', \varrho_-'')$ ist, wobei die Funktionen $\varrho_\pm''(t)$ wie in 6.3.5 bestimmt werden. Folglich stimmt der Raum $\boldsymbol{L} = \bar{L}^p(\varrho_+'', \varrho_-'')$ mit dem Raum $\boldsymbol{D}$ überein, den man erhält, indem man auf $D(B)$ die Norm

$$|\varphi| = ||\varphi||_{L^p} + ||B\varphi||_{L^p} \qquad (\varphi \in D(B))$$

vorgibt (vgl. 4.5).

Bemerkung 3.[1]) Die Ergebnisse dieses Teilabschnittes lassen sich auf den Fall von Nullstellen nicht ganzzahliger Ordnungen übertragen. Dabei hat der Regularisator B ebenfalls die Gestalt (7.2), aber das Interpolationspolynom $H_1 \varphi$ wird jetzt durch die Bedingungen

$$(H_1 \varphi)^{(k)} (\alpha_j) = \varphi^{\{k\}}(\alpha_j) \qquad \left(k = 0, 1, \ldots, \left[m_j - \frac{1}{p}\right]; \; j = 1, \ldots, r\right)$$

bestimmt. Entsprechendes gilt für $H_2 \varphi$.

6.7.2. Äquivalente nicht beschränkte Regularisierung

Der im vorangegangenen Teilabschnitt konstruierte Regularisator B ist im allgemeinen kein äquivalenter Regularisator des Operators A. Er läßt sich aber leicht zu einem solchen Regularisator abwandeln, der für Ind $A \geqq 0$ ein äquivalenter linker Regularisator zu A ist (vgl. hierzu Satz 5.6, Kapitel 1).

Wir behalten hier die in 6.7.1 angenommenen Voraussetzungen bezüglich der Koeffizienten der Gleichung (7.1) bei, fordern aber jetzt zusätzlich, daß $\alpha_j \neq \beta_k$ für alle $j = 1, \ldots, r$ und $k = 1, \ldots, s$ gilt.

Nach Lemma 1.1 können wir die Funktionen $c(t)$ und $d(t)$ in der Form

$$c(t) = R_0(t)\, c_0(t)\,, \qquad d(t) = R_1(t)\, d_1(t) \tag{7.6}$$

mit

$$R_0(t) = \prod_{j=1}^{r} (t - \alpha_j)^{m_j}\,, \qquad R_1(t) = \prod_{k=1}^{s} (t - \beta_k)^{n_k}$$

darstellen, wobei die Funktionen $c_0(t)$ und $d_1(t)$ auf Γ einer Hölder-Bedingung genügen und nirgends verschwinden. Wir werden im weiteren voraussetzen, daß die Funktionen $c_0(t)$ und $d_1(t)$ in (7.6) ebenfalls die Bedingung (3) aus 6.7.1 erfüllen. (Auf Grund der am Schluß von 6.1.2 gemachten Bemerkung ist dafür hinreichend, daß die Funktionen $c(t)$ und $d(t)$ zur Klasse $C^\lambda\big(\Gamma; (\alpha_j, 2\, m_j)_1^r, (\beta_k, 2\, n_k)_1^s\big)$ gehören.)

Wir betrachten jetzt den Operator $\tilde{B} = B_1 + B_2$, wobei

$$B_1 = d_1^{-1}\, R_0^{-1}\, (I - \tilde{H}_1) \frac{d_1}{c_0} P\,, \qquad B_2 = c_0^{-1}\, R_1^{-1}\, (I - H_2)\, \frac{c_0}{d_1}\, Q\,.$$

Hierbei hat H_2 dieselbe Bedeutung wie in 6.7.1, während

$$\tilde{H}_1 \varphi = \sum_{k=1}^{m} \frac{a_k}{t^{n+k}}$$

das Hermitesche Interpolationspolynom nach den Basisfunktionen t^{-n-k} $(k = 1, \ldots, m)$ bedeutet, das durch die Bedingungen

$$(\tilde{H}_1 \varphi)^{(l)} (\alpha_j) = \varphi^{\{l\}}(\alpha_j) \qquad (l = 0, 1, \ldots, m_j - 1; \; j = 1, \ldots, r)$$

bestimmt wird; m und n sind durch (7.5) definiert.

Indem man die Überlegungen aus 6.7.1 wiederholt, überzeugt man sich leicht davon, daß $\tilde{B}$ ebenfalls linker Regularisator des Operators A ist. Nach 1.5.2

[1]) Man vgl. S. Prössdorf und B. Silbermann [1].

ist $\tilde{B}$ genau dann äquivalenter Regularisator, wenn $\dim \ker \tilde{B} = 0$ gilt. Wir wollen jetzt untersuchen, wann dies der Fall ist.

Es sei also $\varphi \in L^p(\Gamma)$ Lösung der Gleichung $B\varphi = 0$. Wir faktorisieren die Funktion d_1/c_0:

$$\frac{d_1(t)}{c_0(t)} = a_-(t)\, t^{\varkappa_0}\, a_+(t); \qquad \varkappa_0 = \frac{1}{2\pi}\left[\arg \frac{d_1(t)}{c_0(t)}\right]_\Gamma .$$

Indem wir dies in die Gleichung $\tilde{B}\varphi = 0$ einsetzen, erhalten wir nach einigen elementaren Umformungen eine Beziehung der Gestalt

$$R_1\, a_+\, t^{\varkappa_0}\, P\varphi - R_0\, a_+\, t^{\varkappa_0}\, H_2\, \varphi_2 = R_1\, a_-^{-1}\, \bar{H}_1\, \varphi_1 - R_0\, a_-^{-1}\, Q\varphi$$

mit φ_1 und φ_2 aus $L^p(\Gamma)$.

Wir nehmen jetzt $\varkappa_0 \geqq m$ an. Indem wir beide Seiten der letzten Gleichung mit t^{-m} multiplizieren, erhalten wir, daß die linke Seite zu $L_+^p(\Gamma)$ und die rechte Seite zu $L_-^p(\Gamma)$ gehört. Folglich gilt

$$P\varphi = \frac{R_0(t)}{R_1(t)} \sum_{l=0}^{n-1} b_l\, t^l , \qquad Q\varphi = \frac{R_1(t)}{R_0(t)} \sum_{k=1}^{m} \frac{a_k}{t^{n+k}} .$$

Wegen $\alpha_j \neq \beta_k$ und $P\varphi,\ Q\varphi \in L^p(\Gamma)$ folgt hieraus notwendigerweise $b_l = 0$ $(l = 0, \ldots, n-1)$ und $a_k = 0$ $(k = 1, \ldots, m)$. Damit ergibt sich $P\varphi = Q\varphi = 0$, also $\varphi = 0$.

Somit ist folgender Satz bewiesen.

Satz 7.2. *Der Operator $\tilde{B}$ ist ein äquivalenter linker Regularisator des Operators A, wenn $\varkappa_0 \geqq m$ gilt.*

Bemerkung 1. Das in Satz 7.2 formulierte Resultat läßt sich nicht verbessern. Man kann nämlich zeigen, daß ein vollstetiger (und sogar endlichdimensionaler) Integraloperator T mit den in 6.7.1 geforderten Eigenschaften existiert, so daß

$$\operatorname{Ind} A = \varkappa_0 - m \qquad (\operatorname{Ind} A = \varkappa_0 + n)$$

gilt (siehe S. Prössdorf [3]). Folglich ist dann $\operatorname{Ind} A < 0$ für $\varkappa_0 < m$, und in diesem Fall kann der Operator A nach Satz 5.6, Kapitel 1, keinen äquivalenten linken Regularisator besitzen.

Bemerkung 2. Im Falle $\varkappa_0 \leqq m$ ist der oben konstruierte Operator $\tilde{B}$ ein äquivalenter rechter Regularisator des Operators A: $L^p(\Gamma) \to \bar{L}^p(\varrho_+'', \varrho_-'')$ (vgl. Bemerkung 2 am Schluß von 6.7.1).

Diese Behauptung kann mit den Methoden einer Arbeit von S. Prössdorf und E. Teichmann [1] bewiesen werden.

6.8. Bemerkungen und Literaturhinweise

6.1. In den Teilabschnitten 6.1.2 und 6.1.3 folgen wir größtenteils der Arbeit des Verfassers [10]. Die Folgerung 1.1 stammt von S. G. Michlin [1]. Der hier angegebene Beweis des Lemmas 1.5 stellt eine einfache Modifikation des von S. G. Michlin [1] gelieferten Beweises der Folgerung 1.1 dar. Die in Folgerung 1.3 genannte Formel der Differentiation des singulären Integrals ist in dem Buch von F. D. GACHOV ([1], S. 49) zu finden.

Die Ergebnisse aus 6.1.4 erhielt der Verfasser in seiner Dissertation (Leningrad 1966) (man vgl. auch [8]).

6.2. Die Resultate der Teilabschnitte 6.2.2 und 6.2.3 wurden vom Autor dieses Buches [13] und von A. A. SEMENCUL [1] gleichzeitig gefunden. Der Beweis des Lemmas 2.1 ist der Arbeit von A. A. SEMENCUL [1] entnommen. Die Ergebnisse des Teilabschnittes 6.2.4 wurden vom Verfasser [13—14] bewiesen.

6.3.—6.4. Hier werden im wesentlichen die Ergebnisse des Verfassers [10], [13—14] dargelegt.

Wir weisen in diesem Zusammenhang auch auf die Arbeiten von B. SILBERMANN [1—2] hin, wo ähnliche Ergebnisse wie in 6.3.6 für die Räume $H^\lambda(\Gamma)$ im Falle von Nullstellen nicht notwendig ganzzahliger Ordnungen aufgestellt wurden. In den Arbeiten von S. MEYER [1—2] wurden einige Ergebnisse aus dem Abschnitt 6.3 auf den Fall von Nullstellen logarithmischen Typs sowie auch auf einige solche Fälle übertragen, in denen die Funktionen $a \pm b$ auf ganzen Kurvenstücken identisch Null sind. Mit dem zuletzt genannten Fall hat sich in anderem Zusammenhang auch F. D. GACHOV [3] beschäftigt.

Bemerkenswert sind in diesem Zusammenhang einige Ergebnisse von N. E. TOVMASJAN [1]. Dieser Autor hat die Gleichung (7.1) unter folgenden Voraussetzungen bezüglich der Koeffizienten betrachtet:

a) Jede der Funktionen $a(t) + b(t)$ und $a(t) - b(t)$ ist auf Γ entweder identisch gleich Null oder überall von Null verschieden.

b) Der Kern $T(t, \tau)$ hat die Gestalt

$$T(t, \tau) = K_1(t, \tau) \ln\left(1 - \frac{\tau}{t}\right) + K_2(t, \tau) \ln\left(1 - \frac{t}{\tau}\right) + K_3(t, \tau)\,,$$

wobei $K_j(t, \tau)$ $(j = 1, 2, 3)$ beliebig oft differenzierbare Funktionen sind.

Es werden notwendige und hinreichende Bedingungen für die Lösbarkeit der Gleichung (7.1) formuliert und der Index der Gleichung berechnet (dieser hängt wesentlich von den Funktionen $K_1(t, t)$ und $K_2(t, t)$ ab). Der Operator A erweist sich als Φ-Operator im Raum $C^\infty(\Gamma)$ (vgl. hierzu Kapitel 9).

6.5. Die Resultate dieses Abschnittes wurden gemeinsam von S. PRÖSSDORF und B. SILBERMANN [1] erhalten.

6.6. Dieser Abschnitt enthält Verallgemeinerungen einiger Ergebnisse vom Verfasser [10] und von B. SILBERMANN [4], [2]. Von B. SILBERMANN [2] wurden ähnliche Resultate auch für den Raum $H^\lambda(\Gamma)$ bewiesen.

Für den Fall, daß das Symbol Nullstellen ganzzahliger Ordnungen besitzt, wurde die Gleichung (6.1) unter geeigneten Glattheitsvoraussetzungen an die Koeffizienten und die rechte Seite erstmalig von F. D. GACHOV in seiner Dissertation 1941 durch Zurückführung auf ein RIEMANN-HILBERTsches Randwertproblem gelöst (vgl. F. D. GACHOV [1]). Mit der Lösung dieser Gleichung in dem Fall, wenn die Funktionen $c(t)$ und $d(t)$ Nullstellen von kleinerer als erster Ordnung besitzen, haben sich N. P. VEKUA [1] und B. V. CHWEDELIDSE [1] beschäftigt.

6.7. Die Ergebnisse dieses Abschnitts stammen vom Verfasser [2], [8]. Wir bemerken hier, daß in der Arbeit [2] auch die Frage der Existenz eines äquivalenten Regularisators bei vorgegebener rechter Seite der Gleichung (7.1) positiv beantwortet wird: Wenn unter den Voraussetzungen des Teilabschnitts 6.7.2 die Gleichung (7.1) bei festem f lösbar ist, dann läßt sich stets ein linker Regularisator B konstruieren, so daß die Gleichung (7.1) der FREDHOLMschen Integralgleichung $B\,A\,\varphi = B\,f$ äquivalent ist.

Andere Methoden der Zurückführung einer singulären Integralgleichung vom nicht normalen Typ auf eine FREDHOLMsche Integralgleichung zweiter Art sind früher von F. D. GACHOV [1] und D. I. SCHERMAN [1] entwickelt worden. GACHOV löste diese Aufgabe unter Benutzung der von ihm erhaltenen Lösung der Gleichung (6.1) (insbesondere also unter Anwendung der Faktorisierung von Funktionen). SCHERMAN [1] verwendet vorwiegend funktionentheoretische Hilfsmittel (ohne Faktorisierung). Er muß aber von den Koeffizienten der Gleichung (7.1) (neben einigen weiteren Bedingungen) fordern, daß eine der Funktionen $a + b$ oder $a - b$ auf der Integrationskurve überall verschieden von Null ist, während die andere in einzelnen Punkten verschwinden kann. Die Ergebnisse von D. I. SCHERMAN sind durch A. E. KOSULIN [1] auf den Fall von Nullstellen gebrochener Ordnungen übertragen worden. Die in Abschnitt 6.7 dargelegte Methode kann in gewisser Hinsicht als eine Verallgemeinerung der SCHERMANschen Methode angesehen werden (man vergleiche hierzu auch die Arbeit des Verfassers [1]).

KAPITEL 7

SYSTEME SINGULÄRER GLEICHUNGEN VOM NORMALTYP

Hier werden die Hauptergebnisse der Kapitel 2 und 3 auf Systeme singulärer Gleichungen verallgemeinert.

Die Herleitung der notwendigen und hinreichenden Bedingungen für die Gültigkeit der NOETHERschen Eigenschaften eines solchen Systems gelingt relativ einfach durch Zurückführung auf den skalaren Fall mittels eines allgemeinen Satzes über Operatorenmatrizen, der im ersten Abschnitt dargelegt ist. Dagegen begegnet man bei der Übertragung der quantitativen Aussagen vom skalaren Fall auf Systeme ziemlich großen Schwierigkeiten. Zu ihrer Lösung benötigt man die Faktorisierung von Matrixfunktionen in verschiedenen Algebren stetiger Funktionen. Diese Fragen nehmen deshalb in diesem Kapitel eine zentrale Stellung ein.

7.1. Ein Satz über Operatorenmatrizen

7.1.1. Wir vereinbaren für das Weitere folgende Bezeichnungsweise:

Wenn X irgendein Vektorraum ist, so bezeichnen wir durch X_n (n eine natürliche Zahl) die Menge aller n-dimensionalen Vektoren mit Komponenten aus X und durch $X_{n\times n}$ die Menge aller quadratischen Matrizen der Ordnung n mit Elementen aus X.

Ist X ein F-Raum (ein normierter oder unitärer Raum), dann kann man X_n mit einem abzählbaren System von Halbnormen (einer Norm bzw. einem Skalarprodukt) versehen, indem man etwa als die p-te Halbnorm (Norm bzw. das Skalarprodukt) eines Vektors $x = (x_1, \ldots, x_n) \in X_n$ die Summe der p-ten Halbnormen (Normen bzw. Skalarprodukte) der einzelnen Komponenten x_j erklärt:

$$||x||_p = \sum_{j=1}^{n} ||x_j||_p \qquad (p = 1, 2, \ldots) .$$

Wenn X ein normierter Raum ist, dann kann man die Norm einer Matrix $A = \{a_{jk}\}_1^n \in X_{n\times n}$ z. B. durch die Beziehung

$$||A|| = n \max_{j,\,k} ||a_{jk}||$$

festlegen. Ist X eine BANACHsche Algebra, dann wird $X_{n\times n}$ mit dieser Norm ebenfalls zu einer BANACHschen Algebra.

Wenn X ein beliebiger F-Raum ist und $\mathscr{L}(X)$ die Menge aller linearen stetigen Operatoren in X bezeichnet, dann kann $\mathscr{L}_{n\times n}(X)$ mit $\mathscr{L}(X_n)$ identifiziert werden. Mit anderen Worten, jeder Operator $A \in \mathscr{L}(X_n)$ kann als Matrix $A = \{A_{jk}\}_1^n$

geschrieben werden, wobei $A_{jk} \in \mathcal{L}(X)$ ist. Dabei ist der Operator A genau dann vollstetig, wenn sämtliche Operatoren A_{jk} vollstetig sind.

Dem adjungierten Operator A^* entspricht die adjungierte Matrix: $A^* = \{A_{kj}^*\}_1^n$.

7.1.2. **Satz 1.1.** *Sei X ein F-Raum und $A = \{A_{kj}\}_1^n \in \mathcal{L}(X_n)$, wobei die Operatoren A_{jk} paarweise bis auf einen vollstetigen Operator kommutieren. Dann ist A genau dann ein Φ_+-Operator, wenn $\det A$ $(\in \mathcal{L}(X))$ ein Φ_+-Operator ist.*[1])

Beweis. Wir bezeichnen $B = \{B_{jk}\}_1^n$, wobei B_{jk} die Adjunkte zum Element A_{jk} in der Determinante $\det A$ bedeutet. Dann gilt

$$B\,A = \{\det A\;\delta_{jk}\}_1^n = A\,B\,.$$

Wenn jetzt $\det A$ ein Φ_+-Operator in X ist, dann ist offenbar $\{\det A\;\delta_{jk}\}_1^n$ ein Φ_+-Operator in X_n, und nach Satz 3.1, Kapitel 1, ist A ein Φ_+-Operator.

Sei umgekehrt A ein Φ_+-Operator. Für beliebige Kombinationen $i_1, \ldots, i_m$ und $j_1, \ldots, j_m$ von m Zahlen $(1 \leqq m \leqq n)$ aus der Menge $\{1, \ldots, n\}$ setzen wir

$$B_{i_1 \cdots i_m}^{j_1 \cdots j_m} = \det \begin{pmatrix} A_{i_1 j_1} & \cdots & A_{i_1 j_m} \\ \cdot & \cdots & \cdot \\ A_{i_m j_1} & \cdots & A_{i_m j_m} \end{pmatrix}.$$

Für $m = 0$ vereinbaren wir $B_{i_1 \cdots i_m}^{j_1 \cdots j_m} = I$ (I der identische Operator im Raum X).

Mit $\{||x||_p\}_{p=1}^\infty$ bezeichnen wir ein erzeugendes System von Halbnormen in X. Wir zeigen, daß für alle $m = 0, \ldots, n-1$ und $p = 1, 2, \ldots$ eine Abschätzung der Gestalt

$$C \sum ||B_{i_1 \cdots i_m}^{j_1 \cdots j_m} x||_p \leqq \sum ||B_{i_1 \cdots i_{m+1}}^{j_1 \cdots j_{m+1}} x||_q + \sum_l ||T_l\, x||_q \tag{1.1}$$

gleichzeitig für alle $x \in X$ gilt. Dabei sind T_l gewisse (endlich viele) vollstetige Operatoren, $C > 0$ eine (nur von m und p abhängige) Konstante und q ein von p abhängiger Index. In der ersten Summe von (1.1) wird über alle Kombinationen $i_1, \ldots, i_m$ und $j_1, \ldots, j_m$ summiert; entsprechendes gilt für die zweite Summe. Für $m = 0$ geht (1.1) über in

$$C||x||_p \leqq \sum_{i,k} ||A_{ik}\, x||_q + \sum_l ||T_l\, x||_q\,. \tag{1.2}$$

Aus der Ungleichung (1.1) folgt leicht die Behauptung des Satzes. In der Tat, wendet man (1.1) beginnend bei $m = 0$ sukzessive bis $m = n - 1$ an, so erhält man unter Beachtung der Beziehung

$$\pm\, B_{i_1 \cdots i_n}^{j_1 \cdots j_n} = B_{12 \cdots n}^{12 \cdots n} = \det A$$

---

[1]) Die Determinante $\det A$ wird genauso wie im Falle einer Zahlenmatrix aufgestellt. Die Reihenfolge der einzelnen Faktoren ist dabei unwesentlich, da sich alle möglichen Ergebnisse nur durch einen vollstetigen Anteil unterscheiden können (vgl. Satz 3.7*, Kapitel 1). Die beim Beweis der Sätze 1.1 und 1.2 auftretenden Operatorgleichungen sind demzufolge als Kongruenzen modulo $\mathcal{K}(X)$ (bzw. modulo $\mathcal{K}(X_n)$) zu verstehen.

eine Abschätzung der Form

$$C\,\|x\|_p \leqq \|\det A\,x\|_q + \sum_l \|T_l\,x\|_q\,.$$

Hieraus folgt nach Lemma 3.1, Kapitel 1, daß $\det A$ ein Φ_+-Operator ist.

Es bleibt also nur noch die Ungleichung (1.1) zu beweisen. Wir zeigen zuerst die Beziehung (1.2). Nach Lemma 3.1, Kapitel 1, existiert ein vollstetiger Operator $T = \{T_{jk}\}_1^n \in \mathcal{K}(X_n)$, so daß die Abschätzung

$$C\,\|z\|_p \leqq \|A\,z\|_q + \|T\,z\|_q \qquad (C = C_p = \text{const})$$

für alle $z = (z_1, \ldots, z_n) \in X_n$ und alle $p = 1, 2, \ldots$ gilt. Das ist aber gleichbedeutend mit

$$C\left(\sum_{j=1}^n \|z_j\|_p\right) \leqq \sum_{i=1}^n \left\|\sum_{j=1}^n A_{ij} z_k\right\|_q + \sum_{i=1}^n \left\|\sum_{j=1}^n T_{ij}\,x\right\|_q. \tag{1.3}$$

Setzt man in (1.3) $z_k = x$ und $z_j = 0$ für $j \neq k$, so erhält man

$$C\,\|x\|_p \leqq \sum_{i=1}^n \|A_{ik}\,x\|_q + \sum_{i=1}^n \|T_{ik}\,x\|_q\,.$$

Summiert man die letzte Ungleichung über $k = 1, \ldots, n$ auf, dann ergibt sich (1.2).

Sei jetzt $1 \leqq m \leqq n-1$ ein fester Index. Die Kombinationen $i_1, \ldots, i_m$ und $j_1, \ldots, j_{m+1}$ mögen aus jeweils paarweise verschiedenen Zahlen der Menge $\{1, \ldots, n\}$ bestehen. Wir setzen in (1.3)

$$z_k = \begin{cases} 0 & \text{für} \quad k \notin \{j_1, \ldots, j_{m+1}\} \\ (-1)^{r+1}\,B_{i_1\cdots i_m}^{j_1\cdots j_{r-1}\,j_{r+1}\cdots j_{m+1}}\,x & \text{für} \quad k = j_r\,. \end{cases}$$

Dann gilt

$$\sum_{j=1}^n A_{ij}\,z_j = \det\begin{pmatrix} A_{ij_1} & A_{ij_2} & \cdots & A_{ij_{m+1}} \\ A_{i_1j_1} & A_{i_1j_2} & \cdots & A_{i_1j_{m+1}} \\ A_{i_mj_1} & A_{i_mj_2} & \cdots & A_{i_mj_{m+1}} \end{pmatrix} x\,,$$

wie man durch Entwicklung nach der ersten Zeile leicht nachprüft. Hieraus folgt

$$\left\|\sum_{j=1}^n A_{ij}\,z_j\right\|_q = \begin{cases} \|B_{i_1\cdots i_m\,i}^{j_1\cdots j_{m+1}}\,x + T_0\,x\|_q & \text{für} \quad i \notin \{i_1, \ldots, i_m\} \\ \|T_0\,x\|_q & \text{für} \quad i \in \{i_1, \ldots, i_m\}\,. \end{cases}$$

Wir erhalten also aus (1.3) eine Ungleichung der Gestalt

$$C \sum_{r=1}^{m+1} \|B_{i_1\cdots i_m}^{j_1\cdots j_{r-1}j_{r+1}\cdots j_{m+1}}\,x\|_p \leqq \sum_{i \notin \{i_1,\ldots,i_m\}} \|B_{i_1\cdots i_m i}^{j_1\cdots j_{m+1}}\,x\|_q + \sum_k \|T_k\,x\|_q\,.$$

Summiert man in der letzten Ungleichung über alle Kombinationen $i_1, \ldots, i_m$ und $j_1, \ldots, j_{m+1}$ auf, dann ergibt sich gerade die Abschätzung (1.1).

Der Satz ist damit bewiesen.

Bemerkung. Wenn unter den Voraussetzungen des Satzes 1.1 $\det A$ ein Φ_--Operator ist, dann ist A ein Φ_--Operator.

Dies folgt unmittelbar aus dem ersten Teil des Beweises auf Grund des Satzes 3.3, Kapitel 1.

Satz 1.2. *Sei X ein* BANACH-*Raum. Unter den Voraussetzungen des Satzes* 1.1 *ist* $A \in \mathcal{L}(X_n)$ *genau dann ein* Φ_+ (Φ_-)-*Operator, wenn* det A *ein* $\Phi_+(\Phi_-)$-*Operator ist.*

Beweis. Wegen Satz 1.1 und der obigen Bemerkung ist nur noch zu zeigen, daß aus $A \in \Phi_-(X_n)$ folgt det $A \in \Phi_-(X)$.

Wenn $A \in \Phi_-(X_n)$, dann gilt $A^* \in \Phi_+(X_n^*)$, und nach Satz 1.1 ist dann

$$\det A^* = (\det A)^* \in \Phi_+(X^*) .$$

Hieraus folgt aber det $A \in \Phi_-(X)$.

7.2. Faktorisierung von Matrixfunktionen

Im weiteren bezeichnet Γ eine geschlossene glatte (im allgemeinen mehrfach zusammenhängende) orientierte Kurve, die die komplexe Ebene in zwei Gebiete zerlegt: ein zusammenhängendes endliches Gebiet $D_+(\ni 0)$ und ein unendliches Gebiet $D_-(\ni \infty)$. Mit $G_\pm = D_\pm \cup \Gamma$ bezeichnen wir die Abschließungen dieser Gebiete. Im übrigen werden in diesem Abschnitt sämtliche in 2.3 eingeführten Bezeichnungen beibehalten.

7.2.1. Nach der in 7.1.1 getroffenen Vereinbarung bedeutet $C_{n\times n}(\Gamma)$ die BANACH-Algebra aller auf Γ stetigen Matrixfunktionen der Ordnung n.

Rechte Faktorisierung einer auf ganz Γ nicht singulären Matrixfunktion $A(z) \in C_{n\times n}(\Gamma)$ heißt eine Darstellung der Form

$$A(z) = A_-(z)\, D(z)\, A_+(z) \qquad (z \in \Gamma) \tag{2.1}$$

mit einer diagonalen Matrixfunktion $D(z)$ der Gestalt

$$D(z) = \{z^{\varkappa_j}\,\delta_{jk}\}_1^n \qquad (z \in \Gamma);$$

dabei sind $\varkappa_1 \geqq \varkappa_2 \geqq \cdots \geqq \varkappa_n$ gewisse ganze Zahlen und die quadratische n-reihige Matrixfunktion $A_\pm(z)$ besitzt eine Fortsetzung, die im Gebiet $D_\pm$ analytisch und in $G_\pm$ stetig ist, wobei gilt

$$\det A_+(z) \neq 0 \quad (z \in G_+)\,, \qquad \det A_-(z) \neq 0 \quad (z \in G_-)\,.$$

Die durch Vertauschung der Faktoren $A_\pm(z)$ in (2.1) entstehende Faktorisierung der Matrixfunktion $A(z)$ heißt *linke Faktorisierung*. Offenbar erzeugt jede rechte (linke) Faktorisierung der Matrixfunktion $A(z)$ eine linke (rechte) Faktorisierung der transponierten Matrixfunktionen $A'(z)$ sowie der inversen Matrixfunktion $A^{-1}(z)$.

Satz 2.1. *Wenn die Matrixfunktion* $A(z) \in C_{n\times n}(\Gamma)$ *eine rechte (linke) Faktorisierung zuläßt, dann sind die Zahlen* $\varkappa_j = \varkappa_j(A)$ $(j = 1, 2, \ldots, n)$ *durch die Matrixfunktion* $A(z)$ *eindeutig bestimmt.*

Beweis. Neben der Faktorisierung (2.1) besitze $A(z)$ noch eine zweite rechte Faktorisierung der Form

$$A(z) = \tilde{A}_-(z)\, \tilde{D}(z)\, \tilde{A}_+(z)\,, \tag{2.2}$$

wobei

$$\tilde{D}(z) = \{z^{\tilde{\varkappa}_j}\,\delta_{jk}\}_1^n .$$

Aus (2.1) und (2.2) erhalten wir die Gleichung

$$B_-(z)\,D(z) = \tilde{D}(z)\,B_+(z) \tag{2.3}$$

mit

$$B_-(z) = \tilde{A}_-^{-1}(z)\,A_-(z)\,, \qquad B_+(z) = \tilde{A}_+(z)\,A_+^{-1}(z)\,. \tag{2.4}$$

Wenn wir mit $b_{jk}^{\pm}(z)$ die Elemente der Matrixfunktion $B_{\pm}(z)$ bezeichnen, dann kann (2.3) in der Form

$$b_{jk}^-(z)\,z^{\varkappa_k} = z^{\tilde{\varkappa}_j}\,b_{jk}^+(z) \qquad (j, k = 1, 2, \ldots, n)$$

geschrieben werden.

Daraus ergibt sich

$$b_{jk}^-(z) = b_{jk}^+(z) = 0 \qquad (z \in \Gamma) \tag{2.5}$$

für alle j, k mit $\varkappa_k < \tilde{\varkappa}_j$. Aus der Gleichung

$$b_{jk}^-(z) = z^{\tilde{\varkappa}_j - \varkappa_k}\,b_{jk}^+(z)$$

folgt nämlich auf Grund des bekannten Satzes von LIOUVILLE, daß beide Seiten konstant sind. Da aber die rechte Seite im Punkt $z = 0$ verschwindet, so gilt (2.5).

Entgegen der Behauptung des Satzes nehmen wir an, es gelte $\varkappa_r \neq \tilde{\varkappa}_r$ für ein gewisses r $(1 \leqq r \leqq n)$. Ohne Beschränkung der Allgemeinheit kann $\varkappa_r < \tilde{\varkappa}_r$ angenommen werden. Dann gilt offenbar

$$\varkappa_k < \tilde{\varkappa}_j \qquad (j = 1, \ldots, r;\ k = r, \ldots, n)$$

und folglich

$$b_{jk}^+(z) = 0 \qquad (j = 1, \ldots, r;\ k = r, \ldots, n)\,.$$

Aus den letzten Gleichungen folgt, daß jeder Minor der Ordnung r, der aus den ersten r Zeilen der Matrix $B_+(z)$ gebildet wird, identisch Null ist. Dann ergibt sich nach dem LAPLACEschen Entwicklungssatz $\det B_+(z) \equiv 0$. Mit diesem Widerspruch ist der Satz bewiesen.

Entsprechend dem Faktorisierungstyp heißen die Zahlen $\varkappa_i$ $(i = 1, 2, \ldots, n)$ *rechte* (*linke*) *Indizes* oder auch *partielle Indizes* der Matrixfunktion $A(z)$. Die Summe

$$\varkappa = \sum_{i=1}^{n} \varkappa_i$$

wird *Gesamtindex* (*Summenindex*) der Matrixfunktion $A(z)$ genannt. Für ihn ergibt sich aus der Gleichung (2.1) unmittelbar die Beziehung

$$\varkappa = \sum_{i=1}^{n} \varkappa_i = \operatorname{ind} \det A(z)\,. \tag{2.6}$$

Die rechten und linken Indizes einer Matrixfunktion stimmen im allgemeinen nicht überein. Dagegen folgt aus (2.6), daß der Gesamtindex vom Faktorisierungstyp unabhängig ist.

Aus Satz 2.1 folgt: Wenn die Matrixfunktion $A(z)$ eine Faktorisierung (2.1) gestattet und wenn $\alpha_\pm$ ein beliebiger (endlicher) Punkt aus $D_\pm$ ist, dann besitzt $A(z)$ die Faktorisierung

$$A(z) = \tilde{A}_-(z) \left\{ \left(\frac{z - \alpha_+}{z - \alpha_-} \right)^{\varkappa_j} \delta_{jk} \right\}_1^n \tilde{A}_+(z) . \tag{2.7}$$

Umgekehrt kann man von der Faktorisierung (2.7) zu einer Faktorisierung der Form (2.1) übergehen, ohne daß sich dabei die Indizes $\varkappa_j$ ändern.

Im weiteren bezeichnet $\mathfrak{A}(\Gamma)$ eine Banach-Algebra stetiger Funktionen auf der Kurve Γ, die die Bedingungen a) und b) aus Abschnitt 2.3 erfüllt. Aus Lemma 3.1, Kapitel 2, folgt unmittelbar: Wenn $A(z) \in \mathfrak{A}_{n\times n}(\Gamma)$ $(\mathfrak{A}^\pm_{n\times n}(\Gamma))$ und $\det A(z) \neq 0$ für $z \in \Gamma(G_\pm)$ gilt, dann ist $A^{-1}(z) \in \mathfrak{A}_{n\times n}(\Gamma)$ $(\mathfrak{A}^\pm_{n\times n}(\Gamma))$.

Eine rechte Faktorisierung der Form (2.1) einer nicht singulären Matrixfunktion $A(z) \in \mathfrak{A}_{n\times n}(\Gamma)$ heißt *kanonisch*, wenn $A_+^{\pm 1}(z) \in \mathfrak{A}^+_{n\times n}(\Gamma)$ und $A_-^{\pm 1}(z) \in \in \mathfrak{A}^-_{n\times n}(\Gamma)$ gilt. Analog ist die linke kanonische Faktorisierung erklärt.

Wenn $\mathfrak{A}(\Gamma)$ eine zerfallende Algebra ist (d. h. $\mathfrak{A}(\Gamma) = \mathfrak{A}^+(\Gamma) \dotplus \mathring{\mathfrak{A}}^-(\Gamma)$), dann gilt offenbar $\mathfrak{A}_{n\times n}(\Gamma) = \mathfrak{A}^+_{n\times n}(\Gamma) \dotplus \mathring{\mathfrak{A}}^-_{n\times n}(\Gamma)$.

Als nächstes beweisen wir die Existenz der kanonischen Faktorisierung für nicht singuläre Matrixfunktionen aus Banach-Algebren $\mathfrak{A}(\Gamma)$ mit zwei Normen, welche die Bedingungen α)–δ) aus Abschnitt 2.3 erfüllen.

Satz 2.2. *Es sei $\mathfrak{A}(\Gamma)$ eine* Banach-*Algebra stetiger Funktionen auf Γ, die die Bedingungen α) bis δ) aus Abschnitt* 2.3 *erfüllt.*

Dann gestattet jede nicht singuläre Matrixfunktion $A(z) \in \mathfrak{A}_{n\times n}(\Gamma)$ eine rechte (linke) kanonische Faktorisierung.

Zum Beweis dieses Satzes benötigen wir den folgenden Hilfssatz.

Lemma 2.1. *Es sei $\mathfrak{A}(\Gamma)$ eine beliebige Algebra stetiger Funktionen, die die Bedingungen a) und b) aus* 2.3 *erfüllt.*

Wenn die Funktion $a(z) \in \mathfrak{A}^+(\Gamma)$ $(\mathfrak{A}^-(\Gamma))$ in einem Punkt $z_0 \in D_+$ (D_-) den Wert Null annimmt, dann ist $(z - z_0)^{-1} a(z) \in \mathfrak{A}^+(\Gamma)$ $(\mathfrak{A}^-(\Gamma))$.

Beweis. Es sei z. B. $a(z) \in \mathfrak{A}^+(\Gamma)$ und $a(z_0) = 0$ $(z_0 \in D_+)$. Auf Grund der Bedingungen a) und b) gilt $(z - z_0)^{-1} a(z) \in \mathfrak{A}(\Gamma)$. Mit $p_n(z)$ $(n = 1, 2, \ldots)$ bezeichnen wir eine Folge von Funktionen aus $R^+(\Gamma)$, die gleichmäßig auf Γ gegen $a(z)$ konvergiert. Offenbar gilt

$$r_n(z) = \frac{p_n(z) - p_n(z_0)}{z - z_0} \in R^+(\Gamma) \qquad (n = 1, 2, \ldots) .$$

Da wegen $p_n(z_0) \to 0$ die Folge $r_n(z)$ gleichmäßig auf Γ gegen $(z - z_0)^{-1} a(z)$ konvergiert, so gehört die Funktion $(z - z_0)^{-1} a(z)$ zu $C^+(\Gamma)$ und damit zu $\mathfrak{A}^+(\Gamma)$. Das Lemma ist bewiesen.

Des weiteren bemerken wir, daß das Lemma 3.3 aus Kapitel 2 seine Gültigkeit auch für Matrixfunktionen behält, wenn man in seiner Formulierung $\mathfrak{A}(\Gamma)$ und $\tilde{\mathfrak{A}}(\Gamma)$ entsprechend durch $\mathfrak{A}_{n\times n}(\Gamma)$ bzw. $\tilde{\mathfrak{A}}_{n\times n}(\Gamma)$ ersetzt und unter $\tilde{P}$ den Projektor versteht, der $\tilde{\mathfrak{A}}_{n\times n}(\Gamma)$ auf $\tilde{\mathfrak{A}}^+_{n\times n}(\Gamma)$ parallel zu $\mathring{\tilde{\mathfrak{A}}}^-_{n\times n}(\Gamma)$ projiziert.

Der Beweis verläuft völlig analog zum Falle $n = 1$.

Beweis des Satzes 2.2. Wir führen den Beweis für die rechte kanonische Faktorisierung. Die Existenz der linken kanonischen Faktorisierung läßt sich analog beweisen.

Wir betrachten zunächst den Fall $A(z) \in \mathfrak{A}^+_{n\times n}(\Gamma)$. Mit $z_1, z_2, \ldots, z_q$ bezeichnen wir die Nullstellen der Funktion $\det A(z)$ im Gebiet D_+ und mit $m_1, m_2, \ldots, m_q$ deren Vielfachheiten. Für das weitere erweist es sich als günstig, $z_q = 0$ zu setzen. Wenn dieser Punkt keine Nullstelle der Funktion $\det A(z)$ ist, so wollen wir $m_q = 0$ festlegen.

Es sei $f_j(z)$ die j-te Zeile der Matrixfunktion $A(z) = \{a_{jk}(z)\}_1^n$:

$$f_j(z) = \{a_{j1}(z), a_{j2}(z), \ldots, a_{jn}(z)\} \qquad (j = 1, 2, \ldots, n)\,.$$

Mit p_j $(j = 1, 2, \ldots, n)$ bezeichnen wir die Ordnung der Nullstelle $z = z_1$ der Vektorfunktion $f_j(z)$. Offenbar ist $\sum_{j=1}^{n} p_j \leqq m_1$.

Ohne Beschränkung der Allgemeinheit darf $p_1 \geqq p_2 \geqq \cdots \geqq p_n$ angenommen werden. Es sei $\sum_{j=1}^{n} p_j < m_1$. Dann lassen sich komplexe Zahlen $c_1, c_2, \ldots, c_l$ $(l \leqq n,\ c_l = 1)$ finden derart, daß die Vektorfunktion

$$f(z) = \sum_{j=1}^{l} \frac{c_j f_j(z)}{(z - z_1)^{p_j}} \qquad (z \in \Gamma)$$

im Punkt $z = z_1$ verschwindet. Auf Grund des Lemmas 2.1 gehören die Komponenten dieser Vektorfunktion zur Algebra $\mathfrak{A}^+(\Gamma)$. Die Vektorfunktion

$$\hat{f}(z) = f(z)\,(z - z_1)^{p_l} = \sum_{j=1}^{l} \frac{c_j f_j(z)}{(z - z_1)^{p_j - p_l}}$$

besitzt dann offensichtlich im Punkt $z = z_1$ eine Nullstelle von der Ordnung $\hat{p}_l > p_l$.

Wir bilden jetzt folgende Matrixfunktion:

$$\hat{B}_1(z) = \begin{Vmatrix} 1 & 0 & \cdots & 0 & \cdots & 0 \\ 0 & 1 & \cdots & 0 & \cdots & 0 \\ \cdots & \cdots & \cdots & \cdots & \cdots & \cdots \\ \dfrac{c_1}{(z - z_1)^{p_1 - p_l}} & \dfrac{c_2}{(z - z_1)^{p_2 - p_l}} & \cdots & 1 & \cdots & 0 \\ \cdots & \cdots & \cdots & \cdots & \cdots & \cdots \\ 0 & 0 & \cdots & 0 & \cdots & 1 \end{Vmatrix} \begin{matrix} \\ \\ \\ l\text{-te Zeile} \\ \\ \\ \end{matrix}\,.$$

Dann gilt $\det \hat{B}_1(z) = 1$, $\hat{B}_1^{\pm 1}(z) \in \mathfrak{A}^-_{n\times n}(\Gamma)$.

Da man offenbar die Matrixfunktion $\hat{B}_1(z)\,A(z)$ aus der Matrixfunktion $A(z)$ erhält, indem man den l-ten Zeilenvektor von $A(z)$ durch den Vektor $\hat{f}(z)$ ersetzt, so ist $\hat{B}_1(z)\,A(z) \in \mathfrak{A}^+_{n\times n}(\Gamma)$. Ergibt sich dabei

$$\sum_{j\neq l} p_j + \hat{p}_l < m_1 ,$$

dann kann man die soeben durchgeführte Operation mit der Matrixfunktion $\hat{B}_1(z)\,A(z)$ anstelle $A(z)$ wiederholen. Nach endlich vielen Schritten erhält man dann eine Matrixfunktion $B_1(z)\,A(z)$, deren Zeilenvektoren im Punkt $z = z_1$ Nullstellen der Ordnungen

$$\hat{p}_1 \geqq \hat{p}_2 \geqq \cdots \geqq \hat{p}_n \qquad \text{mit} \qquad \sum_{j=1}^{n} \hat{p}_j = m_1$$

besitzen. Dabei gilt $\det B_1(z) = 1$, $B_1^{\pm 1}(z) \in \mathfrak{A}^-_{n\times n}(\Gamma)$.

Wir bilden folgende diagonale Matrixfunktion $D_1(z) \in \mathfrak{A}^-_{n\times n}(\Gamma)$:

$$D_1(z) = \left\{\left(\frac{z}{z - z_1}\right)^{\hat{p}_j} \delta_{jk}\right\}_1^n \qquad (z \in \Gamma) .$$

Man sieht leicht, daß die Determinante der Matrixfunktion $A_1(z) = D_1(z) \times \times B_1(z)\,A(z)$ im Punkt $z = z_1$ nicht verschwindet. Folglich besitzt die Funktion $\det A_1(z)$ im Gebiet D_+ nur die Nullstellen $z_2, z_3, \ldots, z_q$, deren Ordnungen entsprechend $m_2, m_3, \ldots, m_q + m_1$ sind.

Ähnliche Operationen kann man jetzt für die Matrixfunktion $A_1(z)$ und die Nullstelle $z = z_2$ durchführen. Als Ergebnis erhält man eine Matrixfunktion $A_2(z) = D_2(z)\,B_2(z)\,A_1(z)$, deren Determinante im Gebiet D_+ nur die Nullstellen $z_3, z_4, \ldots, z_q$ mit den Vielfachheiten $m_3, m_4, \ldots, m_q + m_1 + m_2$ besitzt. In Fortsetzung dieses Prozesses gelangt man dann zu einer Matrixfunktion

$$A_{q-1}(z) = D_{q-1}(z)\,B_{q-1}\,A_{q-2}(z) \in \mathfrak{A}^+_{n\times n}(\Gamma)$$

mit $B_{q-1}^{\pm 1}(z)$ und $D_{q-1}^{\pm 1}(z)$ aus $\mathfrak{A}^-_{n\times n}(\Gamma)$, wobei die Funktion $\det A_{q-1}(z)$ im Gebiet D_+ eine einzige Nullstelle im Punkt $z = 0$ der Ordnung $\sum m_j$ hat.

Schließlich kann man mit Hilfe der oben beschriebenen Operation eine Matrixfunktion $B(z)$ mit

$$B(z)\,A_{q-1}(z) \in \mathfrak{A}^+_{n\times n}(\Gamma) , \qquad B^{\pm 1}(z) \in \mathfrak{A}^-_{n\times n}(\Gamma)$$

konstruieren derart, daß die Funktion $\det [B(z)\,A_{q-1}(z)]$ eine einzige Nullstelle im Punkt $z = 0$ der Vielfachheit $\sum' m_j$ besitzt und die Summe der Ordnungen $\varkappa_1 \geqq \varkappa_2 \geqq \cdots \geqq \varkappa_n$ der Nullstelle $z = 0$ der entsprechenden Zeilenvektoren der Matrixfunktion $B(z)\,A_{q-1}(z)$ gleich $\sum m_j$ ist.

Wir bilden jetzt die diagonale Matrixfunktion

$$D(z) = \{z^{\varkappa_j}\,\delta_{jk}\}_1^n .$$

Auf Grund des Lemmas 2.1 gilt

$$D^{-1}(z)\,B(z)\,A_{q-1}(z) = A_+(z) \in \mathfrak{A}^+_{n\times n}(\Gamma) , \tag{2.8}$$

wobei $\det A_+(z) \neq 0$ $(z \in G_+)$. Aus (2.8) erhalten wir

$$B(z)\,D_{q-1}(z)\,B_{q-1}(z) \cdots D_1(z)\,B_1(z)\,A(z) = D(z)\,A_+(z)$$

und folglich

$$A(z) = A_-(z)\, D(z)\, A_+(z) \qquad (z \in \Gamma)$$

mit

$$A_-(z) = [B(z)\, D_{q-1}(z)\, B_{q-1}(z) \cdots D_1(z)\, B_1(z)]^{-1}\,.$$

Hierbei ist $A_-^{\pm 1}(z) \in \mathfrak{A}_{n\times n}^-(\Gamma)$, $A_+^{\pm 1}(z) \in \mathfrak{A}_{n\times n}^+(\Gamma)$. Damit ist der Satz für den Fall $A(z) \in \mathfrak{A}_{n\times n}^+(\Gamma)$ bewiesen.

Es sei jetzt $A(z) \in \mathfrak{A}_{n\times n}(\Gamma)$ eine beliebige nicht singuläre Matrixfunktion. Auf Grund der Bedingung β) aus Abschnitt 2.3 existiert eine Matrixfunktion $R(z) = \{r_{jk}(z)\}_1^n \in R_{n\times n}(\Gamma)$ mit $R^{-1}(z) \in R_{n\times n}(\Gamma)$ derart, daß gilt

$$\|I - A(z)\, R^{-1}(z)\|_{\tilde{\mathfrak{A}}_{n\times n}} < \min\,(\|\tilde{P}\|^{-1}, \|\tilde{Q}\|^{-1})\,.$$

Auf Grund der oben gemachten Bemerkung zum Lemma 3.3 aus Kapitel 2 gestattet dann die Matrixfunktion $A(z)\, R^{-1}(z)$ eine Faktorisierung der Form

$$A(z)\, R^{-1}(z) = B_-(z)\, B_+(z)\,,$$

wobei $B_-^{\pm 1}(z) \in \mathfrak{A}_{n\times n}^-(\Gamma)$ und $B_+^{\pm 1}(z) \in \mathfrak{A}_{n\times n}^+(\Gamma)$. Folglich gilt

$$B_+(z)\, R(z) = B_-^{-1}(z)\, A(z)\,. \tag{2.9}$$

Es seien $\lambda_1^+, \lambda_2^+, \ldots, \lambda_s^+$ alle Polstellen der Elemente $r_{jk}(z)$ im Gebiet D_+ (jede Polstelle soll so oft gezählt werden, wie ihre Ordnung angibt). Wir setzen

$$r(z) = \prod_{i=1}^{s} (z - \lambda_i^+)\,.$$

Dann gilt offenbar

$$\tilde{A}(z) = r(z)\, B_+(z)\, R(z) \in \mathfrak{A}_{n\times n}^+(\Gamma)$$

und $\det \tilde{A}(z) \neq 0$ $(z \in \Gamma)$. Auf Grund des bereits Bewiesenen gestattet die Matrixfunktion $\tilde{A}(z)$ eine Faktorisierung:

$$\tilde{A}(z) = \tilde{A}_-(z)\, \tilde{D}(z)\, \tilde{A}_+(z) \qquad (z \in \Gamma)\,.$$

Daraus erhalten wir unter Berücksichtigung von (2.9) die Beziehung

$$A(z) = B_-(z)\, \tilde{A}_-(z)\, \hat{D}(z)\, \tilde{A}_+(z) \qquad (z \in \Gamma) \tag{2.10}$$

mit $\hat{D}(z) = r^{-1}(z)\, \tilde{D}(z)$.

Die Matrix $\tilde{D}(z)$ hat Diagonalgestalt, und die Elemente ihrer Hauptdiagonale $d_j(z)$ $(j = 1, 2, \ldots, n)$ gehören zu $R(\Gamma)$. Folglich gestatten die Funktionen $d_j(z)$ eine Faktorisierung (siehe Gleichung (1.12), Kapitel 2):

$$d_j(z) = d_j^-(z)\, z^{\varkappa_j}\, d_j^+(z) \qquad (z \in \Gamma)\,,$$

wobei $d_j^\pm(z) \in R^\pm(\Gamma)$ $(j = 1, 2, \ldots, n)$ gilt und, ohne Beschränkung der Allgemeinheit, $\varkappa_1 \geqq \varkappa_2 \geqq \cdots \geqq \varkappa_n$ angenommen werden kann. Somit ergibt sich für $\hat{D}(z)$ die Faktorisierung

$$\hat{D}(z) = D_-(z)\, D(z)\, D_+(z) \qquad (z \in \Gamma) \tag{2.11}$$

mit $D(z) = \{z^{\varkappa_j}\, \delta_{jk}\}_1^n$, $D_+^{\pm 1}(z) \in R_{n\times n}^+(\Gamma)$ und $D_-^{\pm 1}(z) \in R_{n\times n}^-(\Gamma)$.

Aus (2.10) und (2.11) erhalten wir für die Matrixfunktion $A(z)$ die geforderte Faktorisierung:

$$A(z) = A_-(z)\, D(z)\, A_+(z) \qquad (z \in \Gamma)\,,$$

wobei

$$A_-(z) = B_-(z)\, \tilde{A}_-(z)\, D_-(z)\,, \qquad A_+(z) = D_+(z)\, \tilde{A}_+(z)\,.$$

Der Satz 2.2 ist damit bewiesen.

Da jede zerfallende R-Algebra die Bedingungen des Satzes 2.2 erfüllt, so ergibt sich

Folgerung 2.1. *Sei $\mathfrak{A}(\Gamma)$ eine zerfallende R-Algebra. Dann gestattet jede nicht singuläre Matrixfunktion $A(z) \in \mathfrak{A}_{n\times n}(\Gamma)$ eine rechte (linke) kanonische Faktorisierung.*

Dies gilt also insbesondere für die WIENERsche Algebra W aller Funktionen auf dem Einheitskreis, die sich in eine absolut konvergente FOURIER-Reihe entwickeln lassen, d. h., es gilt

Satz 2.3. *Jede nicht singuläre Matrixfunktion $A(z) \in W_{n\times n}$ gestattet eine rechte (linke) kanonische Faktorisierung.*

Bemerkung. Satz 2.3 behält seine Gültigkeit, wenn in seiner Formulierung die Algebra W durch W^m $(1 \leqq m \leqq \infty)$ oder $W(\boldsymbol{\alpha}, \boldsymbol{m})$ ersetzt wird (s. 5.1.2, Nr. 3).

Des weiteren erhalten wir als unmittelbare Folgerung des Satzes 2.2 sowie der Folgerung 4.6, Kapitel 3, folgenden

Satz 2.4. *Jede nicht singuläre Matrixfunktion $A(z) \in H^\lambda_{n\times n}(\Gamma)$ $(0 < \lambda < 1)$ gestattet eine rechte (linke) kanonische Faktorisierung.*

Satz 2.5.[1]) *Es seien $t_1, t_2, \ldots, t_r$ paarweise verschiedene Punkte auf Γ, $m_1, m_2, \ldots, m_r$ positive ganze Zahlen und $\mathfrak{A}(\Gamma) = C^\lambda\left(\Gamma; (t_j, m_j)_1^r\right)$ $(0 < \lambda < 1)$.*

Jede nicht singuläre Matrixfunktion $A(z) \in \mathfrak{A}_{n\times n}(\Gamma)$ gestattet eine rechte (linke) kanonische Faktorisierung.

Den Beweis des Satzes 2.5 erhält man, indem man $\tilde{\mathfrak{A}}(\Gamma) = C^\mu(\Gamma; (t_j, m_j)_1^r)$ mit $0 < \mu < \lambda$ setzt und die Überlegungen des Satzes 2.2 wiederholt. Dabei hat man zu berücksichtigen, daß der singuläre Integraloperator S nach Folgerung 1.2, Kapitel 6, $\mathfrak{A}(\Gamma)$ in sich abbildet und außerdem die Bedingung

δ) *$\psi = (S\,a - a\,S)\,\varphi \in \mathfrak{A}(\Gamma)$ für beliebige $a \in \mathfrak{A}(\Gamma)$, $\varphi \in \tilde{\mathfrak{A}}(\Gamma)$*

erfüllt, von der beim Beweis des Lemmas 3.3, Kapitel 2, wesentlich Gebrauch gemacht wird.

Von der Gültigkeit der Bedingung δ) kann man sich im vorliegenden Fall wie folgt überzeugen. Zunächst gilt für eine beliebige Umgebung $\Gamma_0 \subset \Gamma$ des Punktes t_j mit den Endpunkten α, β und

$$(S_0\,\varphi)\,(t) = \int_{\Gamma_0} \frac{\varphi(\tau)}{\tau - t}\, d\tau \quad (t \in \Gamma_0)\,, \quad \psi_0 = (S_0\,a - a\,S_0)\,\varphi$$

---

[1]) Bezüglich der Bezeichnungen siehe 6.1.1. Der Satz 2.5 behauptet, daß, wenn die Matrixfunktion $A(z) \in H^\lambda(\Gamma)$ in einer Umgebung der Punkte t_j $(j = 1, \ldots, r)$ Ableitungen bis zur Ordnung m_j einschließlich besitzt, die eine HÖLDER-Bedingung mit dem Exponenten λ erfüllen, dann besitzen die Faktoren $A_\pm(z)$ in (2.1) dieselben Eigenschaften (für eine möglicherweise kleinere Umgebung der Punkte t_j).

die Beziehung (vgl. Lemma 1.5, Kapitel 6)

$$\psi_0'(t) = (S_0\, a' - a'\, S_0)\, \varphi + (S_0\, a - a\, S_0)\, \varphi' +$$
$$+ [a(\alpha) - a(t)] \frac{\varphi(\alpha)}{\alpha - t} + [a(t) - a(\beta)] \frac{\varphi(\beta)}{\beta - t}.$$

Hieraus ergibt sich unter Berücksichtigung der Folgerung 4.2, Kapitel 3, leicht die Bedingung δ).

Als Spezialfall des Satzes 2.5 erhalten wir

Satz 2.6.[1]) *Jede nicht singuläre Matrixfunktion* $A(z) \in C^{m,\lambda}_{n\times n}(\Gamma)$ *gestattet eine rechte (linke) kanonische Faktorisierung.*

Bemerkung. Satz 2.6 behält seine Gültigkeit, wenn man in seiner Formulierung die Algebra $C^{m,\lambda}(\Gamma)$ durch $C^\infty(\Gamma)$ ersetzt.

7.2.2. Den Begriff der *kanonischen Faktorisierung auf der reellen Achse* führt man in Analogie zu 2.3.3 ein. Und zwar versteht man unter der rechten kanonischen Faktorisierung einer Matrixfunktion $A(\lambda) \in \mathfrak{C}_{n\times n}$ ($\mathfrak{C}$ eine R-Algebra stetiger Funktionen auf der reellen Achse) eine Darstellung der Form

$$A(\lambda) = A_-(\lambda)\, D(\lambda)\, A_+(\lambda) \tag{2.12}$$

mit einer diagonalen Matrixfunktion $D(\lambda)$ der Gestalt

$$D(\lambda) = \left\{ \left(\frac{\lambda - i}{\lambda + i}\right)^{\varkappa_j} \delta_{jk} \right\}_1^n,$$

wobei $\varkappa_1 \geqq \varkappa_2 \geqq \cdots \geqq \varkappa_n$ ganze Zahlen sind und $A_+^{\pm 1}(\lambda) \in \mathfrak{C}^+_{n\times n}$, $A_-^{\pm 1}(\lambda) \in \mathfrak{C}^-_{n\times n}$ gilt.

Durch stereographische Projektion des Einheitskreises auf die abgeschlossene Zahlengerade erhält man aus Folgerung 2.1 unmittelbar den folgenden Satz.

Satz 2.7. *Es sei* $\mathfrak{C}$ *eine zerfallende* R-*Algebra von Funktionen auf der reellen Zahlengeraden. Dann gestattet jede Matrixfunktion* $A(\lambda) \in \mathfrak{C}_{n\times n}$ *mit*

$$\det A(\lambda) \neq 0 \qquad (-\infty \leqq \lambda \leqq \infty) \tag{2.13}$$

eine rechte (linke) kanonische Faktorisierung.

Aus Satz 2.7 erhalten wir schließlich

Satz 2.8. *Wenn die Matrixfunktion* $A(\lambda) \in \mathfrak{L}_{n\times n}$ [2]) *der Bedingung* (2.13) *genügt, dann gestattet sie eine rechte (linke) kanonische Faktorisierung.*

Bemerkung. Satz 2.8 behält seine Gültigkeit, wenn man in seiner Formulierung $\mathfrak{L}$ durch $\mathfrak{L}^m$ ($1 \leqq m \leqq \infty$) oder $\mathfrak{L}(\boldsymbol{\alpha}, \boldsymbol{m})$ ersetzt (s. 5.2.2, Nr. 3).

---

[1]) Satz 2.6 erhält man auch leicht unmittelbar aus Satz 2.2. Mittels Folgerung 1.3, Kapitel 6, sowie Folgerung 4.2, Kapitel 3, kann man nämlich unschwer nachprüfen, daß die Algebra $C^{m,\lambda}(\Gamma)$ die Bedingungen des Satzes 2.2 erfüllt.

[2]) Bezüglich der Definition der Algebra $\mathfrak{L}$ siehe 3.2.1.

7.3. Systeme von abstrakten singulären Gleichungen

7.3.1. Sei $U \in \mathcal{L}(X)$ ein invertierbarer Operator im BANACH-Raum X und $P_1 \in \mathcal{L}(X)$ ein Projektor. Wir setzen voraus, daß U und P_1 die Bedingungen (1) und (2) aus 2.1.2 sowie die Bedingung (3) aus 2.2.3 erfüllen:

(1) *Die Spektralradien von U und U^{-1} sind gleich Eins.*

(2) $U P_1 = P_1 U P_1, \quad U P_1 \neq P_1 U, \quad P_1 U^{-1} = P_1 U^{-1} P_1$.

(3) $\beta(\hat{U}) = \dim \operatorname{coker} (U \mid \operatorname{im} P_1) < \infty$.

Entsprechend der in 7.1.1 getroffenen Vereinbarung bezeichnen wir mit $\mathfrak{R}_{n\times n}(U)$ die Algebra aller quadratischen Matrizen der Ordnung n mit Elementen aus $\mathfrak{R}(U)$. Jedem Operator (in X_n) $A = \{A_{jk}\}_1^n \in \mathfrak{R}_{n\times n}(U)$ ordnen wir die stetige Matrixfunktion auf den Einheitskreis $A(z) = \{A_{jk}(z)\}_1^n$ $(|z| = 1)$ zu; dabei bedeutet $A_{jk}(z)$ das Symbol des Operators $A_{jk} \in \mathfrak{R}(U)$. Die Matrixfunktion $A(z)$ nennt man *Symbol* von A.

Des weiteren bezeichnen wir mit P und Q die Projektoren, die im Raum X_n durch die Beziehungen

$$P = \{P_1 \delta_{jk}\}_1^n, \qquad Q = I - P$$

definiert werden.

In Analogie zum Kapitel 2 bezeichnen wir mit $\hat{\mathfrak{R}}_{n\times n}(U)$ die Menge aller Operatoren der Gestalt $\hat{A} = P A P \mid \operatorname{im} P$ (Einschränkung des Operators A auf den Teilraum im P), wobei A die Menge $\mathfrak{R}_{n\times n}(U)$ durchläuft. Das Symbol $A(z)$ des Operators A nennen wir gleichzeitig Symbol von $\hat{A}$.

Entsprechend bezeichnet $\tilde{\mathfrak{R}}_{n\times n}(U)$ die Algebra aller Operatoren der Gestalt

$$C = A P + B Q + T \tag{3.1}$$

mit $A, B \in \mathfrak{R}_{n\times n}(U)$ und $T \in \mathcal{K}(X_n)$. Die Matrixfunktion

$$C(z, \Theta) = A(z) \frac{1+\Theta}{2} + B(z) \frac{1-\Theta}{2} \quad (|z| = 1, \ \Theta = \pm 1)$$

nennen wir *Symbol* des Operators C. Hierbei sind $A(z)$ und $B(z)$ entsprechend die Symbole der Operatoren A bzw. B.

Bemerkung. Im Gegensatz zum Fall $n = 1$ ist $\mathfrak{R}_{n\times n}(U)$ und mithin auch $\tilde{\mathfrak{R}}_{n\times n}(U)$ keine kommutative Algebra. Das hier definierte Symbol besitzt aber alle Eigenschaften $\sigma.1$ bis $\sigma.4$ aus 2.1.1 (in $\sigma.2$ ist die Reihenfolge der Faktoren zu beachten). Dies folgt leicht aus der Gültigkeit dieser Eigenschaften im Falle $n = 1$ sowie Lemma 2.1, Kapitel 2.

Satz 3.1. *Der Operator $\hat{A} \in \hat{\mathfrak{R}}_{n\times n}(U)$ ist genau dann ein Φ_+ (Φ_-)-Operator, wenn sein Symbol die Bedingung*

$$\det A(z) \neq 0 \qquad (|z| = 1) \tag{3.2}$$

erfüllt.

Beweis. Nach Lemma 2.1, Kapitel 2, sind die Kommutatoren $P_1 A_{jk} - A_{jk} P_1$ $(j, k = 1, \ldots, n)$ sämtlich vollstetig. Daraus folgt leicht die Beziehung

$$\det \hat{A} = P_1 A_1 P_1 + T_1$$

mit $T_1 \in \mathcal{K}(X)$, $A_1 \in \mathfrak{R}(U)$ und $A_1(z) = \det A(z)$. Zum Abschluß des Beweises genügt es, die Sätze 1.2 (aus 7.1), 1.3 (Kapitel 2) und 3.7* (Kapitel 1) anzuwenden.

Satz 3.2. *Der Operator* (3.1) *aus* $\tilde{\mathfrak{R}}_{n\times n}(U)$ *ist genau dann ein* $\Phi_+(\Phi_-)$*-Operator, wenn gilt*

$$\det A(z) \neq 0\,, \qquad \det B(z) \neq 0 \qquad (|z| = 1)\,. \tag{3.3}$$

Sind diese Bedingungen erfüllt, dann ist $R = A^{-1}\,P + B^{-1}\,Q$ *ein zweiseitiger Regularisator des Operators* C.

Der Beweis der ersten Behauptung verläuft völlig analog zum vorhergehenden Satz, wenn man berücksichtigt, daß folgende Gleichung gilt:

$$\det C = A_1\,P_1 + B_1\,Q_1 + T_1$$

mit $B_1 \in \mathfrak{R}(U)$, $B_1(z) = \det B(z)$ und $Q_1 = I_1 - P_1$ (I_1 der identische Operator in X). Die zweite Behauptung des Satzes ist eine direkte Folgerung des Lemmas 2.1, Kapitel 2.

Wenn die Bedingung (3.2) (bzw. (3.3)) erfüllt ist, dann sagen wir, daß das Symbol nicht *entartet* und nennen $\hat{A}$ (entsprechend C) einen *Operator vom Normaltyp*. Offenbar sind die Bedingungen (3.3) gleichbedeutend damit, daß gilt

$$\det C(z, \Theta) \neq 0 \qquad (|z| = 1, \Theta = \pm\,1)\,.$$

7.3.2. Wir setzen jetzt voraus, daß der Operator U außer den Bedingungen (1)–(3) auch noch der folgenden Bedingung genügt:

(4) $\mathfrak{R}(U)$ *ist eine Algebra ohne Radikal.*

Dann entspricht jeder Funktion $A_1(z) \in \mathfrak{R}(z)$ genau ein Operator $A_1 \in \mathfrak{R}(U)$, dessen Symbol gleich $A_1(z)$ ist.

Mit $\mathfrak{R}_{n\times n}(z)$ bezeichnen wir im weiteren die Algebra aller Matrixsymbole $A(z)$, wobei A die Algebra $\mathfrak{R}_{n\times n}(U)$ durchläuft.

Satz 3.3. *Es seien die Bedingungen* (3.3) *erfüllt, und die Matrixfunktion* $C(z) = B^{-1}(z)\,A(z) \in \mathfrak{R}_{n\times n}(z)$ *gestatte eine rechte kanonische Faktorisierung*

$$C(z) = C_-(z)\,D(z)\,C_+(z)\,, \qquad D(z) = \{z^{\varkappa_j}\,\delta_{jk}\}_1^n\,. \tag{3.4}$$

Dann ist der Operator $A\,P + B\,Q$ *ein* Φ*-Operator, und es gelten folgende Formeln:*

$$\dim\ker(A\,P + B\,Q) = -\,\beta(\hat{U}) \sum_{\varkappa_j<0} \varkappa_j\,, \tag{3.5$_1$}$$

$$\dim\operatorname{coker}(A\,P + B\,Q) = \beta(\hat{U}) \sum_{\varkappa_j>0} \varkappa_j\,, \tag{3.5$_2$}$$

$$\operatorname{Ind}(A\,P + B\,Q) = -\,\beta(\hat{U})\operatorname{ind}\det C(z)\,. \tag{3.5$_3$}$$

Wenn die Gleichung

$$(A\,P + B\,Q)\,\varphi = f \qquad (f \in X_n) \tag{3.6}$$

lösbar ist, dann wird eine ihrer Lösungen durch die Formel

$$\varphi = (A\,P + B\,Q)^{[-1]}\,f$$

mit

$$(A\,P + B\,Q)^{[-1]} = (C_+^{-1}\,P + C_-\,Q)\,(D^{[-1]}\,P + Q)\,C_-^{-1}\,B^{-1} \tag{3.7}$$

und

$$D^{[-1]} = \{U^{-\varkappa_j}\,\delta_{jk}\}_1^n$$

geliefert. Dabei bedeuten $C_\pm \in \Re_{n\times n}(U)$ *die Operatoren mit den Symbolen* $C_\pm(z)$.

Entsprechendes gilt für den Operator $P\,A + Q\,B$, wobei die Rolle der Matrixfunktion $B^{-1}(z)\,A(z)$ die Matrixfunktion $A(z)\,B^{-1}(z)$ übernimmt.

Beweis. Wegen (3.4) kann man den Operator $A\,P + B\,Q$ in folgender Form darstellen (vgl. auch (4.18_1) aus Kapitel 2):

$$A\,P + B\,Q = B\,C_-\,(D\,P + Q)\,(C_+\,P + C_-^{-1}\,Q)\,,$$

wobei $D = \{U^{\varkappa_j}\,\delta_{jk}\}_1^n$. Da die beiden äußeren Operatoren auf der rechten Seite der letzten Gleichung stetig invertierbar sind, so ergeben sich hieraus unter Benutzung des Satzes 4.2, Kapitel 2, leicht die Formeln (3.5).

Des weiteren überzeugt man sich leicht davon, daß

$$(A\,P + B\,Q)\,(A\,P + B\,Q)^{[-1]}\,(A\,P + B\,Q) = (A\,P + B\,Q)$$

gilt. Daraus folgt unmittelbar die letzte Behauptung des Satzes.

Folgerung 3.1. *Unter den Bedingungen des Satzes* 3.3 *ist der Operator* $A\,P + B\,Q$ *genau dann invertierbar (linksseitig invertierbar, rechtsseitig invertierbar), wenn alle rechten Indizes der Matrixfunktion* $C(z)$ *gleich Null (nicht negativ, nicht positiv) sind. Ist dies der Fall, dann wird der inverse (bzw. der entsprechende einseitige inverse) Operator durch die Formel* (3.7) *dargestellt.*

Folgerung 3.2. *Es gilt*

$$\ker\,[A\,P + B\,Q] = [C_+^{-1}\,P + C_-\,Q]\,(\ker\,[D\,P + Q])\,.$$

Folgerung 3.3. *Die Gleichung* (3.6) *ist genau dann lösbar, wenn gilt*

$$Q\,D^{[-1]}\,P\,C_-^{-1}\,B^{-1}\,f = 0\,. \tag{3.8}$$

Beweis. Die Gleichung (3.6) ist offenbar dann und nur dann lösbar, wenn die Gleichung

$$(D\,P + Q)\,\psi = C_-^{-1}\,B^{-1}\,f$$

lösbar ist. Aus der letzten Behauptung des Satzes 3.3 schließt man leicht, daß dies genau dann der Fall ist, wenn die Beziehung (3.8) gilt.

Indem man in Satz 3.3 $B = I$ setzt, erhält man die entsprechende Aussage für die Operatoren $\hat{A} = P\,A\,P \mid \operatorname{im} P \in \hat{\Re}_{n\times n}(U)$.

7.4. Systeme von Wiener-Hopfschen Gleichungen

7.4.1. Systeme von diskreten Wiener-Hopf-Gleichungen

Sei E_+ ein beliebiger der in Abschnitt 3.1 eingeführten Folgenräume l_+^p ($1 \leq p < \infty$), c_+^0, c_+ oder m_+ und U, P_1 die durch die Gleichungen (1.1) bzw. (1.2) aus Kapitel 3 im entsprechenden Raum E definierten Operatoren. Wenn die Matrixfunktion $A(z)$ zur Algebra $W_{n\times n}$ und folglich zu $\mathfrak{R}_{n\times n}(z)$ gehört, dann wird der entsprechende Operator $\hat{A} \in \hat{\mathfrak{R}}_{n\times n}(U)$ mit dem *Symbol* $A(z)$ in $(E_+)_n$ durch die TOEPLITZ-Matrix

$$\hat{A} = \{a_{j-k}\}_{j,k=0}^{\infty} \tag{4.1}$$

dargestellt. Dabei ist jetzt (4.1) eine Blockmatrix: a_j ($j = 0, \pm 1, \ldots$) ist eine $n\times n$-Matrix, deren Elemente die j-ten FOURIER-Koeffizienten der entsprechenden Elemente der Matrixfunktion $A(z)$ sind:

$$A(z) = \sum_{j=-\infty}^{\infty} a_j z^j \qquad (|z| = 1)\,.$$

In dieser Symbolik lautet dann die Bestimmungsgleichung für den Operator $\hat{A}$

$$\hat{A}\,\xi = \left\{\sum_{k=0}^{\infty} a_{j-k}\,\xi_k\right\}_{j=0}^{\infty}.$$

Hierbei bedeutet $\xi = \{\xi_n\}_0^{\infty}$ eine Folge von n-dimensionalen Vektoren, deren Komponenten bei festem Index i ($i = 1, \ldots, n$) eine Zahlenfolge aus E_+ bilden.

Nach Satz 2.3 gestattet die Matrixfunktion $A(z)$ eine rechte (linke) kanonische Faktorisierung, wenn $\det A(z) \neq 0$ ($|z| = 1$) gilt.

Aus den Sätzen 3.1 und 3.3 sowie der Gleichung (1.4), Kapitel 2, folgt unmittelbar

Satz 4.1. *Sei* $A(z) \in W_{n\times n}$. *Der durch* (4.1) *im Raum* $(E_+)_n$ *definierte Operator* $\hat{A}$ *ist genau dann ein* Φ_+ (Φ_-)*-Operator, wenn die Bedingung* (3.2) *erfüllt ist.*

Ist dies der Fall und liefert

$$A(z) = A_-(z)\,D(z)\,A_+(z)\,, \qquad D(z) = \{z^{\varkappa_j}\,\delta_{jk}\}_1^n$$

eine rechte kanonische Faktorisierung der Matrixfunktion $A(z)$, *dann gilt*

$$\dim\ker \hat{A} = -\sum_{\varkappa_j<0} \varkappa_j\,, \qquad \dim\operatorname{coker} \hat{A} = \sum_{\varkappa_j>0} \varkappa_j\,. \tag{4.2$_1$}$$

Wenn die Gleichung $\hat{A}\,\varphi = f$ ($f \in (E_+)_n$) lösbar ist, dann wird eine ihrer Lösungen durch die Formel

$$\varphi = \hat{A}_+^{-1}\,\hat{D}^{[-1]}\,\hat{A}_-^{-1} f \tag{4.2$_2$}$$

gegeben. Dabei sind $\hat{A}_+^{-1}$, $\hat{D}^{[-1]}$ und $\hat{A}_-^{-1}$ Operatoren in $(E_+)_n$ der Gestalt (4.1) mit den Symbolen $A_+^{-1}(z)$, $D^{-1}(z)$ bzw. $A_-^{-1}(z)$.

Bemerkung. Der erste Teil des Satzes gilt offenbar für eine beliebige Matrixfunktion $A(z) \in \mathfrak{R}_{n\times n}(z)$.

7.4.2. Systeme von WIENER-HOPFschen Integralgleichungen

Es sei jetzt E ein beliebiger der Funktionenräume (2.4) aus Abschnitt 3.2 auf der reellen Achse, E_+ der entsprechende Raum auf der positiven Halbachse und P_1, U die durch die Gleichungen (2.11) bzw. (2.12) in E definierten Operatoren. In diesem Fall gehören zu $\hat{\mathfrak{R}}_{n\times n}(U)$ alle Operatoren, die im Raum $(E_+)_n$ durch eine Gleichung der Gestalt

$$\hat{A}\,\varphi = c\,\varphi(t) - \int_0^\infty k\,(t-s)\,\varphi(s)\,ds = f(t) \qquad (0 \leqq t < \infty) \tag{4.3}$$

definiert werden. Dabei bedeutet $k(t)$ eine Matrixfunktion der Ordnung n mit Elementen aus $L = L^1(-\infty, \infty)$, c eine Zahlenmatrix der Ordnung n und $\varphi(t)$, $f(t)$ Vektoren aus $(E_+)_n$.

In Analogie zum Abschnitt 3.2 nennen wir die Matrixfunktion

$$\mathcal{A}(\lambda) = c - \int_{-\infty}^{\infty} e^{i\lambda t}\,k(t)\,dt \qquad (-\infty \leqq \lambda \leqq \infty) \tag{4.4}$$

ebenfalls *Symbol* des Operators A. Wenn die Bedingung

$$\det\left\{c - \int_{-\infty}^{\infty} e^{i\lambda t}\,k(t)\,dt\right\} \neq 0 \qquad (-\infty \leqq \lambda \leqq \infty) \tag{4.5}$$

erfüllt ist, dann gestattet $\mathcal{A}(\lambda)$ nach Satz 2.8 eine rechte (linke) kanonische Faktorisierung der Gestalt (2.12).

Aus den Sätzen 3.1 und 3.3 erhalten wir jetzt

Satz 4.2. *Sei* $k(t) \in \mathfrak{L}_{n\times n}$. *Der durch die Gleichung* (4.3) *im Raum* $(E_+)_n$ *definierte Operator* $\hat{A}$ *ist genau dann ein* Φ_+ (Φ_-)*-Operator, wenn die Bedingung* (4.5) *erfüllt ist.*

Ist dies der Fall, dann gelten die Formeln (4.2_1), *wobei* $\varkappa_j$ $(j = 1, \ldots, n)$ *die rechten Indizes der Matrixfunktion* (4.4) *sind.*

Im Falle der Lösbarkeit der Gleichung (4.3) *wird eine ihrer Lösungen durch die Formel* (4.2_2) *geliefert. Hierbei sind* $\hat{A}_{\pm}^{-1}$ *und* $\hat{D}^{[-1]}$ *Integraloperatoren in* $(E_+)_n$ *der Gestalt* (4.3) *mit den Symbolen* $A_{\pm}^{-1}(\lambda)$ *bzw.* $\left\{\left(\frac{\lambda - i}{\lambda + i}\right)^{-\varkappa_j} \delta_{jk}\right\}_1^n$.

Bemerkung. Aus Satz 4.2 folgt, daß der Operator (4.3) insbesondere dann kein Φ_+- und kein Φ_--Operator in $(E_+)_n$ ist, wenn die Zahlenmatrix $c = \mathcal{A}(\infty)$ singulär ist ($\det c = 0$). In diesem Fall heißt (4.3) ein *System erster Art*. Wenn $\det c \neq 0$ ist, dann spricht man von einem *System zweiter Art*; in diesem Fall kann in (4.3) o. B. d. A. $c = I$ (I die Einheitsmatrix) angenommen werden.

7.4.3. Systeme von paarigen Wiener-Hopf-Gleichungen

In völliger Analogie zu den vorangegangenen zwei Teilabschnitten läßt sich Satz 3.3 auf paarige Systeme der Gestalt

$$\sum_{k=0}^{\infty} a_{j-k}\,\xi_k + \sum_{k=-\infty}^{-1} b_{j-k}\,\xi_k = \eta_j \qquad (j = 0, \pm 1, \ldots) \tag{4.6}$$

oder

$$\left.\begin{aligned} &\sum_{k=-\infty}^{\infty} a_{j-k}\,\xi_k = \eta_j \qquad (j = 0, 1, \ldots) \\ &\sum_{k=-\infty}^{\infty} b_{j-k}\,\xi_k = \eta_j \qquad (j = -1, -2, \ldots) \end{aligned}\right\} \tag{4.6'}$$

anwenden. Dabei sind a_j und b_j $(j = 0, \pm 1, \ldots)$ Matrizen der Ordnung n, die aus den FOURIER-Koeffizienten der Matrixfunktionen $A(z)$, $B(z) \in W_{n\times n}$ gebildet werden; ξ_j und η_j $(j = 0, \pm 1, \ldots)$ stellen Folgen von n-dimensionalen Vektoren dar, deren Komponenten bei festem Index i $(i = 1, \ldots, n)$ eine Folge aus dem Raum E (siehe 7.4.1) bilden.

Dasselbe gilt für Systeme von Integralgleichungen der Gestalt

$$c\,\varphi(t) - \int_0^\infty k_1(t-s)\,\varphi(s)\,ds - \int_{-\infty}^0 k_2(t-s)\,\varphi(s)\,ds = f(t) \qquad (-\infty < t < \infty) \tag{4.7}$$

bzw.

$$\left.\begin{aligned} &c_1\,\varphi(t) - \int_{-\infty}^{\infty} k_1(t-s)\,\varphi(s)\,ds = f(t) \qquad (0 < t < \infty) \\ &c_2\,\varphi(t) - \int_{-\infty}^{\infty} k_2(t-s)\,\varphi(s)\,ds = f(t) \qquad (-\infty < t < 0)\,, \end{aligned}\right\} \tag{4.7'}$$

wobei $k_j(t)$ $(j = 1, 2)$ Matrixfunktionen mit Elementen aus L, $\varphi(t)$, $f(t)$ Vektoren aus E_n und c, c_1, c_2 Zahlenmatrizen sind mit

$$c = \begin{cases} c_1\,, & t > 0 \\ c_2\,, & t < 0\,. \end{cases}$$

Die Anwendbarkeit des Satzes 3.3 auf die Systeme der Gestalt (4.6)–(4.7) folgt unmittelbar aus den Sätzen 2.3 und 2.8. Unter den Bedingungen dieses Teilabschnittes gelten die Formeln (3.5) ebenfalls mit $\beta(\hat{U}) = 1$.

7.5. Systeme von singulären Integralgleichungen

Wir betrachten im Raum $L_n^p(\Gamma)$ $(1 < p < \infty)$ ein System singulärer Integralgleichungen der Form

$$\mathfrak{A}\,\varphi = A(t)\,\varphi(t) + \frac{B(t)}{\pi i}\int_\Gamma \frac{\varphi(\tau)}{\tau - t}\,d\tau + T\,\varphi = f(t) \qquad (t \in \Gamma)\,. \tag{5.1}$$

Hierbei bedeutet Γ ein LJAPUNOWsches Kurvensystem der in 6.2.1 beschriebenen Gestalt, $A(t)$ und $B(t)$ beliebige stetige Matrixfunktionen auf Γ der Ordnung n, T einen beliebigen vollstetigen Operator im Raum $L_n^p(\Gamma)$ und $\varphi(t)$, $f(t)$ Vektoren aus $L_n^p(\Gamma)$.

Entsprechend der in 7.3.1 gegebenen Definition heißt die Matrixfunktion

$$A(t, \Theta) = A(t) + \Theta B(t) \qquad (t \in \Gamma; \quad \Theta = \pm 1)$$

Symbol des durch die Gleichung (5.1) im Raum $L_n^p(\Gamma)$definierten Operators $\mathfrak{A}$. Wir setzen

$$C(t) = A(t) + B(t), \qquad D(t) = A(t) - B(t) \tag{5.2}$$

und

$$S = \{S_1 \delta_{jk}\}_1^n, \qquad P = \frac{1}{2}(I + S), \qquad Q = \frac{1}{2}(I - S).$$

Hierbei bedeutet S_1 den durch die Gleichung

$$(S_1 g)(t) = \frac{1}{\pi i} \int_\Gamma \frac{g(\tau)}{\tau - t} d\tau$$

im Raum $L^p(\Gamma)$ definierten skalaren singulären Operator. Mittels der oben eingeführten Bezeichnungen läßt sich dann der Operator (5.1) in der folgenden Form schreiben:

$$\mathfrak{A} = C P + D Q + T,$$

wobei C und D entsprechend die Operatoren der Multiplikation mit den Matrixfunktionen $C(t)$ bzw. $D(t)$ im Raum $L_n^p(\Gamma)$ bezeichnen.

Satz 5.1. *Dafür, daß der durch die Gleichung* (5.1) *im Raum* $L_n^p(\Gamma)$ *definierte Operator* $\mathfrak{A}$ *ein* Φ_+ (Φ_-)*-Operator ist, ist notwendig und hinreichend, daß die Bedingungen*

$$\det C(t) \neq 0, \qquad \det D(t) \neq 0 \qquad (t \in \Gamma) \tag{5.3}$$

gelten.

Sind die Bedingungen (5.3) *erfüllt, dann gilt*

$$\operatorname{Ind} \mathfrak{A} = \frac{1}{2\pi} \left[\arg \frac{\det D(t)}{\det C(t)}\right]_\Gamma, \tag{5.4}$$

und der Operator $R = C^{-1} P + D^{-1} Q$ *ist ein zweiseitiger Regularisator des Operators* $\mathfrak{A}$.

Beweis. Den ersten Teil des Satzes beweist man genauso wie Satz 3.2 unter Benutzung des Satzes 1.2 sowie der Sätze 4.5, Kapitel 3, und 3.7*, Kapitel 1.

Aus Formel (2.7), Kapitel 2, folgt leicht auf Grund des Lemmas 4.3, Kapitel 3, daß R ein Regularisator ist.

Wir beweisen jetzt die Formel (5.4). Wenn $C(t)$ und $D(t)$ Matrixfunktionen aus $H_{n \times n}^\lambda(\Gamma)$ $(0 < \lambda < 1)$ sind, dann ergibt sich (5.4) aus dem nachfolgenden Satz 5.2. Es seien jetzt $C(t)$, $D(t)$ beliebige Matrixfunktionen, die die Bedingungen (5.3) erfüllen. Für eine beliebige hinreichend kleine Zahl $\varepsilon > 0$ lassen sich Matrixfunktionen $\tilde{C}(t)$ und $\tilde{D}(t)$ aus $H_{n \times n}^\lambda(\Gamma)$ finden, die die Bedingungen (5.3) und außerdem die Ungleichungen

$$\|C(t) - \tilde{C}(t)\|_{C_{n \times n}(\Gamma)} < \varepsilon, \qquad \|D(t) - \tilde{D}(t)\|_{C_{n \times n}(\Gamma)} < \varepsilon$$

erfüllen. Da der Index einer Funktion nur ganzzahlige Werte annimmt, so kann man für hinreichend kleines ε erreichen, daß

$$\operatorname{ind}\det C(t) = \operatorname{ind}\det \tilde{C}(t)\,, \qquad \operatorname{ind}\det D(t) = \operatorname{ind}\det \tilde{D}(t)$$

gilt. Wir bilden jetzt den Operator

$$\tilde{\mathfrak{A}} = \tilde{C}\,P + \tilde{D}\,Q + T\,.$$

Nach dem bereits Bewiesenen ergibt sich

$$\operatorname{Ind}\tilde{\mathfrak{A}} = \frac{1}{2\pi}\left[\arg\frac{\det D(t)}{\det C(t)}\right]_\Gamma . \tag{5.5}$$

Andererseits ist bei geeigneter Wahl der Zahl ε die Norm des Operators $\mathfrak{A} - \tilde{\mathfrak{A}}$ hinreichend klein, und folglich gilt nach Satz 3.8, Kapitel 1, $\operatorname{Ind}\mathfrak{A} = \operatorname{Ind}\tilde{\mathfrak{A}}$. Hieraus folgt zusammen mit (5.5) die Formel (5.4).

Aus dem Beweis des Satzes 3.3 folgt wegen Satz 2.4 unmittelbar

Satz 5.2. *Es seien $C(t)$ und $D(t)$ Matrixfunktionen aus $H^\lambda_{n\times n}(\Gamma)$, die die Bedingungen (5.3) erfüllen und*

$$D^{-1}(t)\,C(t) = C_-(t)\,D_0(t)\,C_+(t)\,, \qquad D_0(t) = \{t^{\varkappa_j}\,\delta_{jk}\}_1^n$$

eine rechte kanonische Faktorisierung der Matrixfunktion $D^{-1}(t)\,C(t)$.

Dann gilt für den Operator $\mathfrak{A}_0 = C\,P + D\,Q$:

$$\dim\ker\mathfrak{A}_0 = -\sum_{\varkappa_j<0}\varkappa_j\,, \qquad \dim\operatorname{coker}\mathfrak{A}_0 = \sum_{\varkappa_j>0}\varkappa_j\,.$$

Die Gleichung $\mathfrak{A}_0\,\varphi = f$ $\big(f \in L^p_n(\Gamma)\big)$ ist genau dann lösbar, wenn für den Vektor

$$g(t) = C_-^{-1}(t)\,D^{-1}(t)\,f(t) = \big(g_1(t), \ldots, g_n(t)\big)$$

die Bedingungen

$$\int_\Gamma t^k\,g_j(t)\,dt = 0 \qquad (k = 0, 1, \ldots, \varkappa_j - 1) \tag{5.6}$$

für alle $j = 1, \ldots, n$ mit $\varkappa_j > 0$ erfüllt sind. Ist dies der Fall, dann wird eine Lösung dieser Gleichung durch die Formel $\varphi = \mathfrak{A}_0^{[-1]}f$ gegeben, wobei

$$\mathfrak{A}_0^{[-1]} = (C_+^{-1}\,P + C_-\,Q)\,(D_0^{-1}\,P + Q)\,C_-^{-1}\,D^{-1}\,.$$

Wir bemerken, daß die Bedingungen (5.6) gerade die Lösbarkeitsbedingungen (3.8) darstellen.

Aus Folgerung 3.2 ergibt sich unmittelbar

Folgerung 5.1. *Die allgemeine Lösung der homogenen Gleichung $\mathfrak{A}_0\,\varphi = 0$ wird durch die Formel*

$$\varphi(t) = [C_+^{-1}(t) - C_-(t)\,D_0(t)]\,P(t)\,, \qquad P(t) = (P_{-\varkappa_1-1}, \ldots, P_{-\varkappa_n-1})$$

gegeben, wobei $P_{-\varkappa_j-1}(t)$ ein willkürliches Polynom vom Grade $\leqq -\varkappa_j - 1$ bedeutet ($P_{-\varkappa_j-1}(t) \equiv 0$ für $\varkappa_j \geqq 0$).

Bemerkung. Wenn die Matrixfunktionen $C(t)$, $D(t)$ die Bedingungen des Satzes 5.2 erfüllen und T ein Integraloperator ist, dessen Kern die Gestalt

$$T(t,\tau) = \frac{K(t,\tau) - K(t,t)}{\tau - t}$$

mit $K(t, \tau) \in H^{\mu}_{n\times n}(\Gamma \times \Gamma)$ $(\lambda < \mu \leqq 1)$ hat, dann behalten die Sätze 5.1 und 5.2 ihre Gültigkeit, wenn in ihren Formulierungen $L^p_n(\Gamma)$ durch $H^{\lambda}_n(\Gamma)$ ersetzt wird.

Für den Satz 5.2 ist dies offensichtlich. Für den Satz 5.1 erhält man diese Behauptung mittels derselben Überlegungen wie in 3.4.9.

7.6. Bemerkungen und Literaturhinweise

7.1. Die Sätze 1.1 und 1.2 wurden für den Fall eines BANACH-Raumes von U. KÖHLER in seiner Diplomarbeit 1971 bewiesen. Hier wird im Prinzip der von U. KÖHLER vorgelegte Beweis wiedergegeben. Für Φ-Operatoren wurde der Satz 1.2 zuerst von N. J. KRUPNIK [1] gefunden.

Satz 1.1 (sowie ein entsprechender Satz für Φ_--Operatoren) wurde unlängst von U. KÖHLER und B. SILBERMANN [1–2] auf den Fall allgemeiner lokalkonvexer topologischer Vektorräume verallgemeinert.

7.2. Satz 2.1 stammt von I. Z. GOCHBERG und M. G. KREIN [3]. Satz 2.2 stellt eine gewisse Modifikation eines Satzes von M. S. BUDJANU und I. Z. GOCHBERG ([1–2], Satz 8.1) dar. Der hier angegebene Beweis des Satzes 2.2 ist im Prinzip den Arbeiten dieser Autoren entnommen (man vgl. auch I. Z. GOCHBERG und I. A. FELDMAN [1], Kapitel 8). Dort wurde auch erstmalig der Satz 2.6 bewiesen.

Folgerung 2.1 und Satz 2.7 hat zuerst I. Z. GOCHBERG [2] bewiesen. Die Sätze 2.3 und 2.8 stammen von I. Z. GOCHBERG und M. G. KREIN [3]. Satz 2.4 wurde von J. PLEMELJ, N. I. MUSCHELISCHWILI und N. P. VEKUA gefunden (man vgl. hierzu N. I. MUSCHELISCHWILI [1]).

7.3.–7.4. Die Sätze 3.1 bis 3.3 stammen von I. Z. GOCHBERG [2]. Sie stellen Verallgemeinerungen der Sätze 4.1 und 4.2 sowie entsprechender Ergebnisse für Systeme von paarigen WIENER-HOPF-Gleichungen (vgl. 7.4.3) dar, die früher I. Z. GOCHBERG und M. G. KREIN [3–4] aufgestellt haben. In den Abschnitten 7.3 und 7.4 folgen wir zum großen Teil den Darlegungen des Buches von I. Z. GOCHBERG und I. A. FELDMAN ([1], Kapitel 8).

7.5. Für den Raum $H^{\lambda}_n(\Gamma)$ wurde Satz 5.2 sowie der zweite Teil des Satzes 5.1 im Jahre 1943 von N. I. MUSCHELISCHWILI [1] und N. P. VEKUA [2] aufgestellt. Der Regularisator des Operators $\mathfrak{A}$ sowie die Lösbarkeitsbedingungen (5.6) waren bereits etwas früher von G. GIRAUD (1939) angegeben worden. Die GIRAUDschen Ergebnisse hat S. G. MICHLIN [1] auf den Fall des Raumes $L^2_n(\Gamma)$ übertragen. Für die Räume $L^p_n(\Gamma)$ $(1 < p < \infty)$ wurden die Sätze 5.1 und 5.2 von I. Z. GOCHBERG [1–2], B. V. CHWEDELIDSE [1], G. F. MANDSHAWIDSE und B. V. CHWEDELIDSE [1] sowie I. B. SIMONENKO [1] bewiesen.

KAPITEL 8

SYSTEME SINGULÄRER GLEICHUNGEN VOM NICHT NORMALEN TYP

In diesem Kapitel werden die Ergebnisse der Kapitel 5 und 6 auf Systeme von diskreten WIENER-HOPF-Gleichungen, WIENER-HOPFschen Integralgleichungen, entsprechenden paarigen Gleichungen sowie singulären Integralgleichungen verallgemeinert.

Die Anwendbarkeit der im Kapitel 4 dargelegten Methoden wird dadurch ermöglicht, daß singuläre Matrixsymbole, deren Determinante nur in endlich vielen Punkten verschwindet, spezielle Faktorisierungen gestatten (siehe Abschnitt 8.1). Durch diesen Umstand gelingt es, den Operator A des entsprechenden Gleichungssystems in der Form

$$A = V\,B\,C\,D\,W$$

darzustellen. Hierbei bedeutet C einen Φ-Operator, V und W invertierbare Operatoren im Raum $X = E_n$ und B, D Diagonaloperatoren der Gestalt

$$B = \{B_j\,\delta_{jk}\}_1^n\,, \qquad D = \{D_j\,\delta_{jk}\}_1^n\,,$$

wobei B_j und D_j ($j = 1, \ldots, n$) skalare Operatoren sind, wie sie in den Kapiteln 5 und 6 betrachtet wurden und die die Bedingungen (1) und (2″) aus 4.1.1 erfüllen. Indem wir

$$\bar{X} = \operatorname{im}(V\,B)\,, \qquad \tilde{X} = G(X)\,, \qquad G = W^{-1}\{D_j^{(-1)}\,\delta_{jk}\}_1^n$$

setzen, erhalten wir, daß der Operator A ein Φ-Operator von $\tilde{X}$ in den Raum $\bar{X}$ ist, für den die Ergebnisse des Abschnitts 4.1 ihre Gültigkeit behalten.

Die analytische Beschreibung des Raumes $\bar{X}$ läßt sich leicht auf den in den früheren Kapiteln betrachteten Fall $n = 1$ zurückführen: Sei $f \in E_n$ und $V^{-1} f = (g_1, g_2, \ldots, g_n)$. Dann ist $f \in \bar{X}$ genau dann, wenn

$$g_j \in \operatorname{im} B_j = B_j(E) \qquad (j = 1, \ldots, n)$$

gilt.

8.1. Darstellungen singulärer Matrixfunktionen

8.1.1. Sei Γ eine glatte ebene (im allgemeinen mehrfach zusammenhängende) JORDAN-Kurve und $A(t)$ eine auf Γ definierte Matrixfunktion, die im Punkt $\alpha \in \Gamma$ singulär ist, d. h. $\det A(\alpha) = 0$. Die ganze Zahl $m > 0$ sei die Ordnung der Nullstelle α der Determinante $\det A(t)$.

Wir nehmen an, daß $A(t) \in \mathfrak{A}_{n\times n}(\Gamma)$ ist, wobei $\mathfrak{A}(\Gamma)$ eine gewisse Algebra stetiger Funktionen auf Γ bedeutet, die die Menge $R(\Gamma)$ aller rationalen Funktionen ohne Polstellen auf Γ enthält. Unter schwachen zusätzlichen Voraussetzungen bezüglich der Elemente der Matrixfunktion $A(t)$, die im weiteren noch explizit genannt werden, läßt sich $A(t)$ als Produkt

$$A(t) = R(t)\, D(t)\, A_0(t) \tag{1.1}$$

darstellen. Dabei ist $D(t)$ eine diagonale Matrixfunktion der Gestalt

$$D(t) = \{(t-\alpha)^{\mu_j}\, \delta_{jk}\}_1^n$$

mit nicht negativen ganzen Zahlen $\mu_1 \geqq \mu_2 \geqq \cdots \geqq \mu_n \geqq 0$, $R(t)$ eine Polynommatrix in t mit einer konstanten und von Null verschiedenen Determinante und $A_0(t) \in \mathfrak{A}_{n\times n}(\Gamma)$ mit $\det A_0(\alpha) \neq 0$ ($\det A_0(t) \neq 0$ für alle $t \in \Gamma$, wenn $\alpha \in \Gamma$ die einzige Nullstelle von $\det A(t)$ ist). Offenbar gilt dann

$$m = \sum_{j=1}^{n} \mu_j\,.$$

Um die Darstellung (1.1) zu konstruieren, gehen wir wie folgt vor. Wir bezeichnen mit $a_j(t)$ $(j = 1, \ldots, n)$ den j-ten Zeilenvektor der Matrixfunktion $A(t)$. Dann lassen sich nicht negative ganze Zahlen $\nu_1 \geqq \nu_2 \geqq \cdots \geqq \nu_n$ finden, so daß gilt

$$a_j(t) = (t-\alpha)^{\nu_j}\, a_j^0(t)\,, \qquad a_j^0(t) \in \mathfrak{A}_n(\Gamma) \qquad (j = 1, \ldots, n)\,.$$

(Z. B. erfüllen die Zahlen $\nu_j = 0$ diese Bedingungen.)

Wenn $\sum\limits_1^n \nu_j = m$ ist, dann erhält man sofort die Darstellung (1.1) mit $R(t) = I$ und $\mu_j = \nu_j$, indem man als $A_0(t)$ die aus den Zeilenvektoren $a_j^0(t)$ gebildete Matrix wählt.

Sei $\sum\limits_1^n \nu_j < m$. Dann sind die Vektoren $a_j^0(\alpha)$ $(j = 1, \ldots, n)$ linear abhängig, d. h.

$$\sum_1^n c_j\, a_j^0(\alpha) = 0\,, \tag{1.2}$$

wobei die Zahlen c_j nicht sämtlich Null sind. Wir bezeichnen mit ν_l die größte aller Zahlen ν_j $(j = 1, \ldots, n)$, für die $c_j \neq 0$ ist. Wir bilden jetzt die Matrixfunktion $T^{(1)}(t)$, deren Elemente $T_{jk}(t)$ $(j, k = 1, \ldots, n)$ wie folgt definiert werden:

$$T_{jk}(t) = \delta_{jk}\ (j \neq l)\,, \qquad T_{lk}(t) = c_k\,(t-\alpha)^{\nu_l - \nu_k}\,.$$

Wenn man jetzt mit $b_j(t)$ den j-ten Zeilenvektor der Matrixfunktion $B(t) = T^{(1)}(t)\, A(t)$ bezeichnet, dann ergibt sich

$$b_j(t) = a_j(t)\ (j \neq l)\,, \qquad b_l(t) = (t-\alpha)^{\nu_l} \sum_1^n c_k\, a_k^0(t)\,.$$

Im weiteren nehmen wir an, daß die Komponenten des Vektors $\sum c_k\, a_k^0(t)$ die folgende Bedingung erfüllen:

(A). Wenn $a(\alpha) = 0$, dann gilt $(t-\alpha)^{-1}\, a(t) \in \mathfrak{A}(\Gamma)$.

Wegen (1.2) läßt sich dann der Vektor $b_l(t)$ in der Form

$$b_l(t) = (t-\alpha)^{\nu_l + 1}\, b_l^0(t)\,, \qquad b_l^0(t) \in \mathfrak{A}_n(\Gamma)$$

darstellen. Folglich hat sich nach Multiplikation der Matrix $A(t)$ mit $T^{(1)}(t)$ die Zahl ν_l um Eins vergrößert. Dabei ist $T^{(1)}(t)$ eine Polynommatrix mit $\det T^{(1)}(t) \equiv c_l \neq 0$. Indem man gegebenenfalls die Matrixfunktion $T^{(1)}(t)$ von links mit einer konstanten Elementarmatrix (deren Determinante von Null verschieden ist) multipliziert, läßt sich erreichen, daß in der Matrixfunktion $B(t)$ die Zahlen

$$\nu_j^{(1)} = \begin{cases} \nu_j, & j \neq l \\ \nu_l + 1, & j = l \end{cases}$$

in monoton fallender Folge angeordnet sind.

Indem wir nun die vorangegangenen Überlegungen für die Matrix $B(t)$ anstelle $A(t)$ wiederholen und diesen Prozeß fortsetzen, erhalten wir schließlich nach endlich vielen Schritten

$$T(t)\, A(t) = D(t)\, A_0(t)$$

mit $A_0(t) \in \mathfrak{A}_{n\times n}(\Gamma)$ und $\det A_0(\alpha) \neq 0$, woraus für $R(t) = T^{-1}(t)$ die Darstellung (1.1) folgt.

Wie aus den vorangegangenen Konstruktionen ersichtlich ist, läßt sich die Darstellung (1.1) der Matrixfunktion $A(t)$ effektiv realisieren, wenn bei jedem Schritt die Elemente der neugebildeten Matrixfunktion die Bedingung (A) erfüllen. Nach 2.3.4 ist das z. B. dann der Fall, wenn die Elemente von $A(t)$ der Algebra $\mathfrak{A}(\alpha, m)$ angehören.

Wir bemerken weiter, daß, wenn man in den vorhergehenden Konstruktionen überall $t - \alpha$ durch $t^{-1} - \alpha^{-1}$ ersetzt (dabei gelte $0 \notin \Gamma$), dann erhält man auf völlig analoge Weise die Darstellung

$$A(t) = \bar{R}(t)\, \bar{D}(t)\, \bar{A}_0(t)\,, \tag{1.3}$$

wobei $\bar{D}(t)$ eine diagonale Matrixfunktion der Gestalt

$$\bar{D}(t) = \{(t^{-1} - \alpha^{-1})^{\mu_j}\, \delta_{jk}\}_1^n$$

und $\bar{R}(t)$ eine Polynommatrix in t^{-1} mit einer konstanten und von Null verschiedenen Determinante ist; $\bar{A}_0(t)$ hat dieselbe Bedeutung wie $A_0(t)$ in (1.1).

8.1.2. Wenn man schließlich in den Konstruktionen des Teilabschnittes 8.1.1 die Rollen der Zeilen und Spalten in den Matrixfunktionen vertauscht, dann ergeben sich entsprechend die folgenden Darstellungen:

$$A(t) = A_1(t)\, D(t)\, R_1(t) \tag{1.4}$$

und

$$A(t) = \bar{A}_1(t)\, \bar{D}(t)\, \bar{R}_1(t)\,. \tag{1.5}$$

Dabei haben die Faktoren in den Darstellungen (1.1) und (1.4) (entsprechend (1.3) und (1.5)) dieselbe Struktur.

Satz 1.1. *Wenn die Matrixfunktion $A(t)$ eine Darstellung* (1.1) *zuläßt, dann sind die Zahlen μ_j ($j = 1, \ldots, n$) eindeutig bestimmt.*

Beweis. Neben (1.1) besitze $A(t)$ noch eine zweite Darstellung der Form

$$A(t) = \tilde{R}(t)\,\tilde{D}(t)\,\tilde{A}_0(t)\,, \qquad \tilde{D}(t) = \{(t-\alpha)^{\tilde{\mu}_j}\,\delta_{jk}\}_1^n\,.$$

Dann ergibt sich

$$B_1(t)\,D(t) = \tilde{D}(t)\,B_2(t) \tag{1.6}$$

mit

$$B_1(t) = \tilde{R}^{-1}(t)\,R(t)\,, \qquad B_2(t) = \tilde{A}_0(t)\,A_0^{-1}(t)\,.$$

Folglich gilt $\det B_1(t) \equiv c_1 \neq 0$, $\det B_2(\alpha) \neq 0$.

Indem man für ein gewisses r $(1 \leqq r \leqq n)$ etwa $\mu_r < \tilde{\mu}_r$ annimmt, gelangt man durch ähnliche Überlegungen wie beim Beweis des Satzes 2.1, Kapitel 7, leicht zu dem Schluß, daß aus (1.6) die Beziehung $\det B_1(\alpha) = 0$ folgt. Mit diesem Widerspruch ist die Behauptung bewiesen.

Bemerkung. Aus dem Beweis des Satzes 1.1 folgt, daß die Zahlen μ_j $(j = 1, \ldots, n)$ für sämtliche Darstellungen (1.1) und (1.3)–(1.5) übereinstimmen. Wir nennen diese Zahlen im weiteren die *partiellen Ordnungen der Nullstelle* α der Funktion $\det A(t)$.

8.1.3. Wir nehmen jetzt an, daß die Determinante der Matrixfunktion $A(t) \in \mathfrak{A}_{n\times n}(\Gamma)$ endlich viele Nullstellen der ganzzahligen Ordnungen m_j in den Punkten $\alpha_j \in \Gamma$ $(j = 1, \ldots, r)$ besitzt.

Auf die Matrixfunktion $A(t)$ wenden wir die Konstruktionen aus 8.1.1 nacheinander für die Punkte $\alpha_1, \alpha_2, \ldots, \alpha_r$ an. Dabei setzen wir voraus, daß nach jedem Schritt die Bedingung (A) aus 8.1.1 erfüllt ist. Nach (1.1) können wir $A(t)$ zunächst in der Form

$$A(t) = R_1(t)\,D_1(t)\,A_1(t)$$

darstellen, wobei $R_1(t)$ eine Polynommatrix in t mit $\det R_1(t) \equiv \text{const} \neq 0$ und $D_1(t) = \{(t-\alpha_1)^{\mu_j^{(1)}}\,\delta_{jk}\}_1^n$ eine Diagonalmatrix ist. Die Determinante der Matrixfunktion $A_1(t) \in \mathfrak{A}_{n\times n}(\Gamma)$ besitzt nur noch $r-1$ Nullstellen auf Γ in den Punkten $\alpha_2, \ldots, \alpha_r$.

Führen wir nun die Konstruktionen aus 8.1.1 für $A_1(t)$ im Punkt α_2 durch, usw., so erhalten wir schließlich für die Matrixfunktion $A(t)$ die Darstellung

$$A(t) = R_1(t)\,D_1(t) \cdots R_r(t)\,D_r(t)\,A_0'(t)\,; \tag{1.7}$$

dabei sind $R_l(t)$ $(l = 1, \ldots, r)$ Polynommatrizen in t mit konstanter und von Null verschiedener Determinante, $D_l(t) = \{(t-\alpha_l)^{\mu_j^{(l)}}\,\delta_{jk}\}_1^n$, und die Determinante der Matrixfunktion $A_0'(t) \in \mathfrak{A}_{n\times n}(\Gamma)$ ist in allen Punkten $t \in \Gamma$ verschieden von Null. Des weiteren gilt $\sum\limits_{j=1}^{n} \mu_j^{(l)} = m_l$ $(l = 1, \ldots, r)$. Nach einem bekannten Satz über Polynommatrizen (siehe F. R. Gantmacher [1], Satz 3, Kapitel VI) gilt jetzt

$$R_1(t)\,D_1(t) \cdots R_r(t)\,D_r(t) = R(t)\,D_1(t) \cdots D_r(t)\,R'(t)\,, \tag{1.8}$$

wobei $R(t)$ und $R'(t)$ ebenfalls Polynommatrizen in t mit konstanter und von Null verschiedener Determinante sind. Aus (1.7) und (1.8) ergibt sich demnach für die Matrixfunktion $A(t)$ wiederum die Darstellung (1.1), wobei jetzt

$$D(t) = \{(t - \alpha_1)^{\mu_j^{(1)}} \cdots (t - \alpha_r)^{\mu_j^{(r)}} \delta_{jk}\}_1^n \tag{1.9}$$

und $A_0(t) = R'(t) A_0'(t)$ ist.

Indem man die vorangegangenen Konstruktionen mit $t^{-1} - \alpha_l^{-1}$ anstelle $t - \alpha_l$ $(l = 1, \ldots, r)$ wiederholt, erhält man für die Matrixfunktion $A(t)$ die Darstellung (1.3) mit

$$\bar{D}(t) = \{(t^{-1} - \alpha_1^{-1})^{\mu_j^{(1)}} \cdots (t^{-1} - \alpha_r^{-1})^{\mu_j^{(r)}} \delta_{jk}\}_1^n . \tag{1.10}$$

In analoger Weise lassen sich auch die Darstellungen (1.4) und (1.5) auf den Fall endlich vieler Nullstellen der Determinante $\det A(t)$ verallgemeinern.

Damit ergibt sich unter Berücksichtigung der Ergebnisse aus 2.3.4 der folgende Satz.

Satz 1.2. *Es sei* $A(t) \in \mathfrak{A}_{n\times n}(\Gamma)$ *und* $\boldsymbol{\alpha} = \{\alpha_1, \alpha_2, \ldots, a_r\}$ *das System aller Nullstellen der Determinante* $\det A(t)$ *von der ganzzahligen Vielfachheit* $\boldsymbol{m} = \{m_1, m_2, \ldots, m_r\}$.

Wenn $A(t) \in \mathfrak{A}_{n\times n}(\boldsymbol{\alpha}, \boldsymbol{m})$ *gilt, dann gestattet* $A(t)$ *die Darstellungen* (1.1) *und* (1.3)—(1.5). *Dabei sind* $A_k(t)$, $\bar{A}_k(t)$ $(k = 0, 1)$ *reguläre Matrixfunktionen aus* $\mathfrak{A}_{n\times n}(\Gamma)$, $R(t)$ *und* $R_1(t)$ $(\bar{R}(t)$ *und* $\bar{R}_1(t))$ *Polynommatrizen in t (in* t^{-1}*) mit konstanter und von Null verschiedener Determinante, und die Diagonalmatrizen* $D(t)$, $\bar{D}(t)$ *haben die Gestalt* (1.9) *bzw.* (1.10), *wobei die ganzen Zahlen* $\mu_1^{(l)} \geqq \mu_2^{(l)} \geqq \cdots \geqq \mu_n^{(l)} \geqq 0$ $(l = 1, \ldots, r)$ *eindeutig bestimmt sind.*

8.1.4. Wir betrachten schließlich noch den Fall der abgeschlossenen reellen Achse $\Gamma = \{-\infty, \infty\}$ und $\mathfrak{A}(\Gamma) = \mathfrak{L}$. Für diesen Fall erhält man analoge Ergebnisse durch stereographische Projektion des Einheitskreises.

Es sei also jetzt $A(\lambda) \in \mathfrak{L}_{n\times n}$, und die Determinante $\det A(\lambda)$ besitze Nullstellen der ganzzahligen Ordnungen m_j in den endlichen Punkten $\alpha_j \in (-\infty, \infty)$ $(j = 1, \ldots, r)$.

Wenn man die Konstruktionen aus 8.1.1—8.1.3 auf die Matrixfunktion $A(\lambda)$ anwendet, indem man in den vorangegangenen Überlegungen überall $z^{-1} - \alpha^{-1}$ durch $\dfrac{\lambda - \alpha}{\lambda - i}$ ersetzt, dann gelangt man zu folgender Darstellung

$$A(\lambda) = \bar{R}(\lambda) \bar{D}(\lambda) \bar{A}_0(\lambda) . \tag{1.11}$$

Hierbei ist $\bar{D}(\lambda)$ eine Diagonalmatrix der Gestalt

$$\bar{D}(\lambda) = \left\{\left(\frac{\lambda - \alpha_1}{\lambda - i}\right)^{\mu_j^{(1)}} \cdots \left(\frac{\lambda - \alpha_r}{\lambda - i}\right)^{\mu_j^{(r)}} \delta_{jk}\right\}_1^n , \tag{1.11'}$$

wobei $\mu_1^{(l)} \geqq \mu_2^{(l)} \geqq \cdots \geqq \mu_n^{(l)}$ $(l = 1, \ldots, r)$ ganze Zahlen sind mit $\sum_{j=1}^n \mu_j^{(l)} = m_l$; $\bar{R}(\lambda)$ $(-\infty \leqq \lambda \leqq \infty)$ bedeutet eine Matrixfunktion mit konstanter und von

Null verschiedener Determinante, deren Elemente Polynome bezüglich $\frac{1}{\lambda - i}$ sind, und $\bar{A}_0(\lambda) \in \mathfrak{L}_{n\times n}$, $\det \bar{A}_0(\lambda) \neq 0$ $(-\infty \leqq \lambda \leqq \infty)$.

Nach Teilabschnitt 2.3.4 sind die obengenannten Konstruktionen immer möglich, wenn $A(\lambda) \in \mathfrak{L}(\boldsymbol{\alpha}, \boldsymbol{m})$ gilt.

Durch Vertauschung der Rollen von Zeilen und Spalten erhält man auf analoge Weise eine Darstellung der Form

$$A(\lambda) = A_0(\lambda)\, D(\lambda)\, R(\lambda)\,. \tag{1.12}$$

Dabei hat $D(\lambda)$ (entsprechend $R(\lambda)$) dieselbe Gestalt wie die Matrixfunktion $\bar{D}(\lambda)$ (bzw. $\bar{R}(\lambda)$) mit $\frac{\lambda - \alpha_j}{\lambda + i}\left(\frac{1}{\lambda + i}\right)$ anstelle $\frac{\lambda - \alpha_j}{\lambda - i}\left(\frac{1}{\lambda - i}\right)$, und $A_0(\lambda) \in \mathfrak{L}_{n\times n}$, $\det A_0(\lambda) \neq 0$ $(-\infty \leqq \lambda \leqq \infty)$. Des weiteren sind jene Darstellungen möglich, die man aus (1.11) bzw. (1.12) erhält, indem man dort die Reihenfolge aller Faktoren umkehrt.

Zum Abschluß betrachten wir noch den Fall, daß die Determinante der Matrixfunktion $A(\lambda) \in \mathfrak{L}_{n\times n}$ eine Nullstelle der ganzzahligen Ordnung m im Punkt $\lambda = \infty$ hat. Dabei wollen wir voraussetzen, daß die Elemente von $A(\lambda)$ die Bedingungen (1)—(3) des Satzes 2.10, Kapitel 5, erfüllen. Unter Benutzung dieses Satzes erhält man dann durch Anwendung der in 8.1.1 beschriebenen Konstruktionen auf die Matrixfunktion $A(\lambda)$ $\left(\text{mit } \frac{1}{\lambda - i} \text{ anstelle } z^{-1} - \alpha^{-1}\right)$ die Darstellung (1.11), wobei jetzt $\bar{D}(\lambda)$ eine Diagonalmatrix der Gestalt

$$\bar{D}(\lambda) = \left\{\left(\frac{1}{\lambda - i}\right)^{\mu_j} \delta_{jk}\right\}_1^n \tag{1.13}$$

ist. Entsprechend ergeben sich die Analoga zu den Darstellungen (1.12), (1.1) und (1.5).

8.2. Systeme von diskreten Wiener-Hopf-Gleichungen

8.2.1. Die durch Nullstellen des Symbols erzeugten Räume

1. Im weiteren bezeichnen wir mit E_+ einen der Folgenräume l_+^p $(1 \leqq p < \infty)$ oder c_+^0.

Es seien α_l $(l = 1, \ldots, r)$ Punkte des Einheitskreises $(|\alpha_l| = 1)$ und $\mu_j^{(l)}$ $(j = 1, \ldots, n)$ beliebige nicht negative ganze Zahlen. Mit $\bar{D}(t)$ bezeichnen wir die Diagonalmatrix (1.10) und mit $\bar{R}(t)$ eine beliebige Polynommatrix in t^{-1} mit konstanter und von Null verschiedener Determinante. Wir betrachten im Raum $(E_+)_n$ den diskreten Wiener-Hopf-Operator $\hat{B}$ mit dem Symbol (vgl. 7.4.1)

$$B_1(t) = \bar{R}(t)\, \bar{D}(t) \qquad (|t| = 1)\,. \tag{2.1}$$

Mittels der Ergebnisse des Abschnitts 5.1 läßt sich der Bildraum im $\hat{B}$ dieses Operators wie folgt beschreiben.

Nach Satz 4.1, Kapitel 7, ist zunächst der in $(E_+)_n$ betrachtete Operator $\hat{R}_-$ mit dem Symbol $\bar{R}(t)$ invertierbar, wobei außerdem $\hat{R}_-^{-1} \in \hat{\mathfrak{S}}_{n\times n}(U)$ gilt.[1]) Daraus folgt wegen Lemma 1.1, Kapitel 5, $\ker \hat{B} = \{0\}$. Sei jetzt $f \in (E_+)_n$ und

$$g = \hat{R}_-^{-1} f = (g_1, g_2, \ldots, g_n) .$$

Dann ist $f \in \operatorname{im} \hat{B}$ dann und nur dann, wenn

$$g_j \in \operatorname{im} \prod_{l=1}^{r} \hat{B}_{\alpha_l}^{\mu_j^{(l)}} \qquad (j = 1, \ldots, n) \tag{2.2}$$

gilt. Sind die Bedingungen (2.2) erfüllt, dann ergibt sich

$$\hat{B}^{-1} f = (h_1, h_2, \ldots, h_n) , \qquad h_j = \prod_{l=1}^{r} \hat{B}_{\alpha_l}^{-\mu_j^{(l)}} g_j ,$$

wobei $\hat{B}_\alpha^{-1}$ den durch die Folgerung 1.1, Kapitel 5, definierten Operator und $\hat{B}_\alpha^{-\mu}$ seine μ-te Potenz bedeutet. Mit der Norm $||f|| = ||\hat{B}^{-1} f||_{(E_+)_n}$ wird im $\hat{B}$ zu einem BANACH-Raum, den wir im weiteren mit $(\bar{E}_+)_n$ bezeichnen wollen.

Bemerkung. Wir setzen $\mu = \max_{j,l} \mu_j^{(l)}$. Dann gilt im Sinne einer stetigen Einbettung

$$(E_+^{\mu+\varepsilon})_n \subset (\bar{E}_+)_n \qquad (\varepsilon > 0;\ \varepsilon = 0 \text{ für } E_+ = l_+) .$$

Dies ist eine unmittelbare Folgerung aus der Bemerkung 1 in 5.1.1, Nr. 5.

2. Es seien $\tilde{\mu}_j^{(l)}$ $(l = 1, \ldots, r;\ j = 1, \ldots, n)$ ebenfalls nicht negative ganze Zahlen, $D(t)$ die Diagonalmatrix

$$D(t) = \{(t - \alpha_1)^{\tilde{\mu}_j^{(1)}} \cdots (t - \alpha_r)^{\tilde{\mu}_j^{(r)}} \delta_{jk}\}_1^n \tag{2.3}$$

und $R(t)$ eine Polynommatrix in t mit konstanter und von Null verschiedener Determinante.

Wir betrachten im Raum $(E_+)_n$ den diskreten WIENER-HOPF-Operator $\hat{D}$ mit der Symbolmatrix $D_1(t) = D(t)\, R(t)$. Mit $\hat{R}_+$ bezeichnen wir den entsprechenden Operator mit dem Symbol $R(t)$ und mit $\hat{G}_l$ $(l = 1, \ldots, r)$ den Operator, der einem Vektor der Gestalt $\varphi = (\varphi_1, \varphi_2, \ldots, \varphi_n)$, wobei φ_j $(j = 1, \ldots, n)$ beliebige Zahlenfolgen bedeuteten, den Vektor

$$\hat{G}_l\, \varphi = (\hat{G}_{\alpha_l}^{\tilde{\mu}_1^{(l)}} \varphi_1, \hat{G}_{\alpha_l}^{\tilde{\mu}_2^{(l)}} \varphi_2, \ldots, \hat{G}_{\alpha_l}^{\tilde{\mu}_n^{(l)}} \varphi_n) \tag{2.4$_1$}$$

zuordnet. Hierbei bedeutet $\hat{G}_\alpha$ den in 5.1.1 eingeführten Operator. Wir betrachten jetzt auf $(E_+)_n$ den Operator

$$\hat{G} = \hat{R}_+^{-1}\, \hat{G}_1 \cdots \hat{G}_r . \tag{2.4$_2$}$$

Infolge der Gleichungen (1.2), Kapitel 5, gelten dann die Beziehungen

$$\hat{G}\, \hat{D}\, \varphi = \varphi , \qquad \hat{D}\, \hat{G}\, \varphi = \varphi \qquad \forall\, \varphi \in (E_+)_n . \tag{2.5}$$

---

[1]) Bezüglich der Bezeichnung $\mathfrak{S}(U)$ siehe Abschnitt 2.1.

Den Ausführungen des Abschnittes 4.2.3 folgend, führen wir jetzt den Raum $(\tilde{E}_+)_n = \hat{G}(E_+)_n$ ein, in dem wir die Norm durch die Formel

$$||f|| = ||\hat{D} f||_{(E_+)_n} \qquad (f \in (\tilde{E}_+)_n)$$

erklären. Der Raum $(E_+)_n$ ist in den BANACH-Raum $(\tilde{E}_+)_n$ stetig eingebettet, und $\hat{D}$ vermittelt einen isometrischen Isomorphismus von $(\tilde{E}_+)_n$ auf $(E_+)_n$.

Bemerkung. Wir setzen $\tilde{\mu} = \max\limits_{j,l} \tilde{\mu}_j^{(l)}$. Dann gilt

$$(\tilde{E}_+)_n \subset (E_+^{-(\tilde{\mu}+\varepsilon)})_n \qquad (\varepsilon > 0;\ \varepsilon = 0 \text{ für } E_+ = c_+^0)\,.$$

8.2.2. Symbole mit Nullstellen ganzzahliger Ordnungen

Wir betrachten im Raum $(E_+)_n$ (E_+ einer der Folgenräume l_+^p, $1 \leqq p < \infty$, oder c_+^0) das System von diskreten WIENER-HOPF-Gleichungen der Gestalt

$$\hat{A}\,\xi \equiv \sum_{k=0}^{\infty} a_{j-k}\,\xi_k = \eta_j \qquad (j = 0, 1, 2, \ldots)\,, \tag{2.6}$$

wobei

$$A(t) = \sum_{j=-\infty}^{\infty} a_j\, t^j \qquad (|t| = 1)$$

eine Matrixfunktion aus $W_{n\times n}$ sei.

Wir setzen voraus, daß die Determinante $\det A(t)$ auf dem Einheitskreis endlich viele Nullstellen der ganzzahligen Ordnungen m_l in den Punkten α_l $(l = 1, \ldots, r)$ hat. Des weiteren gelte $A(t) \in \bigcap\limits_{l=1}^{r} W(\alpha_l, m_l)$.[1]) Mit $m_j^{(l)} (j = 1, \ldots, n)$ bezeichnen wir die partiellen Ordnungen der Nullstelle α_l.

Wir wählen jetzt beliebige nicht negative ganze Zahlen $\mu_j^{(l)}$ und $\tilde{\mu}_j^{(l)}$ derart, daß gilt

$$\mu_j^{(l)} + \tilde{\mu}_j^{(l)} = m_j^{(l)} \qquad (j = 1, \ldots, n; \quad l = 1, \ldots, r)\,. \tag{2.7}$$

Nach Satz 1.2 gestattet dann die Matrixfunktion $A(t)$ die Darstellung

$$A(t) = B_1(t)\, A_0(t)\, D_1(t)\,. \tag{2.8}$$

Hierbei sind $B_1(t)$ und $D_1(t)$ die in 8.2.1 erklären Matrixfunktionen und $A_0(t) \in W_{n\times n}$, $\det A_0(t) \neq 0$ $(|t| = 1)$. Mit $\hat{A}_0$ bezeichnen wir den im Raum $(E_+)_n$ betrachteten WIENER-HOPF-Operator mit dem Symbol $A_0(t)$. Dann entspricht der Beziehung (2.8) die folgende Darstellung des Operators $\hat{A}$:

$$\hat{A} = \hat{B}\, \hat{A}_0\, \hat{D}\,. \tag{2.9}$$

Nach Satz 2.3, Kapitel 7, besitzt die Matrixfunktion $A_0(t)$ eine rechte kanonische Faktorisierung. Es seien $\varkappa_j$ $(j = 1, \ldots, n)$ die rechten partiellen Indizes von $A_0(t)$.

---

1) Bezüglich der Bezeichnungen siehe 5.1.2, Nr. 3.

Aus (2.9) ergibt sich auf Grund des Satzes 4.1, Kapitel 7, sowie der Ergebnisse des Abschnittes 4.1 der folgende Satz.

Satz 2.1. *Der Operator* $\hat{A}$ *ist ein* Φ*-Operator von* $(\tilde{E}_+)_n$ *in den Raum* $(\bar{E}_+)_n$. *Dabei gilt*

$$\dim \ker \hat{A} = -\sum_{\varkappa_j < 0} \varkappa_j\,, \qquad \dim \operatorname{coker} \hat{A} = \sum_{\varkappa_j > 0} \varkappa_j\,. \tag{2.10}$$

Bemerkung 1. Aus (2.8) und (2.10) erhält man leicht folgende Formel für den Index des Operators $\hat{A}$:

$$-\operatorname{Ind} \hat{A} = \operatorname{ind} \det A_0(t) = \mu + \operatorname{ind} \left[\frac{\det A(t)}{\prod_{l=1}^{r} (t - \alpha_l)^{m_l}} \right],$$

wobei

$$\mu = \sum_{l,j} \mu_j^{(l)}\,.$$

Bemerkung 2. Die Gleichung

$$\hat{A}\,\varphi = f \qquad (\varphi \in (\tilde{E}_+)_n\,, \quad f \in (\bar{E}_+)_n)$$

ist der Gleichung

$$\hat{A}_0\,\psi = f_1 \qquad (\psi \in (E_+)_n)$$

mit $f_1 = \hat{B}^{-1} f \in (E_+)_n$ äquivalent.

Bemerkung 3. Die Lösbarkeitsbedingungen für das System (2.6) lassen sich ähnlich wie in Satz 1.6, Kapitel 5, darstellen.

8.3. Systeme von Wiener-Hopfschen Integralgleichungen

8.3.1. Die durch Nullstellen des Symbols erzeugten Räume

1. Es seien jetzt $\alpha_l \in (-\infty, \infty)$ $(l = 1, \ldots, r)$ endliche Punkte auf der reellen Zahlengeraden und $\mu_j^{(l)}$ $(j = 1, \ldots, n)$ beliebige nicht negative ganze Zahlen. Mit $\bar{R}(\lambda)$ und $\bar{D}(\lambda)$ $(-\infty \leqq \lambda \leqq \infty)$ bezeichnen wir die Matrixfunktionen aus der Darstellung (1.11) und mit $B_1(\lambda)$ ihr Produkt: $B_1(\lambda) = \bar{R}(\lambda)\,\bar{D}(\lambda)$. E_+ bezeichne einen der Räume L_+^p $(1 \leqq p < \infty)$ oder C_+^0.

Wir betrachten den Operator $\hat{B}$, der im Raum $(E_+)_n$ durch die Gleichung

$$\hat{B}\,\varphi = c\,\varphi(t) - \int_0^\infty b\,(t - s)\,\varphi(s)\,ds \tag{3.1}$$

definiert wird. Hierbei bedeutet c die reguläre Zahlenmatrix $c = B_1(\infty)$ und $b(t)$ die inverse FOURIER-Transformierte zur Matrixfunktion $c - B_1(\lambda)$. Mit $\hat{R}_-$ bezeichnen wir den entsprechenden Integraloperator mit dem Symbol $\bar{R}(\lambda)$. Auf Grund des Satzes 4.2, Kapitel 7, ist $\hat{R}_-$ im Raum $(E_+)_n$ invertierbar. Folglich gilt wegen Lemma 2.1, Kapitel 5, $\ker \hat{B} = \{0\}$.

Die analytische Beschreibung des Bildraumes im B geschieht genauso wie in 8.2.1. Dabei ist jetzt der Operators $\hat{B}_\alpha^{-1}$ der Folgerung 2.4, Kapitel 5, zu entnehmen. Den mit der entsprechenden Norm versehenen Raum im $\hat{B}$ bezeichnen wir wieder mit $(\bar{E}_+)_+$.

Bemerkung. Nach Folgerung 2.5, Kapitel 5, ergibt sich

$$(L_+^{p,\mu})_n \subset (\bar{L}_+^p)_n, \qquad 1 \leq p < \infty; \qquad \mu = \max_{j,l} \mu_j^{(l)}.$$

2. Den Raum $(\tilde{E}_+)_n = \hat{G}(E_+)_n$ führen wir ebenfalls völlig analog zum diskreten Fall (8.2.1, Nr. 2) ein. Dabei tritt jetzt an die Stelle von (2.3) die Diagonalmatrix

$$D(\lambda) = \left\{\left(\frac{\lambda - \alpha_1}{\lambda + i}\right)^{\tilde{\mu}_j^{(1)}} \cdots \left(\frac{\lambda - \alpha_r}{\lambda + i}\right)^{\tilde{\mu}_j^{(r)}} \delta_{jk}\right\}_1^n, \tag{3.2}$$

und $R(\lambda)$ $(-\infty \leq \lambda \leq \infty)$ ist eine Polynommatrix bezüglich $\dfrac{1}{\lambda + i}$ mit konstanter und von Null verschiedener Determinante. Mit $\hat{D}$ bezeichnen wir den Integraloperator der Gestalt (3.1) mit dem Symbol $D_1(\lambda) = D(\lambda)\,R(\lambda)$. Entsprechend bedeutet jetzt in der Formel (2.4$_1$) $\hat{G}_\alpha$ den in 5.2.1, Nr. 1, eingeführten Operator, und φ_j $(j = 1, \ldots, n)$ sind lokal integrierbare Funktionen auf $(0, \infty)$.

Bemerkung. Es gilt (vgl. 5.2.1, Nr. 8)

$$(\tilde{L}_+^p)_n \subset (L_+^{p,-\tilde{\mu}})_n, \qquad 1 < p < \infty, \qquad \tilde{\mu} = \max_{j,l} \tilde{\mu}_j^{(l)}; \qquad (\tilde{L}_+^1)_n \subset (L_+^{1,-(\tilde{\mu}+\varepsilon)})_n \qquad (\varepsilon > 0).$$

3. Es sei jetzt $\bar{D}(\lambda)$ die Diagonalmatrix (1.13) und $B_\infty(\lambda) = \bar{R}(\lambda)\,\bar{D}(\lambda)$; die Bedeutung von $\bar{R}(\lambda)$ und $\hat{R}_-$ ist dieselbe wie in Nr. 1. Mit $\hat{B}_\infty$ bezeichnen wir den Wiener-Hopfschen Integraloperator 1. Art, der im Raum $(E_+)_n$ durch die Gleichung

$$\hat{B}_\infty \varphi = \int_0^\infty b_\infty(t - s)\,\varphi(s)\,ds \tag{3.3}$$

definiert wird. Hierbei ist $b_\infty(t)$ die inverse Fourier-Transformierte zu $B_\infty(\lambda)$. Aus Lemma 2.1, Kapitel 5, folgt $\ker \hat{B}_\infty = \{0\}$.

Die analytische Beschreibung des Bildraumes im $\hat{B}_\infty$ ergibt sich leicht aus dem Satz 2.1, Kapitel 5: Sei $f \in (E_+)_n$ und

$$g = \hat{R}_-^{-1} f = (g_1, g_2, \ldots, g_n).$$

Dann gilt $f \in$ im $\hat{B}_\infty$ genau dann, wenn die Ableitung $g_j^{(k)}(t)$ $(j = 1, \ldots, n)$ für $k = 0, 1, \ldots, \mu_j - 1$ auf jedem endlichen Intervall der positiven Halbachse $(0, +\infty)$ absolut stetig ist und wenn $g_j^{(k)}(t) \in E_+$ für $k = 0, 1, \ldots, \mu_j$ gilt.

Sind die genannten Bedingungen erfüllt, dann erhalten wir (siehe Folgerung 2.2, Kapitel 5):

$$\tilde{B}_\infty^{-1} f = \left\{i^{\mu_1}\left(\frac{d}{dt} - 1\right)^{\mu_1} g_1, \ \ldots, \ i^{\mu_n}\left(\frac{d}{dt} - 1\right)^{\mu_n} g_n\right\}.$$

Mit der Norm $\|f\| = \|\hat{B}_\infty^{-1} f\|_{(E_+)_n}$ wird im $\hat{B}_\infty$ zu einem Banach-Raum, den wir im weiteren mit $(\bar{E}_+^{(\infty)})_n$ bezeichnen.

4. Es seien schließlich $\tilde{\mu}_j$ $(j = 1, \ldots, n)$ nicht negative ganze Zahlen, $D(\lambda)$ die diagonale Matrixfunktion

$$D(\lambda) = \left\{\left(\frac{1}{\lambda + i}\right)^{\tilde{\mu}_j} \delta_{jk}\right\}_1^n \tag{3.4}$$

und $R(\lambda)$ die in Nr. 2 erklärte Polynommatrix. Mit $\hat{D}_\infty$ bezeichnen wir den Integraloperator der Gestalt (3.3) mit dem Symbol $D_\infty(\lambda) = D(\lambda)\, R(\lambda)$.

Wir betrachten auf $(E_+)_n$ den Operator $\hat{G}$, der für einen beliebigen Vektor $f = (f_1, f_2, \ldots, f_n) \in (E_+)_n$ durch die Gleichung

$$\hat{G} f = \hat{R}_+^{-1}(\hat{G}_\infty^{\tilde{\mu}_1} f_1, \hat{G}_\infty^{\tilde{\mu}_2} f_2, \ldots, \hat{G}_\infty^{\tilde{\mu}_n} f_n)$$

definiert wird. Hierbei bedeutet $\hat{G}_\infty$ den in 5.2.1, Nr. 1, eingeführten Operator der verallgemeinerten Differentiation:

$$\hat{G}_\infty h = i\,[h(t) + h'(t)] \qquad (h \in E_+)\,.$$

Auf Grund der Beziehung (2.1_2), Kapitel 5, erfüllen die Operatoren $\hat{D}_\infty$ und $\hat{G}$ die Bedingung (2.5), so daß wir auf der Bildmenge $\hat{G}(E_+)_n$ die in 8.2.1 erklärte Norm einführen können. Den auf diese Weise entstehenden BANACH-Raum bezeichnen wir mit $(\tilde{E}_+^{(\infty)})_n$.

8.3.2. Gleichungssysteme zweiter Art

Wir betrachten jetzt im Raum $(E_+)_n$ (E_+ einer der Räume L_+^p, $1 \leqq p < \infty$, oder C_+^0) das System von WIENER-HOPFschen Integralgleichungen zweiter Art

$$\hat{A}\,\varphi = \varphi(t) - \int_0^\infty k\,(t-s)\,\varphi(s)\,ds = f(t) \qquad (0 \leqq t < \infty)\,, \tag{3.5}$$

wobei $k(t)$ eine Matrixfunktion aus $L_{n\times n}$ bedeutet.

Wir setzen voraus, daß die Determinante des Symbols

$$\mathcal{A}(\lambda) = I - \int_{-\infty}^\infty e^{i\lambda t}\, k(t)\, dt \qquad (-\infty \leqq \lambda \leqq \infty)$$

(I die Einheitsmatrix) endlich viele Nullstellen der ganzzahligen Ordnungen m_l in den Punkten $\alpha_l \in (-\infty, \infty)$ $(l = 1, \ldots, r)$ besitzt. Außerdem nehmen wir an, daß $\mathcal{A}(\lambda) \in \bigcap_{l=1}^r \mathfrak{L}(\alpha_l, m_l)$ gilt.[1]) Mit $m_j^{(l)}$ $(j = 1, \ldots, n)$ bezeichnen wir die partiellen Ordnungen der Nullstelle α_l.

Die weiteren Überlegungen sind dieselben wie in 8.2.2. Wir wählen beliebige nicht negative ganze Zahlen $\mu_j^{(l)}$ und $\tilde{\mu}_j^{(l)}$, die die Gleichungen (2.7) erfüllen. Dann läßt sich nach 8.1.4 die Matrixfunktion $\mathcal{A}(\lambda)$ in der Form

$$\mathcal{A}(\lambda) = B_1(\lambda)\, \mathcal{A}_0(\lambda)\, D_1(\lambda) \tag{3.6}$$

darstellen. Dabei bedeuten $B_1(\lambda)$, $D_1(\lambda)$ die in 8.3.1, Nr. 1—2, eingeführten Matrixfunktionen und $\mathcal{A}_0(\lambda) \in \mathfrak{L}_{n\times n}$, $\det \mathcal{A}_0(\lambda) \neq 0$ $(-\infty \leqq \lambda \leqq \infty)$. Wenn wir jetzt mit $\hat{A}_0$ den im Raum $(E_+)_n$ betrachteten WIENER-HOPFschen Integraloperator zweiter Art mit dem Symbol $\mathcal{A}_0(\lambda)$ bezeichnen, dann zieht (3.6) unmittelbar die Darstellung (2.9) des Operators (3.5) nach sich.

---

[1]) Bezüglich der Bezeichnungen siehe 5.2.2, Nr. 3.

Aus diesen Überlegungen schließen wir auf Grund des Satzes 4.2, Kapitel 7, daß im vorliegenden Fall der Satz 2.1 sowie auch die daran anschließenden Bemerkungen 1 und 2 ihre volle Gültigkeit behalten. Dabei bedeuten jetzt in den Formeln (2.10) die Zahlen $\varkappa_j$ $(j = 1, \ldots, n)$ die rechten partiellen Indizes der Matrixfunktion $\mathcal{A}_0(\lambda) \in \mathfrak{L}_{n\times n}$ (vgl. Satz 2.8, Kapitel 7).

Im Falle $(E_+)_n = (L_+^p)_n$ kann man außerdem die Lösbarkeitsbedingungen für das System (3.5) in einer ähnlichen Form wie im Falle $n = 1$ darstellen (vgl. Satz 2.8, Kapitel 5).

8.3.3. Gleichungssysteme erster Art

Wir betrachten im Raum $(E_+)_n$ das System von Wiener-Hopfschen Integralgleichungen erster Art:

$$\hat{A}\,\varphi = c\,\varphi(t) - \int_0^\infty k\,(t-s)\,\varphi(s)\,ds = f(t) \qquad (0 \leqq t < \infty) \tag{3.7}$$

wobei $k(t)$ eine Matrixfunktion aus $L_{n\times n}$ und c eine singuläre Zahlenmatrix ($\det c = 0$) bedeuten.

Wir nehmen an, daß für die Determinante des Symbols

$$\mathcal{A}(\lambda) = c - \int_{-\infty}^{\infty} e^{i\lambda t}\,k(t)\,dt \qquad (-\infty \leqq \lambda \leqq \infty) \tag{3.8}$$

der Punkt $\lambda = \infty$ eine Nullstelle der ganzzahligen Ordnung m ist; für alle übrigen λ, $-\infty < \lambda < \infty$, gelte zunächst $\det \mathcal{A}(\lambda) \neq 0$. Des weiteren setzen wir voraus, daß die Elemente der Matrixfunktion $\mathcal{A}(\lambda)$ die Bedingungen (1)–(3) des Satzes 2.10 aus Kapitel 5 erfüllen. Mit $m_j^{(\infty)}$ bezeichnen wir die partiellen Ordnungen der Nullstelle $\lambda = \infty$.

Indem wir jetzt beliebige nicht negative ganze Zahlen μ_j und $\tilde{\mu}_j$ mit $\mu_j + \tilde{\mu}_j = m_j^{(\infty)}$ $(j = 1, \ldots, n)$ vorgeben, können wir nach 8.1.4 die Matrixfunktion $\mathcal{A}(\lambda)$ in der Gestalt

$$\mathcal{A}(\lambda) = B_\infty(\lambda)\,\mathcal{A}_0(\lambda)\,D_\infty(\lambda)$$

darstellen. Hierbei sind $B_\infty(\lambda)$, $D_\infty(\lambda)$ die in 8.3.1, Nr. 3–4, erklärten Matrixfunktionen, und $\mathcal{A}_0(\lambda)$ hat dieselbe Bedeutung wie in (3.6). Damit ergibt sich $\hat{A} = \hat{B}_\infty\,\hat{A}_0\,\hat{D}_\infty$.

Mittels derselben Überlegungen wie in 8.2.2 und 8.3.2 erhalten wir den folgenden Satz.

Satz 3.1. *Der Operator $\hat{A}$ ist ein Φ-Operator von $(\tilde{E}_+^{(\infty)})_n$ in den Raum $(\bar{E}_+^{(\infty)})_n$. Dabei gilt Formel* (2.10), *wenn man mit $\varkappa_j$ $(j = 1, \ldots, n)$ die rechten partiellen Indizes der Matrixfunktion $\mathcal{A}_0(\lambda) \in \mathfrak{L}_{n\times n}$ bezeichnet.*

Bemerkung 1. Für den Index ergibt sich die Formel

$$-\operatorname{Ind}\hat{A} = \mu + \operatorname{ind}\,[(\lambda + i)^m \det \mathcal{A}(\lambda)]\,, \qquad \mu = \sum_1^n \mu_j\,.$$

Bemerkung 2. Wenn man voraussetzt, daß die Determinante des Symbols (3.8) außer dem unendlich fernen Punkt auch noch in den endlichen Punkten α_j $(j = 1, \ldots, r)$ Nullstellen der ganzzahligen Ordnungen m_j besitzt, dann kann man mittels der Konstruktionen aus 8.1 das Symbol in der Form

$$\mathcal{A}(\lambda) = B_\infty(\lambda)\, B_1(\lambda)\, \mathcal{A}_0(\lambda)\, D_\infty(\lambda)\, D_1(\lambda)$$

darstellen. Daraus folgt die Darstellung für den Operator $\hat{A}$:

$$\hat{A} = \hat{B}_\infty\, \hat{B}\, \hat{A}_0\, \hat{D}_\infty\, \hat{D}\,.$$

Indem man jetzt die Konstruktionen aus 8.3.1, Nr. 1 und Nr. 3, nacheinander ausführt, erhält man einen BANACHraum $(\bar{E}_+)_n \subset (E_+)_n$, auf den der Operator $\hat{B}_\infty\, \hat{B}$ den Raum $(E_+)_n$ isometrisch abbildet. Auf ähnliche Weise konstruiert man mittels der Überlegungen aus 8.3.1, Nr. 2 und Nr. 4, einen Raum $(\tilde{E}_+)_n \supset (E_+)_n$, den der Operator $\hat{D}_\infty\, \hat{D}$ auf $(E_+)_n$ isometrisch abbildet. Der Satz 3.1 behält dann für das Raumpaar $(\tilde{E}_+)_n$, $(\bar{E}_+)_n$ seine Gültigkeit.

Bemerkung 3. In Anwendung der Ergebnisse aus 5.2.3 und 5.2.4 kann nach demselben Schema auch der Fall behandelt werden, wo die Determinante des Symbols (3.8) endlich viele Nullstellen nicht ganzzahliger Ordnungen besitzt.

8.4. Systeme von paarigen WIENER-HOPF-Gleichungen

Mit denselben Methoden, mit denen wir in den vorangegangenen zwei Abschnitten Systeme WIENER-HOPFscher Gleichungen vom nicht normalen Typ untersucht haben, lassen sich auch die entsprechenden paarigen Gleichungen behandeln. Als Beispiel wollen wir hier Systeme von paarigen Integralgleichungen der Gestalt (4.7) bzw. (4.7′) aus Kapitel 7 betrachten.

8.4.1. Die durch Nullstellen des Symbols erzeugten Räume

Im folgenden bezeichnet E einen der Räume $L^p = L^p(-\infty, \infty)$ $(1 \leqq p < \infty)$ oder C^0 und P, Q die durch die Beziehungen

$$(P\,\varphi)(t) = \begin{cases} \varphi(t)\,, & t > 0 \\ 0\,, & t < 0 \end{cases} \qquad (\varphi \in E_n)\,, \qquad Q = I - P$$

im Raum E_n definierten Projektoren.

1. Es seien $\alpha_l, \beta_l \in (-\infty, \infty)$ Punkte auf der reellen Zahlengeraden und $\mu_j^{(l)}$, $\nu_j^{(l)}$ $(l = 1, \ldots, r;\ j = 1, \ldots, n)$ beliebige nicht negative ganze Zahlen. Wir führen folgende Matrixfunktionen ein:

$$B_1(\lambda) = \bar{R}(\lambda)\, \bar{D}(\lambda)\,, \qquad B_2(\lambda) = S(\lambda)\, C(\lambda)\,. \tag{4.1}$$

Hierbei bedeuten $\bar{R}(\lambda)$, $\bar{D}(\lambda)$ die Matrixfunktionen aus den Darstellungen (1.11)–(1.11′), $S(\lambda)$ eine Polynommatrix bezüglich $\dfrac{1}{\lambda + i}$ mit konstanter und von Null verschiedener Determinante und

$$C(\lambda) = \left\{\left(\frac{\lambda - \beta_1}{\lambda + i}\right)^{\nu_j^{(1)}} \cdots \left(\frac{\lambda - \beta_r}{\lambda + i}\right)^{\nu_j^{(r)}} \delta_{jk}\right\}_1^n.$$

Mit B_k $(k = 1, 2)$ bezeichnen wir den Faltungsoperator im Raum E_n mit dem Symbol $B_k(\lambda)$:

$$B_k\,\varphi = c_k\,\varphi(t) - \int_{-\infty}^{\infty} b_k\,(t-s)\,\varphi(s)\,ds \qquad (\varphi \in E_n)\,, \tag{4.2}$$

wobei $c_k = B_k(\infty)$ und $b_k(t)$ die inverse FOURIER-Transformierte zu $c_k - B_k(\lambda)$ ist. Dann ergibt sich für den paarigen Operator $B = P\,B_1 + Q\,B_2$ die Darstellung

$$B = P\,B_1 + Q\,B_2 = (P\,\bar{R} + Q\,S)\,(P\,\bar{D} + Q\,C)\,. \tag{4.3}$$

Hierbei bedeuten $\bar{R}$, S, $\bar{D}$, C die Operatoren der Gestalt (4.2) mit den Symbolen $\bar{R}(\lambda)$, $S(\lambda)$, $\bar{D}(\lambda)$, $C(\lambda)$.

Der Operator $V = P\,\bar{R} + Q\,S$ ist in E_n invertierbar, wobei $V^{-1} = P\,\bar{R}^{-1} + Q\,S^{-1}$ gilt. Aus Lemma 4.1, Kapitel 5, folgt $\dim\ker(P\,\bar{D} + Q\,C) = 0$. Damit ergibt sich wegen (4.3) $\ker B = \{0\}$.

Die analytische Beschreibung des Bildraumes im B läßt sich, ähnlich wie in den vorhergehenden zwei Abschnitten, leicht auf den Fall $n = 1$, der in Abschnitt 5.4 behandelt wurde, zurückführen. Zu diesem Zweck führen wir für die Funktionen $h(t) \in E$ den folgenden Operator ein (vgl. 5.4.1, Nr. 3):

$$(B_{l,j}^{(-1)}\,h)\,(t) = \begin{cases} [I + (\alpha_l - i)\,R_{\alpha_l}]^{\mu_j^{(l)}}\,h\,, & t > 0 \\ [I + (\beta_l + i)\,R_{\beta_l}]^{\nu_j^{(l)}}\,h\,, & t < 0\,. \end{cases}$$

Hierbei bedeutet R_α den durch die Gleichungen (2.19), Kapitel 5, definierten Operator. Aus den Ergebnissen des Teilabschnitts 5.4.1 schließen wir unter Berücksichtigung der Beziehung (4.3) auf folgendes Resultat:

Sei $f \in E_n$ und $g = V^{-1} f = (g_1, g_2, \ldots, g_n)$. Dann ist $f \in$ im B genau dann, wenn

$$h_j = \prod_{l=1}^{r} B_{l,j}^{(-1)}\,g_j \in E \qquad (j = 1, \ldots, n) \tag{4.4}$$

gilt. Sind die Bedingungen (4.4) erfüllt, dann ist $B^{-1} f = (h_1, h_2, \ldots, h_n)$. Den mit der Norm $||f|| = ||B^{-1} f||_{E_n}$ versehenen Bildraum im B bezeichnen wir mit $\bar{E}_n$.

Bemerkung. Es gilt

$$L_n^{p,\mu} \subset \bar{L}_n^p\,, \qquad 1 \leqq p < \infty; \qquad \mu = \max_{j,l}\,\{\mu_j^{(l)}, \nu_j^{(l)}\}\,.$$

2. Es seien $\tilde{\mu}_j^{(l)}, \tilde{\nu}_j^{(l)}$ $(l = 1, \ldots, r;\ j = 1, \ldots, n)$ wieder nicht negative ganze Zahlen, $D(\lambda)$ die Diagonalmatrix (3.2), $R(\lambda)$ $(\bar{S}(\lambda))$ eine Polynommatrix bezüglich $\dfrac{1}{\lambda + i}\left(\dfrac{1}{\lambda - i}\right)$ mit konstanter und von Null verschiedener Determinante und $\bar{C}(\lambda)$ die Diagonalmatrix

$$\bar{C}(\lambda) = \left\{\left(\frac{\lambda - \beta_1}{\lambda - i}\right)^{\tilde{\nu}_j^{(1)}} \cdots \left(\frac{\lambda - \beta_r}{\lambda - i}\right)^{\tilde{\nu}_j^{(r)}} \delta_{jk}\right\}_1^n.$$

Wir bilden die Matrixfunktionen

$$D_1(\lambda) = D(\lambda)\, R(\lambda)\,, \qquad D_2(\lambda) = \bar{C}(\lambda)\, \bar{S}(\lambda)\,. \tag{4.5}$$

Mit D_k ($k = 1, 2$) bezeichnen wir den Faltungsoperator der Gestalt (4.2) mit dem Symbol $D_k(\lambda)$ und mit D, W die paarigen Operatoren

$$D = D_1\, P + D_2\, Q\,, \qquad W = R\, P + \bar{S}\, Q\,. \tag{4.6}$$

Dann gilt $W^{-1} = R^{-1}\, P + \bar{S}^{-1}\, Q$.

Wir setzen jetzt

$$G = W^{-1} \prod_{l=1}^{r} G_l\,.$$

Dabei bedeutet G_l den Operator, der einem beliebigen Vektor $\varphi = (\varphi_1, \varphi_2, \ldots, \varphi_n)$ mit lokal integrierbaren Komponenten auf der reellen Achse den Vektor $f = (f_1, f_2, \ldots, f_n)$ mit

$$f_j = P\, \hat{G}_{\alpha_l}^{\tilde{\mu}_j^{(l)}}\, P\, \varphi_j + P''\, \hat{G}_{-\beta_l}^{\tilde{\nu}_j^{(l)}} P'\, \varphi_j \qquad (j = 1, \ldots, n)$$

zuordnet; die Operatoren P', P'' und $\hat{G}_\alpha$ wurden in 5.4.1, Nr. 1, eingeführt. Auf Grund der Ergebnsise des Teilabschnittes 5.4.1 ist leicht einzusehen, daß die Operatoren D und G für alle $\varphi \in E_n$ einer Bedingung der Gestalt (2.5) genügen. Folglich kann der Raum $\tilde{E}_n = G(E_n)$ genauso wie in 8.2.1 eingeführt werden.

Bemerkung. Es gilt

$$\tilde{L}_n^p \subset L_n^{p, -\tilde{\mu}}\,, \qquad 1 < p < \infty\,, \qquad \tilde{\mu} = \max_{j,l}\, \{\tilde{\mu}_j^{(l)}, \tilde{\nu}_j^{(l)}\}\,; \qquad \tilde{L}_n^1 \subset L_n^{1, -(\tilde{\mu}+\varepsilon)} \quad (\varepsilon > 0)\,.$$

3. Die oben eingeführten Räume $\bar{E}_n$ und $\tilde{E}_n$ entsprechen den Systemen zweiter Art. Analog lassen sich die entsprechenden Räume für Systeme erster Art erklären.

Es seien also wieder μ_j, ν_j ($j = 1, \ldots, n$) nicht negative ganze Zahlen, $\bar{D}(\lambda)$ die Diagonalmatrix (1.13),

$$C(\lambda) = \left\{\left(\frac{1}{\lambda + i}\right)^{\nu_j} \delta_{jk}\right\}_1^n$$

und $\bar{R}(\lambda)$, $S(\lambda)$ die Polynommatrizen aus Nr. 1. Wir setzen

$$B_1^{(\infty)}(\lambda) = \bar{R}(\lambda)\, \bar{D}(\lambda)\,, \qquad B_2^{(\infty)}(\lambda) = S(\lambda)\, C(\lambda) \tag{4.7}$$

und

$$B^{(\infty)} = P\, B_1^{(\infty)} + Q\, B_2^{(\infty)}\,, \qquad V = P\, \bar{R} + Q\, S\,. \tag{4.8}$$

Genauso wie in Nr. 1 ergibt sich $\ker B^{(\infty)} = \{0\}$. Den mit der Norm $\|f\| = \|[B^{(\infty)}]^{-1} f\|_{E_n}$ versehenen Bildraum im $B^{(\infty)}$ bezeichnen wir mit $\bar{E}_n^{(\infty)}$.

Die analytische Beschreibung des Raumes $\bar{E}_n^{(\infty)}$ geschieht genauso wie in Nr. 1. Dabei hat man lediglich in den Beziehungen (4.4) an die Stelle von

$\prod_{l=1}^{r} B_{l,j}^{(-1)}$ den folgenden Operator zu setzen:

$$(B_{\infty,j}^{(-1)} h)(t) = \begin{cases} i^{\mu_j}\left(\frac{d}{dt} - 1\right)^{\mu_j} h(t), & t > 0 \\ i^{\nu_j}\left(\frac{d}{dt} + 1\right)^{\nu_j} h(t), & t < 0. \end{cases}$$

4. Um den Raum $\tilde{E}_n^{(\infty)}$ zu erklären, bezeichnen wir mit $D(\lambda)$ und $\bar{C}(\lambda)$ die Diagonalmatrizen (3.4) bzw.

$$\bar{C}(\lambda) = \left\{\left(\frac{1}{\lambda - i}\right)^{\tilde{\nu}_j} \delta_{jk}\right\}_1^n$$

und mit $R(\lambda)$, $\bar{S}(\lambda)$ die Polynommatrizen aus Nr. 2. Wir setzen

$$D_1^{(\infty)}(\lambda) = D(\lambda) R(\lambda), \qquad D_2^{(\infty)}(\lambda) = \bar{C}(\lambda) \bar{S}(\lambda) \tag{4.9}$$

und

$$D^{(\infty)} = D_1^{(\infty)} P + D_2^{(\infty)} Q, \qquad W = R P + \bar{S} Q. \tag{4.10}$$

Mit $G^{(\infty)}$ bezeichnen wir den Operator, der einem beliebigen Vektor $\varphi = (\varphi_1, \varphi_2, \ldots, \varphi_n) \in E_n$ den Vektor mit den Komponenten

$$P \hat{G}_\infty^{\tilde{\mu}_j} P \varphi_j + P''(-\hat{G}_\infty)^{\tilde{\nu}_j} P' \varphi_j \qquad (j = 1, \ldots, n)$$

zuordnet (vgl. 5.4.1, Nr. 1). Den Raum $\tilde{E}_n^{(\infty)}$ führen wir als Bildraum des Operators $G = W^{-1} G^{(\infty)}$ mit der entsprechenden Norm ein. Dann gilt $\tilde{E}_n^{(\infty)} \supset E_n$, und $D^{(\infty)}$ bildet den Raum $\tilde{E}_n^{(\infty)}$ isometrisch auf E_n ab.

8.4.2. Gleichungssysteme zweiter Art

1. Wir betrachten jetzt den paarigen Operator

$$A = A_1 P + A_2 Q, \tag{4.11}$$

wobei A_1 und A_2 Faltungsoperatoren in E_n der Gestalt (4.2) mit den Symbolen[1])

$$\mathcal{A}_1(\lambda) = \mathcal{A}_0(\lambda) D_1(\lambda), \qquad \mathcal{A}_2(\lambda) = \mathcal{B}_0(\lambda) D_2(\lambda) \tag{4.12}$$

bedeuten. Hierbei sind $D_1(\lambda)$, $D_2(\lambda)$ die durch (4.5) definierten Matrixfunktionen, $\mathcal{A}_0(\lambda), \mathcal{B}_0(\lambda) \in \mathfrak{L}_{n\times n}$ und

$$\det \mathcal{A}_0(\lambda) \neq 0, \qquad \det \mathcal{B}_0(\lambda) \neq 0 \qquad (-\infty \leqq \lambda \leqq \infty). \tag{4.13}$$

Dann gilt für den Operator A die Darstellung

$$A = (A_0 P + B_0 Q) D,$$

und aus Satz 3.3, Kapitel 7, schließen wir auf Grund der Ergebnisse des Abschnittes 4.1 unmittelbar auf folgenden Satz.

---

[1]) Hinreichende Bedingungen für die Darstellbarkeit der Matrixfunktionen $\mathcal{A}_1(\lambda)$, $\mathcal{A}_2(\lambda) \in \mathfrak{L}_{n\times n}$ in der Form (4.12) wurden in 8.1.4 genannt (siehe auch 8.3.2).

Satz 4.1. *Der Operator A ist ein Φ-Operator von $\tilde{E}_n$ in den Raum E_n. Dabei gelten die Formeln*

$$\dim \ker A = -\sum_{\varkappa_j<0} \varkappa_j\,, \qquad \dim \operatorname{coker} A = \sum_{\varkappa_j>0} \varkappa_j\,, \tag{4.14}$$

wobei $\varkappa_j$ $(j = 1, \ldots, n)$ die rechten partiellen Indizes der Matrixfunktion $\mathcal{B}_0^{-1}(\lambda)\,\mathcal{A}_0(\lambda) \in \mathfrak{L}_{n\times n}$ bedeuten.

2. Ein analoges Ergebnis ergibt sich für den paarigen Operator der Gestalt $P\,A_1' + Q\,A_2'$, wobei A_1' und A_2' die Operatoren der Form (4.2) mit den Symbolen

$$\mathcal{A}_1'(\lambda) = B_1(\lambda)\,\mathcal{A}_0(\lambda)\,, \qquad \mathcal{A}_2'(\lambda) = B_2(\lambda)\,\mathcal{B}_0(\lambda) \tag{4.15}$$

und $B_j(\lambda)$ $(j = 1, 2)$ die durch (4.1) festgelegten Matrixfunktionen sind. Es gilt

Satz 4.2. *Der Operator $P\,A_1' + Q\,A_2'$ ist ein Φ-Operator von E_n in den Raum $\bar{E}_n$. Für ihn gelten die Formeln* (4.14), *wenn man mit $\varkappa_j$ die rechten partiellen Indizes der Matrixfunktion $\mathcal{A}_0(\lambda)\,\mathcal{B}_0^{-1}(\lambda)$ bezeichnet.*

3. Wir betrachten jetzt den paarigen Operator A der Gestalt (4.11) unter der allgemeineren Voraussetzung, daß die Matrixfunktionen $\mathcal{A}_1(\lambda)$, $\mathcal{A}_2(\lambda)$ die folgende Darstellung gestatten:

$$\mathcal{A}_1(\lambda) = B_1(\lambda)\,\mathcal{A}_0(\lambda)\,D_1(\lambda)\,, \qquad \mathcal{A}_2(\lambda) = B_2(\lambda)\,\mathcal{B}_0(\lambda)\,D_2(\lambda)\,. \tag{4.16}$$

Dabei sollen die Matrixfunktionen $\mathcal{A}_0(\lambda)$, $\mathcal{B}_0(\lambda)$ die Bedingungen (4.13) erfüllen. Des weiteren nehmen wir an, daß $B_1(\lambda)\,\mathcal{A}_0(\lambda)$ und $B_2(\lambda)\,\mathcal{B}_0(\lambda)$ zur Klasse[1])

$$\bigcap_{l=1}^{r} \mathfrak{L}(\alpha_l, \mu^{(l)}) \cap \mathfrak{L}(\beta_l, \nu^{(l)})$$

gehören, wobei

$$\mu^{(l)} = \max_{j=1,\ldots,n} \mu_j^{(l)}\,, \qquad \nu^{(l)} = \max_{j=1,\ldots,n} \nu_j^{(l)}\,. \tag{4.17}$$

Indem wir die Operatoren

$$V = B_1\,A_0\,P + B_2\,B_0\,Q\,, \qquad W = P\,B_1\,A_0 + Q\,B_2\,B_0$$

einführen, können wir den Operator A in der Form

$$A = V\,D = B\,(P\,A_0 + Q\,B_0)\,D + (V - W)\,D \tag{4.18}$$

darstellen. Unter Benutzung des Lemmas 4.3, Kapitel 5, überzeugen wir uns mittels ähnlicher Überlegungen wie in 5.4.2 leicht davon, daß der Operator $V - W$ den Raum E_n in den Raum $\bar{E}_n = \operatorname{im} B$ vollstetig abbildet. Als unmittelbare Folgerung der Beziehung (4.18) erhalten wir somit (vgl. 4.3.5)

Satz 4.3. *Der Operator A ist ein Φ-Operator von $\tilde{E}_n$ in den Raum $\bar{E}_n$, und für seinen Index gilt die Formel*

$$\operatorname{Ind} A = \frac{1}{2\pi}\left[\arg \frac{\det \mathcal{B}_0(\lambda)}{\det \mathcal{A}_0(\lambda)}\right]_{\lambda=-\infty}^{\infty}.$$

---

[1]) Bezüglich der Bezeichnungen siehe 5.2.2, Nr. 3.

Bemerkung. Wir nehmen an, daß die Determinanten der Matrixfunktionen $\mathcal{A}_1(\lambda)$ und $\mathcal{A}_2(\lambda)$ entsprechend in den Punkten α_l, $\beta_l \in (-\infty, \infty)$ Nullstellen der ganzzahligen Ordnungen m_l, n_l besitzen. Des weiteren mögen $\mathcal{A}_1(\lambda)$ und $\mathcal{A}_2(\lambda)$ zur Klasse

$$\bigcap_{l=1}^{r} \mathfrak{L}(\alpha_l, 2\, m_l) \cap \mathfrak{L}(\beta_l, 2\, n_l)$$

gehören. Mit $m_j^{(l)}, n_j^{(l)}$ $(j = 1, \ldots, n)$ bezeichnen wir die partiellen Ordnungen der Nullstellen α_l, β_l für die Funktionen $\det \mathcal{A}_1(\lambda)$, $\det \mathcal{A}_2(\lambda)$. Indem wir beliebige nicht negative ganze Zahlen $\mu_j^{(l)}, \nu_j^{(l)}, \tilde{\mu}_j^{(l)}, \tilde{\nu}_j^{(l)}$ wählen, so daß

$$\mu_j^{(l)} + \tilde{\mu}_j^{(l)} = m_j^{(l)}, \qquad \nu_j^{(l)} + \tilde{\nu}_j^{(l)} = n_j^{(l)} \tag{4.19}$$

für alle j und l gilt, können wir die Matrixfunktionen $\mathcal{A}_1(\lambda)$, $\mathcal{A}_2(\lambda)$ in der Form (4.16) darstellen, wobei $\mathcal{A}_0(\lambda), \mathcal{B}_0(\lambda)$ die geforderten Eigenschaften besitzen.

Das folgt aus Satz 1.2 und einigen Ergebnissen aus 2.3.4.

Ein zum Satz 4.3 analoger Satz gilt für den Operator $A = P\, A_1 + Q\, A_2$ (vgl. 4.4.2). Außerdem lassen sich die Ergebnisse dieses Teilabschnittes auf den Fall von Nullstellen nicht ganzzahliger Ordnungen übertragen (vgl. 4.4.3).

4. Setzt man in den Darstellungen (4.16) speziell $D_1(\lambda) = D_2(\lambda)$ gleich der Einheitsmatrix und nimmt man in den Ausführungen des Teilabschnittes 4.5.2

$$Z = L_n^{p,\mu}, \qquad 1 \leqq p < \infty, \qquad \mu = \max_l \{m_l, n_l\}$$

und $R = B^{-1}$ an, dann folgt aus Satz 5.2 sowie Lemma 5.1 von Kapitel 4, daß der durch die Beziehungen

$$\underline{A}\, \varphi = A\, \varphi, \qquad D(\underline{A}) = \{\varphi \in L_n^p : A\, \varphi \in L_n^{p,\mu}\}$$

definierte abgeschlossene Operator $\underline{A}$ $(D(\underline{A}) \to Z)$ ein Φ-Operator ist mit

$$\ker \underline{A} = \ker A, \qquad (\operatorname{im} \underline{A})^\perp = (\operatorname{im} A)^\perp.$$

8.4.3. Gleichungssysteme erster Art

Völlig analog erhält man entsprechende Ergebnisse für die paarigen Operatoren erster Art der Gestalt (4.11) bzw. $P\, A_1' + Q\, A_2'$, wenn man in den Darstellungen (4.12), (4.15) und (4.16) die Matrixfunktionen $D_j(\lambda)$, $B_j(\lambda)$, $(j = 1, 2)$ entsprechend durch die Matrixfunktionen $D_j^{(\infty)}(\lambda)$, $B_j^{(\infty)}(\lambda)$ aus (4.9) bzw. (4.7) ersetzt. Dabei hat man in den Formulierungen der Sätze 4.1–4.3 die Räume $\tilde{E}_n$, $\bar{E}_n$ durch $\tilde{E}_n^{(\infty)}$, $\bar{E}_n^{(\infty)}$ auszutauschen.

8.4.4. Nicht beschränkte Regularisierung

Wir betrachten im Raum L_n^p $(1 \leqq p < \infty)$ den paarigen Operator zweiter Art $A = A_1\, P + A_2\, Q + T$, wobei die Matrixfunktionen $\mathcal{A}_1(\lambda)$, $\mathcal{A}_2(\lambda)$ die Gestalt (4.15) besitzen und außerdem zur Klasse

$$\bigcap_{l=1}^{r} \mathfrak{L}(\alpha_l, m_l) \cap \mathfrak{L}(\beta_l, n_l)$$

gehören. Des weiteren sei $T \in \mathcal{K}(L_n^p, \bar{L}_n^p)$. Die Konstruktion eines nicht beschränkten linken Regularisators des Operators A erfolgt völlig analog zum

Abschnitt 5.5, wenn man den in 8.4.1, Nr. 1, konstruierten inversen Operator B^{-1} benutzt.

Entsprechendes gilt für den paarigen Operator erster Art.

8.5. Systeme von singulären Integralgleichungen

In diesem Abschnitt betrachten wir Systeme singulärer Integralgleichungen vom nicht normalen Typ der Gestalt

$$\mathfrak{A}\,\varphi = A(t)\,\varphi(t) + \frac{B(t)}{\pi\,i}\int\limits_{\Gamma}\frac{\varphi(\tau)}{\tau - t}\,d\tau = f(t) \tag{5.1}$$

im Raum $L^p_n(\Gamma)$ $(1 < p < \infty)$. Hierbei ist Γ ein hinreichend glattes LJAPUNOWsches Kurvensystem der in 6.2.1 beschriebenen Gestalt und $A(t),\ B(t) \in C_{n\times n}(\Gamma)$. Im weiteren behalten wir die in Abschnitt 7.5 eingeführten Bezeichnungen bei.

Wir setzen voraus, daß die Determinanten der Matrixfunktionen

$$C(t) = A(t) + B(t)\,, \qquad D(t) = A(t) - B(t)$$

auf Γ höchstens endlich viele Nullstellen ganzzahliger oder gebrochener Ordnungen besitzen.

8.5.1. Die durch Nullstellen des Symbols erzeugten Räume

1. Es seien α_l, β_l $(l = 1, \ldots, r)$ Punkte auf Γ und $\mu_j^{(l)}$, $\nu_j^{(l)}$ $(j = 1, \ldots, n)$ nicht negative ganze Zahlen. Wir bilden die Matrixfunktionen

$$B_1(t) = \bar{R}(t)\,\bar{D}(t)\,, \qquad B(_2t) = S(t)\,\tilde{C}(t) \qquad (t \in \Gamma)\,. \tag{5.2}$$

Hierbei bedeutet $\bar{R}(t)$ $(S(t))$ eine beliebige Polynommatrix in t^{-1} (in t) mit konstanter und von Null verschiedener Determinante, $\bar{D}(t)$ die Diagonalmatrix (1.10) und

$$\tilde{C}(t) = \{(t - \beta_1)^{\nu_j^{(1)}} \ldots (t - \beta_r)^{\nu_j^{(r)}}\,\delta_{jk}\}_1^n\,.$$

Für den paarigen Operator

$$\mathfrak{B} = P\,B_1 + Q\,B_2$$

gilt wiederum die Darstellung (4.3), woraus wegen Lemma 2.2, Kapitel 6, $\ker\mathfrak{B} = \{0\}$ folgt.

Die analytische Beschreibung des Bildraumes im $\mathfrak{B}$ geschieht genauso wie in 8.4.1, Nr. 1; dabei bedeutet jetzt in den Beziehungen (4.4) $E = L^p(\Gamma)$ und $B_{l,j}^{(-1)}$ $(l = 1, \ldots, r;\ j = 1, \ldots, n)$ die Inverse zum skalaren Operator

$$P\,(t^{-1} - \alpha_l^{-1})^{\mu_j^{(l)}} + Q\,(t - \beta_l)^{\nu_j^{(l)}}\,,$$

die durch die Formel (2.13), Kapitel 6, gegeben wird. Den mit der Norm $\|f\| = \|\mathfrak{B}^{-1}f\|_{L^p_n(\Gamma)}$ versehenen BANACH-Raum im $\mathfrak{B}$ bezeichnen wir im weiteren mit $\bar{L}^p_n(\Gamma)$.

Auf Grund der Folgerung 2.2, Kapitel 6, gilt

$$W_{p,n}(\Gamma; (\alpha_l, \mu^{(l)})_1^r, \quad (\beta_l, \nu^{(l)})_1^r) \subset \bar{L}_n^p(\Gamma)\,, \tag{5.3}$$

wobei die Zahlen $\mu^{(l)}$, $\nu^{(l)}$ durch (4.17) erklärt sind.

2. Es seien jetzt $\tilde{\mu}_j^{(l)}$, $\tilde{\nu}_j^{(l)}$ $(l = 1, \ldots, r;\ j = 1, \ldots, n)$ nicht negative ganze Zahlen, $R(t)$ $(\bar{S}(t))$ eine beliebige Polynommatrix in t (in t^{-1}) mit konstanter und von Null verschiedener Determinante und $\tilde{D}(t)$, $\bar{C}(t)$ die Diagonalmatrizen

$$\tilde{D}(t) = \left\{\prod_{l=1}^{r} (t-\alpha_l)^{\tilde{\mu}_j^{(l)}}\,\delta_{jk}\right\}_1^n, \qquad \bar{C}(t) = \left\{\prod_{l=1}^{r} (t^{-1}-\beta_l^{-1})^{\tilde{\nu}_j^{(l)}}\,\delta_{jk}\right\}_1^n.$$

Wir setzen in dieser Nummer voraus, daß die Punkte α_l und β_k $(\in \Gamma;\ l, k = 1, \ldots, r)$ paarweise voneinander verschieden sind. Mit $D_1(t)$, $D_2(t)$ bezeichnen wir die Matrixfunktionen

$$D_1(t) = \tilde{D}(t)\,R(t)\,, \qquad D_2(t) = \bar{C}(t)\,\bar{S}(t) \tag{5.4}$$

und mit $\mathfrak{D}$ den paarigen Operator

$$\mathfrak{D} = D_1(t)\,P + D_2(t)\,Q\,. \tag{5.5}$$

Des weiteren führen wir auf $L_n^p(\Gamma)$ den Operator $\mathfrak{D}^{(-1)}$ ein, der für beliebiges $f \in L_n^p(\Gamma)$ durch die Formel

$$\mathfrak{D}^{(-1)} f = R^{-1}(t)\,\tilde{D}^{-1}(t)\,P f + \bar{S}^{-1}(t)\,\bar{C}^{-1}(t)\,Q f \tag{5.6}$$

erklärt ist. Die Gesamtheit aller Funktionen der Gestalt (5.6), wobei f den Raum $L_n^p(\Gamma)$ durchläuft, bezeichnen wir mit $\tilde{L}_n^p(\Gamma)$.

Offensichtlich gilt

$$\mathfrak{D}^{(-1)}\,\mathfrak{D} f = f \qquad (f \in L_n^p(\Gamma))\,,$$

d. h. $L_n^p(\Gamma) \subset \tilde{L}_n^p(\Gamma)$. Wir erweitern den Operator $\mathfrak{D}$ zu einem auf ganz $\tilde{L}_n^p(\Gamma)$ erklärten Operator $\tilde{\mathfrak{D}}$, indem wir

$$\tilde{\mathfrak{D}}\,\varphi = D_1(t)\,\tilde{P}\,\varphi + D_2(t)\,\tilde{Q}\,\varphi\,, \qquad \varphi \in \tilde{L}_n^p(\Gamma)\,,$$

setzen. Hierbei bedeuten $\tilde{P}$, $\tilde{Q}$ die Erweiterungen der Projektoren P, Q, die für den Vektor $\varphi \in \tilde{L}_n^p(\Gamma)$ der Gestalt (5.6) durch die Gleichungen

$$\tilde{P}\,\varphi = R^{-1}(t)\,\tilde{D}^{-1}(t)\,P f\,, \qquad \tilde{Q}\,\varphi = \bar{S}^{-1}(t)\,\bar{C}^{-1}(t)\,Q f$$

definiert werden. Wie man unmittelbar einsieht, gilt

$$\tilde{\mathfrak{D}}\,\mathfrak{D}^{(-1)} f = f \qquad (f \in L_n^p(\Gamma))\,.$$

Folglich erfüllt der Operator $\mathfrak{D}$ die Bedingung (2″) aus 4.1.1, so daß $\tilde{L}_n^p(\Gamma)$ mit der Norm

$$||\varphi|| = ||\tilde{\mathfrak{D}}\,\varphi||_{L_n^p(\Gamma)}$$

einen Banach-Raum darstellt, den der Operator $\tilde{\mathfrak{D}}$ isometrisch auf $L_n^p(\Gamma)$ abbildet.

8.5.2. Symbole mit Nullstellen ganzzahliger Ordnungen

1. Wir betrachten den Operator $\mathfrak{A}$ der Gestalt (5.1):

$$\mathfrak{A} = C(t)\, P + D(t)\, Q$$

unter der Voraussetzung, daß die Matrixfunktionen $C(t)$, $D(t)$ die folgende Darstellung besitzen[1]):

$$C(t) = C_0(t)\, D_1(t)\,, \qquad D(t) = D_0(t)\, D_2(t)\,. \tag{5.7}$$

Hierbei bedeuten $D_1(t)$, $D_2(t)$ die durch (5.4) gegebenen Matrixfunktionen, $C_0(t)$, $D_0(t) \in C_{n\times n}(\Gamma)$ und

$$\det C_0(t) \neq 0\,, \qquad \det D_0(t) \neq 0 \qquad (t \in \Gamma)\,. \tag{5.8}$$

Auf Grund der Beziehung

$$\mathfrak{A} = \mathfrak{A}_0\, \mathfrak{D}\,, \qquad \mathfrak{A}_0 = (C_0\, P + D_0\, Q)$$

ergibt sich jetzt nach Satz 5.1, Kapitel 7, der folgende Satz.

Satz 5.1. *Der Operator $\mathfrak{A}$ ist ein Φ-Operator von $\tilde{L}_n^p(\Gamma)$ in den Raum $L_n^p(\Gamma)$. Dabei gilt*

$$\dim\ker \mathfrak{A} = \dim\ker \mathfrak{A}_0\,, \qquad \dim\operatorname{coker} \mathfrak{A} = \dim\operatorname{coker} \mathfrak{A}_0\,, \tag{5.9$_1$}$$

$$\operatorname{Ind} \mathfrak{A} = \frac{1}{2\pi}\left[\arg \frac{\det D_0(t)}{\det C_0(t)}\right]_\Gamma. \tag{5.9$_2$}$$

2. Ein analoges Ergebnis erhalten wir für den Operator $P\, C_* + Q\, D_*$, wobei $C_*(t)$, $D_*(t)$ Matrixfunktionen der Gestalt

$$C_*(t) = B_1(t)\, C_0(t)\,, \qquad D_*(t) = B_2(t)\, D_0(t)$$

und $B_j(t)$ $(j = 1, 2)$ die durch (5.2) erklärten Matrixfunktionen sind.

Satz 5.2. *Der Operator $P\, C_* + Q\, D_*$ ist ein Φ-Operator von $L_n^p(\Gamma)$ in den Raum $\bar{L}_n^p(\Gamma)$, und für ihn gelten ebenfalls die Formeln* (5.9).

3. Wir betrachten jetzt den Operator $\mathfrak{A}$ der Gestalt (5.1) in dem allgemeineren Fall, daß die Matrixfunktionen $C(t)$, $D(t)$ die Darstellung

$$C(t) = B_1(t)\, C_0(t)\, D_1(t)\,, \qquad D(t) = B_2(t)\, D_0(t)\, D_2(t) \tag{5.10}$$

gestatten. Hierbei sollen die Matrixfunktionen $C_0(t)$, $D_0(t)$ wiederum die Bedingungen (5.8) erfüllen. Des weiteren nehmen wir an, daß $B_1(t)\, C_0(t)$ und $B_2(t)\, D_0(t)$ zur Klasse[2]) $\bigcap_{l=1}^{r} C(\alpha_l, \mu^{(l)}) \cap C(\beta_l, \nu^{(l)})$ gehören, wobei die Zahlen $\mu^{(l)}$, $\nu^{(l)}$ durch (4.17) erklärt sind. Dann gilt

Satz 5.3. *Der Operator $\mathfrak{A} = C\, P + D\, Q$ ist ein Φ-Operator von $\tilde{L}_n^p(\Gamma)$ in den Raum $\bar{L}_n^p(\Gamma)$, und für seinen Index gilt die Formel* (5.9$_2$).

---

[1]) Hinreichende Bedingungen für die Darstellbarkeit der Matrixfunktionen $C(t)$, $D(t) \in C_{n\times n}(\Gamma)$ in der Form (5.7) wurden in 8.1.3 genannt.

[2]) Bezüglich der Bezeichnungen siehe 2.3.4.

Unter Benutzung des Lemmas 4.1, Kapitel 4, verläuft der Beweis des Satzes 5.3 analog zum Beweis des Satzes 4.3.

Wenn man voraussetzt, daß die Elemente der Matrixfunktionen $C_0(t)\, D_1(t)$ und $D_0(t)\, D_2(t)$ zur Klasse

$$\bigcap_{l=1}^{r} C(\alpha_l, \tilde{\mu}^{(l)}) \cap C(\beta_l, \tilde{\nu}^{(l)}), \qquad \tilde{\mu}^{(l)} = \max_j \tilde{\mu}_j^{(l)}, \qquad \tilde{\nu}^{(l)} = \max_j \tilde{\nu}_j^{(l)}$$

gehören, dann erhält man mittels der Überlegungen aus Teilabschnitt 4.4.2, daß Satz 5.3 auch für den Operator $A = P\,C + Q\,D$ gilt.

Bemerkung 1. Nach den Konstruktionen des Abschnittes 8.1 sind die Darstellungen (5.10) möglich, wenn die Determinanten der Matrixfunktionen $C(t)$ und $D(t)$ entsprechend in den Punkten $\alpha_l, \beta_l \in \Gamma\ (l = 1, \ldots, r)$ Nullstellen der ganzzahligen Ordnungen $m_l, n_l \geqq 0$ besitzen und wenn $C(t), D(t)$ zur Klasse

$$\bigcap_{l=1}^{r} C(\alpha_l, 2\,m_l) \cap C(\beta_l, 2\,n_l)$$

gehören. Dabei kann man als $\mu_j^{(l)}, \nu_j^{(l)}, \tilde{\mu}_j^{(l)}, \tilde{\nu}_j^{(l)}$ beliebige nicht negative ganze Zahlen wählen, die den Gleichungen (4.19) genügen, wobei $m_j^{(l)}, n_j^{(l)}$ die partiellen Ordnungen der Nullstellen α_l, β_l für die Determinanten $\det C(t)$, $\det D(t)$ bezeichnen.

Bemerkung 2. Unter den Voraussetzungen der Bemerkung 1 kann man insbesondere

$$\tilde{\mu}_j^{(l)} = \tilde{\nu}_j^{(l)} = 0 \qquad (l = 1, \ldots, r;\ j = 1, \ldots, n)$$

setzen. Dann ergibt sich $\tilde{L}_n^p(\Gamma) = L_n^p(\Gamma)$. Dabei genügt es, daß die Matrixfunktionen $C(t)$, $D(t)$ zur Klasse $\bigcap_{l=1}^{r} C(\alpha_l, m_l) \cap C(\beta_l, n_l)$ gehören. Des weiteren können in diesem Fall einige der Punkte α_l und β_l auch zusammenfallen, da dies auf die Konstruktion des Raumes $\overline{L}_n^p(\Gamma) = \operatorname{im} \mathfrak{B}$ keinen Einfluß hat.

Bemerkung 3. Unter Benutzung der Ergebnisse des Abschnittes 6.4 lassen sich die in 8.5.1 angegebenen Konstruktionen der Räume $\overline{L}_n^p(\Gamma)$ und $\tilde{L}_n^p(\Gamma)$ ohne zusätzliche Schwierigkeiten auch auf den Fall nicht ganzer Zahlen $\mu_j^{(l)}, \nu_j^{(l)}, \tilde{\mu}_j^{(l)}, \tilde{\nu}_j^{(l)}$ anwenden. Aus 4.4.3 folgt, daß in diesem Fall auch die Sätze 5.1 bis 5.3 ihre Gültigkeit behalten.

Allgemeinere Fälle von Nullstellen nicht ganzzahliger Ordnungen werden im nächsten Teilabschnitt betrachtet.

Bemerkung 4. Die bisherigen Ergebnisse dieses Abschnittes lassen sich (unter entsprechenden Voraussetzungen bezüglich der Koeffizienten $A(t), B(t)$) leicht auf den Raum $H_n^\lambda(\Gamma)$ $(0 < \lambda < 1)$ übertragen (man vgl. hierzu die Kapitel 6 und 7).

4. Wählt man in (5.10) speziell $D_1(t) = D_2(t) = I$ (I die Einheitsmatrix) und setzt man in den Ausführungen des Teilabschnittes 4.5.2

$$Z = W_{p,n}(\Gamma; (\alpha_l, \mu^{(l)})_1^r, (\beta_l, \nu^{(l)})_1^r), \qquad R = \mathfrak{B}^{-1},$$

dann ergibt sich nach Satz 5.2 und Lemma 5.1 aus Kapitel 4, daß der durch die Beziehungen

$$\underline{\mathfrak{A}}\,\varphi = \mathfrak{A}\,\varphi, \qquad D(\underline{\mathfrak{A}}) = \{\varphi \in L_n^p(\Gamma) : \mathfrak{A}\,\varphi \in Z\}$$

definierte abgeschlossene Operator $\underline{\mathfrak{A}}\ (D(\underline{\mathfrak{A}}) \to Z)$ ein Φ-Operator ist, wobei

$$\ker \underline{\mathfrak{A}} = \ker \mathfrak{A}, \qquad (\operatorname{im} \underline{\mathfrak{A}})^\perp = (\operatorname{im} \mathfrak{A})^\perp$$

gilt.

8.5.3. Symbole mit Nullstellen nicht ganzzahliger Ordnungen

1. Im weiteren nehmen wir Γ als einfache geschlossene LJAPUNOW-Kurve an, die den Koordinatenursprung umschließt. Bezüglich der Koeffizienten des Systems (5.1) setzen wir voraus, daß sie den nachfolgenden Bedingungen (I)—(II) genügen:

$$\text{(I)} \qquad C(t) = S_{10} R_{10} C_0 , \qquad D(t) = R_{20} S_{20} D_0$$

mit

$$S_{10} = t^{-\xi_2} F_1 G_1 , \qquad R_{10} = L_1 M_1 , \qquad R_{20} = t^{\eta_2} L_2 M_2 , \qquad S_{20} = F_2 G_2 ,$$

$$G_1 = \left\{\left(\frac{1}{\alpha} - \frac{1}{t}\right)^{m_{1j}+r_{1j}} \delta_{jk}\right\}_1^n , \qquad M_1 = \{(\alpha - t)^{m_{2j}+r_{2j}} \delta_{jk}\}_1^n ,$$

$$G_2 = \left\{\left(\frac{1}{\beta} - \frac{1}{t}\right)^{n_{2j}+s_{2j}} \delta_{jk}\right\}_1^n , \qquad M_2 = \{(\beta - t)^{n_{1j}+s_{1j}} \delta_{jk}\}_1^n ;$$

F_1, F_2 (L_1, L_2) bedeuten beliebige Polynommatrizen in t^{-1} (in t) mit konstanter und von Null verschiedener Determinante. Dabei seien α und β zwei verschiedene Punkte auf Γ, $m_{1j}, m_{2j}, n_{1j}, n_{2j}$ nicht negative ganze Zahlen, $0 \leqq r_{1j}, r_{2j}, s_{1j}, s_{2j} < 1$ und

$$\xi_l = \max_{j=1,\dots,n} \{m_{lj} + 1 - [1 - r_{lj}]\} , \qquad \eta_l = \max_{j=1,\dots,n} \{n_{lj} + 1 - [1 - s_{lj}]\} \quad (l = 1, 2) .$$

Die Elemente der Matrixfunktionen $C_0(t)$, $D_0(t)$ sollen zur Klasse $C(\Gamma; (\alpha, \tilde{m} + \lambda), (\beta, \tilde{n} + \lambda))$ mit $0 < \lambda < 1$ und

$$\tilde{m} = \xi_1 + \xi_2 , \qquad \tilde{n} = \eta_1 + \eta_2$$

gehören, und außerdem gelte

$$\det C_0(t) \neq 0 , \qquad \det D_0(t) \neq 0 \qquad (t \in \Gamma) .$$

$$\text{(II)} \qquad S_{10} R_{20} = R_{20} S_{10} .$$

Die Kurve Γ gehöre zur Klasse $C^{\bar{n},\lambda}$, $\bar{n} = \max \{\tilde{m}, \tilde{n}\}$.

Auf Grund der oben angenommenen Voraussetzungen ergibt sich für den im Raum $L_n^p(\Gamma)$ betrachteten Operator $\mathfrak{A} = C(t) P + D(t) Q$ die Darstellung

$$\mathfrak{A} = \tilde{\mathfrak{B}} \mathfrak{A}_0 + (R_{20} S_{20} - S_{10} R_{10}) T , \tag{5.11}$$

wobei

$$\tilde{\mathfrak{B}} = S_{10} R_{10} P + R_{20} S_{20} Q , \qquad \mathfrak{A}_0 = C_0 P + D_0 Q ,$$

$$T = (P C_0 - C_0 P) P - (Q D_0 - D_0 Q) Q .$$

Satz 5.4. *Es gilt*

$$\dim \ker \tilde{\mathfrak{B}} = n (\xi_2 + \eta_2) - \sum_{j=1}^{n} \left(m_{2j} + n_{2j} + \left[r_{2j} + \frac{1}{p'}\right] + \left[s_{2j} + \frac{1}{p'}\right]\right),$$

wobei $\dfrac{1}{p'} = 1 - \dfrac{1}{p}$.

Beweis. Der Operator $\tilde{\mathfrak{B}}$ kann als Produkt $\tilde{\mathfrak{B}} = t^{-\xi_2} \mathfrak{B}_1 \mathfrak{B}_2$ geschrieben werden, wobei

$$\mathfrak{B}_1 = F_1 G_1 P + t^{\xi_2+\eta_2} L_2 M_2 Q , \qquad \mathfrak{B}_2 = R_{10} P + S_{20} Q .$$

Offenbar ist $\dim \ker \mathfrak{B}_2 = 0$. Aus Lemma 2.1, Kapitel 6, folgt leicht

$$\dim \ker (F_1 G_1 P + L_2 M_2 Q) = 0 . \tag{5.12}$$

Durch Einsetzen und Berücksichtigung der Bedingung (II) überzeugt man sich unmittelbar davon, daß jeder Vektor φ der Gestalt

$$\varphi = (L_2 M_2 - t^{-\xi_2-\eta_2} F_1 G_1) P_{\xi_2+\eta_2-1} \tag{5.13}$$

dem Kern des Operators $\mathfrak{B}_1$ angehört. Hierbei bedeutet $P_{\xi_2+\eta_2-1}$ einen beliebigen Polynomvektor in t, dessen Grad die Zahl $\xi_2 + \eta_2 - 1$ nicht übersteigt. (Für $\xi_2 + \eta_2 = 0$ setzen wir $P_{\xi_2+\eta_2-1} \equiv 0$.)

Den $n(\xi_2 + \eta_2)$-dimensionalen Vektorraum, den die Elemente der Gestalt (5.13) bilden, bezeichnen wir mit X. Dann ist offensichtlich $L_n^p(\Gamma)$ die direkte Summe

$$L_n^p(\Gamma) = \text{im}\,(P + t^{-\xi_2-\eta_2} Q) \dotplus X .$$

Unter Benutzung dieser Darstellung sowie der Beziehung (5.12) schließen wir genauso wie beim Beweis des Satzes 5.1, Kapitel 6, daß ker $\mathfrak{B}_1$ nur aus Elementen der Gestalt (5.13) besteht.

Es sei jetzt $\tilde{\mathfrak{B}}\,\varphi = 0$. Dann gilt $\mathfrak{B}_2\,\varphi \in \ker \mathfrak{B}_1$, und wegen (5.13) ergibt sich

$$L_2\, M_2\, P_{\xi_2+\eta_2-1} = R_{10}\, P\, \varphi\,, \qquad - t^{-\xi_2-\eta_2} F_1\, G_1\, P_{\xi_2+\eta_2-1} = S_{20}\, Q\, \varphi\,. \tag{5.14}$$

Wir setzen

$$L_1^{-1}\, L_2\, M_2 = M\,, \qquad t^{-\xi_2-\eta_2} F_2^{-1}\, F_1\, G_1 = G\,.$$

Aus den Beziehungen (5.14) erhalten wir, daß der Polynomvektor $P_{\xi_2+\eta_2-1}$ die folgenden Bedingungen erfüllen muß:

$$M_1^{-1}\, M\, P_{\xi_2+\eta_2-1} \in L_n^p(\Gamma)\,, \qquad G_2^{-1}\, G\, P_{\xi_2+\eta_2-1} \in L_n^p(\Gamma)\,. \tag{5.15}$$

Ist umgekehrt $P_{\xi_2+\eta_2-1}$ ein beliebiger Polynomvektor, dessen Grad $\xi_2 + \eta_2 - 1$ nicht übersteigt und der außerdem den Bedingungen (5.15) genügt, dann ist, wie man leicht unmittelbar nachprüft, der Vektor

$$\varphi = (M_1^{-1}\, M - G_2^{-1}\, G)\, P_{\xi_2+\eta_2-1}$$

eine Lösung (und damit gleichzeitig allgemeine Lösung) der Gleichung $\tilde{\mathfrak{B}}\,\varphi = 0$. Aus den vorstehenden Überlegungen folgt

$$\dim \ker \tilde{\mathfrak{B}} = n\,(\xi_2 + \eta_2) - r\,, \tag{5.16}$$

wobei r gleich der Anzahl der linear unabhängigen Bedingungen ist, denen der Vektor $P_{\xi_2+\eta_2-1}$ auf Grund der Beziehungen (5.15) genügen muß.

Unter Berücksichtigung der konkreten Gestalt der Matrixfunktionen M_1 und G_2 sowie des Lemmas 1.9 aus Kapitel 6 erkennt man leicht, daß die Beziehungen (5.15) genau dann gelten, wenn folgende Bedingungen erfüllt sind:

$$\left[\sum_{k=1}^{n} a_{jk}(t)\, p_k(t)\right]_{t=\alpha}^{(l)} = 0\,, \qquad l = 0, 1, \ldots, \mu_j - 1\,, \tag{5.17$_1$}$$

$$\left[\sum_{k=1}^{n} b_{jk}(t)\, p_k(t)\right]_{t=\beta}^{(l)} = 0\,, \qquad l = 0, 1, \ldots, \nu_j - 1\,, \tag{5.17$_2$}$$

$$(j = 1, \ldots, n)\,.$$

Hierbei bedeutet

$$P_{\xi_2+\eta_2-1} = (p_1(t), p_2(t), \ldots, p_n(t))\,,$$

$$M = \{a_{jk}(t)\}_1^n\,, \qquad G = \{b_{jk}(t)\}_1^n\,,$$

$$\mu_j = m_{2j} + \left[r_{2j} + \frac{1}{p'}\right], \qquad \nu_j = n_{2j} + \left[s_{2j} + \frac{1}{p'}\right]. \tag{5.17$_3$}$$

Wegen $\xi_2 + \eta_2 \geqq \mu_j$, $\xi_2 + \eta_2 \geqq \nu_j$ $(j = 1, \ldots, n)$ und

$$\det |a_{jk}(\alpha)| \neq 0\,, \qquad \det |b_{jk}(\beta)| \neq 0$$

ist die Anzahl der Bedingungen (5.17$_1$) und (5.17$_2$) an den Polynomvektor $P_{\xi_2+\eta_2-1}$ entsprechend gleich $\sum \mu_j$ bzw. $\sum \nu_j$. Folglich gilt

$$r = \sum_{j=1}^{n} (\mu_j + \nu_j)\,,$$

woraus zusammen mit (5.16) die Behauptung des Satzes 5.4 folgt.

Den Überlegungen aus 4.1.3 folgend, führen wir im Bildraum im $\tilde{\mathfrak{B}}$ die Faktornorm

$$\|f\|_{\boldsymbol{L}} = \inf_{\mathfrak{B}\varphi = f} \|\varphi\|_{L_n^p(\Gamma)}$$

ein. Den auf diese Weise entstehenden BANACH-Raum bezeichnen wir mit $\boldsymbol{L} = \text{im}\,\tilde{\mathfrak{B}}$.

2. Für das Weitere führen wir folgende Bezeichnungen ein:

$$S_{11} = \left\{\left(\frac{1}{\alpha} - \frac{1}{t}\right)^{\xi_1 - m_{1j} - r_{1j}} t^{\xi_1 + \eta_2} \delta_{jk}\right\}_1^n F_1^{-1}, \qquad R_{11} = \{(\alpha - t)^{\xi_2 - m_{2j} - r_{2j}} \delta_{jk}\}_1^n L_1^{-1},$$

$$S_{21} = \left\{\left(\frac{1}{\beta} - \frac{1}{t}\right)^{\eta_2 - n_{2j} - s_{2j}} \delta_{jk}\right\}_1^n F_2^{-1}, \qquad R_{21} = \{(\beta - t)^{\eta_1 - n_{1j} - s_{1j}} \delta_{jk}\}_1^n,$$

$$\delta = \{(\alpha - t)^{m'} \delta_{jk}\}_1^n,$$

$$m' = (1 - [1 - \max_j r_{1j}]) \max_j (1 + m_{1j}), \qquad \sigma = \xi_1 + \xi_2 + \eta_1 + \eta_2.$$

Satz 5.5. *Eine Funktion $f \in L_n^p(\Gamma)$ gehört genau dann zum Raum $\mathbf{L}$, wenn ein Polynomvektor $P_{\sigma-1}$ vom Grade $\leqq \sigma - 1$ existiert, so daß gilt:*

$$\varphi_1 = (R_{11} S_{11} S_{10} R_{10})^{-1} (P R_{11} S_{11} f - P_{\sigma-1}) \in L_n^p(\Gamma),$$

$$\varphi_2 = (R_{11} S_{11} R_{20} S_{20})^{-1} (Q R_{11} S_{11} f + P_{\sigma-1}) \in L_n^p(\Gamma).$$

Sind diese beiden Bedingungen erfüllt, dann ist

$$\tilde{\mathfrak{B}} (\varphi_1 + \varphi_2) = f.$$

Beweis. Man überzeugt sich leicht davon, daß $S_{11} S_{10} R_{20} = R_{20} S_{11} S_{10}$ gilt. Daraus schließen wir auf Grund der Bedingung (II), daß die Matrixfunktionen S_{11} und R_{20} miteinander kommutieren. Unter Benutzung dieser Tatsache läßt sich der Satz 5.5 genauso wie Satz 5.2, Kapitel 6, beweisen.

Man kann sich leicht davon überzeugen, daß die Matrixfunktionen $\Delta_1 = S_{10} R_{10} R_{11}$ und $\Delta_2 = R_{20} S_{20} S_{21}$ miteinander kommutieren. Des weiteren gilt

$$\Delta_1 (\operatorname{im} Q) \subset \operatorname{im} Q, \qquad \Delta_2 (\operatorname{im} P) \subset \operatorname{im} P.$$

Mit Z_i ($i = 1, 2, 3$) bezeichnen wir folgende Teilmengen von $L_n^p(\Gamma)$:

$$Z_1 = \{\Delta_1 \Delta_2 f : f \in L_n^p(\Gamma)\},$$

$$Z_2 = \{\Delta_1 f : f \in \operatorname{im} P\}, \qquad Z_3 = \{\Delta_2 f : f \in \operatorname{im} Q\}.$$

Auf Z_1 erklären wir eine neue Norm:

$$\|y\|_{Z_1} = \|f\|_{L_n^p(\Gamma)}, \qquad y = \Delta_1 \Delta_2 f.$$

Mit dieser Norm ist Z_1 ein Banach-Raum. Analog kann man auf Z_2 und Z_3 eine Norm einführen.

Lemma 5.1. *Die Räume Z_i ($i = 1, 2, 3$) sind stetig in den Raum $\mathbf{L}$ eingebettet.*

Beweis. Sei $y \in Z_1$. Aus $y = \Delta_1 \Delta_2 f$ ($f \in L_n^p(\Gamma)$) folgt

$$y = \Delta_1 \Delta_2 P f + \Delta_2 \Delta_1 Q f = S_{10} R_{10} (R_{11} \Delta_2 P f) + R_{20} S_{20} (S_{21} \Delta_1 Q f).$$

Die Beziehungen $R_{11} \Delta_2 P f \in \operatorname{im} P$ und $S_{21} \Delta_1 Q f \in \operatorname{im} Q$ liefern $y = \tilde{\mathfrak{B}} x$ mit

$$x = R_{11} \Delta_2 P f + S_{21} \Delta_1 Q f.$$

Damit gilt $y \in \mathbf{L}$ und $\|y\|_{\mathbf{L}} \leqq \|x\|_{L_n^p(\Gamma)} \leqq c \|y\|_{Z_1}$.

Analog verläuft der Beweis für Z_2 und Z_3.

Satz 5.6. *Es gilt*[1]

$$W_{p,n}(\Gamma; (\alpha, \tilde{m}), (\beta, \tilde{n})) \subset \mathbf{L}.$$

Beweis. Sei $f \in W_{p,n}(\Gamma; (\alpha, \tilde{m}), (\beta, \tilde{n}))$. Mit $H f$ bezeichnen wir das Hermitesche Interpolationspolynom der Funktion f mit dem Interpolationsknoten β, das folgendermaßen definiert wird:

$$(H f)^{(l)} (\beta) = [(\Delta_1 \delta)^{-1} f]^{(l)} (\beta), \qquad l = 0, 1, \ldots, \tilde{n}_1,$$

$$\tilde{n}_1 = \max_j \left\{n_{1j} + n_{2j} + \left[s_{1j} + \frac{1}{p'}\right] - [1 - s_{2j}]\right\}.$$

Dann gilt

$$(f - \Delta_1 \delta H f)^{(l)} (\beta) = 0, \qquad [t^{-\eta_2} L_2^{-1} (f - \Delta_1 \delta H f)]^{(l)} (\beta) = 0$$

$$(l = 0, 1, \ldots, \tilde{n}_1).$$

---

[1]) Bezüglich der Bezeichnungen siehe 6.1.1.

Des weiteren ordnen wir der Funktion f das HERMITEsche Interpolationspolynom $H_1 f$ zu:

$$(H_1 f)^{(q)}(\alpha) = (K f)^{(q)}(\alpha), \qquad q = 0, 1, \ldots, \tilde{m}_1,$$

wobei $K f = t^{\tilde{m}_1+1} \Delta_2^{-1}(f - \Delta_1 \delta H f)$ und

$$\tilde{m}_1 = \max_j \left\{ m_{1j} + m_{2j} + \left[r_{1j} + \frac{1}{p'} \right] - [1 - r_{2j}] \right\}.$$

Nach Lemma 1.2, Kapitel 6, gilt dann

$$\varphi = \Delta_1^{-1} [\Delta_2^{-1}(f - \Delta_1 \delta H f) - t^{-\tilde{m}_1-1} H_1 f] \in L_n^p(\Gamma)$$

und außerdem

$$\Delta_1 \Delta_2 \varphi + \Delta_1 \delta H f + t^{-\tilde{m}_1-1} \Delta_2 H_1 f = f.$$

Da die drei Summanden der linken Seite entsprechend in Z_1, Z_2, Z_3 liegen, so ist $f \in \boldsymbol{L}$. Außerdem folgt aus Lemma 1.2, Kapitel 6, sowie Lemma 5.1 die Abschätzung

$$\|f\|_{\boldsymbol{L}} \leqq c \, \|f\|_{W_{p,n}}.$$

3. Wir zeigen jetzt, daß der Operator $(R_{20} S_{20} - S_{10} R_{10}) T$ aus Formel (5.11) den Raum $L_n^p(\Gamma)$ in den Raum $\boldsymbol{L}$ vollstetig abbildet.

Zunächst folgt aus Lemma 1.6, Kapitel 6, und den oben bezüglich $C_0(t)$ und $D_0(t)$ getroffenen Voraussetzungen, daß T ein vollstetiger Operator von $L_n^p(R)$ in $W_n = W_{p,n}(\Gamma; (\alpha, \tilde{m}), (\beta, \tilde{n}))$ ist. Wir zeigen, daß die Abbildung $f \to S_{10} R_{10} f$ von W_n in $\boldsymbol{L}$ stetig ist.

Sei $f \in W_n$. Mit $H_2 f$, $H_3 f$ bezeichnen wir folgende HERMITEsche Interpolationspolynome:

$$(H_2 f)(\alpha) = \begin{cases} f(\alpha), & \text{wenn } \max\limits_j r_{1j} > 0 \\ 0, & \text{wenn } \max\limits_j r_{1j} = 0; \end{cases}$$

$$(H_3 f)^{(l)}(\beta) = (K_1 f)^{(l)}(\beta) \qquad (l = 0, 1, \ldots, n_1)$$

mit $K_1 f = R_{11}^{-1}(f - H_2 f)$. Nach Lemma 1.2, Kapitel 6, gilt

$$\psi = \Delta_2^{-1} [R_{11}^{-1}(f - H_2 f) - H_3 f] \in L_n^p(\Gamma).$$

Folglich ergibt sich

$$f = R_{11} \Delta_2 \psi + R_{11} H_3 f + H_2 f$$

und

$$S_{10} R_{10} f = \Delta_1 \Delta_2 \psi + \Delta_1 H_3 f + S_{10} R_{10} H_2 f.$$

Die ersten beiden Summanden der rechten Seite liegen entsprechend in Z_1 und Z_2, der letzte Summand gehört zu $\boldsymbol{L}$. Damit ist $S_{10} R_{10} f \in \boldsymbol{L}$. Die Stetigkeit der genannten Abbildung folgt aus Lemma 1.2, Kapitel 6, Lemma 5.1 und aus der Tatsache, daß die endlichdimensionale Abbildung

$$f \to S_{10} R_{10} H_3 f$$

offenbar stetig ist.

Die vorangegangenen Überlegungen liefern unmittelbar die Vollstetigkeit des Operators $S_{10} R_{10} T : L_n^p(\Gamma) \to \boldsymbol{L}$. Analog erhält man die Vollstetigkeit der Abbildung $R_{20} S_{20} T : L_n^p(\Gamma) \to \boldsymbol{L}$.

Damit ergibt sich unter Berücksichtigung der Ergebnisse des Teilabschnittes 4.1.3 und des Satzes 5.4 der folgende Satz.

Satz 5.7. *Es seien die Bedingungen* (I)–(II) *erfüllt. Dann ist der Operator* $\mathfrak{A} = C P + D Q$ *ein* Φ*-Operator von* $L_n^p(\Gamma)$ *in den Raum* $\boldsymbol{L}$ *mit dem Index*

$$\operatorname{Ind} \mathfrak{A} = \varkappa + n(\xi_2 + \eta_2) - \sum_{j=1}^{n} \left(m_{2j} + n_{2j} + \left[r_{2j} + \frac{1}{p'} \right] + \left[s_{2j} + \frac{1}{p'} \right] \right),$$

wobei

$$\varkappa = \frac{1}{2\pi} \left[\arg \frac{\det D_0(t)}{\det C_0(t)} \right]_\Gamma.$$

Bemerkung. Die Überlegungen dieses Teilabschnittes lassen sich leicht auf den Fall übertragen, daß die Determinanten det $C(t)$ und det $D(t)$ endlich viele paarweise verschiedene Nullstellen besitzen und die Matrixfunktionen $C(t)$, $D(t)$ entsprechenden Bedingungen (I)–(II) genügen.

8.5.4. Die Lösung eines Systems singulärer Integralgleichungen vom nicht normalen Typ mittels Faktorisierung

1. In diesem Teilabschnitt beschäftigen wir uns mit der Lösung des Systems (5.1) unter folgenden Voraussetzungen bezüglich der Koeffizienten:

$$C(t) = C_0 M_1 L_1 , \qquad D(t) = D_0 G_2 F_2 . \tag{5.18}$$

Die Matrixfunktionen C_0, D_0, M_1, L_1, G_2, F_2 haben dieselbe Bedeutung wie in 8.5.3. Dabei gelte jetzt zusätzlich $C_0(t)$, $D_0(t) \in H^\lambda_{n\times n}(\Gamma)$ $(0 < \lambda < 1)$. Von der rechten Seite der Gleichung (5.1) fordern wir, daß

$$f \in W_n = W_{p,n}(\Gamma; (\alpha, \tilde{m}), (\beta, \tilde{n}))$$

mit den in 8.5.3, Nr. 1, eingeführten Zahlen $\tilde{m}$, $\tilde{n}$ gilt.

Nach Satz 2.5, Kapitel 7, gestattet die Matrixfunktion $C_0^{-1}(t)\, D_0(t) \in C^\lambda(\Gamma; (\alpha, \tilde{m}), (\beta, \tilde{n}))$ eine linke kanonische Faktorisierung der Gestalt

$$C_0^{-1}(t)\, D_0(t) = \Delta_+(t)\, \tilde{D}(t)\, \Delta_-(t) \qquad (t \in \Gamma)$$

mit $\Delta_\pm(t) \in C^\lambda(\Gamma; (\alpha, \tilde{m}), (\beta, \tilde{n}))$ und einer Diagonalmatrix $\tilde{D}(t) = \{t^{\varkappa_j}\delta_{jk}\}_1^n$, wobei $\varkappa_1 \geqq \cdots \geqq \varkappa_q > 0 \geqq \varkappa_{q+1} \geqq \cdots \geqq \varkappa_n$. (Wenn alle $\varkappa_j$ positiv sind, dann ist $q = n$; sind alle $\varkappa_j \leqq 0$, dann wollen wir $q = 0$ setzen.)

Für das Weitere setzen wir

$$\varkappa_+ = \sum_{j=1}^{q} \varkappa_j , \qquad \varkappa_- = \sum_{j=q+1}^{n} \varkappa_j .$$

Unter den oben angenommenen Voraussetzungen läßt sich der Operator $\mathfrak{A} = C\,P + D\,Q$ in der Gestalt

$$\mathfrak{A} = C_0\, \Delta_+\, (\Delta_+^{-1} P + \tilde{D}\, \Delta_-\, Q)\, (M_1 L_1 P + G_2 F_2 Q)$$

darstellen. Wie man leicht sieht, gilt weiter

$$M_1 L_1 P + G_2 F_2 Q = \tilde{\mathfrak{B}}\, \mathfrak{A}_1$$

(vgl. 8.5.3), wobei $\mathfrak{A}_1$ ein Operator vom Normaltyp ist.

Um die allgemeine Lösung sowie die Lösbarkeitsbedingungen für die Gleichung (5.1) aufzufinden, nehmen wir zunächst an, daß eine Lösung $\varphi \in L^p_n(\Gamma)$ von (5.1) existiert. Wir setzen

$$g = \Delta_+^{-1}\, C_0^{-1} f , \qquad \psi = M_1 L_1 P \varphi + G_2 F_2 Q \varphi .$$

Dann ergibt sich

$$\Delta_+^{-1} P \psi + \tilde{D}\, \Delta_-\, Q \psi = g . \tag{5.19}$$

Offenbar gilt $\Delta_+^{-1} P \psi \in \operatorname{im} P$. Subtrahiert man von $\tilde{D}\, \Delta_-\, Q \psi$ einen geeignet gewählten Polynomvektor $r(t)$, so erhält man einen Vektor aus im Q; dabei darf der Grad der j-ten Komponente $r_j(t)$ nicht größer als $\varkappa_j - 1$ sein für

$j = 1, \ldots, q$, und $r_j(t) \equiv 0$ für $j = q + 1, \ldots, n$. Durch Anwendung der Operatoren P und Q auf beide Seiten der Gleichung (5.19) erhalten wir somit

$$P\,\psi = M_1\,L_1\,P\,\varphi = \Delta_+\,(P\,g - r)\,, \tag{5.20}$$

$$Q\,\psi = G_2\,F_2\,Q\,\varphi = \Delta_-^{-1}\,\tilde{D}^{-1}\,(Q\,g + r)\,. \tag{5.21}$$

Aus der letzten Beziehung schließen wir $\tilde{D}^{-1}\,Q\,g \in \operatorname{im} Q$. Folglich genügt der Vektor $g = (g_1, g_2, \ldots, g_n)$ den Beziehungen

$$t^{-\varkappa_j}\,Q\,g_j \in \operatorname{im} Q \qquad (j = 1, \ldots, n)$$

oder, was dasselbe ist, den Bedingungen

$$\int_\Gamma t^k\,g_j(t)\,dt = 0 \qquad (k = 0, 1, \ldots, -\varkappa_j - 1,\ j = q + 1, \ldots, n)\,. \tag{5.22}$$

Des weiteren ergibt sich aus (5.20) unter Berücksichtigung der Beziehung $L_1\,P\,\varphi \in L_n^p(\Gamma)$ sowie des Lemmas 1.9, Kapitel 6, daß die ersten $\mu_j - 1$ Ableitungen der j-ten Komponente des Vektors $\Delta_+\,(P\,g - r)$ im Punkt α gleich Null sein müssen:

$$[\Delta_+\,(P\,g - r)]_j^{(l)}\,(\alpha) = 0 \qquad (l = 0, 1, \ldots, \mu_j - 1,\ j = 1, \ldots, n)\,. \tag{5.23$_1$}$$

Analog erhält man aus (5.21) die Bedingungen

$$[\Delta_-^{-1}\,\tilde{D}^{-1}\,(Q\,g + r)]_j^{(l)}\,(\beta) = 0 \qquad (l = 0, 1, \ldots, \nu_j - 1,\ j = 1, \ldots, n)\,. \tag{5.23$_2$}$$

Hierbei bedeuten μ_j und ν_j die durch (5.17$_3$) erklärten Zahlen.

Damit ist folgender Satz bewiesen.

Satz 5.8. *Unter den Voraussetzungen* (5.18) *ist für die Lösbarkeit des Systems* (5.1) *mit* $f \in W_n$ *notwendig und hinreichend, daß* f *die folgenden zwei Bedingungen erfüllt:*

a) *Der Vektor* $g = \Delta_+^{-1}\,C_0^{-1}\,f$ *genügt den Integralbeziehungen* (5.22).

b) *Es existiert ein Polynomvektor* $r(t)$ *mit* Grad $r_j(t) \leq \varkappa_j - 1$ $(j = 1, \ldots, q)$ *und* $r_j(t) \equiv 0$ $(j = q + 1, \ldots, n)$ *derart, daß die Beziehungen* (5.23) *gelten.*

Sind die Bedingungen a) und b) erfüllt, dann ist

$$\varphi = L_1^{-1}\,M_1^{-1}\,\Delta_+\,(P\,g - r) + F_2^{-1}\,G_2^{-1}\,\Delta_-^{-1}\,\tilde{D}^{-1}\,(Q\,g + r)$$

die allgemeine Lösung der Gleichung (5.1).

Die letzte Behauptung des Satzes läßt sich unter Benutzung des Lemmas 1.2 sowie der Folgerung 2.1 aus Kapitel 6 leicht unmittelbar nachprüfen.

Bemerkung. Wie man aus dem vorstehenden Beweis sofort erkennt, gilt der Satz 5.8 auch ohne die Voraussetzung $f \in W_n$. Im Falle eines beliebigen Vektors $f \in L_n^p(\Gamma)$ hat man in (5.23$_1$) und (5.23$_2$) auf den linken Seiten die entsprechenden mittleren Ableitungen zu nehmen, und die genannten Bedingungen sind noch durch die folgenden zu ergänzen:

$$M_1^{-1}\,\Delta_+\,(P\,g - r) \in L_n^p(\Gamma)\,, \qquad G_2^{-1}\,\Delta_-^{-1}\,\tilde{D}^{-1}\,(Q\,g + r) \in L_n^p(\Gamma)\,.$$

2. Wir stellen jetzt eine Formel für die Zahl $\dim \ker \mathfrak{A}$ auf. Wie aus den vorangegangenen Überlegungen dieses Teilabschnittes unmittelbar folgt, ist diese Zahl gleich der Anzahl der willkürlichen Konstanten im Polynomvektor

$r(t) = \{r_1(t), r_2(t), \ldots, r_n(t)\}$, der den Bedingungen (5.23) mit $g = 0$ sowie den Bedingungen

$$\text{Grad } r_j(t) \leqq \varkappa_j - 1 \qquad (j = 1, \ldots, q), \qquad r_j(t) \equiv 0 \ (j = q + 1, \ldots, n)$$

genügt.

Um diese Anzahl zu bestimmen, führen wir zunächst folgende Bezeichnungen ein. Mit $d_{ij}(t)$ $(i, j = 1, \ldots, n)$ bezeichnen wir die Elemente der Matrixfunktion $\Delta_+(t)$ und mit K_α die folgende Dreiecksmatrix:

$$K_\alpha = \begin{pmatrix} K_{11} & 0 & 0 & . & 0 \\ K_{21} & K_{22} & 0 & . & 0 \\ \ldots & \ldots & \ldots & \ldots & \ldots \\ K_{m1} & K_{m2} & . & . & K_{mm} \end{pmatrix}.$$

Hierbei ist $m = \max\limits_{k=1,\ldots,n} \mu_k$, und K_{ij} $(i = 1, \ldots, m;\ j \leqq i)$ bedeutet die Zahlenmatrix, die aus folgenden Elementen besteht: $\binom{i-1}{j-1} d_{kl}^{(i-j)}(\alpha)$ für alle $k = 1, \ldots, n$ mit $\mu_k \geqq i$ und alle $l = 1, \ldots, q$ mit $\varkappa_l \geqq j$ (im Falle $m = 0$ oder $q = 0$ ist K_α die Nullmatrix). Sei ϱ_i die Anzahl der Zeilen und σ_j die Anzahl der Spalten der Matrix K_{ij}. Offenbar ist K eine Matrix mit

$$\sum_{i=1}^{m} \varrho_i = \sum_{k=1}^{n} \mu_k$$

Zeilen und

$$\sum_{i=1}^{m} \sigma_i = \sum_{l=1}^{q} \min(\varkappa_l, m)$$

Spalten.[1])

Indem wir in den vorangegangenen Konstruktionen $\Delta_+(t)$ durch $\Delta_-^{-1}(t)\, \tilde{D}^{-1}(t)$, μ_k durch ν_k und α durch β ersetzen, erhalten wir eine entsprechende Dreiecksmatrix K_β. Wir setzen $\varrho_\alpha = \text{rang } K_\alpha$, $\varrho_\beta = \text{rang } K_\beta$ und

$$\varrho = \varrho_\alpha + \varrho_\beta .$$

Satz 5.9. *Es sei $\alpha \neq \beta$. Dann gilt*

$$\dim \ker \mathfrak{A} = \begin{cases} \varkappa_+ - \varrho & \textit{falls} \quad \varkappa_+ > \varrho \\ 0 & \textit{falls} \quad \varkappa_+ \leqq \varrho . \end{cases}$$

Beweis. Indem man in (5.23_1) $g = 0$ setzt, die Ableitungen nach der Produktenregel berechnet und alle Bedingungen ausschreibt, erhält man ein homogenes lineares Gleichungssystem mit den Unbekannten $r_1(\alpha), \ldots, r_q(\alpha), \ldots, \ldots, r_1^{(m-1)}(\alpha), \ldots, r_{\sigma_m}^{(m-1)}(\alpha)$ und der Koeffizientenmatrix K_α. Analoges ergibt sich für das System (5.23_2). Folglich ist ϱ gleich der Anzahl der linear unabhängigen Bedingungen, denen der Vektor $r(t)$ auf Grund der Bedingungen (5.23) genügen muß. Berücksichtigt man schließlich, daß die Anzahl der Koeffizienten im Polynomvektor $r(t)$ insgesamt gleich $\varkappa_+$ ist, so ergibt sich daraus die Behauptung des Satzes.

[1]) Die letzten beiden Gleichungen lassen sich mittels elementarer Überlegungen leicht nachprüfen.

Wir nennen zum Abschluß noch einige Spezialfälle, in denen sich die Ränge ϱ_α und ϱ_β unmittelbar angeben lassen.

1°. $\varrho_\alpha = 0$, wenn $\mu_j = 0 \; (j = 1, \ldots, n) \left(\text{d. h. } m_{2j} = 0 \text{ und } r_{2j} < \frac{1}{p}\right)$.

2°. Sind alle Teilindizes $\varkappa_j$ nicht positiv, so gilt $\varrho_\alpha = \varrho_\beta = \dim \ker \mathfrak{A} = 0$.

3°. Gilt $\varkappa_j \geqq m \; (j = 1, \ldots, n)$, so ist $\varrho_\alpha = \sum_{j=1}^{n} \mu_j$. In diesem Fall ergibt sich nämlich $\sigma_j = q = n$, rang $K_{ii} = \varrho_i$.

4°. Gilt $\mu_k = \mu_0 \; (k = 1, \ldots, n)$, so ist

$$\varrho_\alpha = \sum_{l=1}^{q} \min(\varkappa_l, \mu_0) .$$

Im letzteren Falle ist nämlich $m = \mu_0$, $\varrho_i = n$, rang $K_{ii} = \sigma_i$.

Analoges gilt für die Zahl ϱ_β.

Bemerkung 1. Die Indizes $\varkappa_j \; (j = 1, \ldots, n)$ der Matrixfunktion $C_0^{-1}(t)\, D_0(t)$ sind in folgendem Sinne von der konkreten Gestalt der Darstellungen (5.18) unabhängig: Sei

$$C(t) = \tilde{C}_0\, M_1\, \tilde{L}_1 , \qquad D(t) = \tilde{D}_0\, G_2\, \tilde{F}_2$$

eine andere Darstellung der singulären Matrixfunktionen $C(t)$, $D(t)$ (vgl. Abschnitt 8.1). Dann erhält man nach einigen elementaren Umformungen die Beziehung

$$C_0^{-1}(t)\, D_0(t) = L\, \tilde{C}_0^{-1}\, \tilde{D}_0\, F ,$$

wobei $L(F)$ eine Polynommatrix in t (in t^{-1}) mit konstanter und von Null verschiedener Determinante ist. Hieraus folgt, daß die linken Indizes der Matrixfunktionen $C_0^{-1} D_0$ und $\tilde{C}_0^{-1} \tilde{D}_0$ übereinstimmen (vgl. Satz 2.1, Kapitel 7).

Der von N. I. Muschelischwili [1] im Normalfall eingeführten Definition folgend, könnte man demnach hier die Zahlen $\varkappa_j$ die *Indizes des Systems* (5.1) (vom nicht normalen Typ) nennen.

Bemerkung 2. Unter Benutzung des Satzes 5.7 schließt man leicht, daß die Differenz $k - k'$ aus der Zahl $k = \dim \ker \mathfrak{A}$ und der Anzahl k' der Lösbarkeitsbedingungen (5.22) bis (5.23) für das inhomogene System (5.1) gleich

$$k - k' = \varkappa - \sum_{j=1}^{n} \left(m_{2j} + n_{2j} + \left[r_{2j} + \frac{1}{p'} \right] + \left[s_{2j} + \frac{1}{p'} \right] \right)$$

ist.

8.6. Nicht beschränkte Regularisierung von Systemen singulärer Integralgleichungen

8.6.1. Nicht beschränkte Regularisierung

Wir betrachten im Raum $L_n^p(\Gamma)$ $(1 < p < \infty)$ ein System singulärer Integralgleichungen der Gestalt

$$\mathfrak{A}\varphi = A(t)\, \varphi(t) + \frac{B(t)}{\pi i} \int_\Gamma \frac{\varphi(\tau)}{\tau - t}\, d\tau + \int_\Gamma T(t, \tau)\, \varphi(\tau)\, d\tau = f(t) . \tag{6.1}$$

Hierbei sei Γ ein Ljapunowsches Kurvensystem der in 6.2.1 beschriebenen Gestalt. Bezüglich der Koeffizienten der Gleichung (6.1) machen wir folgende Voraussetzungen:

(1) Die Elemente der Matrixfunktionen $A(t)$, $B(t)$ und $T(t, \tau)$ genügen auf Γ bzw. $\Gamma \times \Gamma$ einer HÖLDER-Bedingung.

(2) Die Determinanten der Matrixfunktionen

$$C(t) = A(t) + B(t) , \qquad D(t) = A(t) - B(t)$$

verschwinden auf Γ entsprechend in den Punkten $\alpha_1, \alpha_2, \ldots, \alpha_r$ und $\beta_1, \beta_2, \ldots, \beta_s$; die positiven ganzen Zahlen m_j bzw. n_k ($j = 1, \ldots, r$; $k = 1, \ldots, s$) seien die Ordnungen dieser Nullstellen.

(3) In einer Umgebung (auf Γ) der Punkte α_j und β_k ($j = 1, \ldots, r$; $k = 1, \ldots, s$) besitzen die Elemente der Matrixfunktionen A, B und T Ableitungen nach t bis zur Ordnung m_j bzw. n_k einschließlich, die einer HÖLDER-Bedingung mit dem Exponenten $\lambda > \frac{p-1}{p}$ genügen.

Des weiteren gelte $\Gamma \in C^{\tilde{m}, \mu}$ mit $\tilde{m} = \max(m_1, \ldots, m_r, n_1, \ldots, n_s)$ und $0 < \mu \leqq 1$.

Wir betrachten im Raum $L_n^p(\Gamma)$ den Operator $\mathfrak{B}$, der durch folgende Gleichung gegeben ist:

$$\mathfrak{B}\, \varphi = \frac{1}{\det C(t)} (I - H_1)\, \tilde{C}(t)\, P\, \varphi + \frac{1}{\det D(t)}\, (I - H_2)\, \tilde{D}(t)\, Q\, \varphi .$$

Hierbei haben H_1, H_2 dieselbe Bedeutung wie in 6.7.1, und $\tilde{C}(t) = \{\tilde{C}_{ji}\}_1^n$, wobei C_{ij} die Adjunkte zum Element c_{ij} in der Determinante $\det C(t) = \det |c_{ij}(t)|$ bedeutet. Analog ist $\tilde{D}(t)$ erklärt. Den Operator $\mathfrak{B}$ betrachten wir auf der in $L_n^p(\Gamma)$ dichten Menge $D(\mathfrak{B}) = \{\varphi \in L_n^p(\Gamma) : \mathfrak{B}\, \varphi \in L_n^p(\Gamma)\}$.

Durch Wiederholung der in 6.7.1 benutzten Überlegungen und unter Berücksichtigung der Beziehungen

$$C\, \tilde{C} = \tilde{C}\, C = (\det C)\, E , \qquad D\, \tilde{D} = \tilde{D}\, D = (\det D)\, E$$

(E die Einheitsmatrix) überzeugt man sich leicht davon, daß die Beziehungen im $\mathfrak{A} \subset D(\mathfrak{B})$ und

$$\mathfrak{B}\, \mathfrak{A}\, \varphi = \varphi(t) + \int_\Gamma K(t, \tau)\, \varphi(\tau)\, d\tau \qquad (\varphi \in L_n^p(\Gamma)) \tag{6.2}$$

gelten. Hierbei bedeutet

$$K(t, \tau) = \frac{1}{\det C(t)} [N_n(t, \tau) - H_1\, N_n] + \frac{1}{\det D(t)} [M_n(t, \tau) - H_2\, M_n] ,$$

$$N_n(t, \tau) = \tilde{C}(t)\, N(t, \tau) , \qquad M_n(t, \tau) = \tilde{D}(t)\, M(t, \tau) ,$$

und $N(t, \tau)$, $M(t, \tau)$ sind durch dieselben Formeln wie im Falle $n = 1$ (siehe 6.7.1) erklärt. Aus den Ergebnissen des Teilabschnittes 6.7.1 folgt unmittelbar, daß der Integraloperator mit dem Kern $K(t, \tau)$ aus (6.2) ein vollstetiger Operator im Raum $L_n^p(\Gamma)$ ist. Folglich ist $\mathfrak{B}$ ein nicht beschränkter Regularisator des Operators $\mathfrak{A}$.

Satz 7.1 und Folgerung 7.1 aus Kapitel 6 behalten im vorliegenden Fall ihre Gültigkeit.

8.6.2. Äquivalente nicht beschränkte Regularisierung

Unter den Voraussetzungen des vorangegangenen Teilabschnittes nehmen wir im weiteren zusätzlich an, daß $\alpha_j \neq \beta_k$ ($j = 1, \ldots, r$; $k = 1, \ldots, s$) gilt.

Um einen äquivalenten nicht beschränkten Regularisator des Operators $\mathfrak{A}$ zu konstruieren, stellen wir zunächst die Matrixfunktionen $C(t)$, $D(t)$ in der Form

$$C(t) = U(t)\, C_0(t)\,, \qquad D(t) = V(t)\, D_0(t) \tag{6.3}$$

dar. Hierbei bedeutet $U(t)$ $\big(V(t)\big)$ eine Polynommatrix in t (in t^{-1}), wobei

$$\det U(t) = R_0(t) = \prod_{j=1}^{r} (t - \alpha_j)^{m_j}\,,$$

$$\det V(t) = R_1(t) = \prod_{k=1}^{s} (t^{-1} - \beta_k^{-1})^{n_k}\,.$$

$C_0(t)$ und $D_0(t)$ sind überall auf Γ reguläre Matrixfunktionen, die außerdem zur Klasse $C^\lambda\big(\Gamma; (\alpha_j, m_j)_1^r, (\beta_k, n_k)_1^s\big)$ gehören sollen (vgl. Teilabschnitt 8.1.3).

Wir bilden den Operator $\tilde{\mathfrak{B}} = \mathfrak{B}_1 + \mathfrak{B}_2$, wobei

$$\mathfrak{B}_1 = R_0^{-1}\, D_0^{-1}\, (I - \tilde{H}_1) \frac{R_0}{\det C} D_0\, \tilde{C}\, P\,,$$

$$\mathfrak{B}_2 = R_1^{-1}\, C_0^{-1}\, (I - H_2) \frac{R_1}{\det D} C_0\, \tilde{D}\, Q\,.$$

Hierbei hat H_2 dieselbe Bedeutung wie in 6.7.1 und 8.6.1; $\tilde{H}_1\, \varphi = \sum_{k=1}^{\mu} \frac{a_k}{t^k}$ bezeichnet den Polynomvektor, der durch die Bedingungen

$$(\tilde{H}_1\, \varphi)^{(l)}(\alpha_j) = \varphi^{(l)}(\alpha_j) \qquad (l = 0, \ldots, m_j - 1;\ j = 1, \ldots, r)$$

definiert wird, wobei

$$\mu = \sum_{j=1}^{r} m_j\,, \qquad \nu = \sum_{k=1}^{s} n_k\,.$$

Genauso wie in 8.6.1 überzeugt man sich davon, daß $\tilde{\mathfrak{B}}$ ebenfalls ein linker Regularisator des Operators $\mathfrak{A}$ ist. Nach 1.5.2 ist $\tilde{\mathfrak{B}}$ genau dann äquivalenter Regularisator, wenn $\dim \ker \tilde{\mathfrak{B}} = 0$ ist.

Sei $\tilde{\mathfrak{B}}\, \varphi = 0$. Nach einigen elementaren Umformungen kann man diese Gleichung auf folgende Gestalt bringen:

$$R_1 \frac{R_0}{\det C} \tilde{C}\, P\, \varphi - R_0\, C_0^{-1}\, H_2\, \varphi_2 = R_1\, D_0^{-1}\, \tilde{H}_1\, \varphi_1 - R_0 \frac{R_1}{\det D} \tilde{D}\, Q\, \varphi\,, \tag{6.4}$$

wobei $\varphi_1, \varphi_2 \in L_n^p(\Gamma)$. Nach Satz 2.5, Kapitel 7, gestattet die Matrixfunktion $C_0(t)\, D_0^{-1}(t)$ eine linke kanonische Faktorisierung

$$C_0(t)\, D_0^{-1}(t) = \Delta_+(t)\, \Delta(t)\, \Delta_-(t) \qquad (t \in \Gamma) \tag{6.5}$$

mit einer Diagonalmatrix $\varDelta(t) = \{t^{\varkappa_j} \delta_{jk}\}_1^n$, wobei $\varkappa_1 \geqq \varkappa_2 \geqq \cdots \geqq \varkappa_n$ ganze Zahlen sind. Des weiteren folgen aus (6.3) die Beziehungen

$$R_0 C_0 = \tilde{U} C , \qquad R_1 \tilde{D} = (\det D) D_0^{-1} \tilde{V} , \tag{6.6}$$

wobei das Zeichen $\sim$ über einer Matrix dieselbe Bedeutung wie in 8.6.1 hat. Indem wir jetzt beide Seiten der Gleichung (6.4) von links mit der Matrixfunktion $C_0(t)$ multiplizieren, erhalten wir unter Berücksichtigung der Darstellungen (6.5), (6.6) die Beziehung

$$\varDelta_+^{-1} [R_1 \tilde{U} P \varphi - R_0 H_2 \varphi_2] = \varDelta \varDelta_- [R_1 \tilde{H}_1 \varphi_1 - R_0 \tilde{V} Q \varphi] . \tag{6.7}$$

Im weiteren setzen wir voraus, daß

$$\varkappa_j \leqq -(\mu + \nu) \qquad (j = 1, \ldots, n) \tag{6.8}$$

gilt. Wenn wir beide Seiten der Gleichung (6.7) mit t^ν multiplizieren, erhalten wir, daß die linke Seite zu im P und die rechte Seite zu im Q gehört. Damit ergibt sich

$$P \varphi = \frac{U(t)}{R_1(t)} \sum_{l=0}^{\nu-1} b_l t^l , \qquad Q \varphi = \frac{V(t)}{R_0(t)} \sum_{k=1}^{\mu} \frac{a_k}{t^k} .$$

Wegen $\alpha_j \neq \beta_k$ und $P \varphi$, $Q \varphi \in L_n^p(\Gamma)$ folgt hieraus

$$b_l = 0 \quad (l = 0, \ldots, \nu - 1) , \qquad a_k = 0 \quad (k = 1, \ldots, \mu)$$

und somit $\varphi = 0$. Mithin ist folgender Satz bewiesen.

Satz 6.1. *Wenn die Indizes der kanonischen Faktorisierung* (6.5) *den Beziehungen* (6.8) *genügen, dann ist* $\tilde{\mathfrak{B}}$ *ein äquivalenter linker Regularisator des Operators* $\mathfrak{A}$.

Bemerkung. Wie man leicht sieht, stimmen die Ergebnisse dieses Teilabschnittes für $n = 1$ mit den entsprechenden Resultaten aus 6.7.2 überein (man vgl. insbesondere Bemerkung 1 aus 6.7.2).

8.7. Bemerkungen und Literaturhinweise

8.1. Die hier gebrachten Konstruktionen verallgemeinern den bekannten Prozeß der Überführung von Polynommatrizen in kanonische Diagonalmatrizen (siehe F. R. Gantmacher [1], Kapitel VI, § 2). Den Hinweis, daß sich jede Matrixfunktion der Gestalt (1.7) in der Form (1.1) darstellen läßt, verdankt der Verfasser I. Z. Gochberg.

Ähnliche Konstruktionen wurden erstmalig von F. D. Gachov [2] zur Lösung des Riemann-Hilbertschen Randwertproblems mit singulärer Koeffizientenmatrix benutzt.

8.2–8.4. Hier werden die Überlegungen aus der Arbeit [14] des Verfassers, die Systemen singulärer Integralgleichungen gewidmet ist (vgl. 8.5), auf Systeme von Wiener-Hopfschen Gleichungen übertragen. Die meisten Ergebnisse dieser Abschnitte werden hier zum ersten Mal veröffentlicht (s. auch S. Prössdorf [16]). Teilergebnisse findet man bereits in der Arbeit [11] des Verfassers, wo überhaupt erstmalig Systeme von Faltungsgleichungen im nicht normalen Fall untersucht wurden.

Wir erwähnen noch die Arbeit von Š. I. GALIEV [3], in der ähnliche Ergebnisse wie in 8.2.2 und 8.3.2 in einigen anderen Räumen als den hier betrachteten $\overline{E}_n$ und $\tilde{E}_n$ erhalten wurden. Die von diesem Autor konstruierten Räume haben eine kompliziertere Struktur und sind schwieriger analytisch zu beschreiben; sie haben dafür den Vorteil, invariant bezüglich der Vertauschung zweier beliebiger Spalten in der Symbolmatrix zu sein. Schließlich weisen wir auf die Arbeit von A. VOIGTLÄNDER [1] hin, in der auf Systeme von paarigen WIENER-HOPF-Gleichungen die Ergebnisse des Teilabschnittes 8.5.3 übertragen worden sind.

8.5. Die Ergebnisse der Teilabschnitte 8.5.1 – 8.5.2 stammen vom Verfasser [14], [10]. Im Teilabschnitt 8.5.3 folgen wir der Arbeit von S. PRÖSSDORF und B. SILBERMANN [2] und in 8.5.4 der Arbeit des Verfassers [12].

8.6. Die Resultate dieses Abschnittes wurden vom Verfasser [2] aufgestellt.

KAPITEL 9

SINGULÄRE GLEICHUNGEN IN EINIGEN ABZÄHLBAR-NORMIERTEN RÄUMEN UND DISTRIBUTIONSRÄUMEN

Eine besonders einfache Gestalt nimmt die Theorie der singulären Integralgleichungen vom nicht normalen Typ im abzählbar-normierten Raum $C^{\infty}(\Gamma)$ der beliebig oft differenzierbaren Funktionen sowie im Distributionsraum $C^{-\infty}(\Gamma) = [C^{\infty}(\Gamma)]^*$ an. In diesen Räumen gilt folgendes bemerkenswertes Analogon zur Theorie im Raum $L^p(\Gamma)$: Der singuläre Integraloperator (mit Koeffizienten aus $C^{\infty}(\Gamma)$) ist dann und nur dann ein NOETHERscher Operator, wenn sein Symbol höchstens endlich viele Nullstellen endlicher Ordnungen besitzt.

Wie wir im Kapitel 6 gesehen haben, treten bei der homogenen singulären Integralgleichung vom nicht normalen Typ neue Lösungen auf, wenn man die Klasse der Lösungsfunktionen von $L^p(\Gamma)$ zum Raum $\tilde{L}^p(\Gamma)$ erweitert. In diesem Kapitel zeigen wir u. a., daß damit bereits alle möglichen Lösungen dieser Gleichung im Distributionsraum $C^{-\infty}(\Gamma)$ ausgeschöpft sind.

Analoge Resultate ergeben sich für die WIENER-HOPFschen Gleichungen in entsprechenden abzählbar-normierten und Distributionsräumen.

Alle Ausführungen dieses Kapitels werden für paarige Gleichungen und den Fall $n \geqq 1$ gemacht. In einem einführenden Abschnitt bringen wir die notwendigen Definitionen sowie ein allgemeines Schema zur Untersuchung gewisser Operatorengleichungen in Distributionsräumen.

9.1. Operatorengleichungen in Distributionsräumen

9.1.1. Es sei X ein F-Raum, der in einen BANACH-Raum E stetig und dicht eingebettet ist. Mit X^* und E^* bezeichnen wir wie gewöhnlich die entsprechenden konjugierten Räume; im weiteren setzen wir $H = E^*$.

Jedes Element $\varphi \in H$ kann als Funktional auf X aufgefaßt werden. In der Tat gilt für beliebiges $x \in X$:

$$|\langle x, \varphi \rangle| \leqq ||\varphi||_H \, ||x||_E \,, \tag{1.1}$$

und aus $x_n \to 0$ (im Sinne der Metrik von X) folgt $||x_n||_E \to 0$ und somit $\langle x_n, \varphi \rangle \to 0$. Da weiter X im Raum E eine dichte Menge bildet, so definieren die Werte des Funktionals $\langle x, \varphi \rangle$ $(x \in X)$ das zugehörige Element $\varphi \in H$ eindeutig. Folglich gilt

$$H \subset X^* \,.$$

Lemma 1.1. *Es gelte $\{\varphi_n\}_1^{\infty} \subset H$ und $||\varphi_n||_H \to 0$. Dann konvergiert $\varphi_n \to 0$ im Sinne der starken Topologie des Raumes X^*.*

Beweis. Wir erinnern daran, daß die durch die starke Topologie in X^* gegebene Konvergenz die gleichmäßige Konvergenz auf jeder beschränkten Menge $G \subset X$ ist.

Es sei $G \subset X$ eine beliebige beschränkte Menge. Wie man leicht einsieht (vgl. 1.1), ist dann G auch eine beschränkte Menge des B-Raumes E. Folglich ergibt sich wegen (1.1)

$$|\langle x, \varphi_n \rangle| \leqq C ||\varphi_n||_H \qquad \forall\, x \in G\,,$$

d. h. also, $\langle x, \varphi_n \rangle$ konvergiert gegen Null gleichmäßig bezüglich $x \in G$.

In Analogie zur Theorie der Distributionen wollen wir unter den oben angenommenen Voraussetzungen X einen *Grundraum* und die Funktionale $f \in X^*$ *verallgemeinerte Funktionen* oder *Distributionen* über dem Grundraum X nennen. Die Distributionen $\varphi \in H$ sollen speziell *reguläre Funktionale* genannt werden (vgl. I. M. Gelfand und G. E. Schilow [2]).

Wenn im speziellen E ein Hilbert-Raum ist, dann ergibt sich $E = H = E^*$ und mithin

$$X \subset H \subset X^*\,. \tag{1.2}$$

9.1.2. Es sei jetzt ein linearer stetiger Operator $A \in \mathcal{L}(H)$ im Raum H gegeben, und es gelte $A = (A')^*$ für einen gewissen Operator $A' \in \mathcal{L}(E)$. Dann ergibt sich offenbar

$$\langle x, A\,f \rangle = \langle A'\,x, f \rangle \qquad (x \in X) \tag{1.3}$$

für beliebiges $f \in H$.

Wir nehmen jetzt außerdem an, daß $A'(X) \subset X$ gilt und daß die Einschränkung A'_X des Operators A' auf X stetig im Raum X ist: $A'_X \in \mathcal{L}(X)$. Unter dieser Voraussetzung läßt sich der Operator A mittels der Formel (1.3) für beliebiges $f \in X^*$ erklären. Diese Fortsetzung des Operators A auf den gesamten Raum $X^*(\supset H)$ ist offenbar gleich $(A'_X)^*$ und mithin ein linearer stetiger Operator im Distributionsraum X^* (sowohl in bezug auf die starke als auch schwache Topologie von X^*).

Die Menge der Operatoren A mit den obengenannten Eigenschaften bezeichnen wir im weiteren mit $\Pi(X; H)$. Wir geben folgende

Definition. Es sei $A \in \Pi(X; H)$ und $f \in X^*$. Das Element $u \in X^*$ heißt *verallgemeinerte Lösung* der Gleichung

$$A\,u = f\,, \tag{1.4}$$

wenn gilt[1])

$$\langle A'\,x, u \rangle = \langle x, f \rangle \;\; \forall\, x \in X\,.$$

Ist $f \in H$ und erfüllt ein Element $u \in H$ die Gleichung (1.4), dann soll u *klassische Lösung* dieser Gleichung genannt werden.

Wir bemerken, daß im Falle eines Hilbert-Raumes $H = E$ wegen (1.2) die rechte Seite f der Gleichung (1.4) insbesondere aus X vorgegeben werden kann.

---

[1]) Wir bemerken, daß diese Festlegung der Definition der verallgemeinerten (oder schwachen) Lösung von Randwertaufgaben für partielle Differentialgleichungen vom elliptischen Typ entspricht.

9.1.3. Sei $A \in \Pi(X; H)$. Offenbar gilt: Wenn die Gleichung (1.4) mit $f \in X^*$ eine verallgemeinerte Lösung besitzt, dann ist

$$\langle x, f \rangle = 0 \qquad \forall\, x \in \ker A'_X . \tag{1.5}$$

Entsprechend den in Abschnitt 1.2 gegebenen Definitionen nennen wir jetzt den Operator A (oder auch die Gleichung (1.4)) *normal auflösbar in verallgemeinerten Funktionen*, wenn die Bedingung (1.5) auch hinreichend für die Lösbarkeit (in X^*) der Gleichung (1.4) ist. Wir wollen A einen *Φ-Operator im Distributionsraum* X^* nennen, wenn er normal auflösbar ist und wenn die beiden folgenden Zahlen endlich sind:

$$\dim \ker_* A = \beta(A'_X) , \qquad \dim \operatorname{coker}_* A = \alpha(A'_X) .$$

Die Differenz dieser beiden Zahlen[1])

$$\operatorname{Ind}_* A = - \operatorname{Ind} A'_X \tag{1.6}$$

heißt *Index* des Operators A im Distributionsraum X^*.

Aus den Ergebnissen des Kapitels 1 (vgl. dort Satz 3.5 sowie Satz von BANACH-HAUSDORFF) ergibt sich unmittelbar

Satz 1.1. *Der Operator A ist genau dann ein Φ-Operator im Distributionsraum X^*, wenn $A'_X \in \Phi(X)$.*

Wir bemerken noch, daß im Beweis des Satzes 3.5, Kapitel 1, gleichzeitig eine *partikuläre Lösung* u_0 der Gleichung (1.4) konstruiert wurde: Es sei A ein Φ-Operator in X^* und f möge der Bedingung (1.5) genügen. Dann gilt

$$u_0 = (A_1^{-1} Q)^* f . \tag{1.7}$$

Hierbei bedeutet jetzt Q einen stetigen Projektor von X auf im A'_X und A_1 die Einschränkung des Operators A'_X auf ein topologisches Komplement von $\ker A'_X$ in X.

9.1.4. Wir erinnern jetzt an einige Ergebnisse des Abschnittes 4.1. Wenn der Operator $A \in \mathcal{L}(H)$ in der Form

$$A = A_0 D \tag{1.8}$$

mit A_0, $D \in \mathcal{L}(H)$ darstellbar ist, wobei der Operator D die Bedingung (2″) erfüllt, d. h., für einen gewissen linearen Operator $D^{(-1)}$ auf H (mit Werten im allgemeinen außerhalb H) gilt

$$D^{(-1)} D x = x , \qquad D D^{(-1)} x = x \qquad \forall\, x \in H , \tag{1.9}$$

dann läßt sich der Operator A auf natürliche Weise zu einem Operator $\tilde{A} \in \mathcal{L}(\tilde{H}, H)$ erweitern. Dabei ist $\tilde{A}$ ein $\Phi_\pm$-Operator, wenn $A_0 \in \Phi_\pm(H)$ gilt, und $\tilde{H}$ bedeutet den BANACH-Raum $\tilde{H} = D^{(-1)}(H)$ mit der in 4.1.1 erklärten Norm.

---

[1]) Offenbar stimmt die durch die Beziehung (1.6) erklärte Zahl $\operatorname{Ind}_* A$ mit dem Index des Operators $A = (A'_X)^* \in \mathcal{L}(X^*)$ im Sinne des Abschnittes 1.3 überein.

Im weiteren interessiert die Frage, wnn die Lösungen der homogenen Gleichung

$$A\,u = 0 \tag{1.10}$$

in den Räumen $\tilde{H}$ und X^* übereinstimmen. Wir geben jetzt hinreichende Bedingungen dafür an. Diese sind für die im vorliegenden Kapitel betrachteten konkreten Gleichungstypen immer erfüllt. Damit läßt sich dann die allgemeine Lösung $\tilde{u}$ der Gleichung (1.10) im Distributionsraum X^* wie folgt angeben:

$$\tilde{u} = D^{(-1)}\,\varphi\,, \qquad \varphi \in \ker_H A_0\,.$$

Für die allgemeine Lösung der inhomogenen Gleichung (1.4) ergibt sich folglich $u = \tilde{u} + u_0$ (vgl. (1.7)).

Es sei also $A \in \Pi(X; H)$. Wir setzen voraus, daß der Operator A' die Darstellung

$$A' = B\,C \tag{1.11}$$

gestattet, wobei die Operatoren $B, C \in \mathcal{L}(E)$ die folgenden Bedingungen erfüllen:

(1) *Der Operator B bildet den Raum X eineindeutig und stetig auf sich ab*;

(2) $C \in \Phi(E)$;

(3) *aus $C\,\varphi \in X$ $(\varphi \in E)$ folgt $\varphi \in E$.*

Zunächst bemerken wir, daß sich aus (1.11) für den Operator $A = (A')^* \in \mathcal{L}(H)$ unmittelbar die Beziehung (1.8) mit

$$A_0 = C^*\,, \qquad D = B^*$$

ergibt. Da X eine dichte Teilmenge von E ist, so erhalten wir auf Grund der Bedingung (1)

$$\dim \ker B = \dim \ker D = 0\,,$$

und folglich ist für D die Beziehung (1.9) erfüllt (siehe 4.1.1). Der Raum $\tilde{H} = D^{(-1)}(H)$ kann wie folgt in den Distributionsraum X^* eingebettet werden: Für $f \in \tilde{H}$ setzen wir

$$f(\varphi) = \langle B^{-1}\,\varphi, D\,f\rangle \qquad (\varphi \in X)\,. \tag{1.12}$$

Damit ist ein lineares stetiges Funktional auf X definiert, d. h., es gilt

$$H \subset \tilde{H} \subset X^*\,. \tag{1.13}$$

Aus (1.3) und (1.12) ergibt sich leicht $A\,\bar{\bar{f}} = A\,f$ $(f \in \bar{\bar{H}})$.

Satz 1.2. *Für den Operator $A \in \Pi(X; H)$ seien die Bedingungen* (1.11) *sowie* (1)—(3) *erfüllt. Dann ist A im Distributionsraum X^* ein Φ-Operator, und die Gleichung* (1.10) *hat in den Räumen $\tilde{H}$ und X^* ein und dieselben Lösungen.*

Beweis. Wir setzen $\bar{E} = \operatorname{im} B$ $(= B(E))$ und $\tilde{A}' = \bar{B}\,C$ (vgl. 4.1.1). Dann gilt $\tilde{A}' \in \Phi(E, \bar{E})$ und $\tilde{A}' \mid X = A'_X$. Unter Berücksichtigung der Bedingungen (1)—(3) erhalten wir nach Satz 3.9, Kapitel 1, $A'_X \in \Phi(X)$. Daraus folgt wegen Satz 1.1 die erste Behauptung des Satzes 1.2.

Wegen (1.13) gilt $\ker_{\tilde{H}} A \subset \ker_{X^*} A$. Entgegen der Behauptung des Satzes nehmen wir an, es existiere ein Funktional $f_0 \in \ker_{X^*} A = \ker (A'_X)^*$, das nicht zu $\ker_{\tilde{H}} A$ gehört. Dann läßt sich bekanntlich ein Element $y_0 \in X$ auffinden, für das gilt

$$\langle y_0, f_0 \rangle = 1 , \qquad y_0 \perp \ker_{\tilde{H}} A . \tag{1.14}$$

Die zweite Beziehung (1.14) bedeutet nach (1.12)

$$\langle B^{-1} y_0, \psi \rangle = 0 \qquad \forall \psi \in \ker A_0 .$$

Daraus folgt wegen der Bedingung (2) die Existenz eines Elementes $\varphi \in E$ mit $C\varphi = B^{-1} y_0$, und die Bedingungen (1), (3) liefern $\varphi \in X$. Damit erhalten wir

$$\langle y_0, f_0 \rangle = \langle A' \varphi, f_0 \rangle = 0 ,$$

was aber der ersten Beziehung in (1.14) widerspricht. Mit diesem Widerspruch ist der Satz bewiesen.

Folgerung 1.1. *Der Operator* $A \in \Pi(X; H)$ *erfülle folgende Bedingungen*: a) $A' \in \Phi(E)$, b) *aus* $A' \varphi \in X$ ($\varphi \in E$) *folgt* $\varphi \in X$.

Dann ist jede verallgemeinerte Lösung $u (\in X^*)$ *der Gleichung* (1.10) *eine klassische Lösung.*

Dies folgt unmittelbar aus Satz 1.2, da jetzt die Bedingung (1) mit $B = I$ erfüllt ist und mithin $\tilde{H} = H$ gilt.

Bemerkung. Satz 1.2 zeigt, daß es unter den Bedingungen (1)—(3) genügt, den Operator A auf den Raum $\tilde{H}$ fortzusetzen, um alle verallgemeinerten Lösungen $u \in X^*$ der homogenen Gleichung (1.10) zu erfassen. Dagegen kommen unter den Bedingungen der Folgerung 1.1 beim Übergang vom Raum H zum Raum X^* keine neuen Lösungen der Gleichung (1.10) hinzu.

9.1.5. Für die Anwendungen besonders wichtige F-Räume sind die sogenannten *abzählbar-normierten Räume* mit paarweise koordinierten Normen, die zuerst von I. M. Gelfand und G. E. Schilow (siehe [2]) eingeführt und als Grundlage einer allgemeinen Distributionstheorie genommen wurden. Hier ihre Definition:

In dem linearen Raum X sei ein abzählbares System von Normen $\|x\|_1 \leqq \|x\|_2 \leqq \cdots \leqq \|x\|_p \leqq \cdots$ gegeben, die außerdem *paarweise koordiniert* sein sollen. Letzteres bedeutet, daß jede Folge $\{x_n\} \subset X$, die bezüglich der p-ten Norm eine Fundamentalfolge ist und bezüglich ($p - 1$)-ten Norm gegen Null konvergiert, auch bezüglich der p-ten Norm gegen Null konvergiert.

Mit X^p ($p = 1, 2, \ldots$) wollen wir den Banach-Raum bezeichnen, den man nach Vervollständigung des Raumes X bezüglich der p-ten Norm erhält. Mittels der durch das obengenannte Normensystem erzeugten Topologie wird X zu einem linearen topologischen Raum. Wie man leicht einsieht, gelten die Inklusionsbeziehungen (im Sinne einer stetigen Einbettung)

$$X^1 \supset X^2 \supset \cdots X^p \supset \cdots \supset X .$$

Der lineare topologische Raum X ist genau dann vollständig, wenn

$$X = \bigcap_{p=1}^{\infty} X^p \tag{1.15}$$

gilt (vgl. I. M. GELFAND und G. E. SCHILOW [2], Seite 14). Ist die Bedingung (1.15) erfüllt, dann heißt X ein *abzählbar-normierter Raum.* Dieser ist offenbar ein F-Raum im Sinne des Abschnitts 1.1.

Für das weitere benötigen wir den folgenden Hilfssatz.

Lemma 1.2. *Es sei X ein abzählbar-normierter Raum und T ein auf ganz X^1 definierter linearer Operator mit Werten in X, wobei $T \in \mathcal{K}(X^1, X^p)$ für alle $p = 1, 2, \ldots$ gilt. Dann ist $T_X \in \mathcal{K}(X)$ (T_X die Einschränkung des Operators T auf X).*

Beweis. Wir betrachten im Raum X die Umgebung $U = \{x \in X : \|x\|_1 < \varepsilon\}$, wobei $\varepsilon > 0$ eine beliebige feste Zahl bedeutet. Es genügt zu zeigen, daß $T(U) \subset X$ eine relativ kompakte Menge ist.

Da U eine beschränkte Menge des Raumes X^1 ist, so enthält die Bildmenge $T(U)$ nach Voraussetzung eine Folge $\{y_{1n}\}$ ($n = 1, 2, \ldots$), die bezüglich $\|x\|_1$ eine Fundamentalfolge ist. Diese Folge enthält wegen $T \in \mathcal{K}(X^1, X^2)$ eine Teilfolge, die in bezug auf $\|x\|_2$ eine Fundamentalfolge ist. Setzt man diese Überlegungen fort, so ergibt sich ein System von Folgen $\{y_{mn}\}$ ($m, n = 1, 2, \ldots$), von denen die m-te jeweils eine Fundamentalfolge bezüglich der Norm $\|x\|_m$ ist. Die Folge der Diagonalglieder $\{y_{mm}\}$ ist dann aber in bezug auf jede der Normen $\|x\|_p$ ($p = 1, 2, \ldots$) eine Fundamentalfolge. Dies bedeutet, daß $\{y_{mm}\}$ eine Fundamentalfolge im Raum X ist. Auf Grund der Vollständigkeit von X ist diese Folge konvergent, d. h., $T(U)$ ist relativ kompakt in X. Die Behauptung ist bewiesen.

9.2. Diskrete WIENER-HOPF-Gleichungen

9.2.1. Einige Folgenräume

Es sei E ein beliebiger der in Abschnitt 3.1 eingeführten Folgenräume l^p ($1 \leqq p < \infty$), m, c oder c^0 und k eine ganze Zahl. Mit E^k bezeichnen wir hier den BANACH-Raum aller Folgen der Gestalt $f = \left\{\dfrac{\xi_j}{(1 + |j|)^k}\right\}_{j=-\infty}^{\infty}$ mit der Norm $\|f\|_k = \|\xi\|_E$, wobei $\xi = \{\xi_j\}_{-\infty}^{\infty} \in E$. Durch E^∞ bezeichnen wir den abzählbar-normierten Raum $E^\infty = \bigcap\limits_{k=0}^{\infty} E^k$ mit dem erzeugenden System von Normen $\|f\|_k$ ($k = 0, 1, \ldots$) und mit $E^{-\infty}$ den zu E^∞ konjugierten Raum. Im Falle der Räume $E = l^p$ ($1 \leqq p < \infty$) gilt für beliebiges $k \geqq 0$

$$(E^k)^* = E_*^{-k}, \qquad E_* = l^{p'} \qquad \left(p' = \frac{p}{p-1},\ l^\infty = m\right)$$

und mithin $E^{-\infty} = \bigcup\limits_{k=0}^{\infty} E^{-k}$.

Entsprechende Bedeutung haben die Zeichen E_n^{∞} und $E_n^{-\infty}$ für eine natürliche Zahl n (vgl. Teilabschnitt 7.1.1).

Schließlich setzen wir noch $W^{\infty} = \bigcap_{m=0}^{\infty} W^m$ (vgl. 5.1.2, Nr. 3).

9.2.2. Gleichungen in Grundräumen

1. Es sei $a(z) \in W^{\infty}$ und a_j ($j = 0, \pm 1, \ldots$) die FOURIER-Koeffizienten der Funktion $a(z)$. Mit A $(\in \Re(U))$ bezeichnen wir den Operator, der im Raum E durch die TOEPLITZ-Matrix $\{a_{j-k}\}_{j,k=-\infty}^{\infty}$ definiert wird. Wir zeigen, daß A ein stetiger Operator im Raum E^{∞} ist.

Sei $\xi \in E^{\infty}$ und $\eta = A\,\xi$. Für $l = 1, 2, \ldots$ und $j = 0, \pm 1, \ldots$ setzen wir

$$\alpha_j^{(l)} = (1 + |j|)^l\,, \qquad \tilde{\xi}_j = \alpha_j^{(l)}\,\xi_j\,, \qquad \tilde{\eta}_j = \alpha_j^{(l)}\,\eta_j\,.$$

Unter Benutzung der offensichtlichen Beziehung $\alpha_{j+k}^{(l)} \leqq \alpha_j^{(l)}\,\alpha_k^{(l)}$ sowie der Ungleichung (1.5), Kapitel 2, ergibt sich dann die Abschätzung

$$||\eta||_l = ||\tilde{\eta}||_E \leqq c||\tilde{\xi}||_E = c||\xi||_l$$

mit

$$c = \sum_{j=-\infty}^{\infty} \alpha_j^{(l)} |a_j| < \infty\,.$$

Damit ist die Behauptung $A \in \mathscr{L}(E^{\infty})$ für einen beliebigen der obengenannten Räume E bewiesen.

Im weiteren bezeichnen wir mit P_1 den durch die Beziehungen (1.2), Kapitel 3, definierten Projektor im Raum E (entsprechend E^{∞}) und setzen $Q_1 = I - P_1$.

Lemma 2.1. *Der Kommutator $T = [P_1, A]$ ist ein vollstetiger Operator von E in den Raum E^l für beliebiges $l \geqq 0$ ($E^0 = E$).*

Beweis. Es sei l eine beliebige feste nicht negative ganze Zahl und $\xi \in E$. Indem wir für reelles x

$$\operatorname{sgn} x = \begin{cases} 1 & \text{für} \quad x \geqq 0 \\ -1 & \text{für} \quad x < 0 \end{cases}$$

vereinbaren, erhalten wir für die Glieder η_k der Folge $\eta = T\,\xi$:

$$\eta_k = \frac{1}{2} \sum_{j=-\infty}^{\infty} a_{k-j} (\operatorname{sgn} k - \operatorname{sgn} j)\,\xi_j \qquad (k = 0, \pm 1, \ldots)\,.$$

Da für beliebiges $m = 0, 1, 2, \ldots$ die offensichtliche Beziehung

$$(|k| + |j|)^m\,|\operatorname{sgn} k - \operatorname{sgn} j| = |k - j|^m\,|\operatorname{sgn} k - \operatorname{sgn} j|$$

gilt, so ergibt sich leicht die Abschätzung

$$(1 + |k|)^l\,|\eta_k| \leqq \frac{1}{2} \sum_{j=-\infty}^{\infty} b_{k-j}\,|\operatorname{sgn} k - \operatorname{sgn} j|\,|\xi_j| \equiv \zeta_k \tag{2.1}$$

mit $b_k = (1 + |k|)^l\,|a_k|$.

Nach Voraussetzung gilt $\{b_k\}_{-\infty}^{\infty} \in l^1$. Sei B $(\in \mathfrak{R}(U))$ der Operator, der im Raum E durch die Toeplitz-Matrix $\{b_{k-j}\}_{k,j=-\infty}^{\infty}$ gegeben ist. Offenbar gilt für die Folge $\zeta = \{\zeta_k\}_{-\infty}^{\infty}$ die Beziehung

$$\zeta = [P_1, B]\,\varphi\,, \qquad \varphi = \{|\xi_k|\}_{-\infty}^{\infty}\,. \tag{2.2}$$

Folglich ist $\zeta \in E$, woraus sich nach (2.1) $\eta \in E^l$ ergibt.

Nach Lemma 2.1, Kapitel 2, ist der Kommutator $[P_1, B]$ vollstetig in E. Daraus folgt leicht auf Grund der Abschätzung (2.1) und der Beziehung (2.2) die Vollstetigkeit des Operators $T: E \to E^l$.

2. Es seien jetzt $A(z)$ und $B(z)$ Matrixfunktionen aus der Algebra $W_{n\times n}^{\infty}$ (n eine feste natürliche Zahl) und a_j, b_j $(j = 0, \pm 1, \ldots)$ die aus deren Fourier-Koeffizienten gebildeten Matrizen. Wir nehmen an, daß die Determinanten $\det A(z)$ und $\det B(z)$ auf dem Einheitskreis endlich viele Nullstellen der ganzzahligen Ordnungen m_l bzw. $n_l \geqq 0$ $(l = 1, \ldots, r)$ entsprechend in den Punkten α_l und β_l besitzen.

Wir setzen $P = \{P_1\,\delta_{jk}\}_1^n$, $Q = I - P$. Des weiteren seien A_1 und A_2 die Matrixoperatoren entsprechend mit den Symbolen $A(z)$ und $B(z)$. Wir betrachten im Raum E_n^{∞} den paarigen Operator

$$A_t = P\,A_1 + Q\,A_2\,, \tag{2.3}$$

der durch das Gleichungssystem (4.6′), Kapitel 7, gegeben wird. Nach Nr. 1 gilt $A_t \in \mathcal{L}(E_n^{\infty})$.

Wie in Abschnitt 8.1 gezeigt wurde, lassen sich die Matrixfunktionen $A(z)$ und $B(z)$ in der Gestalt

$$A(z) = B_1(z)\,A_0(z)\,, \qquad B(z) = B_2(z)\,B_0(z) \tag{2.4}$$

darstellen. Hierbei bedeuten $B_1(z)$ und $B_2(z)$ die durch die Beziehungen (5.2), Kapitel 8, definierten Polynommatrizen und $A_0(z), B_0(z) \in W_{n\times n}^{\infty}$, wobei

$$\det A_0(z) \neq 0\,, \qquad \det B_0(z) \neq 0 \qquad (|z| = 1) \tag{2.5}$$

gilt.

Satz 2.1. *Es sei E ein beliebiger der oben genannten Folgenräume. Der Operator A_t ist ein Φ-Operator im Raum E_n^{∞}. Dabei gelten die Formeln*

$$\dim\ker A_t = -\sum_{\varkappa_j<0} \varkappa_j\,, \qquad \dim\operatorname{coker} A_t = \sum_{\varkappa_j>0} \varkappa_j\,, \tag{2.6}$$

wobei $\varkappa_j$ $(j = 1, \ldots, n)$ die rechten partiellen Indizes der Matrixfunktion $A_0(z)\,B_0^{-1}(z) \in W_{n\times n}^{\infty}$ bedeuten.

Beweis. Wir bezeichnen mit B_k $(k = 0, 1, 2)$ den Matrixoperator mit dem Symbol $B_k(z)$. Entsprechende Bedeutung hat A_0. Indem wir die paarigen Operatoren

$$B = P\,B_1 + Q\,B_2\,, \qquad A_0' = P\,A_0 + Q\,B_0$$

einführen, erhalten wir für A_t die Darstellung (vgl. 8.4.2)

$$A_t = B\,A_0'\,. \tag{2.4′}$$

Nach 7.4.3 gilt $A_0' \in \Phi(E_n)$. Unter Berücksichtigung des Satzes 3.3, Kapitel 7, sowie der Bemerkung am Schluß des Teilabschnitts 2.4.2 ist leicht einzusehen, daß jede Lösung $\xi \in E_n$ der Gleichung

$$A_0' \xi = \eta \qquad (\eta \in E_n^\infty)$$

notwendigerweise zu E_n^∞ gehört. Daraus folgt nach Satz 3.9, Kapitel 1, daß $A_0' \in \Phi(E_n^\infty)$ ist und für diesen Operator die Formeln (2.6) gelten. Wir zeigen jetzt, daß der Operator B den Raum E_n^∞ umkehrbar eindeutig auf sich abbildet. Daraus ergibt sich wegen (2.4′) unmittelbar die Behauptung des Satzes.

Der Operator B läßt sich als Produkt der Gestalt (4.3), Kapitel 8, darstellen. Dabei bildet der Operator $P\bar{R} + QS$ den Raum E_n^∞ umkehrbar eindeutig auf sich ab. Da außerdem der Operator $P\bar{D} + QC$ Diagonalgestalt besitzt, so genügt es folglich zu beweisen, daß der skalare Operator ($n = 1$) der Gestalt

$$B^0 = P_1 B_\beta + Q_1 D_\alpha \qquad (|\alpha| = |\beta| = 1)$$

(vgl. 5.3) den Raum E^∞ umkehrbar eindeutig auf sich abbildet.

Zunächst schließen wir aus Lemma 3.1, Kapitel 5, daß die homogene Gleichung $B^0 \xi = 0$ im Raum E^∞ nur die triviale Lösung $\xi = 0$ besitzt. Wie aus den Ergebnissen der Abschnitte 5.3 und 5.1 leicht folgt, hat der Operator B^0 in E^∞ eine stetige Inverse

$$(B^0)^{-1} = P_1 B_1^{-1} + Q_1 B_2^{-1},$$

wobei B_1^{-1} und B_2^{-1} durch die Formeln (3.8′), Kapitel 5, erklärt sind. Der Satz ist damit bewiesen.

Folgerung 2.1. *Unter den Voraussetzungen des Satzes* 2.1 *gilt*

$$\operatorname{Ind} A_t = \varkappa - \sum_{l=1}^{r} m_l \tag{2.7}$$

mit

$$\varkappa = \frac{1}{2\pi}\left[\arg\left\{\frac{\det B(z)}{\det A(z)} \prod_{l=1}^{r} \frac{(z-\alpha_l)^{m_l}}{(z-\beta_l)^{n_l}}\right\}\right]_{|z|=1}. \tag{2.7′}$$

Dies folgt unmittelbar aus den Formeln (2.4) und (2.6), da die ganzen Zahlen $\mu_j^{(l)}, \nu_j^{(l)}$ (vgl. (5.2₂), Kapitel 8) die Gleichungen

$$\sum_{j=1}^{n} \mu_j^{(l)} = m_l, \qquad \sum_{j=1}^{n} \nu_j^{(l)} = n_l$$

erfüllen.

3. Wir betrachten jetzt anstelle des Operators (2.3) den paarigen Operator $A = A_1 P + A_2 Q$. Auf Grund der Lemmata 1.2 und 2.1 ist die Differenz $A - A_t = [A_1, P] + [A_2, Q]$ ein vollstetiger Operator im Raum E_n^∞. Daraus ergibt sich nach Satz 2.1 sowie Satz 3.7, Kapitel 1, der folgende Satz.

Satz 2.2. *Der Operator A ist ein Φ-Operator im Raum E_n^∞, und sein Index läßt sich nach der Formel* (2.7) *berechnen.*

4. Im folgenden zeigen wir, daß die oben angenommene Bedingung der Endlichkeit der Anzahl der Nullstellen der Funktionen

$$\det A(z)\,, \qquad \det B(z) \tag{2.8}$$

auch notwendig dafür ist, daß der Operator $A = A_1 P + A_2 Q$ (oder, was wegen Nr. 3 dasselbe bedeutet, der Operator A_t) ein Φ-Operator im Raum E_n^∞ ist. Es gilt also

Satz 2.3. *Es sei $A(z), B(z) \in W_{n\times n}^\infty$. Dafür, daß der paarige Operator $A = A_1 P + A_2 Q$ im Raum E_n^∞ ein Φ-Operator ist, ist notwendig und hinreichend, daß jede der beiden Funktionen* (2.8) *auf dem Einheitskreis höchstens endlich viele Nullstellen ganzzahliger Ordnungen besitzt.*

Nach Satz 2.2 braucht nur noch die Notwendigkeit der genannten Bedingungen bewiesen zu werden. Auf Grund des Satzes 1.1, Kapitel 7, sowie der im Punkt 3 gemachten Bemerkungen genügt es außerdem, den skalaren Operator ($n = 1$) zu betrachten.

Der Beweis stützt sich auf die folgenden zwei Hilfssätze. Dabei bezeichnen wir mit Γ eine geschlossene rektifizierbare JORDAN-Kurve der Klasse C^∞ und mit $C^\infty(\Gamma)$ den bereits in Abschnitt 1.1 erklärten abzählbar-normierten Raum mit dem erzeugenden Normensystem

$$||f||_p = ||f||_{C^p(\Gamma)} = \sum_{j=0}^{p} \max_{t\in\Gamma} |f^{(j)}(t)| \qquad (p = 0, 1, 2, \ldots)\,. \tag{2.9}$$

Lemma 2.2. *Es sei $a(t) \in C^\infty(\Gamma)$, und für einen Punkt $t_0 \in \Gamma$ gelte $a^{(k)}(t_0) = 0$ für alle $k = 0, 1, 2, \ldots$ Dann existiert eine Folge reellwertiger Funktionen $f_n \in C^\infty(\Gamma)$ $(n = 1, 2, \ldots)$, so daß die folgenden Bedingungen erfüllt sind:*

a) $0 \leqq f_n \leqq 1$, $f_n(t_0) = 1$.

b) $\operatorname{supp} f_n \underset{n\to\infty}{\to} t_0$ (*d. h., für eine beliebige Umgebung $U \subset \Gamma$ des Punktes t_0 existiert eine natürliche Zahl $N(U)$ mit* $\operatorname{supp} f_n \subset U$ *für alle* $n > N(U)$).[1])

c) *$a f_n$ konvergiert gegen Null in der Topologie des Raumes $C^\infty(\Gamma)$.*

Beweis. Es sei γ die Länge der Kurve Γ und $t = t(s)$ $(0 \leqq s \leqq \gamma)$ ihre Gleichung. Für die Bogenabszisse s_0 des Punktes $t_0 = t(s_0)$ soll o. B. d. A. $0 < s_0 < \gamma$ gelten. Mit $\hat{C}^\infty[0, \gamma]$ bezeichnen wir den folgenden Teilraum des Raumes $C^\infty[0, \gamma]$:

$$\hat{C}^\infty[0, \gamma] = \{f \in C^\infty[0, \gamma] : f^{(k)}(0) = f^{(k)}(\gamma),\ \ k = 0, 1, \ldots\}\,.$$

Die Abbildung

$$\psi : C^\infty(\Gamma) \to C^\infty[0, \gamma]\,,$$

die jeder Funktion $f \in C^\infty(\Gamma)$ die Funktion $\hat{f} = f(t(s)) \in \hat{C}^\infty[0, \gamma]$ zuordnet, definiert offenbar einen topologischen Isomorphismus der Algebra $C^\infty(\Gamma)$ auf die Algebra $\hat{C}^\infty[0, \gamma]$. Mithin genügt es, die Behauptung für $\hat{C}^\infty[0, \gamma]$ statt $C^\infty(\Gamma)$ zu beweisen.

---

[1]) Mit $\operatorname{supp} f$ bezeichnen wir den Träger der Funktion f.

Es gelte also $a(s) \in \widehat{C}^{\infty}[0, \gamma]$ und $a^{(k)}(s_0) = 0$ $(k = 0, 1, \ldots)$. Mit $f(s) \in \in \widehat{C}^{\infty}[0, \gamma]$ bezeichnen wir eine beliebige reellwertige Funktion auf dem Intervall $[0, \gamma]$ mit $0 \leqq f \leqq 1$ und $f(s_0) = 1$, die außerhalb einer hinreichend kleinen Umgebung des Punktes s_0, z. B. außerhalb des Intervalls $|s - s_0| \leqq c$, verschwindet.

Es sei jetzt $p = 0, 1, \ldots$ eine beliebige feste Zahl und $A = \sup\limits_{\substack{0 \leqq s \leqq \gamma \\ 0 \leqq k \leqq p}} |f^{(k)}(s)|$. Wir setzen $f_n(s) = f\big(s_0 + n(s - s_0)\big)$. Dann erhalten wir

$$|f_n^{(k)}(s)| \leqq n^k A = O(n^k) \qquad (k = 0, 1, \ldots, p)\,.$$

Andererseits findet man leicht unter Benutzung der TAYLORschen Formel z. B. mit dem PEANOschen Restglied) für die Ableitungen der Funktion $a(s)$ auf dem Intervall $|s - s_0| \leqq d$ die Abschätzungen

$$|a^{(r)}(s)| = o(d^{p-r}) \qquad (r = 0, 1, \ldots, p)\,. \tag{2.10}$$

Wir schätzen jetzt die Norm $||a f_n||_p$ ab. Da die Funktion $f_n(s)$ außerhalb des Intervalls $|s - s_0| \leqq \frac{c}{n}$ verschwindet, so können wir in (2.10) $d = \frac{c}{n}$ setzen. Nach der LEIBNIZschen Regel finden wir dann für beliebiges $m = 0, 1, \ldots, p$:

$$|(a f_n)^{(m)}| \leqq \sum_{k=0}^{m} \binom{m}{k} |f_n^{(k)}|\, |a^{(m-k)}| = \sum_{k=0}^{m} \binom{m}{k} O(n^k)\, o\left(\frac{1}{n^{p-m+k}}\right) = o\left(\frac{1}{n^{p-m}}\right).$$

Daraus folgt

$$\lim_{n \to \infty} ||a f_n||_p = 0 \qquad (p = 0, 1, \ldots)\,.$$

Nach Konstruktion erfüllt die Folge $\{f_n\}$ die geforderten Bedingungen a)—c). Das Lemma ist bewiesen.

Bemerkung 1. Die oben konstruierte Folge $\{f_n\}$ hängt nicht von der Funktion $a(t)$, sondern nur vom Punkt $t_0 \in \Gamma$ ab.

Bemerkung 2. Die Folge $\tilde{f}_n = \frac{1}{n^3} f_n$ besitzt die Eigenschaften b), c) und

$$\text{a}') \quad \lim_{n \to \infty} ||\tilde{f}_n||_2 = 0\,, \qquad \tilde{f}_n^{(3)}(t_0) = 1\,.$$

Lemma 2.3. *Es sei $a(z) \in W^{\infty}$ und A $\big(\in \Re(U)\big)$ der Operator mit dem Symbol $a(z)$. Wir nehmen an, daß für einen Punkt t_0 des Einheitskreises*

$$a^{(k)}(t_0) = 0 \qquad (k = 0, 1, 2, \ldots) \tag{2.11}$$

gilt. Dann existiert eine Folge $\{\xi_n\}$ $(n = 1, 2, \ldots)$ von Elementen des Raumes E^{∞} mit folgenden Eigenschaften:

(1) *$A\xi_n \to 0$ im Raum E^{∞}.*

(2) $\lim\limits_{n \to \infty} ||\xi_n||_E = 0$.

(3) *Keine der Folgen $\{\xi_n\}$, $\{P_1 \xi_n\}$, $\{Q_1 \xi_n\}$ konvergiert im Raum E^{∞} gegen Null.*

Beweis. Wir bezeichnen mit K den Einheitskreis. Zunächst bemerken wir, daß die Beziehungen

$$a(z) \in C^{\infty}(K)\,, \qquad C^{m+2}(K) \subset W^m \qquad (m = 0, 1, \ldots) \tag{2.12}$$

gelten (vgl. I. M. Gelfand, D. A. Raikow und G. E. Schilow [1], § 41).

Es sei jetzt $\tilde{f}_n \in C^{\infty}(K)$ $(n = 1, 2, \ldots)$ die in der Bemerkung 2 zu Lemma 2.2 angegebene Folge. Wir setzen

$$\tilde{f}_n(z) = \sum_{j=-\infty}^{\infty} \xi_j^{(n)} z^j \qquad (|z| = 1)\,, \qquad \xi_n = \{\xi_j^{(n)}\}_{j=-\infty}^{\infty}\,.$$

Wegen $\tilde{f}_n \in W^{\infty}$ gilt $\xi_n \in l^{1,\infty}$ und folglich $\xi_n \in E^{\infty}$. Des weiteren erhalten wir nach (2.12) die Abschätzungen

$$||A\,\xi_n||_{E^m} \leqq ||A\,\xi_n||_{l^{1,m}} = ||a(z)\,\tilde{f}_n(z)||_{W^m} \leqq M||a(z)\,\tilde{f}_n(z)||_{C^{m+2}(K)}\,.$$

Daraus folgt wegen der Bedingung c) des Lemmas 2.2, daß die Folge $\{\xi_n\}$ die Eigenschaft (1) besitzt.

Die Eigenschaft (2) folgt unmittelbar aus

$$||\xi_n||_E \leqq ||\xi_n||_{l^1} = ||\tilde{f}_n(z)||_W \leqq M||\tilde{f}_n(z)||_2$$

(vgl. Bemerkung 2 zu Lemma 2.2).

Da die Funktionen $\tilde{f}_n$ reellwertig sind, so gilt $\overline{\xi_j^{(n)}} = \xi_{-j}^{(n)}$, und demnach sind die Folgen $\{\xi_n\}$, $\{P_1\,\xi_n\}$ und $\{Q_1\,\xi_n\}$ gleichzeitig Nullfolgen des Raumes E^{∞} oder nicht. Wir nehmen an, es gelte $\xi_n \to 0$ in der Topologie von E^{∞}. Wie man unter Benutzung der Hölderschen Ungleichung leicht nachweist, ist dann $\{\xi_n\}$ eine Nullfolge im Raum $l^{1,3}$, was sich aber mit der Ungleichung

$$1 = |\tilde{f}_n^{(3)}(t_0)| \leqq \sum_{j=-\infty}^{\infty} (1 + |j|)^3\,|\xi_j^{(n)}| = ||\xi_n||_{l^{1,3}}$$

nicht vereinbaren läßt. Damit erfüllt die Folge $\{\xi_n\}$ auch die Eigenschaft (3), und das Lemma ist bewiesen.

Wir kommen jetzt zum Beweis des Satzes 2.3. Wir betrachten also den skalaren Operator

$$C = A\,P_1 + B\,Q_1\,,$$

wobei A und B $(\in \mathfrak{R}(U))$ die Operatoren mit den Symbolen $a(z)$ und $b(z) \in W^{\infty}$ bedeuten. Es sei $C \in \Phi(E^{\infty})$. Wie bereits bemerkt, genügt es zu zeigen, daß jede der Funktionen $a(z)$ und $b(z)$ auf dem Einheitskreis höchstens endlich viele Nullstellen ganzzahliger Ordnungen besitzt.

Wir nehmen an, daß z. B. die Funktion $a(z)$ diese Bedingung nicht erfüllt. Dann hat $a(z)$ auf dem Einheitskreis entweder nur endlich viele Nullstellen, und folglich ist eine dieser Nullstellen von unendlicher Ordnung, oder die Menge der Nullstellen ist unendlich. Im letzteren Fall hat $a(z)$, wie leicht aus dem Satz von Rolle der Differentialrechnung folgt, im Häufungspunkt dieser Menge eine Nullstelle unendlicher Ordnung. In jedem Fall existiert also ein Punkt

t_0 ($|t_0| = 1$), für den die Beziehungen (2.11) gelten. Es sei $\{\xi_n\} \subset E^\infty$ die in Lemma 2.3 konstruierte Folge. Wir erhalten

$$A\, P_1\, \xi_n = P_1\, A\, \xi_n + [A, P_1]\, \xi_n\,.$$

Aus der Abschätzung (2.1) folgt

$$||[A, P_1]\, \xi_n||_{E^l} \leqq c_l ||\xi_n||_E \qquad (l = 0, 1, \ldots)\,.$$

Damit ergibt sich auf Grund der in Lemma 2.3 genannten Eigenschaften der Folge $\{\xi_n\}$ die Konvergenz $A\, P_1\, \xi_n \to 0$ im Sinne der Topologie des Raumes E^∞.

Da C nach Voraussetzung ein Φ_+-Operator in E^∞ ist, so ist nach Folgerung 3.2, Kapitel 1, der Operator $C\, P_1 = A\, P_1$ normal auflösbar. Das bedeutet, daß die Einschränkung $\hat{A} = A \mid \text{im}\, P_1 : \text{im}\, P_1 \to E^\infty$ normal auflösbar ist. Des weiteren gilt $\dim \ker \hat{A} = 0$. In der Tat, sei

$$\hat{A}\, \xi = A\, \xi = 0\,, \qquad \xi = \{\xi_j\}_0^\infty \in P_1(E^\infty)\,.$$

Wir setzen $f(z) = \sum\limits_0^\infty \xi_j\, z^j$ ($|z| = 1$). Dann erhalten wir $a(z)\, f(z) = 0$, und auf Grund des Eindeutigkeitssatzes für Potenzreihen schließen wir $f(z) \equiv 0$ ($|z| = 1$), da wegen $\dim \ker C < \infty$ die Funktion $a(z)$ auf dem Einheitskreis nicht identisch Null sein kann. Damit ergibt sich $\xi = 0$.

Folglich hat nach Lemma 2.3, Kapitel 1, der Operator $\hat{A}$ eine stetige Inverse, und wegen $\hat{A}\, P_1\, \xi_n \to 0$ können wir auf $P_1\, \xi_n \to 0$ (im Sinne der Topologie von E^∞) schließen. Das ist aber ein Widerspruch zur Behauptung (3) des Lemmas 2.3. Damit ist gezeigt, daß $a(z)$ auf dem Einheitskreis höchstens endlich viele Nullstellen ganzzahliger Ordnungen besitzen kann. Analog beweist man dasselbe für die Funktion $b(z)$.

Der Satz 2.3 ist damit bewiesen.

Bemerkung. Im vorstehenden Beweis wurde sogar mehr bewiesen als in Satz 2.3 behauptet wird, nämlich: Die in Satz 2.3 formulierten Bedingungen sind notwendig dafür, daß $A \in \Phi_+(E_n^\infty)$ gilt.

9.2.3. Gleichungen in Distributionsräumen

Wir wenden jetzt die Überlegungen aus dem Abschnitt 9.1 auf die paarigen Operatoren

$$A = A_1\, P + A_2\, Q\,, \qquad A_t = P\, A_1 + Q\, A_2$$

an, wobei A_1 und A_2 dieselbe Bedeutung wie in 9.2.2, Nr. 2, haben. Als Räume X und E (in den Bezeichnungen von 9.1) wählen wir $l_n^{p,\infty}$ bzw. l_n^p ($1 \leqq p < \infty$). Dann ergibt sich

$$H = l_n^{p'}\,, \qquad X^* = l_n^{p,-\infty} = \bigcup_{k=0}^{\infty} l_n^{p',-k}\,,$$

wobei $p' = \dfrac{p}{p-1}$ für $p > 1$ und $p' = \infty$ für $p = 1$ gilt.

Der Wert des Funktionals

$$f = (f^{(1)}, f^{(2)}, \ldots, f^{(n)}) \in l_n^{p'}, \qquad f^{(m)} = \{f_j^{(m)}\}_{j=-\infty}^{\infty}$$

auf dem Element $\xi = (\xi^{(1)}, \xi^{(2)}, \ldots, \xi^{(n)}) \in l_n^p$ wird durch die Formel

$$\langle \xi, f \rangle = \sum_{m=1}^{n} \sum_{j=-\infty}^{\infty} \xi_j^{(m)} f_j^{(m)} \tag{2.13}$$

bestimmt (vgl. auch Formel (1.12), Kapitel 3). Unter Benutzung der Vertauschungsformel (1.13), Kapitel 3, sowie einer bekannten Eigenschaft transponierter Matrizen erhält man leicht die Beziehung

$$\langle \xi, A f \rangle = \langle A' \xi, f \rangle \qquad (\xi \in l_n^{p,\infty}) \tag{2.14}$$

für beliebiges $f \in l_n^{p'}$. Hierbei bedeutet A' den Operator, der durch das Gleichungssystem

$$\left.\begin{aligned} \sum_{k=-\infty}^{\infty} a'_{k-j}\, \xi_k &= \eta_j \qquad (j = 0, 1, \ldots) \\ \sum_{k=-\infty}^{\infty} b'_{k-j}\, \xi_k &= \eta_j \qquad (j = -1, -2, \ldots) \end{aligned}\right\}$$

gegeben wird, wobei a'_k die zu a_k transponierte Matrix bezeichnet. Entsprechend 9.1.2 setzen wir den Operator A mittels der Formel (2.14) auf den Raum $X^* = l_n^{p',-\infty}$ fort.

Bemerkung. Da jedes Funktional $f \in X^*$ zu einem der Räume $l_n^{p',-k}$ $(k = 0, 1, \ldots)$ gehört und außerdem $A(z), B(z) \in W_{n\times n}^{\infty}$ gilt, so läßt sich der Operator A auch unmittelbar durch die linke Seite der Gleichung (4.6), Kapitel 7, erklären. Andererseits kann der Wert des Funktionals $f \in X^*$ auf $\xi \in X$ ebenfalls durch die Beziehung (2.13) erklärt werden. Nach diesen Vereinbarungen kann man durch einfache Rechnung direkt nachprüfen, daß die Beziehung (2.14) für beliebiges $f \in X^*$ gilt. Der auf diese Weise erklärte Operator A stimmt also mit dem oben eingeführten Operator $A = (A'_X)^*$ überein.

Das Symbol des Operators A' ist die Matrixfunktion

$$A'\left(\frac{1}{z}\right)\frac{1+\Theta}{2} + B'\left(\frac{1}{z}\right)\frac{1-\Theta}{2} \qquad (|z| = 1,\ \Theta = \pm 1)\,.$$

Nach Abschnitt 8.1 kann man die Matrixfunktionen $A(z)$ und $B(z)$ in der Form

$$A(z) = C_0(z)\, D_1(z)\,, \qquad B(z) = D_0(z)\, D_2(z)$$

darstellen. Dabei bedeuten $D_1(z)$, $D_2(z)$ die durch (5.4), Kapitel 8, erklärten Polynommatrizen, und $C_0(z), D_0(z) \in W_{n\times n}^{\infty}$ erfüllen die Bedingung (2.5). Wir erhalten also

$$A'\left(\frac{1}{z}\right) = \tilde{B}_1(z)\, \tilde{A}_0(z)\,, \qquad B'\left(\frac{1}{z}\right) = \tilde{B}_2(z)\, \tilde{B}_0(z)$$

mit

$$\tilde{B}_j(z) = D'_j\left(\frac{1}{z}\right) \qquad (j = 0, 1, 2)\,, \qquad \tilde{A}_0(z) = C'_0\left(\frac{1}{z}\right).$$

Für den Operator A' ergibt sich folglich die Darstellung (1.11), wobei

$$B = P\tilde{B}_1 + Q\tilde{B}_2, \qquad C = P\tilde{A}_0 + Q\tilde{B}_0. \tag{2.15}$$

Aus den Sätzen 1.1, 2.1 und 2.3 schließen wir jetzt unmittelbar auf folgenden Satz.

Satz 2.4. *Dafür, daß der Operator* $A = A_1 P + A_2 Q$ *im Distributionsraum* $l_n^{p,-\infty}$ $(1 \leq p < \infty)$ *ein* Φ*-Operator ist, ist notwendig und hinreichend, daß jede der Funktionen* (2.8) *auf dem Einheitskreis höchstens endlich viele Nullstellen ganzzahliger Ordnungen besitzt.*

Ist diese Bedingung erfüllt, dann gilt

$$\dim \ker_* A = \sum_{\varkappa_j > 0} \varkappa_j, \qquad \dim \operatorname{coker}_* A = -\sum_{\varkappa_j < 0} \varkappa_j,$$

wobei $\varkappa_j$ $(j = 1, \ldots, n)$ *die rechten partiellen Indizes der Matrixfunktion* $\tilde{A}_0(z)\,\tilde{B}_0^{-1}(z)$ *bedeuten.*

Folgerung 2.2. *Unter den Voraussetzungen des Punktes* 2 *von* 9.2.2 *gilt für den Index des Operators* A *in* $l_n^{p,-\infty}$ *die Formel*

$$\operatorname{Ind}_* A = \varkappa + \sum_{l=1}^{r} n_l$$

mit der durch (2.7′) *erklärten Zahl* $\varkappa$.

Analoge Ergebnisse erhält man für den Operator A_t im Raum $l_n^{p,-\infty}$.

Aus dem Beweis des Satzes 2.1 folgt, daß die Operatoren (2.15) die Bedingungen (1)—(3) aus 9.1.4 erfüllen. Wenn wir

$$D = B' = D_1 P + D_2 Q, \qquad D^{(-1)} = D_1^{-1} P + D_2^{-1} Q$$

setzen, dann gelten außerdem die Beziehungen (1.9). Damit erhalten wir auf Grund des Satzes 1.2 den folgenden Satz:

Satz 2.5. *Die verallgemeinerten Lösungen* $\varphi \in l_n^{p,-\infty}$ *der homogenen Gleichung*

$$A\varphi = 0$$

stimmen mit den Lösungen dieser Gleichung im Raum $\tilde{l}_n^{p'} = D^{(-1)}(l_n^{p'})$ *überein.*

9.3. WIENER-HOPFsche Integralgleichungen

9.3.1. Einige Funktionenräume

Es bedeute jetzt E einen beliebigen der in Abschnitt 3.2 eingeführten Räume

$$L^p \ (1 \leq p < \infty), \qquad C^0 \subset C \subset M^u \subset M^c \subset M. \tag{3.1}$$

Für eine beliebige ganze Zahl k bezeichnen wir mit E^k den BANACH-Raum aller auf der reellen Achse definierten Funktionen $f(x)$, für die $(x + i)^k f(x) \in E$ ist. Die Norm in E^k erklären wir durch die Beziehung

$$\|f\|_k = \|(x + i)^k f(x)\|_E.$$

Der abzählbar-normierte Raum E^∞ und der Distributionsraum $E^{-\infty}$ werden analog zu 9.2.1 eingeführt. Im Falle $E = L^p$ $(1 \leqq p < \infty)$ ergibt sich wieder $E^{-\infty} = \bigcup_{k=0}^{\infty} E_*^{-k}$ mit

$$E_*^{-k} = L^{p', -k} \quad \left(p' = \frac{p}{p-1},\ L^\infty = M\right).$$

Mit L^∞ bezeichnen wir die Algebra $\mathfrak{L}^\infty = \bigcap_{m=0}^{\infty} \mathfrak{L}^m$ (vgl. 5.2.3, Punkt 3).

9.3.2. Gleichungen zweiter Art

1. Wir bezeichnen mit P, Q die in 8.4.1 erklärten Projektoren im Raum E_n (bzw. E_n^∞) und mit A_1, A_2 die Matrixoperatoren vom Faltungstyp mit den Symbolen $\mathcal{A}_1(\lambda), \mathcal{A}_2(\lambda) \in \mathfrak{L}_{n\times n}^\infty$:

$$A_j\,\varphi = c_j\,\varphi(t) - \int_{-\infty}^{\infty} k_j\,(t-s)\,\varphi(s)\,ds \qquad (j = 1, 2)\,, \tag{3.2}$$

wobei $k_j(t) \in L_{n\times n}^{1,\infty}$ und $\det c_j \neq 0$ $(j = 1, 2)$ gelten soll.

Wir betrachten im Raum E_n^∞ den paarigen Operator A_t der Gestalt (2.3), der durch die paarigen Gleichungen (4.7'), Kapitel 7, gegeben wird. Völlig analog zu 9.2.2 beweist man, daß A_t in E_n stetig ist und der Kommutator $[P, A_j]$ ein vollstetiger Operator von E_n in den Raum E_n^1 $(l = 0, 1, \ldots)$ ist.

Wir nehmen jetzt an, daß die Determinanten

$$\det \mathcal{A}_1(\lambda)\,, \qquad \det \mathcal{A}_2(\lambda) \qquad (-\infty \leqq \lambda \leqq \infty) \tag{3.3}$$

auf der reellen Achse je endlich viele Nullstellen der ganzzahligen Ordnungen m_l bzw. n_l $(l = 1, \ldots, r)$ entsprechend in den Punkten α_l und $\beta_l \in (-\infty, \infty)$ besitzen. Nach 8.1.5 lassen sich dann die Matrixfunktionen $\mathcal{A}_1(\lambda)$, $\mathcal{A}_2(\lambda)$ in der Form

$$\mathcal{A}_1(\lambda) = B_1(\lambda)\,\mathcal{A}_0(\lambda)\,, \qquad \mathcal{A}_2(\lambda) = B_2(\lambda)\,\mathcal{B}_0(\lambda)$$

darstellen. Dabei bedeuten $B_1(\lambda)$, $B_2(\lambda)$ die durch die Gleichungen (4.1), Kapitel 8, definierten Matrixfunktionen, $\mathcal{A}_0(\lambda), \mathcal{B}_0(\lambda) \in \mathfrak{L}_{n\times n}^\infty$ und

$$\det \mathcal{A}_0(\lambda) \neq 0\,, \qquad \det \mathcal{B}_0(\lambda) \neq 0 \qquad (-\infty \leqq \lambda \leqq \infty)\,. \tag{3.4}$$

Unter Benutzung der Ergebnisse der Abschnitte 8.4 und 5.4 erhält man mittels derselben Überlegungen wie im vorangegangenen Abschnitt die beiden folgenden Sätze.

Satz 3.1. *Der Operator $A_t = P\,A_1 + Q\,A_2$ ist ein Φ-Operator im Raum E_n^∞, und es gelten die Formeln* (2.6), *wobei $\varkappa_j$ $(j = 1, \ldots, n)$ die rechten partiellen Indizes der Matrixfunktion $\mathcal{A}_0(\lambda)\,\mathcal{B}_0^{-1}(\lambda) \in \mathfrak{L}_{n\times n}^\infty$ bedeuten.*

Satz 3.2. *Der Operator $A = A_1\,P + A_2\,Q$ ist ein Φ-Operator im Raum E_n^∞, und es gilt*

$$\operatorname{Ind} A = \operatorname{Ind} A_t = \varkappa - \sum_{l=1}^{r} m_l\,,$$

wobei

$$\varkappa = \frac{1}{2\pi}\left[\arg\left\{\frac{\det \mathcal{A}_2(\lambda)}{\det \mathcal{A}_1(\lambda)}\prod_{l=1}^{r}\frac{(\lambda-\alpha_l)^{m_l}}{(\lambda-\beta_l)^{n_l}}\right]\right\}_{\lambda=-\infty}^{\infty}. \tag{3.5}$$

Ein entsprechendes Analogon besitzt auch der Satz 2.3. Wir beschränken uns dabei auf den Fall des Raumes L^p $(1 \leqq p < \infty)$.

Satz 3.3. *Es gelte $\mathcal{A}_1(\lambda), \mathcal{A}_2(\lambda) \in \mathfrak{L}^{\infty}_{n\times n}$. Dafür, daß der Operator $A = A_1 P + A_2 Q$ im Raum $L^{p,\infty}_n$ $(1 \leqq p < \infty)$ ein Φ-Operator ist, ist notwendig und hinreichend, daß jede der beiden Funktionen* (3.3) *auf der reellen Achse höchstens endlich viele Nullstellen ganzzahliger Ordnungen besitzt.*

Zu beweisen ist nur noch die Notwendigkeit der im Satz formulierten Bedingungen. Des weiteren kann man sich ähnlich wie beim Beweis des Satzes 2.3 auf den Fall $n = 1$ beschränken. Wir stellen zunächst einen analogen Hilfssatz zu Lemma 2.3 auf.

Lemma 3.1. *Es sei $k(t) \in L^{1,\infty}$, K der skalare Faltungsoperator*

$$K\varphi = \varphi(s) - \int_{-\infty}^{\infty} k(t-s)\,\varphi(s)\,ds$$

und

$$\mathcal{K}(\lambda) = 1 - \int_{-\infty}^{\infty} e^{i\lambda t}\,k(t)\,dt \qquad (-\infty < \lambda < \infty)\,.$$

Wir nehmen an, daß für einen Punkt t_0 $(-\infty < t_0 < \infty)$

$$\mathcal{K}^{(l)}(t_0) = 0 \qquad (l = 0, 1, 2, \ldots)$$

gilt. Dann existiert eine Folge von Funktionen $\varphi_n \in L^{p,\infty}$ $(1 \leqq p < \infty;\ n = 1, 2, \ldots)$ mit folgenden Eigenschaften:

(1) $K\varphi_n \to 0$ *im Raum* $L^{p,\infty}$.

(2) $\lim\limits_{n\to\infty} \|\varphi_n\|_{L^p} = 0$.

(3) *Keine der Folgen* $\{\varphi_n\}$, $\{P\varphi_n\}$, $\{Q\varphi_n\}$ *konvergiert im Raum* $L^{p,\infty}$.

Beweis. Es sei $\Phi(t)$ eine auf $(-\infty, \infty)$ beliebig oft differenzierbare reellwertige Funktion mit $0 \leqq \Phi \leqq 1$ und $\|\Phi\|_{L^2} = 1$, die außerhalb eines endlichen Intervalls der Gestalt $|t - t_0| \leqq c$ verschwindet. Wir setzen $\Phi_n(t) = \frac{1}{n}\Phi\left(t_0 + n(t - t_0)\right)$ $(n = 1, 2, \ldots)$ und bezeichnen mit φ_n, φ die inversen FOURIER-Transformierten der Funktionen Φ_n, Φ. Die Funktion $\Phi_n(t)$ verschwindet außerhalb des Intervalls $|t - t_0| \leqq \frac{c}{n}$.

Es gilt

$$\varphi_n(x) = \frac{1}{n^2}\varphi\left(\frac{x}{n}\right)e^{-it_0x\left(1-\frac{1}{n}\right)}, \tag{3.6}$$

woraus unmittelbar die Eigenschaft (2) folgt. Des weiteren ergibt sich $\|\varphi_n\|_{L^{p,k}} \to \infty$ für $k \geqq 2$ und $n \to \infty$, und folglich ist $\{\varphi_n\}$ keine konvergente

Folge des Raumes $L^{p,\infty}$. Dasselbe gilt dann auch für die Folgen $\{P\,\varphi_n\}$ und $\{Q\,\varphi_n\}$, da wegen der Reellwertigkeit der Funktion Φ die Beziehung $\overline{\varphi(x)} = \varphi(-x)$ besteht. Damit ist auch die Eigenschaft (3) nachgewiesen.

Als nächstes zeigen wir, daß sich für beliebiges p, $1 \leqq p < \infty$, und $k = 0, 1, 2, \ldots$ die Norm $\|K\,\varphi_n\|_{L^{p,k}}$ durch die Norm $\|K\,\varphi_n\|_{L^{2,m}}$ mit $m = m(k)$ abschätzen läßt. Als inverse FOURIER-Transformierte einer finiten Funktion ist φ beschränkt. Folglich gilt wegen (3.6)

$$|\varphi_n(x)| \leqq C\,, \qquad |K\,\varphi_n| \leqq C \qquad (n = 1, 2, \ldots)$$

gleichzeitig für alle $x \in (-\infty, \infty)$.

Damit erhalten wir für $2 \leqq p < \infty$ die Abschätzung

$$\|K\,\varphi_n\|_{L^{p,k}} = \|(x+i)^k\,K\,\varphi_n\|_{L^p} \leqq C^{\frac{p-2}{p}}\,\|K\,\varphi_n\|_{L^{2,m}}^{\frac{2}{p}}\,,$$

wobei als m die kleinste ganze Zahl mit $m \geqq \dfrac{k\,p}{2}$ gewählt werden kann.

Für $1 \leqq p < 2$ ergibt sich unter Benutzung der HÖLDERschen Ungleichung für eine beliebige Funktion $f \in L^{p,k}$ die Abschätzung

$$\|f\|_{L^{p,k}} \leqq C'\|f\|_{L^{2,m}}\,,$$

wobei C' eine von f unabhängige Konstante ist und m die kleinste ganze Zahl mit $m \geqq k + \dfrac{1}{p}$ bedeutet.

Aus den vorstehenden Ausführungen folgt, daß die Eigenschaft (1) und damit auch das Lemma bewiesen ist, wenn

$$\lim_{n\to\infty} \|K\,\varphi_n\|_{L^{2,m}} = 0 \qquad (m = 0, 1, 2, \ldots) \tag{3.7}$$

gezeigt wird. Es gilt nun

$$\|K\,\varphi_n\|_{L^{2,m}} \leqq C_m \sum_{l=0}^{m} \|(i\,t)^l\,K\,\varphi_n\|_{L^2}\,.$$

Unter Berücksichtigung der Isometrie des FOURIER-Operators F und der Finitheit der Funktionen Φ_n erhalten wir

$$\|(i\,t)^l\,K\,\varphi_n\|_{L^2} = \|F[(i\,t)^l\,K\,\varphi_n]\|_{L^2} =$$
$$= \|[\mathcal{K}(\lambda)\;\Phi_n(\lambda)]^{(l)}\|_{L^2} \leqq C \max_{\lambda} |[\mathcal{K}(\lambda)\;\Phi_n(\lambda)]^{(l)}|\,.$$

Indem wir jetzt die Überlegungen aus dem Beweis des Lemmas 2.2 wiederholen, überzeugen wir uns davon, daß die rechte Seite der letzten Ungleichung für $n \to \infty$ gegen Null strebt. Folglich gilt auch die Beziehung (3.7).

Das Lemma ist bewiesen.

Die weiteren Überlegungen sind dieselben wie beim Beweis des Satzes 2.3. Von der Gültigkeit der Beziehung $\dim\ker \hat{A} = 0$ ($\hat{A} = A \mid \text{im}\, P$) kann man sich im vorliegenden Fall leicht mittels FOURIER-Transformation überzeugen. Daraus folgt jetzt der Satz 3.3.

2. Unter den Voraussetzungen des Punktes 1 betrachten wir den Operator $A = A_1 P + A_2 Q$ im Distributionsraum

$$L_n^{p,-\infty} = \bigcup_{k=0}^{\infty} L_n^{p',-k} \qquad \left(1 \leqq p < \infty;\ p' = \frac{p}{p-1}\right).$$

In den Bezeichnungen des Abschnitts 9.1 ist jetzt $E = L_n^p$ und $H = L_n^{p'}$ zu setzen.

Der Wert des Funktionals $f \in L_n^{p'}$ auf dem Element $\varphi \in L_n^p$ wird durch die Beziehung

$$\langle \varphi, f \rangle = \int_{-\infty}^{\infty} \varphi(t) f(t)\, dt \tag{3.8}$$

festgelegt, wobei unter $\varphi(t) f(t)$ das Skalarprodukt der n-komponentigen Vektoren $\varphi(t)$ und $f(t)$ im Sinne des euklidischen Raumes zu verstehen ist. Auf Grund der Formel (2.23), Kapitel 3, ergibt sich

$$\langle \varphi, A f \rangle = \langle A' \varphi, f \rangle \qquad (\varphi \in L_n^{p,\infty}) \tag{3.9}$$

für beliebiges $f \in L_n^{p'}$. Hier bedeutet A' den paarigen Operator¹)

$$A' \varphi = \begin{cases} c_1' \varphi(t) - \int\limits_{-\infty}^{\infty} k_1' (s - t)\, \varphi(s)\, dt\,, & t > 0 \\ c_2' \varphi(t) - \int\limits_{-\infty}^{\infty} k_2' (s - t)\, \varphi(s)\, dt\,, & t < 0\,. \end{cases}$$

Mittels der Formel (3.9) wird der Operator A für eine beliebige Distribution $f \in L_n^{p',-\infty}$ definiert.

Auf den Operator A lassen sich sämtliche in 9.2.3 aufgestellten Ergebnisse übertragen. Insbesondere gelten für A im Distributionsraum $L_n^{p,-\infty}$ die entsprechenden Analoga der Sätze 2.4 und 2.5. Analoges gilt für den Operator $A_t = P A_1 + Q A_2$.

9.3.3. Gleichungen erster Art

Wir betrachten jetzt die paarigen Operatoren

$$A = A_1 P + A_2 Q\,, \qquad A_t = P A_1 + Q A_2$$

unter der Voraussetzung, daß die durch (3.2) definierten Operatoren A_j ($j = 1, 2$) folgende Bedingungen erfüllen:

$$\det c_j = 0\,, \qquad \det \mathcal{A}_j(\lambda) \neq 0 \qquad (-\infty < \lambda < \infty)\,.$$

Die Kerne $k_j(t)$ sollen beliebig oft differenzierbar und zusammen mit ihren sämtlichen Ableitungen absolut integrierbar sein.

1. Es sei E ein beliebiger der Funktionenräume (3.1) und $k \geqq 0$ eine ganze Zahl. Mit E^k bezeichnen wir hier den Raum aller Funktionen auf $(-\infty, \infty)$,

¹) Der Strich an einer Matrix bedeutet hier und im folgenden stets die transponierte Matrix.

die zusammen mit ihren Ableitungen $f^{(l)}(t)$, $(l = 0, 1, \ldots, k-1)$ auf jedem endlichen Intervall absolut stetig sind, wobei $f^{(l)} \in E$ $(l = 0, 1, \ldots, k)$ gilt. Mit der Norm

$$\|f\|_k = \sum_{l=0}^{k} \|f^{(l)}\|_E$$

wird E^k zu einem BANACH-Raum. Mit E^∞ bezeichnen wir den abzählbar-normierten Raum $E^\infty = \bigcap_{k=0}^{\infty} E^k$ und mit $E^{-\infty}$ den dazu konjugierten Raum. Im Falle des Raumes $E = L^p$ besteht $E^{-\infty}$ aus Distributionen, die endliche Summen von Ableitungen verschiedener Ordnungen von Funktionen aus $L^{p'}$ $(p' = p/p-1)$ darstellen.

2. Wie man leicht einsieht, sind A und A_t stetige Operatoren im Raum E_n^∞. Aus dem Beweis des Lemmas 4.3, Kapitel 5, folgt außerdem ein entsprechendes Analogon des Lemmas 2.1.

Im weiteren nehmen wir an, daß die Funktionen (3.3) im Punkt $\lambda = \infty$ eine endliche (notwendigerweise ganzzahlige) Ordnung μ bzw. ν besitzen. Nach Abschnitt 8.1 kann man dann die Matrixfunktionen $\mathcal{A}_1(\lambda)$, $\mathcal{A}_2(\lambda)$ in der Form

$$\mathcal{A}_1(\lambda) = B_1^{(\infty)}(\lambda)\, \mathcal{A}_0(\lambda)\,, \qquad \mathcal{A}_2(\lambda) = B_2^{(\infty)}(\lambda)\, \mathcal{B}_0(\lambda)$$

darstellen, wobei $B_1^{(\infty)}(\lambda)$ und $B_2^{(\infty)}(\lambda)$ durch die Formeln (4.7), Kapitel 8, erklärt sind. Die Matrixfunktionen $\mathcal{A}_0(\lambda)$, $\mathcal{B}_0(\lambda)$ haben dieselben Differenzierbarkeitseigenschaften wie $\mathcal{A}_j(\lambda)$ $(j = 1, 2)$ und erfüllen die Bedingung (3.4).

Auf dieselbe Weise wie in 9.2.2 und 9.3.2 beweist man im vorliegenden Fall den Satz 3.1. Ebenso ergibt sich

Satz 3.2*. *Die Operatoren A und A_t sind Φ-Operatoren im Raum E_n^∞, und es gilt die Indexformel*

$$\operatorname{Ind} A = \operatorname{Ind} A_t = \varkappa - \mu$$

mit

$$\varkappa = \frac{1}{2\pi}\left[\arg\left\{\frac{\det \mathcal{A}_2(\lambda)\,(\lambda + i)^\nu}{\det \mathcal{A}_1(\lambda)\,(\lambda + i)^\mu}\right\}\right]_{\lambda=-\infty}^{\infty}.$$

Mittels ähnlicher Überlegungen wie im vorangegangenen Teilabschnitt läßt sich beweisen, daß der Operator $A(A_t)$ im Raum $L_n^{p,\infty}$ $(2 \leqq p < \infty)$ *nur dann* ein Φ-Operator sein kann, wenn jede der Funktionen (3.3) im Unendlichen eine Nullstelle endlicher Ordnung besitzt.

3. Die Ausführungen des Punktes 2 des vorangegangenen Teilabschnitts lassen sich auf die Gleichungen 1. Art wörtlich übertragen.

9.4. Singuläre Integralgleichungen

9.4.1. Hilfssätze

Es sei jetzt Γ ein geschlossenes Kurvensystem der in 6.2.1 beschriebenen Gestalt, das aus Kurven der Klasse C^∞ besteht. Mit $C^\infty(\Gamma)$ bezeichnen wir den abzählbar-normierten Raum aller auf Γ beliebig oft differenzierbaren (komplexwertigen) Funktionen. Die Topologie im Raum $C^\infty(\Gamma)$ wird durch das abzählbare Normensystem (2.9) definiert. $C^\infty(\Gamma)$ ist ein vollkommener abzählbar-normierter Raum und mithin auch reflektiv.[1])

$C_n^\infty(\Gamma)$ bedeutet den abzählbar-normierten Raum aller n-dimensionalen Vektoren $\varphi(t) = \{\varphi_j(t)\}_1^n$, deren Komponenten Elemente des Raumes $C^\infty(\Gamma)$ sind, mit dem Normensystem

$$\|\varphi\|_p = \sum_{j=1}^{n} \|\varphi_j\|_p \qquad (p = 0, 1, 2, \ldots)\,.$$

Mit $C_n^{-\infty}(\Gamma)$ bezeichnen wir den konjugierten Raum zu $C_n^\infty(\Gamma)$.

Im weiteren betrachten wir den singulären Integraloperator

$$\mathfrak{A} = C(t)\,P + D(t)\,Q + T \tag{4.1}$$

mit den in 7.5 erklärten Operatoren P, Q und den Matrixfunktionen $C(t), D(t) \in C_{n\times n}^\infty(\Gamma)$. T sei zunächst ein beliebiger vollstetiger Operator im Raum $C_n^\infty(\Gamma)$. Sei $\varphi(t) \in C_n^\infty(\Gamma)$. Aus

$$S\,\varphi = \frac{1}{\pi\, i}\int\limits_\Gamma \frac{\varphi(\tau) - \varphi(t)}{\tau - t}\,d\tau + \varphi(t)$$

(vgl. 7.5) ergibt sich unmittelbar

$$\|S\,\varphi\|_p \leqq M_p \|\varphi\|_{p+1} \qquad (M_p = \text{const},\ p = 0, 1, \ldots)\,.$$

Das bedeutet, daß der Operator S im Raum $C_n^\infty(\Gamma)$ stetig ist. Folglich ist auch $\mathfrak{A}$ ein stetiger Operator in $C_n^\infty(\Gamma)$.

Lemma 2.1. *Sei $T \in \mathcal{L}\big(L_n^p(\Gamma), C_n^\infty(\Gamma)\big)$ und $f(t) \in C_n^\infty(\Gamma)$. Wenn der Operator $\mathfrak{A}$ vom Normaltyp ist, dann gehört jede Lösung $\varphi(t) \in L_n^p(\Gamma)$ der Gleichung*

$$\mathfrak{A}\,\varphi = f \tag{4.2}$$

zu $C_n^\infty(\Gamma)$.

Beweis. Wir setzen $\mathfrak{B} = C^{-1}\,P + D^{-1}\,Q$. Durch Anwendung des Operators $\mathfrak{B}$ auf beide Seiten von (4.2) erhält man $\varphi + T_1\,\varphi = \mathfrak{B}\,f$. Wie man leicht sieht, gilt $T_1 \in \mathcal{L}\big(L_n^p(\Gamma),\ C_n^\infty(\Gamma)\big)$. Damit ergibt sich $\varphi = \mathfrak{B}\,f - T_1\,\varphi \in C_n^\infty(\Gamma)$.

Lemma 2.2. *Sei $k(t, \tau) \in C^\infty(\Gamma \times \Gamma)$. Der durch*

$$K\,\varphi = \int_\Gamma k(t, \tau)\,\varphi(\tau)\,d\tau$$

im Raum $C^\infty(\Gamma)$ definierte Operator ist vollstetig.

Die Behauptung folgt unmittelbar aus Lemma 1.2, da sich mittels des Satzes von Arzelá leicht nachprüfen läßt, daß $K \in \mathcal{K}\big(C(\Gamma),\ C^p(\Gamma)\big)$ für alle $p = 0, 1, 2, \ldots$ gilt.

---

[1]) Ein abzählbar-normierter Raum heißt *vollkommen,* wenn in ihm alle beschränkten Mengen relativ kompakt sind. Die Vollkommenheit des Raumes $C^\infty(\Gamma)$ läßt sich leicht mit Hilfe des Satzes von Arzelá beweisen (vgl. I. M. Gelfand und G. E. Schilow [2], S. 47).

9.4.2. Gleichungen im Grundraum

Wir nehmen jetzt an, daß die Determinanten

$$\det C(t)\,, \qquad \det D(t) \tag{4.3}$$

auf Γ endlich viele Nullstellen der ganzzahligen Ordnungen m_l bzw. $n_l \geqq 0$ $(l = 1, \ldots, r)$ entsprechend in den Punkten α_l und β_l besitzen. Unter diesen Voraussetzungen lassen sich die Matrixfunktionen $C(t)$, $D(t)$ in der Gestalt

$$C(t) = B_1(t)\, A_0(t)\,, \qquad D(t) = B_2(t)\, B_0(t)$$

darstellen, wobei die Polynommatrizen $B_1(t)$, $B_2(t)$ durch die Formeln (5.2), Kapitel 8, gegeben sind und $A_0(t)$, $B_0(t) \in C^\infty_{n\times n}(\Gamma)$ die Bedingung (2.5) erfüllen (vgl. 8.1).

Es gilt

Satz 4.1. *Der Operator* $\mathfrak{A}_t = P\,C + Q\,D$ *ist ein* Φ*-Operator im Raum* $C^\infty_n(\Gamma)$, *und es gelten die Formeln* (2.6), *wobei* $\varkappa_j$ $(j = 1, \ldots, n)$ *die rechten partiellen Indizes der Matrixfunktion* $A_0(t)\, B_0^{-1}(t) \in C^\infty_{n\times n}(\Gamma)$ *bedeuten.*

Unter Berücksichtigung des Lemmas 2.1 sowie der Folgerung 2.4, Kapitel 6, verläuft der Beweis völlig analog zum Beweis des Satzes 2.1.

Aus Satz 4.1 und Lemma 2.2 folgt

Satz 4.2. *Der Operator* $\mathfrak{A}$ *ist ein* Φ*-Operator im Raum* $C^\infty_n(\Gamma)$, *und für seinen Index gilt die Formel*

$$\operatorname{Ind} A = \varkappa - \sum_{l=1}^{r} m_l \tag{4.4}$$

mit

$$\varkappa = \frac{1}{2\pi}\left[\arg\left\{\frac{\det D(t)}{\det C(t)} \prod_{l=1}^{r} \frac{(t-\alpha_l)^{m_l}}{(t-\beta_l)^{n_l}}\right\}\right]_\Gamma. \tag{4.4'}$$

Wir beweisen jetzt das entsprechende Analogon zum Satz 2.3.

Satz 4.3. *Es gelte* $C(t)$, $D(t) \in C^\infty_{n\times n}(\Gamma)$. *Dafür, daß der Operator* (4.1) *im Raum* $C^\infty_n(\Gamma)$ *ein* Φ*-Operator ist, ist notwendig und hinreichend, daß jede der beiden Funktionen* (4.3) *auf* Γ *höchstens endlich viele Nullstellen ganzzahliger Ordnungen besitzt.*

Die Hinlänglichkeit folgt aus Satz 4.2. Auf Grund des Satzes 4.1, Kapitel 7, sowie des Lemmas 2.1 genügt es, die Notwendigkeit der formulierten Bedingungen für $n = 1$ zu beweisen. Außerdem kann $T = 0$ gesetzt werden (vgl. Satz 3.7, Kapitel 1). Wir nehmen also an, der skalare Operator

$$A\,\varphi = a(t)\,\varphi(t) + \frac{b(t)}{\pi i}\int_\Gamma \frac{\varphi(\tau)}{\tau - t}\,d\tau \qquad (t \in \Gamma) \tag{4.5}$$

mit $a(t)$, $b(t) \in C^\infty(\Gamma)$ sei ein Φ-Operator im Raum $C^\infty(\Gamma)$. Zu zeigen ist, daß die beiden Funktionen

$$c(t) = a(t) + b(t)\,, \qquad d(t) = a(t) - b(t)$$

auf Γ höchstens endlich viele Nullstellen ganzzahliger Ordnungen besitzen.

Angenommen, die Funktion $c(t)$ erfülle diese Bedingung nicht. Dann existiert ein Punkt $t_0 \in \Gamma$, so daß $c^{(k)}(t_0) = 0$ gilt für alle $k = 0, 1, \ldots$ Mit $f_n \in C^\infty(\Gamma)$ bezeichnen wir die in Lemma 2.2 konstruierte Folge reellwertiger Funktionen. Dann ergibt sich

$$c\,P f_n = P\,c f_n + (c\,P - P\,c)\,f_n\,.$$

Da der Kern des Integraloperators $c\,P - P\,c$ beliebig oft differenzierbar ist, so erhalten wir infolge der in Lemma 2.2 genannten Eigenschaften b) und c) die Konvergenz $c\,P f_n \to 0$ im Sinne der Topologie des Raumes $C^\infty(\Gamma)$. Hieraus schließen wir durch Wiederholung der am Schluß des Beweises von Satz 2.3 angewandten Überlegungen auf die Konvergenz $P f_n \to 0$ (in $C^\infty(\Gamma)$).

Wir nehmen jetzt an, daß $\Gamma = K$ der Einheitskreis sei. Dann ergibt sich ein Widerspruch zu den Eigenschaften a) und b) der Folge $\{f_n\}$. In der Tat, für eine reellwertige Funktion $f(t) \in C^\infty(K)$ folgen aus

$$f(t) = \sum_{j=-\infty}^{\infty} \xi_j\, t^j\,, \qquad P f = \sum_{j=0}^{\infty} \xi_j\, t^j\,, \qquad Q f = \sum_{j=-\infty}^{-1} \xi_j\, t^j \qquad (|t| = 1)$$

die Beziehungen

$$\bar{\xi}_j = \xi_{-j}\,, \qquad P f = \overline{Q f} + \xi_0 \qquad (\xi_0 \text{ reell})\,.$$

Damit ergibt sich für die Folge $\{f_n\}$:

$$f_n - c_n = P f_n + \overline{P f_n} \qquad (c_n \text{ reell};\ n = 1, 2, \ldots)\,. \tag{4.6}$$

Da $P f_n \to 0$ konvergiert und außerdem $0 \leqq f_n \leqq 1$ gilt, so können wir aus (4.6) auf die Existenz einer konvergenten Teilfolge $\{f_{n_k}\} \subset C^\infty(K)$ schließen, was aber auf Grund der genannten Eigenschaften der Folge $\{f_n\}$ nicht möglich ist. Aus diesem Widerspruch folgt, daß im Falle $\Gamma = K$ die Funktion $c(t)$ höchstens endlich viele Nullstellen ganzzahliger Ordnungen besitzen kann. Analog beweist man dieselbe Behauptung für die Funktion $d(t)$.

Wir betrachten jetzt den Fall eines beliebigen Kurvensystems Γ. Mit $\Gamma_0 \subset \Gamma$ bezeichnen wir diejenige geschlossene Kurve, die den Punkt t_0 enthält. Des weiteren sei A_0 der Operator, den man erhält, wenn man in (4.5) Γ durch Γ_0 ersetzt. Offenbar ist A_0 ein Φ-Operator im Raum $C^\infty(\Gamma_0)$. Zwischen den Punkten $t \in \Gamma_0$ und den Punkten $s \in K$ läßt sich eine eineindeutige Beziehung herstellen:

$$t = t(s)\,. \tag{4.7}$$

Dabei gilt $t(s) \in C^\infty(K)$ und $t'(s) \neq 0$ $(s \in K)$. Auf Grund der Abbildung (4.7) entspricht dem Operator A_0 der folgende Operator im Raum $C^\infty(K)$:

$$\tilde{A}_0\,\varphi = a(s)\,\varphi(s) + \frac{b(s)}{\pi i}\int_K \frac{\varphi(\sigma)}{\sigma - s}\,d\sigma + \int_K k(s, \sigma)\,\varphi(\sigma)\,d\sigma \quad (s \in K)\,.$$

Hierbei ist $a(s) = a\big(t(s)\big)$, $b(s) = b\big(t(s)\big) \in C^\infty(K)$ und $k(s, \sigma) \in C^\infty(K \times K)$ (vgl. 3.4.3). Da A_0 ein Φ-Operator ist, so ist $\tilde{A}_0$ ein Φ-Operator im Raum $C^\infty(K)$. Das widerspricht aber auf Grund des bereits Bewiesenen den Beziehungen $c^{(k)}(s_0) = 0$ $\big(k = 0, 1, \ldots;\ t_0 = t(s_0)\big)$. Folglich hat $c(t)$ höchstens endlich viele

Nullstellen ganzzahliger Ordnungen auf dem Kurvensystem Γ. Analog beweist man die Behauptung bezüglich $d(t)$.

Der Satz 4.3 ist bewiesen.

Bemerkung. Im vorstehenden Beweis wurde faktisch bewiesen, daß die im Satz 4.3 genannten Bedingungen sogar notwendig dafür sind, daß $\mathfrak{A}$ im Raum $C_n^\infty(\Gamma)$ ein Φ_+-Operator ist. Eine entsprechende Behauptung gilt bezüglich des Φ_--Operators (s. U. Köhler und B. Silbermann [2]).

9.4.3. Gleichungen im Distributionsraum

Wir wenden jetzt die Ergebnisse aus dem Abschnitt 9.1 auf den Operator (4.1) an, wobei der vollstetige Operator T ein Integraloperator der Gestalt

$$T\varphi = \int_\Gamma T(t,\tau)\,\varphi(\tau)\,d\tau \qquad \text{mit} \qquad T(t,\tau) \in C_{n\times n}^\infty(\Gamma\times\Gamma)$$

sein soll und die Matrixfunktionen $C(t)$, $D(t)$ die in 9.4.2 genannten Bedingungen erfüllen. Wir setzen (in den Bezeichnungen von 9.1) $X = C_n^\infty(\Gamma)$, und wählen als Raum E den Hilbert-Raum

$$E = H = L_n^2(\Gamma)\ .$$

In diesem Fall ordnen wir jedem Element $f(t) \in L_n^2(\Gamma)$ ein reguläres Funktional $f \in X = C_n^{-\infty}(\Gamma)$ mittels der Formel

$$\langle\varphi, f\rangle = \int_\Gamma \varphi(t)\,f(t)\,dt \qquad (\varphi \in C_n^\infty(\Gamma)) \tag{4.8}$$

zu. Damit ist also die Einbettung $E \subset X^*$ festgelegt. Unter Benutzung der Vertauschungsformel (4.22) aus Kapitel 3 (vgl. auch 3.4.7) sowie der Vereinbarung (4.8) ergibt sich jetzt

$$\langle\varphi, \mathfrak{A}f\rangle = \langle\mathfrak{A}'\varphi, f\rangle \qquad (\varphi \in C_n^\infty(\Gamma)) \tag{4.9}$$

für beliebiges $f(t) \in L_n^2(\Gamma)$. Hierbei bedeutet $\mathfrak{A}'$ den Integraloperator

$$\mathfrak{A}' = P\,D' + Q\,C' + T'$$

mit

$$T'\varphi = \int_\Gamma T'(\tau, t)\,\varphi(\tau)\,d\tau\ .$$

Mittels (4.9) wird der Operator $\mathfrak{A}$ für beliebiges $f \in C_n^{-\infty}(\Gamma)$ erklärt.

Aus den Sätzen 1.1, 4.2 und 4.3 folgt

Satz 4.4. *Dafür, daß der Operator $\mathfrak{A}$ im Distributionsraum $C_n^{-\infty}(\Gamma)$ ein Φ-Operator ist, ist notwendig und hinreichend, daß jede der beiden Funktionen (4.3) auf Γ höchstens endlich viele Nullstellen ganzzahliger Ordnungen besitzt.*

Ist diese Bedingung erfüllt, dann gilt für den Index des Operators $\mathfrak{A}$ die Formel

$$\operatorname{Ind}_* \mathfrak{A} = \varkappa + \sum_{l=1}^{r} n_l$$

mit der durch (4.4′) erklärten Zahl $\varkappa$.

Im weiteren betrachten wir speziell den Operator

$$\mathfrak{A}_0 = C(t)\, P + D(t)\, Q\,.$$

Nach 8.1 sind die Matrixfunktionen $C(t)$ und $D(t)$ in der Form (5.7), Kapitel 8, darstellbar. Mit $\tilde{L}_n^2(\Gamma)$ bezeichnen wir den in 8.5.1, Nr. 2, konstruierten Raum (für den Fall $p = 2$).

Indem wir die Überlegungen aus 9.2.3 wiederholen, schließen wir aus Satz 4.1 leicht auf

Satz 4.5. *Für den im Distributionsraum $C_n^{-\infty}(\Gamma)$ betrachteten Operator $\mathfrak{A}_0$ gelten die Formeln*

$$\dim \ker_* \mathfrak{A}_0 = \sum_{\varkappa_j > 0} \varkappa_j\,, \qquad \dim \operatorname{coker}_* \mathfrak{A}_0 = -\sum_{\varkappa_j < 0} \varkappa_j\,,$$

wobei $\varkappa_j$ $(j = 1, \ldots, n)$ die rechten partiellen Indizes der Matrixfunktion $D_0'(t)\,[C_0'(t)]^{-1}$ bedeuten.

Unter Berücksichtigung des Lemmas 2.1 sowie der Folgerung 3.4, Kapitel 6, erhalten wir analog zum Satz 2.5 die folgende Behauptung.

Satz 4.6. *Die verallgemeinerten Lösungen $\varphi \in C_n^{-\infty}(\Gamma)$ der homogenen Gleichung*

$$\mathfrak{A}_0\, \varphi = 0$$

stimmen mit den Lösungen dieser Gleichung im Raum $\tilde{L}_2^n(\Gamma)$ überein.

9.5. Bemerkungen und Literaturhinweise

9.1. Hier folgen wir im wesentlichen der Arbeit von S. Prössdorf [6]. Die Konstruktion der partikulären verallgemeinerten Lösung (1.7) einer linearen Gleichung (1.4) wurde gleichzeitig und unabhängig von A. E. Kosulin [2], S. Prössdorf [4] und V. S. Rogoshin [1] angegeben. Der Beweis des Lemmas 1.2 ist im Prinzip der Beweis des Vollkommenheitskriteriums für einen abzählbar-normierten Raum aus dem Buch von I. M. Gelfand und G. E. Schilow ([2], S. 46).

9.2 und 9.3. Faltungsgleichungen vom Normaltyp wurden in verschiedenen Distributionsräumen von J. I. Tscherski [2] untersucht. Ebenfalls von J. I. Tscherski [1] wurde erstmalig das Riemann-Hilbertsche Randwertproblem in verallgemeinerten Funktionen gelöst.

Die Sätze 2.1 und 2.2 sowie Satz 2.4 (in Richtung der Hinlänglichkeit) wurden im Fall $n = 1$ von V. B. Dybin und N. K. Karapetjanz [2] (für den Wiener-Hopf-Operator $P\,A\,P$) und N. K. Karapetjanz [1] (für den Operator $PA + QB$) aufgestellt. Ihre stetigen Analoga (siehe Abschnitt 9.3) wurden gleichzeitig und unabhängig voneinander für $n = 1$ von V. B. Dybin [3], [4] und für den Fall $n \geqq 1$ von S. Prössdorf [6], [11] bewiesen. Im Prinzip sind hier die Beweise des zuletzt genannten Autors wiedergegeben.

Mit der Lösung der in Abschnitt 9.3 betrachteten skalaren Integralgleichungen in verallgemeinerten Funktionen beschäftigen sich die Arbeiten von V. B. Dybin [1], [2] sowie V. B. Dybin und N. K. Karapetjanz [1]. Methoden zur Lösung skalarer Wiener-Hopfscher Integralgleichungen in verallgemeinerten Funktionen wurden ebenfalls von M. I. Chaikin [2] angegeben, der erstmalig auch Gleichungen erster Art in Distributionsräumen untersuchte.

Die Grundidee des Beweises der Sätze 2.3 und 3.3 geht auf B. Silbermann [3] zurück, der erstmalig den dazu analogen Satz 4.3 (in Richtung der Notwendigkeit) bewies. Das vorbereitende Lemma 2.2 wurde im Prinzip von I. M. Gelfand, D. A. Raikow und G. E. Schilow ([1], § 38) aufgestellt.

9.4. Die Sätze 4.1, 4.2, 4.4 und 4.5 stammen von S. Prössdorf [4], [5], [7], [10]. Die Notwendigkeit der in Satz 4.3 genannten Bedingungen wurde, wie bereits oben bemerkt, von B. Silbermann [3] bewiesen.

Erstmalig wurde die skalare singuläre Integralgleichung vom nicht normalen Typ (unter stark einschränkenden Voraussetzungen bezüglich der Nullstellen des Symbols) im Distributionsraum $C^{-\infty}(\Gamma)$ von A. E. Kosulin [2] betrachtet. Dieser Autor hat auch als erster für die genannte Gleichung den Satz über die normale Auflösbarkeit in verallgemeinerten Funktionen ausgesprochen. Der in der Arbeit A. E. Kosulin [3] gelieferte Beweis dieser Behauptung ist allerdings fehlerhaft. Von Kosulin [4] wurde gleichzeitig der Fall der offenen Kurve betrachtet. In einigen anderen Klassen von Distributionen und mit anderen Methoden (Benutzung der Integrale im Sinne von Hadamard) sind singuläre Integralgleichungen vom nicht normalen Typ von L. A. Tschikin [1] untersucht worden.

Zum Abschluß möchten wir noch auf einige interessante Ergebnisse von N. E. Tovmasjan [1] hinweisen, die sich auf singuläre Integraloperatoren der Gestalt (4.1) beziehen, für die die Determinanten der Matrixfunktionen $C(t)$ und $D(t)$ in sämtlichen Punkten der Kurve Γ verschwinden. Auf Grund des Satzes 4.3 ist in diesem Fall der Operator $\mathfrak{A}$ kein Φ-Operator in $C_n^\infty(\Gamma)$, wenn T in diesem Raum vollstetig ist. Von Tovmasjan wird folgende Störung T vorgeschlagen:

$$(T\varphi)(t) = \int_\Gamma K_1(t,\tau) \ln\left(1 - \frac{\tau}{t}\right) \varphi(\tau)\, d\tau + \int_\Gamma K_2(t,\tau) \ln\left(1 - \frac{t}{\tau}\right) \varphi(\tau)\, d\tau + {} + \int_\Gamma K_3(t,\tau)\, \varphi(\tau)\, d\tau\,.$$

Hierbei sind $K_j(t,\tau)$ $(j = 1, 2, 3)$ beliebig oft differenzierbare Matrixfunktionen. Es wird angenommen, daß die Matrixfunktionen $C(t)$ und $D(t)$ auf Γ einen konstanten Rang (kleiner n) besitzen und außerdem noch die folgende Bedingung erfüllen: Es seien $\Theta_1(t)$, $\Theta_2(t)$ Matrixfunktionen auf Γ, deren Spalten linear unabhängig sind und für die $C(t)\,\Theta_1(t) = 0$, $D(t)\,\Theta_2(t) = 0$ $(t \in \Gamma)$ gilt. Mit $G_1(t)$ $(t \in \Gamma)$ bezeichnen wir die Matrixfunktion, deren Spalten die im Punkt t linear unabhängigen Spalten der Matrixfunktion $C(t)$ sowie die Spalten der Matrixfunktion $K_1(t,t)\,\Theta_1(t)$ sind; $G_2(t)$ wird analog erklärt. Dann muß gelten

$$\det G_1(t) \neq 0\,, \qquad \det G_2(t) \neq 0 \quad (t \in \Gamma)$$

(in Wirklichkeit kann diese Bedingung noch etwas abgeschwächt werden). Sind die genannten Bedingungen erfüllt, dann ist $\mathfrak{A}$ ein Φ-Operator in $C_n^\infty(\Gamma)$, und für die Lösbarkeit der Gleichung $\mathfrak{A}\varphi = f$ ist notwendig und hinreichend, daß

$$\int_\Gamma f(t)\, \psi(t)\, dt = 0 \qquad \forall\, \psi \in C_n^\infty(\Gamma) : \mathfrak{A}'\psi = 0$$

gilt. Der Index des Operators $\mathfrak{A}$ läßt sich explizit berechnen; er hängt sowohl von $C(t)$, $D(t)$ als auch von den Matrixfunktionen $K_1(t,t)$ und $K_2(t,t)$ ab.

ANHANG A

ÜBER SINGULÄRE GLEICHUNGEN MIT UNSTETIGEM SYMBOL

Zum Abschluß wollen wir einige Bemerkungen zu allgemeineren Klassen von punktweise entarteten Symbolen machen. Hier soll in der Hauptsache aufgezeigt werden, daß die Theorie der singulären Integralgleichungen vom nicht normalen Typ mit stetigem Symbol in engem Zusammenhang steht zur Theorie der singulären Integralgleichungen vom Normaltyp mit unstetigen Koeffizienten. Einige grundlegende Ergebnisse aus dieser erst in jüngster Zeit entwickelten Theorie der singulären Gleichungen mit unstetigen Symbolen werden im folgenden formuliert. Wir beschränken uns in den weiteren Ausführungen auf skalare Gleichungen.

1. Die grundlegende Forderung, die wir in diesem Buch an das Symbol $A(z) \in \mathfrak{R}(z)$ des WIENER-HOPFschen Operators $P\,A\,P$ $(A \in \mathfrak{R}(U))$ stellten, war seine Darstellbarkeit in der Form[1])

$$A(z) = \prod_{j=1}^{r} (z - \alpha_j)^{m_j}\, B(z) \qquad (|z| = 1) \tag{A.1}$$

oder allgemeiner

$$A(z) = \varrho_-(z)\; C(z)\; \varrho_+(z) \qquad (|z| = 1)\,, \tag{A.2}$$

wobei die Funktionen $\varrho_\pm(z) \in \mathfrak{R}^\pm(z)$ durch die Formeln (2.6), Kapitel 4, gegeben sind. Hierbei bedeuten α_j $(j = 1, \ldots, r)$ Punkte des Einheitskreises, m_j (entsprechend m_j' und m_j'' in (A.2)) ganze oder auch beliebige reelle nicht negative Zahlen und

$$B(z)\,,\;\; C(z) \in \mathfrak{R}(z)\,, \qquad B(z) \neq 0\,, \qquad C(z) \neq 0 \qquad (|z| = 1)\,.$$

Insbesondere verlangten wir also von der Funktion $B(z)$ $(C(z))$ die Stetigkeit. Unter der Voraussetzung (A.2) kann der Operator $\hat{A} = P\,A\,P$ als Produkt

$$\hat{A} = \hat{B}\,\hat{C}\,\hat{D} \tag{A.3}$$

mit Operatoren B, C, D aus $\mathfrak{R}(U)$ dargestellt werden, wobei $\hat{C} = P\,C\,P$ ein Φ-Operator ist. Auf den Operator (A.3) ließ sich dann die in Abschnitt 4.1 dargelegte Methode anwenden.

Offensichtlich ist aber für die Stetigkeit der Funktion $A(z)$ hinreichend, daß $B(z)$ (bzw. $C(z)$) auf dem Einheitskreis beschränkt und in jedem Punkt $z \neq \alpha_j$ $(j = 1, \ldots, r)$ stetig ist. Im Punkt $z = \alpha_j$ selbst kann also $B(z)$ z. B. eine Unstetigkeit 1. Art besitzen oder oszillieren wie etwa die Funktion $\exp\left(\dfrac{z+\alpha}{z-\alpha}\right)$.

---

[1]) Man vgl. Teilabschnitt 4.2.3 sowie Kapitel 5. Entsprechendes gilt auch für paarige Operatoren (s. Abschnitt 4.3 und Kapitel 5–6).

Dabei kann unter diesen allgemeineren Voraussetzungen bezüglich $B(z)$, wie das in Nr. 2 folgende Beispiel zeigen wird, die Funktion $A(z)$ durchaus zur Algebra $\mathfrak{R}(z)$ gehören.

Andererseits folgt aus (A.2) die Darstellung (A.3) und die Anwendbarkeit der Methode aus 4.1a uch dann, wenn $C(z)$ einer allgemeineren Algebra von *Symbolen*[1]) $\overline{\mathfrak{R}}(z) \supset \mathfrak{R}(z)$ angehört und wenn der zugehörige Operator $\widehat{C} = P\,C\,P$ ($C \in \overline{\mathfrak{R}}$) ein Φ_+- oder Φ_--Operator ist. Im weiteren werden einige solcher Algebren $\overline{\mathfrak{R}}(z)$ genannt. Auf sie lassen sich demnach die Ergebnisse der Kapitel 5, 6 und 8 übertragen.

Aus den vorangegangenen Bemerkungen geht bereits hervor, daß die Theorie der singulären Gleichungen mit entarteten stetigen Symbolen genauso vielgestaltig und schwierig ist, wie die Theorie der singulären Gleichungen mit nichtentarteten unstetigen Symbolen.

2. Als Beispiel betrachten wir die WIENER-HOPFsche Gleichung erster Art

$$\widehat{A}\,\varphi = \int_0^\infty k_1\,(t-s)\,\varphi(s)\,ds = f(t) \qquad (0 \leqq t < \infty) \tag{A.4}$$

mit dem folgenden Kern

$$k_1(t) = h_\delta(t) + i \int_{-\infty}^{0} e^s\,k\,(t-s)\,ds \qquad (-\infty < t < \infty)\,,$$

wobei δ eine beliebige reelle Zahl, $h_\delta(t) = \begin{cases} i\,e^{t-\delta}\,, & t < \delta \\ 0\,, & t > \delta \end{cases}$ und $k(t)$ $(-\infty < t < \infty)$ eine beliebige absolut integrierbare Funktion bedeutet. Offenbar gilt $k_1(t) \in L^1(-\infty, \infty)$, und für die FOURIER-Transformierte der Funktion $k_1(t)$ (das Symbol des Operators $\widehat{A}$) ergibt sich

$$K_1(\lambda) = \frac{1}{\lambda - i}\,(e^{i\delta\lambda} + K(\lambda)) \qquad (-\infty < \lambda < \infty)\,.$$

Der Fall $\delta = 0$ wurde in 5.2.3 behandelt. Wir nehmen deshalb $\delta \neq 0$ an. Dann gehört die Funktion $B(\lambda) = e^{i\delta\lambda} + K(\lambda)$ nicht mehr zur Algebra $\mathfrak{L}$; die fast-periodische Funktion $e^{i\delta\lambda}$ ist unstetig im Punkt $\lambda = \infty$.

Gleichungen mit Symbolen der Gestalt $B(\lambda)$ heißen Integrodifferenzengleichungen. Ihre Theorie wurde von I. Z. GOCHBERG und I. A. FELDMAN [1] entwickelt. Wir formulieren hier das Hauptergebnis dieser Theorie.

3. Unter einer WIENER-HOPF*schen Integrodifferenzengleichung* versteht man allgemein eine Gleichung der Gestalt

$$P\,A\,P\,\varphi = f(t) \qquad (0 \leqq t < \infty) \tag{A.5}$$

---

[1]) Unter einer Algebra von Symbolen soll an dieser Stelle eine Algebra von (im allgemeinen unstetigen) Funktionen $\overline{\mathfrak{R}}(z)$ $(z \in K)$ verstanden werden, so daß eine eineindeutige Beziehung zwischen $\overline{\mathfrak{R}}(z)$ und einer Algebra von Operatoren $\overline{\mathfrak{R}} \subset \mathcal{L}(X)$ besteht, die die Bedingungen $\sigma.1$ und $\sigma.2$ aus 2.1.1. erfüllt.

mit

$$(A\,\varphi)\,(t) = \sum_{j=-\infty}^{\infty} a_j\,\varphi\,(t-\delta_j) + \int_{-\infty}^{\infty} k\,(t-s)\,\varphi(s)\,ds \qquad (-\infty < t < \infty)\,, \quad \text{(A.6)}$$

wobei $\sum\limits_{-\infty}^{\infty} |a_j| < \infty$, $k(t) \in L^1(-\infty, \infty)$ gilt und δ_j $(j = 0, \pm 1, \ldots)$ beliebige reelle Zahlen sind; P bedeutet den durch (2.11), Kapitel 3, definierten Projektor.

A ist ein stetiger Operator im Raum L^p $(1 \leqq p \leqq \infty)$. *Symbol* des Operators A bzw. des durch die linke Seite der Gleichung (A.5) im Raum L^p_+ $(1 \leqq p \leqq \infty)$ definierten Operators $\hat{A}$ heißt die Funktion

$$\mathcal{A}(\lambda) = a(\lambda) + K(\lambda) \qquad (-\infty < \lambda < \infty) \qquad \text{(A.7)}$$

mit

$$a(\lambda) = \sum_{j=-\infty}^{\infty} a_j\, e^{i\,\delta_j \lambda}\,, \qquad K(\lambda) = \int_{-\infty}^{\infty} e^{i\lambda t}\, k(t)\, dt\,.$$

Das Symbol stellt einen Isomorphismus zwischen der Algebra $\mathfrak{R}(\lambda)$ aller Funktionen der Gestalt (A.7) und der Algebra $\overline{\mathfrak{R}}$ aller Operatoren der Form (A.6) her.

Die Bedingung der Nichtentartung des Symbols

$$\inf_{-\infty<\lambda<\infty} |\mathcal{A}(\lambda)| > 0 \qquad \text{(A.8)}$$

ist notwendig und hinreichend dafür, daß $\hat{A} = P\,A\,P$ ein Φ_+- oder Φ_--Operator (wenigstens einseitig invertierbar) ist. Wenn (A.8) erfüllt ist, dann sind die Zahlen

$$\nu = \lim_{l\to\infty} \frac{1}{2\,l}\,[\arg a(\lambda)]_{-l}^{l}\,, \qquad n = \frac{1}{2\,\pi}\,[\arg\,(1 + a^{-1}(\lambda)\,K(\lambda))]_{-\infty}^{\infty}$$

erklärt. Dabei ist A

von links invertierbar, wenn $\nu > 0$ oder $\nu = 0$ und $n > 0$,

von rechts invertierbar, wenn $\nu < 0$ oder $\nu = 0$ und $n < 0$,

und invertierbar, wenn $\nu = n = 0$.

Des weiteren gelten die Formeln

$$\dim \ker \hat{A} = \begin{cases} \infty \text{ für } \nu < 0 \\ -\,n \text{ für } \nu = 0\,,\ n < 0\,, \end{cases} \qquad \text{(A.9}_1\text{)}$$

$$\dim \operatorname{coker} \hat{A} = \begin{cases} \infty \text{ für } \nu > 0\,, \\ n \text{ für } \nu = 0\,,\ n > 0\,. \end{cases} \qquad \text{(A.9}_2\text{)}$$

Analoge Ergebnisse gelten für die paarigen Operatoren $A\,P + B\,Q$ und $P\,A + Q\,B$, wobei A und B Operatoren der Gestalt (A.6) sind (siehe I. Z. Gochberg und I. A. Feldman [1]), sowie für das entsprechende diskrete Analogon der Gleichungen (A.5)—(A.6) (s. I. Z. Gochberg und A. A. Semencul [1]).

In dem unter Nr. 2 betrachteten Beispiel ist speziell $a(\lambda) = e^{i\delta\lambda}$ und $\nu = \operatorname{sgn} \delta$. Wenn die Funktion $e^{i\delta\lambda} + K(\lambda)$ die Bedingung (A.8) erfüllt, dann ist folglich der Operator (A.4) ein Φ_+-Operator (falls $\delta < 0$) bzw. ein Φ_--Operator (falls $\delta > 0$) von L_+^p in den Raum $\overline{L}_+^p\left\{\frac{1}{\lambda - i}\right\}$(vgl. Abschnitt 5.2). Der Kokern bzw. Kern dieses Operators ist unendlichdimensional. Damit ist gleichzeitig ein Beispiel eines singulären Operators mit einem stetigen entarteten Symbol $K_1(\lambda) \in \mathring{\mathfrak{L}}$ aufgefunden, für den im Raum L_+^p $(1 \leqq p \leqq \infty)$ eine der Zahlen $\dim \ker \hat{A}$ oder $\dim \operatorname{coker} \hat{A}$ unendlich ist. Analoge Eigenschaften besitzen auf Grund der Formeln (A.9) alle Operatoren (A.4) mit einem Symbol der Gestalt $K_1(\lambda) = (\lambda - i)^{-m} \mathcal{A}(\lambda)$, wobei $\mathcal{A}(\lambda)$ durch (A.7) erklärt ist.

Wir bemerken schließlich noch, daß für eine beliebige Funktion $K_0(\lambda) \in \mathring{\mathfrak{L}}$ und das Symbol (A.7) die Beziehung $K_0(\lambda)\, \mathcal{A}(\lambda) \in \mathring{\mathfrak{L}}$ gilt.

Wiener-Hopfsche Integralgleichungen erster Art mit einem Symbol der Gestalt $\varrho_-(\lambda)\, \mathcal{A}(\lambda)$, wobei $\mathcal{A}(\lambda)$ die Funktion (A.7) bedeutet und $\varrho_-(\lambda)$ von der Form (2.26_1) bzw. (2.28), Kapitel 5, ist oder auch die Reziproke einer ganzen Polyaschen Funktion[1]) darstellt (und mithin im Punkt $\lambda = \infty$ eine Nullstelle von unendlicher Ordnung besitzt), wurden unlängst in der Dissertation von Š. I. Galiev [3] systematisch studiert.

4. Die oben genannten Ergebnisse von Gochberg und Feldman über Integrodifferenzengleichungen wurden von A. A. Semencul [1] auf singuläre Integraloperatoren über dem Einheitskreis der Gestalt $a\,P + b\,Q$ und $P\,a + Q\,b$ verallgemeinert, deren Koeffizienten in endlich vielen Punkten Unstetigkeiten vom fast-periodischen Typ besitzen und ansonsten stetig sind. Dabei heißt der isolierte Unstetigkeitspunkt z_0 $(|z_0| = 1)$ der auf dem Einheitskreis definierten Funktion $f(z)$ *Unstetigkeitspunkt vom fast-periodischen Typ*, wenn eine gleichmäßig fast-periodische Funktion $p(\lambda)$ $(-\infty < \lambda < \infty)$ existiert, so daß

$$\lim_{z \to z_0}\left[f(z) - p\left(-i\frac{z + z_0}{z - z_0}\right)\right] = 0$$

gilt. Insbesondere gelten für die genannten Operatoren im Raum $L^p(\Gamma; \omega)$ (Γ der Einheitskreis und ω eine von den Unstetigkeitspunkten abhängige Gewichtsfunktion) zu (A.9) analoge Formeln für die Null- und Defektzahlen. Diese Ergebnisse wurden von Semencul [1] unter Benutzung der in 4.1 beschriebenen Methode zur Untersuchung solcher singulärer Operatoren vom nicht normalen Typ angewandt, deren Koeffizienten $a(z)$ und $b(z)$ die Darstellung (A.2) gestatten, wobei $C(z)$ endlich viele Unstetigkeiten vom fast-periodischen Typ besitzt. Auf diese Weise konnten, ähnlich wie dies oben anhand des Beispiels aus Nr. 2 gezeigt wurde, einige Klassen von singulären Integralgleichungen mit stetigem und punktweise entartetem Symbol angegeben werden, für die im Raum $L^p(\Gamma; \omega)$ der Kern oder der Kokern unendlichdimensional sind.

---

[1]) Vgl. I. I. Hirschman and D. V. Widder ([1], III. 3).

5. Von I. Z. Gochberg und N. J. Krupnik (siehe [1]—[3]) sind umfangreiche Untersuchungen über singuläre Integralgleichungen, deren Koeffizienten endlich viele Unstetigkeiten erster Art besitzen, angestellt worden. Wir formulieren hier nur eines der Ergebnisse dieser Autoren für den Fall des Raumes $L^2(\Gamma)$.

Sei Γ ein geschlossenes Ljapunowsches Kurvensystem der in 6.2.1 beschriebenen Gestalt. Mit $\Lambda(\Gamma)$ bezeichnen wir die Menge aller auf Γ stückweise stetigen und von links (im Sinne der Orientierung von Γ) stetigen Funktionen. Jeder Funktion $g(t) \in \Lambda(\Gamma)$ ordnen wir eine Kurve $V_2(g)$ zu, die aus endlich vielen geschlossenen orientierten stetigen Kurven besteht und die man erhält, indem man zum Wertebereich der Funktion $g(t)$ n Geradenstücke $[g(t_k), g(t_k + 0)]$ hinzufügt. Hierbei sollen $t_1, t_2, \ldots, t_n$ alle Unstetigkeitsstellen der Funktion $g(t)$ bedeuten. Die Kurve $V_2(g)$ wird so orientiert, daß in den Stetigkeitspunkten von $g(t)$ die Richtung durch die Orientierung auf Γ erzeugt wird; auf den genannten Geradenstücken soll die Richtung von $g(t_k)$ nach $g(t_k + 0)$ führen.

Wenn $0 \notin V_2(g)$ gilt, dann heißt die Anzahl der Windungen, die die Kurve $V_2(g)$ um den Koordinatenursprung beschreibt, *Index der Funktion* $g(t)$ und wird mit $\operatorname{ind}_2 g$ bezeichnet.

Es gilt folgender Satz (s. I. Z. Gochberg und N. J. Krupnik [1]).

Satz. *Sei $a(t), b(t) \in \Lambda(\Gamma)$. Der Operator $A = aP + bQ$ $(A = Pa + Qb)$ ist genau dann ein Φ_+- oder Φ_--Operator im Raum $L^2(\Gamma)$, wenn die beiden folgenden Bedingungen*

$$\inf_{t \in \Gamma} |b(t)| > 0 \tag{A.10}$$

und

$$0 \notin V_2\left(\frac{a}{b}\right) \tag{A.11}$$

erfüllt sind. Sind diese Bedingungen erfüllt und ist $\varkappa = \operatorname{ind}_2\left(\frac{a}{b}\right)$, dann gilt

$$\dim \ker A = \max(-\varkappa, 0), \qquad \dim \operatorname{coker} A = \max(\varkappa, 0).$$

Analoge Ergebnisse gelten für die Räume $L^p(\Gamma)$, $L^p(\Gamma, \omega)$ (ω eine entsprechende Gewichtsfunktion) sowie für Kurvensysteme, die neben geschlossenen auch noch offene Teilkurven enthalten. Des weiteren läßt sich für die singulären Integraloperatoren mit Koeffizienten aus $\Lambda(\Gamma)$ sowie einige allgemeinere Operatoren der Begriff des Symbols erklären, welches im allgemeinen eine Matrixfunktion 2-ter Ordnung ist (siehe Gochberg und Krupnik [1]—[3]). Eine umfassende Darstellung der Theorie der singulären Integralgleichungen mit unstetigen Koeffizienten findet der Leser in dem unlängst erschienenen Buch von I. Z. Gochberg und N. J. Krupnik [4].

6. Offenbar bleiben die Ergebnisse der Teilabschnitte 6.3.1 und 6.3.2 für den Raum $L^2(\Gamma)$ auch dann gültig, wenn die Funktionen $c_0(t)$ und $d_0(t)$ in den Beziehungen (3.3), Kapitel 6, zur Klasse $\Lambda(\Gamma)$ gehören. Dabei hat man in der Formulierung der Sätze 3.1 und 3.2 lediglich die Bedingungen $c_0(t) \neq 0$, $d_0(t) \neq 0$ $(t \in \Gamma)$ durch die entsprechenden obengenannten zwei Bedingungen

(A.10) und (A.11) zu ersetzen und $\varkappa = \operatorname{ind}_2\left(\frac{c_0}{d_0}\right)$ zu wählen. Auch der Satz 3.4, Kapitel 6, behält seine Gültigkeit, wenn zusätzlich

$$c_0(t) \in \bigcap_{k=1}^{s} \Lambda(\beta_k, n_k)\,, \qquad d_0(t) \in \bigcap_{j=1}^{r} \Lambda(\alpha_j, m_j)$$

gefordert wird (siehe Teilabschnitt 4.4.3 sowie die Formeln (2.8), Kapitel 2). Entsprechendes gilt für den Fall des Raumes $L^p(\Gamma; \omega)$.

Wir weisen in diesem Zusammenhang auch darauf hin, daß sich für Funktionen $d_0, d_1 \in \Lambda(\Gamma)$ aus jeder der Darstellungen (3.2) und (3.3), Kapitel 6, der Funktion d die andere Darstellung erhalten läßt.

7. Ähnlich gelagerten Fällen ist auch die Arbeit von B. Silbermann [5] gewidmet. Wir formulieren hier das Hauptergebnis dieser Arbeit: Es gelte:

$$c(t) = \varrho_-^n\, a(t)\,, \qquad d(t) = \varrho_+^m\, b(t) \qquad (t \in \Gamma)$$

mit $a(t), b(t) \in \Lambda(\Gamma)$ und $\varrho_-^n = (t^{-1} - \alpha^{-1})^n$, $\varrho_+^m = (t - \beta)^m$, wobei n, m ganze Zahlen bedeuten und die Punkte $\alpha, \beta \in \Gamma$ verschieden sind und mit keinem Unstetigkeitspunkt der Funktionen $a(t)$ oder $b(t)$ zusammenfallen. Wir setzen $L(n, m) = \operatorname{im}(\varrho_-^n P + \varrho_+^m Q)$ im Raum $L^2(\Gamma)$ (entsprechendes gilt für $L^p(\Gamma; \omega)$). Unter der Voraussetzung, daß a und b die beiden Bedingungen (A.10)—(A.11) sowie eine schwache Zusatzbedingung erfüllen, wird bewiesen, daß der Operator $c\,P + dQ : L(n', m') \to L\,(n' + n, m' + m)$ für beliebige ganze Zahlen $n', m' \geqq 0$ ein Φ-Operator mit dem Index $-\varkappa$ ist (vgl. Nr. 5).

8. In einer soeben erschienenen Arbeit werden von M. I. Chaikin [4] singuläre Integraloperatoren der Gestalt $A = a\,P + b\,Q$ $(a, b \in \Lambda(\Gamma))$ im Raum $L^p(\Gamma)$ für den Fall untersucht, wenn beide Koeffizienten der Bedingung (A.10) genügen, die Bedingung (A.11) jedoch nicht erfüllt ist. Die vom Autor vorgeschlagene Methode beruht auf der Approximation des Operators A durch singuläre Operatoren, die beide Bedingungen (A.10) und (A.11) erfüllen. Mittels des in der Arbeit eingeführten Begriffs der einseitigen approximativen Inversen werden $\ker A$ und $\operatorname{im} A$ beschrieben.

9. Wir weisen schließlich noch auf eine Arbeit von W. N. Gaponenko und W. B. Dybin [1] hin, in der Integrodifferenzengleichungen der Form (A.5) bis (A.6) betrachtet werden unter der Voraussetzung, daß das Symbol die Gestalt

$$\mathcal{A}(\lambda) = (\xi - e^{-i\alpha\lambda})^\gamma\, \mathcal{B}(\lambda) \qquad (-\infty < \lambda < \infty)$$

mit $|\xi| = 1$, $\operatorname{Im}\alpha = 0$ und $\gamma > 0$ (beliebig reell) besitzt, wobei $\mathcal{B}(\lambda)$ die Bedingung (A.8) erfüllt. Auf die genannten Gleichungen wird die zur Methode des Abschnitts 4.1 (im Falle $D = I$) äquivalente Methode der Normalisierung angewandt (vgl. auch 1.5.3 und 4.5.3).

ANHANG B

EIN PROJEKTIONSVERFAHREN ZUR LÖSUNG SINGULÄRER GLEICHUNGEN VOM NICHT NORMALEN TYP[1])

Für die näherungsweise Lösung von Operatorengleichungen der Gestalt $A\,x = y$ stellen die Projektionsverfahren eine wichtige Methode dar. Die Konvergenz dieser Verfahren ist für verschiedene Klassen singulärer Gleichungen vom Normaltyp in dem bereits mehrfach zitierten Buch von I. Z. GOCHBERG und I. A. FELDMAN [1] ausführlich untersucht.

In diesem Anhang soll gezeigt werden, wie sich auf der Grundlage der Ergebnisse der Kapitel 4—6 ein Projektionsverfahren zur Lösung der in diesen Kapiteln behandelten Klassen singulärer Gleichungen vom nicht normalen Typ entwickeln läßt. Der Anhang gliedert sich in drei Abschnitte. Im ersten wird ein Projektionsverfahren zur Lösung abstrakter singulärer Gleichungen vom Normaltyp beschrieben. Die Darlegung stützt sich auf das Buch von I. Z. GOCHBERG und I. A. FELDMAN [1]. Im zweiten Abschnitt untersuchen wir ein Projektionsverfahren zur Lösung einer Klasse abstrakter singulärer Gleichungen vom nicht normalen Typ. Der letzte Abschnitt ist schließlich der Anwendung dieser Theorie auf die in den Kapiteln 5 und 6 studierten Klassen konkreter singulärer Gleichungen vom nicht normalen Typ gewidmet.

1. Projektionsverfahren für Gleichungen vom Normaltyp. Es seien X, Y BANACH-Räume und Ω eine nicht beschränkte Menge positiver Zahlen. Ferner seien $\{P_t\} \subset \mathscr{L}(X)$, $\{S_t\} \subset \mathscr{L}(Y)$ $(t \in \Omega)$ zwei Scharen von Projektoren und $A \in \mathscr{L}(X, Y)$. Die Methode der näherungsweisen Lösung der Gleichung

$$A\,x = y \qquad (y \in Y)\,, \tag{B.1}$$

die im Aufsuchen der Lösung $x_t \in \operatorname{im} P_t$ der Gleichung

$$S_t\,A\,P_t\,x = S_t\,y \tag{B.2}$$

besteht, heißt *Projektionsverfahren.*

Wenn von einem gewissen t_0 an die Gleichung (B.2) für jedes $y \in Y$ eine und nur eine Lösung x_t besitzt und diese für $t \to \infty$ gegen die Lösung der Gleichung (B.1) konvergiert, dann sagt man, das Projektionsverfahren $\{P_t, S_t\}$ sei auf den Operator A *anwendbar* und schreibt $A \in \Pi\{P_t, S_t\}$.

Wenn die Projektoren P_t und S_t $(t \in \Omega)$ für $t \to \infty$ stark gegen den identischen Operator (in X bzw. Y) konvergieren, dann gilt $A \in \Pi\{P_t, S_t\}$ genau dann, wenn der Operator A sowie von einem gewissen t_0 an auch die Operatoren $S_t\,A\,P_t : \operatorname{im} P_t \to \operatorname{im} S_t$ invertierbar sind und die Operatoren $(S_t\,A\,P_t)^{-1}\,S_t$ für $t \to \infty$ stark gegen die Inverse A^{-1} konvergieren.

---

[1]) Vgl. S. PRÖSSDORF nnd B. SILBERMANN [3].

Auf abstrakte singuläre Gleichungen vom Normaltyp ist das Projektionsverfahren anwendbar. Und zwar mögen die Operatoren U, U^{-1}, P neben den Bedingungen (1), (2) aus 2.1.2 und (3) aus 2.2.3 noch die beiden folgenden Bedingungen erfüllen:

(4) $\{P_t\} \subset \mathcal{L}(X)$ $(t \in \Omega)$ ist eine Schar von Projektoren mit $P_t P = P P_t$ $(t \in \Omega)$, wobei P_t für $t \to \infty$ stark gegen den identischen Operator konvergiert.

(5) Die Teilräume im $P_t P$, im $Q_t P$, im $P_t Q$, im $Q_t Q$ $(t \in \Omega)$ sind invariant bezüglich der Operatoren $P U^{-1}$, $U P$, $Q U$, $U^{-1} Q$ entsprechend.

Hierbei ist $Q = I - P$, $Q_t = I - P_t$.

Unter den Voraussetzungen (1)—(5) gilt folgender Satz.

Satz 1 (Gochberg und Feldman [1]). *Gilt für die Operatoren A und B aus $\mathfrak{R}(U)$*

$$A(z) \neq 0\,, \qquad B(z) \neq 0 \qquad (|z| = 1) \tag{B.3}$$

und $\operatorname{ind} A(z) = \operatorname{ind} B(z) = 0$, *so ist* $A P + B Q \in \Pi\{P_t, P_t\}$ *und* $P A + Q B \in \Pi\{P_t, P_t\}$.

Aus Satz 1 ergeben sich unmittelbar die entsprechenden Behauptungen für die singuläre Integralgleichung im Raum $L^p(\Gamma)$ $(1 < p < \infty)$ im Falle des Einheitskreises Γ, für die paarige diskrete Wiener-Hopf-Gleichung in den Räumen l^p $(1 \leqq p < \infty)$, c^0 sowie für die paarige Wiener-Hopfsche Integralgleichung im Raum L^p $(1 \leqq p < \infty)$, wenn die Projektorenschar $\{P_t\}$ für die genannten Gleichungstypen entsprechend wie folgt gewählt wird:

$$(P_n \varphi)(z) = \sum_{j=-n}^{n} \xi_j z^j \qquad (n = 1, 2, \ldots)\,, \tag{B.4}$$

wobei ξ_j $(j = 0, \pm 1, \ldots)$ die Fourier-Koeffizienten der Funktion $\varphi(z) \in L^p(\Gamma)$ sind;

$$P_n\{\xi_j\} = \{\zeta_j\}\,, \qquad \zeta_j = \begin{cases} \xi_j\,, & |j| \leqq n \\ 0\,, & |j| > n \end{cases} \qquad (n = 1, 2, \ldots); \tag{B.5}$$

$$(P_t \varphi)(x) = \begin{cases} \varphi(x)\,, & |x| < t \\ 0\,, & |x| > t \end{cases} \qquad (0 < t < \infty)\,. \tag{B.6}$$

Jede dieser Projektorenscharen erfüllt in den genannten Räumen die Bedingungen (4) und (5).

Die Näherungsgleichung (B.2) ist dann für die diskrete Wiener-Hopf-Gleichung (3.1), Kapitel 3, das algebraische Gleichungssystem

$$\sum_{k=0}^{n} a_{j-k}\, \xi_k + \sum_{k=-n}^{-1} b_{j-k}\, \xi_k = \eta_j \qquad (j = 0, \pm 1, \ldots, \pm n)\,.$$

In derselben Gestalt läßt sich die Gleichung (B.2) im Falle der singulären Integralgleichung (4.53), Kapitel 3, schreiben, wenn man mit a_j, b_j, η_j $(j = 0, \pm 1, \ldots)$ entsprechend die Fourier-Koeffizienten der Funktionen $a(t) + b(t)$, $a(t) - b(t) \in C(\Gamma)$ und $f(t) \in L^p(\Gamma)$ bezeichnet. Im Falle der paarigen Wiener-Hopfschen Integralgleichung (3.6), Kapitel 3, hat Gleichung (B.2) offenbar die Gestalt

$$c\,\varphi(x) - \int_0^t k_1(x - s)\, \varphi(s)\, ds - \int_{-t}^0 k_2(x - s)\, \varphi(s)\, ds = f(x) \qquad (-t < x < t)\,.$$

2. Ein Projektionsverfahren für Gleichungen vom nicht normalen Typ. In diesem Abschnitt wird ein Projektionsverfahren zur Lösung gewisser Klassen abstrakter singulärer Gleichungen vom nicht normalen Typ vorgestellt. Aus ihm kann unmittelbar eine Projektionsmethode zur Lösung von abstrakten Wiener-Hopf-Gleichungen (vgl. 2.1.5) abgeleitet werden, deren Realisierung im Falle diskreter Wiener-Hopf-Gleichungen vom nicht normalen Typ ein Projektionsverfahren ergibt, das von I. Z. Gochberg und W. I. Levtschenko [1], [2] (vgl. auch W. I. Levtschenko [1]) untersucht worden ist. Der Arbeit [2] dieser Autoren folgend, führen wir zunächst den für das weitere grundlegenden Begriff der Konvergenzmannigfaltigkeit eines Projektionsverfahrens ein und beweisen einen wichtigen Stabilitätssatz.

Es seien $\{P_t\} \subset \mathcal{L}(X)$, $\{S_t\} \subset \mathcal{L}(Y)$ $(t \in \Omega)$ zwei Projektorenscharen und $A \in \mathcal{L}(X, Y)$. Wir nehmen an, daß von einem gewissen t_0 an die Operatoren $S_t\, A\, P_t$: im $P_t \to$ im S_t invertierbar sind. Mit $\mathfrak{K}(A; \{P_t, S_t\})$ bezeichnen wir die Gesamtheit aller Elemente $y \in Y$ mit folgenden Eigenschaften:

1. Die Folge der Elemente $x_t = (S_t\, A\, P_t)^{-1}\, S_t\, y$ konvergiert für $t \to \infty$ in der Norm von X gegen ein gewisses Element $x \in X$.

2. Es gilt $A\, x = y$.

Offensichtlich ist $\mathfrak{K}(A; \{P_t, S_t\})$ eine lineare Menge, die im Bildraum im A gelegen ist. Sie wird *Konvergenzmannigfaltigkeit* des Operators A bezüglich des Projektionsverfahrens $\{P_t, S_t)$ genannt. Im Falle der Invertierbarkeit des Operators A ist $\mathfrak{K}(A; \{P_t, S_t\})$ die maximale lineare Menge, auf der die Operatoren $(S_t\, A\, P_t)^{-1}\, S_t$ für $t \to \infty$ stark gegen A^{-1} konvergieren. Offenbar gilt $\mathfrak{K}(A; \{P_t, S_t\}) = Y$ genau dann, wenn $A \in \Pi\{P_t, S_t\}$ gilt.

Satz 2. *Es sei $A \in \mathcal{L}(X, Y)$ ein invertierbarer Operator und $Z \subset Y$ ein in Y stetig eingebetteter* Banach*-Raum, wobei $Z \subset \mathfrak{K}(A; \{P_t, S_t\})$ gelte. Wenn $T \in \mathcal{K}(X, Z)$ ein vollstetiger Operator ist und der Operator $\tilde{A} = A + T$ $(\in \mathcal{L}(X, Y))$ invertierbar ist, dann sind von einem gewissen t_1 an die Operatoren $S_t\, \tilde{A}\, P_t$: im $P_t \to$ im S_t invertierbar, und es gilt*

$$\mathfrak{K}(\tilde{A}; \{P_t, S_t\}) = \mathfrak{K}(A; \{P_t, S_t\})\,.$$

Beweis. Aus der Invertierbarkeit der Operatoren A und $\tilde{A}$ folgt die Invertierbarkeit des Operators $(I + A^{-1}\, T)$, wobei $\tilde{A}^{-1} = (I + A^{-1}\, T)^{-1}\, A^{-1}$ gilt. Wir setzen $A_t = S_t\, A\, P_t$, $\tilde{A}_t = S_t\, \tilde{A}\, P_t = A_t + S_t\, T\, P_t$ $(t \geqq t_0,\ t \in \Omega)$. Nach Voraussetzung des Satzes konvergiert die Schar der Operatoren $A_t^{-1}\, S_t \mid Z$ $(\in \mathcal{L}(Z, X))$ für $t \to \infty$ stark gegen den Operator $A^{-1} \mid Z$ auf dem Banach-Raum Z. Dann ist bekanntlich diese Konvergenz gleichmäßig auf jeder relativ kompakten Teilmenge des Raumes Z, und wegen $T \in \mathcal{K}(X, Z)$ erhalten wir

$$\delta_t = \|A_t^{-1}\, S_t\, T - A^{-1}\, T\| \to 0\,, \qquad t \to \infty\,. \tag{B.7}$$

Folglich ist für $t \geqq t_1$ der Operator $I + A_t^{-1}\, S_t\, T$ invertierbar. Mithin ist für $t \geqq t_1$ auch der Operator $\tilde{A}_t$: im $P_t \to S_t$ invertierbar, und es gilt

$$\tilde{A}_t^{-1} = (I + A_t^{-1}\, S_t\, T)^{-1}\, A_t^{-1}\,. \tag{B.8}$$

Wir nehmen jetzt ein beliebiges Element $y \in \mathfrak{R}(A; \{P_t, S_t\})$ und zeigen, daß die Folge $\tilde{A}_t^{-1} S_t y$ für $t \to \infty$ in der Norm von X gegen das Element $\tilde{A}^{-1} y$ konvergiert. Da $A_t^{-1} S_t y \to A^{-1} y$ gilt, so genügt es unter Berücksichtigung der Gleichung (B.8) nachzuweisen, daß die Folge

$$z_t = [(I + A^{-1} T)^{-1} - (I + A_t^{-1} S_t T)^{-1}] A_t^{-1} S_t y$$

gegen Null konvergiert. Letzteres folgt unmittelbar aus der Abschätzung

$$||z_t|| \leqq ||(I + A^{-1} T)^{-1}||^2 \frac{\delta_t ||A_t^{-1} S_t y||}{1 - \delta_t ||(I + A^{-1} T)^{-1}||}$$

zusammen mit der Beziehung (B.7). Damit ergibt sich

$$\mathfrak{R}(A; \{P_t, S_t\}) \subset \mathfrak{R}(\tilde{A}; \{P_t, S_t\}) .$$

Da $A = \tilde{A} - T$ und $Z \subset \mathfrak{R}(\tilde{A}; \{P_t, S_t\})$ gilt, so erhalten wir durch Vertauschung der Rollen von A und $\tilde{A}$ und Wiederholung vorangegangenen Überlegungen

$$\mathfrak{R}(\tilde{A}; \{P_t, S_t\}) \subset \mathfrak{R}(A; \{P_t, S_t\}) .$$

Der Satz ist bewiesen.

Für den Fall eines endlichdimensionalen Raumes Z ist Satz 2 bereits früher von I. Z. Gochberg und W. I. Levtschenko [2] bewiesen worden.

Im weiteren setzen wir voraus, daß die Operatoren U, U^{-1}, P, P_t $(t \in \Omega)$ die obengenannten Bedingungen (1)—(5) (s. Punkt 1) erfüllen.

Es sei $A = P a + Q b$ $\big(a, b \in \Re(U)\big)$ ein Operator, für den die Bedingung (B.3) verletzt ist und der folgende Eigenschaften besitzt:

I.a) Es gilt $a = \varrho_- c$, $b = \varrho_+ d$ mit $\varrho_\pm \in \mathfrak{E}^\pm(U)$ und $c, d \in \Re(U)$, wobei $c(z) \neq 0$, $d(z) \neq 0$ $(|z| = 1)$, $\operatorname{ind} c(z) = \operatorname{ind} d(z) = 0$.

I.b) Für den Operator $B = P \varrho_- + Q \varrho_+$ gilt $\dim \ker B = 0$ und $\operatorname{im} P_t \subset B(\operatorname{im} P_t)$ $(t \geqq t_0)$.

Bemerkung 1. Infolge der Bedingungen (4), (5) gilt

$$P_t B P_t = B P_t \qquad (t \in \Omega) , \tag{B.9}$$

d. h. $B(\operatorname{im} P_t) \subset \operatorname{im} P_t$. Die Bedingung I.b bedeutet also, daß B den Teilraum $\operatorname{im} P_t$ eineindeutig auf sich abbildet. Wenn die Projektoren P_t $(t \in \Omega)$ endlichdimensional sind, dann ist diese Bedingung stets erfüllt, falls $\dim \ker B = 0$ gilt.

Wir führen den Banach-Raum $\overline{X} = \overline{X}(\varrho_+, \varrho_-)$ wie in Kapitel 4 ein. Wir erinnern, daß $\overline{X} = \operatorname{im} B$ in X stetig eingebettet ist.

Für das weitere nehmen wir an, daß ein in $\overline{X}$ stetig eingebetteter Banach-Raum $\hat{X}$ mit folgenden Eigenschaften existiert:

II.a) Die Einschränkungen $\hat{U}$, $\hat{U}^{-1}$, $\hat{P}$, $\hat{P}_t$, $\hat{c}$, $\hat{d}$ der Operatoren U, U^{-1}, P, P_t, c, d auf $\hat{X}$ gehören zu $\mathcal{L}(\hat{X})$. Die Projektoren $\hat{P}_t$ konvergieren stark gegen den identischen Operator in $\hat{X}$.

II.b) Die Operatoren $\hat{U}$, $\hat{U}^{-1}$, $\hat{P}$ erfüllen die Bedingungen (1)—(3).

II.c) Für alle $t \in \Omega$ und $f \in X$ gilt $P_t f \in \hat{X}$.

II.d) Die Kommutatoren $[P, c]$ und $[P, d]$ gehören zu $\mathcal{K}(X, \hat{X})$.

Satz 3. *Es seien die Bedingungen I und II erfüllt,* $\hat{c}, \hat{d} \in \mathfrak{R}(\hat{U})$ *und* $\hat{c}(z) = c(z)$, $\hat{d}(z) = d(z)$. *Dann gilt für den Operator* $A = P\,a + Q\,b$ *die Beziehung*

$$\hat{X} \subset \mathfrak{K}(A; \{P_t, P_t\}) .$$

Beweis. 1. Aus $A = B\,C$ $(C = P\,c + Q\,d)$ folgt auf Grund der Voraussetzungen I, daß $A \in \mathcal{L}(X, \overline{X})$ ein invertierbarer Operator ist. Wie leicht einzusehen ist, gilt infolge der Bedingung II.d die Beziehung $[C, B] \in \mathcal{K}(X, \hat{X})$.

Wir betrachten jetzt den Operator

$$A' = C\,B = A + [C, B] . \tag{B.10}$$

Dann ist $A' \in \mathcal{L}(X, \overline{X})$ ein Φ-Operator mit $\operatorname{Ind} A' = 0$. Da offenbar $\dim \ker A' = 0$ gilt, so ist A' ebenfalls invertierbar. Des weiteren erhalten wir $\overline{C}, \overline{C}^{-1} \in \mathcal{L}(\overline{X})$, wobei $\overline{C}$ die Einschränkung des Operators C auf $\overline{X}$ ist.

2. Nach II.b erfüllen $\hat{U}$, $\hat{U}^{-1}$, $\hat{P}$ die Bedingungen (1)—(3). Offensichtlich sind auch die Bedingungen (4) und (5) für $\{\hat{P}_t\}$ in $\hat{X}$ erfüllt. Folglich läßt sich auf die Operatoren $C \in \mathcal{L}(X)$ und $\hat{C} = \hat{P}\,\hat{c} + \hat{Q}\,\hat{d} \in \mathcal{L}(\hat{X})$ $(\hat{Q} = \hat{I} - \hat{P})$ Satz 1 anwenden. Somit sind von einem gewissen t an die Operatoren $\hat{P}_t\,\hat{C}\,\hat{P}_t :$ $\operatorname{im} \hat{P}_t \to \operatorname{im} \hat{P}_t$ invertierbar und die Operatoren $(\hat{P}_t\,\hat{C}\,\hat{P}_t)^{-1}\,\hat{P}_t$ konvergieren in $\hat{X}$ stark gegen $\hat{C}^{-1}$.

Wegen II.c gilt $P_t(\overline{X}) \subset \overline{X}$, und mithin ist die Einschränkung $\overline{P}_t$ des Operators P_t auf $\overline{X}$ erklärt. Man sieht leicht, daß $\overline{P}_t$ ein abgeschlossener und folglich stetiger Operator ist. Unter Benutzung der Beziehung (B.9) ergibt sich

$$\overline{P}_t\,A'\,P_t = (\overline{P}_t\,\overline{C}\,\overline{P}_t)\,(\overline{P}_t\,B\,P_t) .$$

Auf Grund der Inklusionen $\hat{X} \subset \overline{X} \subset X$ sowie der Bedingung II.c gilt jetzt $\operatorname{im} P_t = \operatorname{im} \overline{P}_t = \operatorname{im} \hat{P}_t$. Deshalb sind die Operatoren

$$P_t\,C\,P_t : \operatorname{im} P_t \to \operatorname{im} P_t , \quad \overline{P}_t\,\overline{C}\,\overline{P}_t : \operatorname{im} \overline{P}_t \to \operatorname{im} \overline{P}_t , \quad \hat{P}_t\,\hat{C}\,\hat{P}_t : \operatorname{im} \hat{P}_t \to \operatorname{im} \hat{P}_t$$

einander gleich und von einem gewissen t an invertierbar. Unter Berücksichtigung der Bedingung I.b folgt daraus schließlich

$$(\overline{P}_t\,A'\,P_t)^{-1}\,\overline{P}_t = B^{-1}\,(\overline{P}_t\,\overline{C}\,\overline{P}_t)^{-1}\,\overline{P}_t .$$

Es sei jetzt $f \in \hat{X}$. Dann ergibt sich offensichtlich

$$(\overline{P}_t\,A'\,P_t)^{-1}\,\overline{P}_t f = B^{-1}(\hat{P}_t\,\hat{C}\,\hat{P}_t)^{-1}\,\hat{P}_t f .$$

Wie bereits bemerkt, konvergiert $(\hat{P}_t\,\hat{C}\,\hat{P}_t)^{-1}\,\hat{P}_t f$ in der Norm von $\hat{X}$ gegen $\hat{C}^{-1} f$. Da $B \in \mathcal{L}(X, \overline{X})$ ein invertierbarer Operator und $\hat{X}$ stetig in $\overline{X}$ eingebettet ist, so erhalten wir, daß $(\overline{P}_t A' P_t)^{-1} \overline{P}_t f$ in der Norm von X gegen $B^{-1} \hat{C}^{-1} f = g$ konvergiert. Somit gilt $A' g = f$ und

$$\hat{X} \subset \Re(A'; \{P_t, P_t\}). \tag{B.11}$$

Die Behauptung folgt jetzt aus Satz 2 infolge der Beziehung (B.10).

Satz 4. *Es seien die Bedingungen I und II erfüllt,* $\hat{c}, \hat{d} \in \Re(\hat{U})$, $\hat{c}(z) = c(z)$, $\hat{d}(z) = d(z)$ *und* $\tilde{A} = a P + b Q$. *Wenn* $\dim \ker \tilde{A} = 0$ *ist, dann gilt*

$$\hat{X} \subset \Re(\tilde{A}; \{P_t, P_t\}) .$$

Beweis. Wir setzen

$$D = \tilde{C} B , \quad \tilde{C} = c P + d Q , \quad C = P c + Q d .$$

Zunächst zeigen wir, daß $\tilde{A} \in \mathcal{L}(X, \overline{X})$ gilt und dieser Operator invertierbar ist. Zu diesem Zweck betrachten wir die Differenz $K = \tilde{A} - D$. Es gilt $K \in \mathcal{K}(X, \hat{X})$.

In der Tat, infolge der Bedingung I.a existieren offenbar natürliche Zahlen m und n, so daß gilt

$$P U^m \varrho_- P = U^m \varrho_- P , \qquad Q U^{-n} \varrho_+ Q = U^{-n} \varrho_+ Q .$$

Nach Satz 2.6, Kapitel 2, ist $V = U^m P + U^{-n} Q$ ein Φ-Operator. Wie leicht einzusehen ist, ergibt sich im $V \subset \ker K$. Aus den Bedingungen II.c und (4) folgt die Dichtheit von $\hat{X}$ in X. Folglich kann X als direkte Summe $X = \operatorname{im} V \dotplus M$ mit einem endlichdimensionalen Teilraum $M \subset \hat{X}$ dargestellt werden (vgl. Lemma 2.2, Kapitel 1). Nach II.a finden wir jetzt $K(X) = K(M) \subset \hat{X}$. Als endlichdimensionaler und in X stetiger Operator mit $\operatorname{im} K \subset \hat{X}$ ist K vollstetig: $K \in \mathcal{K}(X, \hat{X})$.

Wir erhalten jetzt $\tilde{A} = C B + T$ mit $T = K + (\tilde{C} - C) B \in \mathcal{K}(X, \hat{X})$ (vgl. Bedingung II.d). Daraus folgt wegen $\dim \ker \tilde{A} = 0$ unmittelbar die Invertierbarkeit des Operators $\tilde{A} \in \mathcal{L}(X, \overline{X})$ (vgl. Teil 1 des Beweises zum Satz 3). Die Behauptung des Satzes ist jetzt eine Folgerung des Satzes 2 und der Beziehung (B.11).

Bemerkung 2. Wie man aus den vorstehenden Überlegungen ersieht, gilt Satz 3 auch dann, wenn in der Bedingung I.a anstelle $\varrho_\pm \in \mathfrak{C}^\pm(U)$ nur $\varrho_\pm \in \Re^\pm(U)$ vorausgesetzt wird. Dasselbe trifft auf Satz 4 zu, wenn man zusätzlich noch $[P, \varrho_\pm] \in \mathcal{K}(X, \hat{X})$ fordert.

3. Anwendungen. Im weiteren wird die im Abschnitt 2 entwickelte Theorie benutzt, um entsprechende Projektionsverfahren zur Lösung der in den Kapiteln 5 und 6 behandelten Klassen konkreter singulärer Gleichungen vom nicht normalen Typ anzugeben.

A. Singuläre Integralgleichungen. Wir betrachten die singulären Integraloperatoren $a P + b Q$ und $P a + Q b$ (vgl. Abschnitt 3.4) im Raum

$L^p(\Gamma)$ $(1 < p < \infty;\ \Gamma = \{|z| = 1\})$. Die stetigen Koeffizienten $a(t)$, $b(t)$ sollen folgende Bedingungen erfüllen:

$$a(t) = (\varrho_- c)(t)\,, \qquad b(t) = (\varrho_+ d)(t) \qquad (|t| = 1) \tag{B.12}$$

mit

$$\varrho_-(t) = \prod_{j=1}^{r} \left(\frac{1}{t} - \frac{1}{\alpha_j}\right)^{m_j}, \qquad \varrho_+(t) = \prod_{k=1}^{s} (t - \beta_k)^{n_k} \qquad (|\alpha_j| = |\beta_k| = 1)$$

und $c(t), d(t) \in C^{m,\lambda}(\Gamma)$, wobei $c(t) \neq 0$, $d(t) \neq 0$ $(|t| = 1)$ und $\operatorname{ind} c(t) = \operatorname{ind} d(t) = 0$ gilt $(0 < \lambda \leqq 1;\ m_j, n_k = 0, 1, 2, \ldots;\ m = \max\{m_1, \ldots, m_r, n_1, \ldots, n_s\})$.

Unter diesen Voraussetzungen hat folgender Satz Gültigkeit.

Satz 5. *Für den singulären Integraloperator* $A = P a + Q b \in \mathscr{L}(L^p(\Gamma))$ *gilt*

$$W_p^{(m)}(\Gamma) \subset \Re(A; \{P_n, P_n\})\,,$$

wobei $\{P_n\}$ $(n = 1, 2, \ldots)$ *die durch die Beziehung* (B.4) *definierte Folge von Projektoren bedeutet. Wenn die Punkte* α_j, β_k $(j = 1, \ldots, r;\ k = 1, \ldots, s)$ *paarweise verschieden sind, dann gilt diese Behauptung auch für den Operator* $A = = a P + b Q$.

Beweis. Wir setzen $X = L^p(\Gamma)$, $\hat{X} = W_p^{(m)}(\Gamma)$ und bezeichnen mit U den Operator der Multiplikation mit der unabhängigen Veränderlichen t im Raum $L^p(\Gamma)$. Auf Grund der Ergebnisse der Kapitel 3 und 6 sind die Bedingungen I.a, I.b, II.c, II.d erfüllt. Nach Folgerung 2.2, Kapitel 6, ist der Raum $W_p^{(m)}(\Gamma)$ stetig in $\bar{L}^p(\varrho_+, \varrho_-)$ eingebettet.

Die Bedingungen II.a und II.b können leicht überprüft werden; dabei folgt die Tatsache, daß die Projektoren $\{\hat{P}_n\}$ stark gegen den identischen Operator im Raum $W_p^{(m)}(\Gamma)$ konvergieren, aus der entsprechenden Behauptung für die Operatoren P_n im Raum $L^p(\Gamma)$ $(1 < p < \infty)$ (vgl. A. Zygmund [1], VII.6) und bekannten Eigenschaften von Fourier-Reihen. Die Operatoren der Multiplikation mit den Funktionen $c(t)$, $d(t)$ sind in $W_p^{(m)}(\Gamma)$ erklärt und stetig. Sie gehören offenbar der Algebra $\Re(\hat{U})$ an.

Damit sind die Voraussetzungen des Satzes 3 erfüllt. Wenn die Punkte α_j, β_k paarweise verschieden sind, dann ergibt sich nach Abschnitt 6.6 dim ker $(a P + b Q) = 0$, und folglich ist Satz 4 anwendbar. Daraus folgt die Behauptung des Satzes.

B. Diskrete Wiener-Hopf-Gleichungen. Wir betrachten die paarigen diskreten Wiener-Hopf-Operatoren $a P + b Q$ und $P a + Q b$, die durch die Gleichungen (3.1) bzw. (3.2) aus Kapitel 3 gegeben sind, in den Räumen l^p $(1 \leqq p < \infty)$ und c^0. Die Funktionen

$$a(t) = \sum_{j=-\infty}^{\infty} a_j t^j\,, \qquad b(t) = \sum_{j=-\infty}^{\infty} b_j t^j \qquad (|t| = 1)$$

mögen ebenfalls die Darstellung (B.12) besitzen, wobei jetzt $c(t), d(t) \in W^{m+1}$ (vgl. 5.1.2, Nr. 3) gelten soll. Nach wie vor sei $c(t) \neq 0$, $d(t) \neq 0$ $(|t| = 1)$, $\operatorname{ind} c(t) = \operatorname{ind} d(t) = 0$.

Satz 6. *Es seien P_n $(n = 1, 2, \ldots)$ die durch die Beziehung* (B.5) *definierten Projektoren. Für den paarigen diskreten* Wiener-Hopf-*Operator $A = P\,a + Q\,b$ im Raum $l^p(c^0)$ gilt*

$$l^{p,\,m+\varepsilon} \subset \mathfrak{R}(A;\{P_n, P_n\}) \qquad (c^{0,\,m+\varepsilon} \subset \mathfrak{R}(A;\{P_n, P_n\}))\,,$$

wobei ε eine beliebige positive Zahl ist; für $p = 1$ gilt die Behauptung mit $\varepsilon = 0$.

Wenn die Punkte α_j, β_k $(j = 1, \ldots, r;\ k = 1, \ldots, s)$ paarweise verschieden sind, dann gelten alle Behauptungen dieses Satzes auch für den Operator $A = a\,P + b\,Q$.

Der Beweis verläuft unter Benutzung der Ergebnisse des Kapitels 5 sowie des Abschnitts 4.3.6 analog zum Beweis des Satzes 5. Die Bedingung II.d folgt unmittelbar aus dem Beweis des Lemmas 2.1, Kap. 9.

Bemerkung 3. Für den Fall, daß $a(t)$ ein Polynom in ganzzahligen Potenzen von t ist, wurde die entsprechende Behauptung des Satzes 6 für den diskreten Wiener-Hopf-Operator $P\,a\,P$ im Raum c_+^0 zuerst von I.Z. Gochberg und W. I. Levtschenko [2] aufgestellt. Im Falle $m = 1$ gilt für den im Raum c° betrachteten diskreten Wiener-Hopf-Operator sogar die Beziehung (s. I. Z. Gochberg und W. I. Levtschenko [1])

$$\mathfrak{R}(A;\ \{P_n, P_n\}) = \bar{c}^0(\varrho_+, \varrho_-)\,.$$

C. Wiener-Hopfsche Integralgleichungen. Wir betrachten schließlich noch im Raum L^p $(1 \leqq p < \infty)$ die paarigen Wiener-Hopfschen Integraloperatoren $A\,P + B\,Q$ und $P\,A + Q\,B$, die durch die Gleichungen (3.6) bzw. (3.7), Kapitel 3, gegeben sind. Die Symbole $\mathcal{A}(\lambda)$, $\mathcal{B}(\lambda)$ der Operatoren A, B sollen folgende Bedingungen erfüllen:

$$\mathcal{A}(\lambda) = (\varrho_-\,c)\,(\lambda)\,, \quad \mathcal{B}(\lambda) = (\varrho_+\,d)\,(\lambda) \qquad (-\infty < \lambda < \infty)$$

mit

$$\varrho_-(\lambda) = \prod_{j=1}^{r}\left(\frac{\lambda - \alpha_j}{\lambda - i}\right)^{m_j}, \qquad \varrho_+(\lambda) = \prod_{k=1}^{s}\left(\frac{\lambda - \beta_k}{\lambda + i}\right)^{n_k} \qquad (-\infty < \alpha_j,\ \beta_k < \infty)$$

und $c(\lambda), d(\lambda) \in \mathcal{L}^m$, wobei $c(\lambda) \neq 0$, $d(\lambda) \neq 0$ $(-\infty \leqq \lambda \leqq \infty)$ und $\operatorname{ind} c(\lambda) = \operatorname{ind} d(\lambda) = 0$ (m_j, n_k ganz, $m = \max\{m_1, \ldots, m_r, n_1, \ldots, n_s\}$).

Satz 7. *Für den paarigen* Wiener-Hopfschen *Integraloperator $C = P\,A + Q\,B \in \mathfrak{L}(L^p)$ $(1 \leqq p < \infty)$ gilt*

$$L^{p,\,m} \subset \mathfrak{R}(C;\{P_t, P_t\})\,,$$

wobei $\{P_t\}$ die durch die Beziehung (B.6) *definierte Projektorenschar ist. Wenn die Punkte α_j, β_k $(j = 1, \ldots, r;\ k = 1, \ldots, s)$ paarweise verschieden sind, dann gilt diese Behauptung auch für den Operator $C = A\,P + B\,Q$.*

Der Beweis verläuft bis auf die Überprüfung der Bedingung I.b völlig analog zu den Beweisen der Sätze 5 und 6. Die Bedingung I.b folgt unmittelbar aus der in 5.4.1, Nr. 3, angegebenen Formel für die Inverse B^{-1}.

Weiteren Untersuchungen über Projektionsverfahren für singuläre Gleichungen vom nicht normalen Typ sind die Arbeiten von V. I. Levtschenko [1–2], S. Prössdorf und B. Silbermann [4], I. Z. Gochberg und S. Prössdorf [1] sowie S. Prössdorf [16] gewidmet (in den beiden zuletzt genannten Arbeiten wird der Systemfall betrachtet).

LITERATUR

ATKINSON, F. V. (Аткинсон Ф. В.)

[1] Нормальная разрешимость линейных уравнений в нормированных пространствах, Матем. сб. **28**, 1 (1951), 3—14.

BANACH, S.

[1] Théorie des opérations linéaires, Monografie Matematyczne, Warszawa 1932.

BERESIN, I. S., und SHIDKOW, N. P.

[1] Numerische Methoden 1, VEB Dtsch. Verl. d. Wiss., Berlin 1970.

BREUER, M.

[1] Banachalgebren mit Anwendungen auf Fredholmoperatoren und singuläre Integralgleichungen, Bonn. math. Schr. **24** (1965), 108 S.

BROWDER, F. E.

[1] Functional analysis and partial differential equations. I, Math. Ann. **138** (1959), 55—79.

BUDJANU, M. S., und GOCHBERG, I. Z. (Будяну М. С. и Гохберг И. Ц.)

[1] Общие теоремы о факторизации матриц-функций. I. Основная теорема, Матем. исслед., Кишинёв, III: 2 (1968), 87—103.

[2] Общие теоремы о факторизации матриц-функций. II. Некоторые признаки и их следствия, Матем. исслед., Кишинёв, III: 3 (1968), 3—18.

CALDERON, A. P.

[1] Algebras of singular integral operators, Amer. Math. Soc., Proc. Symp. Pure Math. **X** (1967), 18—55.

CARLEMAN, T.

[1] Sur la résolution de certaines équations intégrales, Arkiv for mat., astr. och fys **16**, Nr. 26 (1922).

CHAIKIN, M. I. (Хайкин М. И.)

[1] Об интегральном уравнении типа свёртки первого рода, Изв. вузов, Матем., № 3 (1967), 105—116.

[2] Уравнение Винера-Хопфа в пространствах основных и обобщённых функций, Изв. вузов, Матем., № 10 (1967), 83—91.

[3] О регуляризации операторов с незамкнутой областью значений, Изв. вузов, Матем., № 8 (1970), 118—123.

[4] Об особом случае сингулярного интегрального оператора с кусочно-непрерывными коэффициентами, Матем. исслед., Кишинёв, VII: 3 (1972), 194—209.

CHALILOV, Z. I. (Халилов З. И.)

[1] Линейные сингулярные уравнения в нормированном кольце, Изв. АН СССР, Сер. матем. **13**, 2 (1949), 163—176.

Chwedelidse, B. V. (Хведелидзе Б. В.)

[1] Линейные разрывные граничные задачи теории функций, сингулярные интегральные уравнения и некоторые их приложения, Тр. Тбилисск. матем. ин-та АН Груз. ССР **23** (1956), 3—158.

[2] Замечание к моей работе „Линейные разрывные граничные задачи . . .“, Сообщения АН ГрузССР **21**, 2 (1958), 129—138.

Douglas, R. G.

[1] Banach Algebra Techniques in Operator Theory, Academic Press, New York 1972.

Dunford, N., and Schwartz, J. T.

[1] Linear operators. Part II. Spectral theory self adjoint operators in Hilbert space, IP, New York, London 1963.

Dybin, V. B. (Дыбин В. Б.)

[1] Исключительный случай интегральных уравнений типа свёртки в классе обобщённых функций, ДАН СССР **161**, 4 (1965), 753—756.

[2] Исключительный случай интегральных уравнений типа свёртки, Изв. АН БССР, сер. физ.-мат. наук, № 3 (1966), 37—45.

[3] Исключительный случай парного интегрального уравнения типа свёртки, ДАН СССР **176**, 2 (1967), 251—254.

[4] Интегральный оператор Винера-Хопфа в классах функций со степенным характером поведения на бесконечности, Изв. АН Арм. ССР, Матем. **2**, 4 (1967), 250—270.

[5] Нормализация оператора Винера-Хопфа, ДАН СССР **191**, 4 (1970), 759—762.

Dybin, V. B., und Karapetjanz, N. K. (Дыбин В. Б. и Карапетянц Н. К.)

[1] Об интегральных уравнениях типа свёртки в классе обобщённых функций, Сиб. матем. журнал **7**, 3 (1966), 531—545.

[2] Применение метода нормализации к одному классу бесконечных систем линейных алгебраических уравнений, Изв. вузов, Матем. № 10 (1967), 39—49.

Fichtenholz, G. M.

[1] Differential- und Integralrechnung, Bd. I—III, VEB Dtsch. Verl. d. Wiss., Berlin 1964.

Fock, V. A. (Фок В. А.)

[1] О некоторых интегральных уравнениях математической физики, Мат. сб. **14 (56)**, 1—2 (1944), 3—50.

Gachov, F. D. (Гахов Ф. Д.)

[1] Краевые задачи, Физматгиз, М. 1963 (Englische Übersetzung bei Pergamon Press, Bd. 85, 1966).

[2] Краевая задача Римана для системы n пар функций, УМН, VII, вып. **4** (1952), 3—54.

[3] Вырожденные случаи особых интегральных уравнений с ядром Коши, ДУ **2**, 4 (1966), 533—543.

Gachov, F. D., und Smagina, V. I. (Гахов Ф. Д. и Смалина В. И.)

[1] Исключительные случаи интегральных уравнений типа свёртки и уравнения первого рода, Изв. АН СССР **26**, 3 (1962), 361—390.

Galiev, Š. I. (Галиев Ш. И.)

[1] Некоторые особые случаи интегральных и интегро-разностных уравнений, Труды КАИ, сер. матем. и мех., вып. 144 (1972).

[2] Особый случай системы уравнений Винера-Хопфа, аннотация, Изв. вузов, Матем., № 6 (1972).

[3] Некоторые особые случаи уравнений и систем уравнений в свёртках, Диссертация, Казань 1972.

Galiev, Š. I., und Tschebotarev, G. N. (Галиев Ш. И. и Чеботарёв Г. Н.)

[1] Об одной бесконечной системе линейных алгебраических уравнений и её континуальном аналоге, Труды КАИ, сер. матем. и мех., вып. **109** (1969).

Gantmacher, F. R.

[1] Matrizenrechnung I, VEB Dtsch. Verl. d. Wiss., Berlin 1958.

Gaponenko, W. N., und Dybin, V. B. (Гапоненко В. Н. и Дыбин В. Б.)

[1] Интегрально-разностное уравнение Винера-Хопфа с аннулирующимся символом, Матем. исслед., Кишинёв, **VII**, вып. 4 (1972), 50—59.

Gelfand, I. M., Raikow, D. A., und Schilow, G. E.

[1] Kommutative normierte Algebren, VEB Dtsch. Verl. d. Wiss., Berlin 1966.

Gelfand, I. M., und Schilow, G. E.

[1] Verallgemeinerte Funktionen (Distributionen), Bd. I, VEB Dtsch. Verl. d. Wiss., Berlin 1960.

[2] Verallgemeinerte Funktionen (Distributionen), Bd. II, VEB Dtsch. Verl. d. Wiss., Berlin 1962.

Gochberg, I. Z. (Гохберг И. Ц.)

[1] Об одном применении теории нормированных колец к сингулярным интегральным уравнениям, УМН **7**, вып. 2 (1952), 149—156.

[2] Задача факторизации в нормированных кольцах, функции от изометрических и симметрических операторов и сингулярные интегральные уравнения, УМН **19**, вып. 1 (1964), 71—124.

Gochberg, I. Z., und Feldman, I. A.

[1] Faltungsgleichungen und Projektionsverfahren zu ihrer Lösung, Akademie-Verlag, Berlin 1974.

Gochberg, I. Z., und Krein, M. G. (Гохберг И. Ц. и Крейн М. Г.)

[1] Основные положения о дефектных числах, корневых числах и индексах линейных операторов, УМН **12**, вып. 2 (1957), 44—118.

[2] Введение в теорию линейных несамосопряжённых операторов, Наука, М. 1965.

[3] Системы интегральных уравнений на полупрямой с ядрами, зависящими от разности аргументов, УМН **13**, вып. 2 (1958), 3—72.

[4] Парное интегральное уравнение и его транспонированное, Теоретическая и прикладная математика, Львов, № 1 (1958), 58—81.

Gochberg, I. Z., und Krupnik, N. J. (Гохберг И. Ц. и Крупник Н. Я.)

[1] О спектре сингулярных интегральных операторов в пространствах L_p, Studia Mathem. **XXXI** (1968), 347—362.

[2] О спектре сингулярных интегральных операторов в пространстве L_p с весом, ДАН СССР **185**, 4 (1969), 745—748.

[3] Сингулярные интегральные операторы с кусочно-непрерывными коэффициентами и их символы, Изв. АН СССР **35**, 4 (1971), 940—964.
[4] Введение в теорию одномерных сингулярных интегральных операторов, Штиинца, Кишинёв, 1973.

GOCHBERG, I. Z., und LEVTSCHENKO, V. I. (Гохберг И. Ц. и Левченко В. И.
[1] О сходимости проекционного метода решения вырожденного дискретного уравнения Винера-Хопфа, Матем. исслед., Кишинёв, VI: 4 (1971), 20—36.
[2] О проекционном методе для вырожденного дискретного уравнения Винера-Хопфа, Матем. исслед., Кишинёв, VII: 3 (1972), 238—253.

GOCHBERG, I. Z., MARKUS, A. S., und FELDMAN, I. A. (Гохберг И. Ц., Маркус А. С. и Фельдман И. А.)
[1] О нормально разрешимых операторах и связанных с ними идеалах, Изв. Молд. филиала АН СССР **10**, 76 (1960), 51—70.

GOCHBERG, I. Z., und PRÖSSDORF, S.
[1] Ein Projektionsverfahren zur Lösung entarteter Systeme von diskreten Wiener-Hopf-Gleichungen, Math. Nachr. (erscheint demnächst).

GOCHBERG, I. Z., und SEMENCUL, A. A. (Гохберг И. Ц. и Семенцул А. А.)
[1] Тёплицевы матрицы, составленные из коэффициентов Фурье функций с разрывами почти-периодического типа, Матем. исслед., Кишинёв, V, вып. 4 (1970), 63—83.

GRADSTEIN, I. S., und RYSHIK, I. M. (Градштейн И. С. и Рыжик И. М.)
[1] Таблицы интегралов, сумм, рядов и произведений, Физматгиз, М. 1962. (Englische Übersetzung: Pergamon Press 1964).

HARDY, G. H., LITTLEWOOD, J. E., and POLYA, G.
[1] Inequalities, University-Press, London-Cambridge, 1951.

HAUSDORFF, F.
[1] Zur Theorie der linearen metrischen Räume, Journal für die reine und angewandte Mathematik **167** (1932), 294–311.

HIRSCHMAN, I. I., and WIDDER, D. V.
[1] The convolution transform, Princeton University-Press, Princeton, New Jersey, 1955.

HOFFMAN, K.
[1] Banach spaces of analytic functions, Prentice-Hall, INC, 1962.

IWANOW, V. V. (Иванов В. В.)
[1] Об уравнении Винера-Хопфа первого рода, ДАН СССР **151**, 3 (1963), 489—492.

KANTOROWITSCH, L. W., und AKILOW, G. P.
[1] Funktionalanalysis in normierten Räumen, Akademie-Verlag, Berlin 1964.

KARAPETJANZ, N. K. (Карапетянц Н. К.)
[1] О нормализации дискретных уравнений типа свёртки, Изв. вузов, Матем. 12 (1968), 45—52.
[2] Дискретное уравнение типа свёртки в одном исключительном случае, Сиб. Мат. журнал XI, 1 (1970), 80—90.

KATO, T.
[1] Perturbation theory for linear operators, Springer-Verlag, Berlin, Heidelberg, New York 1966.

KOSULIN, A. E. (Косулин А. Е.)

[1] Особый случай в теории сингулярных уравнений, Вестн. ЛГУ **19** (1962), 142—148.

[2] Одномерные сингулярные уравнения в обобщённых функциях, ДАН СССР **163**, 5 (1965), 1054—1057.

[3] Одномерные сингулярные уравнения в обобщённых функциях, Матем. сб. **70**, 2 (1966), 180—197.

[4] Одномерные сингулярные уравнения в обобщённых функциях. Случай разомкнутого контура, Вестн. ЛГУ **7** (1966), 157—160.

KÖHLER, U. und SILBERMANN, B.

[1] Einige Ergebnisse über Φ_+-Operatoren in lokalkonvexen topologischen Vektorräumen, Math. Nachr. **56**, 1—6 (1973), 145—153.

[2] Über algebraische Eigenschaften einer Klasse von Operatorenmatrizen und eine Anwendung auf singuläre Integraloperatoren, Math. Nachr. **57**, 1—6 (1973), 245—258.

KÖTHE, G.

[1] Zur Theorie der kompakten Operatoren in lokalkonvexen Räumen, Portugaliae Math. **13** (1954), 97—104.

KRAČKOWSKI, S. N., und DIKANSKI, A. S. (Крачковский С. Н. и Диканский А. С.)

[1] Фредгольмовы операторы и их обобщения, Итоги науки. Матем. анализ (1968), М., ВИНИТИ 1969, 39—71.

KREIN, M. G. (Крейн М. Г.)

[1] Интегральные уравнения на полупрямой с ядрами, зависящими от разности аргументов, УМН **13**, вып. 5 (1958), 3—120.

KREIN, S. G. (Крейн С. Г.)

[1] Линейные уравнения в банаховом пространстве, Наука, М. 1971.

KRUPNIK, N. J. (Крупник Н. Я.)

[1] К вопросу о нормальной разрешимости и индексе сингулярных интегральных уравнений, Уч. зап. Кишинёвского ун-та **82** (1965), 3—7.

LEITERER, J.

[1] Критерии нормальной разрешимости систем сингулярных интегральных уравнений и уравнений Винера-Хопфа, Матем. сб. **83 (125)**, № 3 (11), (1970), 390—406.

[2] Zur normalen Auflösbarkeit singulärer Integraloperatoren, Math. Nachr. **51**, 1—6 (1971) 197—230.

LEVTSCHENKO, V. I. (Левченко В. И.)

[1] О проекционном методе для операторов, определяемых вырожденными тёплицевыми матрицами, Матем. исслед., Кишинёв, VII: 4 (1972), 123—140.

[2] О проеционном методе решения вырожденных парных дискретных уравненний Винера-Хопфа, Матем. исслед., Кишинёв, VIII: 3 (1973), 26—45.

LINDENSTRAUSS, J., and TZAFRIRI, L.

[1] On the complemented subspaces problem, Israel J. Math., vol. 9, (1971), 263—269.

MANDSHAWIDSE, G. F., und CHWEDELIDSE, B. V. (Манджавидзе Г. Ф. и Хведелидзе Б. В.)

[1] О задаче Римана-Привалова с непрерывными коэффициентами, ДАН СССР **123**, 5 (1958), 791—794.

Meyer, S.
[1] Über eine Klasse singulärer Integralgleichungen, deren Symbol auf einer Menge positiven Maßes entartet, Wiss. Zeitschr. der TH Karl-Marx-Stadt **XIV**, 6 (1972), 681–695.
[2] Über singuläre Integralgleichungen, deren Symbol Entartungen vom logarithmischen Typ besitzt, Wiss. Zeitschr. der TH Karl-Marx-Stadt **XVI**, 2 (1974).

Michlin, S. G. (Михлин С. Г.)
[1] Сингулярные интегральные уравнения, УМН **3**, 3 (1948), 29—112.
[2] Vorlesungen über lineare Integralgleichungen, VEB Dtsch. Verl. d. Wiss., Berlin 1962.
[3] Многомерные сингулярные интегралы и интегральные уравнения, Физматгиз, М. 1962. (Englische Übersetzung: Pergamon Press, Bd. 83, 1965).
[4] Сингулярные интегральные уравнения с непрерывными коэффициентами, ДАН СССР **59**, 3 (1948), 435—438.

Muschelischwili, N. I.
[1] Singuläre Integralgleichungen, Akademie-Verlag, Berlin 1965.

Noether, F.
[1] Über eine Klasse singulärer Integralgleichungen, Math. Ann. **82** (1921), 42–63.

Pietsch, A.
[1] Zur Theorie der σ-Transformationen in lokalkonvexen Vektorräumen, Math. Nachr. **21**, 6 (1960), 347–369.
[2] Homomorphismen in lokalkonvexen Vektorräumen, Math. Nachr. **22**, 3–4 (1960), 162–174.
[3] Nukleare lokalkonvexe Räume, Akademie-Verlag, Berlin 1965.

Pogorzelski, W.
[1] Integral equations and their applications, Volume 1, Pergamon Press, PWN-Polish Scientific Publishers, Warszawa 1966.

Priwalow, I. I.
[1] Einführung in die Funktionentheorie, Teil I–III, Leipzig 1958–1959.
[2] Randeigenschaften analytischer Funktionen, VEB Dtsch. Verl. d. Wiss., Berlin 1956.

Prössdorf, S.
[1] Операторы, допускающие неограниченную регуляризацию, Вестн. ЛГУ **13** (1965), 59—67.
[2] К теории систем сингулярных интегральных уравнений с вырождающейся символической матрицей I, II, Вестн. ЛГУ **19** (1965), 58—73, **7** (1966), 68—75.
[3] Об устойчивости индекса одномерного сингулярного оператора с обращающимся в нуль символом, Пробл. матем. анализа, изд-во ЛГУ, (1966), 70—79.
[4] О линейных уравнениях в пространствах основных и обобщённых функций, ДАН СССР **166**, 4 (1966), 802—805.
[5] Индекс одномерного сингулярного оператора с обращающимся в нуль символом в пространстве $C^\infty(\Gamma)$, Вестн. ЛГУ **7** (1966), 154—156.
[6] Eindimensionale singuläre Integralgleichungen und Faltungsgleichungen nicht normalen Typs in lokalkonvexen Räumen, Habil.-Schrift, TH Karl-Marx-Stadt 1967, 1–143.
[7] Die Indexformel für ein System eindimensionaler singulärer Integralgleichungen nicht normalen Typs, Math. Zeitschrift **106** (1968), 73–80.

[8] Über eine Verallgemeinerung des Ableitungsbegriffes und die Regularisierung singulärer Integralgleichungen, Wiss. Zeitschrift d. TH Karl-Marx-Stadt **X**, 5 (1968), 551–554.
[9] Ein Satz über die äquivalente Regularisierung abgeschlossener Operatoren, Wiss. Zeitschrift d. TH Karl-Marx-Stadt **X**, 5 (1968), 555–556.
[10] Über eine Klasse singulärer Integralgleichungen nicht normalen Typs, Math. Ann. **183** (1969), 130–150.
[11] Zur Theorie der Faltungsgleichungen nicht normalen Typs, Math. Nachr. **42**, 1–3, (1969), 103–131.
[12] Zur Lösung eines Systems singulärer Integralgleichungen mit entartetem Symbol, Ellipt. Dgl., Bd. I, 111–118, Akademie-Verlag, Berlin 1970.
[13] Сингулярное интегральное уравнение с символом, обращающимся в нуль в конечном числе точек, Матем. исслед., Кишинёв. VII: 1 (1972), 116—132.
[14] О системах сингулярных интегральных уравнений с обращающимся в нуль символом, Матем. исслед., Кишинёв, VII: 2 (1972), 129—142.
[15] Über koerzitive und nichtkoerzitive Probleme bei singulären Integralgleichungen, Mitteil. der Math. Ges. der DDR, H. 3–4, (1970), 61–78.
[16] Systeme einiger singulärer Gleichungen vom nicht normalen Typ und Projektionsverfahren zu ihrer Lösung, Studia math. (erscheint demnächst).

Prössdorf, S., und Silbermann, B.
[1] Über die normale Auflösbarkeit des singulären Integraloperators vom nicht normalen Typ, Math. Nachr. **55**, 1–6 (1973), 73–88.
[2] Über die normale Auflösbarkeit von Systemen singulärer Integralgleichungen vom nicht normalen Typ, Math. Nachr. **56**, 1–6 (1973), 131–144.
[3] Ein Projektionsverfahren zur Lösung singulärer Gleichungen vom nicht normalen Typ, Wiss. Zeitschr. der TH Karl-Marx-Stadt **XVI**, 2 (1974).
[4] Ein Projektionsverfahren zur Lösung abstrakter singulärer Gleichungen vom nicht normalen Typ und einige seiner Anwendungen, Math. Nachr., Festband (1974).

Prössdorf, S. und Teichmann, E.
[1] Über die äquivalente rechte Regularisierung einer singulären Integralgleichung nicht normalen Typs, Wiss. Zeitschrift d. TH Karl-Marx-Stadt **XI**, 3, (1969), 361–365.

Prössdorf, S. und v. Wolfersdorf, L.
[1] Zur Theorie der Noetherschen Operatoren und einiger singulärer Integral- und Integrodifferentialgleichungen, Wiss. Zeitschrift d. TH Karl-Marx-Stadt **13**, 1, (1971), 103–116.

Przeworska-Rolewicz, D., and Rolewicz, S.
[1] Equations in linear spaces, Warszawa 1968.

Riesz, F., und Sz.-Nagy, B.
[1] Vorlesungen über Funktionalanalysis, VEB Dtsch. Verl. d. Wiss., Berlin 1956.

Robertson, A. P., and Robertson, W.
[1] Topological vector spaces, Cambridge University Press, 1964.

Rogoshin, V. S. (Рогожин В. С.)
[1] Общая схема решения краевых задач в пространстве обобщённых функций, ДАН СССР **164**, 2 (1965), 277—280.

Schaefer, H. H.
[1] Über singuläre Integralgleichungen und eine Klasse von Homomorphismen in lokalkonvexen Räumen, Math. Zeitschrift **66** (1956), 147–163.

Schechter, M.

[1] Principles of Functional Analysis, Academic Press, New York 1971.

Scherman, D. I. (Шерман Д. И.)

[1] Об одном случае регуляризации сингулярных интегральных уравнений, Прикл. матем. и мех. **15** (1951), 75—83.

Schilow, G. E. (Шилов Г. Е.)

[1] О локально аналитических функциях, УМН **21**, вып. 6 (1966), 177—182.

Semencul, A. A. (Семенцул А. А.)

[1] О сингулярных интегральных уравнениях с коэффициентами, имеющими разрывы почти-периодического типа, Матем. исслед., Кишинёв, VI: 3 (1971), 92—114.

Silbermann, B.

[1] Über eine Klasse von singulären Integralgleichungen, deren Symbol nicht mehr als eine endliche Anzahl von Nullstellen ganzzahliger und gebrochener Ordnung aufweist, Math. Nachr. **47**, 1—6 (1970), 245—260.

[2] Über eine Klasse einseitig invertierbarer singulärer Integraloperatoren nicht normalen Typs in gewissen Paaren von Banach-Räumen I—II, Math. Nachr. **51** (1971), 327—342, **52** (1972), 297—313.

[3] О сингулярных интегральных операторах в пространствах бесконечно дифференцируемых и обобщённых функций, Матем. исслед., Кишинёв, VI: 3 (1971), 168—179.

[4] Über einen Zugang zu einer Klasse eindimensionaler singulärer Integraloperatoren nicht normalen Typs, Wiss. Zeitschrift d. TH Karl-Marx-Stadt **13**, 1, (1971), 135—142.

[5] Zur Theorie eindimensionaler singulärer Integraloperatoren nicht normalen Typs mit stückweise stetigen Koeffizienten, Math. Nachr. **57**, 1—6 (1973), 371—384.

Simonenko, I. B. (Симоненко И. Б.)

[1] Краевая задача Римана для *n* пар функций с непрерывными коэффициентами, Изв. вузов Матем., № 1 (1961), 140—145.

Smirnow, W. I.

[1] Lehrgang der höheren Mathematik, Bd. V, VEB Dtsch. Verl. d. Wiss., Berlin 1962.

Sobolew, S. L.

[1] Einige Anwendungen der Funktionalanalysis auf Gleichungen der mathematischen Physik, Akademie-Verlag, Berlin 1964.

Spitzer, F.

[1] The Wiener-Hopf equation whose kernel is a probability density I, II, Duke math. J. **24** (1957), 327—343, **27** (1960), 363—372.

Titchmarsh, E. C.

[1] Theory of Fourier integrals, Oxford 1957.

Tovmasjan, N. E. (Товмасян Н. Е.)

[1] К теории сингулярных интегральных уравнений, ДУ **III**, 1 (1967), 69—80.

Tschebotarev, G. N. (Чеботарёв Г. Н.)

[1] О кольцах функций, интегрируемых с весом, Изв. вузов, Матем., № 5 (1963), 133—145.

[2] Об одном уравнении типа свёртки первого рода, Изв. вузов, Матем., № 2 (1967), 80—92.

[3] Об одном особом случае уравнения Винера-Хопфа в пространстве ограниченных функций, Изв. вузов, матем., № 10 (1967), 92—101.
[4] О нормальной разрешимости уравнений Винера-Хопфа в некоторых особых случаях, Изв. вузов, матем., № 3 (1968), 113—118.

TSCHERSKI, J. I. (Черский Ю. И.)
[1] К решению краевой задачи Римана в классах обобщённых функций, ДАН СССР **125**, 3 (1959), 500—503.
[2] Интегральные уравнения типа свёртки и некоторые их приложения, Докторская диссертация, Тбиллиси 1964.
[3] Общее сингулярное уравнение и уравнения типа свёртки, Матем. сб. **41 (83)**, 3 (1957), 277—296.

TSCHIKIN, L. A. (Чикин Л. А.)
[1] Особые случаи краевой задачи Римана и сингулярных интегральных уравнений, Уч. Зап. Казанск. ун-та **113**, 10 (1953), 57—105.

VEKUA, N. P. (Векуа Н. П.)
[1] Об одной задаче Гильберта с разрывными коэффициентами и её применении к сингулярным интегральным уравнениям, Тр. Тбилисск. матем. ин-та АН Груз. ССР **XVIII** (1951), 307—313.
[2] Системы сингулярных интегральных уравнений, Наука, М., 1970.

VLADIMIRSKI, J. N. (Владимирский Ю. Н.)
[1] Φ_--операторы в локально выпуклых пространствах, ДАН СССР **184**, 3 (1969), 514—517.
[2] Строго сингулярные операторы в пространствах Фреше, Матем. исслед., Кишинёв, V: 2 (1970), 79—88.

VOIGTLÄNDER, A.
[1] Über paarige Wiener-Hopf-Operatoren nicht normalen Typs, Wiss. Zeitschrift d. TH Karl-Marx-Stadt **XVI**, 2 (1974).

WIDOM, H.
[1] Equations of Wiener-Hopf type, Illinois J. of Math. **2**, 2 (1958), 261—270.

WIENER, N., und HOPF, E.
[1] Über eine Klasse singulärer Integralgleichungen, Sitzungsber. Preuss. Akad. d. Wiss. (1931), 696—706.

YOOD, B.
[1] Properties of linear transformations preserved under addition of a completely continuous transformation, Duke math. J. **18**, 3 (1951), 599—612.

YOSIDA, K.
[1] Functional analysis, Springer-Verlag, Berlin-Göttingen-Heidelberg 1965.

ZYGMUND, A.
[1] Trigonometric series, Vol. I—II, Univ. Press, Cambridge 1959.

SYMBOLVERZEICHNIS

NAMEN- UND SACHVERZEICHNIS

Printed in GDR